H. R. Etzold

So wird´s gemacht

Dr. Hans-Rüdiger Etzold
Diplom-Ingenieur für Fahrzeugtechnik

So wird's gemacht

pflegen – warten – reparieren

Band 80

VW Golf / Limousine und Variant
VW Vento

Diesel

1,9 D	47 kW	(64 PS)	ab	9/91
1,9 SDI	47 kW	(64 PS)	ab	8/95
1,9 TD	55 kW	(75 PS)	ab	9/91
1,9 TDI	66 kW	(90 PS)	ab	11/93
1,9 TDI	81 kW	(110 PS)	ab	1/96

Delius Klasing Verlag

Redaktion: Günter Skrobanek, Jörg Neuhäuser, Martin Ruch (Text),
Christine Etzold (Bild)

Die Deutsche Bibliothek – CIP-Einheitsaufnahme

So wird's gemacht: pflegen – warten – reparieren /
Hans-Rüdiger Etzold. – Bielefeld: Delius Klasing.
NE: Etzold, Hans-Rüdiger
Bd. 80. VW Golf/Limousine und Variant, VW Vento, Diesel
[Red.: Günter Skrobanek...]. – 4. Aufl. – 1997
ISBN 3-7688-0762-2
NE: Skrobanek, Günter [Red.]

4. Auflage / Es
ISBN 3-7688-0762-2

Herausgegeben vom Verlag GUTE FAHRT
Die Zeitschrift für Autofahrer
Volkswagen und Audi

Umschlaggestaltung: Ekkehard Schonart
Druck: Kunst- und Werbedruck, Bad Oeynhausen
Printed in Germany 1997

Lieber Leser,

in letzter Zeit werde ich von Autofahrern öfters angesprochen und gefragt, ob man bei den modernen Fahrzeugen überhaupt noch etwas selbst reparieren kann. Das vorliegende Buch ist meine Antwort. Seite für Seite sind Arbeiten beschrieben, die von einem fachlich interessierten Autofahrer selbst durchgeführt werden können.

Selbstverständlich hat es in den vergangenen Jahren im Automobilbau erhebliche Fortschritte gegeben, so daß erfreulicherweise viele Einstell- und Kontrollarbeiten nicht mehr erforderlich sind. Weggefallen sind beispielsweise das Einstellen der Zündung und, je nach Motor, das Einstellen des Leerlaufs und des Ventilspiels. Und durch den vermehrten Einbau von langzeitstabilen Bauteilen, zu denen beispielsweise die elektronische Zündanlage oder die elektronischgesteuerte Einspritzanlage zählen, entfällt der Austausch von Verschleißteilen. Andere Arbeiten wiederum, wie das Überprüfen elektronischer Bauteile, sind nur noch mit teuren Prüfgeräten möglich, die speziell auf den betreffenden Fahrzeugtyp abgestimmt sind und deren Anschaffung sich in der Regel für den Hobbymonteur nicht lohnt.

Obwohl also das Fahrzeug technisch immer aufwendiger und komplizierter wird, greifen dennoch von Jahr zu Jahr immer mehr Heimwerker zum »So wird's gemacht«-Handbuch. Die Erklärung dafür ist einfach: Weil die Technik des Automobils komplizierter geworden ist, kommt man bei Arbeiten am Fahrzeug ohne eine spezielle Anleitung nicht mehr aus. Das gilt auch für den Fachmann. Außerdem gibt es nach wie vor am Auto eine Reihe von Verschleißteilen, die in regelmäßigen Abständen kontrolliert und gegebenenfalls ausgewechselt werden müssen. Dazu zählen vor allem Bremsbeläge, Stoßdämpfer sowie Teile der Abgasanlage.

Grundsätzlich muß sich der Heimwerker natürlich darüber im klaren sein, daß man mit Hilfe eines Handbuches nicht automatisch zum Kfz-Handwerker wird. Man sollte also nur Arbeiten durchführen, die man sich selbst zutraut. Das gilt insbesondere natürlich bei Arbeiten, die die Verkehrssicherheit des Fahrzeugs beeinträchtigen können. Gerade in diesem Punkt sorgt das »So wird's gemacht«-Handbuch für praktizierte Verkehrssicherheit. Durch die exakte Beschreibung der erforderlichen Arbeitsschritte und den nötigen Warnhinweisen wird der Heimwerker bei der Arbeit entsprechend sensibilisiert und fachlich richtig informiert. Auch wird darauf hingewiesen, im Zweifelsfall die Arbeit lieber einem Fachmann zu überlassen.

In der Öffentlichkeit wird hin und wieder von interessierten Kreisen der Vorwurf erhoben, Heimwerker würden durch ihre Eigenarbeiten am Fahrzeug die Verkehrssicherheit negativ beeinflussen. Aus den Kontakten, die ich zu Hobbymonteuren habe, kann ich nur vom Gegenteil berichten. Derjenige Fahrzeugbesitzer, der sein Fahrzeug selbst pflegt und wartet, hat ein großes Interesse an einem verkehrssicheren, gepflegten Auto.

Vor jedem Arbeitsgang empfiehlt sich ein Blick in das vorliegende Buch. Dadurch wird schnell der Umfang und auch der Schwierigkeitsgrad der Reparatur deutlich. Außerdem erfährt man, welche Ersatz- oder Verschleißteile eingekauft werden müssen und ob unter Umständen die Arbeit nur mit Hilfe von Spezialwerkzeug durchgeführt werden kann.

Für die meisten Schraubverbindungen ist das Anzugsmoment angegeben. Bei Schraubverbindungen, die in jedem Fall mit einem Drehmomentschlüssel angezogen werden müssen (Zylinderkopf, Achsverbindungen usw.), ist der Wert **fett** gedruckt. Nach Möglichkeit sollte man jede Schraubverbindung mit einem Drehmomentschlüssel anziehen. Übrigens: Für viele Schraubverbindungen sind die neuen Innen- und Außen-Torxschlüssel erforderlich.

Auch der fachkundige Hobbymonteur, der sein Fahrzeug selbst wartet und repariert, sollte bedenken, daß der Fachmann viel Erfahrung hat und durch die Weiterschulung und den ständigen Erfahrungsaustausch über den neuesten Technik-Stand verfügt. Mithin kann es für die Überwachung und Erhaltung der Betriebs- und Verkehrssicherheit des eigenen Fahrzeugs sinnvoll sein, in regelmäßigen Abständen eine VW-Werkstatt aufzusuchen.

Natürlich kann das vorliegende Buch nicht auf jede aktuelle, technische Frage eingehen. Dennoch hoffe ich, daß die getroffene Auswahl an Reparatur-, Wartungs- und Pflegehinweisen in den meisten Fällen die eventuell auftretenden Probleme zufriedenstellend löst.

Hans-Rüdiger Etzold

Inhaltsverzeichnis

Der Motor

Die Diesel-Motoren im GOLF/VENTO

Das Triebwerk ist im Motorraum quer zur Fahrtrichtung eingebaut und wird zusammen mit dem Getriebe nach vorn ausgebaut. Hierfür ist ein geeigneter Kran erforderlich.

In den aus Grauguß bestehenden Motorblock sind die Zylinderbohrungen eingelassen. Bei hohem Verschleiß oder Riefen an den Zylinderwänden können die Zylinder von einer Fachwerkstatt gehont, also ausgeschliffen werden. Anschließend müssen dann allerdings Kolben mit Übermaß eingebaut werden. Im unteren Teil des Motorblocks befindet sich die Kurbelwelle, die von den Kurbelwellenlagern abgestützt wird. Über Gleitlager sind die Pleuel, die die Verbindung zu den Kolben herstellen, mit der Kurbelwelle verbunden. Den unteren Abschluß des Motors bildet die Ölwanne, in der sich das für die Schmierung und Kühlung erforderliche Motoröl sammelt. Der Leichtmetall-Zylinderkopf ist auf den Motorblock aufgeschraubt. Der Zylinderkopf besteht aus Aluminium, weil dieses Metall eine bessere Wärmeleitfähigkeit und ein geringeres Gewicht gegenüber Grauguß aufweist.

Abgas- und Ansaugkrümmer sind platzsparend auf einer Seite an den Zylinderkopf angeschraubt. Oben im Zylinderkopf befindet sich die Nockenwelle. Sie wird über einen Zahnriemen von der Kurbelwelle angetrieben. Die Nockenwelle betätigt über hydraulische Tassenstößel die senkrecht hängenden Ein- und Auslaßventile. Die Hydrostößel gleichen automatisch jegliches Ventilspiel aus, so daß das Einstellen des Ventilspiels im Rahmen der Wartung entfällt.

Für die Motorschmierung sorgt eine Ölpumpe, die sich in der Ölwanne befindet und durch eine Zwischenwelle angetrieben wird. Das im Ölsumpf angesaugte Öl gelangt über Bohrungen und Kanäle zu den Lagern der Kurbel- und Nockenwelle sowie in die Zylinderlaufbahnen.

Die Kühlmittelpumpe ist seitlich am Motorblock angeflanscht. Der Antrieb der Kühlmittelpumpe erfolgt über einen Keilrippenriemen, der unter anderem auch den Generator, und gegebenenfalls den Kompressor für die Klimaanlage antreibt. Zu beachten ist, daß der Kühlmittelkreislauf ganzjährig mit einer Mischung aus VW-Kühlerfrost- und Korrosionsschutzmittel sowie kalkarmem Wasser befüllt sein muß.

Die Kraftstoffversorgung übernimmt eine mechanische Verteiler-Einpritzpumpe, die seitlich am Motorblock angeflanscht ist und durch den Zahnriemen angetrieben wird. Beim Dieselmotor mit höherer Motorleistung kommt ein Abgasturbolader zum Einsatz. Über eine Abgasrückführungs-Anlage sowie einen 3-Wege-Katalysator werden die Abgase zusätzlich gereinigt.

Warnhinweis: Der Kühler-Lüfter kann sich auch bei abgestelltem Motor und ausgeschalteter Zündanlage einschalten. Hervorgerufen durch Stauwärme im Motorraum kann dies auch mehrmals geschehen. Bei Arbeiten im Motorraum und warmem Motor muß deshalb immer mit einem plötzlichen Einschalten des Kühler-Lüfters gerechnet werden. Oder: Man zieht den elektrischen Stecker vom Lüftermotor ab.

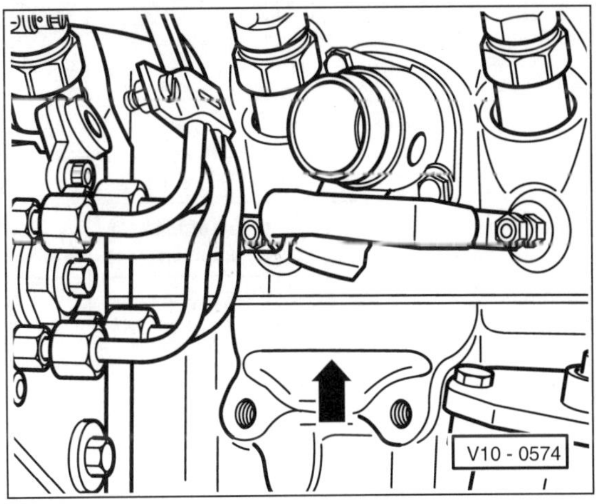

- Motornummer und Kennbuchstaben sind am Motorblock zwischen Einspritzpumpe und Vakuumpumpe eingeschlagen.

Hinweis: Bei einigen Motoren befindet sich zusätzlich ein Aufkleber mit Motornummer und Kennbuchstaben auf dem Zahnriemenschutz oben.

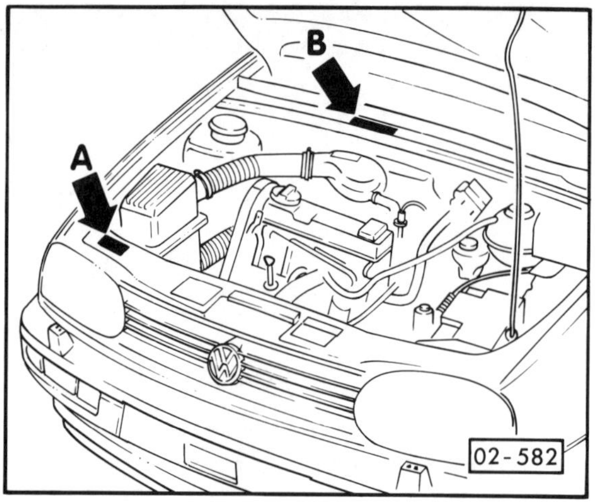

- Das Typschild –A– sitzt rechts auf dem Schloßträger.
- Die Fahrgestellnummer –B– ist an der hinteren Querwand des Motorraums angebracht.

Aufschlüsselung:

WVW	ZZZ	1 H	Z	U	W	000 001
①	②	③	④	⑤	⑥	⑦

① Herstellerzeichen: WVW = Volkswagen AG

② Füllzeichen, außer Modelle für USA

③ 2stellige Typenkurzbezeichnung aus den ersten beiden Stellen der offiziellen Typenbezeichnung.
1H = VW GOLF
1E = VW GOLF Cabrio

④ Weitere Füllzeichen

⑤ Angabe des Bau-/Modelljahres: T = 1996, U = 1997 usw.

⑥ Produktionsstätten innerhalb des VW-Konzerns,
H – Hannover, W – Wolfsburg, E – Emden, A – Ingolstadt,
N – Neckarsulm, K – Osnabrück, B – Brüssel.

⑦ Laufende Numerierung; beginnt in jedem Modelljahr mit 000 001.

Die wichtigsten Motordaten GOLF/VENTO Diesel

Motor-Kennbuchstaben		1Y	AEY	AAZ	1Z/AHU[1)]	AFN
Fertigung	von – bis	9/91 –	8/95 –	9/91 –	11/93 –	1/96 –
Hubraum	cm^3	1896	1896	1896	1896	1896
Leistung	kW bei 1/min PS bei 1/min	47/4400 64/4400	47/4200 64/4200	55/4200 75/4200	66/4000 90/4000	81/4150 110/4150
Drehmoment	Nm bei 1/min	124/2000	125/2200	150/2400	202/1900	235/1900
Bohrung	∅ mm	79,5	79,5	79,5	79,5	79,5
Hub	mm	95,5	95,5	95,5	95,5	95,5
Verdichtung		22,5	19,5	22,5	19,5	19,5
Kraftstoff	CZ	Diesel 45	Diesel 45	Diesel 45	Diesel 45	Diesel 45
Einspritzung		Verteiler-Einspritzpumpe	Verteiler-Einspritzpumpe	Verteiler-Einspritzpumpe	Verteiler-Einspritzpumpe	Verteiler-Einspritzpumpe
Zündfolge		1–3–4–2	1–3–4–2	1–3–4–2	1–3–4–2	1–3–4–2
Ausführung		Saugdiesel	SDI	Turbodiesel	TDI	TDI

SDI = Saugdiesel-Direkteinspritzer, TDI = Turbodiesel-Direkteinspritzer
1) Ab 9/96 Kennbuchstaben geändert von 1Z in AHU

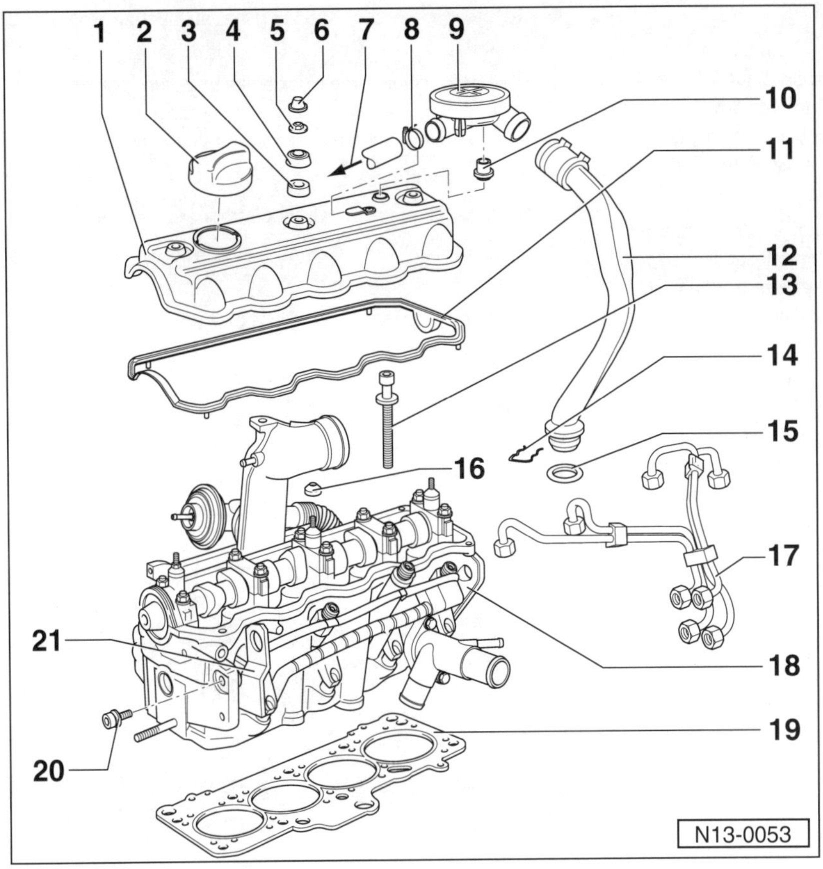

1 – **Zylinderkopfdeckel**
2 – **Verschlußdeckel**
Dichtung bei Beschädigung ersetzen.
3 – **Dichtscheibe oben**
4 – **Tellerscheibe**
5 – **Mutter, 10 Nm**
6 – **Abdeckkappe**
7 – **zum Ansaugschlauch**
8 – **Halteschelle**
9 – **Druckregelventil**
Für Kurbelgehäuseentlüftung.
10 – **Dichtung**
Bei Beschädigung ersetzen.
11 – **Dichtung**
Für Zylinderkopfdeckel. Nur bei Beschädigung ersetzen.
12 – **Kurbelgehäuseentlüftung**
13 – **Zylinderkopfschrauben**
14 – **Halteklammer**
15 – **O-Ring**
16 – **Dichtkegel unten**
17 – **Einspritzleitungen**
Überwurfmuttern mit 25 Nm festziehen. Leitungssatz immer komplett aus- und einbauen, Biegeform der Leitungen nicht verändern.
18 – **Zylinderkopf**
19 – **Zylinderkopfdichtung**
20 – **Schraube, 20 Nm**
21 – **Aufhängeöse**

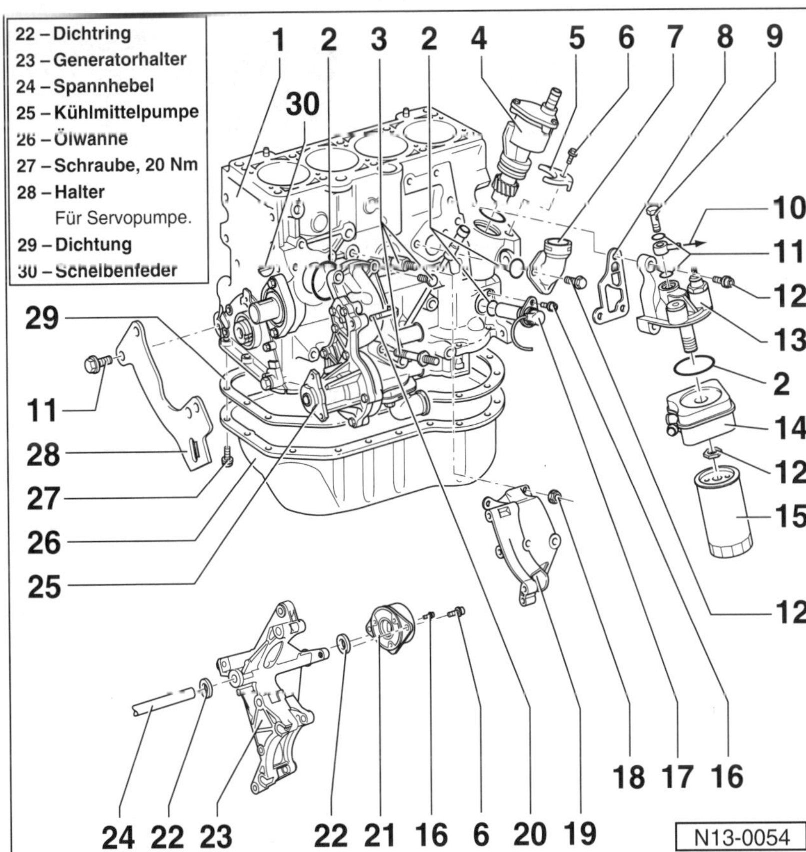

1 – **Motorblock**
2 – **O-Ring**
3 – **Befestigungsschrauben**
Für Kühlmittelpumpe. Anzugsdrehmoment: **20 Nm + 90° (¼ Umdrehung) weiterdrehen.** Schrauben immer ersetzen.
4 – **Vakuumpumpe**
5 – **Klemme**
6 – **Schraube, 20 Nm**
7 – **Anschlußstutzen**
8 – **Dichtung**
9 – **Hohlschraube, 25 Nm**
10 – **zum Abgasturbolader**
Nur Motor AAZ, 1Z, AFN.
11 – **Dichtring**
12 – **Schraube, 25 Nm**
13 – **Ölfilterhalter**
14 – **Ölkühler**
Berührungsflächen zum Ölfilterhalter außerhalb des Dichttringes mit VW-Dichtmittel AMV-18810002 einstreichen. Beim Einbau auf Freigang zu umliegenden Bauteilen achten.
15 – **Ölfilter**
16 – **Schraube, 10 Nm**
17 – **Geber für Motordrehzahl**
18 – **Mutter, 30 Nm**
19 – **Halter**
20 – **Hammerschraube**
21 – **Spannelement**
22 – **Dichtring**
23 – **Generatorhalter**
24 – **Spannhebel**
25 – **Kühlmittelpumpe**
26 – **Ölwanne**
27 – **Schraube, 20 Nm**
28 – **Halter**
Für Servopumpe.
29 – **Dichtung**
30 – **Scheibenfeder**

Motor aus- und einbauen

Der Motor wird mit Getriebe nach vorn ausgebaut. Zum Ausbau des Motors wird ein Kran benötigt. In **keinem Fall** darf der Motor mit einem Rangierheber nach unten abgesenkt werden, da der Heber am Motor schwere Schäden verursachen würde.

Da auch auf der Wagenunterseite einige Verbindungen gelöst werden müssen, werden vier Unterstellböcke sowie zum Aufbocken des Wagens ein Rangierheber benötigt. Vor der Montage im Motorraum sollten die Kotflügel mit Decken geschützt werden.

Je nach Baujahr und Ausstattung können die elektrischen Leitungen beziehungsweise Unterdruck- oder Kühlmittelschläuche unterschiedlich im Motorraum verlegt sein. Da im einzelnen nicht auf jede Variante eingegangen werden kann, empfiehlt es sich, die jeweilige Leitung vor dem Ausbau mit Tesaband zu kennzeichnen.

Ausbau

- Batterie-Massekabel (–) abklemmen. **Achtung:** Dadurch werden die elektronischen Speicher gelöscht, zum Beispiel der Radiocode. Vor dem Abklemmen sollten auch die Hinweise im Kapitel »Radio« bzw. »Batterie aus- und einbauen« durchgelesen werden.
- Kühlmittel ablassen, siehe Seite 48.
- Folgende Kühlmittelschläuche vom Motor abziehen, vorher Klemmschellen mit Zange, z. B. HAZET 798-5, zusammendrücken und zurückschieben:
  - Oberen Schlauch vom Kühler am Kühlmittelstutzen.
  - Unteren Schlauch vom Kühler am Kühlmittelreglergehäuse.
  - Entlüftungsschlauch vom Ausgleichbehälter am Kühlmittelstutzen.
  - Schlauch für Kühlmittelzufluß vom Ausgleichbehälter am Verteilerstück.
  - 2 Heizungsschläuche an der Spritzwand.
- Alle elektrischen Leitungen zum Motor mit Tesaband kennzeichnen und abziehen beziehungsweise abklemmen:
  - Am Generator dicke Leitung (B+) und dünne blaue Leitung (D+) abklemmen.
  - Am Anlasser dickes schwarzes Kabel abklemmen, Stecker mit rot/schwarzem Kabel abziehen.
  - Stecker vom Rückfahrlichtschalter am Getriebe.
  - Stecker vom Geber für Geschwindigkeitsmesser am Getriebe.
- Unterdruckleitung von der Vakuumpumpe –3– abbauen, siehe Abbildung 13-1134.
- Schloßträger mit Anbauteilen ausbauen, siehe Seite 172.
- **90-/110-PS-Motor (1Z, AHU, AFN):** Verbindungsrohr zwischen Ladeluftkühler und Druckschlauch Ansaugrohr ausbauen.
- **64-/75-PS-Motor (1Y, AAZ):** Gaszug am Einspritzpumpenhebel abklemmen, dazu Sicherungsklammer herausziehen und Gaszug am Widerlager aushängen
- **64-/75-PS-Motor (1Y, AAZ):** Kaltstartzug an der Diesel-Einspritzpumpe abklemmen, siehe Seite 57.
- Kupplungsseil am Kupplungshebel aushängen, siehe Seite 91.
- Kraftstoffvorlauf- und Rücklaufleitung von der Einspritzpumpe abschrauben. Beim Abnehmen Lappen unterlegen und eventuell auslaufenden Kraftstoff auffangen.
- Fahrzeug aufbocken.
- Schaltbetätigung vom Getriebe trennen, siehe Seite 97.
- Gelenkwellen vom Getriebe abschrauben, siehe Seite 116.
- Vorderes Abgasrohr vom Krümmer abschrauben und mit Draht aufhängen.

Fahrzeuge mit Servolenkung:

- Keilriemen für Servopumpe ausbauen, siehe Seite 38.
- Flügelpumpe mit Halter abschrauben und mit angeschlossenen Schläuchen seitlich ablegen.

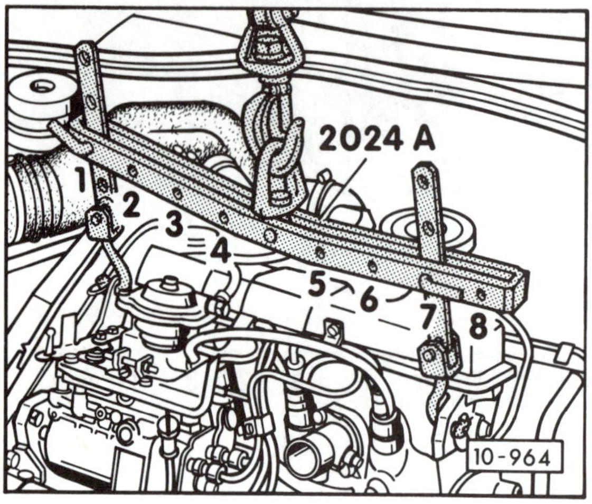

- Aufhängevorrichtung V.A.G-2024A wie folgt in die Aufhängeösen des Motors einhängen: Riemenscheibenseite: 2. Bohrung der Lochschiene in Position 1; Schwungradseite: 2. Bohrung der Lochschiene in Position 7; **Bolzen mit Sicherungsbügel sichern**.

Achtung: Zur Abstimmung auf die Schwerpunktlage des Aggregates müssen die Lochschienen der Aufnahmehaken in Position und Länge richtig abgesteckt werden. Die mit 1–4 beschrifteten Absteckpositionen des Tragbügels zeigen zur Riemenscheibe. Die Bohrungen in den Lochschienen werden vom Haken ab gezählt.

- Steht die Aufhängevorrichtung nicht zur Verfügung, geeignete Kette in die Aufhängeösen des Motors einhängen.
- Motor mit Werkstattkran so weit anheben, bis die Motorlager entlastet sind.
- Motorträger abschrauben.
- Prüfen, ob sämtliche Schläuche und Leitungen, die vom Motor zum Aufbau führen, abgezogen sind.
- Motor mit Getriebe nach vorn herausheben.

Achtung: Der Motor muß beim Herausheben sorgfältig geführt werden, um Beschädigungen am Aufbau zu vermeiden.

Einbau

- Motorlager, Kühlmittel-, Öl- und Kraftstoffschläuche auf Porosität oder Risse prüfen, falls erforderlich erneuern.
- Kupplungs-Mitnehmerscheibe auf ausreichende Belagdicke sowie Belagzustand prüfen. Bei fortgeschrittenem Verschleiß beziehungsweise hoher Kilometerleistung Kupplung komplett austauschen. Falls das Kupplungsausrücklager beim Treten des Kupplungspedals Geräusche verursachte, Lager auswechseln.
- Kupplungsausrücklager auf Verschleiß prüfen, gegebenenfalls ersetzen, siehe Seite 89.
- Kupplungsausrücklager und Verzahnung der Antriebswelle reinigen und dünn beispielsweise mit MoS_2- oder V.A.G-Fett G000100 schmieren. **Achtung:** Führungshülse des Ausrücklagers **nicht** schmieren.
- Prüfen, ob die Paßhülsen zur Zentrierung von Motor und Getriebe im Motorblock vorhanden sind, gegebenenfalls Paßhülsen einsetzen.
- Zwischenplatte auf Paßhülsen aufsetzen und an einigen Punkten mit etwas Fett am Motorblock ankleben.
- Motor am Getriebe anflanschen. Dabei Getriebe-Antriebswelle so verdrehen, daß sie in Kupplung und Schwungrad eingreift. Es kann auch die Kurbelwelle an der Zentralschraube entsprechend verdreht werden.
- Verbindungsschrauben Motor/Getriebe mit folgendem Anzugsdrehmoment festziehen:
  M10-Schrauben .... **60 Nm**;
  M12-Schrauben .... **80 Nm**.
- Triebwerk vorsichtig in den Motorraum einführen. Darauf achten, daß der Motor sorgfältig geführt wird, um Beschädigungen an den Antriebswellen zu vermeiden.
- Aufhängevorrichtung aushängen.

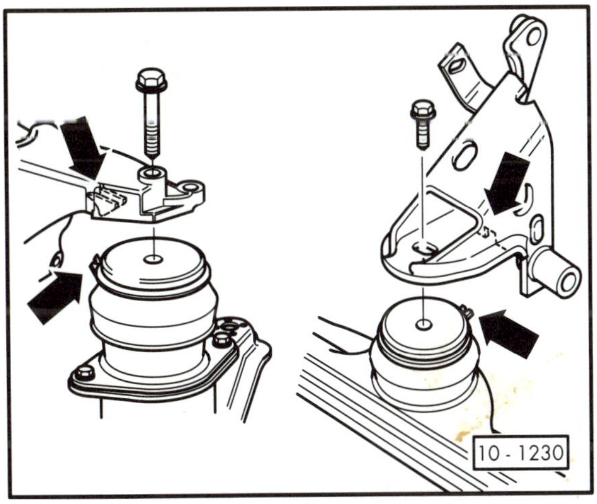

- Motorlagerung einbauen. Dabei darauf achten, daß die Aussparung an der Konsole vom Motorlager hinten rechts und Motorlager vorn in die Aufnahmezapfen der Gummimetallager einrasten –Pfeile–.

Achtung: Aggregatelagerung Direkteinspritzer, siehe Seite 16.

- **Neue,** selbstsichernde Muttern für Motorlager 5 bis 6 Umdrehungen anschrauben, nicht festziehen.
- Motorlagerung durch kräftige Schüttelbewegungen spannungsfrei einrichten. Anschließend Motorlager mit **60 Nm** festziehen.
- Motorträger mit **50 Nm** am Aufbau anschrauben.
- Gelenkwellen am Getriebe einbauen, siehe Seite 116.
- Schaltbetätigung verbinden, siehe Seite 97.
- Abgasrohr an Abgaskrümmer anschrauben, siehe Seite 82.
- Servopumpe mit 25 Nm anschrauben.
- Keilrippenriemen einbauen, siehe Seite 35.
- Keilriemen einbauen, siehe Seite 38.
- Kupplungsseil einhängen, siehe Seite 91.
- Kraftstoffvorlauf- und Rücklaufleitung mit neuen Dichtringen an der Einspritzpumpe ansetzen und Hohlschrauben festziehen. **Achtung:** Kraftstoffleitungen nicht vertauschen. Die Rücklaufleitung hat die kleinere Bohrung und ist mit »OUT« auf dem Sechskantkopf gekennzeichnet.
- Unterdruckleitung an Vakuumpumpe anbauen.
- **64-/75-PS-Motor (1Y, AAZ):** Gaszug an der Einspritzpumpe und am Widerlager einhängen, siehe Seite 56.
- **64-/75-PS-Motor (1Y, AAZ):** Kaltstartzug anklemmen und einstellen, siehe Seite 57.
- **90-/110-PS-Motor (1Z, AHU, AFN):** Verbindungsrohr zwischen Ladeluftkühler und Druckschlauch Ansaugrohr einbauen.
- Sämtliche elektrischen Leitungen zum Motor anschließen, siehe unter »Ausbau«.
- Kühlmittelschläuche zum Motor aufschieben und mit Schellen sichern, siehe unter »Ausbau«.
- Ölstand in Motor und Getriebe prüfen, gegebenenfalls auffüllen, siehe Seite 277.
- Kühlmittel auf Gefrierschutz prüfen und auffüllen, siehe Seite 48.
- Batterie-Massekabel (–) anklemmen.
- Motor auf Betriebstemperatur bringen. Dazu Motor warmfahren, bis die Kühlmittel-Temperaturanzeige normale Betriebstemperatur des Kühlmittels signalisiert. Der Zeiger steht dann auf der +90° C-Marke. Anschließend noch mindestens 5 km weiterfahren, damit auch eine ausreichende Motoröltemperatur sichergestellt ist.
- Ölstand und Kühlmittelstand überprüfen und sämtliche Schlauchanschlüsse auf Dichtheit prüfen.
- Leerlauf- und Höchstdrehzahl prüfen, siehe Seite 65.
- Scheinwerfereinstellung prüfen, siehe Seite 241.
- Zeituhr einstellen.
- Diebstahlcode für Radio eingeben, siehe Kapitel »Radio-Codierung eingeben«.

Aggregatelagerung Direkteinspritzer

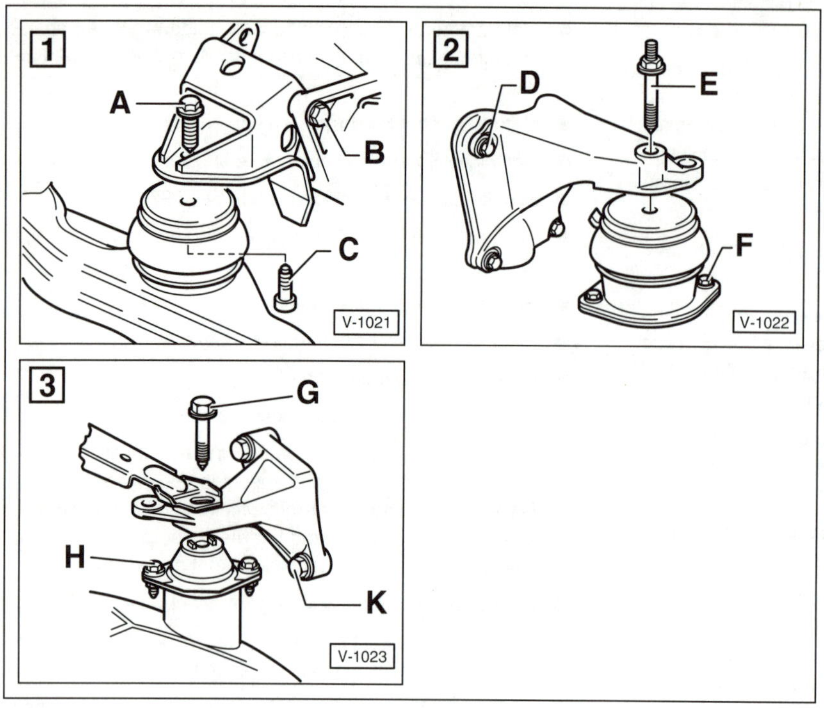

1 – **Aggregatelagerung vorn**
- A = 50 Nm
- B = 55 Nm
- C = 50 Nm

2 – **Aggregatelagerung hinten rechts**
- D = 25 Nm
- E = 50 Nm
- F = 25 Nm

3 – **Aggregatelagerung hinten links**
- G = 50 Nm
- H = 25 Nm
- K = 25 Nm

Keilriementrieb/Zahnriementrieb

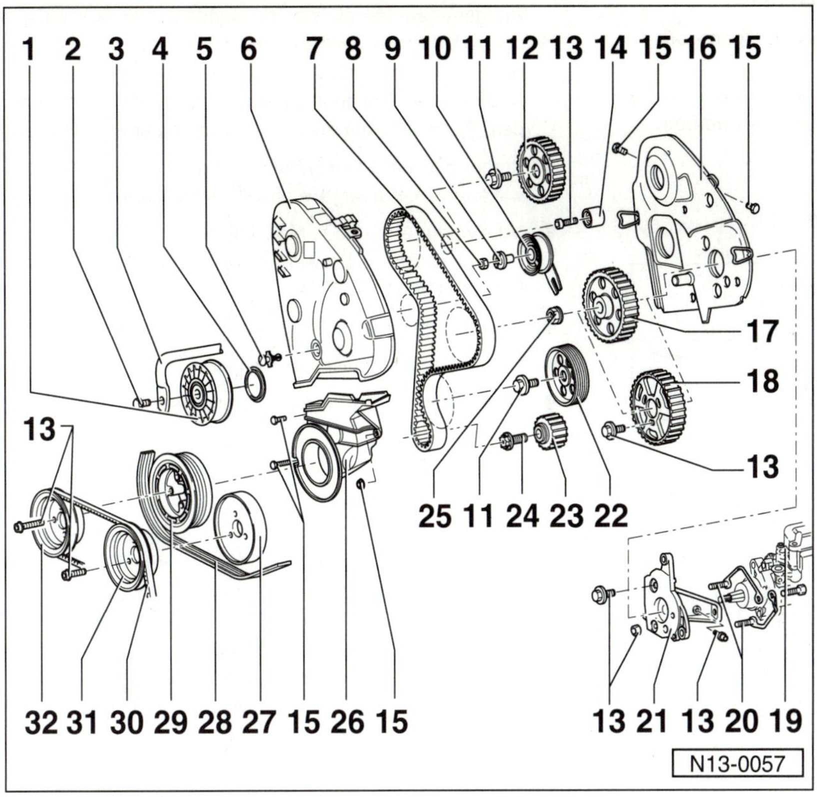

1 – **Spannrolle**

2 – **Schraube, 20 Nm**

3 – **Spannhebel**

4 – **Staubschutzkappe**

5 – **Sprizclip**

6 – **Zahnriemenschutz-Oberteil**

7 – **Zahnriemen**

8 – **Mutter, 45 Nm**
Bei halbautomatischer Spannrolle: **20 Nm.**

9 – **Exzenter**

10 – **Spannrolle**

11 – **Schraube, 45 Nm**

12 – **Nockenwellenrad**

13 – **Schraube, 25 Nm**

14 – **Umlenkrolle**
Direkteinspritzer.

15 – **Schraube, 10 Nm**

16 – **Zahriemenschutz hinten**

17 – **Einspritzpumpenrad**
Bis 9/94 einteilig.

18 – **Einspritzpumpenrad**
Ab 10/94 zweiteilig.

19 – **Schwingungsdämpfer**

20 – **Einspritzpumpe**

21 – **Konsole**

22 – **Zwischenwellenrad**

23 – **Zahnriemenrad-Kurbelwelle**

24 – **Schraube, 90 Nm + ¼ Umdrung (90°) weiterdrehen**
Schraube immer ersetzen, Gewinde und Bund ölen.

25 – **Mutter, 55 Nm**
Wirbelkammerdiesel (1Y, AAZ): **45 Nm.**

26 – **Zahnriemenschutz unten**

27 – **Riemenscheibe**

28 – **Keilrippenriemen**

29 – **Riemenscheibe/Schwingungsdämpfer**

30 – **Keilriemen**

31 – **Riemenscheibe**

32 – **Riemenscheibe**

Einstellineal für Nockenwelle

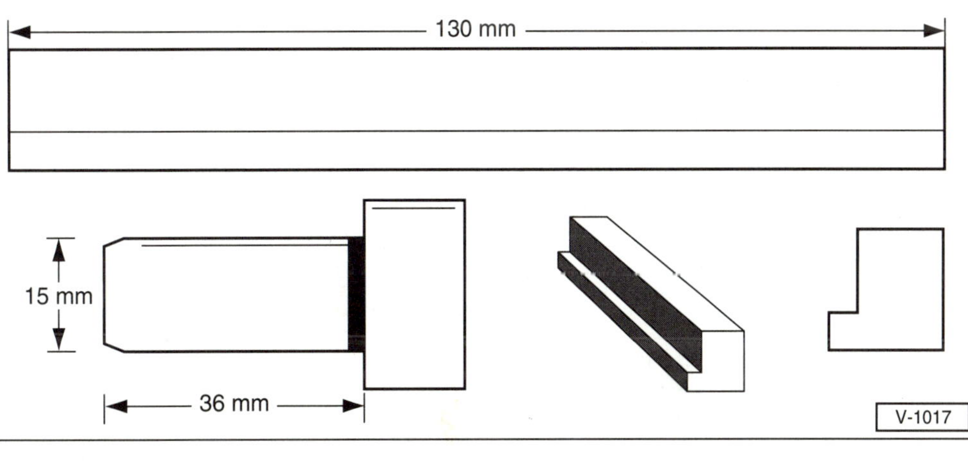

Zahnriemen entspannen/spannen Zahnriemenspannung prüfen

Motoren (1Y, AAZ) *ohne* halbautomatische Spannrolle

Achtung: Nach dem Spannen des Zahnriemens muß der Förderbeginn der Einspritzpumpe neu eingestellt werden.

Entspannen

- Oberen Zahnriemenschutz ausbauen.

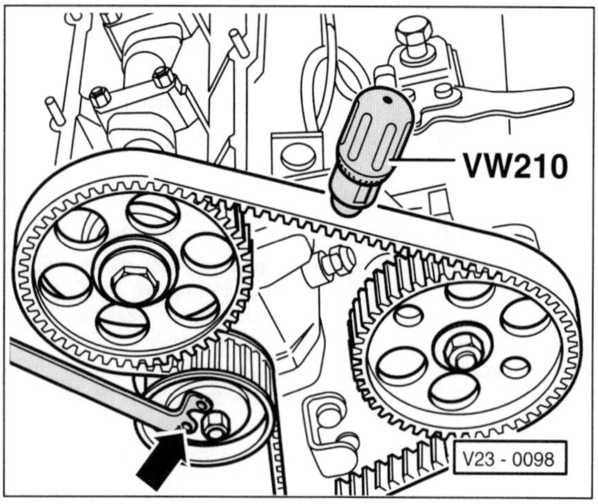

- Mutterndreher, zum Beispiel HAZET 2587, an der Spannrolle ansetzen.
- Befestigungsmutter für Spannrolle lösen.
- Spannrolle nach links drehen (entgegen dem Uhrzeigersinn) und Zahnriemen entspannen.

Spannen

- Prüfgerät VW-210, wie in Abbildung V23-0098 gezeigt, einsetzen.
- Prüfgerät durch Rechtsdrehen am Griff auf den Sollwert 12 . . . 13 vorspannen.
- Spannrolle nach rechts drehen –im Uhrzeigersinn– und Zahnriemen spannen.
- Spannrolle verdrehen bis der weiße waagerechte Strich auf der Stahlzunge des Prüfgerätes mit dem Gehäuserand übereinstimmt.
- Klemmmutter an der Spannrolle mit **45 Nm** festziehen.
- Kurbelwelle um 1 Umdrehung weiterdrehen und Zahnriemenspannung prüfen.

Prüfen

- Auf Zahnriemen zwischen Nockenwellenrad und Einspritzpumpenrad mit Gummihammer einen Schlag ausführen.
- Durch Drehen am Griff die Feder des Prüfgerätes VW 210 entspannen.
- Prüfgerät zwischen Nockenwellenrad und Einspritzpumpenrad so einsetzen, daß der Zahnriemen zwischen den Kufen und dem Meßfühler des Prüfgerätes anliegt.
- Prüfgerät am Griff auf den Skalenwert 12 . . . 13 vorspannen. Seitlich am Meßfühler ragt eine Stahlzunge aus dem Prüfgerät, auf der ein weißer, waagerechter Strich angebracht ist. Dieser waagerechte Strich muß sich jetzt mit dem Rand des Prüfgerätes decken. Wenn nicht, Vorspannung am Prüfgerät verändern, bis sich der Strich mit dem Rand des Prüfgeräts deckt und Skalenwert notieren.
- Kurbelwelle um 1 Umdrehung weiterdrehen und Messung wiederholen. Kurbelwelle drehen, siehe Seite 19.
- Mittelwert aus 1. und 2. Messung errechnen und mit Sollwert vergleichen. Sollwert: Skalenwert 12 . . . 13 auf Meßgerät VW-210.
- Gegebenenfalls Zahnriemenspannung korrigieren.
- Oberen Zahnriemenschutz einbauen.
- Förderbeginn der Einspritzpumpe einstellen, siehe Seite 68.
- Motor laufen lassen. Ein pfeifender Zahnriemen ist in der Regel zu stark gespannt.

Achtung: Steht das Einstell- und Prüfwerkzeug nicht zur Verfügung (Ausland, Panne), kann die Zahnriemenspannung auch behelfsmäßig eingestellt werden. Und zwar ist der Zahnriemen so zu spannen, daß er sich zwischen Nockenwellenrad und Einspritzpumpenrad gerade noch um 90° verdrehen läßt. Die Zahnriemenspannung muß dann jedoch umgehend mit dem Prüfgerät überprüft werden. Bis dahin sind hohe Motor-Drehzahlen zu vermeiden.

Zahnriemenspannung/Spannrolle prüfen

Motoren (1Z, AHU, AFN, AEY) *mit* halbautomatischer Spannrolle

Spannrolle prüfen

- Verbindungsschlauch Luftfilter/Saugrohr ausbauen.
- Oberen Zahnriemenschutz und Zylinderkopfdeckel ausbauen, siehe Seite 19.

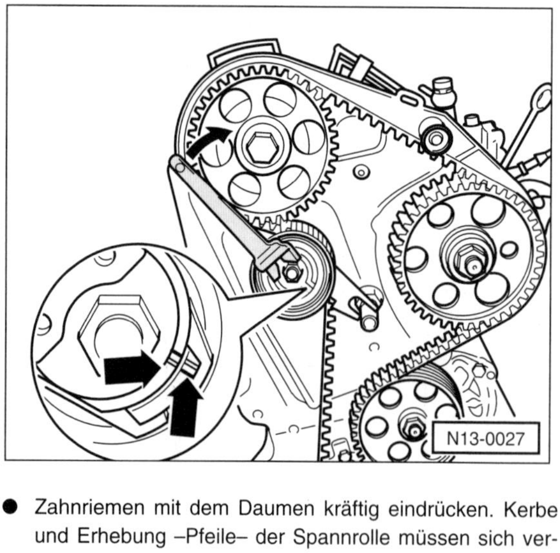

- Zahnriemen mit dem Daumen kräftig eindrücken. Kerbe und Erhebung –Pfeile– der Spannrolle müssen sich verschieben.

- Zahnriemen loslassen. Die Spannrolle muß wieder in die Ausgangslage zurückgehen.

Zahnriemenspannung prüfen

- Kerbe und Erhebung –Pfeile– auf der Zahnriemen-Spannrolle müssen übereinstimmen.
- Stimmen die Markierungen nicht überein, Zahnriemenspannung einstellen, siehe Kapitel »Zahnriemen einbauen«.

Achtung: Falls die Zahnriemenspannung verändert wurde, muß der Förderbeginn geprüft und gegebenenfalls eingestellt werden, siehe Seite 68.

Zahnriemen aus- und einbauen/ Motorsteuerung einstellen

Die Motorsteuerung wird normalerweise nur nach Reparaturen, bei denen der Zahnriemen ausgebaut wurde, eingestellt. Soll die Motorsteuerung nur überprüft werden, sind alle Arbeitsschritte außer dem Ausbau des Zahnriemens auszuführen.

Achtung: Beim Direkteinspritzer muß nach dem Einbau des Zahnriemens der Einspritzbeginn dynamisch, also bei laufendem Motor, geprüft beziehungsweise eingestellt werden (Werkstattarbeit, da elektronisches Meßgerät erforderlich).

Ausbau

- Kurbelwelle auf OT für Zylinder 1 stellen und Einstellung nicht mehr verändern.

Motor auf OT für Zylinder 1 stellen

- Oberen Zahnriemenschutz ausbauen.
- Zylinderkopfdeckel ausbauen.
- Motor-Kurbelwelle drehen bis sich die Nockenwelle in OT-Stellung befindet.
- Das Durchdrehen des Motors (Kurbelwelle) kann auf mehrere Arten erfolgen:
  1. Fahrzeug seitlich vorn aufbocken. Fünften Gang einlegen, Handbremse anziehen. Angehobenes Vorderrad durchdrehen. Dadurch dreht sich auch die Motor-Kurbelwelle. Zum Drehen des Rades wird eine Hilfsperson benötigt.
  2. Fahrzeug auf ebene Fläche stellen. Fünften Gang einlegen. Fahrzeug vor- oder zurückschieben.
  3. Kurbelwelle an der Zentralschraube des Schwingungsdämpfers mit 12-kant-Stecknuß SW 19 (z.B. HAZET 880TZ19) durchdrehen. Vorher Fahrzeug aufbocken und Riemenscheibenverkleidung abziehen, Getriebe in Leerlaufstellung schalten.

Achtung: Motor **nicht** an der Befestigungsschraube des Nockenwellenrades durchdrehen. Dadurch wird der Zahnriemen überbeansprucht.

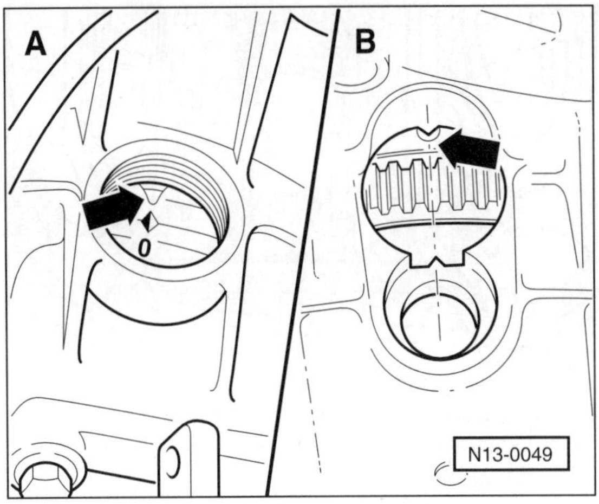

- Kunststoff-Abdeckkappe aus der Bohrung in der Kupplungsglocke herausziehen.
- Motor durchdrehen bis die OT-Markierung –O– am Schwungrad genau mit der Bezugsmarke fluchtet –Pfeil–. Der Kolben des 1. Zylinder steht dann im oberen Totpunkt (OT). Abbildung –A– zeigt die Motoren 1Y, AAZ und AEY, Abbildung –B– die Motoren 1Z, AHU, AFN.

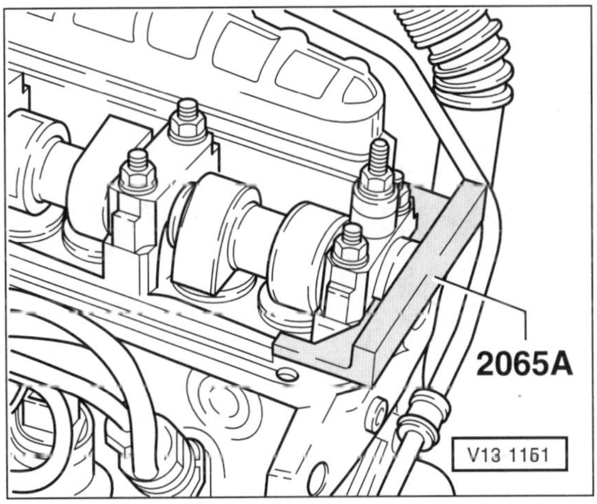

- Nockenwelle mit Einstellineal arretieren. Das Einstellineal VW-2065 A muß sich ohne Widerstand in die Nut am hinteren Ende der Nockenwelle einsetzen lassen. Wenn nicht, Kurbelwelle um eine Umdrehung weiterdrehen. Der Motor steht dann in Zünd-OT für Zylinder 1. Steht das Spezialwerkzeug nicht zur Verfügung, Lineal wie in Abbildung V-1017 dargestellt, anfertigen.
- Die Nockenwelle wird mit dem Einstellineal VW-2065 A in OT-Stellung arretiert. Das Einstellineal verhindert, daß sich die Nockenwelle verdrehen kann. Gegebenenfalls Einstellineal wie folgt ausmitteln.

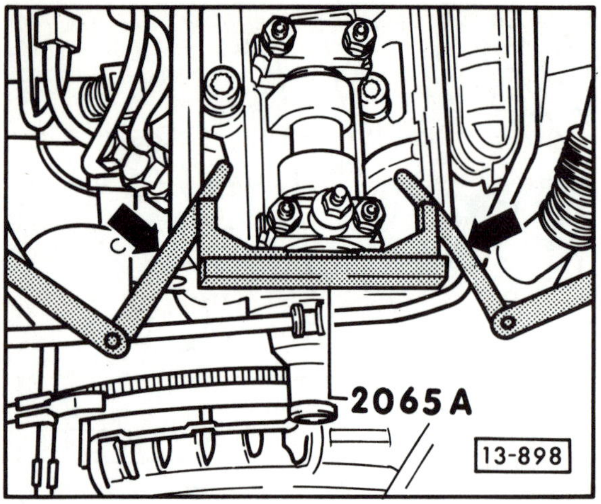

- **Einstellineal ausmitteln:** Dazu arretierte Nockenwelle so verdrehen, bis ein Ende des Einstellineals am Zylinderkopf aufstößt. Am anderen Ende des Lineals mit Fühlerlehre das entstandene Spiel messen. Fühlerlehre mit halbiertem Spielmaß zwischen Einstellineal und Zylinderkopf einschieben. Nockenwelle nun so drehen, bis das Einstellineal auf der Fühlerlehre aufliegt. Zweite Fühlerlehre mit gleichem Maß am anderen Ende zwischen Einstellineal und Zylinderkopf einführen.

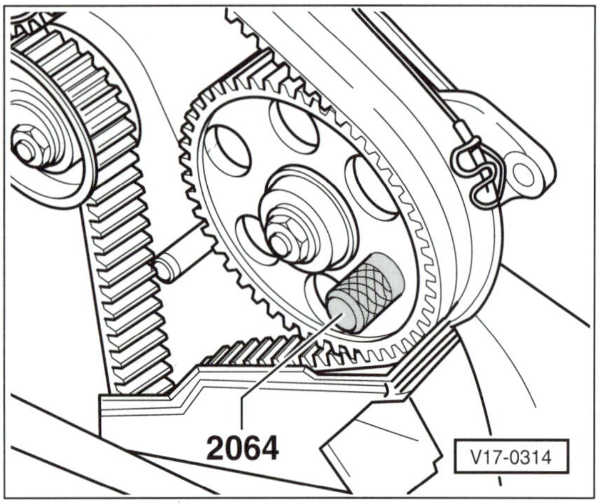

- **Riementrieb mit einteiligem Einspritzpumpenrad:** Jetzt muß der Absteckdorn VW-2064 in die Bohrung für Einspritzpumpenrad und Einspritzpumpenhalter passen. Durch den Absteckdorn wird das Einspritzpumpenrad arretiert. Der Dorn kann auch selbst hergestellt werden, siehe Zeichnung V-1017.

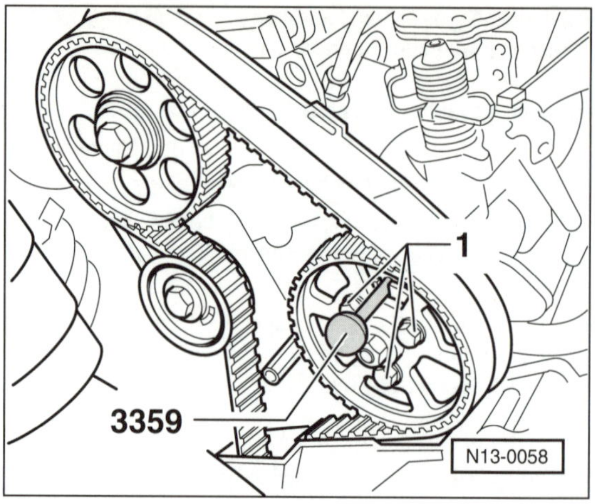

- **Riementrieb mit zweiteiligem Einspritzpumpenrad:** Jetzt muß der Absteckdorn VW-3359 in die Bohrung der Nabe für Einspritzpumpenrad und Einspritzpumpenhalter passen. Durch den Absteckdorn wird das Einspritzpumpenrad arretiert.
- Läßt sich der Dorn nicht in die Bohrung am Einspritzpumpenhalter eindrücken, muß die Motorsteuerung neu eingestellt werden.
- Laufrichtung auf dem Zahnriemen mit Filz- oder Fettstift durch einen Pfeil kennzeichnen. Der Motor dreht, von der Zahnriemenseite aus gesehen, rechts herum, also im Uhrzeigersinn.
- Fahrzeug aufbocken.
- Riemenscheibenabdeckung nach unten abziehen.
- Keilrippenriemen ausbauen, siehe Seite 35.
- Falls vorhanden, Spannrolle für Keilrippenriemen ausbauen.
- Riemenscheibe/Schwingungsdämpfer an der Kurbelwelle mit Innensechskantschlüssel SW 6 abschrauben.
- Riemenscheibe für Kühlmittelpumpe mit Innensechskantschlüssel SW 6 abschrauben. Damit sich beim Lösen der Schrauben die Riemenscheibe nicht mitdreht, Schraubendreher zwischen Schraubenkopf und Welle einsetzen und gegenhalten. Zuerst alle 3 Schrauben lösen, dann herausdrehen.
- Unteren Zahriemenschutz ausbauen.
- Motoren mit halbautomatischer Spannrolle: Umlenkrolle ausbauen.
- Zahnriemen entspannen und Zahnriemen abnehmen.

Achtung: Der Zahnriemen darf nicht geknickt werden. Ein einmal geknickter Zahnriemen muß immer ersetzt werden, da der Riemen im späteren Betrieb reißen kann, was zu schweren Motorschäden führt.

Achtung: Wenn die Nockenwelle bei abgenommenem Zahnriemen gedreht wird, darf kein Kolben auf OT stehen. Es können sonst beim Drehen der Nockenwelle die Ventile auf den Kolben aufschlagen und dadurch schwerwiegende Schäden an Kolben oder Ventilen entstehen.

Soll die Nockenwelle gedreht werden, vorher alle Kolben gleichmäßig auf halbe Höhe stellen. Dazu oben an der Kurbelwellen-Riemenscheibe einen Kreidestrich anbringen (Voraussetzung: Kurbelwelle steht in OT-Stellung für Zylinder 1), dann Kurbelwellen-Riemenscheibe um ¼ Umdrehung (90°) nach links oder rechts drehen. Die Kreidemarkierung zeigt nun nach rechts oder nach links.

Einbau

Achtung: Zunächst wird der Einbau des Zahnriemens für den **Riementrieb mit einteiligem Einspritzpumpenrad** (bis 9/94) beschrieben. Die Einbaubeschreibung für den **Riementrieb bei zweiteiligem Einspritzpumpenrad** (ab 10/94) folgt danach.

- In der Getriebeöffnung prüfen, ob OT-Markierung am Schwungrad und Bezugsmarke übereinstimmen.

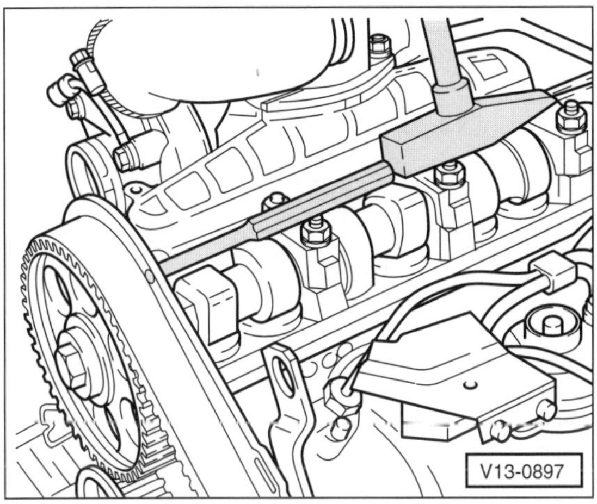

- Befestigungsschraube des Nockenwellenrades um ½ Umdrehung lösen. Nockenwellenrad durch Hammerschlag mit einem Dorn durch die 6 mm-Bohrung im hinteren Zahnriemenschutz vom Konus der Nockenwelle lösen.

Achtung: Besonderheiten bei Motoren mit **zweiteiligem Einspritzpumpenrad** stehen am Ende des Kapitels.

- Zahnriemen auflegen. **Achtung:** Wird der bisherige Zahnriemen wiederverwendet, unbedingt Laufrichtung beachten. Der Einbau des Zahnriemens in umgekehrter Laufrichtung kann zum Reißen des Riemens und dadurch zu Motorschäden führen. Daher Zahnriemen immer so einbauen, daß der angebrachte Pfeil in Drehrichtung des Motors zeigt (von vorn gesehen in Uhrzeigersinn).
- Absteckdorn für Einspritzpumpenrad entfernen.

Motoren *ohne* halbautomatische Spannrolle:

- Zahnriemen spannen, siehe Seite 18.
- Mutter für Spannrolle mit **45 Nm** festziehen.
- Befestigungsschraube für Nockenwellenrad mit **45 Nm** festziehen.
- Einstellineal entfernen.
- Kurbelwelle 2 Umdrehungen in Motordrehrichtung weiterdrehen und Zahnriemenspannung nochmals auf Sollwert überprüfen, gegebenenfalls nachspannen.

Motoren mit halbautomatischer Spannrolle:

- Umlenkrolle einbauen und mit **25 Nm** anschrauben.

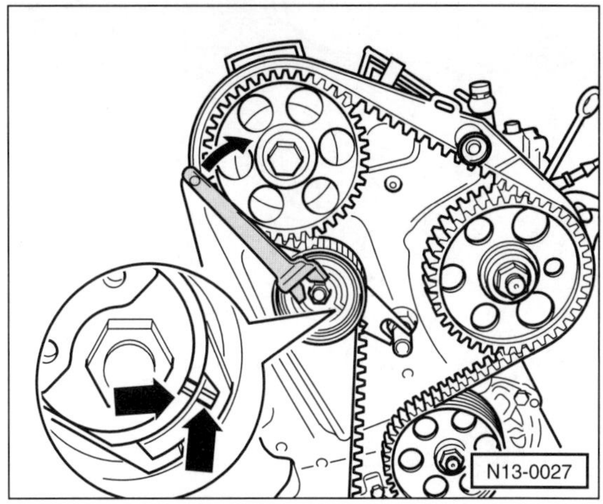

- Spannrolle mit Mutterndreher (z. B. HAZET 2587) nach rechts drehen, bis sich an der Spannrolle Kerbe und Erhebung –Pfeile– gegenüber stehen.
- Klemmutter an der Spannrolle mit **20 Nm** festziehen.
- Nochmals prüfen, ob OT-Markierung am Schwungrad und Bezugsmarke übereinstimmen.
- Befestigungsschraube für Nockenwellenrad mit 45 Nm festziehen.
- Einstellineal entfernen.

- Untere Zahnriemenabdeckung anbauen.
- Schwingungsdämpfer und Keilriemenscheibe anschrauben.
- Keilrippenriemen einbauen und spannen. Falls vorhanden, Keilriemen einbauen und spannen, siehe Seite 35.
- Riemenscheibenabdeckung von unten aufschieben und einclipsen.
- Fahrzeug ablassen.
- Zylinderkopfdeckeldichtung auflegen, Zylinderkopfdeckel aufschrauben. Muttern mit 10 Nm anziehen.
- Kunststoff-Abdeckkappe in die Bohrung der Kupplungsglocke einsetzen.
- Zahnriemenschutz oben anbauen.
- **Motor 1Y, AAZ, 1Z:** Förderbeginn der Einspritzpumpe prüfen, siehe Seite 68.
- **Motor 1Z, AHU, AFN, AEY:** Einspritzbeginn der Einspritzpumpe dynamisch prüfen (Werkstattarbeit)

Einbau

Riementrieb mit zweiteiligem Einspritzpumpenrad:

- In der Getriebeöffnung prüfen, ob die OT-Markierung am Schwungrad mit der Bezugsmarke übereinstimmt.

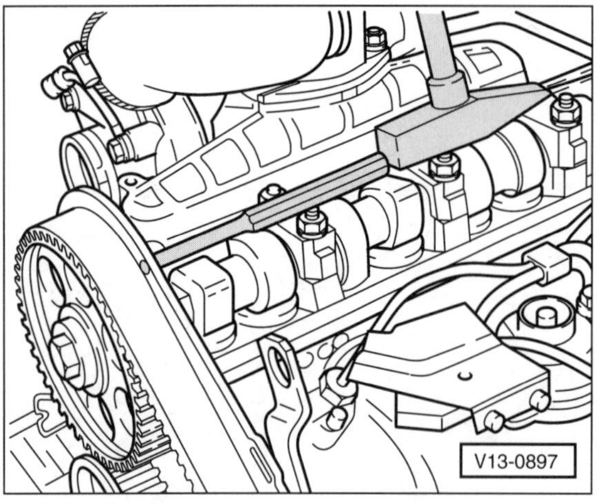

V13-0897

- Befestigungsschraube des Nockenwellenrades um ½ Umdrehung lösen. Nockenwellenrad durch Hammerschlag mit einem Dorn durch die Öffnung im hinteren Zahnriemenschutz vom Konus der Nockenwelle lösen.
- Nockenwellenrad abschrauben und abnehmen.
- Zahnriemen auf Kurbelwellen-Zahnrad, Zwischenwellenrad, Einspritzpumpenrad und Spannrolle auflegen. **Achtung:** Wird der bisherige Zahnriemen wiederverwendet, unbedingt Laufrichtung beachten. Der Einbau des Zahnriemens in umgekehrter Laufrichtung kann zum Reißen des Riemens und dadurch zu Motorschäden führen. Daher Zahnriemen immer so einbauen, daß der angebrachte Pfeil in Drehrichtung des Motors zeigt, also von der Zahnriemenseite her gesehen, in Uhrzeigersinn.
- Nockenwellenrad zusammen mit Zahnriemen aufsetzen und anschrauben. Schraube nur soweit festziehen, daß das Nockenwellenrad auf dem Zapfen noch verdrehbar ist.

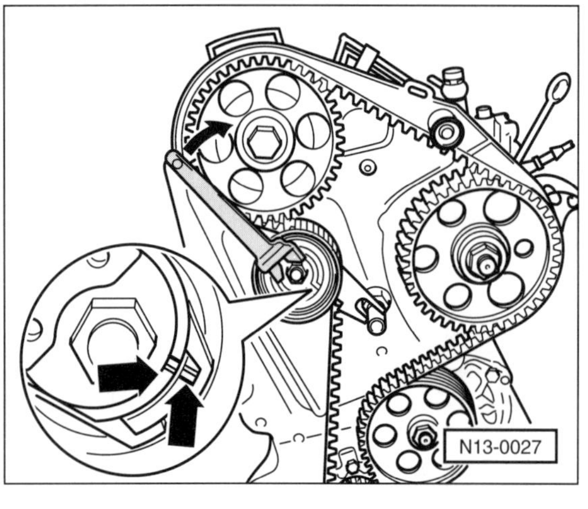

N13-0027

- Spannrolle mit geeignetem Mutterndreher, z. B. HAZET 2587, nach rechts drehen, bis sich Kerbe und Erhebung –Pfeile– gegenüber stehen. Die Zahnriemenspannung wird dann durch die Spannrolle immer konstant gehalten.
- Mutter für Spannrolle mit **20 Nm** festziehen.
- OT-Stellung am Schwungrad prüfen, dann Befestigungsschraube für Nockenwellenrad mit **45 Nm** festziehen.
- Befestigungsschrauben für Einspritzpumpenrad mit **25 Nm** festziehen.
- Absteckdorn für Einspritzpumpenrad entfernen.
- Einstellineal für Nockenwelle entfernen.
- Kurbelwelle 2 Umdrehungen in Motordrehrichtung weiterdrehen und wieder auf Zünd-OT für Zylinder 1 stellen.

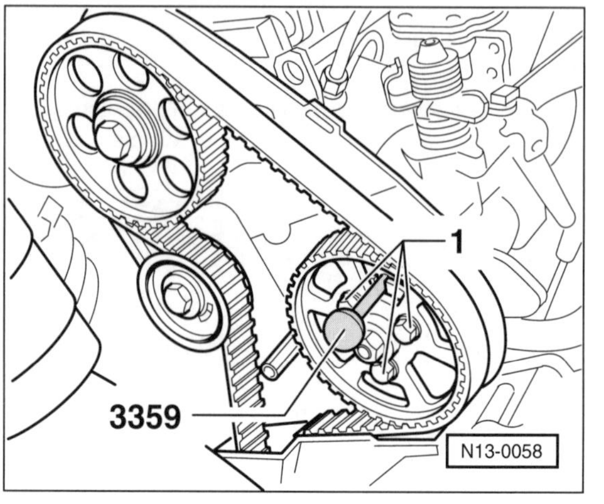

N13-0058

- Einspritzpumpenrad mit Absteckdorn arretieren. Falls das nicht möglich ist, Befestigungsschrauben –1– lösen und Nabe des Einspritzpumpenrades verdrehen, bis der Stift paßt. Einspritzpumpenrad in dieser Stellung mit **25 Nm** festziehen. Siehe auch »Förderbeginn der Einspritzpumpe prüfen« auf Seite 68.
- Untere Zahnriemenabdeckung, Schwingungsdämpfer und Riemenscheibe anbauen.
- Keilrippenriemen auflegen und spannen, siehe Seite 35.
- Fahrzeug ablassen.
- Zylinderkopfdeckeldichtung auflegen, Zylinderkopfdeckel aufschrauben. Muttern mit 10 Nm anziehen.
- Obere Zahnriemenabdeckung einbauen.
- Kunststoff-Abdeckkappe in die Bohrung der Kupplungsglocke einsetzen.

Der Zylinderkopf

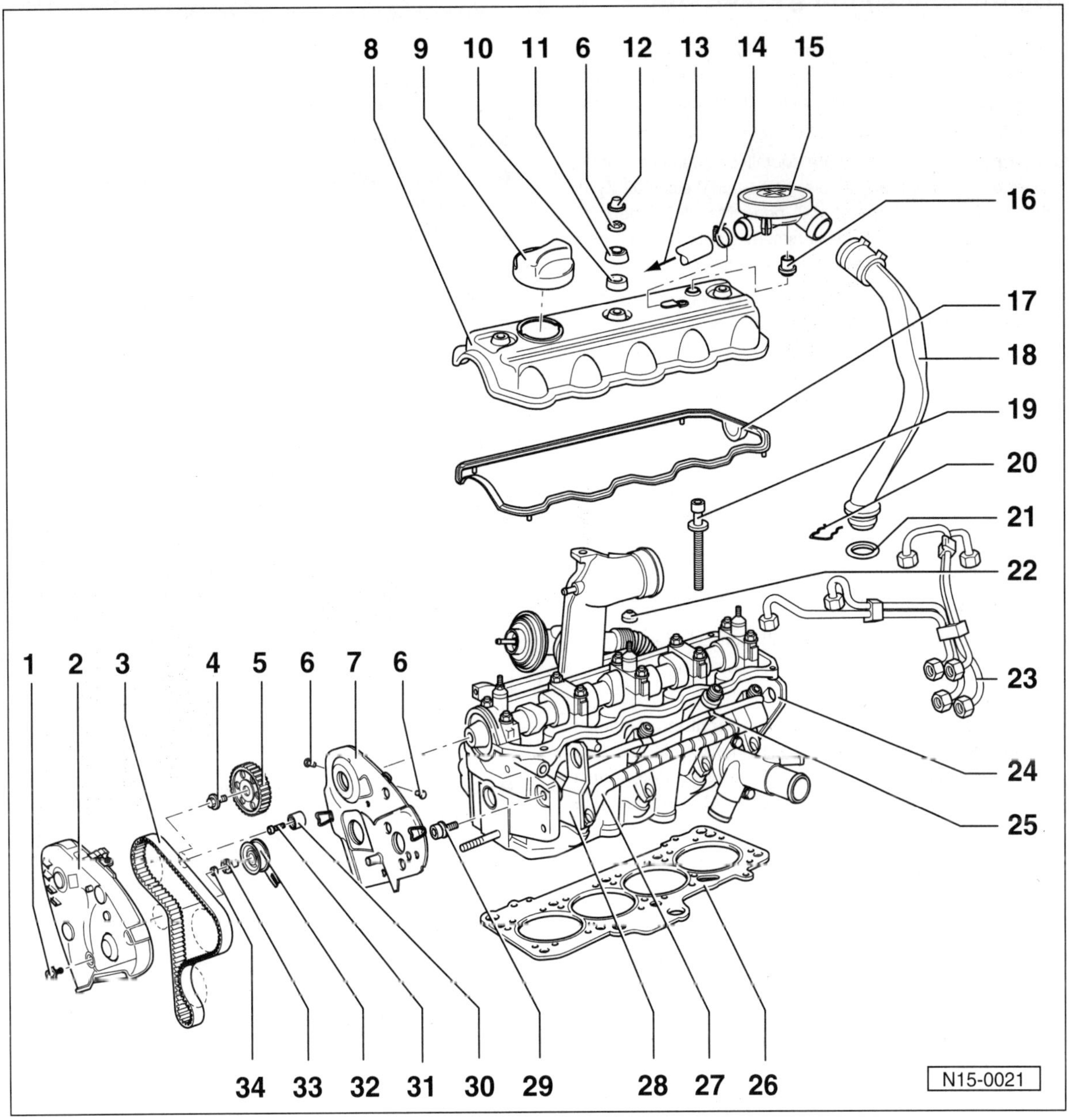

1 – **Spreizclip**
2 – **Zahnriemenschutz-Oberteil**
3 – **Zahnriemen**
4 – **Schraube, 45 Nm**
5 – **Nockenwellenrad**
6 – **Schraube, 10 Nm**
7 – **Zahnriemenschutz hinten**
8 – **Zylinderkopfdeckel**
9 – **Verschlußdeckel**
10 – **Dichtscheibe oben**
11 – **Tellerscheibe**
12 – **Abdeckkappe**
13 – **zum Ansaugschlauch**
14 – **Halteschelle**
15 – **Druckregelventil**
Für Kurbelgehäuse-Entlüftung.
16 – **Dichtung**
17 – **Dichtung für Zylinderkopfdeckel**
Bei Beschädigung ersetzen. Noppen in die Bohrungen am Zylinderkopf einsetzen.
18 – **Kurbelgehäuse-Entlüftung**
19 – **Zylinderkopfschraube**
20 – **Halteklammer**
21 – **O-Ring**
22 – **Dichtkegel unten**
23 – **Einspritzleitungen, 25 Nm**
Leitungssatz immer komplett ausbauen. Biegeform nicht verändem
24 – **Zylinderkopf**
25 – **Einspritzdüse**
26 – **Zylinderkopfdichtung**
27 – **Glühkerze**
Anzugsdrehmoment
bei Motor AEY, 1Z, AHU, AFN: **15 Nm,**
bei Motor 1Y, AAZ: **25 Nm.**
28 – **Aufhangeöse**
29 – **Schraube, 20 Nm**
30 – **Umlenkrolle**
Nur Motor AEY, 1Z, AHU, AFN.
31 – **Schraube 25 Nm**
32 – **Spannrolle**
Abgebildet ist die halbautomatische Spannrolle für Motor AEY, 1Z, AHU, AFN.
33 – **Exzenter**
Für halbautomatische Spannrolle.
34 – **Schraube, 45 Nm**
Bei halbautomat. Spannrolle: **20 Nm.**

Zylinderkopf aus- und einbauen/ Zylinderkopfdichtung ersetzen

Zylinderkopf nur bei abgekühltem Motor (Raumtemperatur) ausbauen. Der Abgaskrümmer bleibt angeschlossen. Der Zylinderkopf kann bei eingebautem Motor aus- und eingebaut werden.

Achtung: Ab 11/93 wird eine Metall-Zylinderkopfdichtung verwendet. Bei Fahrzeugen bis 10/93 mit Weichstoff-Zylinderkopfdichtung im Reparaturfall neue Metall-Zylinderkopfdichtung einbauen und Wirbelkammern ersetzen. Nach dem Ersetzen das gesamte Kühlmittel erneuern.

Eine defekte Zylinderkopfdichtung ist an einem oder mehreren der folgenden Merkmale erkennbar:

- Leistungsverlust.
- Kühlflüssigkeitsverlust. Weiße Abgaswolken bei warmem Motor.
- Ölverlust.
- Kühlflüssigkeit im Motoröl, Ölstand nimmt nicht ab, sondern zu. Graue Farbe des Motoröls, Schaumbläschen am Peilstab, Öl dünnflüssig.
- Motoröl in der Kühlflüssigkeit.
- Kühlflüssigkeit sprudelt stark.
- Keine Kompression auf 2 benachbarten Zylindern.

Ausbau

- Batterie-Massekabel (–) abklemmen. **Achtung:** Dadurch werden die elektronischen Speicher gelöscht, zum Beispiel der Radiocode. Vor dem Abklemmen sollten auch die Hinweise im Kapitel »Radio« bzw. »Batterie aus- und einbauen« durchgelesen werden.
- Luftansaugschlauch zwischen Saugrohr und Luftfilter abziehen, vorher Schlauchschellen lösen.
- Kühlmittel ablassen.
- Kühlmittelstutzen vorn und links am Zylinderkopf abschrauben und mit angeschlossenen Schläuchen zur Seite legen.
- Elektrische Leitung vom 0,3-bar-Öldruckschalter links am Zylinderkopf abziehen.
- Elektrischen Anschluß von den Glühkerzen abschrauben.
- Glühkerzen ausbauen, siehe Seite 60.
- Einspritzleitungen an den Anschlüssen der Pumpe und den Einspritzdüsen mit Kaltreiniger reinigen und abschrauben. Öffnungen mit entsprechenden Kappen verschließen, damit kein Schmutz in die Leitungen eindringen kann. **Achtung:** Biegeform der Leitungen nicht verändern.
- Einspritzdüsen ausbauen, siehe Seite 67.
- Schlauch für Kurbelgehäuseentlüftung am Saugrohr abziehen, vorher Schelle lösen. Schlauch am Kurbelgehäuse abziehen, vorher Halteklammer seitlich mit Schraubendreher herausziehen. Dichtring aus der Bohrung herausnehmen.
- Fahrzeug aufbocken.
- Abgasrohr am Abgaskrümmer beziehungsweise am Turbolader abschrauben. Abgasanlage etwas absenken und mit Draht aufhängen, siehe auch Seite 78.
- Obere Zahnriemenabdeckung ausbauen, siehe Seite 19.
- Zahnriemen entspannen und oben von der Nockenwelle abnehmen, siehe Seite 19.
- Nockenwellenrad ausbauen, siehe Seite 28.
- Befestigungsschrauben für hinteren Zahnriemenschutz herausdrehen.
- Zylinderkopfdeckel abschrauben, siehe Abbildung 15-837.
- Dichtung für Zylinderkopfdeckel abnehmen.

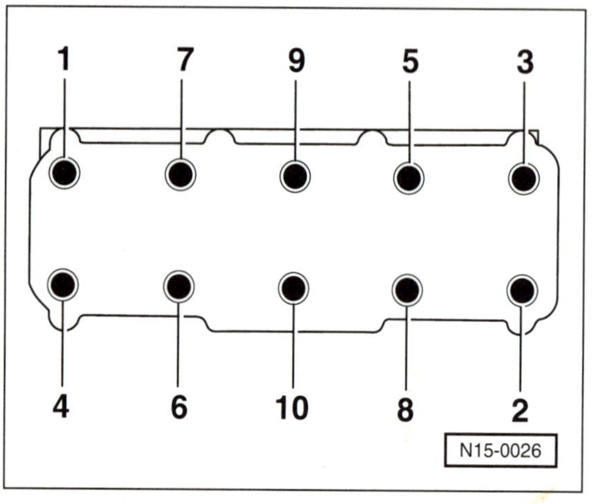

- Zylinderkopfschrauben in der angegebenen Reihenfolge zunächst ½ Umdrehung lösen und dann in derselben Reihenfolge ganz herausdrehen.
- Prüfen, ob sämtliche Leitungen und Schläuche, die zum Zylinderkopf führen, abgezogen sind.
- Zylinderkopf abheben und auf zwei Holzleisten legen. Dabei hintere Zahnriemenabdeckung etwas zurückdrücken.
- Zylinderkopfdichtung abnehmen.

Einbau

Vor dem Einbau Zylinderkopf und Motorblock mit geeignetem Schaber vorsichtig von Dichtungsresten freimachen. Darauf achten, daß kein Schmutz in die Motorblock-Öffnungen fällt. Bohrungen mit Lappen verschließen.

Darauf achten, daß keine langgezogenen Riefen oder Kratzer entstehen. Falls Schleifpapier verwendet wird, darf die Körnung nicht unter 100 liegen.

- Prüfen, ob die Bohrungen für die Zylinderkopfschrauben frei von Öl sind, gegebenenfalls Öl entfernen. Dazu einen sauberen Lappen in die Bohrungen einführen und Öl aufsaugen. **Achtung:** Verbleibt Öl in den Bohrungen, kann beim Anziehen der Schrauben der Motorblock beschädigt werden.

Achtung: Falls der Zylinderkopf ersetzt wird, darauf achten, daß die mitgelieferten Plastikunterlagen zum Schutz der offenen Ventile erst unmittelbar vor dem Aufsetzen des Zylinderkopfes entfernt werden.

- Prüfen, ob die Bohrungen für die Zylinderkopfschrauben frei von Öl sind, gegebenenfalls Öl entfernen. Dazu einen sauberen Lappen in die Bohrungen einführen und Öl aufsaugen. **Achtung:** Verbleibt Öl in den Bohrungen, kann beim Anziehen der Schrauben der Motorblock beschädigt werden.

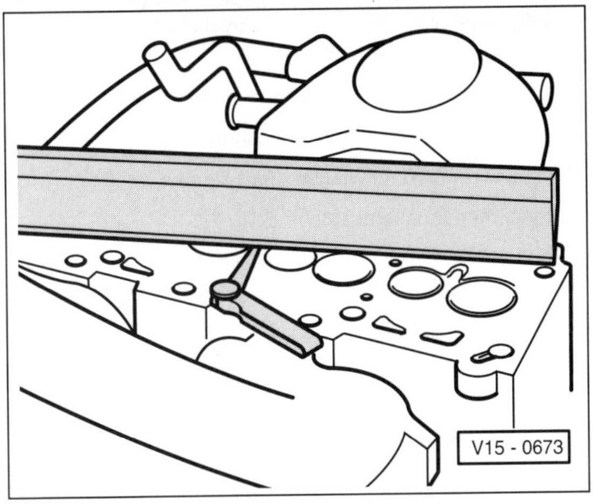

- Zylinderkopf mit Stahllineal auf Verzug prüfen.
- Verzug mit Stahllineal und Fühlerblattlehre an verschiedenen Stellen des Zylinderkopfes prüfen. Die zulässigen Unebenheiten dürfen maximal 0,1 mm nicht überschreiten.

Achtung: Der Diesel-Zylinderkopf darf **nicht** nachgearbeitet werden.

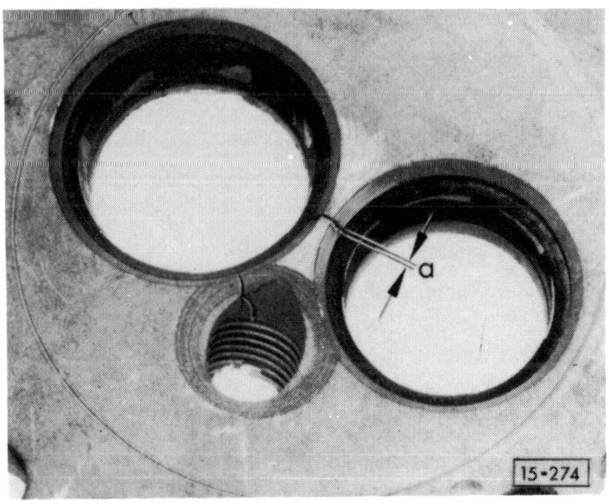

- Zylinderköpfe mit Rissen zwischen den Ventilsitzen beziehungsweise dem Ventilsitzring und den ersten Gewindegängen des Zündkerzengewindes können ohne Herabsetzung der Lebensdauer weiterverwendet und überholt werden, wenn der oder die Risse eine Breite von a = max. 0,5 mm nicht überschreiten.
- Zylinderkopfdichtung grundsätzlich ersetzen.

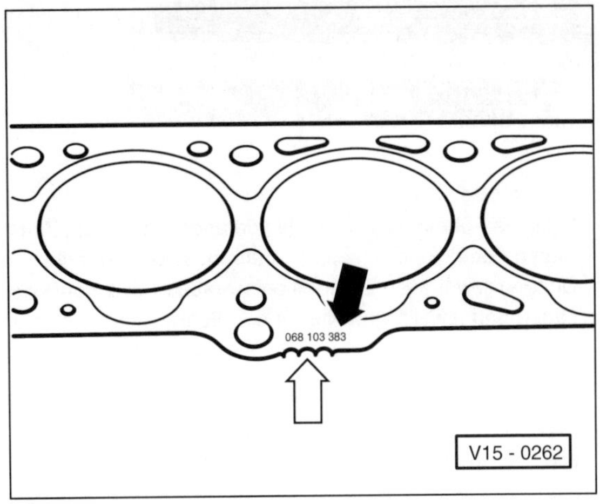

- Je nach Kolbenüberstand werden in der Dicke unterschiedliche Zylinderkopfdichtungen eingebaut. Beim Ersetzen der Dichtung Kennzeichnung beachten und nur eine neue Dichtung gleicher Kennzeichnung einbauen. Schwarzer Pfeil = Ersatzteil-Nummer, weißer Pfeil = Kerben beziehungsweise Löcher.
- Bei Einbau neuer Kolben oder eines Teilemotors muß der Überstand der Kolben im OT gemessen werden. Entsprechend dem größten Kolbenüberstand muß die passende Zylinderkopfdichtung ausgewählt werden. Die Zylinderkopfdichtung ist in 3 Stärken erhältlich (Werkstattarbeit).
- Zylinderkopfdichtung sorgfältig behandeln. Beschädigungen der Silikonschicht und im Sickenbereich führen zu Undichtigkeiten. Neue Dichtung erst unmittelbar vor dem Einbau aus der Verpackung nehmen.

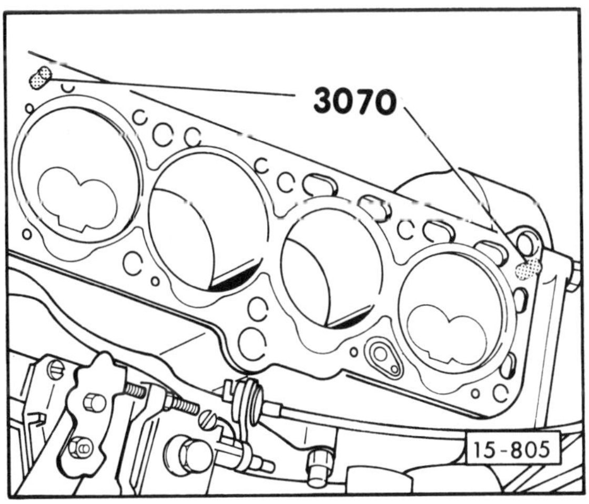

- Vor dem Aufsetzen des Zylinderkopfes Führungsbolzen 3070 in die äußeren Bohrungen auf der Ansaugseite einschrauben.

A 9319

- Falls die Führungsbolzen nicht vorhanden sind, zum Zentrieren des Zylinderkopfes Führungsstifte anfertigen. Dazu an zwei alten Zylinderkopfschrauben den Kopf absägen und jeweils eine Nut für den Schraubendreher anbringen.
- Führungsstifte in die Bohrungen 8 und 10 einschrauben.
- Kurbelwelle an der Riemenscheibe so verdrehen, daß alle Kolben ungefähr auf gleicher Höhe stehen.
- Zylinderkopf aufsetzen. Bei neuem Zylinderkopf vorher Plastikunterlagen für Ventilschutz abnehmen.
- Die übrigen 8 Zylinderkopfschrauben mit Unterlegscheiben ansetzen und handfest anziehen. **Zylinderkopfschrauben grundsätzlich ersetzen.**
- Führungsstifte mit Schraubendreher herausschrauben, die restlichen 2 Zylinderkopfschrauben mit Unterlegscheiben einsetzen und handfest anziehen.

Achtung: Zylinderkopfschrauben grundsätzlich ersetzen. Das Anziehen der Zylinderkopfschrauben ist mit größter Sorgfalt durchzuführen. Vor dem Anziehen der Schrauben sollte der Drehmomentschlüssel auf seine Genauigkeit geprüft werden. Die Zylinderkopfschrauben müssen bei kaltem Motor angezogen werden.

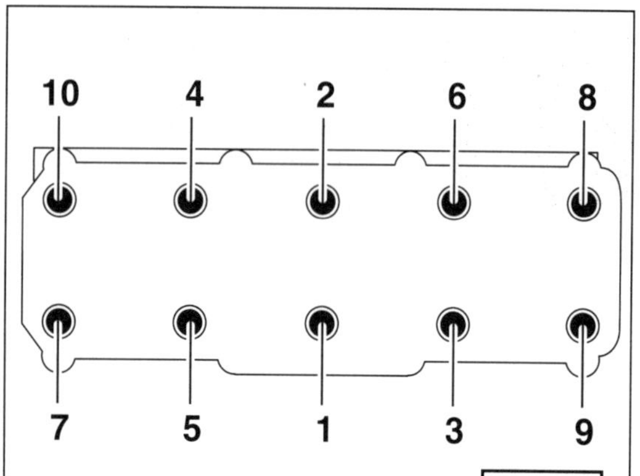

V15 - 0738

- Die Zylinderkopfschrauben werden in 4 Stufen angezogen. Schrauben in jeder Stufe jeweils in der Reihenfolge von 1 bis 10 anziehen. Die Werte gelten für alle Motoren:

1. Stufe: mit Drehmomentschlüssel **40 Nm**
2. Stufe: mit Drehmomentschlüssel **60 Nm**
3. Stufe: **1/4 Umdrehung (90°)** mit **starrem** Schlüssel ohne abzusetzen weiterdrehen.
4. Stufe: **1/4 Umdrehung (90°)** mit **starrem** Schlüssel ohne abzusetzen weiterdrehen.

- Beim Anziehen der Zylinderkopfschrauben Drehwinkel abschätzen. Schlüsselgriff längs zum Motor ansetzen und in einem Zug drehen, bis der Griff quer zum Motor steht (1/4 Umdrehung = 90°).

Achtung: Ein Nachziehen der Zylinderkopfschrauben bei warmem Motor, im Rahmen der Wartung oder nach Reparaturen, ist **nicht zulässig.**

Hinweis: Beim Einbau eines Austausch-Zylinderkopfes mit montierter Nockenwelle müssen die Berührungsflächen zwischen Tassenstößel und Nockenbahn nach Einbau des Zylinderkopfes geölt werden.

- Kurbelwelle auf OT für Zylinder 1 stellen, siehe Seite 19.
- Hinteren Zahnriemenschutz anschrauben.
- Nockenwellenrad mit **45 Nm** anschrauben.
- Zahnriemen montieren, siehe Seite 19.
- Dichtung für Zylinderkopfdeckel einsetzen. Vorher Dichtung auf Beschädigung prüfen, gegebenenfalls ersetzen.
- Zylinderkopfdeckel ansetzen, Muttern mit 10 Nm festziehen, siehe auch Abbildung N15-0021.
- Obere Zahnriemenabdeckung montieren.
- Abgasrohr am Abgaskrümmer montieren, siehe Seite 82.
- Fahrzeug ablassen.
- Luftschlauch zwischen Saugrohr und Luftfilter aufschieben und mit Schellen sichern.
- Kühlmittelstutzen mit angeschlossenen Schläuchen am Zylinderkopf anschrauben.
- Kühlmittel auffüllen. Kühlmittel immer erneuern, insbesondere wenn der Zylinderkopf erneuert wurde, siehe Seite 48.
- Glühkerzen einbauen, siehe Seite 60.
- Einspritzdüsen einbauen, siehe Seite 67.
- Anschlüsse der Einspritzleitungen mit Kaltreiniger säubern. Überwurfmuttern mit 25 Nm festziehen.
- Elektrische Leitung für Glühkerzen anklemmen.
- Förderbeginn der Einspritzpumpe überprüfen, siehe Seite 68.
- Batterie-Massekabel (–) anklemmen.
- Ölstand im Motor prüfen, gegebenenfalls auffüllen. **Achtung:** Wurde der Zylinderkopf aufgrund einer defekten Zylinderkopfdichtung abgebaut, empfiehlt sich ein vorgezogener Ölwechsel einschließlich eines Ölfilterwechsels, da sich im Motoröl Kühlflüssigkeit befinden kann.
- Motor auf Betriebstemperatur bringen. Dazu Motor warmfahren bis die Kühlmittel-Temperaturanzeige normale Betriebstemperatur des Kühlmittels signalisiert. Der Zeiger steht dann auf der +90° C-Marke. Anschließend noch mindestens 5 km weiterfahren, damit auch eine ausreichende Motoröltemperatur sichergestellt ist.
- Kühlmittelstand überprüfen und sämtliche Schlauchanschlüsse auf Dichtheit prüfen.
- Motor abstellen.

Wirbelkammern ersetzen

Die Wirbelkammern müssen beispielsweise ersetzt werden, wenn bei Fahrzeugen bis 10.93 die Zylinderkopfdichtung ersetzt wird.

Ausbau

- Zylinderkopf ausbauen, siehe Seite 24.
- Einspritzdüsen ausbauen, siehe Seite 67.
- Glühkerzen herausschrauben. Achtung: Beim Direkteinspritzer wird dazu ein Gelenkschlüssel benötigt, beispielsweise VW-3220.
- Wirbelkammer mit einem geeigneten Dorn durch die Einspritzdüsenöffnung herausschlagen.
- Anlagefläche der Wirbelkammern im Zylinderkopf von Verbrennungsrückständen reinigen.

Einbau

- Neue Wirbelkammer ansetzen, die Einbaulage wird durch Nut und Führungsnase bestimmt.
- Wirbelkammer mit Kunststoffhammer eintreiben.
- Überstandsmaß der Wirbelkammer mit einer geeigneten Meßuhr ermitteln. Sollwert: max. 0,07 mm.

Achtung: Wird der Sollwert überschritten, muß der Zylinderkopf ersetzt werden.

- Zylinderkopf einbauen.

Nockenwelle/Ventiltrieb

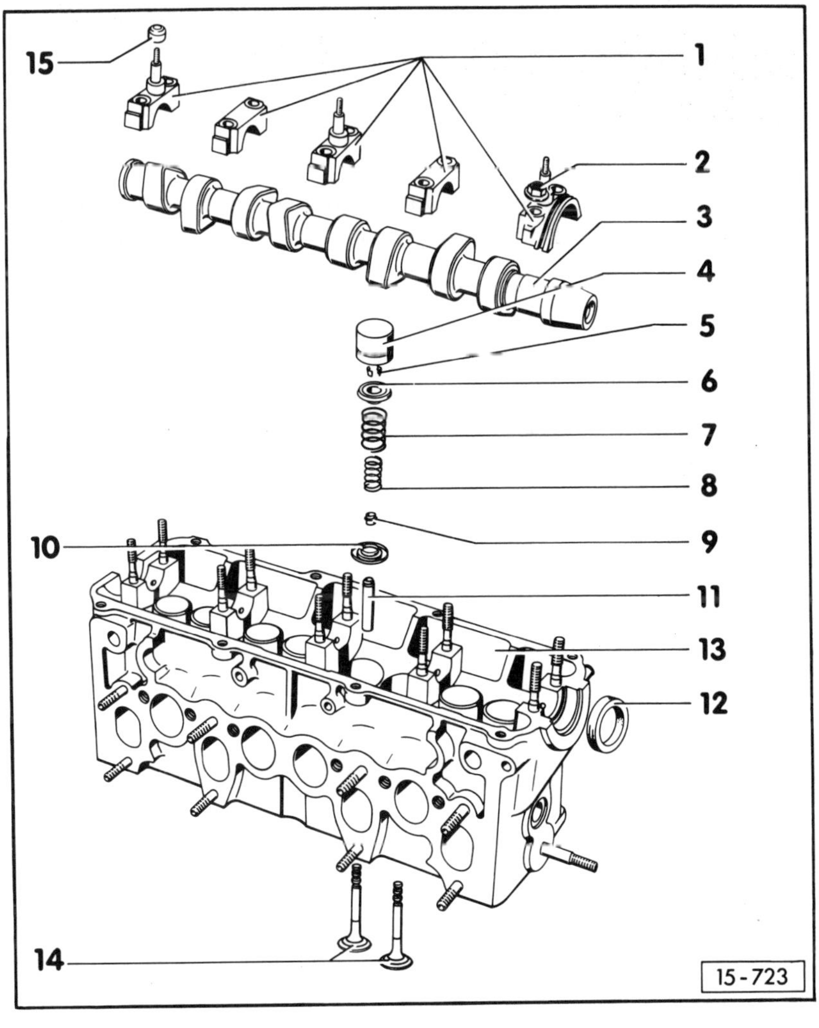

1 – **Lagerdeckel**

2 – **Mutter, 20 Nm**

3 – **Nockenwelle**
Radialspiel mit Plastigage prüfen, Verschleißgrenze: 0,11 mm, Schlag maximal 0,01 mm.

4 – **Hydraulischer Tassenstößel**
Vor dem Einbau Axialspiel der Nockenwelle prüfen. Lauffläche ölen. **Nicht** vertauschen. Mit der Lauffläche nach unten ablegen.

5 – **Ventilkegelstücke**

6 – **Ventilfederteller oben**

7 – **Ventilfeder außen**

8 – **Ventilfeder innen**

9 – **Ventilschaftabdichtung**

10 – **Ventilfederteller unten**

11 – **Ventilführung**

12 – **Dichtring**
Zum Aus- und Einbauen Lagerdeckel abnehmen.

13 – **Zylinderkopf**

14 – **Ventile**

15 – **Dichtkegel unten**

Nockenwelle aus- und einbauen

Ausbau

- Oberen Zahnriemenschutz ausbauen, siehe Seite 19.
- Zylinderkopfdeckel ausbauen.
- Kurbelwelle auf OT Zylinder 1 stellen, siehe Seite 19.

Achtung: Motorstellung nicht mehr verändern.

- Zahnriemen entspannen und nur oben vom Nockenwellenrad abnehmen, siehe Seite 18.
- Nockenwellenrad von vorn mit einem Dorn arretieren. Dazu einen geeigneten Dorn oder stabilen Schraubendreher durch eine Bohrung im Nockenwellenrad schieben und auf der Oberkante des Zylinderkopfes abstützen. Um eine Beschädigung der Dichtfläche des Zylinderkopfes zu vermeiden, ein Stück Holz unterlegen. Schraubendreher festhalten und Befestigungsschraube für Nockenwelle lösen. Nockenwellenrad abschrauben und abnehmen, gegebenenfalls mit leichten Schlägen eines Gummihammers abtreiben.
- Zuerst Lagerdeckel 5, 1 und 3 ausbauen. Dann Lagerdeckel 2 und 4 abwechselnd über Kreuz lösen.
- Nockenwelle herausnehmen.

Achtung: Falls die Tassenstößel herausgenommen werden, diese kennzeichnen, damit sie an gleicher Stelle wieder eingesetzt werden können. Tassenstößel mit der **Lauffläche** (Nockenwellenseite) **nach unten** ablegen.

Einbau

- Vor dem Einbau kann die Nockenwelle gegebenenfalls von einer Werkstatt auf Schlag geprüft werden. Verschleißgrenze: 0,01 mm.

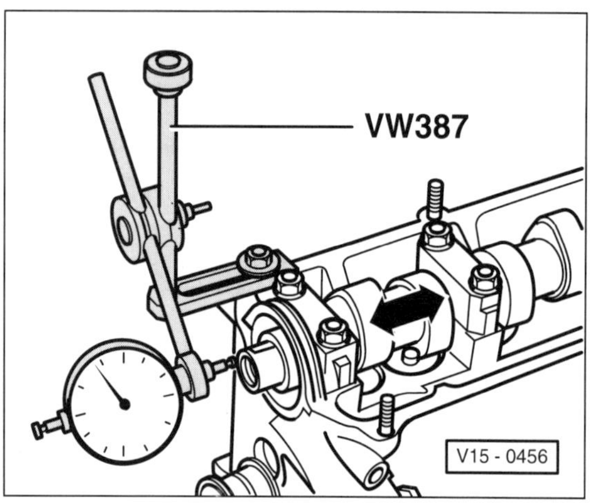

- Wird bei Motoren mit höherer Laufleistung oder Geräuschen im Ventiltrieb die bisherige Nockenwelle wieder eingebaut, ist es zweckmäßig, das Axialspiel prüfen zu lassen. Verschleißgrenze: 0,15 mm. Die Messung erfolgt bei ausgebauten Tassenstößeln und montierten ersten und fünften Lagerdeckeln.
- Neuen Dichtring für Nockenwelle einsetzen. Vorher Dichtlippe und äußeren Rand des Dichtringes leicht einölen.
- Verschlußstopfen bei Beschädigungen erneuern.

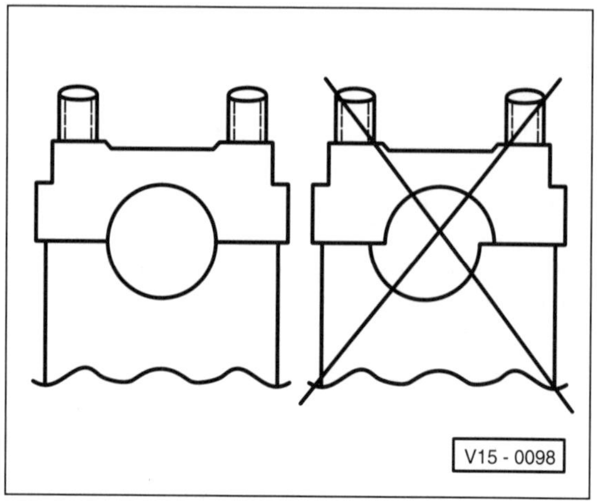

- Lagerdeckel probeweise aufsetzen und auf Mittenversatz der Bohrungen achten. Die Lagerdeckel müssen so aufgesetzt werden, daß die Bohrungen von Lagerdeckel und Zylinderkopf übereinstimmen. Auf Numerierung der Lagerdeckel achten.
- Falls die Tassenstößel herausgenommen waren, Tassenstößel an der gleichen Stelle wieder einsetzen. Tassenstößel leicht einölen und beim Einsetzen nicht verkanten.

Achtung: Die Tassenstößel dürfen nicht vertauscht werden.

- Nockenwelle einölen und einsetzen. **Achtung:** Dabei müssen die Nocken für Zylinder 1 nach oben zeigen. Lagerdeckel entsprechend der Numerierung einsetzen. Auf Mittenversatz achten.
- Lagerdeckel 2 und 4 abwechselnd über Kreuz mit **20 Nm** anziehen.
- Lagerdeckel 5, 1 und 3 einbauen und mit **20 Nm** festziehen. Dabei Lagerdeckel 5 durch leichte Schläge auf die Stirnfläche der Nockenwelle einpassen.
- Nockenwellenrad aufschieben und Schraube handfest anziehen.
- Zahnriemen auf Nockenwellenrad auflegen. Steuerzeiten einstellen, siehe Seite 19.
- Zahnriemen spannen, siehe Seite 18.
- Zylinderkopfdeckel einbauen.
- Zahnriemenschutz oben einbauen.

Achtung: Falls neue Tassenstößel eingebaut wurden, darf der Motor ca. 30 Minuten nicht gestartet werden, sonst setzen die Ventile auf den Kolben auf.

Hydraulische Tassenstößel prüfen

Alle VW-GOLF-/VENTO-Motoren sind mit hydraulischen Tassenstößeln ausgerüstet. Dadurch ergibt sich eine Geräuschminderung im Ventiltrieb, außerdem muß das Ventilspiel im Rahmen der Wartung **nicht** mehr eingestellt werden.

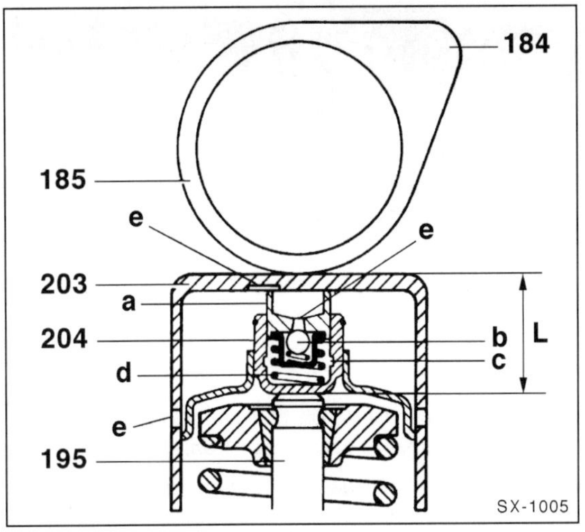

BBei laufendem Motor wird der Tassenstößel –203– entlastet, wenn der Nocken –184– der Nockenwelle –185– nach oben zeigt.

Die Feder –d– drückt dann das Ausgleichelement –204– auseinander, so daß es unten am Ventilschaft –195– anliegt und oben der Druckbolzen –a– den Tassenstößel –203– gegen die Nockenwelle drückt. In dieser Stellung kann über kleine Bohrungen –e– Motoröl in oder aus dem Arbeitsraum –c– fließen. Sobald der Tassenstößel durch den Nocken der sich drehenden Nockenwelle wieder belastet wird, schließt sich das Kugelventil –b– und das eingeschlossene Öl wirkt, da es sich nicht verdichten läßt, wie ein fester Körper. Die Länge –L– wird also bei jeder Umdrehung der Nockenwelle den entsprechenden Größenänderungen der Bauteile im Ventiltrieb angepaßt.

Äußerliches Kennzeichen der hydraulischen Tassenstößel sind eine umlaufende Ölnut und fehlende Einstellscheiben. Reparaturen an den Hydrostößeln sind nicht möglich.

Achtung: Geräusche im Ventiltrieb beim Anlassen des Motors sind normal. Beim Motorstillstand wird je nach Stellung des Nockens mehr oder weniger Öl aus dem einzelnen Ventilstößel herausgedrückt. Dies führt zu Geräuschen, bis sich die Hydrostößel bei laufendem Motor wieder mit Motoröl gefüllt haben. Unter Umständen kann dieser Vorgang so lange dauern, bis der Motor seine Betriebstemperatur erreicht hat. Um eine einwandfreie Funktion der Hydrostößel zu gewährleisten, befindet sich im Zylinderkopf eine Ölrücklaufsperre, welche verhindert, daß sich die Ölkanäle im Zylinderkopf bei abgestelltem Motor vollständig entleeren.

Prüfen

Die hydraulischen Ventilstößel sind zu prüfen, wenn nach Erreichen der Betriebstemperatur Geräusche im Ventiltrieb auftreten.

- Motor warmfahren, dann im Leerlauf drehen lassen, bis der Lüfter für Kühler einschaltet.
- Motordrehzahl 2 Minuten lang auf ca. 2500/min erhöhen.
- Falls die hydraulischen Stößel immer noch laut sind, Motor abstellen und Zylinderkopfdeckel ausbauen.
- Nockenwelle so weit drehen, bis die Nocken des zu prüfenden Zylinders nach oben stehen. Dazu Getriebe in Leerlaufstellung bringen, Handbremse anziehen und Kurbelwelle an der Befestigungsschraube der Riemenscheibe mit geeignetem Schlüssel im Uhrzeigersinn drehen. **Achtung:** Nicht an der Befestigungsschraube des Nockenwellenrades drehen, da hierdurch der Zahnriemen überbeansprucht wird. Die Kurbel- und Nockenwelle können auch folgendermaßen verdreht werden: Fahrzeug auf ebener Fläche abstellen, 5. Gang einlegen und Fahrzeug etwas vor- oder zurückschieben.

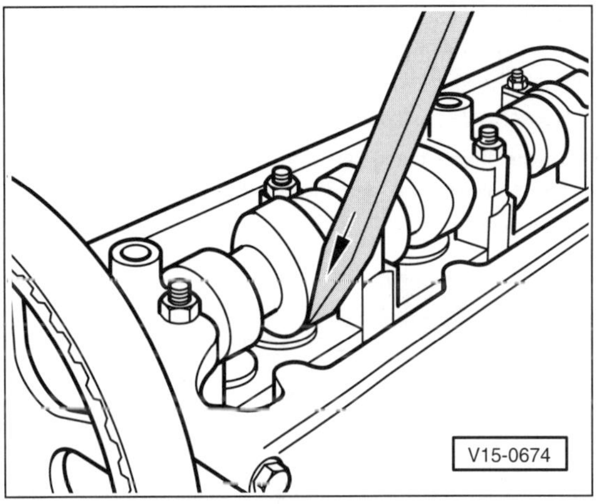

- Tassenstößel mit Holz- oder Kunststoffkeil nach unten drücken. Falls dabei ein Leerweg von mehr als 0,1 mm zu spüren ist, bevor das Ventil bewegt wird, Tassenstößel austauschen.

Achtung: Nach dem Einbau eines neuen Hydrostößels darf der Motor ca. 30 Minuten nicht gestartet werden, sonst kann das Ventil auf dem Kolben aufsetzen und dadurch Kolben und/oder Ventil beschädigen.

Hydraulische Tassenstößel können nicht eingestellt oder instand gesetzt werden. Tassenstößel immer komplett ersetzen.

Ventil aus- und einbauen

Ausbau

- Zylinderkopf ausbauen, siehe Seite 24.

Achtung: Werden Teile der Ventilsteuerung wieder verwendet, müssen diese an gleicher Stelle eingebaut werden. Damit keine Verwechslungen vorkommen, empfiehlt es sich, ein entsprechendes Ablagebrett anzufertigen.

- Nockenwelle ausbauen, siehe Seite 28.
- Tassenstößel markieren und herausnehmen. **Achtung:** Tassenstößel mit der **Lauffläche** (Nockenwellenseite) **nach unten** ablegen.

- Ventilfedern ausbauen. Hierzu benutzen die Werkstätten ein Spezialwerkzeug (VW 2037). Man kann die Ventilkegelstücke – und damit die Ventile einschließlich der Ventilfedern – auch mit Hilfe einer handelsüblichen Ventilfederzange ausbauen. Allerdings müssen dann unter Umständen Ansaug- oder Abgaskrümmer abgeschraubt werden.
- Ventilfedern zusammendrücken und Ventilkegelstücke herausnehmen. Ventilfederteller oben und Ventilfedern abnehmen. Ventil herausziehen.
- Ventilschaftabdichtung herausziehen, siehe Seite 31.

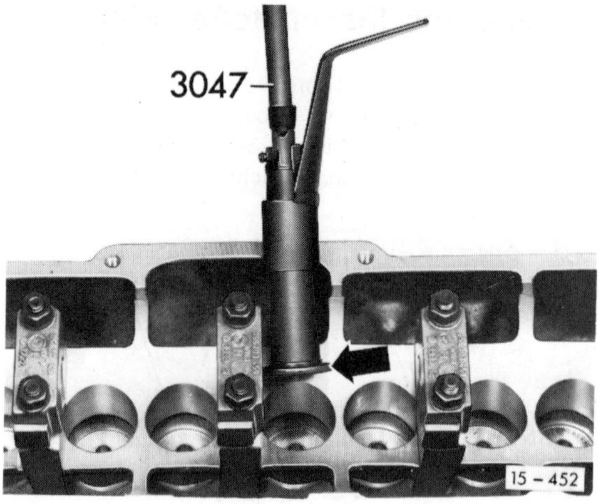

- Unteren Ventilfederteller –Pfeil– mit Werkzeug VW-3047 oder HAZET-Werkzeug 791-5/791-2 ausbauen.

Einbau

Vor Einbau der Ventile Ventilführungen prüfen und eventuell Ventilsitze nacharbeiten bzw. einschleifen, siehe Seite 32.

Achtung: Neue Ventilfederteller sind an der Unterkante der Bohrung für die Kegelstücke vereinzelt sehr scharfkantig. Dadurch können die Ventilschäfte beschädigt werden (Riefen etc.). Beschädigte Ventile ersetzen, Ventilfederteller vor dem Einbau gegebenenfalls entgraten.

- Untere Federauflage einsetzen.
- Ventilschaft an den Anlageflächen der Ventilkegelstücke entgraten.
- Aus Sicherheitsgründen Ventilschaftabdichtungen **grundsätzlich erneuern.**
- Ventilschaft leicht einölen und Ventil einsetzen.
- Neue Ventilschaftabdichtung aufschieben, siehe Seite 31.

Achtung: Erfolgt die Montage ohne Verwendung der Kunststoffhülse, werden die Ventilschaftabdichtungen beschädigt! Der Motor braucht dann übermäßig viel Öl!

- Ventilfedern einsetzen. Werden die Ventilfedern ersetzt, Ventilfedern nur paarweise auswechseln.

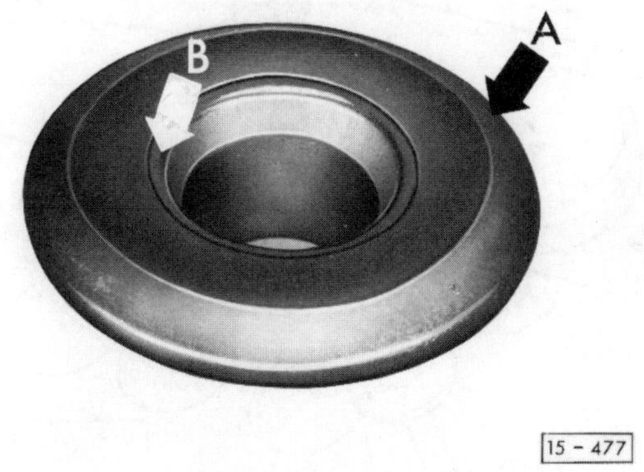

- Ventilteller oben einsetzen. Die Ventilfederteller haben außen eine breite Fase –A– und eine Fase innen –Pfeil B–.
- Ventilfedern mit Ventilfederzange zusammendrücken und Ventilkegelstücke so einsetzen, daß sie in den Nuten des Ventils einrasten. Ventilfederzange entspannen und nächstes Ventil einsetzen.
- Axialspiel der Nockenwelle prüfen, siehe Seite 28.
- Alle Tassenstößel mit Motoröl einölen und nach der Kennzeichnung in die Bohrung einsetzen.
- Nockenwelle einbauen, siehe Seite 28.
- Zylinderkopfdichtung erneuern, Zylinderkopf einbauen, siehe Seite 24.

Ventilschaftabdichtungen ersetzen

Hoher Ölverbrauch kann auf verschlissene Ventilschaftabdichtungen zurückzuführen sein. Die Ventilschaftabdichtungen können auch **bei eingebautem Zylinderkopf** ausgebaut werden, allerdings werden dann das Spezialwerkzeug VW 2036 mit VW 541/1 oder HAZET 2577-2 benötigt.

Ausbau

- Nockenwelle und Tassenstößel ausbauen, siehe Seite 28.
- Zum Ausbau der Ventilschaftabdichtungen muß der Kolben des jeweiligen Zylinders im **oberen** Totpunkt (OT) stehen. Zweckmäßigerweise wird mit dem 1. Zylinder begonnen. Kolben für Zylinder 1 auf OT stellen, siehe Seite 19.

Achtung: Bei dieser Kurbelwellenstellung steht der Kolben des 4. Zylinders ebenfalls in OT. Es können also die Ventilschaftabdichtungen für Zylinder 1 und 4 ersetzt werden. Um die Kolben für die Zylinder 2 und 3 in den OT zu stellen, Kurbelwellen-Riemenscheibe um ½ Umdrehung (180°) weiter drehen. Dazu von unten an der Riemenscheibe eine Kreidemarkierung anbringen und Riemenscheibe drehen, bis die Markierung nach oben zeigt.

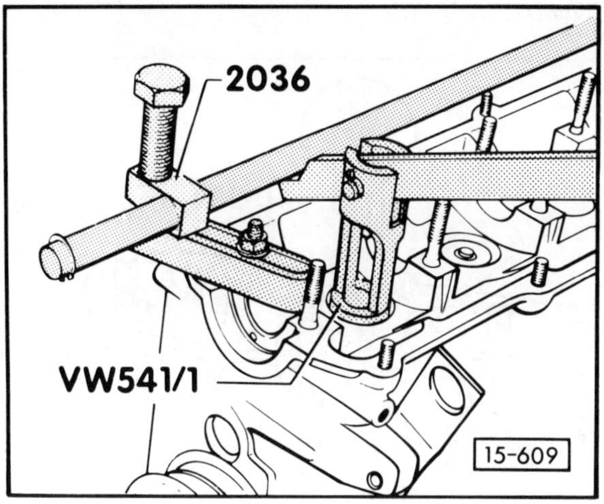

- VW-Werkzeug 2036 am Lagerbock 1 und 5 anschrauben und Ventilfedern mit Werkzeug VW 541/1 zusammendrücken. Es kann auch das HAZET-Werkzeug 2577-2 verwendet werden. In diesem Fall die am Werkzeug angebrachte Gegenhaltevorrichtung am Stehbolzen für die Nockenwellenlagerbefestigung anschrauben und Ventilfedern mit Spannwerkzeug zusammendrücken.
- Ventilkegelstücke herausnehmen, Ventilfedern entspannen.

Achtung: Festsitzende Ventilkegelstücke mit **leichten** Hammerschlägen auf den Montagehebel lösen.

- Ventilfederteller und Ventilfedern herausnehmen.

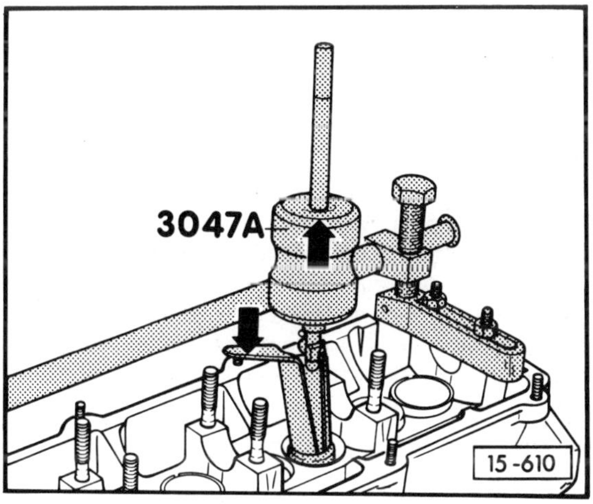

- Ventilschaftabdichtung herausziehen. Zum Ausbau benutzen die Werkstätten den Schlagauszieher VW-3047A oder HAZET 791-2. Alte Ventilschaftabdichtungen sitzen in der Regel sehr fest. Für den Ausbau sollte deshalb möglichst ein Schlagauszieher benutzt werden.

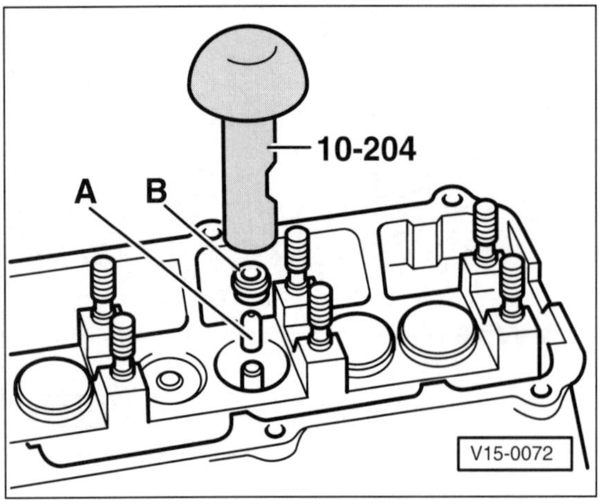

- Kunststoffhülse –A– (wird mit Dichtungen mitgeliefert) auf Ventilschaft stecken. Ventilschaftabdichtung –B– leicht einölen, in den Aufdrücker VW 10-204 oder HAZET 2577 einsetzen und vorsichtig auf die Ventilführung schieben. Hülse und Aufdrücker abnehmen.

Achtung: Erfolgt die Montage ohne Verwendung der Kunststoffhülse, werden die Ventilschaftabdichtungen beschädigt! Der Motor braucht dann übermäßig viel Öl!

- Ventilfedern und Ventilfederteller einsetzen und spannen.
- Ventilkegelstücke einsetzen, Ventilfedern entspannen.
- Auf die gleiche Weise sämtliche Ventilschaftabdichtungen erneuern. Tassenstößel und Nockenwelle einbauen, siehe Seite 28.

Ventilführungen prüfen

Bei Instandsetzungsarbeiten von Motoren mit undichten Ventilen genügt es nicht, die Ventile zu bearbeiten beziehungsweise zu ersetzen. Es ist außerdem dringend erforderlich, die Ventilführungen auf Verschleiß zu prüfen. Besonders wichtig ist die Prüfung an Motoren mit längerer Laufzeit. Ist der Verschleiß zu groß, sind entweder die Ventilführungen zu erneuern (Werkstattarbeit!), oder der Zylinderkopf ist auszutauschen.

- Rückstände an Ventilführungen mit Reinigungsahle entfernen.
- Neues Ventil einsetzen. Ventilschaftende muß mit Führung abschließen.

Achtung: Wegen der unterschiedlichen Schaft- und Tellerdurchmesser nur **Einlaßventil** in **Einlaßführung** beziehungsweise **Auslaßventil** in **Auslaßführung** verwenden.

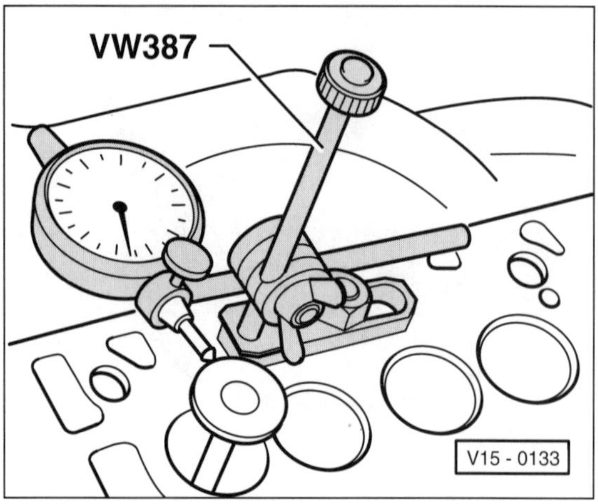

- Kippspiel ermitteln. Hierzu benutzen die VW-Werkstätten das Spezialwerkzeug VW 387. Verschleißgrenze: 1,3 mm.
- Bei zu großem Kippspiel Ventilführungen von Werkstatt erneuern lassen.

Ventilsitz im Zylinderkopf/ Ventile nacharbeiten

Ventilsitze mit Verschleiß- oder Verbrennungsspuren können nachgearbeitet werden, solange das maximal zulässige Nacharbeitungsmaß eingehalten wird. Wird das Nacharbeitungsmaß überschritten, ist die Funktion des hydraulischen Ventilspielausgleiches nicht mehr gewährleistet. In diesem Fall Zylinderkopf ersetzen. Ventilsitze immer nur so weit nacharbeiten, daß ein einwandfreies Tragbild erreicht wird. Ventilsitzringe können mit den üblichen Werkstattmitteln erneuert werden. Für das Nacharbeiten werden Reibahlen benötigt. Da der Umgang mit diesen Werkzeugen eine spezielle Erfahrung erfordert, sollte man die Arbeiten von einer Werkstatt durchführen lassen.

Achtung: Auslaßventilsitzringe sind zusätzlich mit einer Verengung versehen. Beim Nacharbeiten ist unbedingt darauf zu achten, daß der Radius der Verengung nicht beschädigt wird.

Maximal zulässiges Nacharbeitsmaß errechnen

- Ventil einstecken und fest gegen den Ventilsitz drücken. **Achtung:** Wird im Rahmen einer Reparatur das Ventil ersetzt, zur Messung neues Ventil verwenden.

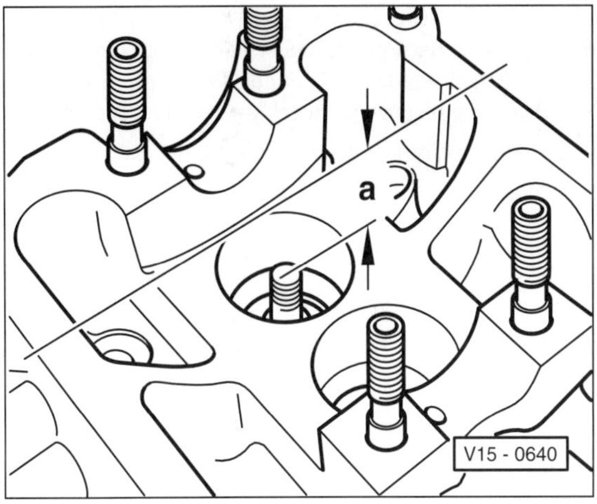

- Abstand –a– zwischen Ventilschaftende und Zylinderkopf-Oberkante messen.

Mindestmaß für Einlaßventil: x = 35,8 mm
Auslaßventil: x = 36,1 mm

- Um das maximal zulässige Nacharbeitsmaß zu erhalten, muß das Mindestmaß –x– vom gemessenen Abstand –a– abgezogen werden.
Also:
. . . mm = gemessener Abstand –a–
– . . . mm = Mindestmaß –x–

. . . mm = max. zulässiges Nacharbeitsmaß (b)

Ventilsitz

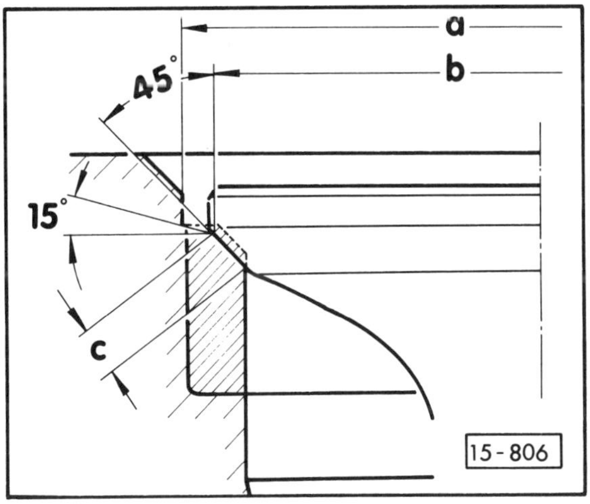

Bearbeitungswinkel und Sitzbreiten Ventilsitz

Motor	Einlaßventil	Auslaßventil
1Y, AAZ	a = 37,2 mm ∅ max.[1]	a = 33,2 mm ∅ max.[1]
	b = 34,8 mm ∅	b = 30,4 mm ∅
	c = 2,7 mm	c = 2,05 mm
1Z, AHU, AFN, AEY	b = 35,7 mm ∅	b = 31,4 mm ∅
	c = 1,6 mm	c = 2,7 mm

15° = Korrekturwinkel oben (nur Motor 1Y, AAZ)
45° = Ventilsitzwinkel
30° = Korrekturwinkel unten (nur Einlaßventilsitz bei Motor AEY, 1Z, AHU, AFN) **Achtung:** Die Hinterfräsung ist wegen der Strömungsverhältnisse im Einlaßkanal unbedingt notwendig.
[1]) = Außendurchmesser des Korrekturfräsers

Ventilmaße

Achtung: Die Ventile dürfen **nicht** nachgearbeitet werden. Nur das Einschleifen ist zulässig.

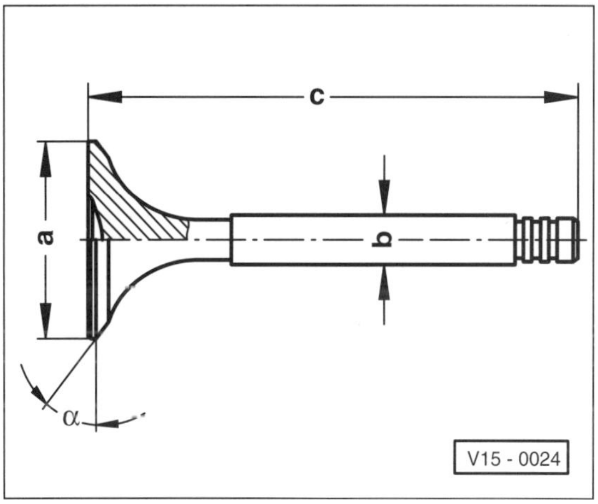

Motor	Einlaßventil	Auslaßventil
1Y, AAZ	a = 36,0 mm ∅	a = 31,0 mm ∅
	bis 6/95: b = 7,97 mm ab 7/95: b = 6,97 mm	bis 6/95: b = 7,95 mm ab 7/95: b = 6,95 mm
	c = 95,0 mm	c = 95,0 mm
1Z, AHU, AFN, AEY	a = 35,95 mm ∅	a = 31,45 mm ∅
	bis 6/95: b = 7,97 mm ab 7/95: b = 6,97 mm	bis 6/95: b = 7,95 mm ab 7/95: b = 6,95 mm
	AEY: c = 96,35 mm **1Z, AHU, AFN:** c = 96,85 mm	**AEY:** c = 96,35 mm **1Z, AHU, AFN:** c = 96,85 mm

$\alpha = 45°$

Achtung: Der **Zylinderkopf** des Dieselmotors darf **nicht** nachgearbeitet werden.

Ventilsitz einschleifen

Bei einwandfrei bearbeiteten Ventilsitzringen und neuen Ventilen ist das Einschleifen der Ventilsitze im Zylinderkopf nicht unbedingt erforderlich.

- Die Ventile dürfen nur mit feinkörniger Schleifpaste eingeschliffen werden. Für die notwendigen Drehbewegungen wird ein Gummisauger auf den Ventilteller gesetzt. Rillenbildung auf den Sitzflächen beim Einschleifen läßt sich durch häufiges Anheben und gleichmäßiges Weiterdrehen des Ventils während des Schleifvorgangs vermeiden.

Achtung: Die Schleifpaste ist nach dem Einschleifen sorgfältig zu entfernen.

- Geprüft werden kann der Schleifvorgang am Tragbild sowie mit Kraftstoff: Ventil lose einsetzen, Kraftstoff in Brennraum einfüllen, Kraftstoff darf nicht aus der Ventilführung auslaufen. Sonst Schleifvorgang wiederholen.

Kompression prüfen

Die Kompressionsprüfung erlaubt Rückschlüsse über den Zustand des Motors. Und zwar läßt sich bei der Prüfung feststellen, ob die Ventile oder die Kolben (Kolbenringe) in Ordnung beziehungsweise verschlissen sind. Außerdem zeigen die Prüfwerte an, ob der Motor austauschreif ist beziehungsweise komplett überholt werden muß. Für die Prüfung wird ein Kompressionsdruckprüfer mit größerem Meßbereich benötigt.

Der Druckunterschied zwischen den einzelnen Zylindern darf maximal 5,0 bar betragen. Falls ein oder mehrere Zylinder gegenüber den anderen einen Druckunterschied von mehr als 5,0 bar haben, ist dies ein Hinweis auf defekte Ventile, verschlissene Kolbenringe beziehungsweise Zylinderlaufbahnen. Ist die Verschleißgrenze erreicht, muß der Motor überholt beziehungsweise ausgetauscht werden.

Motor	Kompressionsdruck in bar	
	neu	Verschleißgrenze
1Y, AAZ	34	26
AEY, 1Z, AHU, AFN	25 – 31	19

- Zur Prüfung der Kompression muß die Motoröltemperatur mindestens +30° C betragen. Der Ölfilter ist dann gut handwarm, gegebenenfalls Motor warmfahren. Die Motortemperatur darf nicht zu hoch sein, da sonst beim Herausschrauben der Einspritzdüsen das Gewinde im Zylinderkopf beschädigt werden kann.
- Zündung ausschalten.

Motor 1Y, AAZ:

- Elektrische Leitung vom Absteller an der Einspritzpumpe abschrauben und isoliert ablegen.
- Einspritzleitungen mit Kaltreiniger reinigen und ausbauen, dabei Biegeform der Einspritzleitungen nicht verändern.
- Einspritzdüsen ausbauen, Wärmeschutzdichtungen abnehmen, siehe Seite 67.

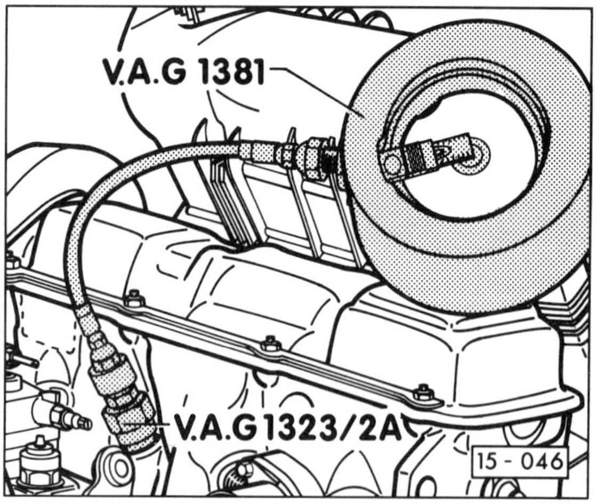

- Kompressionsdruckprüfer anstelle der Einspritzdüsen einschrauben. Dabei zwischen Druckprüfer und Zylinderkopf alte Wärmeschutzdichtung einlegen.

Achtung: Der angegebene Kompressionsdruck hat nur für die Prüfung mit dem Kompressionsdruckprüfer VW-1381 bzw. VW-1763 und Adapter VW-1323/2A Gültigkeit. Mit anderen Meßgeräten kann nur die Abweichung der einzelnen Zylinder untereinander geprüft werden.

- Motor ca. 8 Umdrehungen drehen lassen, bis kein Druckanstieg mehr auf dem Meßgerät erfolgt.

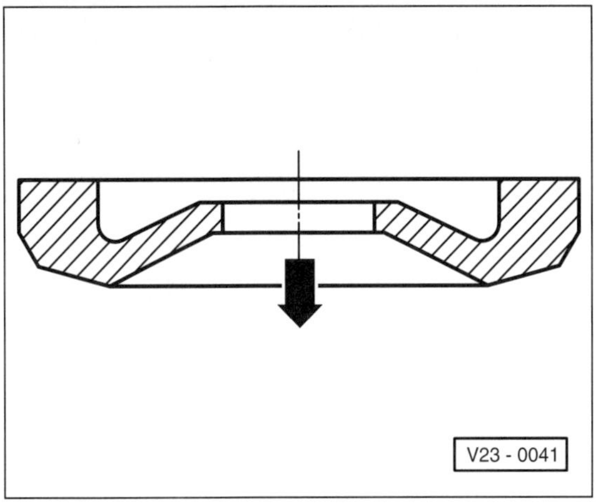

- Einspritzdüsen einschrauben und mit **70 Nm** festziehen. **Achtung:** Wärmeschutzdichtung zwischen Zylinderkopf und Einspritzdüse **immer ersetzen.** Die Vertiefung muß nach oben zeigen. Der Pfeil in der Abbildung zeigt zum Zylinderkopf.
- Einspritzleitungen mit 25 Nm anschrauben.
- Leitung am Absteller anschrauben.

Besonderheiten beim Direkteinspritzer AEY, 1Z, AHU, AFN:

- Stecker vom Kraftstoffabschaltventil an der Einspritzpumpe abziehen.
- Steckverbindung zum Mengenstellwerk der Einspritzpumpe trennen.
- Glühkerzen ausbauen. Dazu wird ein Gelenkschlüssel, beispielsweise VW-3220, benötigt, siehe Seite 60.
- Kompressiondruck-Prüfgerät in die Bohrung der Glühkerze einschrauben.

Achtung: Der angegebene Kompressionsdruck hat nur für die Prüfung mit dem Kompressionsdruckprüfer VW-1381 bzw. VW-1763 und Adapter VW-1323/12 Gültigkeit. Mit anderen Meßgeräten kann nur die Abweichung der einzelnen Zylinder untereinander geprüft werden.

- Motor ca. 8 Umdrehungen drehen lassen, bis kein Druckanstieg mehr auf dem Meßgerät erfolgt.
- Kompressionsdruck nacheinander für jeden Zylinder messen.
- Glühkerzen einbauen, siehe Seite 60.
- Steckverbindungen an der Einspritzpumpe aufschieben.

Achtung: Durch das Trennen der Steckverbindungen zur Einspritzpumpe werden Fehler im Fehlerspeicher des Steuergerätes abgespeichert. Daher Fehlerspeicher abfragen lassen und gegebenenfalls löschen.

Keilrippenriemen ersetzen/spannen

Der GOLF/VENTO ist mit einem Keilrippenriemen ausgestattet, der Generator, Kühlmittelpumpe und, falls vorhanden, den Kompressor für die Klimaanlage antreibt, siehe untere Abbildung. Die Flügelpumpe für die Servolenkung wird durch einen zusätzlichen Keilriemen angetrieben. Der Keilrippenriemen ist breiter als der Keilriemen und besitzt mehrere längslaufende Rippen. Je nach Ausführung wird der Keilrippenriemen durch eine Spannrolle oder durch eine Spannfeder unterhalb des Generators gespannt.

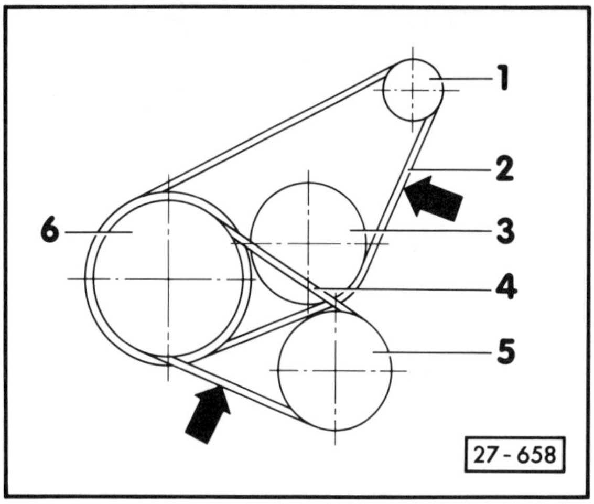

1 – Riemenscheibe Drehstromgenerator
2 – Keilrippenriemen
3 – Riemenscheibe Kühlmittelpumpe
4 – Keilriemen
5 – Riemenscheibe Flügelpumpe für Servolenkung
6 – Riemenscheibe Kurbelwelle

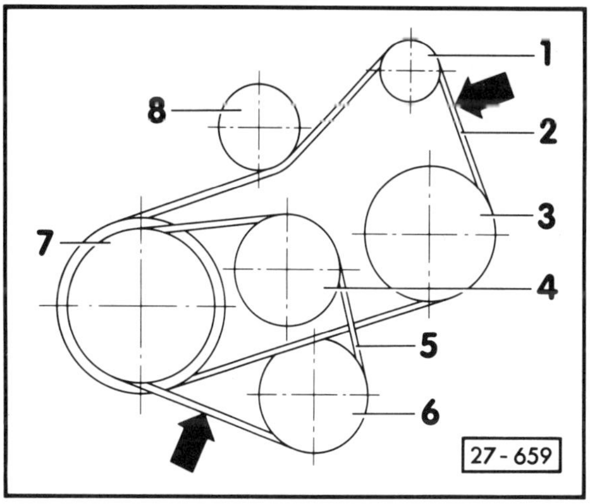

1 – Riemenscheibe Drehstromgenerator
2 – Keilrippenriemen
3 – Riemenscheibe Kompressor für Klimaanlage
4 – Riemenscheibe Kühlmittelpumpe
5 – Keilriemen
6 – Riemenscheibe Flügelpumpe für Servolenkung
7 – Riemenscheibe Kurbelwelle
8 – Spannrolle

Riementrieb *ohne* Spannrolle

Ausbau

- Keilriemen für Servopumpe ausbauen.
- Laufrichtung des Keilrippenriemens kennzeichnen. Dazu mit Filz- oder Fettstift auf dem Riemen einen Pfeil in Laufrichtung anbringen. Der Motor dreht, von der Keilrippenriemenseite aus gesehen, rechts herum, also im Uhrzeigersinn.

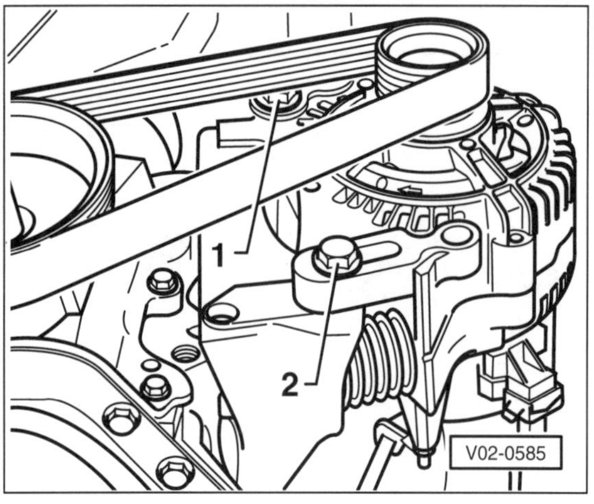

- Befestigungsschrauben –1– für Generatorlagerung und –2– für Spannbügel mindestens eine Umdrehung lösen.

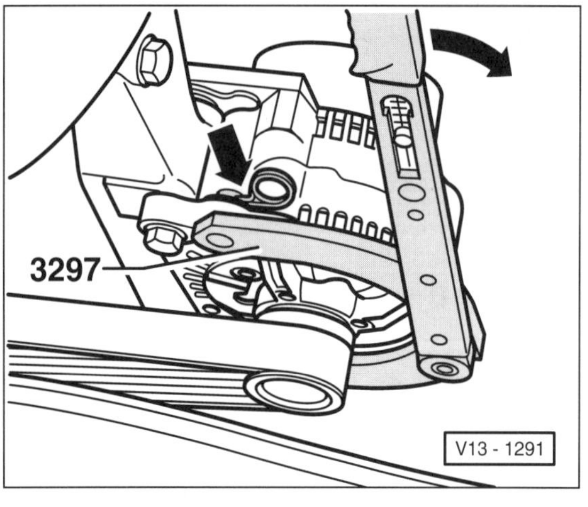

- Generator mit Spezialwerkzeug VW-3297 oder mit einem Montierhebel nach unten, entgegen der Federkraft der Spannfeder, drücken und dadurch Keilrippenriemen entspannen. Spannhebel VW-3297 mit Absteckstift sichern –Pfeil–.
- Spritzschutz für Riementrieb nach unten abziehen.
- Keilrippenriemen abnehmen.

Zustand des Keilrippenriemens prüfen. Dabei auf folgende Beschädigungen achten:

- Risse oder Brüche
- Abtrennung von Deckschicht oder Zugsträngen
- Ausfransen der Zugstränge
- Ausgefranste oder glasige Flanken
- Öl- oder Fettspuren

- Ein beschädigter Keilrippenriemen muß umgehend ersetzt werden.

Einbau

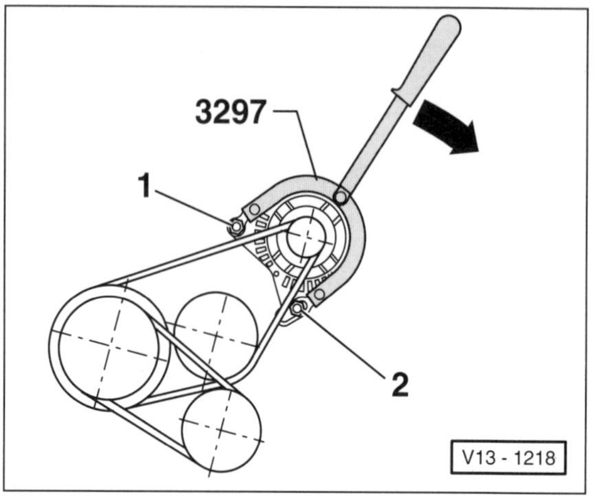

- Generator mindestens 3mal bis zum Anschlag nach unten drücken, um die Leichtgängigkeit des Generators sicherzustellen.
- Keilrippenriemen auf die Riemenscheibe der Kurbelwelle auflegen. Generator herunterdrücken und Keilrippenriemen über die Riemenscheibe des Generators legen.

Achtung: Wird der bisherige Riemen wieder eingebaut, Markierung der Laufrichtung beachten. Ein Einbau entgegen der bisherigen Laufrichtung erhöht den Verschleiß des Riemens beziehungsweise kann diesen zerstören. Daher Keilrippenriemen immer so einbauen, daß der angebrachte Pfeil in Laufrichtung des Motors zeigt, also in Uhrzeigersinn.

Spannen

- Motor starten und kurze Zeit (mindestens 10 Sekunden) im Leerlauf laufen lassen, dabei wird der Keilrippenriemen durch die eingebaute Feder gespannt. **Achtung:** Die Generatorschrauben bleiben dabei gelöst. Soll der Keilrippenriemen am ausgebauten Motor gespannt werden, Motor an der Kurbelwellenriemenscheibe bei gelösten Generatorschrauben ca. 10 Motorumdrehungen durchdrehen.
- Befestigungsschrauben mit **25 Nm** festziehen. **Achtung:** Dabei die Schraube –2– zuerst festziehen. Beim Festziehen nicht auf dem Generator abstützen und den Keilrippenriemen nicht berühren.
- Spritzschutz für Riementrieb mit den Blechclips auf die Befestigungsstifte aufdrücken.

Riementrieb *mit* Spannrolle

Ausbau

- Keilriemen für Servopumpe ausbauen.
- Laufrichtung des Keilrippenriemens kennzeichnen. Dazu mit Filz- oder Fettstift auf dem Riemen einen Pfeil in Laufrichtung anbringen. Der Motor dreht, von der Keilrippenriemenseite aus gesehen, rechts herum, also im Uhrzeigersinn.

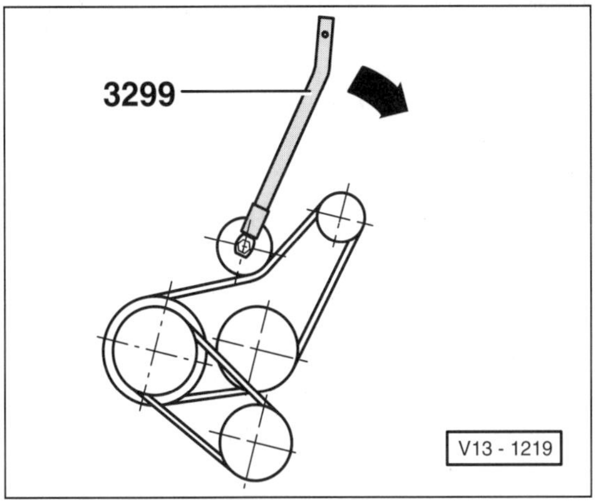

- Spannrolle mit Hebel VW-3299 anheben. Dazu Hebel nach unten drücken –Pfeilrichtung–. Dadurch wird der Keilrippenriemen entspannt.
- Spritzschutz für Riementrieb nach unten abziehen.
- Keilrippenriemen abnehmen.
- Zustand des Keilrippenriemens prüfen. Dabei auf folgende Beschädigungen achten:
  - Risse oder Brüche
  - Abtrennung von Deckschicht oder Zugstrangen
  - Ausfransen der Zugstränge
  - Ausgefranste oder glasige Flanken
  - Öl- oder Fettspuren
- Ein beschädigter Keilrippenriemen muß umgehend ersetzt werden.

Einbau

- Keilrippenriemen auf die Riemenscheiben von Kurbelwelle und Kühlmittelpumpe auflegen. **Achtung:** Wird der bisherige Riemen wieder eingebaut, Markierung der Laufrichtung beachten. Ein Einbau entgegen der bisherigen Laufrichtung erhöht den Verschleiß des Riemens beziehungsweise kann diesen zerstören. Daher Keilrippenriemen immer so einbauen, daß der angebrachte Pfeil in Laufrichtung des Motors zeigt, also in Uhrzeigersinn.
- Spannrolle mit Hebel anheben, Keilrippenriemen auf Spannrolle und Generator auflegen. Anschließend Spannrolle entspannen.
- Spritzschutz für Riementrieb mit den Blechclips auf die Befestigungsstifte aufdrücken.

Besonderheiten bei Fahrzeugen mit Klimaanlage ab 6/95

Spannen

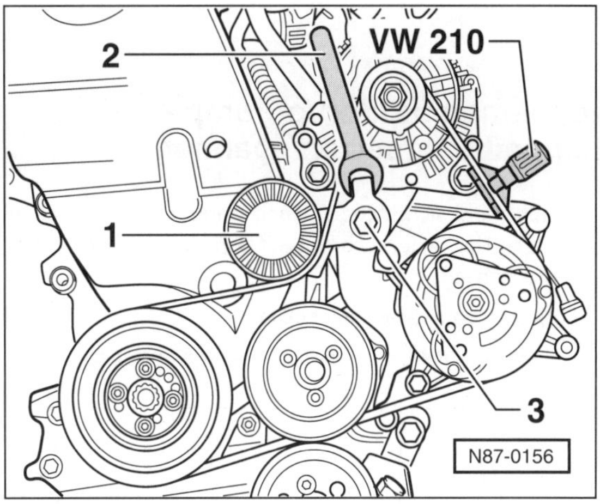

- Prüfgerät VW-210 auf 15 Skalenwerte voreinstellen und am Keilrippenriemen zwischen Kompressor und Generator ansetzen.
- Schraube –3– lösen.
- Spannrolle –1– mit Maulschlüssel –2– nach unten drücken, bis sich am Prüfgerät VW-210 die Markierung am Stößel mit dem voreingestellten Wert deckt.
- In dieser Stellung Schraube –3– mit **85 Nm** anziehen.

Keilrippenriemen auflegen

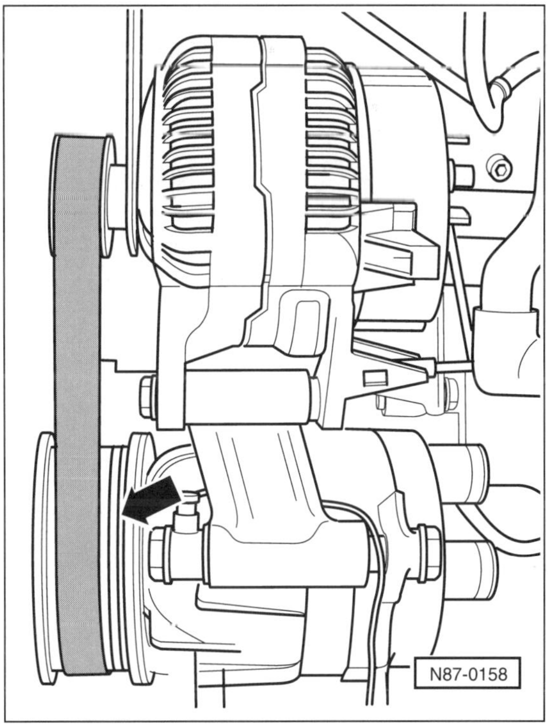

- Keilrippenriemen so auf die Riemenscheibe des Kompressors auflegen, daß er zur Riemenscheibe des Generators fluchtet.

Achtung: Der Keilrippenriemen hat 6 und die Riemenscheibe des Kompressors 8 Rillen. Beim Auflegen des Keilrippenriemens muß deshalb besonders darauf geachtet werden, daß die ersten beiden Rillen auf der Kompressorseite freibleiben –Pfeil–.

Keilriemen für Servo-Pumpe (Lenkhilfe) ersetzen/spannen

Der Keilriemen ist richtig gespannt, wenn er sich zwischen den beiden Keilriemenscheiben mit dem Daumen ca. 5 mm durchdrücken läßt.

- Fahrzeug vorn rechts aufbocken.
- Spritzschutz für Riementrieb nach unten abziehen.

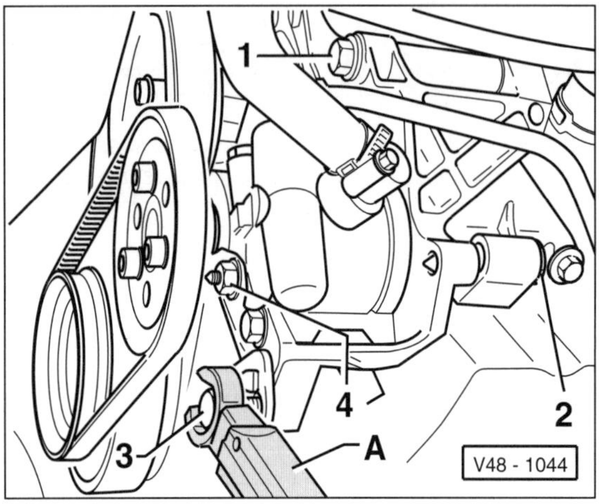

- Befestigungsmutter –4– für Spannbügel (falls vorhanden), Befestigungsschrauben –1– und –2– für Flügelpumpe, sowie Klemmschraube –3– für Spannbügel, mindestens 1 Umdrehung lösen.
- Spannmutter –3– zurückdrehen, dadurch Keilriemen entspannen und abnehmen.
- Keilriemen auflegen.
- Spannmutter nach links drehen und dadurch Keilriemen spannen. Der Keilriemen ist richtig gespannt, wenn die Spannmutter bei einem gelaufenen Keilriemen mit einem Drehmoment von 4 Nm nach links gedreht wird, bei einem neuen Keilriemen mit 7 Nm. Mutter in dieser Stellung halten und Klemmschraube mit **25 Nm** festziehen.

Achtung: Zum Anziehen der Spannmutter wird ein Drehmomentschlüssel mit Ringschlüsseleinsatz SW 22 benötigt. Steht ein geeigneter Drehmomentschlüssel nicht zur Verfügung, Spannmutter anziehen, bis sich der Riemen mit dem Daumen noch ca. 5 mm durchbiegen läßt; dann Klemmschraube festziehen.

- Befestigungsschraube –1– mit 45 Nm, Befestigungsschraube –2– und Mutter –4– (falls vorhanden) mit 25 Nm festziehen.
- Fahrzeug ablassen.
- Probefahrt durchführen und Keilriemenspannung erneut prüfen.
- Spritzschutz für Riementrieb mit den Blechclips auf die Befestigungsstifte aufdrücken.

Störungsdiagnose Motor

Wenn der Motor nicht anspringt, Fehler systematisch einkreisen. Bevor anhand der Störungsdiagnose der Fehler aufgespürt wird, müssen verschiedene Voraussetzungen erfüllt sein: Es wurden keine Bedienungsfehler gemacht, Kraftstoff befindet sich im Tank; der Anlasser dreht normal durch (Anlaßdrehzahl mindestens 150/min).

Störung: Der Motor springt schlecht oder gar nicht an

Ursache		Abhilfe
Bedienungsfehler beim Starten	**Wirbelkammermotor** 47/55 kW (64/75 PS)	■ **Bei kaltem Motor:** Falls eine Kaltstarthilfe vorhanden ist, Griff ganz herausziehen. Zündung einschalten, bis die Vorglüh-Kontrollampe erlischt. Handbremse anziehen, Kupplung durchtreten. Sofort nach Verlöschen der Kontrollampe Motor anlassen, kein Gas geben. Sobald der Motor seine Betriebstemperatur erreicht hat, Zug für Kaltstarthilfe (falls vorhanden) ganz hineinschieben. Setzen beim Starten nur unregelmäßige Zündungen ein, Anlasser so lange weiterbetätigen (maximal ½ Minute), bis der Motor aus eigener Kraft durchläuft. Springt der Motor nicht an, nochmals vorglühen und Startvorgang, wie beschrieben, wiederholen.
		■ **Bei warmem Motor:** Es braucht nicht vorgeglüht zu werden, der Motor kann sofort angelassen werden. Kein Gas geben.
	Direkteinspritzer 47/66/81 kW (64/90/110 PS)	■ **Bei kaltem Motor und Außentemperatur unter +5° C:** Zündung einschalten, bis die Vorglüh-Kontrollampe erlischt. Handbremse anziehen, Kupplung durchtreten. Sofort nach Verlöschen der Kontrollampe Motor anlassen, kein Gas geben. Springt der Motor nicht an, nochmals vorglühen und Startvorgang, wie beschrieben, wiederholen.
		■ **Bei kaltem Motor und Außentemperatur über +5° C sowie bei warmem Motor:** Es braucht nicht vorgeglüht zu werden, der Motor kann sofort angelassen werden. Kein Gas geben.
	Alle Motoren	■ Solange vorgeglüht wird, dürfen keine größeren elektrischen Verbraucher eingeschaltet sein, sonst wird die Batterie unnötig belastet.
		■ Bei mehrmaligem Betätigen des Anlassers, Zündschlüssel vor jedem Starten auf »0« oder »I« zurückdrehen.
Streifen-Sicherung für Vorglühanlage defekt		■ Sicherung prüfen, siehe »Elektrische Anlage«
Kraftstoffanlage defekt, verschmutzt Leitung geknickt, verstopft		■ Kraftstoffanlage entsprechend Störungsdiagnose überprüfen
Anlasser dreht zu langsam		■ Batterie laden. Anlasserstromkreis überprüfen. Masseverbindungen Batterie – Karosserie – Motorblock auf einwandfreien Kontakt prüfen
Kompressionsdruck zu niedrig		■ Hydrostößel prüfen, Motor überholen
Falsche Steuerzeiten		■ Steuerzeiten überprüfen, Zahnriemenspannung kontrollieren
Zylinderkopfdichtung defekt		■ Dichtung ersetzen

Die Motor-Schmierung

Bei allem Bemühen, den VW GOLF/VENTO durch konstruktive und fertigungstechnische Maßnahmen mehr und mehr zu vervollkommnen und seine Lebensdauer, Betriebssicherheit und Wirtschaftlichkeit zu erhöhen, bleibt die regelmäßige Schmierung und Wartung des Fahrzeugs nach dem VW-Wartungs-System unerläßlich.

Aufgabe des Motoröls

Je nach den Betriebsbedingungen unterliegen die Motorenöle recht wechselnden Beanspruchungen. Es ist deshalb sehr schwierig, die verschiedenen Betriebsbedingungen in ihrer Auswirkung auf das Schmiermittel genau festzulegen. Motoren, die lange Zeit mit hoher Drehzahl oder mit Vollast laufen, erreichen hohe Öltemperaturen. Unter Einwirkung hoher Temperaturen und des Luftsauerstoffes beginnt das Öl zu oxydieren. Die Oxydationsprodukte verdicken das Öl und können sich als lackartige Überzüge an den oberen Kolbenpartien, in den Kolbenringnuten und an den Ventilschäften ablagern. Dies kann zu einer Verkokung der Ventilteller führen.

Viskosität des Motoröls

Viskosität nennt man die Zähflüssigkeit des Öls. In Abhängigkeit von der Temperatur neigt jedes Öl dazu, seine Zähflüssigkeit zu verändern. Mit zunehmender Wärme wird es dünnflüssig. Dadurch wird die Haftfähigkeit und Druckfestigkeit des Schmierfilms beeinträchtigt. Bei Kälte wird es dick und zähflüssig, wobei das Fließvermögen träge und der innere Reibungswiderstand vergrößert wird. Diese Eigenschaft erfordert die Verwendung eines Motoröles von einer Zähflüssigkeit, die sich bei wechselnden Temperaturen möglichst wenig verändert.

Bei kaltem Motor soll es noch dünnflüssig genug sein, um die Arbeit des Anlassers nicht übermäßig zu erschweren und um vom Startbeginn an zu allen Schmierstellen möglichst schnell fließen zu können.

Die Zähflüssigkeit oder Viskosität ist gleichbedeutend mit der inneren Reibung eines Öles und wird nach dem SAE-System (Society of Automotive Engineers) gekennzeichnet, wie zum Beispiel SAE 30, SAE 10 usw. Hohe SAE-Zahlen weisen auf dicke, niedrige auf dünne Öle hin. Die Viskosität gibt aber keinen Aufschluß über die Schmiereigenschaften eines Öles.

Das Mehrbereichsöl

Für die VW GOLF/VENTO-Motoren sind Mehrbereichsöle vorgesehen. Mehrbereichsöle haben den Vorteil, daß sie sich den Temperaturverhältnissen (Sommer/Winter) anpassen. Mehrbereichsöle bauen auf einem dünnflüssigen Einbereichsöl (z. B. 15 W) auf. Durch sogenannte Verdickerer wird das Öl im heißen Zustand stabilisiert, so daß für jeden Betriebszustand die richtige Schmierfähigkeit gegeben ist.

Das »W« in der SAE-Bezeichnung weist das Öl als wintertauglich aus.

Das Leichtlauföl

Bei Leichtlaufölen handelt es sich um Mehrbereichsöle denen unter anderem Reibwertverminderer zugesetzt wurden, so daß eine Kraftstoffeinsparung von bis zu 2 Prozent möglich sein soll. Leichtlauföle haben eine niedrige Viskosität (z. B. 10 W-30). Sie erfordern unkonventionelle Grundöle (Synthetiköle). Beim Kauf eines Leichtlauföles sollte man darauf achten, daß es von VW freigegeben wurde.

Anwendungsbereich/Viskositätsklassen

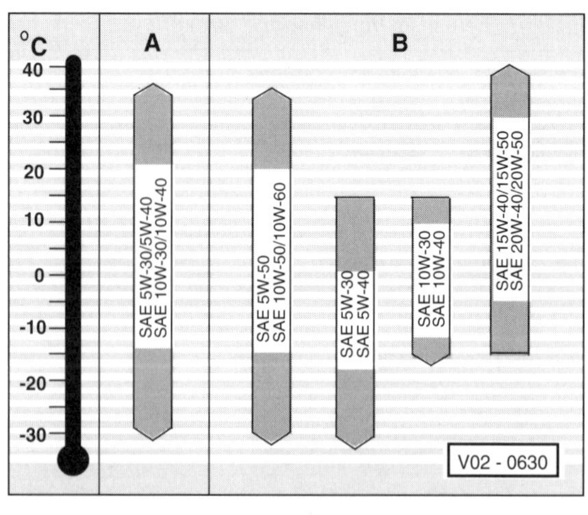

A – Mehrbereichs-Leichtlauföle nach VW-Norm 500 00 (nicht für Turbo-Dieselmotoren)

B – Mehrbereichsöle nach VW-Norm 505 00
oder
API-Spezifikation CD beziehungsweise VW 501 01 (nicht für Turbo-Dieselmotoren)

Da die Einsatzbereiche benachbarter SAE-Klassen sich überschneiden, können kurzfristige Temperaturschwankungen unberücksichtigt bleiben. Es ist zulässig, Öle verschiedener Viskositätsklassen miteinander zu mischen, wenn einmal Öl nachgefüllt werden muß und die Außentemperaturen nicht mehr der Viskositätsklasse des im Motor befindlichen Öles entsprechen.

Zusatzschmiermittel – gleich welcher Art – sollen weder dem Kraftstoff noch den Schmierölen beigemischt werden.

Spezifikation des Motoröls

Die Qualität eines Motoröls wird durch das amerikanische API-System gekennzeichnet (API: American Petroleum Institut). Europäische Hersteller richten sich ebenfalls nach diesem System.

Die Kennzeichnung erfolgt durch jeweils zwei Buchstaben. Der erste Buchstabe gibt den Anwendungsbereich an: **S** = Service, für **Ottomotoren** geeignet; **C** = Commercial, für **Dieselmotoren** geeignet. Der zweite Buchstabe gibt die Qualität in alphabetischer Reihenfolge an.

Von höchster Qualität sind Öle der API-Spezifikation **SH** für Ottomotoren und **CF** für Dieselmotoren. **Achtung:** Motorenöle, die vom Öl-Hersteller ausdrücklich als Öle für Diesel-Motoren bezeichnet werden, sind für Otto-Motoren nicht geeignet. Es gibt Öle, die sowohl für den Otto- wie auch für den Diesel-Motor geeignet sind. In diesem Fall sind beide Spezifikationen (Beispiel SG/CD) auf der Öldose vermerkt.

Europäische Ölhersteller geben noch zusätzlich eine »CCMC«-Spezifikation an. Die CCMC-Spezifikationen berücksichtigen insbesondere die europäische Motorentechnologie und gewinnen daher immer mehr an Bedeutung. Öle für Benzinmotoren erhalten je nach Qualität die Klassen CCMC-G1 bis -G5; Dieselmotoröle für Pkw gibt es in den Spezifikationen CCMC-PD1 und der höherwertigen Spezifikation CCMC-PD2.

Das richtige Motoröl für den VW GOLF/VENTO

VW hat für die VW-Modelle **eigene Ölnormen** festgelegt. Grundsätzlich sollen nur Öle verwendet werden, die diese Normen erfüllen. Die VW-Norm steht dann auf der Öldose. Falls Zweifel bestehen, kann der neueste Stand der Ölfreigabe beim Händler erfragt werden.

Für den GOLF/VENTO mit **Saugdieselmotor (47 kW/64 PS)** können Motoröle folgender Spezifikationen verwendet werden: Mehrbereichsöle der Spezifikation **VW 50101, VW 50500, API-CD** oder Hochleistungsöle, die **zugleich** die beiden **VW-Normen 50000 und 50500** erfüllen.

Für den GOLF/VENTO mit **Turbodieselmotor** können Motoröle folgender Spezifikationen verwendet werden: Mehrbereichsöle der Spezifikation **VW 50500** oder Hochleistungsöle, die **zugleich** die beiden **VW-Normen 50000 und 50500** erfüllen. Zum Nachfüllen kann ein Mehrbereichsöl der Spezifikation API-CF verwendet werden, wenn kein Öl entsprechend den angegebenen VW-Normen zur Verfügung steht.

Ölverbrauch

Bei einem Verbrennungsmotor versteht man unter dem Ölverbrauch diejenige Ölmenge, die als Folge des Verbrennungsvorganges verbraucht wird. Auf keinen Fall ist Ölverbrauch mit Ölverlust gleichzusetzen, wie er durch Undichtigkeiten an Ölwanne, Zylinderkopfdeckel usw. auftritt.

Normaler Ölverbrauch entsteht durch Verbrennung jeweils kleiner Mengen im Zylinder; durch Abführen von Verbrennungsrückständen und Abrieb-Partikeln. Zudem verschleißt das Öl durch hohe Temperaturen und hohe Drücke, denen es im Motor fortwährend ausgesetzt ist.

Ferner haben auch äußere Betriebsverhältnisse, Fahrweise sowie Fertigungstoleranzen einen Einfluß auf den Ölverbrauch. Der Ölverbrauch darf höchstens 1,0 l/1000 km betragen.

Unbedingt muß Öl nachgefüllt werden, wenn die »Nachfüll«-Markierung erreicht ist (Nachfüllmenge dann max. 1 l).

Achtung: Bei Katalysator-Motoren besonders darauf achten, daß auf keinen Fall die Max.-Markierung am Ölpeilstab überschritten wird. Das überschüssige Öl gelangt sonst aufgrund unvollständiger Verbrennung in den Katalysator und kann das Edelmetall beschädigen oder den Katalysator vollständig zerstören.

Der Ölkreislauf

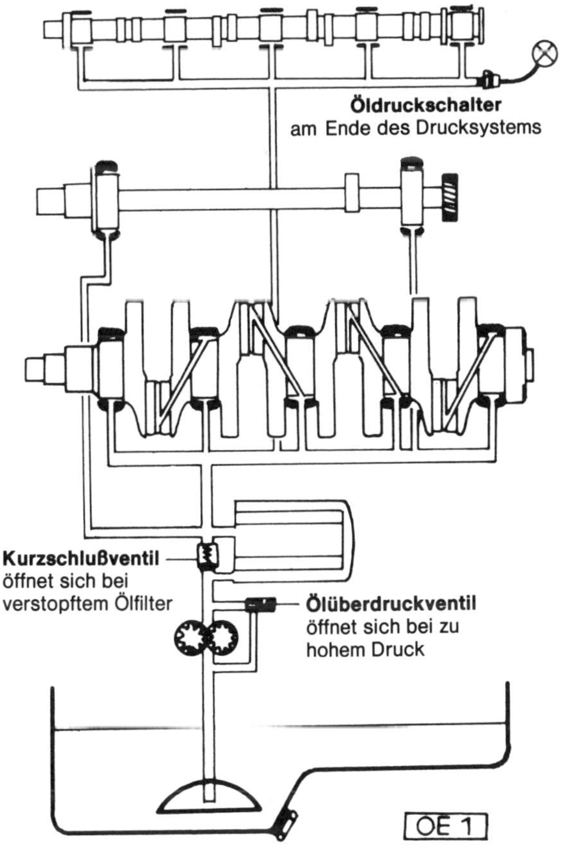

Die Ölpumpe saugt das Motoröl über den Ölsaugkorb aus der Ölwanne an und drückt es in den Ölfilter. An der Druckseite der Ölpumpe befindet sich ein Überdruckventil (Öldruckregelventil). Bei zu hohem Öldruck öffnet das Ventil, und ein Teil des Öls kann in die Ölwanne zurückfließen.

Durch die Mittelachse der Ölfilterpatrone gelangt das gefilterte Öl in den Hauptölkanal. Bei verstopftem Ölfilter leitet ein Kurzschlußventil das Öl direkt und ungefiltert in den Hauptölkanal. Im Ölfilterstutzen beziehungsweise in der Steigleitung zum Zylinderkopf befindet sich ein Rückschlagventil, das ein Leerlaufen der Ölkanäle und der hydraulischen Tassenstößel bei Motorstillstand verhindert.

Vom Hauptölkanal zweigen Kanäle ab zur Schmierung der Kurbelwellenlager. Durch schräge Bohrungen in der Kurbelwelle wird das Öl an die Pleuellager geleitet und von dort gegen Kolbenbolzen und Zylinder gespritzt.

Gleichzeitig gelangt Motoröl über Steigleitungen in den Zylinderkopf und versorgt dort Nockenwellenlager und Tassenstößel.

Die dynamische Öldruckkontrolle

Der VW GOLF / VENTO ist mit einer dynamischen Öldruckkontrolle ausgerüstet. Das heißt, die Öldruckkontrolle erfolgt in Abhängigkeit von der Motordrehzahl.

Liegt die Motordrehzahl unter 2000/min und sinkt gleichzeitig der Öldruck unter 0,3 bar, so blinkt die Warnleuchte für Öldruck am Armaturenbrett. Bei einer Motordrehzahl über 2000/min muß der Öldruck mindestens 0,9 bar bar) betragen, sonst blinkt wiederum die Warnleuchte und der Summer ertönt.

Blinkt während der Fahrt die Öl-Warnleuchte und der Summer ertönt, so kann das folgende Ursachen haben:

1. Ölstand zu niedrig
2. Störung in der Elektrik von Schalter und Warnleuchte
3. Ölpumpe fördert nicht
4. Lager der Kurbelwelle defekt

Zunächst also sofort den Motor abstellen und den Ölstand kontrollieren, gegebenenfalls Öl nachfüllen. Anschließend Motor starten und im Leerlauf drehen lassen, die Warnleuchte darf nun nicht mehr blinken. Drehzahl auf über 2000/min erhöhen, Leuchte darf nicht blinken und der Summer darf nicht ertönen. Ist dies der Fall, kann die Fahrt fortgesetzt werden.

Ist der Ölstand jedoch in Ordnung und besteht am Ort keine weitere Prüf-Möglichkeit, keinesfalls weiterfahren, sondern Fahrzeug abschleppen lassen und Öldruck prüfen.

Bei ausreichendem Öldruck beide Öldruckschalter und die elektrischen Zuleitungen nach Schaltplan prüfen. Falls kein Fehler gefunden wurde, Öldruck-Kontrollrelais ersetzen.

Öldruckschalter / Öldruck überprüfen

Es sind 2 Öldruckschalter eingebaut, die bei unterschiedlichem Öldruck ansprechen. Der 0,3-bar-Öldruckschalter hat eine braune Isolierung; der 0,9-bar-Öldruckschalter ist an der grauen Isolierung erkennbar.

Der 0,9-bar-Öldruckschalter ist oben am Ölfilterhalter eingeschraubt. Der 0,3-bar-Öldruckschalter sitzt an der Stirnseite des Zylinderkopfes links im Motorraum.

- Ölstand kontrollieren.
- Elektrische Leitungen für beide Öldruckschalter nach Stromlaufplan überprüfen.

0,3-bar-Öldruckschalter prüfen

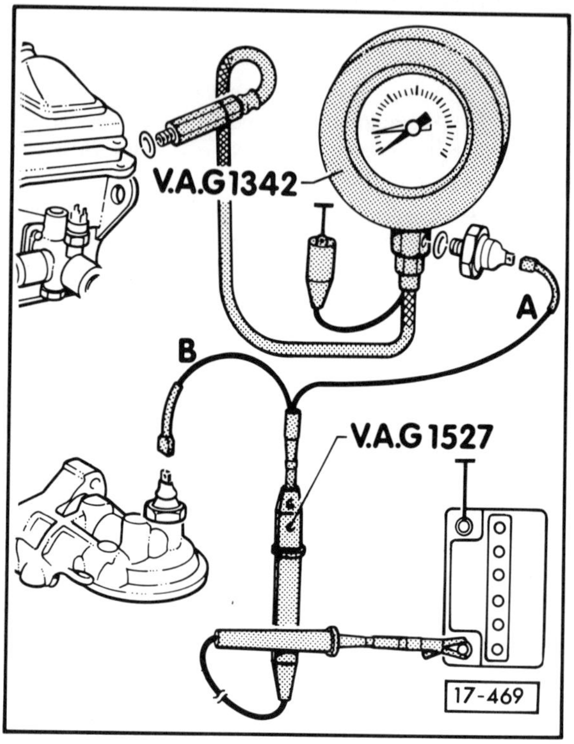

- 0,3 bar Öldruckschalter (braune Isolierung) ausbauen.
- Anstelle des Öldruckschalters geeignetes Manometer einschrauben.
- Falls das VW-Meßgerät verwendet wird, Öldruckschalter am Prüfgerät einschrauben.

Achtung: Die beschriebene Prüfung kann nur durchgeführt werden, wenn der Schalter am Manometer eingeschraubt werden kann. Ansonsten kann nur der 0,9-bar-Schalter geprüft werden.

- Prüfgerät an Masse (–) anschließen.
- Spannungsmeßgerät (Multimeter oder Diodenprüflampe) mit Hilfsleitung zwischen 0,3 bar Öldruckschalter –A– und Pluspol der Batterie anschließen.

- Die Prüflampe oder Leuchtdiode muß aufleuchten.
- Motor starten und Drehzahl langsam erhöhen.
- Sobald das Manometer 0,15 – 0,45 bar anzeigt, darf keine Spannung mehr angezeigt werden; Prüflampe verlöscht. Andernfalls 0,3 bar Öldruckschalter ersetzen.

Achtung: Gegebenenfalls Schaltpunkt des Öldruckschalters bei Anlaßdrehzahl prüfen.

0,9-bar-Öldruckschalter

- Elektrische Leitung vom 0,9-bar Schalter (graue Isolierung) abziehen.
- Spannungsmeßgerät (Multimeter oder Diodenprüflampe) mit Hilfsleitung zwischen 0,9-bar Öldruckschalter –B– und Pluspol der Batterie anlegen.
- Die Prüflampe darf **nicht** aufleuchten.
- **0,9-bar-Öldruckschalter:** Drehzahl erhöhen, bis am Manometer 0,75 bis 1,05 bar angezeigt werden. Jetzt muß die Prüflampe aufleuchten, sonst Öldruckschalter ersetzen.

Öldruck prüfen

- Drehzahl auf 2000/min erhöhen. Bei einer Öltemperatur von +80° C soll der Öldruck bei dieser Motordrehzahl mindestens 2,0 bar betragen.
- Geringerer Öldruck weist auf verschlissene Kurbelwellenlager hin.
- Öldruckschalter mit Dichtring einsetzen und mit **25 Nm** festziehen.

Zahnflanken- und Axialspiel der Ölpumpe prüfen

Das Zahnflanken- und Axialspiel kann auch bei eingebauter Ölpumpe geprüft werden.

- Ölwanne ausbauen.
- Halterung für Ölpumpendeckel abschrauben.
- Ölpumpendeckel abschrauben. Unterdruckventil im Ölpumpendeckel belassen.

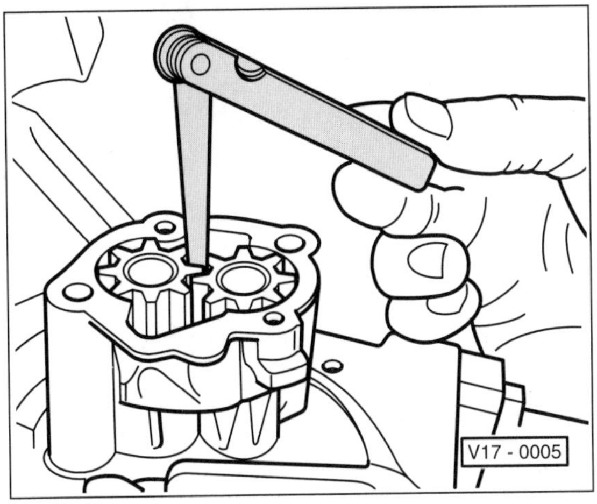

- Zahnflankenspiel mit Fühlerblattlehre wie in der Abbildung gezeigt prüfen.
- Das Zahnflankenspiel darf maximal 0,20 mm betragen. Sonst Ölpumpe ersetzen. Das Zahnflankenspiel beträgt bei einer neuen Ölpumpe 0,05 mm.

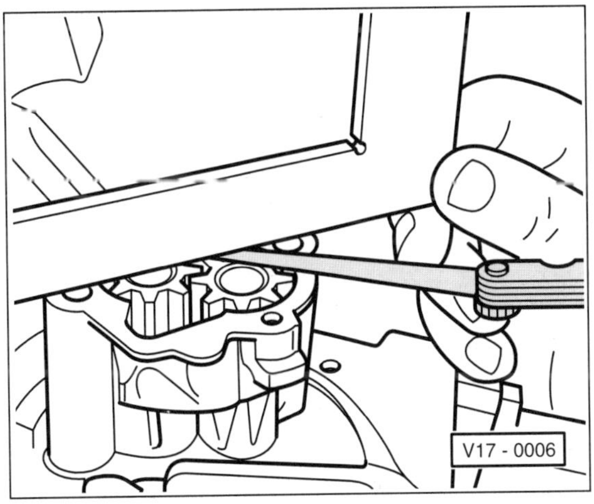

- Axialspiel wie in der Abbildung gezeigt prüfen. Das Axialspiel darf maximal 0,15 mm betragen. Sonst Ölpumpe ersetzen.
- Ölpumpendeckel mit Halter anschrauben.
- Ölwanne einbauen.

Ölwanne/Ölpumpe/Ölfilter

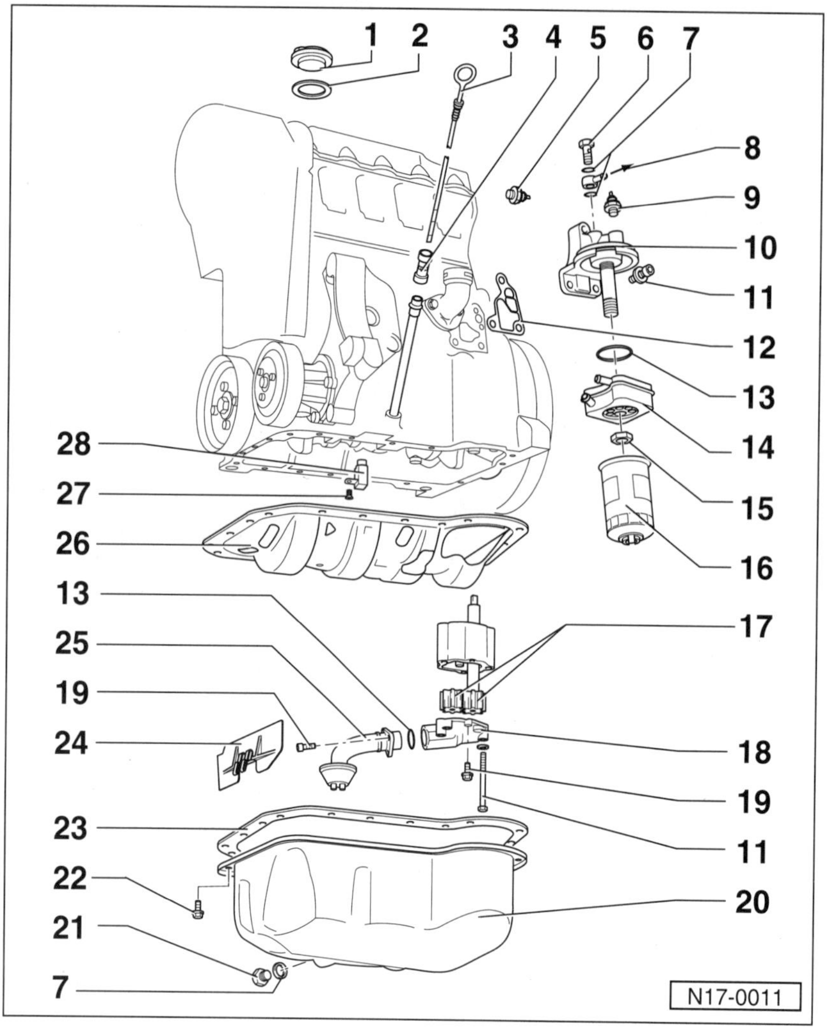

1 – **Verschlußdeckel**

2 – **Dichtung**
Bei Beschädigung ersetzen.

3 – **Ölmeßstab**

4 – **Einführtrichter**
Zum Ölabsaugen abziehen.

5 – **Öldruckschalter, 25 Nm**
0,25 bar-Schalter: blau;
0,3 bar-Schalter: braun;
Leitung: blau/schwarz; Dichtring bei Undichtigkeit aufkneifen und ersetzen.

9 – **Öldruckschalter, 25 Nm**
0,9 bar-Schalter: grau;
Leitung: gelb; Dichtring bei Undichtigkeit aufkneifen und ersetzen.

10 – **Ölfilterhalter**

11 – **Schraube, 25 Nm**

12 – **Dichtung**
Immer ersetzen.

13 – **O-Ring**
Immer ersetzen.

14 – **Ölkühler**
Berührungsflächen zum Ölfilterhalter außerhalb des Dichtringes mit Dichtmittel VW-AMV 188 100 02 einstreichen. Beim Einbau auf Freigang zu den umliegenden Bauteilen achten.
Achtung: Werden im Motoröl Metallspäne und Abrieb in größeren Mengen festgestellt, deutet dies auf Freßschäden hin. In diesem Fall muß der Ölkühler erneuert werden.

15 – **Mutter, 25 Nm**

16 – **Ölfilter**
Mit Spannband lösen; von Hand anziehen; Einbauhinweise auf dem Ölfilter beachten.

17 – **Zahnräder**

18 – **Ölpumpendeckel mit Überdruckventil**
Öffnungsdruck: 5,7 – 6,7 bar Überdruck.

19 – **Schraube, 10 Nm**

20 – **Ölwanne**

21 – **Ölablaßschraube, 30 Nm**

22 – **Schraube, 20 Nm**
Zum Herausdrehen der beiden hinteren Schrauben wird ein Gelenkschlüssel benötigt.

23 – **Dichtung**
Immer ersetzen. Vor dem Auflegen Übergänge Dichtflansch/Zylinderblock mit Dichtmittel "D2" bestreichen.

24 – **Schwallblech**

25 – **Saugleitung**
Sieb bei Verschmutzung reinigen.

26 – **Schwallwand**
Bei Beschädigung der Dichtung ersetzen.

27 – **Schraube, 10 Nm**
Mit Dichtmittel VW-AMV 188 100 02 einsetzen.

28 – **Ölspritzdüse**
Zur Kolbenkühlung.

Störungsdiagnose Ölkreislauf

Störung	Ursache	Abhilfe
Kontrolleuchte blinkt nicht nach Einschalten der Zündung	0,3-bar-Öldruckschalter (braune Isolierung) defekt	■ Zündung einschalten, Leitung vom Öldruckschalter abziehen und gegen Masse halten. Wenn die Kontrolleuchte blinkt, Schalter ersetzen
	Strom zum Schalter unterbrochen, Kontakte korrodiert	■ Elektrische Leitung und Anschlüsse prüfen
	Kontrollampe defekt	■ Kontrollampe ersetzen
	Steuergerät defekt	■ Steuergerät ersetzen. Das Steuergerät sitzt im Schalttafeleinsatz
Kontrollicht verlischt nicht nach Anspringen des Motors	Öl sehr warm	■ Unbedenklich, wenn Kontrollicht beim Gasgeben verlischt
Kontrollicht verlischt nicht beim Gasgeben bzw. leuchtet während der Fahrt	Öldruck zu gering	■ Ölstand prüfen, ggf. auffüllen; Öldruck nach Vorschrift prüfen
	Elektrische Leitung zum 0,3-bar-Öldruckschalter hat Kurzschluß gegenüber Masse	■ Kabel am Schalter abziehen und isoliert ablegen (nicht gegen Masse legen), Zündung einschalten. Wenn die Kontrollampe aufleuchtet, Leitung überprüfen
	0,3-bar-Öldruckschalter defekt	■ Schalter auswechseln
Kontrolleuchte blinkt während der Fahrt, Summer ertönt	Öldruckschalter 0,9 bar ist defekt,	■ Öldruck prüfen, Öldruckschalter prüfen. Ist der Öldruck in Ordnung obwohl der Summer ertönt, kann für die Weiterfahrt kurzfristig die elektrische Leitung abgezogen und gegen Masse gelegt werden. Falls der Summer immer noch ertönt, Steuerrelais aus der Fassung ziehen. Öldruckschalter sowie Steuergerät sobald wie möglich prüfen, ggf. ersetzen.
Zu niedriger Öldruck im gesamten Drehzahlbereich	Zu wenig Öl im Motor	■ Motoröl nachfüllen
	Ansaugsieb in der Saugglocke verschmutzt	■ Ölwanne ausbauen, Ansaugsieb reinigen
	Ölpumpe verschlissen	■ Ölpumpe ausbauen und prüfen, gegebenenfalls ersetzen
	Lagerschaden	■ Motor demontieren
Zu niedriger Öldruck im unteren Drehzahlbereich	Öldruckregelventil klemmt in offenem Zustand durch Verschmutzung	■ Ventil ausbauen und prüfen
Zu hoher Öldruck bei Drehzahlen über 2000/min	Öldruckregelventil öffnet nicht wegen Verschmutzung	■ Ventil ausbauen und prüfen

Die Motor-Kühlung

Der Kühlmittelkreislauf

Der Kühlmittelkreislauf wird thermostatisch geregelt. Solange der Motor kalt ist, zirkuliert das Kühlmittel nur im Zylinderkopf sowie im Motorblock und im Wärmetauscher. Mit zunehmender Erwärmung öffnet der Kühlmittelregler den großen Kühlmittelkreislauf. Das Kühlmittel wird von der ständig im Einsatz befindlichen Kühlmittelpumpe über den Kühler geleitet. Die Kühlflüssigkeit durchströmt den Kühler von oben nach unten und wird dabei durch die an den Kühlrippen vorbeistreichende Luft gekühlt.

Zur Verstärkung der Kühlluft befindet sich hinter dem Kühler ein temperaturgesteuerter Lüfter. Angesteuert wird der Lüfter über einen 2stufigen Thermoschalter, der links am Wasserkasten des Kühlers eingeschraubt ist. Bei einer Kühlmitteltemperatur von +92 bis +97° C schaltet der Thermoschalter den Lüfter in der ersten Stufe (halbe Drehzahl) ein. Steigt die Kühlmitteltemperatur auf +99 bis + 105° C wird der Lüfter auf volle Drehzahl geschaltet.

Durch den nicht ständig mitlaufenden Lüfter erhöht sich die nutzbare Motorleistung und der Kraftstoffverbrauch vermindert sich.

Achtung: Der Elektrolüfter kann sich auch bei ausgeschalteter Zündung einschalten. Durch Stauwärme im Motorraum ist auch **mehrmaliges Einschalten möglich.**

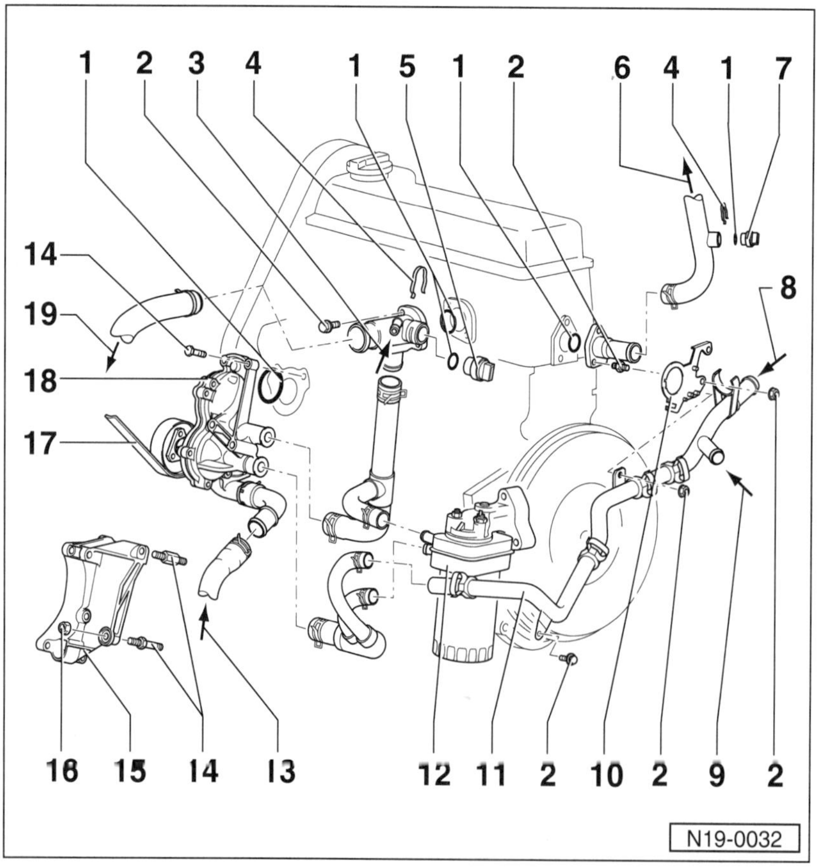

1 – **O-Ring**
Immer ersetzen.

2 – **Schraube, 10 Nm**

3 – **vom Ausgleichbehälter**
–14– in Abbildung V19-0582.

4 – **Halteklammer**

5 – **Geber für Kühlmitteltemperatur bzw. Geber für Motortemperatur mit Geber für Kühlmitteltemperaturanzeige**

6 – **zum Wärmetauscher**

7 – **Thermoschalter**
Je nach Ausstattung für Elektrolüfter 3. Stufe.

8 – **vom Wärmetauscher**

9 – **vom Ausgleichbehalter**
–13– in Abbildung V19-0582.

10 – **Halter**

11 – **Kühlmittelrohr**

12 – **Ölkühler**

13 – **vom Kühler unten**

14 – **Bolzen, 20 Nm + ¼ Umdr. (90 °) weiterdrehen**
Immer ersetzen.

15 – **Halter**
Nur bei Fahrzeugen ohne Keilrippenriemen-Spannrolle.

16 – **Mutter, 30 Nm**

17 – **Keil-/Keilrippenriemen**

18 – **Kühlmittelpumpe**

19 – **zum Kühler oben**
–7– in Abbildung V19-0582.

Kühler/Kühlmittelpumpe

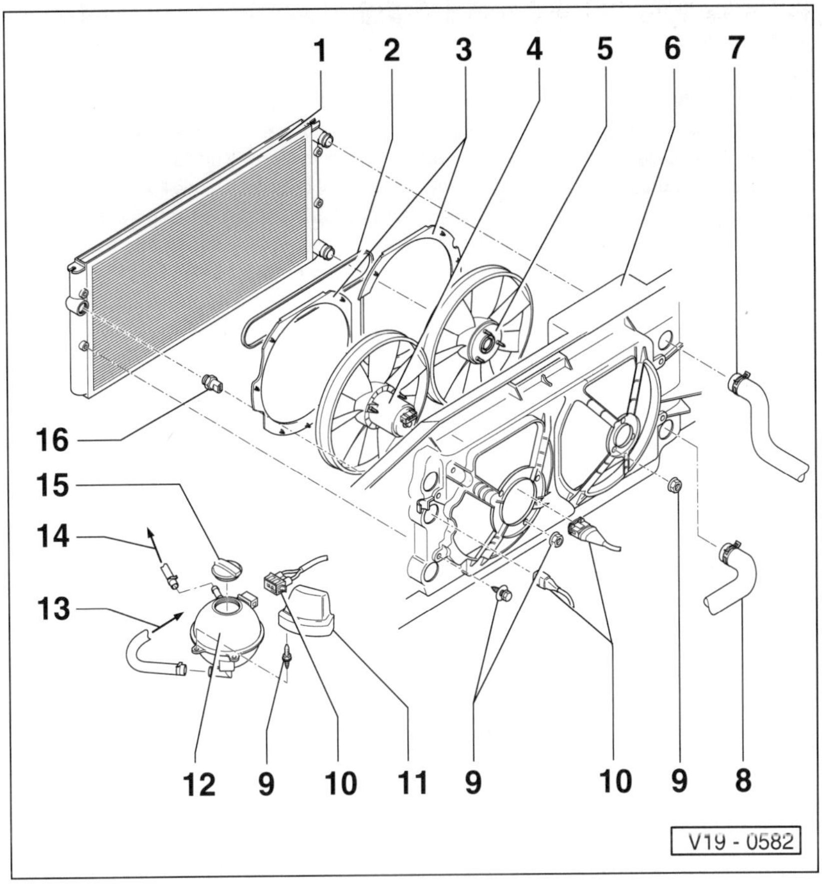

1 – **Kühler**
Wenn der Kühler ersetzt wird, gesamtes Kühlmittel erneuern.

2 – **Keilriemen**
Nur wenn 2 Lüfter vorhanden sind.

3 – **Führungsring**
Einbaulage beachten. Ist mit Klipsen am Schloßträger befestigt.

4 – **Lüfter für Kühler**

5 – **Zusatzlüfter**

6 – **Schloßträger**

7 – **Kühlmittelschlauch oben**
Führt zum Anschlußstutzen –19– in Abbildung N19-0032.

8 – **Kühlmittelschlauch unten**
Führt zur Kühlmittelpumpe –13– in Abbildung N19-0032.

9 – **Mutter, 10 Nm**

10 – **Anschlußstecker**

11 – **Abdeckung**

12 – **Ausgleichbehälter**

13 – **zum Kühlmittelrohr**
–9– in Abbildung N19-0032.

14 – **zum Anschlußstutzen**
–3– in Abbildung N19-0032.

15 – **Verschlußdeckel**
Prüfdruck 1,4 – 1,6 bar Überdruck.

16 – **Thermoschalter, 35 Nm**
Für Elektrolüfter.

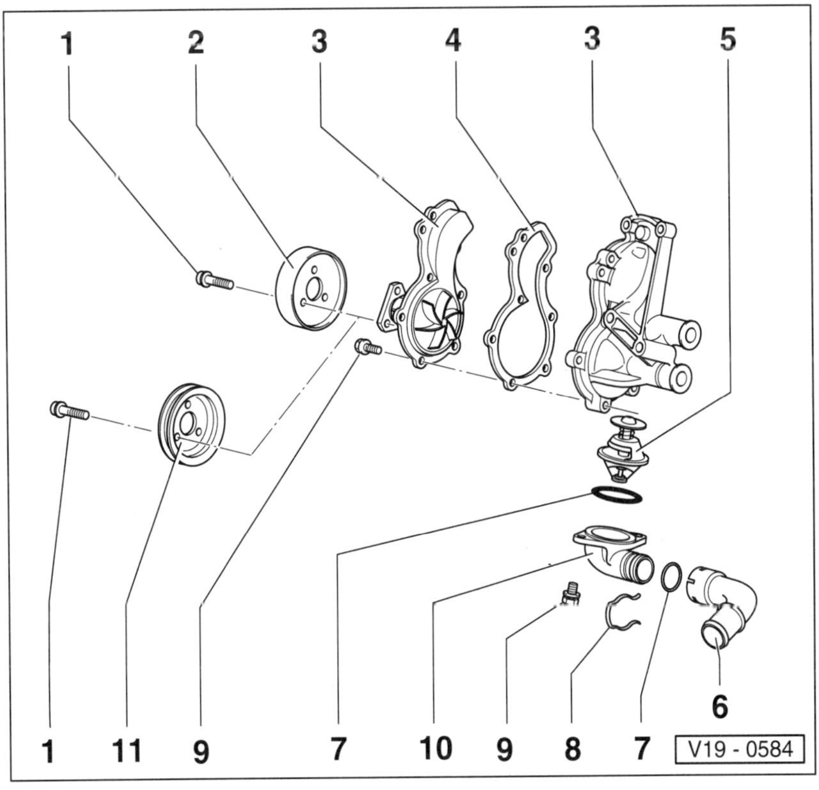

1 – **Schraube, 25 Nm**

2 – **Riemenscheibe**
Für Keilrippenriemen.

3 – **Kühlmittelpumpe**

4 – **Dichtung**
Immer ersetzen.

5 – **Kühlmittelregler**

6 – **Anschlußstutzen**

7 – **O-Ring**
Immer ersetzen.

8 – **Halteklammer**

9 – **Schraube, 10 Nm**

10 – **Flansch**

11 – **Riemenscheibe**
Für Keilriemen.

Kühler-Frostschutzmittel

Die Kühlanlage wird ganzjährig mit einer Mischung aus Wasser und Kühlerfrost- und Korrosions-Schutzmittel befüllt. Dies verhindert Frost- und Korrosionsschäden, Kalkansatz und hebt außerdem die Siedetemperatur des Kühlmittels an. Im Kühlkreislauf entsteht durch die Ausdehnung der Flüssigkeit bei Erwärmung ein Überdruck, was ebenfalls zur Siedepunkterhöhung der Kühlflüssigkeit beiträgt. Der Druck wird durch ein Ventil im Verschlußdeckel am Ausgleichbehälter begrenzt, das bei 1,4 - 1,6 bar öffnet. Erforderlich ist der höhere Siedepunkt der Kühlflüssigkeit für ein einwandfreies Funktionieren der Motor-Kühlung. Bei zu niedrigem Siedepunkt der Flüssigkeit kann es zu einem Hitzestau kommen, wodurch der Kühlkreislauf behindert und die Kühlung des Motors vermindert wird. Deshalb muß das Kühlsystem unbedingt ganzjährig mit einer Kühlkonzentrat-Mischung gefüllt sein.

Bis 6/96 wird serienmäßig der VW-Kühlmittelzusatz **G11-A8C** verwendet. Zum Nachfüllen kann **G11-A8C** oder ein anderes Kühlkonzentrat mit dem Vermerk »gemäß TL-VW 774 **C**« verwendet werden. **Hinweis:** Das Kühlkonzentrat **G11** ist an der **grünen Farbe** erkennbar.

Seit 7/96 wird serienmäßig der VW-Kühlmittelzusatz **G12** verwendet. Zum Nachfüllen kann **G12** oder ein anderes Kühlkonzentrat mit dem Vermerk »gemäß TL-VW 774 **D**« verwendet werden. **Hinweis:** Das Kühlkonzentrat **G12** ist an der **roten Farbe** erkennbar.

Achtung: Die Kühlmittelzusätze **G11** und **G12** dürfen **nicht vermischt** werden, sonst kommt es zu **schwerwiegenden Motorschäden.** Braunes Kühlmittel (G11 und G12 vermischt) sofort wechseln.

Fahrzeuge **bis 6/96** können auf das neue (bessere) G12 umgestellt werden. Dazu Kühlsystem vollständig entleeren. Kühlsystem mit reinem Wasser auffüllen und Motor 2 Minuten laufen lassen, damit es durchgespült wird. Wasser wieder ablassen und anschließend mit Druckluft in den Ausgleichbehälter blasen, damit das Kühlsystem vollständig entleert wird. Ablaßschraube schließen und neue Wasser/G12-Mischung einfüllen.

Kühlmittel-Mischungsverhältnis in Litern

Motor	Frostschutz				Füllmenge
	bis –25° C		bis –35° C		
	G11/ G12	Wasser	G11/ G12	Wasser	
Alle Motoren	2,6	3,9	3,25	3,25	6,5

Der Frostschutz sollte in unseren Breiten bis ca. –25° C reichen.

Kühlmittel wechseln

Das Kühlmittel muß nur nach Reparaturen am Kühlsystem, bei denen das Kühlmittel abgelassen wurde, erneuert werden. Ein Wechsel im Rahmen der jährlichen Wartung ist nicht vorgesehen. Falls bei Reparaturen der Zylinderkopf, die Zylinderkopfdichtung, der Kühler, der Wärmetauscher oder der Motor ersetzt wurden, muß die Kühlflüssigkeit auf jeden Fall ersetzt werden. Das ist erforderlich, weil sich die Korrosionsschutzanteile in der Einlaufphase an den neuen Leichtmetallteilen absetzen und somit eine dauerhafte Korrosionsschutzschicht bilden. Bei gebrauchter Kühlflüssigkeit ist der Korrosionsschutzanteil in der Regel nicht mehr groß genug, um eine ausreichende Schutzschicht an den neuen Teilen zu bilden.

Achtung: Abgelassene Kühlflüssigkeit darf nicht wiederverwendet werden. Kühlflüssigkeit ist giftig und darf nicht einfach weggeschüttet oder dem Hausmüll mitgegeben werden. Gemeinde- und Stadtverwaltungen informieren darüber, wo sich die nächste Sondermüll-Sammelstelle befindet.

Ablassen

- Fahrzeug aufbocken.
- Verschlußdeckel am Ausgleichbehälter öffnen.

Achtung: Bei heißem Motor vor dem Öffnen des Deckels einen dicken Lappen auflegen, um Verbrühungen durch heiße Kühlflüssigkeit oder Dampf zu vermeiden. Deckel nur bei Kühlmitteltemperaturen unter +90° C abnehmen.

- Sauberes Auffanggefäß unter Motor oder Kühler stellen.

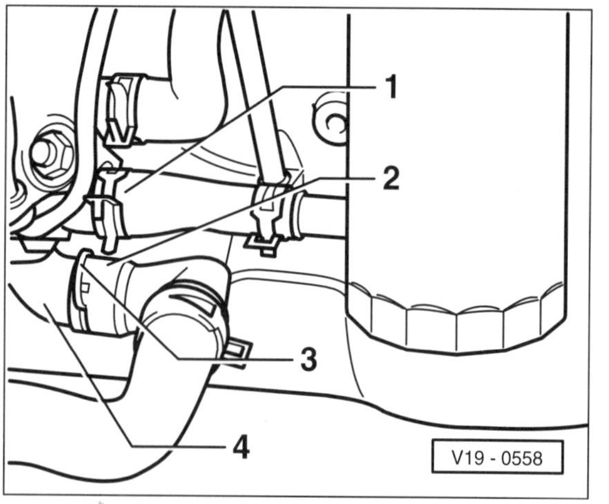

- Das Kühlmittel kann an verschiedenen Stellen abgelassen werden.
  1. Kühlmittelschlauch –1– abziehen; Anschlußstutzen –2– abziehen, vorher Halteklammer –3– herausziehen.
  2. Flansch –4– für Kühlmittelregler abschrauben.
- Kühlmittel vollständig ablassen.

Auffüllen

- Kühlmittelschläuche aufschieben und mit Schellen sichern. Flansch für Kühlmittelregler anschrauben.
- Fahrzeug ablassen.

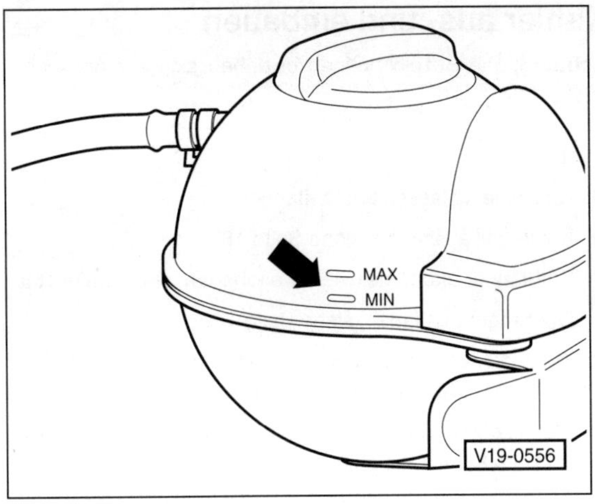

- Kühlmittel langsam bis zur MAX-Markierung am Ausgleichbehälter auffüllen.
- Ausgleichbehälter verschließen.
- Motor laufen lassen, bis der Elektrolüfter anläuft.
- Motor abstellen.
- Kühlmittelstand prüfen und gegebenenfalls bis etwas über die MAX-Markierung ergänzen. Bei betriebswarmem Motor muß der Kühlmittelstand etwas über der MAX-Markierung, bei kaltem Motor zwischen der MAX- und der MIN-Markierung liegen.

Kühlmittelregler aus- und einbauen/prüfen

Ausbau

Achtung: Die Bezeichnungen für die Bauteile beziehen sich auf die Abbildung V19-0584.

- Fahrzeug aufbocken.
- Servopumpe mit Halter abschrauben und mit angeschlossenen Leitungen aufhängen.
- Geeignetes Gefäß unter den Kühlmittel-Anschlußstutzen –10– stellen.
- Anschlußstutzen für Kühlmittelregler –5– abschrauben –9–, Kühlmittel ablassen und auffangen.
- Dichtring –7– herausnehmen.
- Kühlmittelregler –5– herausnehmen.

Prüfen

- Maß –a– am Regler messen, siehe Abbildung SX-1802.

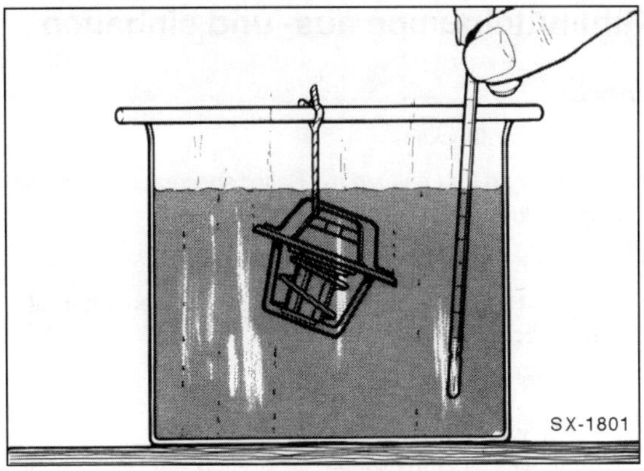

- Regler im Wasserbad erwärmen. Dabei darf der Thermostat nicht die Wände des Behälters berühren.
- Temperatur mit einem Thermometer kontrollieren. Regler-Öffnungsbeginn ca. +87° C, Ende ca. +102° C.

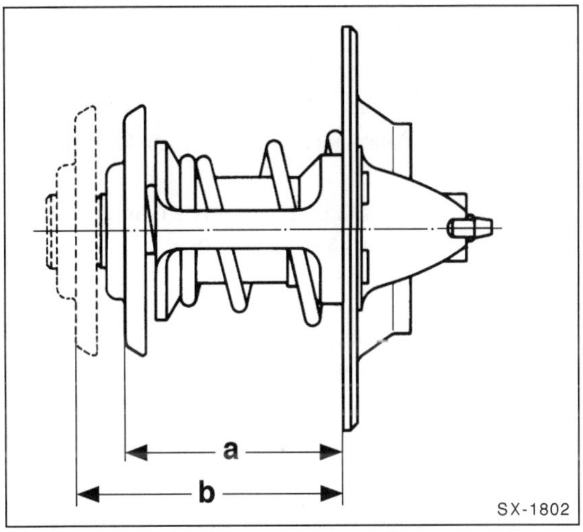

- Nach Erhitzen des Reglers auf ca. +100° C muß Maß –b– gegenüber Maß –a– um ca. 7 mm größer sein. Von Öffnungsbeginn bis Öffnungsende muß der Öffnungshub mindestens 7 mm betragen.

Einbau

- Dichtring ersetzen, Kühlmittelregler einsetzen und Deckel anschrauben.
- Servopumpe mit Halter anschrauben, Keilriemen auflegen und spannen.
- Fahrzeug ablassen.
- Kühlflüssigkeit auffüllen.
- Motor laufen lassen, bis Kühlmittelregler öffnet. Deckel-Dichtung und Kühlmittelschlauch auf Dichtigkeit überprüfen.

Kühlmittelpumpe aus- und einbauen

Ausbau

- Fahrzeug aufbocken.
- Servopumpe für Lenkung mit Halter abschrauben und mit angeschlossenen Leitungen aufhängen.
- Generator ausbauen, siehe Seite 228.
- Halter –15– (Abbildung N19-0032) für Generator abschrauben.
- Kühlmittel ablassen.
- Kühlmittelregler ausbauen.
- Schrauben –1– Abbildung V19-0584) für Keilriemenscheibe –2– mit Innensechskantschlüssel SW 6 lösen. Damit sich hierbei die Riemenscheibe nicht mitdreht, Schraubendreher zwischen einem Schraubenkopf und der Pumpenwelle einsetzen und Riemenscheibe gegenhalten.
- Kühlmittelschläuche am Kühlmittelpumpengehäuse abziehen, vorher Schellen lösen.
- Befestigungsschrauben –14– (Abbildung N19-0032) herausdrehen und Pumpe –18– abnehmen.
- Welle der Kühlmittelpumpe drehen und auf leichten Lauf prüfen.
- Bei Beschädigung sowie Undichtigkeiten am Pumpenlager, Kühlmittelpumpe komplett ersetzen.

Einbau

- Kühlmittelpumpe mit **neuem** Dichtring –1– (Abbildung N19-0032) ansetzen und mit **20 Nm** anschrauben. Anschließend Schrauben ¼ Umdrehung (90°) weiterdrehen.

Achtung: Wurde nur die Papierdichtung –4– (Abbildung V19-0584) oder das Lagergehäuse mit Pumpenrad ersetzt, Lagergehäuse mit **10 Nm** anschrauben. Dabei Schrauben auf keinen Fall zu stark anziehen.

- Kühlmittelregler einbauen.
- Kühlmittelschläuche aufschieben und mit Schellen sichern.
- Riemenscheibe anschrauben.
- Halter für Generator mit **30 Nm** anschrauben.
- Generator einbauen, siehe Seite 228.
- Keilrippenriemen einbauen und spannen, siehe Seite 35.
- Servopumpe mit Halter anschrauben, Keilriemen auflegen und spannen.
- Fahrzeug ablassen.
- Kühlflüssigkeit auffüllen.
- Nach Probefahrt: Kühlmittelschläuche und Kühlmittelpumpe auf Dichtheit überprüfen.

Kühler aus- und einbauen

Achtung: Die Bezeichnungen beziehen sich auf Abbildung V19-0582.

Ausbau

- Kühlmittel ablassen und auffangen.
- Kühlergrill ausbauen, siehe Seite 167.
- Stoßfänger und Scheinwerfer ausbauen, siehe Seite 168.
- Querträger ausbauen, siehe Seite 172.
- Kühlmittelschläuche oben –7– und unten –8– vom Kühler abnehmen, vorher Schlauchschellen lösen.
- Elektrischen Stecker –10– vom Thermoschalter –16– links am Kühler abziehen.
- Stecker –10– für Lüftermotor –4– abziehen.
- Befestigungsschrauben des Kühlers herausschrauben und Kühler nach vorn herausnehmen.

Einbau

- Kühler einsetzen und anschrauben.
- Stecker für Lüftermotor aufstecken.
- Stecker für Thermoschalter aufstecken.
- Querträger einbauen, siehe Seite 172.
- Stoßfänger einbauen, siehe Seite 168.
- Kühlergrill einbauen, siehe Seite 167.
- Kühlmittelschläuche unten und oben aufschieben und mit Schellen sichern.
- Neues Kühlmittel auffüllen. **Achtung:** Gebrauchtes Kühlmittel nicht wiederverwenden.
- Nach Probefahrt sämtliche Anschlüsse Kühler/Kühlmittelschlauch auf Dichtigkeit überprüfen.

Kühlsystem prüfen

Undichtigkeiten im Kühlsystem und die Funktion des Überdruckventils im Kühler-Verschluß können mit dem Prüfgerät V.A.G 1274 und 1274/1A überprüft werden.

- Prüfgerät auf den Einfüllstutzen am Ausgleichbehälter aufsetzen. Mit der Handpumpe des Gerätes einen Überdruck von ca. 1,0 bar erzeugen und halten. Fällt der Druck ab, Kühlsystem auf Undichtigkeit sichtprüfen und Leckstelle beseitigen.
- Zum Überprüfen des Überdruckventils im Verschlußdeckel des Ausgleichbehälters Prüfgerät auf Verschlußdeckel aufsetzen. Überdruck mit der Handpumpe erzeugen. Bei einem Überdruck von 1,2 – 1,5 bar muß das Überdruckventil öffnen.

Thermoschalter für Elektrolüfter prüfen

Der Thermoschalter ist zu prüfen, wenn bei heißem Motor der Lüfter nicht einschaltet. Prüfvoraussetzung: Kühlmittelregler, Kühler und Verschlußdeckel für Kühlsystem sind in Ordnung.

Der Thermoschalter für den Elektrolüfter sitzt links auf halber Höhe am Kühler. Der Thermoschalter hat zwei Schaltstufen. Bei erhöhter Temperatur schaltet er den Lüfter auf eine höhere Geschwindigkeit.

Je nach Ausstattung ist ein zusätzlicher Thermoschalter für die 3. Stufe des Elektrolüfters eingebaut. Der Thermoschalter sitzt im Heizungsschlauch vom Kühlmittelstutzen am Zylinderkopf zum Wärmetauscher der Heizung.

- Sicherung Nr. 19 prüfen, gegebenenfalls ersetzen.

Schaltstufe	Kabelfarbe	Schalttemperatur	
		Ein	Aus
1	rot/weiß	92 – 97° C	84 – 91° C
2	rot/schwarz	99 – 105° C	91 – 98° C
+	rot	–	–
3	–	110 – 115 °C	105 – 110°C

- Prüfen, ob der Kühler im Bereich des Thermoschalters überhaupt heiß wird.
- Stecker vom Thermoschalter abziehen. Am Kabelstecker der Zuleitung zuerst Klemme + (plus) mit Klemme 1 (rot/weißes Kabel) verbinden. Der Lüfter muß in langsamer Geschwindigkeit laufen. Dann Klemme + mit Klemme 2 (rot/schwarzes Kabel) verbinden, der Lüfter muß mit schneller Geschwindigkeit laufen. Wenn der Elektrolüfter jetzt beidesmal anläuft, Thermoschalter ersetzen.
- Wenn der Lüfter nicht anläuft, beziehungsweise wenn der Lüfter nur in einer Geschwindigkeit läuft, elektrische Leitungen gemäß Stromlaufplan prüfen. Anschlüsse auf guten Kontakt und festen Sitz kontrollieren.
- Anzugsdrehmoment für Thermoschalter: **35 Nm**.
- Neuen Thermoschalter auf Funktion überprüfen. Motor warmfahren und so lange im Leerlauf laufen lassen, bis der Lüfter für Kühlmittel einschaltet.

Anschlußplan für Kühlmittelschläuche

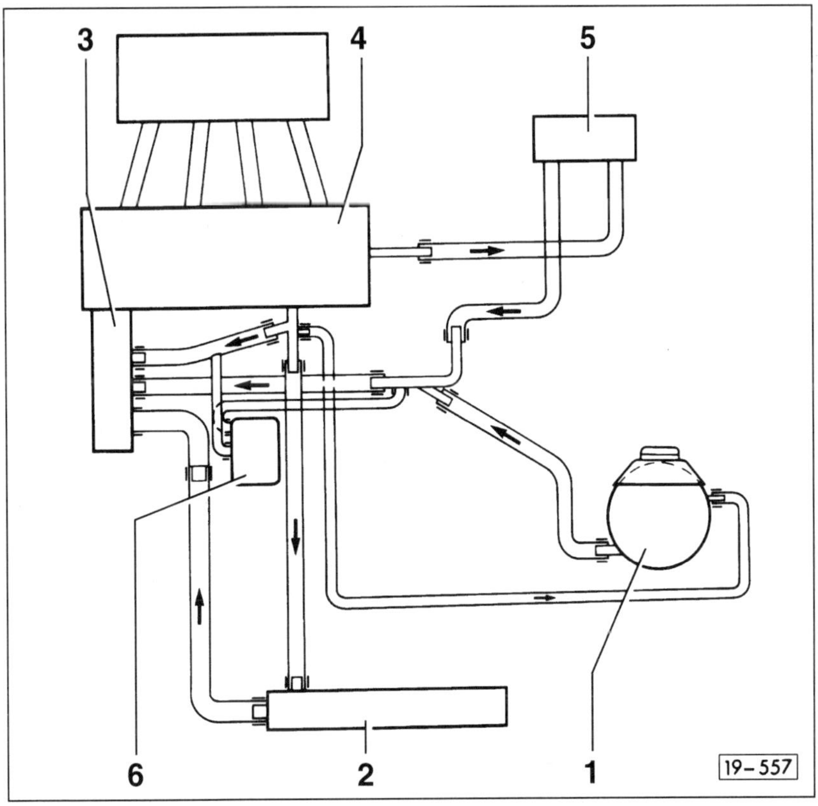

1 – Ausgleichbehälter
2 – Kühler
3 – Kühlmittelpumpe mit Regler
4 – Zylinderkopf/Motorblock
5 – Wärmetauscher für Heizung
6 – Ölkühler

Störungsdiagnose Motorkühlung

Störung: Die Kühlmitteltemperatur ist zu hoch, Warnleuchte blinkt bei heißem Motor

Ursache	Abhilfe
Zu wenig Kühlmittel im Kreislauf	■ Ausgleichbehälter muß bis zur Markierung voll sein. Kühlsystem auf Dichtheit prüfen
Kühlmittelregler öffnet nicht	■ Prüfen, ob oberer Kühlmittelschlauch am Kühler warm wird. Wenn nicht, Regler prüfen ggf. ersetzen
Kühlmittelpumpe defekt	■ Kühlmittelpumpe ausbauen und überprüfen
Geber für Kühlmitteltemperaturanzeige defekt	■ Geber überprüfen
Kühlmitteltemperaturanzeige defekt	■ Anzeigegerät überprüfen lassen
Ausgleichbehälter-Verschlußdeckel defekt	■ Druckprüfung durchführen lassen (Werkstattarbeit)
Kühlerlamellen verschmutzt	■ Kühler von der Motorseite her mit Preßluft durchblasen
Kühler innen durch Kalkablagerungen oder Rost zugesetzt. Kühler wird nur im oberen Teil warm, unterer Kühlmittelschlauch vom Kühler wird nicht warm	■ Kühler erneuern
Elektrolüfter läuft nicht an	■ Elektrische Anschlüsse am Thermoschalter und am Lüftermotor auf festen Sitz und guten Kontakt prüfen. ■ Thermoschalter prüfen ■ Elektrische Leitungen gemäß Stromlaufplan prüfen, ggf. Lüftermotor ersetzen

Die Kraftstoffanlage

Zur Kraftstoffanlage gehören der Kraftstoffbehälter, die Kraftstoffleitungen, der Kraftstoff-Filter, die Einspritzpumpe, die Einspritzleitungen und die Einspritzventile. Die Kraftstoff-Förderpumpe ist in der Verteiler-Einspritzpumpe integriert.

Der Kraftstoffbehälter ist am Fahrzeugunterboden hinter der Hinterachse angeordnet. Der jeweilige Kraftstoffvorrat wird dem Fahrer durch eine Kraftstoffvorratsanzeige angezeigt. Über ein Entlüftungssystem wird der Tank entlüftet.

Sauberkeitsregeln bei Arbeiten an der Kraftstoffversorgung

Bei Arbeiten an der Kraftstoffversorgung sind die folgenden Regeln zur Sauberkeit sorgfältig zu beachten:

- Verbindungsstellen und deren Umgebung vor dem Lösen gründlich reinigen.
- Ausgebaute Teile auf einer sauberen Unterlage ablegen und abdecken. Folien oder Papier verwenden. Keine fasernden Lappen benutzen!
- Geöffnete Bauteile sorgfältig abdecken bzw. verschließen, wenn die Reparatur nicht umgehend ausgeführt wird.
- Nur saubere Teile einbauen.
- Ersatzteile erst unmittelbar vor dem Einbau aus der Verpakkung nehmen.
- Keine Teile verwenden, die unverpackt (z. B. in Werkzeugkästen usw.) aufgehoben wurden.
- Bei geöffneter Kraftstoff-Anlage möglichst nicht mit Druckluft arbeiten. Das Fahrzeug möglichst nicht bewegen.

Außerdem ist darauf zu achten, daß kein Dieselkraftstoff auf die Kühlmittelschläuche läuft. Gegebenenfalls müssen die Schläuche sofort wieder gereinigt werden. Angegriffene Schläuch sind zu ersetzen.

Kraftstoffbehälter / Tankgeber

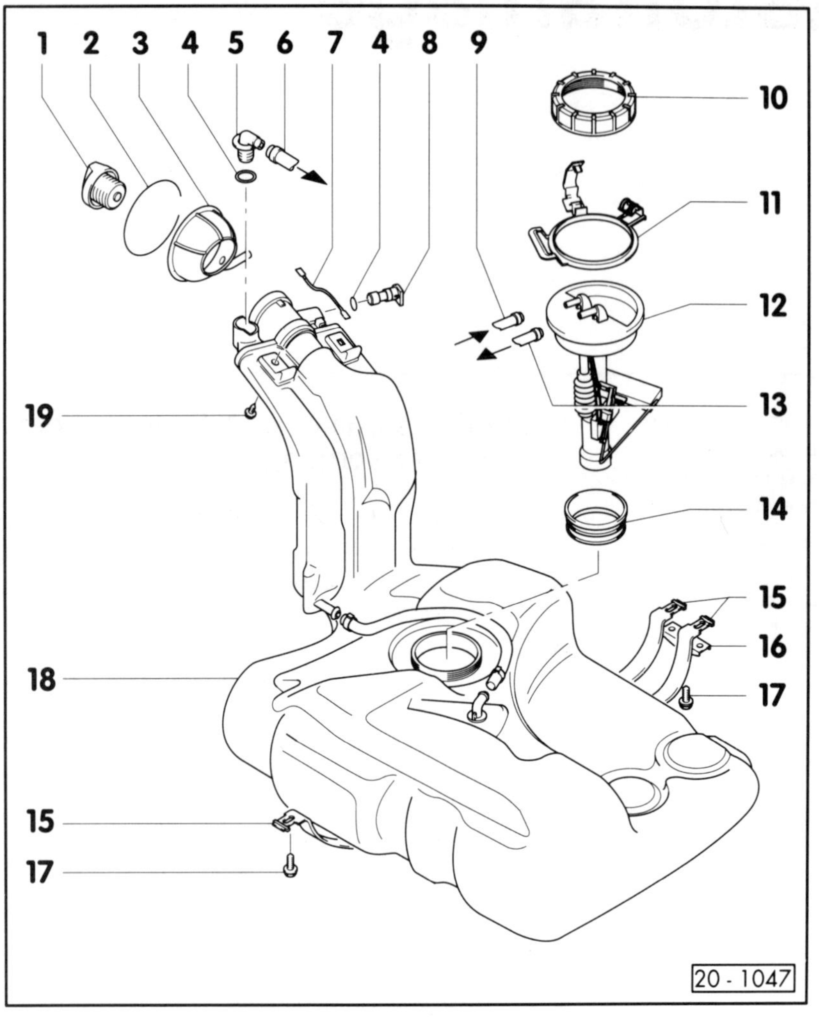

1 – **Verschlußdeckel**

2 – **Spannring**

3 – **Gummitopf**

4 – **O-Ring**

5 – **Schwerkraftventil**
Zum Ausbau Ventil nach oben aus dem Einfüllstutzen herausclipsen. Ventil auf Durchgang prüfen: Ventil senkrecht: –offen–, Ventil um 45° gekippt: –geschlossen–.

6 – **Entlüftungsleitung**
Zum Gummitopf.

7 – **Masseverbindung**

8 – **Entlüftungsventil**

9 – **Rücklaufleitung**
Blau, von der Einspritzpumpe.

10 – **Überwurfmutter**

11 – **Schlauchführung**

12 – **Tankgeber**
Tankgeber mit Saugkorb ist zum Oberteil verschiebbar.

23 – **Vorlaufleitung**
Schwarz, zur Einspritzpumpe.

14 – **Dichtring**
Zur Montage mit Kraftstoff benetzen.

15 – **Spannband**

16 – **Halter**

17 – **Schraube, 25 Nm**

18 – **Kraftstoffbehälter**

19 – **Schraube, 10 Nm**

Tankgeber aus- und einbauen

Der Tankgeber befindet sich im Kraftstoffvorratsbehälter. Er besteht aus einem Schwimmer und einem Potentiometer. Mit sinkendem Kraftstoffspiegel sinkt auch der Schwimmer des Tankgebers ab. Ein mit dem Schwimmer verbundenes Potentiometer erhöht dabei den elektrischen Widerstand des Gebers. Dadurch sinkt die Spannung am Anzeigeinstrument, und der Zeiger der Kraftstoffanzeige geht in Richtung »leer« zurück.

Achtung: Beim Ausbau des Tankgebers kann etwas Kraftstoff austreten. Kraftstoffdämpfe sind giftig und feuergefährlich, deshalb auf besonders gute Belüftung des Arbeitsplatzes achten. Hautkontakt mit Kraftstoff vermeiden. Kraftstoffbeständige Handschuhe tragen. Kein offenes Feuer, Brandgefahr!

Ausbau

- Batterie-Massekabel (–) abklemmen. **Achtung:** Dadurch wird aus dem Speicher des Radios der Code für die Diebstahlsicherung gelöscht.
- Kofferraumboden hockklappen.
- Abdeckblech abschrauben.

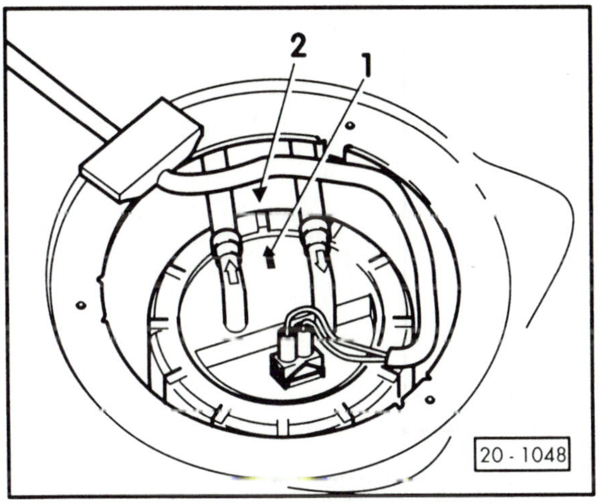

- Steckverbindung für Tankgeber abziehen.
- Vor- und Rücklaufleitung abziehen, vorher Schellen lösen. Leitungen mit geeigneten Stopfen verschließen, z. B. saubere Schraube mit geeignetem Durchmesser in die Leitung stecken.
- Überwurfmutter mit Spezialwerkzeug VW-3217 lösen. Falls das Werkzeug nicht zur Verfügung steht, Bajonettverschluß mit Holzstange und leichten Hammerschlägen lösen.
- Schlauchführung abnehmen.
- Tankgeber durch Drehen nach links aus dem Bajonettverschluß lösen und herausnehmen. **Achtung:** Beim Herausziehen Lappen unterlegen und eventuell austretenden Kraftstoff auffangen.
- Dichtring abnehmen.

Einbau

- Dichtring vor dem Einbau mit Kraftstoff benetzen.
- Tankgeber in den Kraftstoffvorratsbehälter einsetzen. Darauf achten, daß dabei der Schwimmerarm nicht verbogen wird.
- Flansch nach rechts drehen und dadurch Bajonettverschluß arretieren.

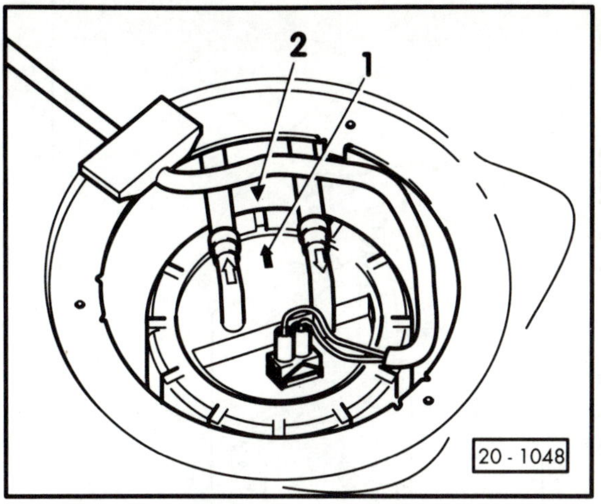

- Einbaulage des Tankgebers kontrollieren. Der Pfeil auf dem Flansch –1– muß zur Dreiecksmarkierung –2– auf dem Tank zeigen, siehe Abbildung.
- Schlauchführung einsetzen.
- Überwurfmutter ansetzen und festschrauben.
- Vor- und Rücklaufschlauch aufstecken und mit Schlauchschellen sichern. Der Rücklaufschlauch ist blau und kommt auf den in der Abbildung rechts dargestellten Anschluß.
- Stecker aufschieben.
- Abdeckblech anschrauben.
- Kofferraumboden herunterklappen.
- Batterie-Massekabel (–) anklemmen.
- Code für die Diebstahlsicherung eingeben.
- Zeituhr einstellen.

Die Gasbetätigung

Wirbelkammermotor (1Y, AAZ)

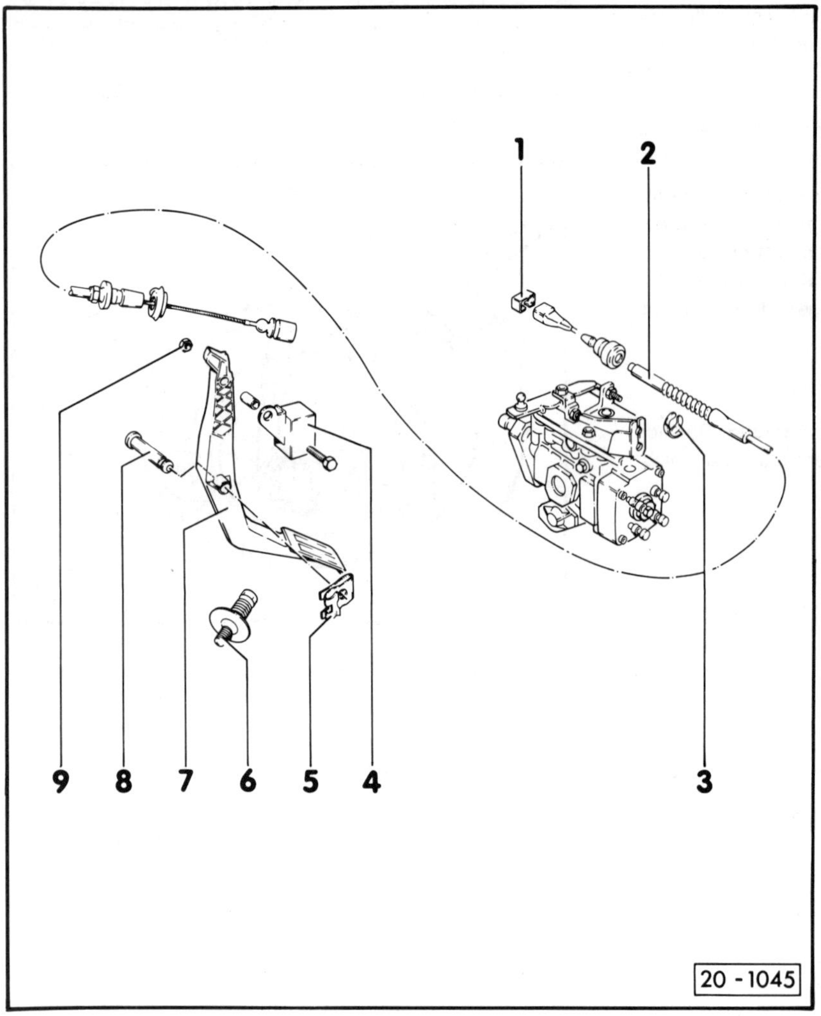

1 – Sicherung
2 – Gaszug
3 – Sicherung
4 – Tilgergewicht
5 – Sicherung
6 – Gaspedalanschlag
7 – Gaspedal
8 – Lagerbolzen
9 – Mutter, 10 Nm

Gaszug einstellen

Wirbelkammermotor (1Y, AAZ)

Achtung: Der Gaszug ist sehr knickempfindlich und daher beim Einbau besonders sorgfältig zu behandeln. Ein einziger leichter Knick kann zum späteren Bruch im Fahrbetrieb führen. Züge, die geknickt wurden, dürfen deswegen **nicht** eingebaut werden.

- Gaspedal in Vollgasstellung drücken und in dieser Stellung festklemmen oder durch Helfer halten lassen.
- Prüfen, ob der Einspritzpumpenhebel spannungsfrei am Anschlag anliegt.

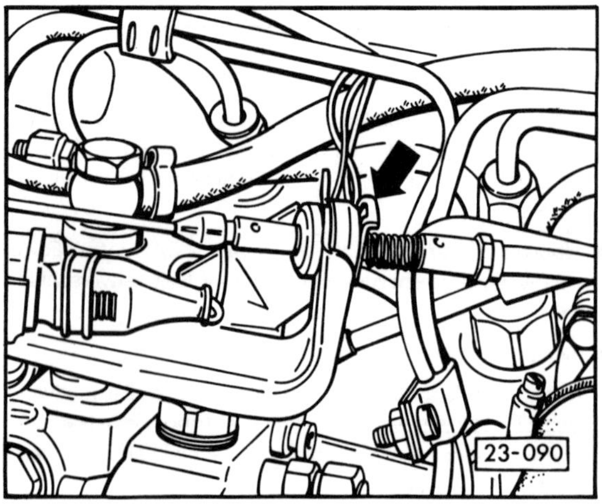

- Andernfalls Sicherungsklammer –Pfeil– herausziehen, Gaszug am Widerlager herausziehen bis der Einspritzpumpenhebel am Anschlag anliegt. In dieser Stellung Sicherungsklammer aufstecken.
- Gaspedal loslassen

Betätigungszug für Kaltstartbeschleuniger

Wirbelkammermotor (1Y, AAZ) bis 9/94

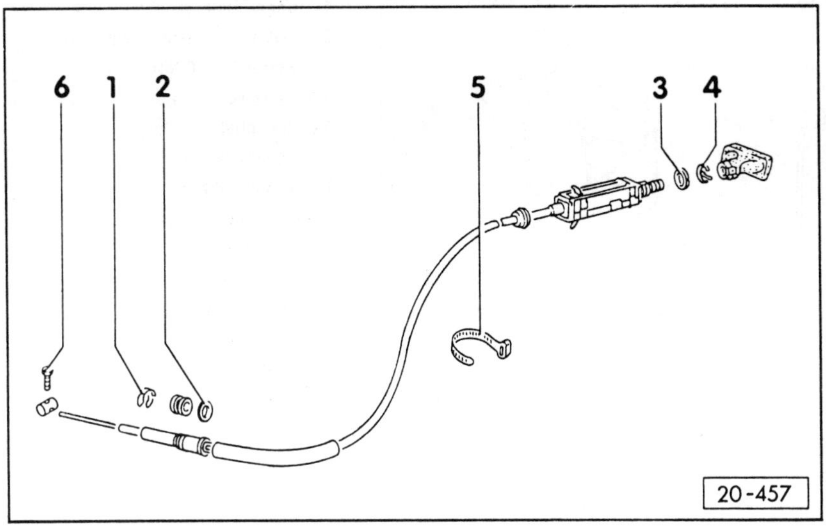

1 – **Sicherung**
2 – **Scheibe**
3 – **Befestigungsmutter**
4 – **Sicherung**
5 – **Kabelbinder**
Im Motorraum.
6 – **Klemmschraube**

Betätigungszug für Kaltstartbeschleuniger einstellen

Wirbelkammermotor (1Y, AAZ) bis 9/94

- Unterlegscheibe –1– auf den Betätigungszug schieben und Zug mit Sicherungsscheibe –2– befestigen.
- Betätigungshebel in 0-Stellung –Pfeilrichtung– bringen.
- Zugdraht straffziehen und mit Klemmschraube in Lagerbolzen –3– festklemmen.

Gasbetätigung

Direkteinspritzer

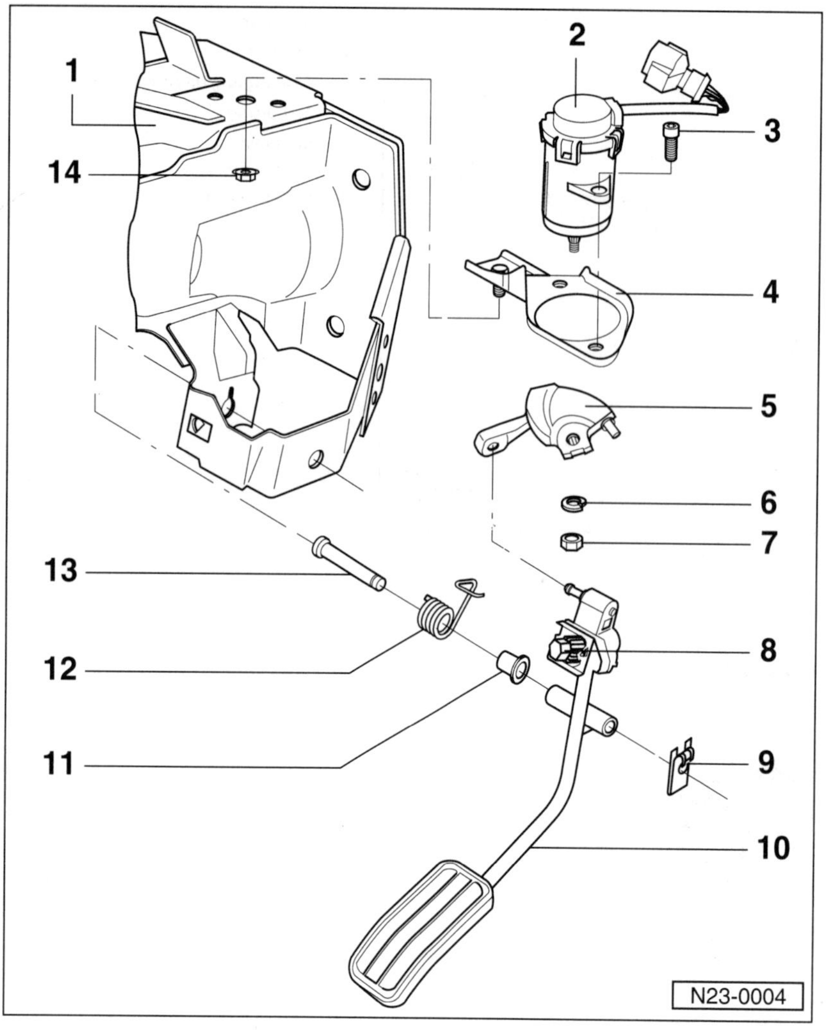

1 – Lagerbock
2 – Geber für Gaspedalstellung
3 – Schraube, 10 Nm
4 – Konsole
5 – Seilscheibe
6 – Federscheibe
7 – Mutter, 10 Nm
8 – Einstellschraube
9 – Sicherung
10 – Gaspedal
11 – Lagerbuchse
12 – Drehfeder
13 – Lagerbolzen
14 – Mutter, 20 Nm

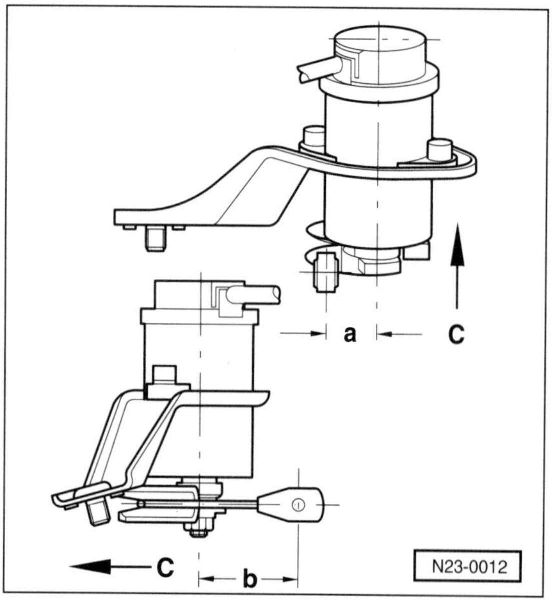

Geber für Gaspedalstellung einstellen

Achtung: Es wird nur die Grobeinstellung beim Einbau des Gebers beschrieben. Feineinstellung in der Werkstatt anhand des Fehlerauslesegerätes vornehmen lassen.

- Geber für Gaspedalstellung an Konsole festschrauben.
- Seilscheibe so am Geber festschrauben, daß in Fahrtrichtung gesehen, die angegebenen Maße eingehalten werden:
  a = 22 ± 0,05mm
  b = 41 ± 0,05 mm
  c = Fahrtrichtung

Hinweis: Die Öse der Seilscheibe muß dabei parallel zur Fahrtrichtung stehen.

- Geber mit Konsole einbauen, dabei darauf achten, daß die Fixierstifte der Konsole in die Paßbohrungen des Lagerbockes eingreifen.
- Gaspedal einbauen und die Öse der Seilscheibe auf den Zapfen des Gaspedals aufstecken.
- Einstellung des Gebers in der Werkstatt mit Fehlerauslesegerät überprüfen lassen.

Die Vorglühanlage

Vorglühanlage/Glühkerzen prüfen

Wirbelkammermotoren (1Y, AAZ)

Achtung: Eine defekte Vorglühanlage führt zu Kaltstartschwierigkeiten insbesondere bei Außentemperaturen unter +10° C.

Spannungszufuhr prüfen

Prüfvoraussetzungen: Motor ist kalt (Umgebungstemperatur), die Batterie ist geladen (über 11,5 Volt).

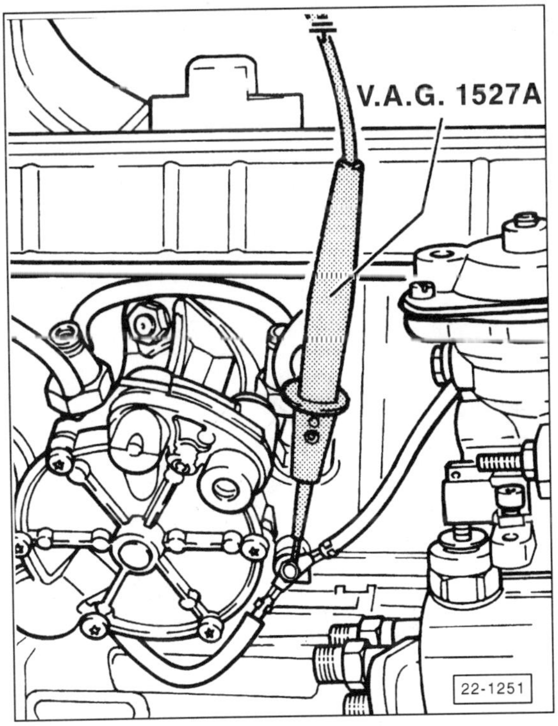

- Spannungsprüfer am Zuleitungskabel zu den Glühkerzen und an Masse (–) anschließen.
- Zündschlüssel auf »Vorglühen« drehen (Zündung einschalten).

Achtung: Der **Turbodieselmotor (AAZ)** ist mit einer türkontaktgesteuerten Vorglühanlage ausgerüstet. Das bedeutet: Nach dem Einsteigen beginnt beim Schließen der Fahrertür automatisch das Vorglühen.

- Wenn keine Spannung angezeigt wird, Streifensicherung für Glühkerzen auf Beschädigung (Haarrisse), festen Sitz und ausreichenden Kontakt prüfen, gegebenenfalls Kontakte reinigen, Schrauben festziehen oder Sicherung ersetzen. Die Streifensicherung befindet sich im Motorraum, an der Spritzwand oberhalb des Bremskraftverstärkers. Kunststoffabdeckkappe für Sicherung mit Schraubendreher hochklappen. Stärke der Sicherung: 50 A.

Stromaufnahme prüfen

Um die Stromaufnahme der einzelnen Glühkerzen zu prüfen, wird von der Werkstatt ein Amperemeter mit Gleichstromzange verwendet. Die Stromzange wird über das isolierte Kabel geklemmt und der Stromwert durch Induktion gemessen.

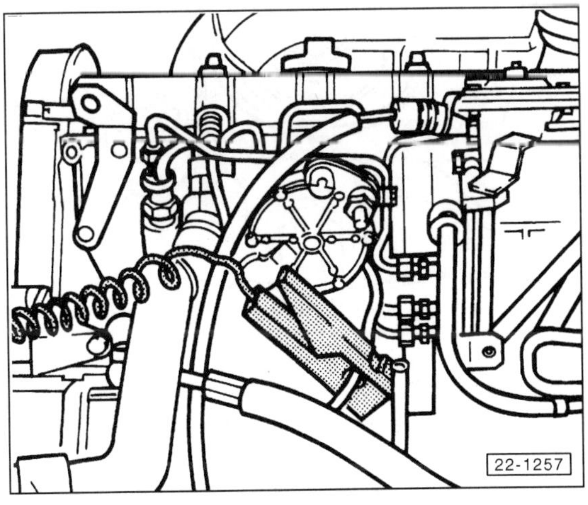

- Stromzange, wenn vorhanden, über die Zuleitung für Glühkerzen klemmen.
- Zündung einschalten, Motor vorglühen, starten und im Leerlauf drehen lassen.

- Während des **Nachglühens** (bis 180 s) die Stromaufnahme bei laufendem Motor ablesen:
  Die Stromaufnahme liegt bei ca. 8 A pro Glühkerze.
  Wenn die gemessene Stromaufnahme ca. 32 A beträgt, sind die Glühkerzen in Ordnung.
  Bei 24 A = 1 Glühkerze defekt
  Bei 16 A = 2 Glühkerzen defekt
  Bei 8 A = 3 Glühkerzen defekt
  Bei 0 A = alle Glühkerzen defekt

Achtung: Die Stromwerte werden nur bei einer Batteriespannung von über 11,5 Volt erreicht.

Defekte Glühkerze ermitteln

- Zuleitung und Stromschiene abschrauben.
- Diodenprüflampe an den Pluspol der Batterie (+) anklemmen und nacheinander an jede Glühkerze anlegen.
- Wenn die Leuchtdiode leuchtet, ist die Glühkerze in Ordnung.
- Wenn die Leuchtdiode nicht aufleuchtet, Glühkerze ersetzen.
- Zuleitung und Stromschiene anschrauben.

Achtung: Wird kein Fehler gefunden und der Motor springt trotzdem schlecht an, ist folgendermaßen vorzugehen:

- Alle Einspritzdüsen ausbauen.
- Wärmeschutzdichtungen abnehmen.
- Zündung einschalten und »Vorglühen«.

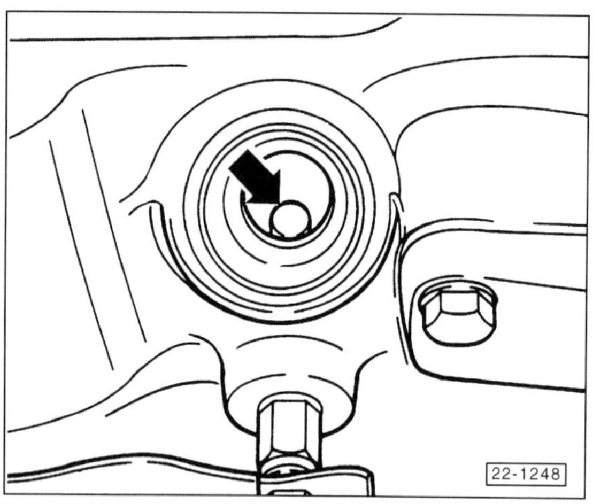

- Durch die Einspritzdüsenbohrungen beobachten, welche Glühkerzen glühen beziehungsweise defekt sind.

Hinweis: Wenn der Stromdurchgang einer Glühkerze geprüft wird, kann deren Funktionsfähigkeit nicht einwandfrei festgestellt werden. Auch Glühkerzen mit Durchgang können defekt sein.

Glühkerzen mit verbrannten Glühstiften

Verbrannte Glühstifte von Glühkerzen sind häufig Folgeschäden von Düsenstörungen. Derartige Schäden sind nicht auf Mängel in oder an der Glühkerze zurückzuführen.

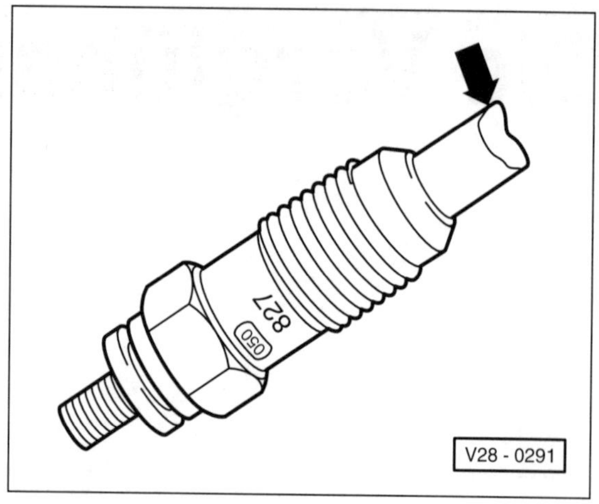

Werden im Beanstandungsfall derartige Glühkerzen gefunden –Pfeil–, genügt es nicht, diese nur zu ersetzen. Es muß eine Überprüfung der Einspritzdüsen auf Abspritzdruck und Dichtigkeit erfolgen (Werkstattarbeit).

Glühkerzen aus- und einbauen

Ausbau

- Elektrische Leitungen an den Glühkerzen abschrauben.
- Glühkerzen herausschrauben. **Achtung:** Beim Direkteinspritzer wird dazu ein Gelenkschlüssel, zum Beispiel VW-3220, benötigt.

Einbau

- Glühkerze einschrauben. Anzugsdrehmoment:
  Wirbelkammermotor (1Y, AAZ): . . . . **25 Nm**,
  Direkteinspritzer (AEY, 1Z, AHU, AFN): . . . . **15 Nm.**

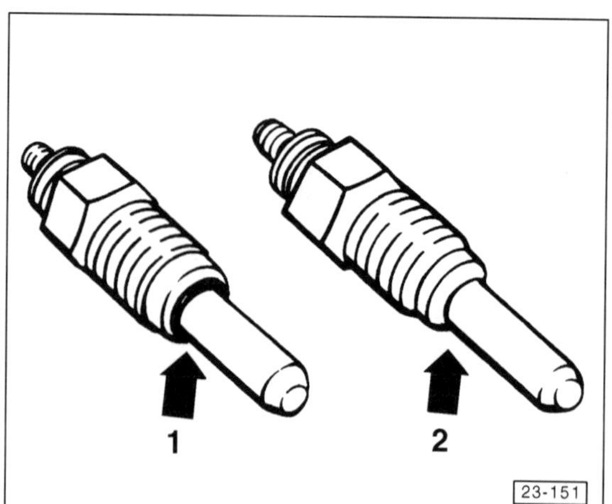

Achtung: Anzugsdrehmoment **nicht** überschreiten, sonst wird der Ringspalt zwischen Glühstab und Gewindeteil zugezogen –2–. Die Größe des Ringspalts –1– beträgt normalerweise 0,5 mm. Ein zugezogener Ringspalt führt zu vorzeitigem Ausfall der Glühkerze.

- Elektrische Leitungen anschrauben.

Vorglühanlage prüfen

Direkteinspritzer

Prüfvoraussetzungen:

- Batteriespannung beträgt mindestens 11,6 V.
- Steuergerät der Diesel-Direkteinspritzanlage ist in Ordnung.
- Streifensicherung für Glühkerzen ist in Ordnung.

Prüfen

- Zündung ausschalten.
- Anschlußstecker vom Geber für Kühlmitteltemperatur abziehen.

Achtung: Dadurch wird der Motorzustand »kalt« simuliert und beim Einschalten der Zündung ein entsprechender Vorglühvorgang durchgeführt.

- Glühkerzenstecker von den Glühkerzen abziehen.
- Voltmeter zwischen einen Glühkerzenstecker und Fahrzeugmasse anschließen.
- Zündung einschalten.
  Sollwert: Für ca. 20 Sekunden muß Batteriespannung angezeigt werden.
- Andernfalls Leitungsunterbrechung gemäß Stromlaufplan suchen und beseitigen, siehe Seite 216.

Glühkerzen prüfen

Direkteinspritzer

Prüfvoraussetzungen:

- Batteriespannung beträgt mindestens 11,6 V.
- Steuergerät der Diesel-Direkteinspritzanlage ist in Ordnung.
- Streifensicherung für Glühkerzen ist in Ordnung.

Prüfen

- Zündung ausschalten.
- Glühkerzenstecker von den Glühkerzen abziehen.

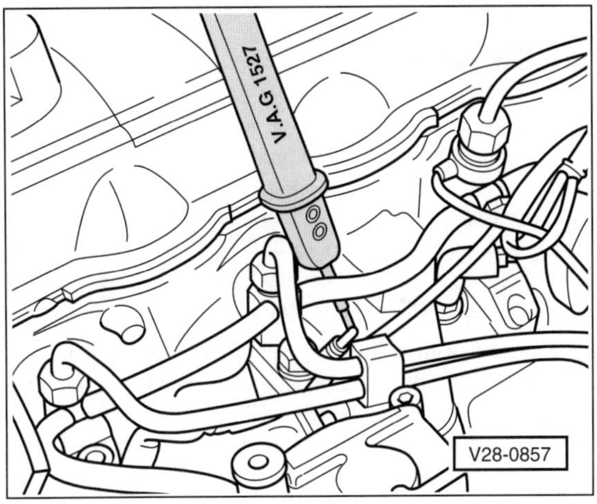

- Diodenprüflampe an den Pluspol der Batterie (+) anklemmen und nacheinander an jeder Glühkerze anlegen.
  Diode leuchtet: Glühkerze ist in Ordnung.
  Diode leuchtet nicht: Glühkerze ersetzen.

Die Diesel-Einspritzanlage

Das Diesel-Prinzip

Beim Dieselmotor wird reine Luft in die Zylinder angesaugt und dort sehr hoch verdichtet. Dadurch steigt die Temperatur in den Zylindern über die Zündtemperatur des Dieselöls an. Wenn der Kolben kurz vor dem oberen Totpunkt steht, wird in die hochverdichtete und etwa +700 bis +900° C heiße Luft Dieselöl eingespritzt. Das Dieselöl zündet von selbst, Zündkerzen sind also nicht erforderlich.

Der Kraftstoff wird direkt von der Verteiler-Einspritzpumpe aus dem Kraftstoff-Vorratsbehälter angesaugt. In der Einspritzpumpe wird der für die Diesel-Einspritzung erforderliche hohe Druck aufgebaut und der Kraftstoff entsprechend der Zündfolge auf die einzelnen Zylinder verteilt.

Um die Schadstoffe im Abgas zu verringern, besitzen die Dieselmotoren einen speziellen Diesel-Oxidationskatalysator. Gleichzeitig sorgt eine Abgasrückführung für eine weitgehende Verminderung der Stickoxide im Abgas. Erreicht wird das durch Beimischung von Abgas zur angesaugten Frischluft, wodurch der Sauerstoffgehalt der Verbrennungsluft reduziert wird. Dies führt zu kürzerem Zündverzug und zu niedrigeren Verbrennungstemperaturen und vermindert damit die NO_X-Bildung. Die Abgasrückführung muß jedoch genau dosiert werden, da sonst die Rußemission ansteigen würde. Dazu wird die angesaugte Luftmenge mittels eines Luftmengenmessers festgestellt und die Abgasrückführung durch das elektronische Steuergerät entsprechend geregelt.

Für die Einspritzung beim Dieselmotor gibt es 2 unterschiedliche Verfahren: Die Wirbelkammereinspritzung sowie die Direkteinspritzung.

Wirbelkammereinspritzung

Motor 1Y (47 kW/64 PS) und Motor AAZ (55 kW/75 PS)

Ein Regler in der Einspritzpumpe steuert die eingespritzte Kraftstoffmenge entsprechend der Betätigung des Gaspedals. Über die Einspritzventile wird der Diesel-Kraftstoff jeweils zum richtigen Zeitpunkt in die Vorkammer des betreffenden Zylinders eingespritzt (Abspritzdruck 140 – 160 bar). Durch die Form der Wirbelkammer erhält die angesaugte Luft beim Verdichtungshub eine bestimmte Wirbelbewegung, so daß sich der eingespritzte Kraftstoff optimal mit Luft vermischt. Das heiße Gemisch entzündet sich sofort. Die Sauerstoffmenge, die in der Vorkammer vorhanden ist, reicht aber nur zur Verbrennung eines Teils des eingespritzten Kraftstoffs. Der übrige, unverbrannte Teil wird durch den bei der Verbrennung entstandenen Überdruck in den Verbrennungsraum geblasen. Dort verbrennt der Kraftstoff vollständig. Die Vorteile des Wirbelkammerverfahrens gegenüber dem Direkteinspritzverfahren sind eine weiche Verbrennung und dadurch ein ruhiger Motorlauf sowie eine weitgehend rauchfreie Verbrennung. Nachteile sind ein schlechteres Kaltstartverhalten aufgrund der größeren Brennraumoberfläche sowie ein höherer Kraftstoffverbrauch.

Bei kaltem Motor wird allein durch die Verdichtung die Zündtemperatur nicht erreicht. In diesem Fall muß der Motor vorgeglüht werden. Dazu befindet sich in jeder Wirbelkammer eine Glühkerze, die den Brennraum aufheizt. Durch ein Glühzeit-Steuergerät werden die Glühkerzen auch noch während und nach dem Starten des Motors mit Strom versorgt.

Bis 9/94:

Der Kaltstart wird durch einen Kaltstartbeschleuniger erleichtert, der über einen Zugknopf am Armaturenbrett vor dem Start betätigt wird. Durch das Ziehen des Kaltstartbeschleunigers verstellt sich der Kolben des Spritzverstellers in der Einspritzpumpe um ca. 2,5° in Richtung früh. Dadurch wird der Kraftstoff früher in die heiße Luft eingespritzt, der kalte Motor springt schneller an. Sobald der Motor seine Betriebstemperatur erreicht hat, muß der Zugknopf wieder ganz zurückgeschoben werden. Ab 10/94 wird die Kaltstartverstellung elektronisch geregelt.

Da der Dieselmotor als Selbstzünder nicht durch Spannungsunterbrechung der Zündanlage abgeschaltet werden kann, besitzt er ein Magnetventil. Durch Ausschalten der Zündung wird die Spannungsversorgung für das Magnetventil unterbrochen und das Ventil verschließt den Kraftstoffkanal. Dadurch ist sichergestellt, daß die Kraftstoffzufuhr vor Einrasten des Lenkschlosses gesperrt ist. Das Magnetventil wird beim Starten des Motors über den Zünd-Anlaßschalter mit Spannung versorgt und öffnet daraufhin den Kraftstoffkanal.

Ab 10/94:

Der Kaltstart wird durch das Steuergerät für Glühzeitautomatik und das Ventil für Einspritzbeginn geregelt.

Das Kraftstoffabschaltventil wird durch das Steuergerät für Kraftstoffabschaltventil angesteuert. Das Steuergerät ist direkt über dem Abschaltventil an die Einspritzpumpe angeschraubt. Es dient auch zum Abstellen des Motors aufgrund von Signalen des Steuergerätes für Wegfahrsicherung. Das Steuergerät für Kraftstoffabschaltventil kann auch nachträglich eingebaut werden (Werkstattarbeit).

Direkteinspritzung

Motor AEY (47 kW/64 PS), Motor 1Z, AHU (66 kW/90 PS) und Motor AFN (81 kW/110 PS)

Der Kraftstoff wird von der Hochdruck-Einspritzpumpe direkt in den Brennraum eingespritzt, und zwar in die Brennmulde im Kolben. Dabei baut die Einspritzpumpe einen Druck von 900 bar auf, um den Kraftstoff in 2 Stufen einzuspritzen. Durch die Mehrstrahl-Einspritzdüsen erfolgt zunächst eine Voreinspritzung von einer geringen Menge Kraftstoff, wodurch die Zündbedingungen für die Hauptkraftstoffmenge verbessert werden. Daraus resultiert eine weichere und damit auch leisere Verbrennung, ähnlich wie bei der Wirbelkammereinspritzung. Die Einspritzmenge wird dabei durch das Motor-Steuergerät vollelektronisch geregelt. Die Vorteile liegen in geringerem Kraftstoffverbrauch und höherer Leistung. Als Steuerungsgrößen werden die Signale der unterschiedlichsten Sensoren herangezogen. Das sind:

- Pedalwertgeber. Dadurch wird die Stellung des Gaspedals dem Steuergerät übermittelt. Ein Gaszug zur Einspritzpumpe ist nicht mehr vorhanden.
- Drehzahlgeber
- Nadelbewegungsfühler an der Einspritzdüse. Dadurch wird der Spritzbeginn erfaßt und die last- und drehzahlabhängige Spritzverstellung gesteuert.
- Ladedruckfühler
- Ladelufttemperaturgeber
- Kühlmitteltemperaturgeber
- Kraftstofftemperaturgeber
- Regelschieberweg-Potentiometer. Die Signale dienen dem Steuergerät als Rückmeldung für die genaue Position des Regelschiebers an der Einspritzpumpe, die der tatsächlichen Kraftstoffabspritzmenge entspricht.

Um eine gute Verbrennung zu erzielen, ist der Ansaugkanal so ausgelegt, daß die Luft auf dem Weg zum Brennraum in eine Drallbewegung versetzt wird. Aufgrund der besseren Kaltstarteigenschaften des Direkteinspritzers ist ein Vorglühen überwiegend erst unter ca. –10° C erforderlich.

Alle Motoren

Bevor der Kraftstoff in die Einspritzpumpe gelangt, durchfließt er den Kraftstoffilter. Dort werden Verunreinigungen und Wasser zurückgehalten. Es ist deshalb äußerst wichtig, den Kraftstoffilter entsprechend der Wartungsvorschrift zu entwässern beziehungsweise auszuwechseln.

Die Einspritzpumpe ist wartungsfrei. Alle beweglichen Teile der Pumpe werden mit Dieselöl geschmiert. Angetrieben wird die Einspritzpumpe von der Kurbelwelle über den Zahnriemen.

Die Kraftstoffilter-Vorwärmanlage

Damit der Kraftstoff bei niedrigen Außentemperaturen fließfähig bleibt, wird er vorgewärmt. Das geschieht durch den zuviel geförderten Kraftstoff, der normalerweise von der Einspritzpumpe in den Tank zurückfließt. Dieser Kraftstoff ist durch den Durchfluß durch die Einspritzpumpe erwärmt. In der Kraftstoffrücklaufleitung befindet sich ein Regelventil, welches in Abhängigkeit von der Filtertemperatur den erwärmten Kraftstoff umleitet. Bei Temperaturen unter 0° C wird der wärmere Kraftstoff von der Einspritzpumpe in den Filter geleitet. Steigt die Kraftstofftemperatur im Filter auf über +10° C, schaltet das Regelventil um, und der zuviel geförderte Kraftstoff gelangt über die Rücklaufleitung direkt in den Tank. Das Regelventil sitzt oben im Kraftstoffilter.

Bleibt der Motor bei großer Kälte aufgrund versulzten Dieselkraftstoffs stehen, ist es mitunter sehr schwierig, den Motor wieder zum Laufen zu bringen. Dabei bieten sich folgende Möglichkeiten an:

- Kraftstoffilter ausbauen und im Wasserbad erwärmen, bis der Dieselkraftstoff wieder flüssig wird.
- Kraftstoffilter ausbauen und durch neuen Filter ersetzen.
- Fahrzeug in Garage schieben oder abschleppen und Garage heizen.
- Einspritzanlage mit heißem Wasser abspritzen.

Achtung: Auf keinen Fall dürfen die Einspritzanlage oder der Tank mit einer Lötlampe oder einem vergleichbaren Gerät erhitzt werden. Explosionsgefahr!

Einspritzpumpe

Wirbelkammereinspritzung ab 10/94

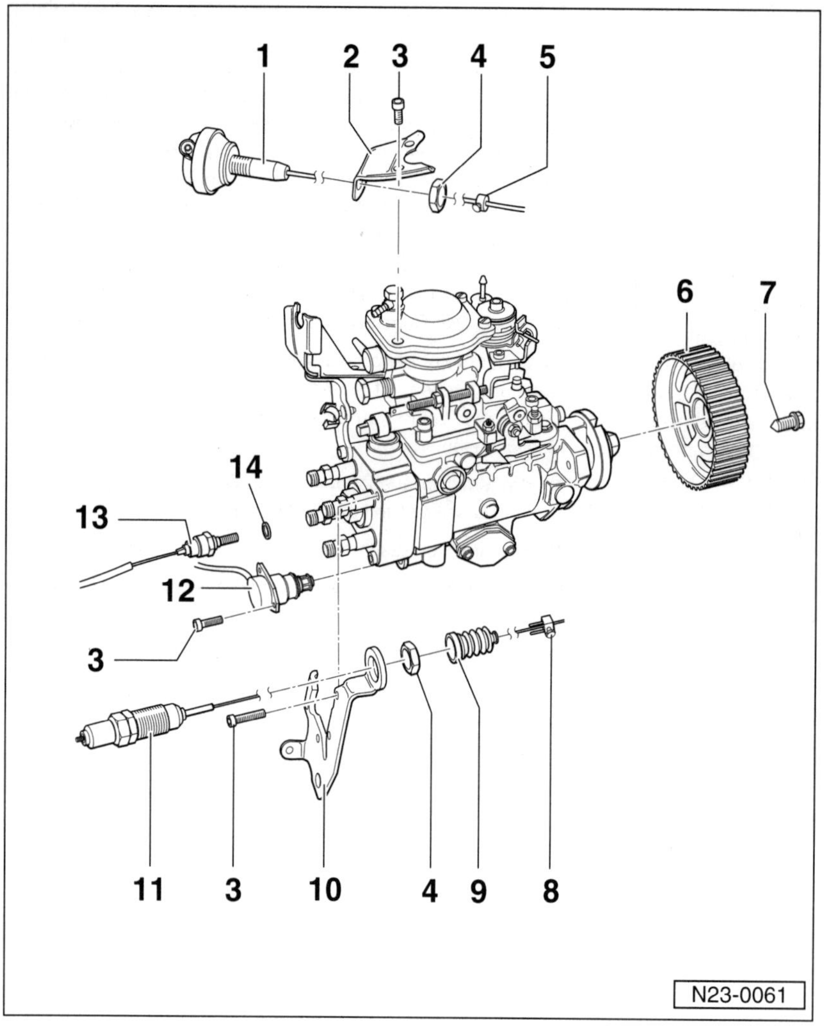

1 – **Stellelement für Leerlaufdrehzahlanhebung**
Pneumatisch für Fahrzeuge mit Klimaanlage.

2 – **Halter**

3 – **Schraube, 10 Nm**

4 – **Mutter, 20 Nm**

5 – **Klemmstück**

6 – **Einspritzpumpenrad**
Zweiteilig.

7 – **Schraube, 25 Nm**

8 – **Klemmstück**

9 – **Schutzkappe**

10 – **Halter**

11 – **Stellelement für Leerlaufdrehzahlanhebung**
Elektrisch für Fahrzeuge ohne Klimaanlage.

12 – **Ventil für Einspritzbeginn**

13 – **Geber für Einspritzdauer**

14 – **Dichtring**
Immer ersetzen.

Ohne Abbildung:

◆ Ventil für Vollastanschlag (nur 1Y)

Leerlaufdrehzahl/Höchstdrehzahl prüfen und einstellen

Wirbelkammermotoren (1Y, AAZ) bis 9/94

Hinweis: Beim Direkteinspritzer kann die Leerlauf- und Höchstdrehzahl nicht eingestellt werden, da sie elektronisch geregelt werden.

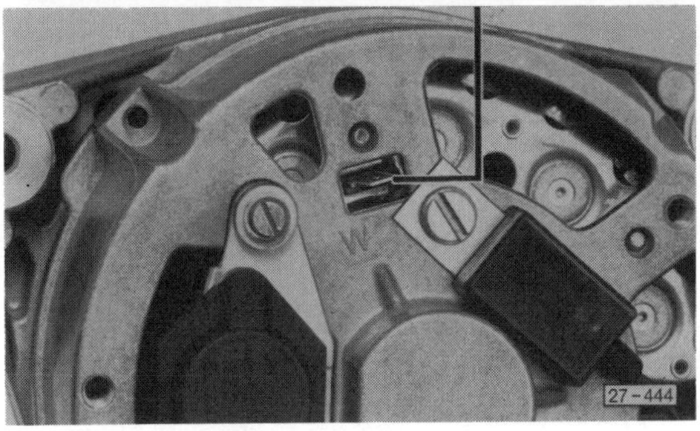

Da Dieselmotoren keine Zündanlage besitzen, wird ein spezieller Drehzahlmesser (VDO) benötigt. Dieser kann an Klemme W des Generators angeschlossen werden. Falls im Fahrzeug ein Drehzahlmesser eingebaut ist, kann auch dieser verwendet werden.

- Motor auf Betriebstemperatur bringen, Motoröltemperatur mindestens +60° C. Drehzahlmesser anschließen.
- Zug des Kaltstartbeschleunigers darf nicht gezogen sein.
- Elektrische Verbraucher (Radio, Licht) müssen ausgeschaltet sein.

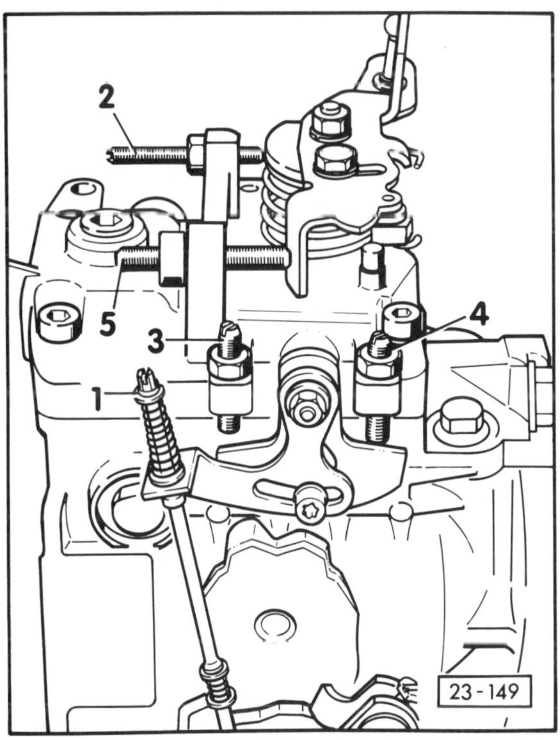

- Leerlaufdrehzahl prüfen, Sollwert für Saug- und Turbo-Diesel: 900 ± 30/min. Gegebenenfalls Leerlaufdrehzahl an der Einstellschraube –1– einstellen.

Rechtsdrehung: . . . . . .Drehzahl erhöht sich
Linksdrehung: . . . . . . .Drehzahl verringert sich

Achtung: Falls beim Saugdiesel die Leerlaufdrehzahl nicht unter 930/min eingestellt werden kann, weil der Anschlag an der Begrenzungsschraube –3– anliegt, Begrenzungsschraube entkontern und zurückdrehen. Leerlauf mit Einstellschraube –1– auf 900/min einstellen, Begrenzungsschraube an den Anschlag herandrehen und kontern.

Drehzahlanhebung prüfen

- Kaltstartzug um 1 Raste herausziehen. Die Drehzahl muß um ca. 60/min ansteigen.
- Kaltstartzug ganz herausziehen. Die Drehzahl muß auf 1050 ± 50/min ansteigen.
- Werden die Sollwerte nicht erreicht, Kaltstartzug einstellen.

Achtung: Falls der Sollwert von 1050/min trotz richtiger Einstellung des Kaltstartzuges nicht erreicht wird, Anschlagschraube –4– entkontern. Drehzahl bei herausgezogenem Kaltstartzug mit Anschlagschraube einstellen und Anschlagschraube kontern.

Höchstdrehzahl prüfen

- Vollgas geben. Sollwert, siehe Seite 76.
- Gegebenenfalls Kontermutter für Einstellschraube –2– lösen und Höchstdrehzahl einstellen. Anschließend Kontermutter festziehen.

Achtung: Die Restmengen-Einstellschraube –5– ist mit einer Kappe gesichert und darf normalerweise nicht verstellt werden. Wurde die Schraube versehentlich verstellt, können folgende Störungen auftreten: 1. Schraube hineingedreht = Restmenge zu groß, Leerlaufdrehzahl zu hoch, nicht einstellbar. 2. Schraube herausgedreht = Restmenge zu klein, Ruckeln beim Anfahren oder Beschleunigen aus niedrigen Drehzahlen. Gegebenenfalls Grundeinstellung vornehmen, dazu Sicherungskappe abnehmen und Schraube entkontern.

- Restmenge zu klein: Einstellschraube langsam hineindrehen bis Drehzahl ansteigt, dann Schraube ½ Umdrehung zurückdrehen.
- Restmenge zu groß (Drehzahl zu hoch): Einstellschraube herausdrehen, bis die Drehzahl nicht mehr abfällt. Anschließend Schraube wieder langsam hineindrehen bis Drehzahl ansteigt, dann Schraube ½ Umdrehung zurückdrehen.
- Einstellschraube kontern und mit neuer Sicherungskappe sichern.

Ab 10/94

- Motor auf Betriebstemperatur bringen. Dazu Motor warmfahren bis die Kühlmittel-Temperaturanzeige normale Betriebstemperatur des Kühlmittels signalisiert. Anschließend noch mindestens 5 km weiterfahren, damit auch eine ausreichende Motoröltemperatur sichergestellt ist.
- Elektrische Verbraucher (Radio, Licht) müssen ausgeschaltet sein.

Leerlaufdrehzahl

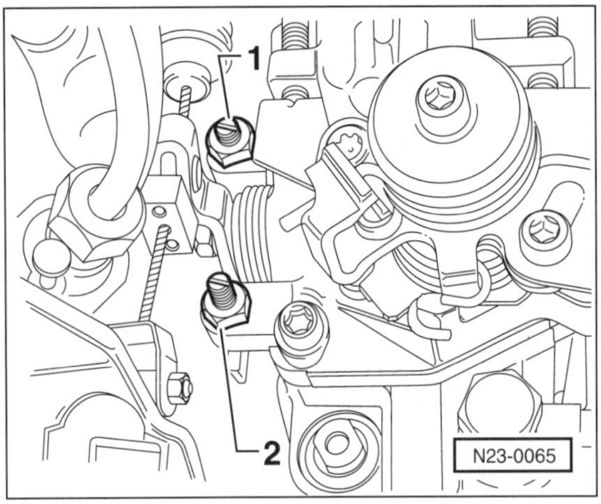

- Leerlaufdrehzahl prüfen. **Sollwert:** 900 ± 30/min.
- Gegebenenfalls Leerlaufdrehzahl an der Einstellschraube –1– einstellen.
  Rechtsdrehung: Drehzahl erhöht sich
  Linksdrehung: Drehzahl verringert sich

Leerlaufdrehzahlanhebung

Bei kaltem Motor beziehungsweise beim Einschalten der Klimaanlage wird die Leerlaufdrehzahl vom Stellelement für Leerlaufdrehzahlanhebung angehoben.

- Bei warmem Motor Anschlaghebel von Hand gegen den Anschlag der Einstellschraube –2– drücken. Die Drehzahl muß auf 1050 ± 50/min ansteigen.
- Anderfalls Anschlagschraube –2– entkontern und erhöhten Leerlauf durch Verdrehen der Anschlagschraube auf 1050/min einstellen.
- Kontermutter anziehen.

Höchstdrehzahl (Abregeldrehzahl)

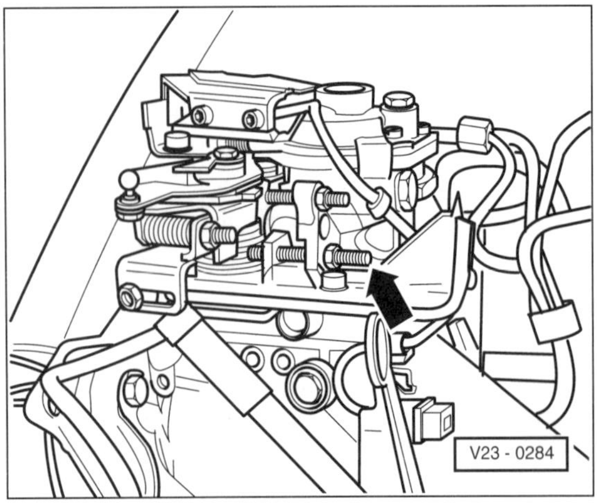

- Vollgas geben und **Sollwert** von 5050 ± 100/min prüfen.
- Gegebenenfalls Kontermutter für Einstellschraube –Pfeil– lösen und Höchstdrehzahl einstellen. Anschließend Kontermutter festziehen.

Anschlußstutzen der Einspritzpumpe abdichten

Wirbelkammermotoren

- Einspritzleitungen an den Anschlußstellen der Einspritzpumpe mit Kaltreiniger reinigen.

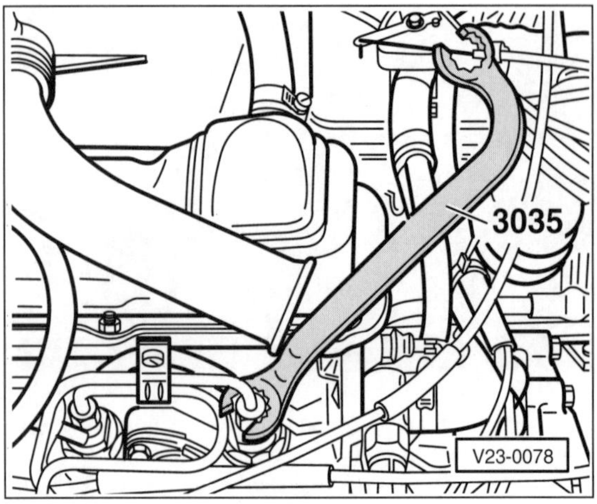

- Überwurfmuttern mit offenem Ringschlüssel, z. B. HAZET 4560, lösen. **Achtung:** Biegeform der Leitungen nicht verändern.

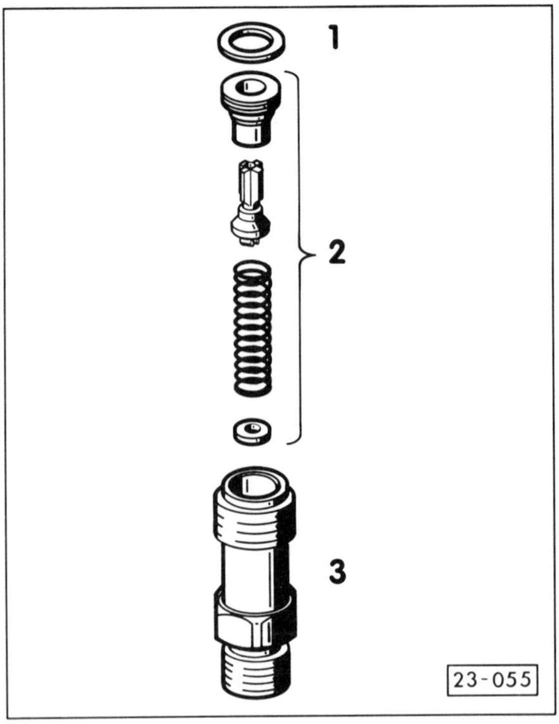

- Anschlußstutzen mit **45 Nm** festziehen.
- Einspritzleitungen mit **25 Nm** festziehen.

Achtung: Falls dadurch die Undichtigkeit nicht beseitigt ist, neuen Anschlußstutzen und neuen Dichtring –1– einbauen. Dabei Druckventile –2– untereinander **nicht** vertauschen.

Einspritzdüsen aus- und einbauen

Alle Motoren

Defekte Einspritzdüsen können zu starkem Klopfen des Motors führen und Lagerschäden vermuten lassen. Bei derartigen Beanstandungen Motor im Leerlauf laufen lassen und Einspritzleitungs-Überwurfmuttern der Reihe nach lösen. Verschwindet das Klopfen nach dem Lösen einer Überwurfmutter, so zeigt dies eine defekte Düse an.

Defekte Düsen macht man auch ausfindig, indem man der Reihe nach die Einspritzleitungs-Überwurfmuttern löst, während der Motor in schnellerem Leerlauf dreht. Bleibt die Motordrehzahl nach Lösen einer Überwurfmutter konstant, zeigt dies eine defekte Düse an. Geprüft werden kann die Einspritzdüse mit Hilfe eines Manometers (Werkstattarbeit).

Die ersten Anzeichen von Düsenstörungen treten wie folgt auf.

- Fehlzündungen
- Klopfen in einem oder mehreren Zylindern
- Motor überhitzt
- Leistungsabfall des Motors
- Übermäßig starker schwarzer Auspuffqualm
- Hoher Kraftstoffverbrauch
- Verstärkter Blaurauch beim Kaltstart

Ausbau

- Einspritzleitungen mit Kaltreiniger reinigen.

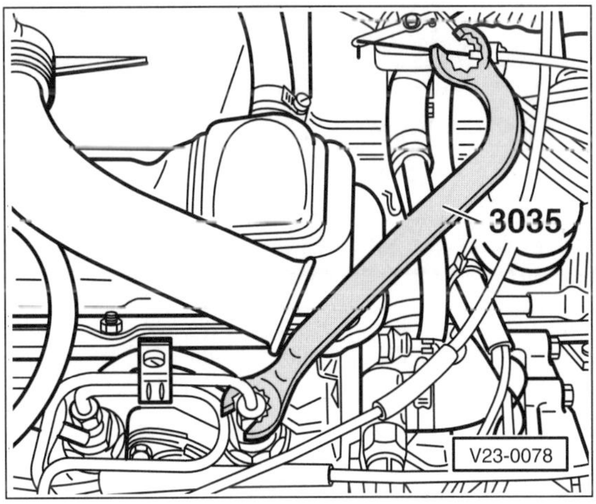

- Einspritzleitungen komplett ausbauen, dazu Überwurfmuttern mit offenem Ringschlüssel, z. B. HAZET 4560, lösen. **Achtung:** Biegeform nicht verändern. Leitungssatz immer komplett ausbauen.

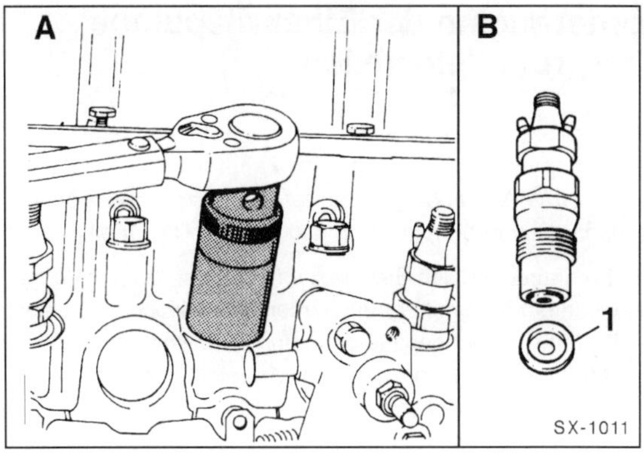

- **Wirbelkammermotor:** Einspritzdüsen mit Steckschlüsseleinsatz SW 27 ausbauen.
- **Direkteinspritzer:** Befestigungsschrauben für Einspritzdüsen abschrauben, Spannbügel abnehmen und Einspritzdüsen herausziehen.
- Wärmeschutzdichtungen abnehmen.

Einbau

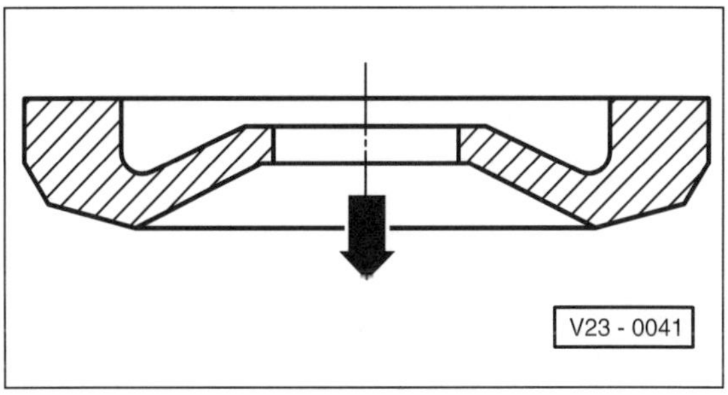

- Grundsätzlich **neue** Wärmeschutzdichtungen zwischen Zylinderkopf und Einspritzventil verwenden. Die Vertiefung muß nach oben zeigen, Pfeil zeigt zum Zylinderkopf.
- **Wirbelkammermotor:** Einspritzdüsen mit **70 Nm** festziehen.
- **Direkteinspritzer:** Einspritzdüsen einsetzen und mit **20 Nm** anschrauben, siehe Abbildung N23-0005 auf Seite 71.

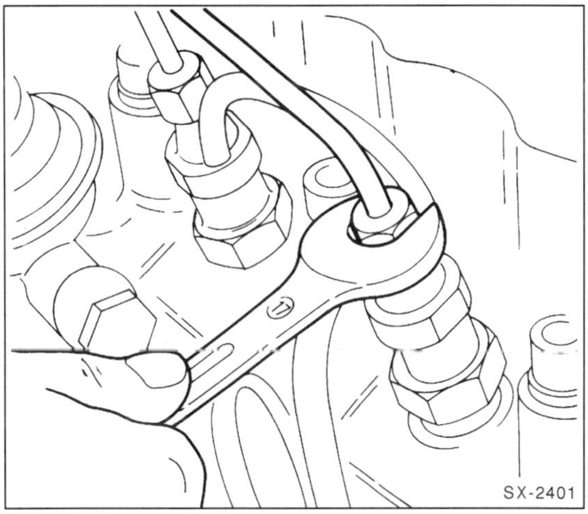

- Einspritzleitungen mit **25 Nm** festziehen.

Förderbeginn der Einspritzpumpe überprüfen/einstellen

Der Förderbeginn der Einspritzpumpe muß nach dem Spannen, Abnehmen oder Ersetzen des Zahnriemens sowie dem Lösen von Verschraubungen an der Einspritzpumpe oder der Zahnriemenräder grundsätzlich neu eingestellt werden.

Der Förderbeginn der Einspritzpumpe kann bei ein- oder ausgebautem Motor überprüft werden. Beschrieben wird hier die Prüfung bei eingebautem Motor. Zur Prüfung werden eine Meßuhr mit entsprechendem Adapter zum Einschrauben in die Pumpe benötigt.

Motor 1Y, AAZ bis 9/94 (einteiliges Einspritzpumpenrad)

Motor 1Z (66 kW/90 PS): Nach der hier beschriebenen statischen Einstellung muß anschließend der Einspritzbeginn dynamisch eingestellt werden (Werkstattarbeit).

Prüfvoraussetzungen:

- Zahnriemen richtig gespannt, siehe Seite 18.
- Motorsteuerung richtig eingestellt, siehe Seite 19.
- Zug des Kaltstartbeschleunigers darf nicht gezogen sein.

Prüfen

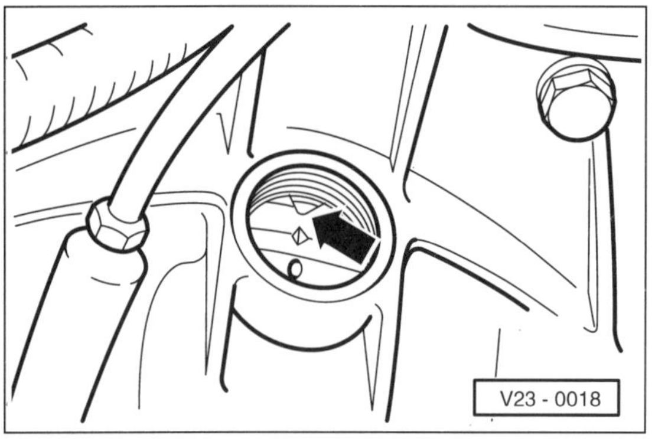

- Motor auf OT für Zylinder 1 stellen, siehe Seite 19.
- Zahnriemenspannung muß in Ordnung sein.
- Verschlußschraube am Einspritzpumpendeckel herausschrauben.

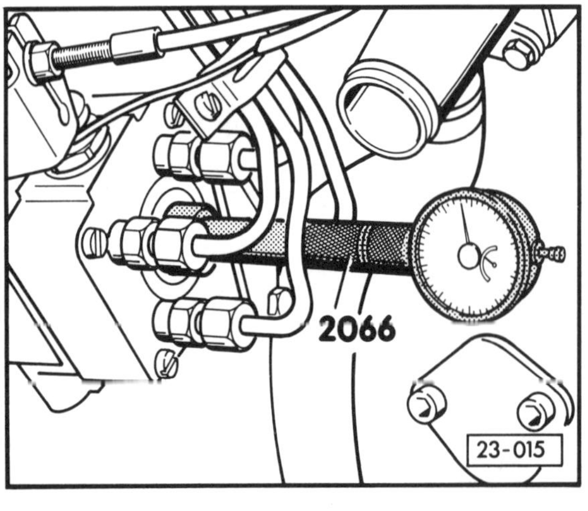

- Adapter (V.A.G-2066) und kleine Meßuhr (Meßbereich von 0–3,0 mm) anstelle der Verschlußschraube einschrauben, bis sich der Zeiger der Meßuhr zu bewegen beginnt. Meßuhr am Einstellring auf »0« stellen. Anschließend Meßuhr weiter hineindrücken, bis eine Vorspannung auf der Meßuhr von ca. 2,5 mm angezeigt wird.
- Kurbelwelle langsam entgegen der Motordrehrichtung (gegen Uhrzeigersinn) drehen, bis der Zeiger der Meßuhr sich nicht mehr bewegt.
- Meßuhr mit ca. 1 mm Vorspannung auf »0« einstellen.
- Kurbelwelle in Motordrehrichtung (im Uhrzeigersinn) drehen, bis OT-Markierung auf dem Schwungrad mit der Bezugsmarke fluchtet. Jetzt muß die Meßuhr den Prüfwert anzeigen. Prüfwert, siehe Seite 76.

Achtung: Sofern der Prüfwert innerhalb der angegebenen Toleranz liegt, ist keine neue Einstellung erforderlich. Falls eine Neueinstellung vorgenommen werden muß, ist auf den Einstellwert einzustellen. Einstellwert, siehe Seite 76.

Einstellen

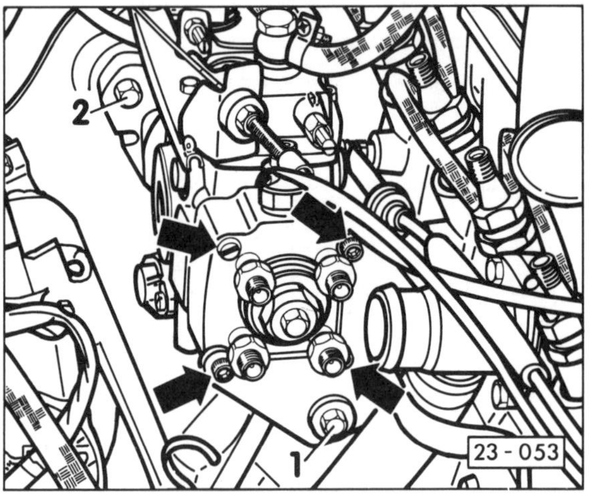

- Zum Einstellen die drei Schrauben –2– von der Konsole und die Befestigungsschraube –1– der hinteren Abstützung lösen.
- Durch Drehen der Einspritzpumpe Hub auf Einstellwert einstellen und Befestigungsschrauben mit **25 Nm** festziehen.
- Meßuhr entfernen und Verschlußschraube am Pumpendeckel einschrauben.

Achtung: Dichtring für Verschlußschraube immer ersetzen. Anzugsdrehmoment: **15 Nm**. Bei Undichtigkeiten nachziehen bis max. 25 Nm ist zulässig.

Motor 1Y, AAZ ab 10/94

Prüfen

- Motor auf OT für Zylinder 1 stellen, siehe Seite 19.
- Nockenwelle mit Einstellineal arretieren, gegebenenfalls Einstellineal ausmitteln, siehe Seite 19.

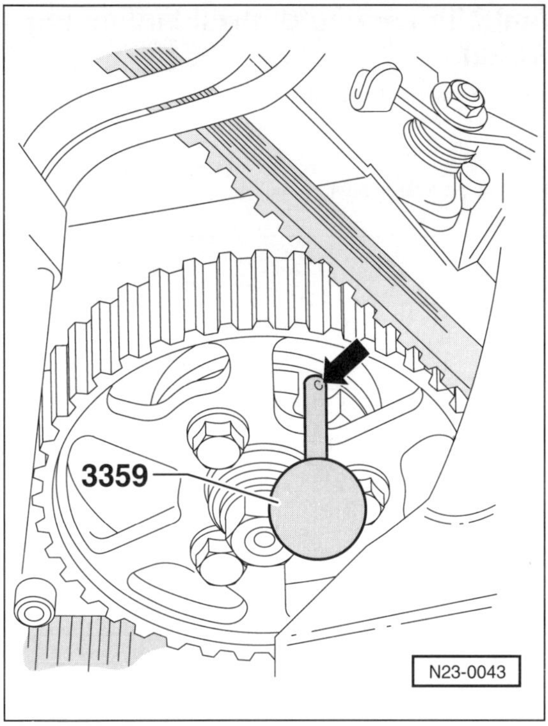

- Jetzt muß der Absteckdorn VW-3359 in die Bohrung der Nabe für Einspritzpumpenrad und Einspritzpumpenhalter passen. Durch den Absteckdorn wird das Einspritzpumpenrad arretiert. Der Dorn muß sich soweit einstecken lassen, bis die Bohrung –Pfeil– ca. 3 mm vor der Nabe der Einspritzpumpe steht.
- Läßt sich der Dorn nicht in die Bohrung der Einspritzpumpe einsetzen, obwohl die OT-Markierung und die Stellung der Nockenwelle stimmen, muß der Förderbeginn neu eingestellt werden.

Förderbeginn einstellen

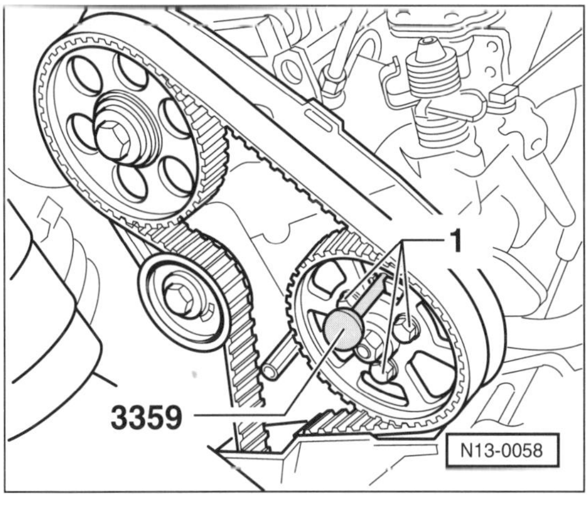

- Schrauben –1– für Einspritzpumpenrad soweit lösen, daß sich das Zahnriemenrad gegenüber der Einspritzpumpennabe gerade verdrehen läßt.

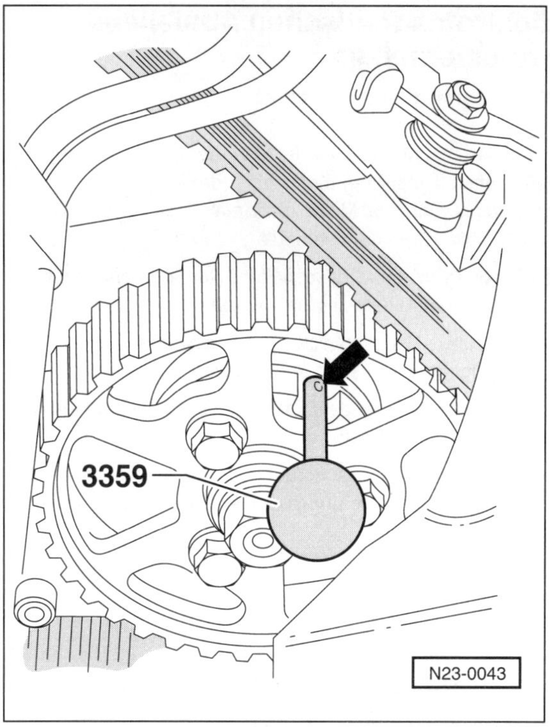

- Nabe der Einspritzpumpe soweit verdrehen, bis der Absteckstift paßt. **Achtung:** Der Dorn muß soweit eingesteckt werden, bis die Bohrung –Pfeil– ca. 3 mm vor der Nabe in der Einspritzpumpe steht.
- Befestigungsschrauben für Einspritzpumpenrad mit **25 Nm** festziehen.
- Absteckdorn für Einspritzpumpenrad entfernen.
- Einstellineal für Nockenwelle entfernen.
- Kurbelwelle 2 Umdrehungen in Motordrehrichtung weiterdrehen und wieder auf Zünd-OT für Zylinder 1 stellen. Markierungen am Schwungrad und Nockenwellenstellung prüfen.
- Einspritzpumpenrad mit Absteckdorn arretieren. Falls das nicht möglich ist, Einstellvorgang wiederholen.
- Zylinderkopfdeckeldichtung auflegen, Zylinderkopfdeckel aufschrauben. Muttern mit 10 Nm anziehen.
- Obere Zahnriemenabdeckung einbauen.
- Kunststoff-Abdeckkappe in die Bohrung der Kupplungsglocke einsetzen.

Elektromagnetischen Absteller prüfen/ersetzen

Wirbelkammermotoren bis 9/94

Der elektromagnetische Absteller an der Einspritzpumpe gibt den Kraftstoffzulauf bei Einschalten der Zündung frei. Er ist zu prüfen, wenn der Motor nicht anspringt oder nach Ausschalten der Zündung weiterläuft.

- Zündung ein- und ausschalten. Der elektromagnetische Absteller muß dabei hörbar klicken.
- Klickt der Absteller nicht, schwarz/weiße Zuleitung auf Durchgang überprüfen, ggf. ersetzen.
- Wurde kein Fehler gefunden, Kabel abziehen und Absteller herausschrauben.
- Neuen Absteller einschrauben, mit 40 Nm festziehen. Kabel aufstecken. **Achtung:** Dabei auch Ventil, Feder und O-Ring ersetzen.
- Motor starten. Die Kraftstoffanlage entlüftet sich dabei von selbst.

Geber für Motortemperatur prüfen

Wirbelkammermotoren ab 10/94

Prüfen

- Zündung ausschalten.

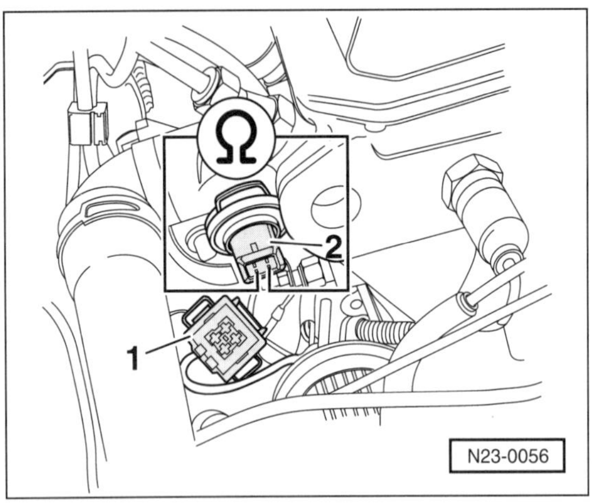

- Stecker –1– am Geber abziehen.
- Ohmmeter an die Kontakte 1 und 3 des Gebers –2– anschließen. Widerstand messen und mit Sollwert in Tabelle vergleichen.
- Wird der Sollwert nicht erreicht, Geber für Motortemperatur ersetzen.

Temperatur	Widerstand	Temperatur	Widerstand
– 20° C	5,40 – 7,30 kΩ	+ 20° C	0,922 – 1,158 kΩ
– 15° C	4,30 – 5,70 kΩ	+ 60° C	225 – 265 Ω
– 10° C	3,30 – 4,30 kΩ	+ 90° C	96 – 108 Ω
– 5° C	2,70 –3,40 kΩ	+ 120° C	44,5 – 50,5 Ω
0° C	2,13 – 2,77 kΩ		

Ventil für Leerlaufdrehzahlanhebung prüfen

Wirbelkammermotoren ab 10/94

Prüfen

- Zündung ausschalten.

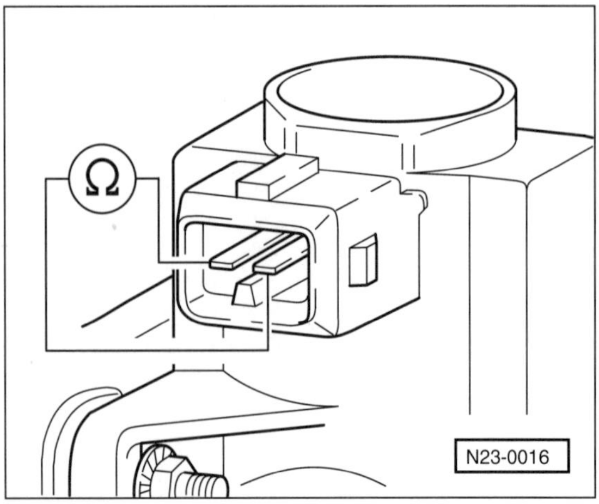

- Stecker am Ventil abziehen. Das Ventil befindet sich neben dem Kraftstoffilter.
- Ohmmeter an die Kontakte am Ventil anschließen und Widerstand messen. Sollwert: 50 – 65 Ω. Wird der Sollwert nicht erreicht, Ventil ersetzen.

Ventil für Vollastanschlag prüfen

Motor 1Y ab 10/94

Prüfen

- Zündung ausschalten.

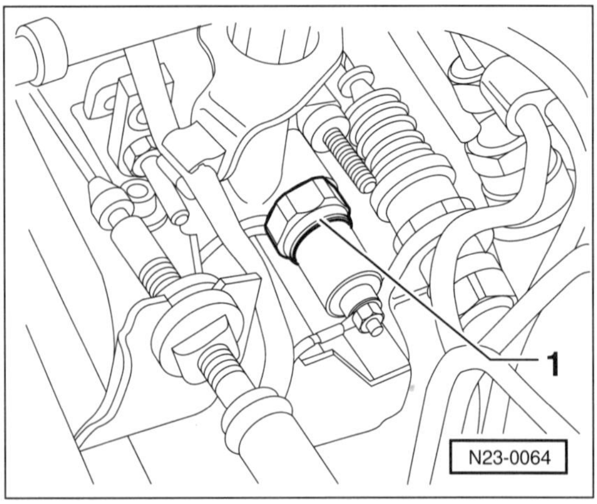

- Ohmmeter an den Stromversorgungsanschluß des Ventils –1– und Masse anschließen. Widerstand messen. Sollwert: 8 – 12 Ω bei Raumtemperatur (+20° C).
- Wird der Sollwert nicht erreicht, Ventil ersetzen. **Achtung:** Bei der Beurteilung des Meßwertes Toleranz des verwendeten Meßgerätes miteinbeziehen.

Bauteilübersicht/Einspritzpumpe

Direkteinspritzer

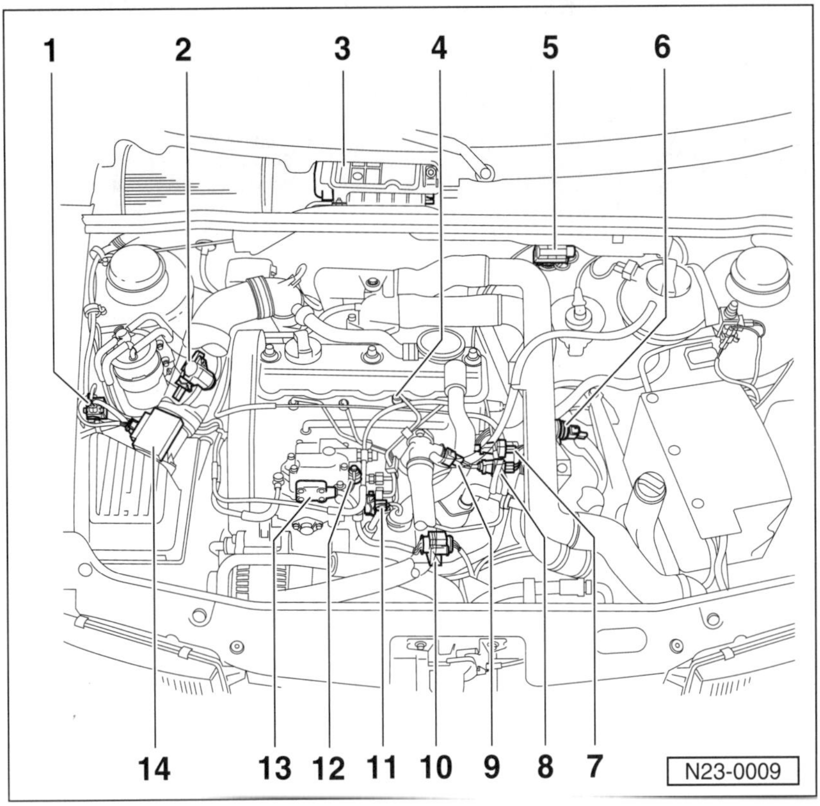

1 – **Magnetventil Ladedruckbegrenzung**

2 – **Ventil für Abgasrückführung**

3 – **Steuergerät für Diesel-Direkteinspritzanlage**
Mit Geber für Saugrohrdruck.
Ab 08/94: mit Höhengeber.

4 – **Einspritzdüse mit Geber für Nadelhub**

5 – **Relais für Glühkerzen-Kühlmittel**

6 – **Geber für Saugrohrtemperatur**

7 – **Steckverbindung**
Für Geber für Nadelhub.

8 – **Steckverbindung**
Für Geber für Motordrehzahl.

9 – **Geber fürKühlmitteltemperatur**

10 – **Steckverbindung**
Für Geber für Kraftstofftemperatur, Mengensteller, Geber für Regelschieberweg.

11 – **Steckverbindung**
Für Kraftstoffabschaltventil, Ventil für Einspritzbeginn.

12 – **Kraftstoffabschaltventil**

13 – **Mengenstellwerk der Einspritzpumpe**
Mit Geber für Kraftstofftemperatur, Mengensteller, Geber für Regelschieberweg.

14 – **Luftmassenmesser**

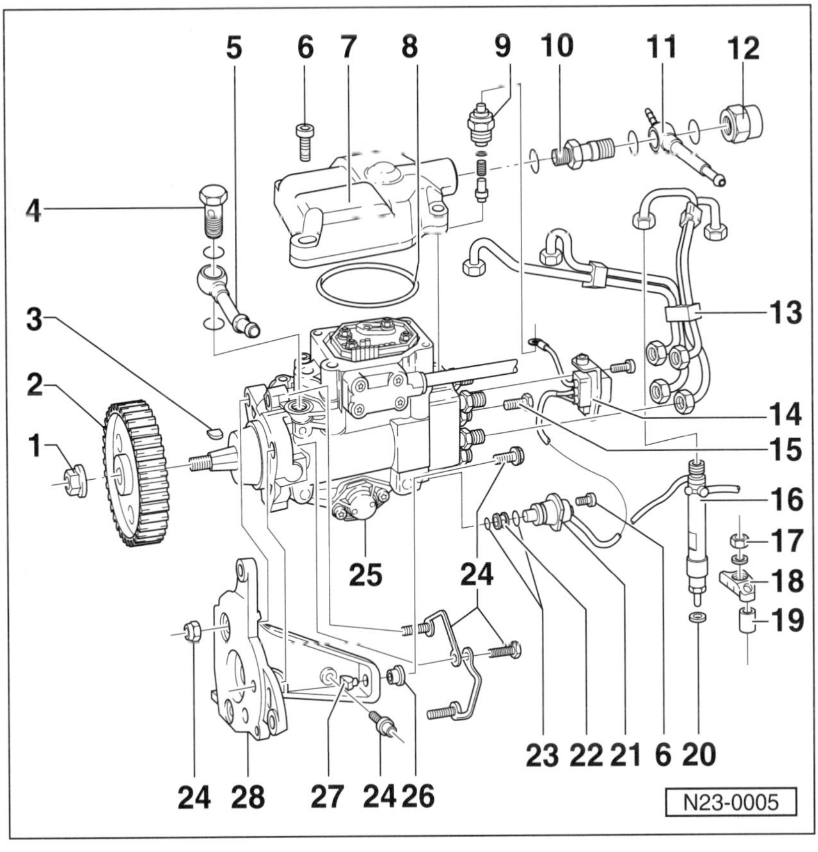

1 – **Mutter, 55 Nm**

2 – **Einspritzpumpenrad**

3 – **Scheibenfeder**

4 – **Schraube, 25 Nm**

5 – **Vorlaufleitung**

6 – **Schraube, 10 Nm**

7 – **Einspritzpumpendeckel**

8 – **Dichtung**

9 – **Kraftstoffabschaltventil, 40 Nm**

10 – **Anschlußstutzen für Rücklaufleitung**

11 – **Rücklaufleitung**

12 – **Mutter, 25 Nm**

13 – **Einspritzleitungen, 25 Nm**

14 – **Steckverbindung für Kraftstoffabschaltventil und Ventil für Einspritzbeginn**

15 – **Schraube, 25 Nm**

16 – **Einspritzdüse**

17 – **Mutter, 20 Nm**

18 – **Spannbügel**

19 – **Lagerbock**

20 – **Wärmeschutzdichtung**

21 – **Ventil für Einspritzbeginn**

22 – **Sieb**

23 – **O-Ring**

24 – **Schraube, 25 Nm**

25 – **Deckel für Spritzversteller**
Bei Undichtigkeit O-Ring ersetzen.

26 – **Buchse**

27 – **Mutter mit Konus, 25 Nm**

28 – **Konsole**

Der Kraftstoffilter

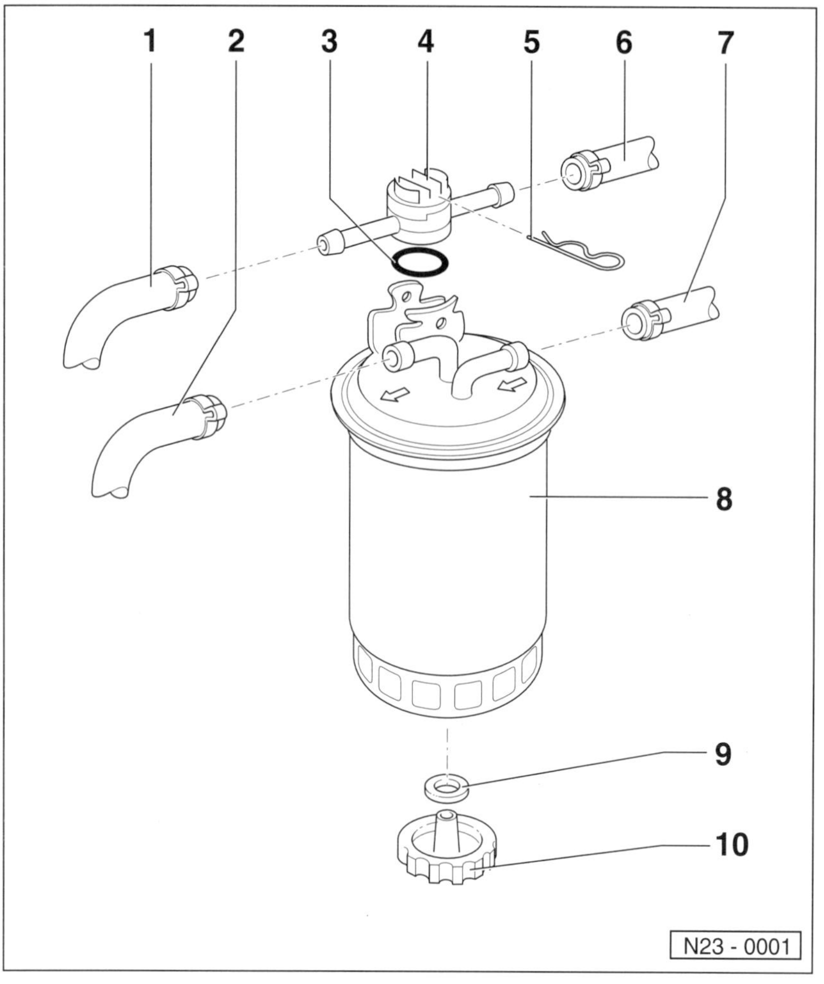

1 – **Rücklaufleitung**
Von der Einspritzpumpe.

2 – **Vorlaufleitung**
Zur Einspritzpumpe.

3 – **O-Ring**
Immer ersetzen.

4 – **Regelventil**
Einbaulage: Der Pfeil auf dem Ventil zeigt zum Kraftstoffbehälter.
Beim **Filterwechsel** Halteklammer –5– abziehen und Ventil mit angeschlossenen Kraftstoffleitungen abnehmen.
Funktion: Bei Temperaturen **unter +15° C** ist der Durchgang zum Filter **geöffnet.** Bei Temperaturen **über +31° C** ist der Durchgang zum Filter **verschlossen.**

5 – **Halteklammer**

6 – **Rücklaufleitung**
Zum Kraftstoffbehälter.

7 – **Vorlaufleitung**
Vom Kraftstoffbehälter.

8 – **Kraftstoffilter**
Neuen Filter vor dem Einbau mit Dieselkraftstoff füllen.
Achtung: Die Durchflußrichtung ist mit Pfeilen auf dem Filter gekennzeichnet. Anschlüsse nicht vertauschen.

9 – **Dichtung**
Bei Beschädigung ersetzen.

10 – **Entwässerungsschraube**
Zum Belüften Halteklammer –5– abziehen und Regelventil –4– mit angeschlossenen Kraftstoffleitungen abnehmen.
Zum Entwässern Schraube –10– lösen und ca. 100 cm^3 Flüssigkeit ablaufen lassen.

O-Ring am Deckel für Spritzversteller ersetzen

Direkteinspritzer

Ausbau

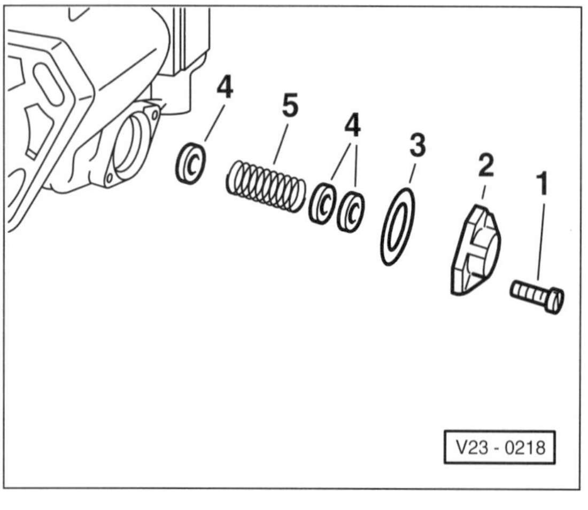

- Sauberen Putzlappen unter die Einspritzpumpe legen.
- Deckelschrauben –1– mit handelsüblichem Winkelschraubendreher für Innen-Torx-Schrauben, zum Beispiel Hazet 2115-T30, herausschrauben.
- Deckel –2– abnehmen und reinigen. Darauf achten, daß die Feder –5– nicht wegspringt.

Einbau

- Neuen O-Ring –3– einsetzen.
- Deckel mit den vorhandenen Ausgleichscheiben –4– ansetzen und festschrauben.

Geber für Kühlmitteltemperatur prüfen

Direkteinspritzer

Prüfen

- Zündung ausschalten.

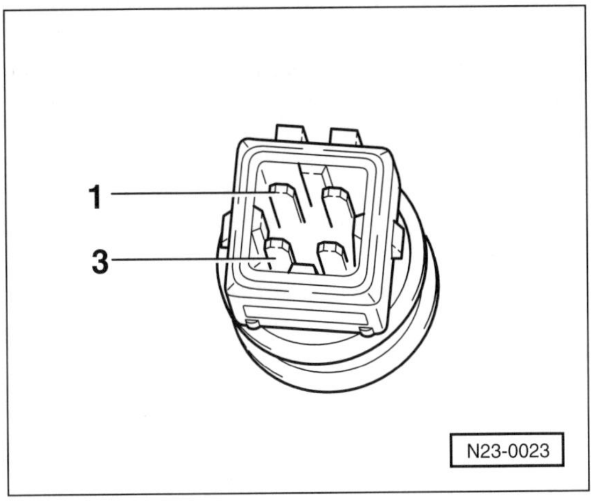

- Stecker am Geber abziehen. Der Geber befindet sich am Kühlmittelstutzen, siehe auch –9– in Abbildung N23-0009.
- Ohmmeter an die Kontakte 1 und 3 des Gebers anschließen.

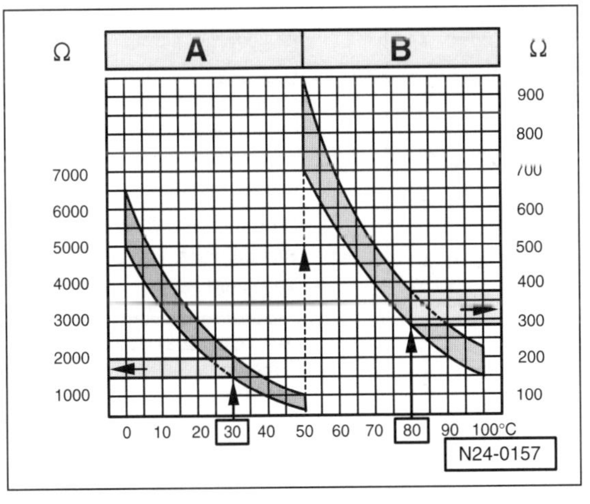

- Widerstandswerte messen und mit den Sollwerten im Diagramm vergleichen.

Das Diagramm gilt für die Geber für Kühlmitteltemperatur, Saugrohrtemperatur und Kraftstofftemperatur.

Der Bereich A zeigt die Widerstandswerte für den Temperaturbereich 0 bis +50 °C, Bereich B die Werte für den Temperaturbereich +50 bis +100 °C.

Ablesebeispiele:

+ 30 °C entspricht einem Widerstand von 1500 – 2000 Ω.
+ 80 °C entspricht einem Widerstand von 275 – 375 Ω.

- Wird der Sollwert nicht erreicht, Geber für Kühlmitteltemperatur ersetzen.

Geber für Kraftstofftemperatur/ Ansauglufttemperatur prüfen

Direkteinspritzer

Prüfen

- Zündung ausschalten.

Geber für Kraftstofftemperatur

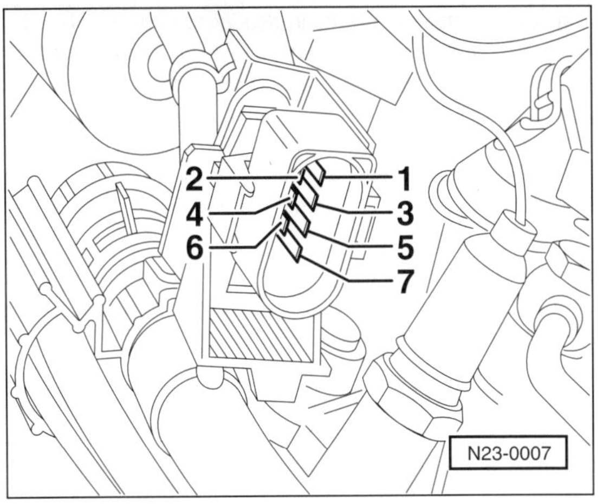

- Stecker am Geber abziehen. Der Geber befindet sich im Mengenstellwerk, siehe auch –13– in Abbildung N23-0009.
- Ohmmeter an die Kontakte 4 und 7 des Steckers anschließen.

Geber für Ansauglufttemperatur

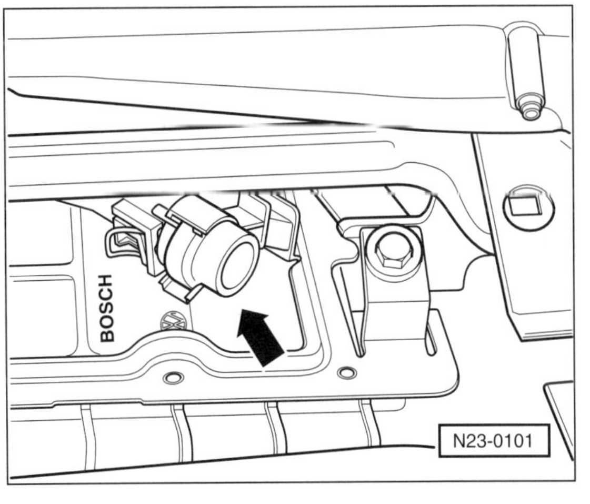

- Stecker am Geber abziehen. Der Geber befindet sich beim TDI an Position –6– in Abbildung N23-0009. Beim SDI sitzt der Geber am Saugrohr im Bereich der Spritzwand. Die Abbildung zeigt den Stecker am SDI-Motor.
- Ohmmeter an die beiden Kontakte des Steckers anschließen.
- Widerstandswerte messen und mit den Sollwerten im Diagramm N24-0157 vergleichen.
- Wird der Sollwert nicht erreicht, Geber für Kühlmitteltemperatur ersetzen.

Der Abgasturbolader

Beim Turbolader sitzen auf einer Welle zwei Turbinenräder, die in zwei voneinander getrennten Gehäusen untergebracht sind. Für den Antrieb der Turbinenräder sorgen die ohnehin vorhandenen Abgase. Sie bringen die Laderwelle auf bis zu 120.000 Umdrehungen in der Minute. Und da Abgas- und Frischluftrotor auf gleicher Welle sitzen, wird mit gleicher Drehzahl Frischluft in die Zylinder gedrückt.

Aufgrund des guten Füllungsgrades lassen sich bei vorhandenen Motoren Leistungszuwachsraten von bis zu 100 Prozent verwirklichen. Abhängig ist der Leistungszuwachs unter anderem vom Ladedruck, der bei einem Pkw-Motor zwischen 0,4 bis 0,8 bar (Reifenfülldruck etwa 1,8 bar) liegt. Erhöht sich der Ladedruck über den vom Werk eingestellten Wert, öffnet das Wastegateventil (Ladedruckregelventil), der Druck kann entweichen.

Neben der Motorleistung steigt bei der Verwendung eines Abgasturboladers auch das Drehmoment an. Voraussetzung ist allerdings, daß die Laderwelle mit ausreichender Drehzahl rotiert und somit einen ordentlichen Füllungsgrad garantiert.

In der Regel muß der Motor schon mit rund 2500/min drehen, damit ein spürbarer Ladedruck einsetzt.

Um die Füllung der Zylinder zu verbessern, befindet sich beim TDI zwischen Turbolader und Einlaßkanal des Motors ein Ladeluftkühler, der die vorverdichtete Luft abkühlt. Dadurch wird die Leistungsausbeute erhöht, da kühle Luft durch die höhere Luftdichte einen höheren Sauerstoffanteil besitzt.

Im TDI mit 81 kW/110 PS sorgt ein verstellbarer Turbolader für zusätzliche Leistung. Der Abgaslader besitzt verstellbare Leitschaufeln, die vom Motorsteuergerät über ein Magnetventil und eine Unterdruckdose stufenlos geregelt werden. Dadurch kann immer der optimale Ladedruck erzeugt werden, was zu höherem Drehmoment und damit zu mehr Leistung führt, insbesondere bei niedrigen Drehzahlen.

Der Turbolader ist ein äußerst präzise hergestelltes Bauteil. Es empfiehlt sich deshalb, eine Reparatur nur von einem Fachmann ausführen zu lassen. In der Regel wird der Turbolader bei einem Defekt komplett ausgetauscht.

Wirbelkammermotor AAZ

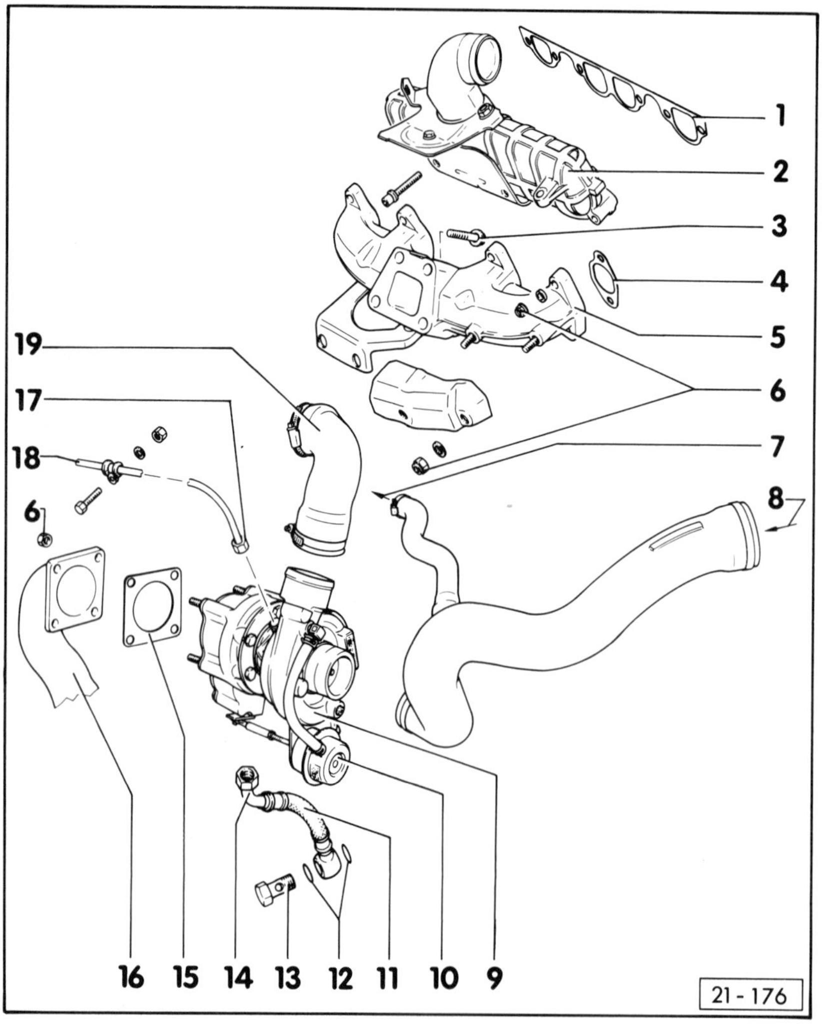

1 – **Dichtung**
Die Beschichtung (Wulst) zeigt zum Ansaugrohr.

2 – **Ansaugrohr**

3 – **Schraube, 45 Nm**
Gewinde und Kopfauflage mit VW-G000500 einstreichen.

4 – **Dichtung**
Einbaulage entsprechend den Anlageumrissen beachten.

5 – **Abgaskrümmer**

6 – **Mutter, 25 Nm**

7 – **zur Kurbelgehäuseentlüftung**

8 – **vom Luftfilter**

9 – **Abgasturbolader**

10 – **Ladedruckregelventil**
Das Ventil ist ein Bestandteil des Turboladers und kann nicht ersetzt werden.

11 – **Ölrücklaufleitung**
Zum Motorblock.

12 – **Dichtring**

13 – **Hohlschraube, 50 Nm**

14 – **Überwurfmutter, 40 Nm**

15 – **Dichtung**

16 – **Abgasrohr**

17 – **Überwurfmutter, 25 Nm**

18 – **Ölvorlaufleitung**
Vom Ölfilterhalter.

19 – **Luftschlauch**

Direkteinspritzer 1Z, AHU

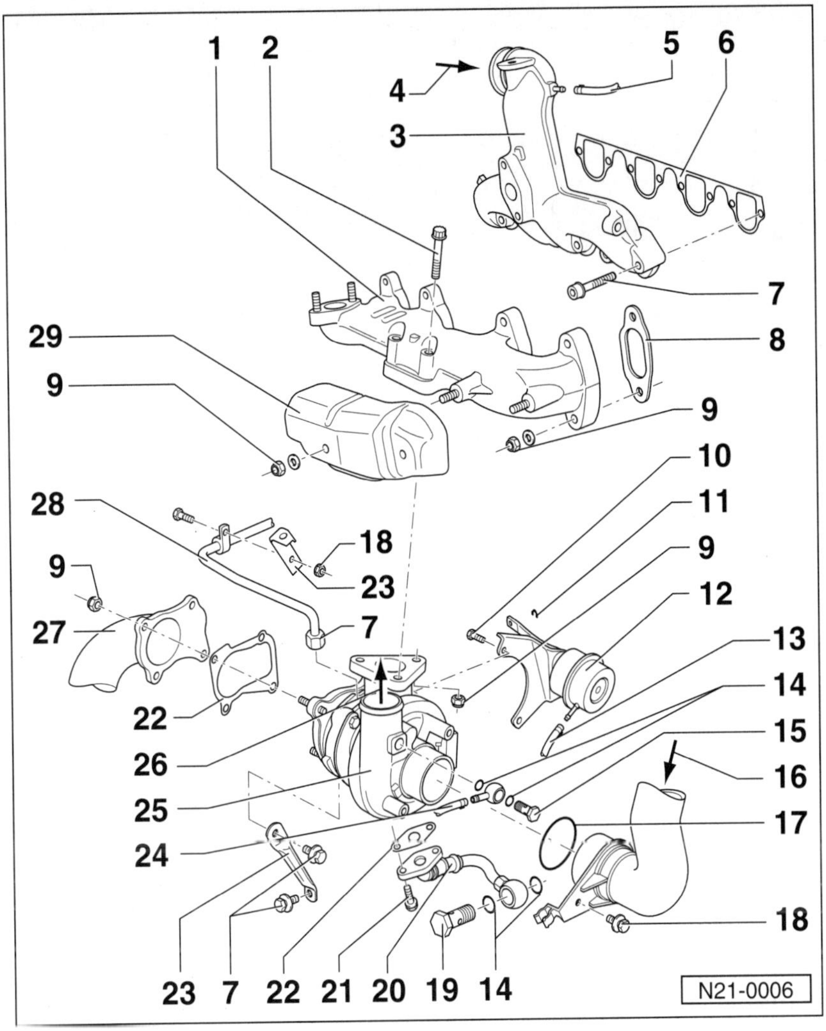

1 – **Abgaskrümmer**

2 – **Schraube, 35 Nm**
Immer ersetzen. Gewinde und Kopfauflagefläche mit G000500 einstreichen.

3 – **Ansaugrohr**

4 – **vom Ladeluftkühler**

5 – **Schlauch**
Schwarz, zum Steuergerät für Diesel-Direkteinspritzanlage.

6 – **Dichtung**
Immer ersetzen. Beschichtung (Wulst) zeigt zum Ansaugrohr.

7 – **Schraube, 25 Nm**

8 – **Dichtung**
Einbaulage beachten.

9 – **Mutter, 25 Nm**

10 – **Schraube, 10 Nm**
Mit D6 einsetzen.

11 – **Sicherungsring**

12 – **Druckdose**
Für Ladedruckregelventil.

13 – **Schlauch**
Blau, + zum Magnetventil für Ladedruckbegrenzung.

14 – **Dichtring**
Immer ersetzen.

15 – **Hohlschraube, 15 Nm**

16 – **vom Lufffilter**

17 – **O-Ring**
Bei Beschädigung ersetzen.

18 – **Schraube,10 Nm**

19 – **Hohlschraube, 30 Nm**

20 – **Ölrücklaufleitung**
Zum Zylinderblock.

21 – **Schraube, 30 Nm**

22 – **Dichtung**
Immer ersetzen.

23 – **Halter**

24 – **Schlauch**
Rot, zum Magnetventil für Ladedruckbegrenzung.

25 – **Abgasturbolader**

26 – **zum Ladeluftkühler**

27 – **Abgasrohr vorn**

28 – **Ölvorlaufleitung**

29 – **Abschirmblech**

Leitungsanschlüsse am Abgasturbolader

Wirbelkammermotor AAZ

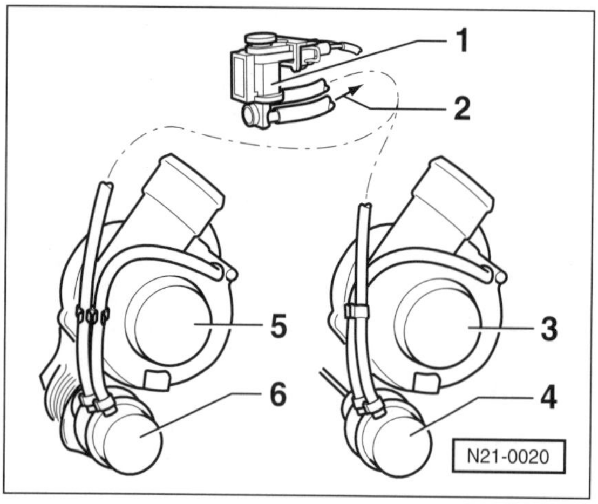

1 – Zweiwegeventil
2 – zur Vakuumpumpe
3 – Abgasturbolader (Firma KKK)
4 – Ladedruckregelventil
5 – Abgasturbolader (Firma Garrett)
6 – Ladedruckregelventil

Direkteinspritzer 1Z, AHU

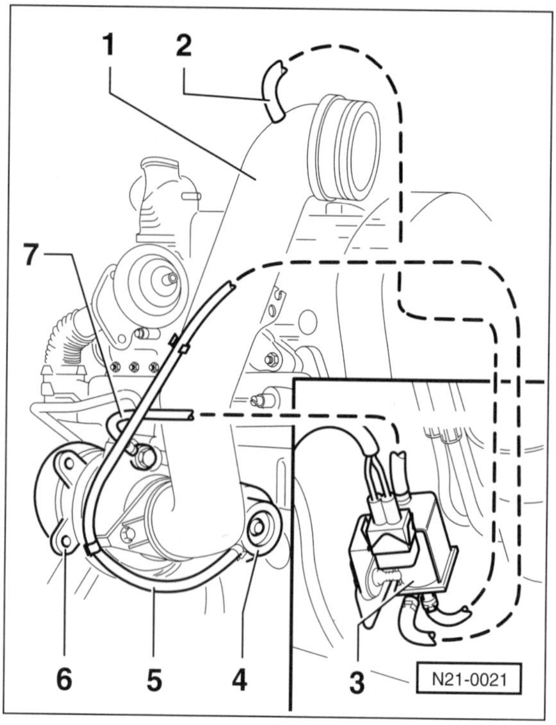

1 – Ansaugleitung
2 – Schlauch schwarz
3 – Magnetventil für Ladedruckbegrenzung
4 – Druckdose für Ladeluftregelung
5 – Schlauch blau
6 – Abgasturbolader
7 – Schlauch rot

Technische Daten Diesel-Einspritzanlage

Motor-Kennbuchstaben		1Y	AAZ	1Y	AAZ	AEY	1Z/AHU	AFN
Einsatzzeitraum	von – bis	9/91 – 9/94	9/91 – 9/94	10/94 –	10/94 –	8/95 –	11/93 –	1/96 –
Leistung	kW/PS	47 / 64	55 / 75	47 / 64	55 / 75	47 / 64	66 / 90	81 / 110
Leerlaufdrehzahl	1/min	900 ± 30	920 ± 30	900 ± 30	900 ± 30	900 ± 40	900 ± 40	900 ± 40
Erhöhte Leerlaufdrehzahl	1/min	–	–	1050 ± 50	1050 ± 50	–	–	–
Höchstdrehzahl	1/min	5200 ±100	5200 ±100	5050 ±100	5050 ±100	–	5000 ±200	5000 ±200
Drehzahlanhebung KSB-Zug auf 1. Raste gezog. KSB-Zug ganz gezogen	 1/min 1/min	 ca. 60 1050 ± 50	 ca. 60 1050 ± 50	 – –	 – –	 – –	 – –	 – –
Förderbeginn Prüfwert Einstellwert	mm Hub mm Hub	0,83 – 0,97 0,90 ± 0,02	0,73 – 0,87 0,80 ± 0,02	– –	– –	– –	0,65 – 0,75 0,70 ± 0,02	– –
Abspritzdruck neue Düsen Verschleißgrenze	bar bar	130 – 138 120	150 – 158 140	130 – 138 120	150 – 158 140	190 – 200 170	190 – 200 170	190 – 200 170

Störungsdiagnose Diesel-Einspritzanlage

Bevor anhand der Störungsdiagnose der Fehler aufgespürt wird, müssen folgende Prüfvoraussetzungen erfüllt sein: Bedienungsfehler beim Starten ausgeschlossen. Kraftstoff im Tank, Motor mechanisch in Ordnung, Batterie geladen, Anlasser dreht mit ausreichender Drehzahl, elektrische Masseverbindung (Motor-Getriebe-Aufbau) vorhanden. Fehlerspeicher abfragen (Werkstattarbeit). **Achtung:** Wenn Kraftstoffleitungen gelöst werden, müssen diese vorher mit Kaltreiniger gesäubert werden.

Störung	Ursache	Abhilfe
1. Motor springt nicht oder schlecht an	1. Motor glüht nicht vor	■ Vorglühanlage prüfen
	2. Elektromagnetischer Absteller erhält keine Spannung (**Nur 1Y/AAZ bis 9/94**)	■ Spannungsprüfer an Absteller anschließen, Zündung einschalten. Leuchtdiode muß leuchten, sonst Leitungsunterbrechung ermitteln und beseitigen
	3. Elektromagnetischer Absteller lose, defekt (**Nur 1Y/AAZ bis 9/94**)	■ Absteller auf festen Sitz und Massekontakt prüfen. Zündung abwechselnd ein- und ausschalten, dabei muß der Absteller klicken
	4. Kraftstoffabschaltventil schaltet nicht (**Nur 1Y/AAZ ab 10/94**)	■ Kraftstoffabschaltventil, Steuergerät für Abschaltventil sowie Steuergerät für Wegfahrsicherung prüfen (Werkstattarbeit).
	5. Kraftstoffversorgung defekt	■ Prüfen, ob Kraftstoff gefördert wird
	a) Kraftstoffleitungen geknickt, verstopft, undicht, porös	■ Kraftstoffleitungen reinigen
	b) Kraftstoffilter verstopft	■ Kraftstoffilter ersetzen
	c) Im Winter: Eis oder Wachs in Filter und Leitungen	■ Fahrzeug in beheizte Garage schieben
	d) Tankbelüftung verschlossen. Kraftstoffsieb im Tank verschmutzt	■ Reinigen
	6. Förderbeginn verstellt (**Nur 1Y/AAZ**)	■ Förderbeginn prüfen, einstellen
	7. Einspritzbeginn verstellt (**Nur AEY/1Z/AHU/AFN**)	■ Einspritzbeginn prüfen, einstellen lassen
	8. Einspritzdüsen defekt	■ Einspritzdüsen prüfen, Überwurfmuttern nacheinander lösen und prüfen, ob die Zylinder arbeiten
	9. Einspritzpumpe defekt	■ Versuchsweise neue Pumpe einbauen
2. Motor ruckelt im Leerlauf, beim Anfahren	1. Leerlaufdrehzahl falsch (**Nur 1Y/AAZ**)	■ Leerlaufdrehzahl einstellen
	2. Gasbetätigung schwergängig (**Nur 1Y/AAZ**)	■ Gangbar machen, einstellen
	3. Kraftstoffschläuche an der Kraftstoffpumpe bzw. am Kraftstofffilter lose	■ Kraftstoffschläuche ersetzen, mit Schlauchschellen befestigen, Hohlschrauben festziehen
	4. Zu- und Rücklaufleitung an der Einspritzpumpe vertauscht	■ Anschlüsse der Kraftstoffleitungen prüfen
	5. Wie unter 1.5 – 8	■ Wie unter 1.5 – 8
3. Kraftstoffverbrauch zu hoch	1. Luftfilter verschmutzt	■ Filtereinsatz ersetzen
	2. Kraftstoffanlage undicht	■ Sichtprüfung an allen Kraftstoffleitungen (Saug- Rücklauf- und Einspritzleitungen), Kraftstoffilter und Einspritzpumpe durchführen, Kraftstoffanlage auf Dichtheit prüfen.
	3. Rücklaufleitung verstopft	■ Rücklaufleitung von Einspritzpumpe zum Kraftstoffbehälter mit Luft durchblasen. Überströmdrossel in der Hohlschraube der Rücklaufleitung ersetzen
	4. Leerlauf- bzw. Höchstdrehzahl zu hoch (**Nur 1Y/AAZ**)	■ Einstellen
	5. Wie unter 1.6 – 8	■ Wie unter 1.6 – 8

Die Abgasanlage

Die Abgasanlage besteht aus folgenden Teilen: Abgaskrümmer, vorderes Abgasrohr, Katalysator, je nach Modell Vorschalldämpfer, Mittelschalldämpfer und Nachschalldämpfer. Achtung: Beim 64 PS-Wirbelkammermotor (1Y) Modelljahr '92 wurde anfangs kein Katalysator eingebaut, daher vor dem Ersatzteilkauf am Fahrzeug überprüfen, ob ein Katalysator vorhanden ist.

Vor- beziehungsweise Mittel- und Nachschalldämpfer sind bei einigen Modellen serienmässig als ein Teil eingebaut. Sie können jedoch im Reparaturfall auch einzeln ausgetauscht werden. Dazu muß das Abgasrohr an der vorgezeichneten Stelle getrennt und anschließend mit einer Doppelschelle wieder verbunden werden. Alle übrigen Teile der Abgasanlage sind miteinander verschraubt beziehungsweise mit Doppelschellen verbunden und lassen sich einzeln auswechseln. Selbstsichernde Muttern und Dichtungen sind nach dem Ausbau zu ersetzen. Halteringe und Gummipuffer auf Porosität und Beschädigung prüfen, gegebenenfalls auswechseln.

Beim Einbau einer neuen Abgasanlage empfiehlt es sich, alle Befestigungsteile ebenfalls zu erneuern.

Direkteinspritzer 1Z, AHU – Abgasrohr vorn und Katalysator

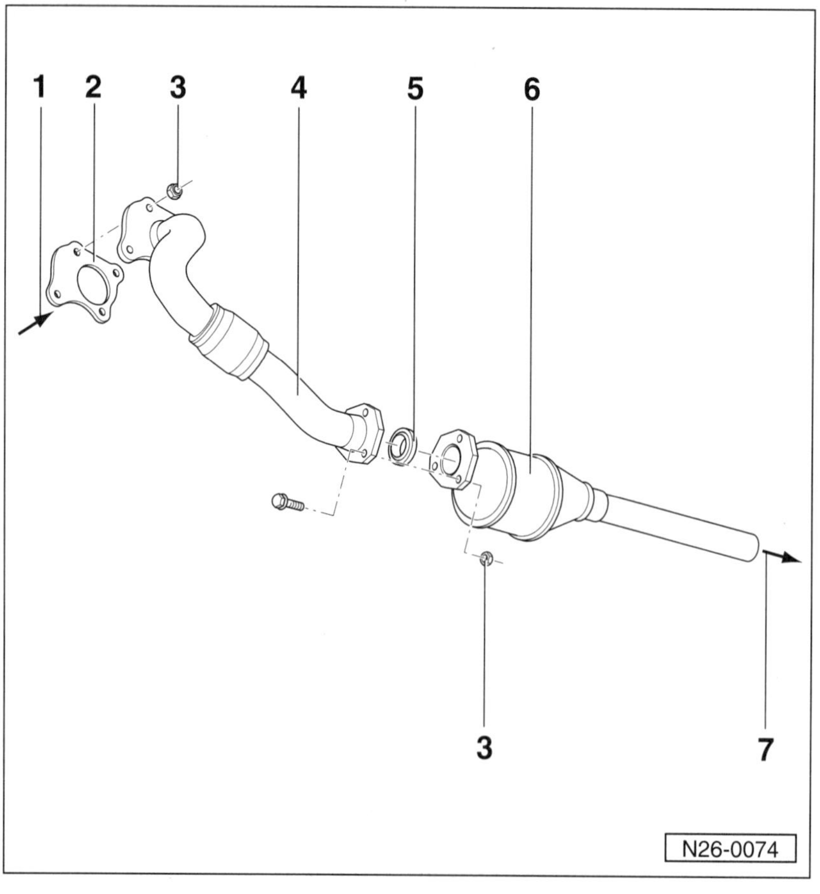

1 – vom Abgasturbolader

2 – Dichtung
Immer ersetzen.

3 – Mutter, 25 Nm
Motor AEY, Motor 1Z mit Allradantrieb: Muttern für vorderes Abgasrohr an Abgaskrümmer mit **40 Nm,** für Katalysator an Abgasrohr mit **25 Nm** festziehen.

4 – Abgasrohr vorn
Allradantrieb: Mit Aufnahme für Doppelkatalysator.

5 – Dichtring
Bei Beschädigung ersetzen.

6 – Katalysator
Ab 9/95 Doppelkatalysator.

7 – zum Zwischenrohr

Hinweis Motor AFN: Vorderes Abgasrohr und Katalysator sind ein Teil und an einem zusätzlichen Halter aufgehängt. Befestigungsschrauben für Halter: 25 Nm.

Direkteinspritzer AEY, 1Z, AHU, AFN – Abgasrohr hinten mit Schalldämpfern

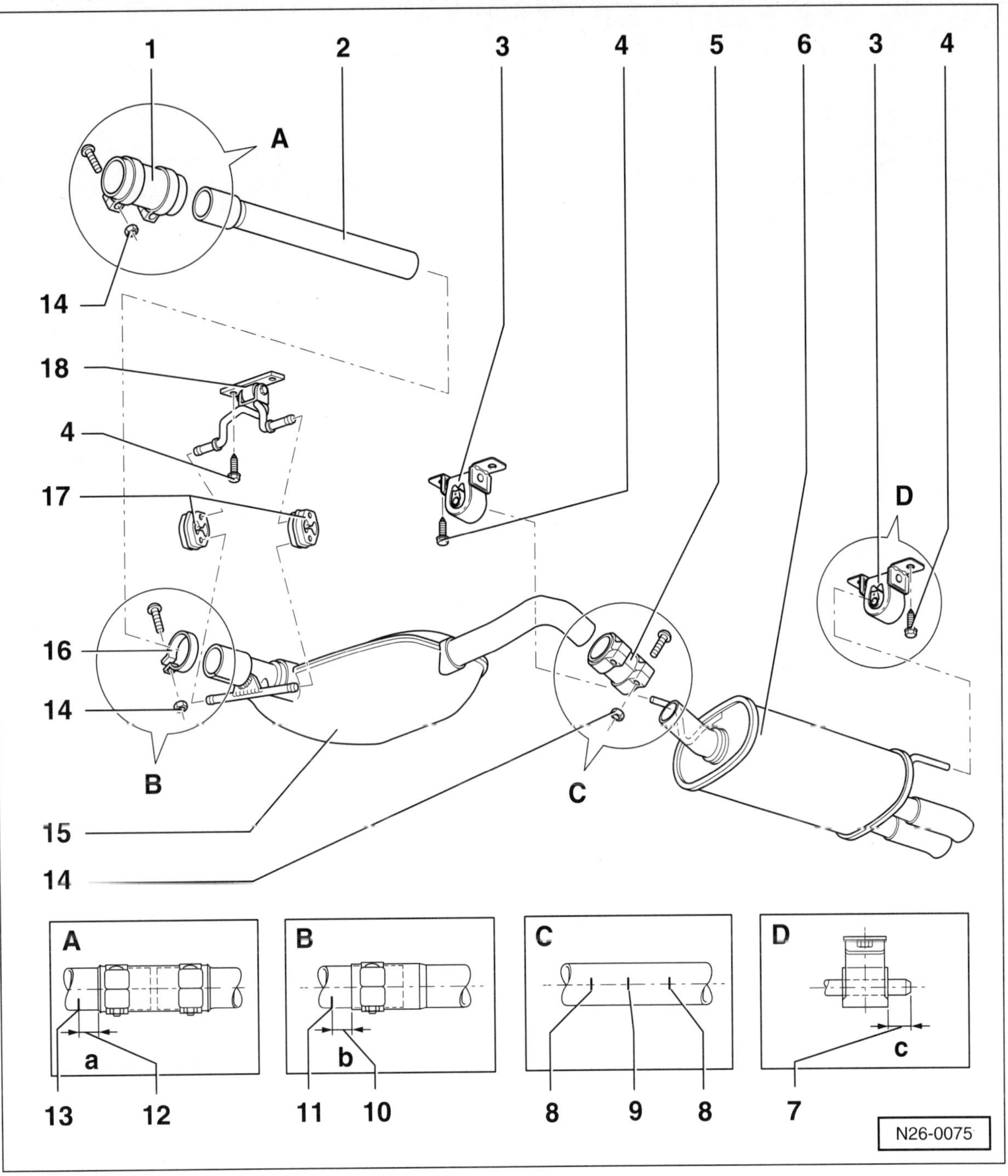

1 – **Doppelschelle**

2 – **Zwischenrohr**

3 – **Aufhängung**

4 – **Schraube, 25 Nm**

5 – **Doppelschelle**

6 – **Nachschalldämpfer**

7 – **Maß -c- = ca. 10 mm**

8 – **Markierung**
Markierung für Klemmschelle ist dreimal am Umfang angebracht.

9 – **Trennstelle**
Serienmäßig werden Mittel- und Nachschalldämpfer als ein Teil eingebaut. Als Ersatzteil sind sie einzeln erhältlich. Zur Verbindung ist dann eine Doppelschelle erforderlich. Doppelschelle –5– bündig an Markierungen –8– aufschieben. Verbindungsrohr an der Trennstelle (3 Eindrückungen) mit Karosseriesäge rechtwinklig trennen.

10 – **Maß -b- = ca. 5 mm**

11 – **Markierung**
Markierung für Klemmschelle ist dreimal am Umfang angebracht.

12 – **Maß -a- = ca. 5 mm**

13 – **Markierung**
S = Schaltgetriebe, A = autom. Getriebe

14 – **Mutter, 40 Nm**

15 – **Mittelschalldämpfer**
Ab 8/95 sind 2 Mittelschalldämpfer mit Verbindungsrohren zum Doppelkatalysator eingebaut. Die Halteringe werden um 10 mm vorgespannt.

16 – **Klemmschelle**

17 – **Haltering**

18 – **Aufhängung**

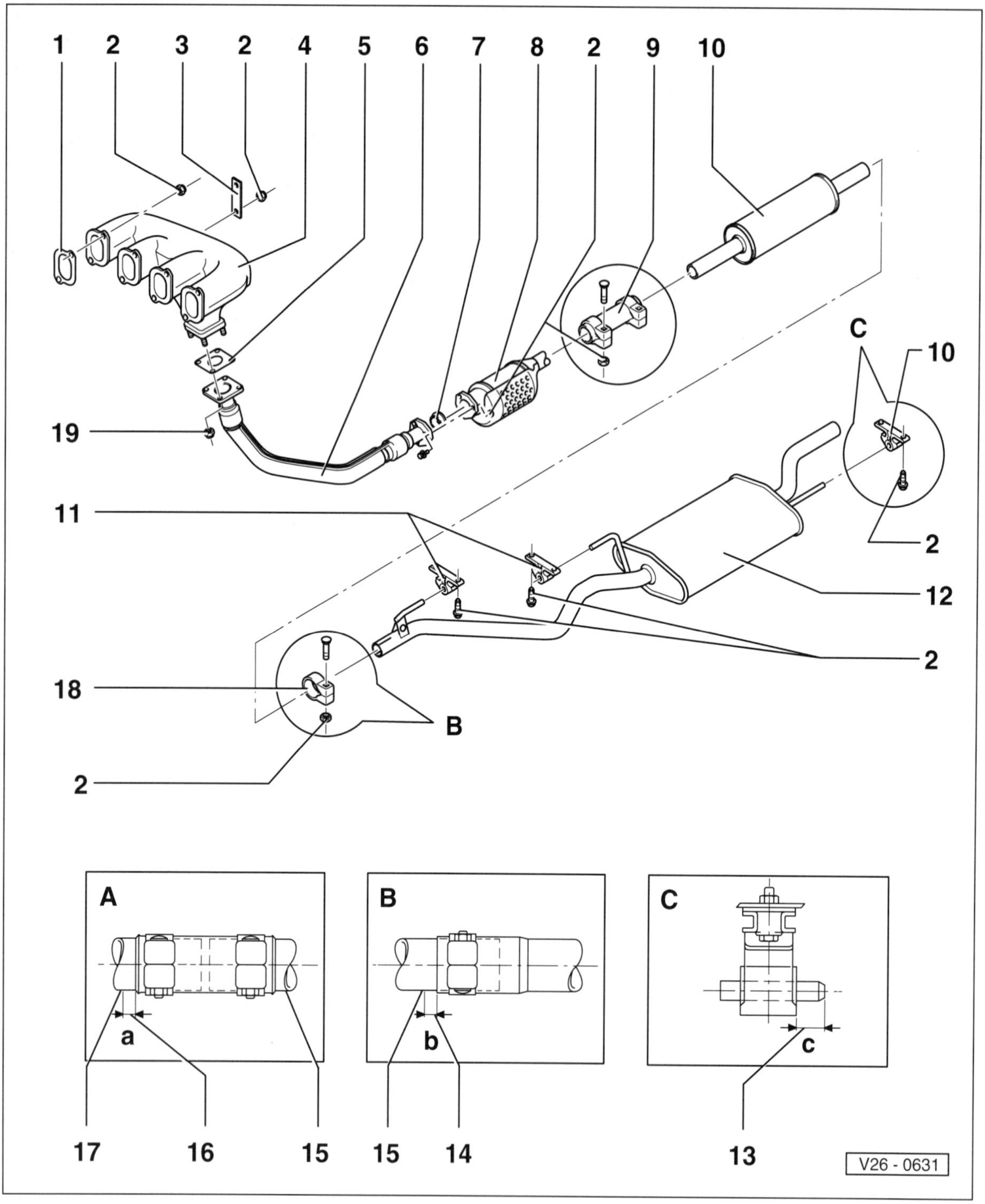

1 – **Dichtung**
Immer ersetzen.

2 – **Mutter, 25 Nm**

3 – **Halter**

4 – **Abgaskrümmer**

5 – **Dichtung**
Immer ersetzen.

6 – **Abgasrohr vorn**

7 – **Dichtring**

8 – **Katalysator**

9 – **Doppelschelle**

10 – **Vorschalldämpfer**

11 – **Aufhängung**

12 – **Nachschalldämpfer**

13 – **Maß -c- = mindestens 10 mm**

14 – **Maß -b- = ca. 5 mm**

15 – **Markierung**

16 – **Maß -a- = ca. 5 mm**

17 – **Markierung**
S = Schaltgetriebe.

18 – **Klemmschelle**

19 – **Mutter, 40 Nm**

Hinweis: In Längsrichrung ist die Abgasanlage so auszurichten, daß die Maße –13–, –14– und –16– eingehalten werden.

Turbo-Dieselmotor AAZ mit 55 kW/75 PS

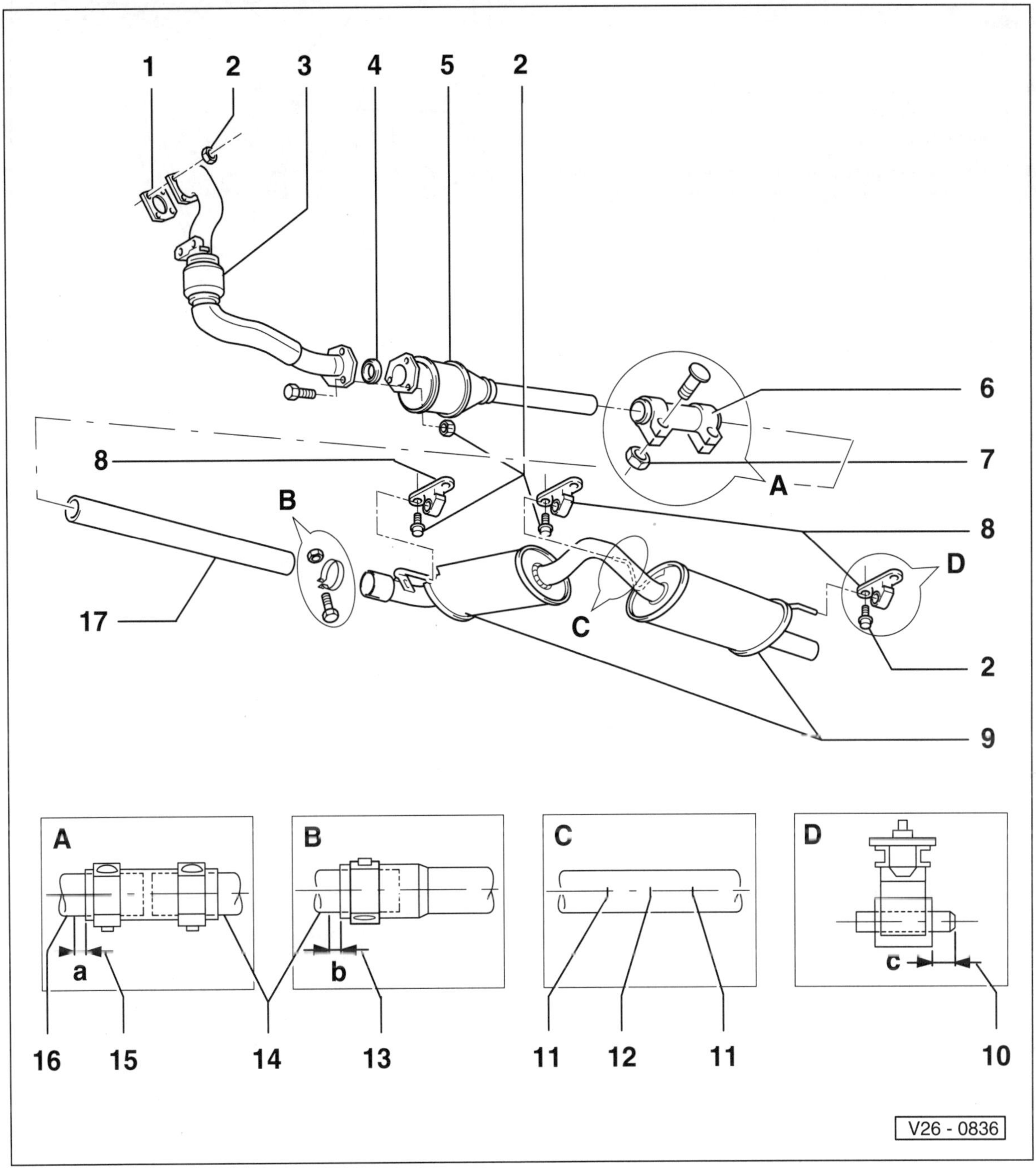

1 – **Dichtung**
Immer ersetzen.

2 – **Mutter, 25 Nm**

3 – **Abgasrohr vorn**

4 – **Dichtring**
Bei Beschädigungen ersetzen.

5 – **Katalysator**

6 – **Doppelschelle**

7 – **Mutter, 40 Nm**

8 – **Aufhängung**

9 – **Mittel- und Nachschalldämpfer**
Serienmäßig werden Mittel- und Nachschalldämpfer als ein Teil eingebaut. Als Ersatzteil sind sie einzeln erhältlich. Zur Verbindung ist dann eine Doppelschelle erforderlich. Doppelschelle bündig an Markierungen –11– aufschieben. Verbindungsrohr an der Trennstelle –12– (3 Eindrückungen) mit Karosseriesäge rechtwinklig trennen.

10 – **Maß -c- = mindestens 10 mm**

11 – **Markierung**
Markierung für Klemmschelle ist dreimal am Umfang angebracht.

12 – **Trennstelle**

13 – **Maß -b- = ca. 5 mm**

14 – **Markierung**
Markierung für Klemmschelle ist dreimal am Umfang angebracht.

15 – **Maß -a- = ca. 5 mm**

16 – **Markierung**
S = Schaltgetriebe
A = autom. Getriebe

17 – **Zwischenrohr**

Hinweis: In Längsrichrung ist die Abgasanlage so auszurichten, daß die Maße –10–, –13– und –15– eingehalten werden.

Abgasanlage aus- und einbauen

Ausbau

- Fahrzeug aufbocken.
- Sämtliche Schrauben und Muttern der Abgasanlage mit rostlösendem Mittel einsprühen. Rostlöser einige Zeit einwirken lassen.
- Nachschalldämpfer ausbauen. Gegebenenfalls Nachschalldämpfer vom Vor- oder Mittelschalldämpfer trennen.
- Die hintere Auspuffhalterung abschrauben und Nachschalldämpfer herausnehmen.
- Katalysator vom vorderen Abgasrohr trennen.
- Vorschalldämpfer aushängen und Abgasanlage herausnehmen.
- Vorderes Abgasrohr vom Krümmer bzw. Turbolader abschrauben.
- Die Teile der Abgasanlage können auch einzeln ausgebaut werden. Falls sich Verbindungsstücke oder Schrauben nicht lösen lassen, Abgasrohr an der Verbindungsstelle mit Schweißbrenner erhitzen. Asbest unterlegen! **Achtung:** Brandgefahr!

Einbau

Achtung: Gummiringe, Muttern und Schrauben grundsätzlich erneuern. Um die Muttern und Schrauben der Abgasanlage auch nach längerer Zeit leichter lösen zu können, empfiehlt es sich, diese mit einer Hochtemperaturpaste, zum Beispiel Liqui Moly LM-508-ASC, einzustreichen.

- Vorderes Abgasrohr ansetzen und handfest an Krümmer anschrauben.
- Katalysator mit **neuer** Dichtung an Abgaskrümmer ansetzen und Schrauben handfest anziehen.
- Zwischenrohr, Vor- beziehungsweise Mittelschalldämpfer und Nachschalldämpfer ansetzen und mit Doppelschellen verbinden. Alle Schraubverbindungen nur handfest anziehen. Verbindungsstücke in der Schelle vor dem Zusammenfügen mit Schmirgelleinen von Verbrennungsrückständen reinigen.
- Alle Haltegummis einhängen und Aufhängung mit **25 Nm** anschrauben.
- Vor dem Anziehen der Schrauben, Abgasanlage ausrichten. Dabei auf ausreichenden Abstand zum Aufbau achten (mindestens 25 mm), gegebenenfalls Anlage verdrehen oder in Längsrichtung verschieben. Die Halteringe müssen gleichmäßig belastet werden. Darauf achten, daß die Rohre weit genug in die Schellen geschoben werden. Einbaumaße in den Abbildungen beachten.

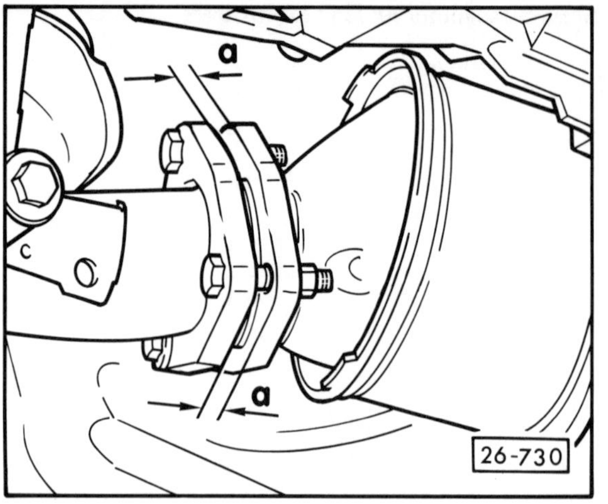

- Die Verschraubung am Katalysatorflansch muß so angezogen werden, daß die Wangen des Flansches rundum den gleichen Abstand –a– zueinander haben.
- Fahrzeug ablassen.

Funktion des Katalysators

Die Dieselmotoren verfügen über ein Oxidationskatalysator. Der Katalysator reduziert jedoch die umweltschädlichen Kohlenmonoxid- und Kohlenwasserstoff-Emissionen auf ein Niveau, das deutlich unter dem von Benzin-Motoren mit geregeltem Katalysator liegt. Außerdem vermindert sich der dieseltypische Abgasgeruch. Der bei Dieselmotoren höhere Anteil von Stickoxiden im Abgas wird durch ein zusätzliches Abgas-Rückführungssystem auf geringem Niveau gehalten.

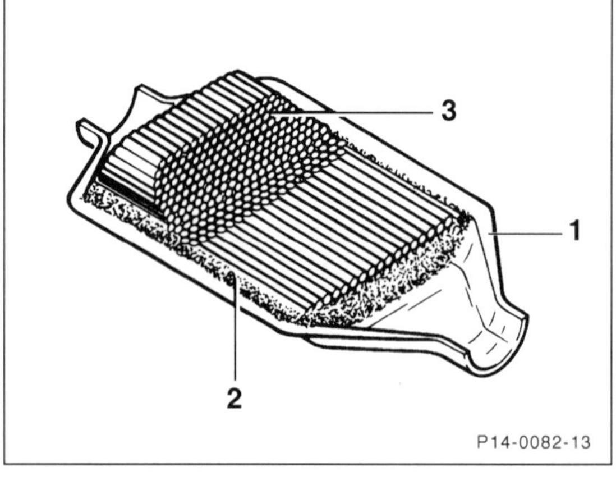

Der Katalysator sitzt vor dem Vorschalldämpfer unter dem Wagenboden. Der Katalysator –1– besteht aus einem Keramik-Wabenkörper –3–, der mit einer Trägerschicht überzogen ist. Auf der Trägerschicht befinden sich Edelmetallsalze, die den Umwandlungsprozeß bewirken. Im Gehäuse wird der Katalysator durch eine Isolations-Stützmatte –2– fixiert, die außerdem Wärmeausdehnungen ausgleicht.

Der Umgang mit Katalysator-Fahrzeugen

Um Beschädigungen am Katalysator zu vermeiden, sind nachstehende Hinweise unbedingt zu beachten:

- Fahrzeug nicht über trockenem Laub oder Gras abstellen. Die Abgasanlage wird im Bereich des Katalysators sehr heiß und strahlt die Wärme auch nach Abstellen des Motors noch ab.
- Keinen Unterbodenschutz auf die Abgasanlage bringen.
- Die Hitzeschilder der Abgasanlage dürfen nicht verändert werden.
- Beim Ein- oder Nachfüllen von Motoröl besonders darauf achten, daß auf keinen Fall die Maximum-Markierung am Ölpeilstab überschritten wird. Das überschüssige Öl gelangt sonst aufgrund unvollständiger Verbrennung in den Katalysator und kann das Edelmetall beschädigen oder den Katalysator vollständig zerstören.

Abgasrückführung prüfen

Funktion prüfen

- Motor auf Betriebstemperatur bringen und anschließend im Leerlauf laufen lassen.

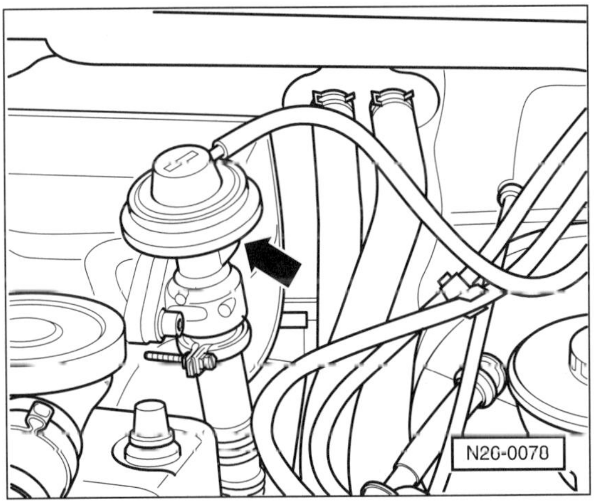

- **Motor 1Y:** Durch den anliegenden Underdruck wird die Membrane des Abgasrückführungsventils in Richtung Unterdruckanschluß angezogen. Finger von unten –Pfeil– an die Membran anlegen und prüfen, ob dies der Fall ist. Abgas wird zugeführt.

- **Motor AAZ, 1Z, AHU, AFN:** Die Membranstange muß sich in Richtung Unterdruckanschluß bewegen. Membranstange durch Öffnung –Pfeil– beobachten.
- **Motor AAZ, 1Z, AHU, AFN:** Schlauch vom Abgasrückführungsventil abziehen. Das Schließen des Ventils muß deutlich hörbar sein. Membranstange bewegt sich in Richtung Ansaugrohr.
- **Motor 1Y, AAZ:** Gegebenenfalls Schlauch wieder aufschieben. Drehzahl auf über 3200/min erhöhen. Bei Überschreitung der Drehzahl von 3200/min wird die Abgasrückführung abgeschaltet. Die Membrane geht in Richtung Abgaskrümmer.

Motor 1Y, AAZ: Arbeitet die Abgasrückführung nicht in dieser Weise, Ansteuerung des Zweiwegeventils für Abgasrückführung wie folgt prüfen:

- Zündung ausschalten.

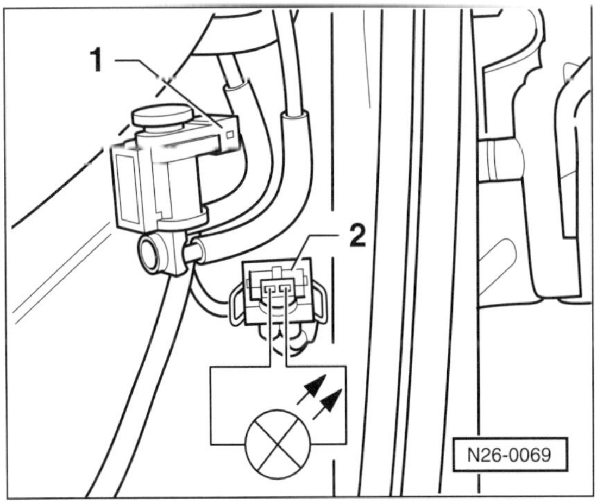

- 2fach-Stecker –2– vom Zweiwegeventil für Abgasrückführung –1– abziehen.
- Handelsübliche Diodenprüflampe mit Hilfsleitungen an den Kontakten des Steckers –2– anschließen .
- Motor anlassen und im Leerlauf laufen lassen. Leuchtdiode muß leuchten.

- Drehzahl auf über 3200/min erhöhen. Leuchtdiode muß erlöschen.
- Leuchtet und verlischt die Leuchtdiode nicht, Leitungsverbindungen nach Stromlaufplan prüfen, ggf. Steuergerät für Glühzeitautomatik ersetzen.

Leuchtet und erlischt die Leuchtdiode wie beschrieben:

- Abgasrückführungsventil mit Unterdruckpumpe prüfen.
- Zweiwegeventil prüfen.

Zweiwegeventil prüfen

Prüfen

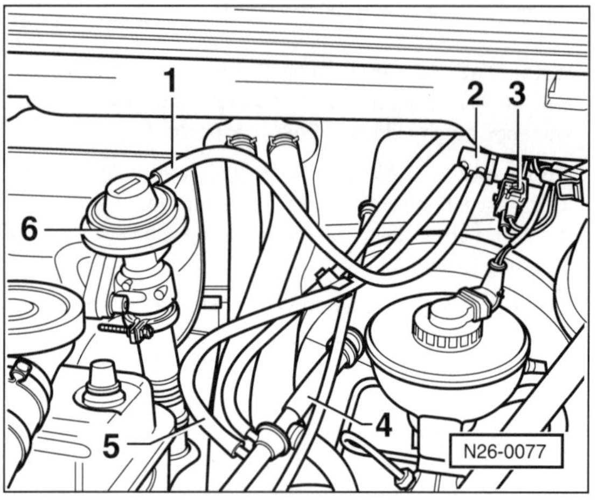

- Unterdruckschlauch –5– von der Unterdruckleitung –4– abziehen und Handvakuumpumpe am Unterdruckschlauch anschließen.
- Unterdruckschlauch –1– am Abgasrückführungsventil abziehen.
- 2fach-Stecker –-3– vom Zweiwegeventil für Abgasrückführung –2– abziehen.
- Motor anlassen und im Leerlauf laufen lassen.
- Handvakuumpumpe betätigen. Es muß sich Unterdruck aufbauen.
- 2fach-Stecker –3– am Zweiwegeventil für Abgasrückführung –2– aufstecken. Daraufhin muß sich der Unterdruck an der Handvakuumpumpe schlagartig abbauen. Andernfalls Zweiwegeventil ersetzen.

Abgasanlage auf Dichtigkeit prüfen

Prüfvoraussetzung: Motor kalt oder handwarm. Zur Prüfung ist eine Druckluftanlage erforderlich.

- Motor starten und bei laufendem Motor Abgasanlage auf Undichtigkeit abhören.
- Motor abstellen.
- Druckluftpistole in das Endrohr der Abgasanlage einführen und mit einem Lappen abdichten.
- Betriebsdruck der Druckluftanlage auf ca. 6 bar einstellen. Druckluftpistole andauernd betätigen.
- Verbindungsstellen Zylinderkopf/Krümmer und Krümmer/Abgasrohr vorn mit handelsüblichem »Leck-Sucher« einsprühen und auf Blasenbildung untersuchen.
- Undichtigkeit beseitigen.

Abgasrückführungs-Anlage

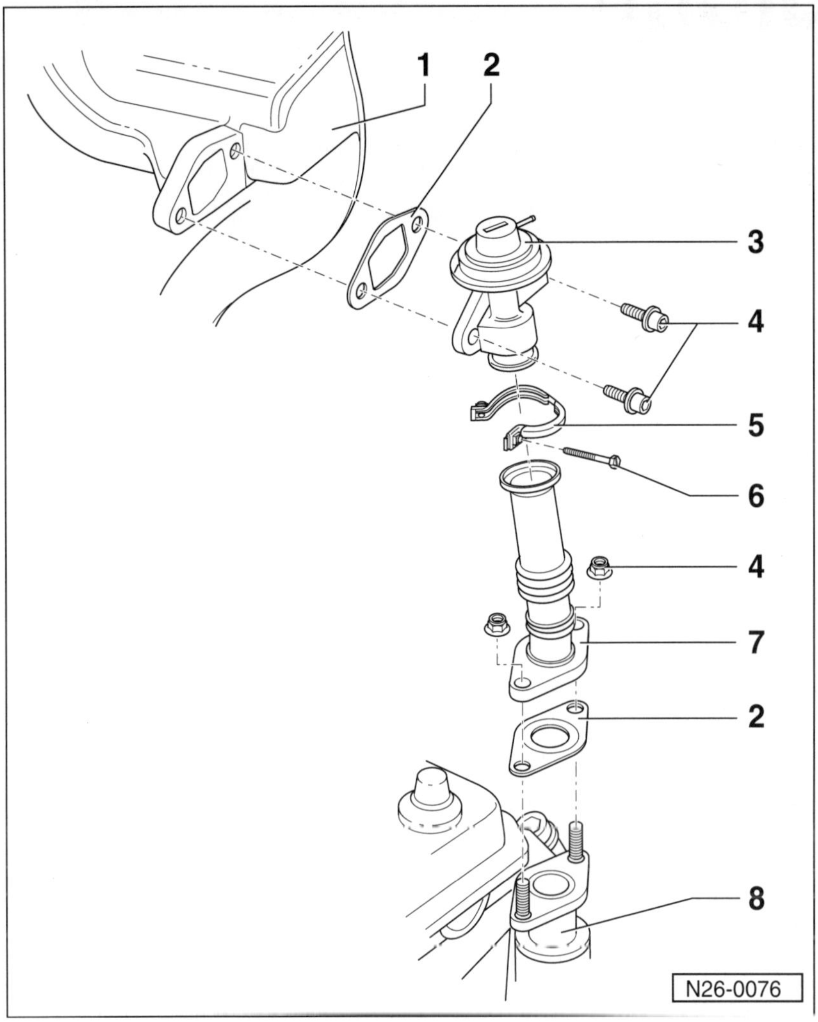

Die Abbildung zeigt den Saugdieselmotor 1Y und AEY

Funktionsbeschreibung für Motor 1Y, AAZ:

Die Ansteuerung der Abgasrückführung-Anlage erfolgt vom Steuergerät für Glühzeitautomatik über das Zweiwegeventil zum Ventil für Abgasrückführung. Über den Höhenkorrekturschalter im Steuergerät für Glühzeitautomatik wird die Abgasrückführung über ca. 1000 m Höhe abgeschaltet. Bei Drehzahlen über 800/min ist die Abgasrückführung eingeschaltet, ab 3200/min abgeschaltet. Beim Beschleunigen wird die Abgasrückführung für 2 Sekunden abgeschaltet.

Die Ansteuerung beim **Motor AEY** erfolgt auf dieselbe Weise wie beim Motor 1Z.

1 – Ansaugrohr

2 – Dichtung
Immer ersetzen.

3 – Abgasrückführungsventil

4 – Schraube, 25 Nm

5 – Klemmschelle

6 – Schraube, 10 Nm

7 – Verbindungsrohr
Beim Einbau alle Verschraubungen leicht beiziehen. Die Teile müssen gerade noch frei zueinander beweglich sein. Erst dann Schrauben spannungsfrei festziehen.

8 – Abgaskrümmer

9 – Dichtung

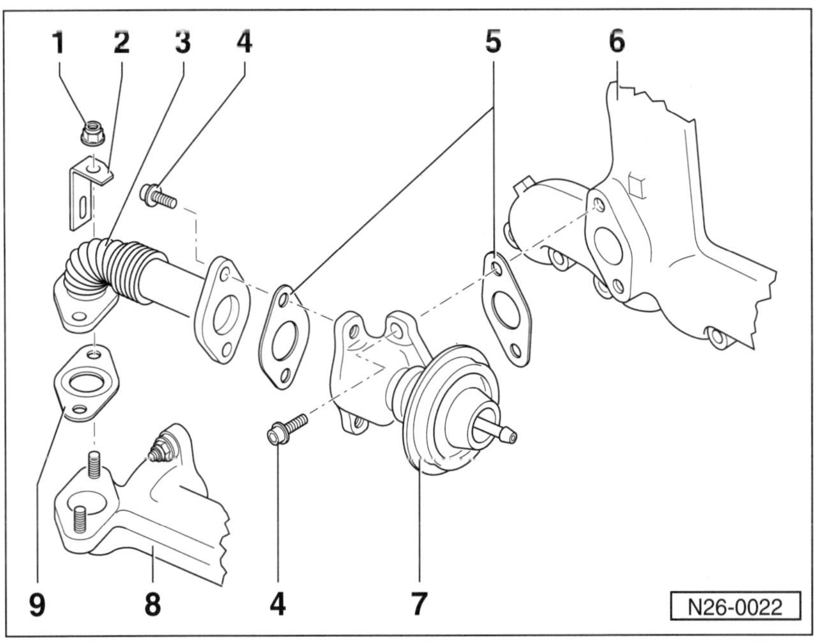

Motor 1Z

Die Ansteuerung der Abgasrückführungs-Anlage erfolgt vom Steuergerät für Diesel- Direkteinspritzanlage über das Ventil für Abgasrückführung. Das mechanische Ventil für Abgasrückführung mit kegelig geformtem Ventilstößel ermöglicht verschiedene Öffnungsquerschnitte bei unterschiedlichem Ventilhub. Durch getaktete Ansteuerung ist jede beliebige Ventilstellung möglich.

1 – Mutter, 25 Nm

2 – Halter
Ölvorlaufleitung Abgasturbolader.

3 – Verbindungsrohr
Beim Einbau alle Verschraubungen leicht beiziehen. Die Teile müssen gerade noch frei zueinander beweglich sein. Erst dann Schrauben spannungsfrei festziehen.

4 – Schraube, 25 Nm

5 – Dichtung

6 – Ansaugrohr

7 – Abgasrückführungsventil

8 – Abgaskrümmer

9 – Dichtung

Die Kupplung

Die Kupplung ist in das Schwungrad eingebaut. Sie dient beim Schalten der Gänge zum Trennen des Kraftflußes zwischen Motor und Getriebe. Nach dem Schaltvorgang – ebenso wie beim Anfahren aus dem Stand – verbindet sie durch Reibung ruckfrei das Getriebe mit dem Motor.

Die Kupplung besteht aus der Kupplungsdruckplatte und der Kupplungsscheibe. Die Kupplungsdruckplatte ist mit dem Schwungrad verschraubt. Die Kupplungsdruckplatte ist beim GOLF/VENTO an der Kurbelwelle angeflanscht. Das Schwungrad wiederum ist an der Druckplatte angeschraubt. Das Ausrücklager befindet sich im hinteren Teil des Getriebes. Es drückt über die Ausrückwelle, die in der hohlgebohrten Antriebswelle gelagert wird, auf die Ausrückplatte.

In eingekuppeltem Zustand wird durch die Kupplungsmembranfeder die Kupplungsscheibe gegen das Schwungrad gepreßt. Über die Kupplungsscheibe, in deren Innenverzahnung die Getriebeantriebswelle steckt, wird die Motorkraft auf das Getriebe übertragen. Beim Niedertreten des Kupplungspedals wird über das Kupplungsseil und den Kupplungshebel die Kupplungsdruckstange gegen die Ausrückplatte gedrückt, die ihrerseits gegen die Membranfeder der Druckplatte drückt. Dadurch wird die Druckplatte ein wenig angehoben. Die Kupplungsscheibe wird dadurch frei, der Kraftschluß zwischen Motor und Getriebe ist aufgehoben.

Achtung: Beim TDI-Motor und ab ca. 8/95 bei den Saugdieselmotoren wird die Kupplung hydraulisch betätigt: Beim Niedertreten des Kupplungspedals wird über den Geberzylinder im Fußraum des Fahrzeuges Druck aufgebaut. Über eine Hydraulikleitung wird der Druck auf den am Getriebe angeflanschten Kupplungs-Nehmerzylinder übertragen. Der Kolben des Nehmerzylinders drückt auf die Ausrückgabel und hebt über Ausrücklager und Membranfeder die Druckplatte und etwas an. Dadurch wird die Kupplungsscheibe frei.

Das Hydrauliksystem der Kupplung arbeitet mit Bremsflüssigkeit und wird über den gemeinsamen Ausgleichbehälter für Bremsflüssigkeit versorgt.

Bei jedem Ein- und Auskuppeln wird durch den leichten Schleifvorgang etwas Reibbelag von der Mitnehmerscheibe abgeschliffen. Die Mitnehmerscheibe ist also ein Verschleißteil, doch hat sie eine mittlere Lebensdauer von über 100.000 Kilometern. Der Verschleiß hängt im wesentlichen von der Belastung (Anhängerbetrieb) und der Fahrweise ab. Die Kupplung ist wartungsfrei, da sie sich selbst nachstellt.

Kupplungsscheibe/Druckplatte

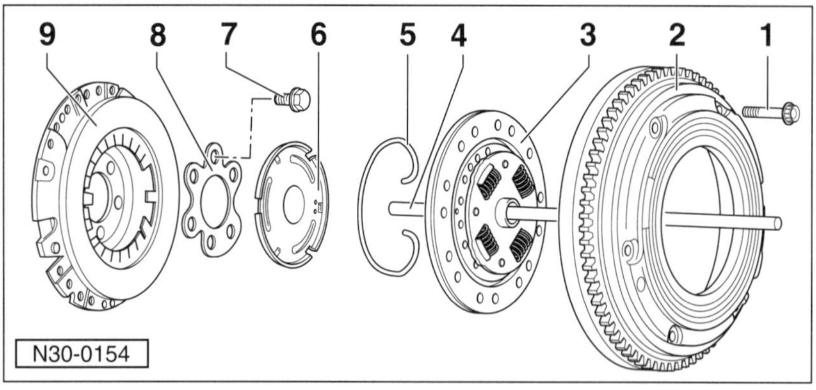

1 – Zwölfkantschraube, 20 Nm
Stufenweise über Kreuz lösen bzw. anziehen.

2 – Schwungrad
Anlagefläche für Kupplungsbelag frei von Rillen, Öl und Fett. **Achtung:** Einstecktiefe des OT-Gebers muß den unterschiedlichen Größen der Schwungräder angepaßt werden. Darum sind zwei unterschiedliche farblich gekennzeichnete Verschlußschrauben im Kupplungsgehäuse. Ab 12/92 erhöhte Masse und neue Zentrierung für Druckplatte.

3 – Kupplungsscheibe
Zentrieren. Kerbverzahnung hauchdünn mit MoS_2-Fett einstreichen.

4 – Kupplungsdruckstange
Im Bereich der Führungsbuchse in der Antriebswelle fetten

5 – Haltering

6 – Ausrückplatte
Auflagefläche und Aufnahme für Kupplungsdruckstange hauchdünn mit dem Fett G 000 100 schmieren.

7 – Befestigungsschraube
Anzugsdrehmoment: **60 Nm + ¼ Umdrehung (90°) weiterdrehen.** Schrauben grundsätzlich ersetzen. Das Weiterdrehen der Schrauben kann in mehreren Stufen erfolgen.

8 – Zwischenblech

9 – Druckplatte
Maximaler Verzug innen: 0,2 mm.

Kupplungsbetätigung

Mechanisch

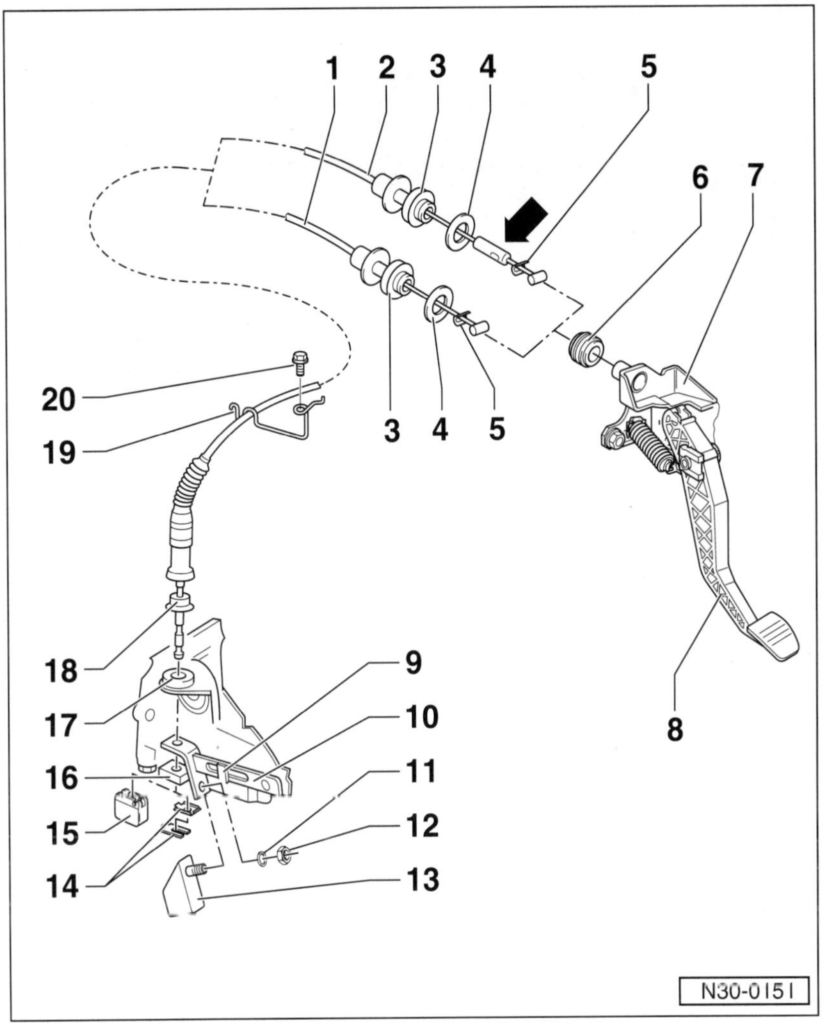

1 – **Kupplungszug**

2 – **Kupplungszug**
Mit integriertem Dämpfungselement –Pfeil–.

3 – **Gummipuffer**

4 – **Scheibe**

5 – **Aufnahmeblech**
Für Kupplungszug in Kupplungspedal.

6 – **Faltenbalg**

7 – **Lagerbock**

8 – **Kupplungspedal**

9 – **Anschlagpuffer**

10 – **Ausrückwelle**

11 – **Sechskantmutter, 25 Nm**

12 – **Scheibe**

13 – **Tilgergewicht**
Bei Saug- und Turbo-Dieselmotoren ab 8/93.
Kann in Verbindung mit dem geänderten Kupplungszug –2– auch bei allen bisherigen Fahrzeugen eingebaut werden.

14 – **Befestigungsteile**
Für Kupplungszug ab 8/93.

15 – **Tilgergewicht**
Bei Fahrzeugen mit Saug- und Turbo-Dieselmotoren bis 8/93. Befestigungsteile für den Kupplungszug sind integriert. Kann in Verbindung mit dem Kupplungszug –2– eingebaut werden.

16 – **Gummipuffer**

17 – **Getriebe**

18 – **Gummiführung**

19 – **Halter**

20 – **Schraube**
Für Halter an Aufbau.

Kupplungsbetätigung

Hydraulisch

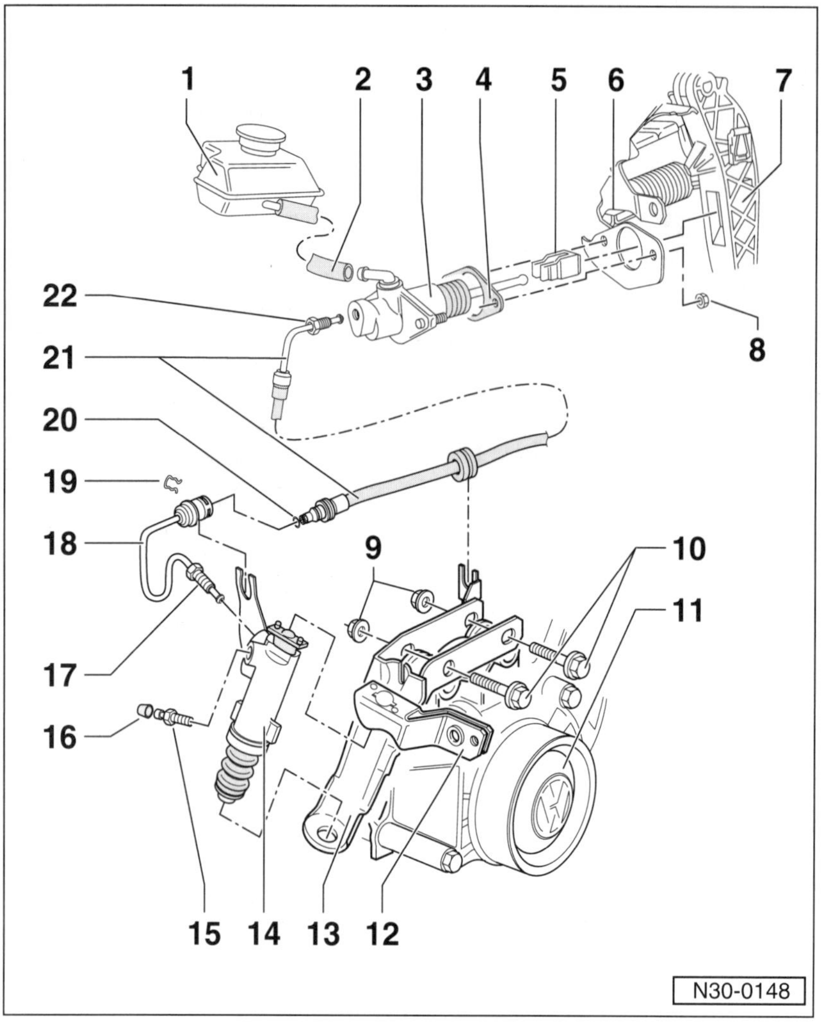

1 – **Bremsflüssigkeitsbehälter**

2 – **Nachlaufschlauch**

3 – **Geberzylinder**

4 – **Dichtung**
Immer ersetzen.

5 – **Aufnahme**
Nur bei ausgebautem Geberzylinder ersetzen.

6 – **Lagerbock**

7 – **Kupplungspedal**

8 – **Sechskantmutter, 25 Nm**
Selbstsichernd, immer ersetzen.

9 – **Sechskantmutter, 25 Nm**

10 – **Sechskantschraube**

11 – **Getriebe**

12 – **Ausrückhebel**

13 – **Halter**
Am Deckel für Getriebegehäuse befestigt.

14 – **Nehmerzylinder**
Kann bei eingebautem Getriebe ausgebaut werden. Vor dem Ersetzen mit Schraubendreher zusammendrücken und Rohr-Schlauchleitung –21– mit Schlauchklemmen abklemmen. Dann Rohr-Schlauchleitung vom Druckrohr –18– trennen. Anschließend Kupplungsanlage entlüften.

16 – **Staubkappe**

17 – **Rohranschlußmutter, 20 Nm**

18 – **Druckrohr**

19 – **Klammer**
Mit Schraubendreher heraushebeln.

20 – **Rundschnurring**
Immer ersetzen. Auf Leitungsanschluß aufziehen, mit Bremsflüssigkeit einsetzen.

21 – **Rohr-Schlauchleitung**

22 – **Rohranschlußmutter, 20 Nm**

Kupplung aus- und einbauen/prüfen

Ausbau

- Getriebe ausbauen, siehe Seite 73.

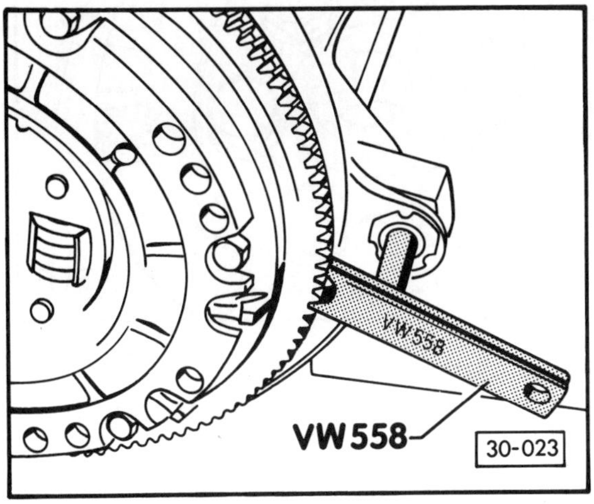

- Schwungrad ausbauen. Damit das Schwungrad beim Lösen der Schrauben nicht mitdreht, ist es entweder mit dem VW-Werkzeug 558 oder mit Schraubendreher und Dorn zu arretieren.
- Befestigungsschrauben des Schwungrades nacheinander jeweils um 1 bis 1½ Umdrehungen lösen.

Achtung: Wenn die Schrauben sofort ganz gelöst werden, kann das Schwungrad sich verziehen.

- Anschließend Schrauben ganz herausdrehen und Schwungrad abnehmen.
- Kupplungsscheibe herausnehmen. **Achtung:** Schwungrad und Kupplungsscheibe beim Herausnehmen nicht fallen lassen, sonst können nach dem Einbau Rupf- und Trennschwierigkeiten auftreten.

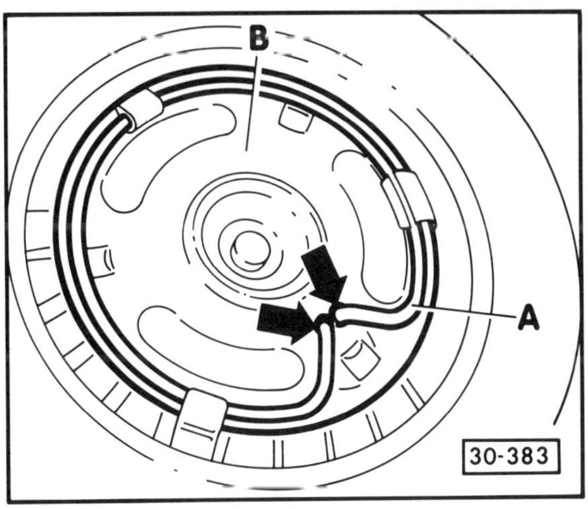

- Haltering –A– für die Ausrückplatte –B– mit einem Schraubendreher aus den Bohrungen –Pfeile– hebeln und Haltering entnehmen.
- Ausrückplatte –B– abnehmen.

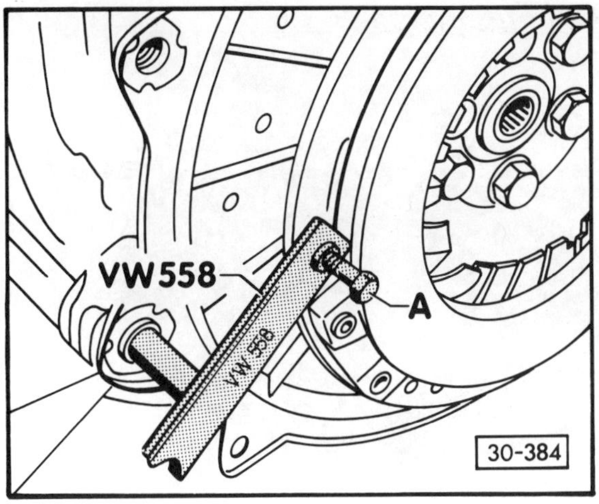

- Druckplatte abschrauben, dazu Gegenhalter VW 558 an Druckplatte mit Schraube –A– arretieren. Steht der Gegenhalter nicht zur Verfügung, Druckplatte mit Schraubendreher und Dorn gegenhalten.
- Schwungrad mit benzingetränktem Lappen auswischen.

Prüfen

- Kupplungsdruckplatte auf Brandrisse und Riefen prüfen.

- Nietbefestigungen der Druckplatte auf festen Sitz prüfen. Druckplatten mit beschädigten oder losen Nietverbindungen ersetzen.

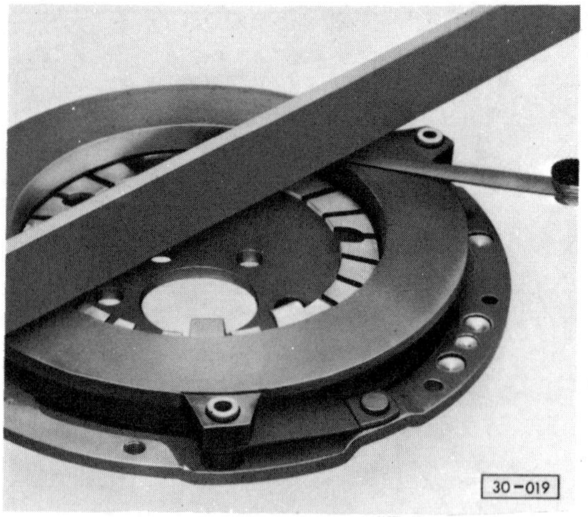

30-019

- Auflagefläche der Druckplatte auf Risse, Brandstellen und Verschleiß prüfen. Druckplatten, die bis zu 0,2 mm nach innen durchgebogen sind, dürfen noch eingebaut werden. Die Prüfung erfolgt mit Lineal und Fühlerblattlehre.
- Schwungrad auf Brandrisse und Riefen prüfen.
- Verölte, verfettete oder mechanisch beschädigte Kupplungsscheiben austauschen.
- Kupplungsscheibe auf ausreichende Belagstärke und Belagrisse prüfen.
- In der Werkstatt kann die Kupplungsscheibe auf Schlag geprüft werden. Der Seitenschlag darf bei der Kupplungsscheibe maximal 0,8 mm betragen (2,5 mm vom Außenrand gemessen). **Achtung:** Diese Prüfung ist nur dann notwendig, wenn die alte Kupplungsscheibe wieder eingebaut werden soll und die Kupplung vorher nicht richtig ausgekuppelt hat. Gegebenenfalls darf die Kupplungsscheibe vorsichtig ausgerichtet werden.
- In eingebautem Zustand macht sich ein defektes Ausrücklager durch Geräusche bei getretenem Kupplungspedal bemerkbar. In diesem Fall Lager austauschen lassen (Werkstattarbeit).

Einbau

Achtung: Werden Neuteile eingebaut, unbedingt Kupplungsdruckplatte und Kupplungsscheibe über Motorkennbuchstaben und Motornummer nach dem Ersatzteilkatalog zuordnen lassen, damit keine falschen Teile eingebaut werden.

Werden die alten Kupplungsteile eingebaut, so müssen diese zuvor geprüft werden, siehe »Kupplung prüfen« am Ende des Kapitels.

- Vor dem Einbau einer neuen Kupplungsdruckplatte, Korrosionsschutzfett **nur an der Anlauffläche** des Ausrücklagers restlos entfernen. An den anderen Stellen darf das Fett auf keinen Fall entfernt werden, da sonst die Lebensdauer der Kupplung erheblich verkürzt wird.

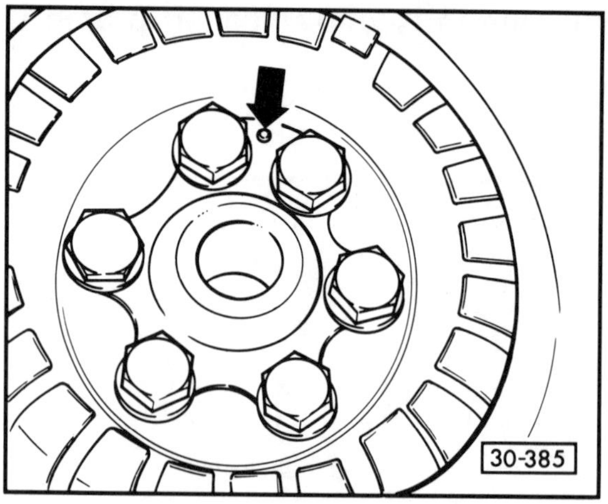

30-385

- Druckplatte mit Zwischenblech an Kurbelwelle aufsetzen und mit **neuen** Schrauben ansetzen. **Achtung:** Auf Einbaulage des Zwischenbleches achten, die Erhöhung –Pfeil– zeigt von der Druckplatte weg.
- Befestigungschrauben mit **60 Nm + ¼ Umdrehung (90°)** festziehen. Dazu Druckplatte wie beim Ausbau mit VW-Werkzeug 558 oder Schraubenzieher und Dorn gegenhalten.
- Ausrückplatte einsetzen und mit Haltering an Druckplatte befestigen. Die beiden Drahtenden in die Bohrungen der Druckplatte einsetzen, siehe Bild 30-383.
- Kerbverzahnung der Kupplungsscheiben von Korrosion reinigen und hauchdünn mit MoS_2-Fett schmieren. Die VW-Werkstätten verwenden das Fett G 000 100. Danach Kupplungsscheibe auf der Antriebswelle hin- und herbewegen, bis die Nabe auf der Welle leichtgängig ist. Überschüssiges Fett **unbedingt** entfernen.
- Zentrierstifte am Schwungrad auf festen Sitz prüfen. Wenn ein Zentrierstift lose ist, so ist dieser zu ersetzen.
- Kupplungsscheibe (Mitnehmerscheibe) und Schwungrad in die Druckplatte einsetzen. Das Schwungrad mit den Paßstiften in die entsprechenden Aussparungen der Druckplatte setzen. Wird das Schwungrad falsch aufgesetzt, stimmt die OT-Markierung auf dem Schwungrad nicht mehr.

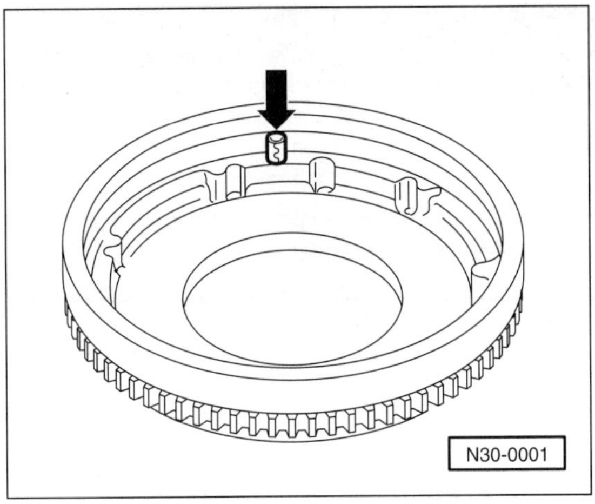

Achtung: Seit 12/92 wird ein Schwungrad mit erhöhter Masse und nur noch einem Zentrierstift –Pfeil– mit ∅ 7 mm eingebaut. Bisher waren 2 Zentrierstifte mit ∅ 6 mm vorhanden. Dementsprechend ist die Druckplatte geändert worden. Das neue Schwungrad und die neue Druckplatte dürfen nur zusammen eingebaut werden.

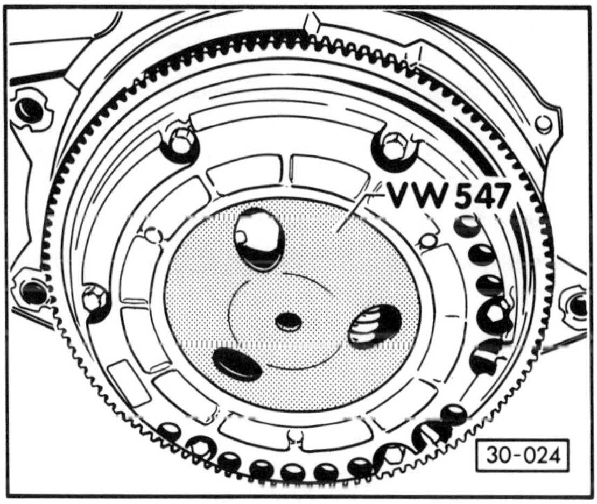

- Zum Zentrieren der Kupplungsscheibe das VW-Sonderwerkzeug 547 einsetzen und die Befestigungsschrauben für das Schwungrad über Kreuz nacheinander mit 1 bis 1½ Umdrehungen anziehen, bis die Druckplatte festgezogen ist. Anzugsdrehmoment: 20 Nm. Das Schwungrad darf sich nicht verkanten, da sonst Paßstifte und Zentrierbohrungen beschädigt werden.

Achtung: Das Schwungrad muß **vollständig** an der Druckplatte anliegen. **Dann** erst Befestigungsschrauben einsetzen. **Keinesfalls** Druckplatte mit den Schrauben heranziehen, sonst werden die Zentrierbohrungen und -stifte beschädigt.

- Anschließend Zentriervorrichtung entfernen.
- Getriebe einbauen, siehe Seite 97.

Kupplungsseilzug ersetzen

Ausbau

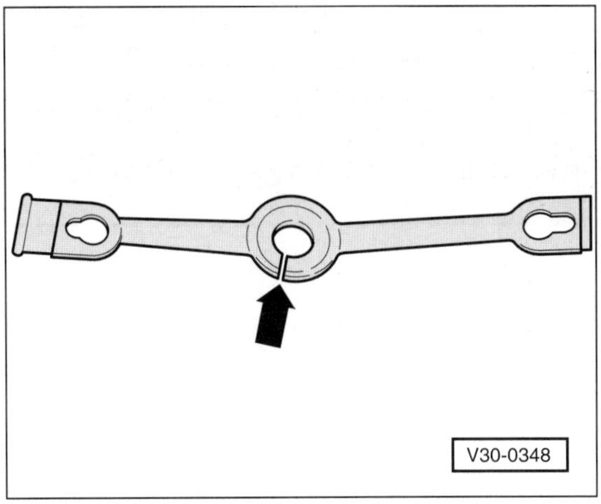

Achtung: Wird der alte Kupplungszug wieder eingebaut, muß der Nachstellmechanismus zusammengedrückt und mit einem Halteband in dieser Stellung fixiert werden. Hierzu kann, falls vorhanden, das Halteband verwendet werden mit dem die Nachstelleinheit bei neuen Zügen gespannt ist. Es muß lediglich die Öse des Haltebandes vorsichtig aufgeschnitten werden –Pfeil–. Kupplungszug darf beim Aufsetzen des Haltebandes nicht geknickt werden, da sonst die Funktion nicht mehr gewährleistet ist.

- Kupplungspedal mehrere Male bis zum Anschlag betätigen.

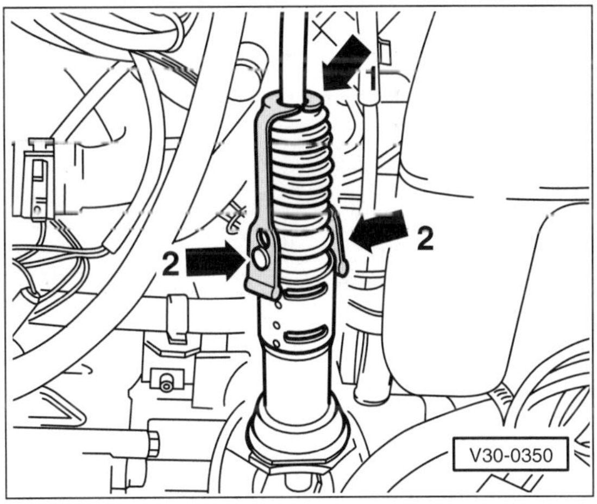

- Öse des Haltebandes oberhalb der Schutzhülle einhängen –1–.
- Nachstellmechanismus im Bereich der Schutzhülle zusammendrücken.

Achtung: Läßt sich der Zug nicht in die angegebene Richtung drücken, ist der Nachstellmechanismus defekt. In diesem Fall Nachstellmechanismus gangbar machen, siehe Seite 94.

- Laschen des Haltebandes an den beiden Stiften –2– am Nachstellmechanismus einhängen.
- Befestigungsteile am Hebel der Ausrückwelle abnehmen. Dazu den Ausrückhebel mit einem Montiereisen etwas in Betätigungsrichtung drücken und Sicherung abziehen.
- Seil am Ausrückhebel aushängen.
- Verkleidung im Fahrerfußraum ausbauen, siehe Seite 200.
- Relaisplatte aus Halter aushängen.

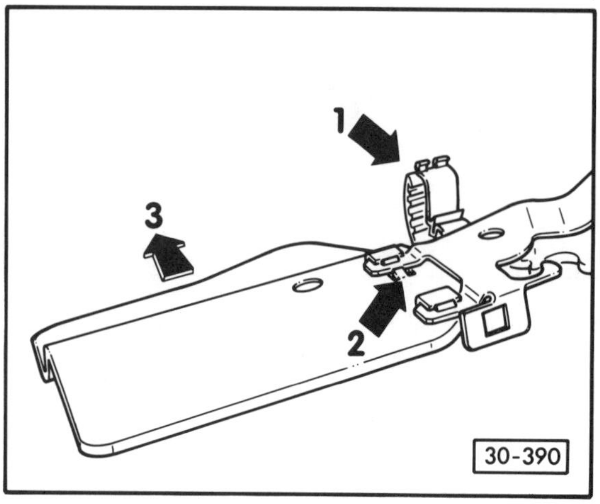

- Schutzplatte zwischen Relaisplatte und Fußhebelwerk ausbauen, dazu elektrische Leitungen aus Aufnahme –1– aushängen. Raste –2– zum Fußhebelwerk drücken. Schutzplatte in Richtung Schalttafel –3– drücken, bis sie aus den Arretierungen genommen werden kann, dann vorsichtig nach unten entnehmen, dabei auf die elektrischen Leitungen achten.

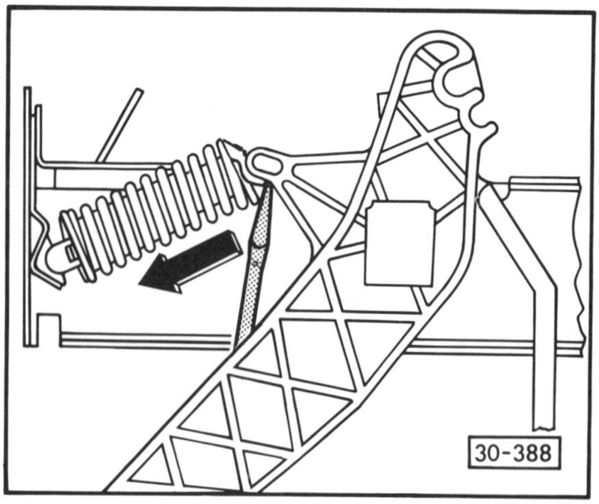

- Schraubendreher zwischen der Lenksäule und dem Kupplungspedal führen und an der Übertotpunktfeder anlegen.
- Kupplungspedal betätigen und Übertotpunktfeder in Pfeilrichtung von Pedal abhebeln.
- Kupplungsseilzug im Fahrzeuginnenraum aus dem Kupplungspedal aushaken.

Einbau (Kupplungszug gespannt)

- Kupplungszug immer komplett mit Nachstellvorrichtung ersetzen. Die Nachstellvorrichtung ist bei neuen Zügen durch ein Halteband zusammengedrückt. **Achtung:** Kupplungszug nicht knicken, die Funktion des Nachstellmechanismus ist sonst nicht sichergestellt.
- Einhängepunkt für den Kupplungszug am Kupplungspedal mit MoS_2-Fett schmieren.

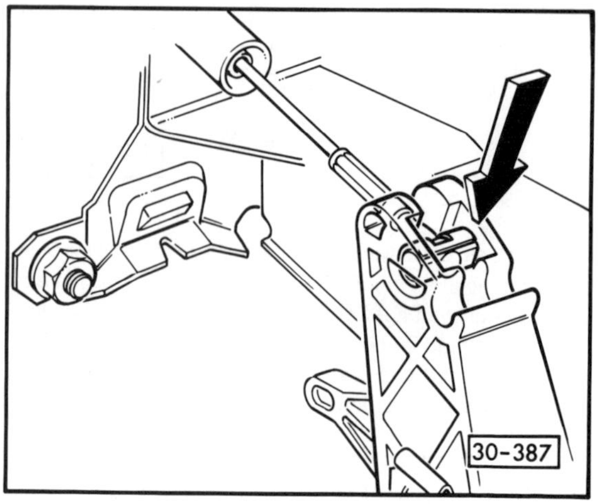

- Kupplungszug durch Stirnwand schieben und am Kupplungspedal in die vordere Aussparung einhängen, dabei darauf achten, daß sich das Aufnahmeblech auf dem Endstück des Kupplungszuges befindet –Pfeil–.
- Kupplungszugendstück in den Ausrückhebel einführen.

Achtung: Beim Einführen des Kupplungzuges in den Ausrückhebel die Kunststoffummantelung des Seiles nicht beschädigen.

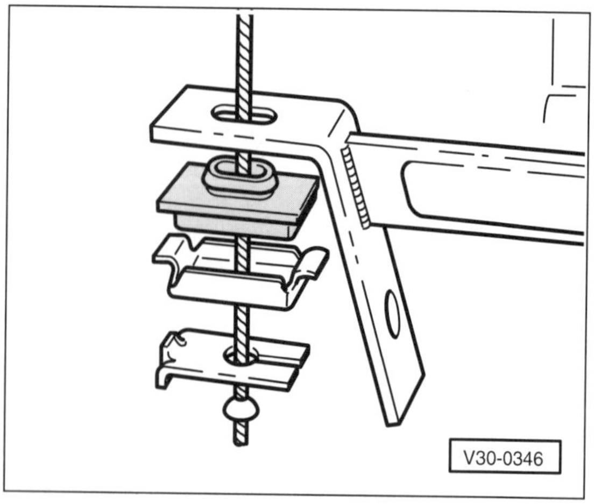

- Befestigungsteile am Hebel der Ausrückwelle einhängen. In der Abbildung bei Fahrzeugen ohne Tilgergewicht gezeigt.
- Kupplungszug im Drahthalter einhängen.
- Halteband am Nachstellmechanismus entfernen.

- Relaisplatte zum Ansetzen der Übertotpunktfeder in die linke Aufnahme einhängen.
- Kupplungspedal in den Fahrgastraum ziehen.

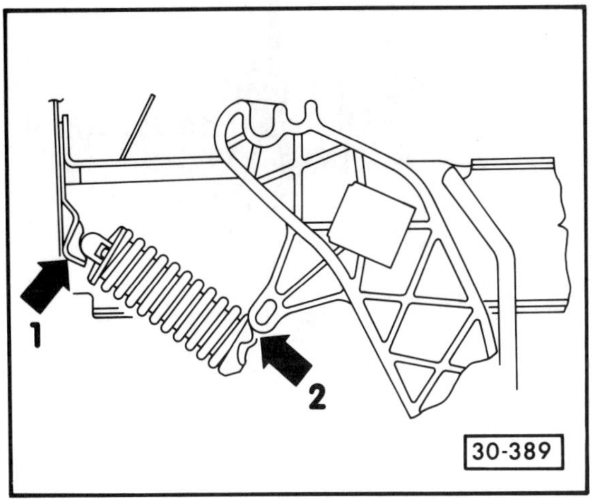

- Die Übertotpunktfeder muß so zwischen Kupplungspedal und Halter/Relaisplatte eingeführt werden, daß sie sich in der Aufnahme des Lagerbockes –1– befindet und dabei unter den Aufnahmezapfen –2– des Kupplungspedales angedrückt wird.
- Übertotpunktfeder auf Aufnahmezapfen drücken, gegebenenfalls dabei das Kupplungspedal betätigen.
- Kupplungspedal 5mal bis zum Anschlag betätigen und Funktion des Nachstellmechanismus prüfen.

Einbau (Kupplungszug nicht gespannt)

Achtung: Die folgende Beschreibung weist nur auf die Unterschiede gegenüber dem Einbau des gespannten Kupplungszuges hin.

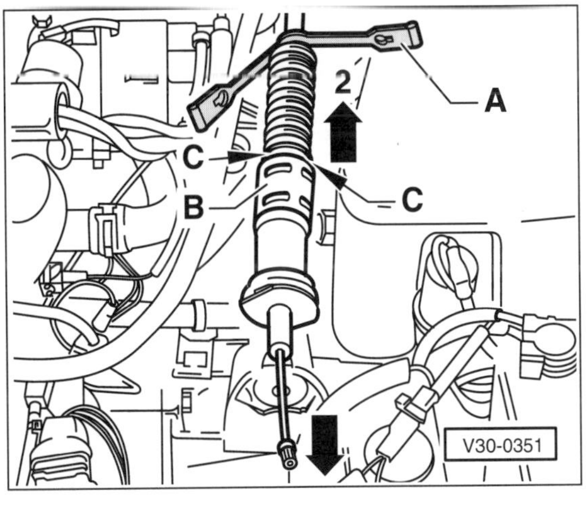

- Halteband –A– oberhalb des Faltenbalges einhängen.
- Kupplungszug in Kupplungspedal einhängen.
- Endstück des Zuges in Pfeilrichtung –1– ziehen und festhalten, dabei den Nachstellmechanismus –B– einige Male hin- und herbewegen, bis er zur Stirnwand hin, Pfeilrichtung –2–, zusammengedrückt werden kann.
- Nachstellmechanismus in dieser Stellung halten und Laschen des Haltebandes in die Stifte –C– am Nachstellmechanismus einhängen. Dazu ist eine Hilfsperson erforderlich.
- Kupplungszug am Getriebe einbauen.
- Übertotpunktfeder einbauen.
- Halteband entfernen.
- Funktion des Nachstellmechanismusses prüfen.

Achtung: Am Kupplungszug darf kein anderer Zug, z. B. Gaszug, seitlich angeclipst werden. Der Nachstellmechanismus des Kupplungszuges kann dann außer Funktion gesetzt werden.

Nachstellmechanismus prüfen

Achtung: Der Nachstellmechanismus des Kupplungszuges muß für die Prüfung unbeschädigt sein.

- Kupplungspedal mindestens 5mal bis zum Anschlag betätigen.

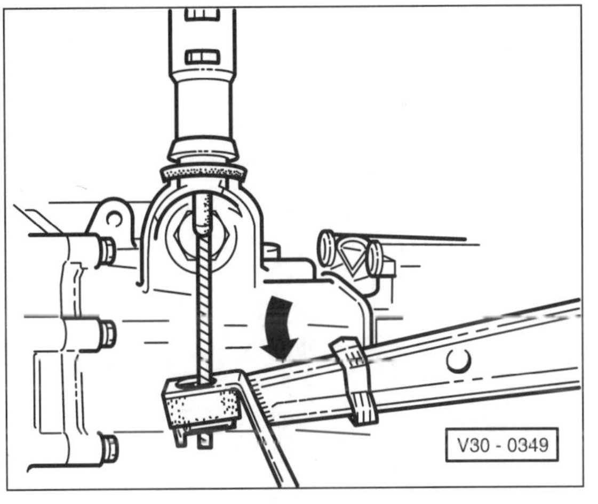

- Ausrückhebel entgegen der Betätigungsrichtung –Pfeil– ca. 10 mm bewegen. Der Ausrückhebel muß sich dabei frei bewegen lassen.

Achtung: Wenn die Funktionsprüfung mehrmals vorgenommen werden soll, ist vorher immer erst das Kupplungspedal zu betätigen, da der Nachstellmechanismus nach jedem Prüfvorgang verriegelt und deshalb nicht zusammengedrückt werden kann.

Gehäuse der automatischen Nachstellung nicht öffnen, da es nicht mehr zusammengesetzt werden kann.

Achtung: Falls die Funktionsprüfung des Nachstellmechanismusses nicht wie beschrieben durchgeführt werden kann, ist er, möglicherweise durch nicht sachgemäße Behandlung (Ziehen an der Seilhülle), außer Funktion gesetzt.

Erkennungsmerkmal: Der Ausrückhebel des Getriebes kann auch nach mehrmaligem Betätigen des Kupplungspedales nicht mehr entgegen der Betätigungsrichtung bewegt werden. Der nicht funktionierende Nachstellmechanismus führt zu einem Schleifen der Kupplung und somit zu vorzeitigem Kupplungsverschleiß.

Der Nachstellmechanismus ist dann wie folgt wieder **funktionstüchtig zu machen:**

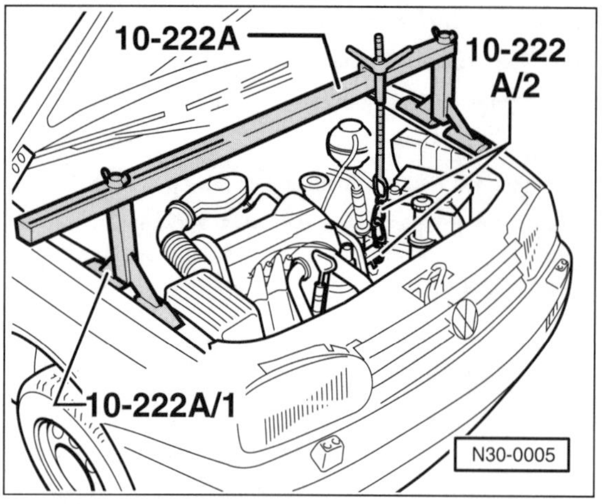

- Abfangvorrichtung 10–222 A mit den Haken 10–222A/2 montieren, siehe auch Seite 97.
- Kupplungspedal durch Hilfsperson betätigen und festhalten lassen. Der Ausrückhebel am Getriebe befindet sich nun in Betätigungsstellung.

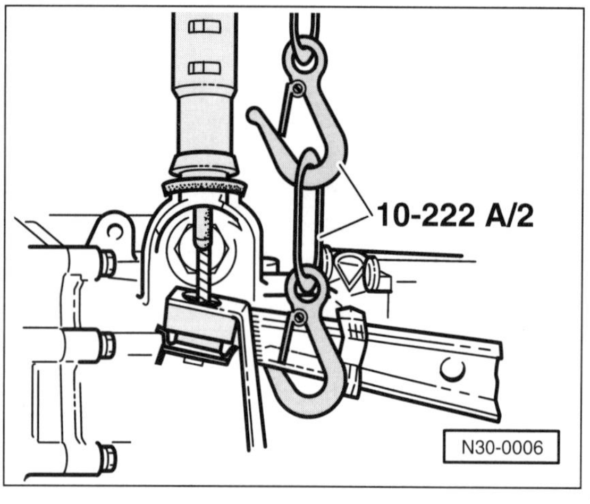

- Ausrückhebel in dieser Stellung mit den Haken 10–222A/2 arretieren.
- Kupplungspedal in Ruhestellung zurückziehen.

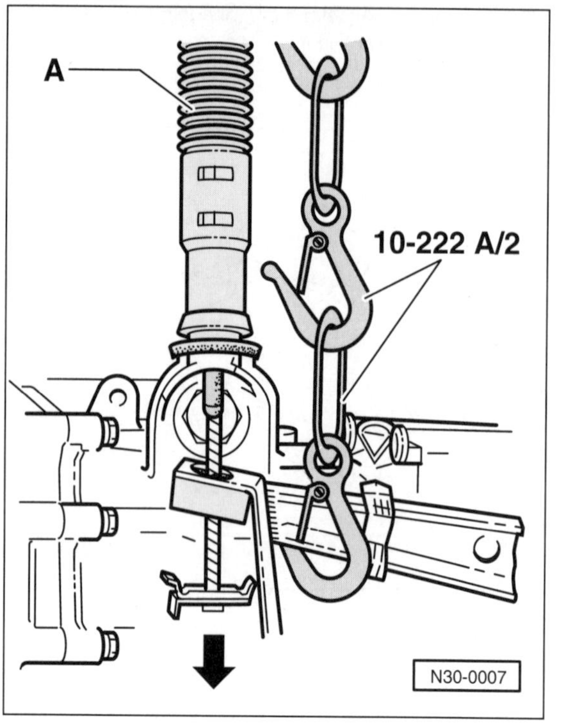

- Seil herunterziehen –Pfeilrichtung–, bis der Nachstellmechanismus im Bereich des Faltenbalges –A– zusammengedrückt werden kann.
- Ausrückhebel am Getriebe in Ruhestellung bringen.
- Funktionsprüfung erneut durchführen.
- Abfangvorrichtung abbauen.

Kupplungsbetätigung entlüften

Nur hydraulische Kupplungsbetätigung

Die Kupplungsbetätigung muß entlüftet werden, wenn das Kupplungspedal nicht oder nur verzögert zurückkommt, beziehungsweise wenn das Hydrauliksystem geöffnet wurde.

Da das Hydrauliksystem der Kupplung mit Bremsflüssigkeit arbeitet, sind ebenfalls die entsprechenden Kapitel im Abschnitt »Bremsanlage entlüften« durchzulesen.

- Fahrzeug vorn aufbocken.
- Bremsflüssigkeitsstand im gemeinsamen Vorratsbehälter prüfen, gegebenenfalls bis zur Max.-Markierung auffüllen.

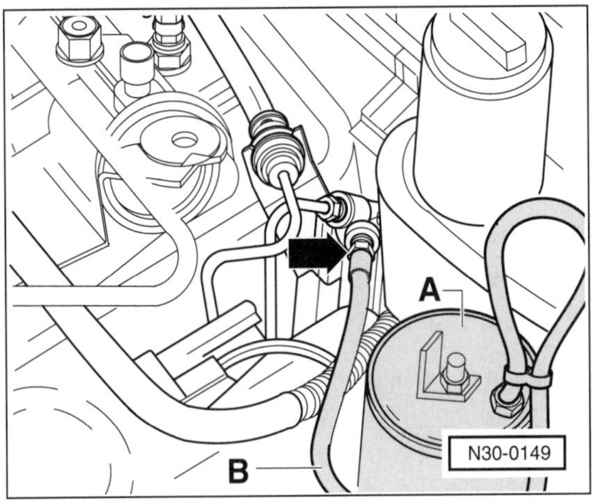

- Staubkappen vom Entlüfterventil am Nehmerzylinder –Pfeil– und am vorderen linken Bremssattel abziehen. In der Abbildung ist die Entlüftung mit dem Bremsenentlüftungsgerät gezeigt: B – Verbindungsschlauch, A – Auffangflasche für Bremsflüssigkeit.
- Entlüfterventile vorsichtig gangbar machen.
- Durchsichtigen Schlauch auf das Entlüfterventil am Bremssattel aufschieben.
- Schlauch mit Bremsflüssigkeit füllen. Dazu Entlüfterschraube am Bremssattel öffnen. Bremspedal langsam durchtreten (Helfer) und in dieser Stellung halten. Entlüfterventil schließen und Bremspedal loslassen. Anschließend Entlüfterventil wieder öffnen und Bremspedal erneut durchtreten. Vorgang so lange wiederholen, bis der Schlauch vollständig mit Bremsflüssigkeit gefüllt ist. Schlauch mit dem Finger zuhalten, damit keine Bremsflüssigkeit ausläuft. **Achtung:** Der Flüssigkeitsstand im Vorratsbehälter darf nicht zu weit absinken, gegebenenfalls **neue** Bremsflüssigkeit nachfüllen.
- Freies Schlauchende auf die Entlüfterschraube am Kupplungs-Nehmerzylinder stecken und beide Entlüfterschrauben öffnen.
- Bremspedal durchtreten, Entlüfterschraube am Bremssattel schließen, dann Bremspedal entlasten.
- Diesen Vorgang so oft wiederholen, bis am Vorratsbehälter für Bremsflüssigkeit keine Luftblasen mehr herausgedrückt werden. Sinkt der Bremsflüssigkeitsstand, während des Vorgangs neue Bremsflüssigkeit nachfüllen.
- Entlüfterschrauben am Bremssattel und am Nehmerzylinder verschließen. Schlauch abziehen und Staubkappen aufschieben.
- Fahrzeug ablassen.
- Bei getretener Kupplung am Geberzylinder Entlüftungsschraube öffnen und wieder schließen, sobald Bremsflüssigkeit austritt.
- Bremsflüssigkeit bis zur Max.-Markierung auffüllen.
- Kupplungspedal mehrmals betätigen.
- Funktion von Brems- und Kupplungssystem prüfen. **Achtung:** Bei diesem Entlüftungsvorgang kann etwas Luft im Hydrauliksystem bleiben. Erkennbar ist das am Kratzen beim Einlegen der Gänge und nicht richtigen Trennen der Kupplung. Deshalb in diesem Fall Kupplungshydraulik umgehend in der Werkstatt entlüften lassen. Die Werkstatt entlüftet die Kupplungshydraulik in der Regel mit einem Entlüftergerät. Das Entlüftergerät gibt über den Vorratsbehälter Druck (max. 2,5 bar) auf die Bremsflüssigkeit und am Entlüfterventil wird ein Auffangbehälter angeschlossen, siehe Abbildung N30-0149.

Störungsdiagnose Kupplung

Störung	Ursache	Abhilfe
Kupplung rupft	Zu niedrige Leerlaufdrehzahl	■ Drehzahl einstellen
	Motor- und Getriebelager defekt	■ Prüfen, gegebenenfalls auswechseln
	Getriebe liegt in der Aufhängung nicht fest	■ Befestigungsschrauben nachziehen
	Druckplatte trägt ungleichmäßig	■ Druckplatte auswechseln
	Mitnehmerscheibe kein Original-VW-Teil	■ Original-VW-Kupplungsscheibe einbauen
	Kurbelwelle fluchtet nicht zur Getriebe-Antriebswelle	■ Zentrierflächen von Motor und Getriebe überprüfen
	Ausrücker drückt einseitig	■ Ausrücker überprüfen
	Seilführung falsch verlegt[2]	■ Seilführung in Ordnung bringen
Kupplung rutscht	Kupplungsscheibe verschlissen	■ Dicke der Kupplungsscheibe prüfen, gegebenenfalls auswechseln
	Nehmerzylinder klemmt[1]	■ Nehmerzylinder ersetzen
	Spannung der Membranfeder zu gering	■ Druckplatte auswechseln
	Nehmerzylinder undicht[1]	■ Sichtprüfung durchführen
	Belag verhärtet oder verölt	■ Kupplungsscheibe austauschen
	Kupplung wurde überhitzt	■ Original-VW-Teil einbauen
Kupplung trennt nicht richtig	Belag durch Abrieb verklebt	■ Kupplungsscheibe austauschen
	Kupplungsscheibe klemmt auf der Antriebswelle, Kerbverzahnung trocken oder verklebt	■ Kerbverzahnung reinigen, entgraten, ggf. Rost entfernen und neu schmieren; z. B. MoS_2-Puder einbürsten
	Kupplungsscheibe hat Seitenschlag	■ Kupplungsscheibe prüfen lassen, ersetzen
	Geberzylinder undicht[1]	■ Bei durchgetretenem Kupplungspedal beobachten, ob Flüssigkeit im Bremsflüssigkeitsvorratsbehälter aufwallt, ggf. Kupplung entlüften oder Geberzylinder austauschen
	Kupplungspedal erreicht den Begrenzungsanschlag nicht	■ Prüfen, ob Begrenzungsanschlag erreicht wird, gegebenenfalls Fußmatte ausschneiden
	Ausrücker defekt	■ Ausrücker auf Verformung prüfen
	Luft im Hydrauliksystem[1]	■ Kupplungshydraulik entlüften
	Seilzug-Nachstellung defekt[2]	■ Nachstelleinheit gangbar machen, Kupplungszug ersetzen
	Führungslager für die Getriebe-Antriebswelle in der Kurbelwelle defekt	■ Führungslager in der Kurbelwelle ersetzen
	Mitnehmerscheibe stark verbogen, oder Belag gebrochen	■ Mitnehmerscheibe ersetzen
Geräusch bei betätigtem Kupplungspedal	Ausrücklager defekt	■ Ausrücklager prüfen, ersetzen
	Kupplungsscheibe schlägt an die Druckplatte	■ Kupplungsscheibe auswechseln
Auf- und abschwellendes Geräusch bei Zug- oder Schubzustand, oder wenn das Fahrzeug in ausgekuppeltem Zustand rollt	Torsionsdämpfer der Kupplungsscheibe schwergängig	■ Kupplungsscheibe erneuern
	Nietverbindungen der Kupplung locker	■ Kupplung ersetzen
	Unwucht der Kupplung zu groß	■ Kupplung und Mitnehmerscheibe ersetzen

[1]) Gilt nur bei hydraulisch betätigter Kupplung
[2]) Nur bei Kupplungsbetätigung durch Seilzug

Das Getriebe

Das Getriebe kann ohne Ausbau des Motors ausgebaut werden. Ein Ausbau ist dann erforderlich, wenn die Kupplung ausgewechselt werden soll oder wenn das Getriebe erneuert beziehungsweise überholt werden muß. Da es jedoch in keinem Fall anzuraten ist, Reparaturen am Getriebe mit Heimwerkermitteln in Angriff zu nehmen, beschreibe ich lediglich den Ausbau des Aggregates.

Die Beschreibung bezieht sich auf den Ausbau des Getriebes bei Benzinmotoren bis 85 kW/115 PS sowie Dieselmotoren mit 55 kW/75 PS. Auf Besonderheiten bei Benzinmotoren ab 110 kW/150 PS und die Dieselmotoren ab 66 kW/90 PS wird gesondert hingewiesen.

Getriebe aus- und einbauen

Ausbau

- Batterie-Massekabel (–) abklemmen. **Achtung:** Dadurch werden die elektronischen Speicher gelöscht, zum Beispiel Motor-Fehlerspeicher oder Radiocode. Batterie nur bei **ausgeschalteter Zündung** abklemmen, da sonst das Steuergerät der Einspritzanlage beschädigt werden kann. Vor dem Abklemmen sollten auch die Hinweise im Kapitel »Radio« bzw. »Batterie aus- und einbauen« durchgelesen werden.
- Kupplungszug aushängen, siehe Seite 91.

Hydraulische Kupplungsbetätigung

- Schlauchleitung zum Nehmerzylinder aus der hinteren Aufnahme des Halters aushängen.
- Nehmerzylinder mit Schraubendreher zusammendrücken –Pfeilrichtung–.
- Rohr-Schlauchleitung, wie in der Abbildung gezeigt, mit geeigneter Schlauchklemme abklemmen.
- Nehmerzylinder zwischen Ausrückhebel und Halter herausnehmen und zur Seite legen.

Achtung: Leitung vom Nehmerzylinder nicht abschrauben, sonst muß beim Einbau das Hydrauliksystem entlüftet werden. Kupplung bei ausgebautem Zylinder **nicht** betätigen.

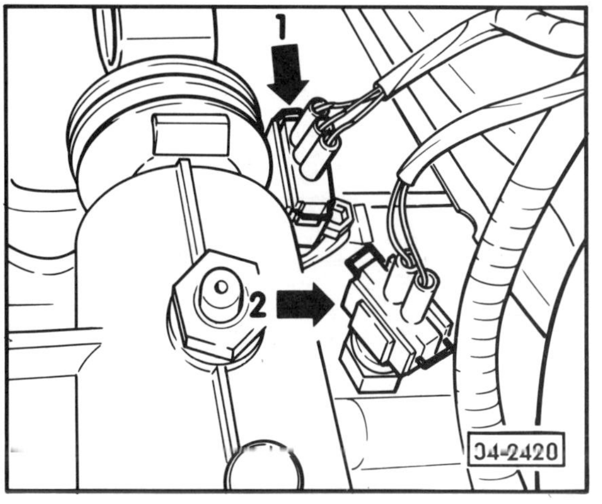

- Stecker vom Geber für Geschwindigkeitsmesser –1– und Rückfahrscheinwerfer –2– abziehen. Alle Kabelverbindungen und Masseleitungen von Getriebe und Anlasser mit Klebeband kennzeichnen und abbauen.
- Falls vorhanden, Befestigungen für elektrische Leitungen von den Kühlflüssigkeitsschläuchen lösen. Einbaulage mit Filzstift markieren, damit sie später wieder an der gleichen Stelle eingebaut werden können.
- Befestigungsschrauben zwischen Motor und Getriebe, soweit von oben zugänglich, abschrauben.

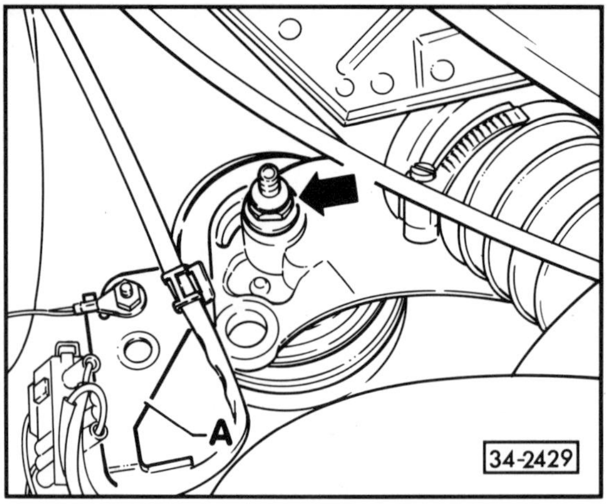

- Schraube –Pfeil– an Motorkonsole/Aggregateträger rechts lösen, vorher falls vorhanden Aufnahmeblech für Steckverbindungen abbauen.
- **GOLF CABRIO:** 2 zusätzliche Motor- und Getriebelager rechts und links im Motorraum komplett abbauen.

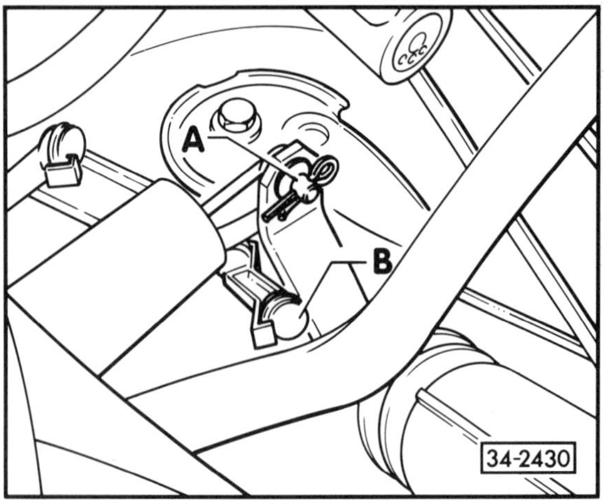

- Schaltstange vorn –A– und kurze Wählstange –B– am Hebel für Schaltwelle abbauen.

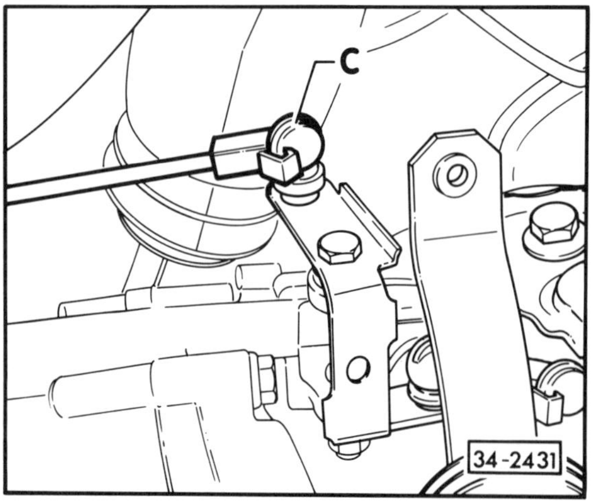

- Lange Wählstange –C– am Umlenkhebel aushaken. Vorher Klemme öffnen.

- Schaltstangen mit Draht zur Seite binden.

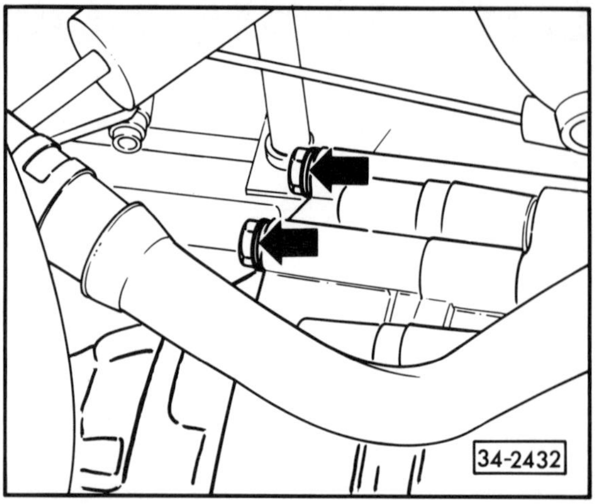

- Die zwei oberen Befestigungsschrauben der linken Getriebekonsole am Getriebe herausdrehen.

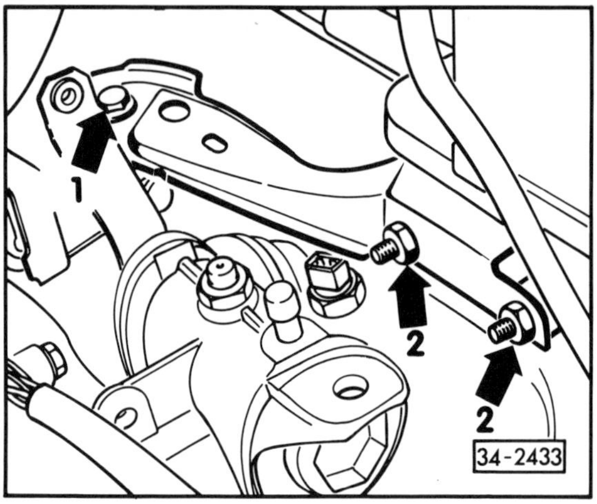

- **Bis ca. 11/92:** Getriebestütze ausbauen. Dazu Sechskantschraube –1– an der Aggregatelagerung links und Sechskantmuttern –2– für Getriebestütze abschrauben. Ab ca. 12/92 ist die Getriebestütze nicht mehr vorhanden.
- Befestigungsschraube zwischen Konsole und Motorträger vorn herausschrauben.
- **Dieselmotor:** Falls vorhanden, im Motorraum die Motorabdeckung abbauen.

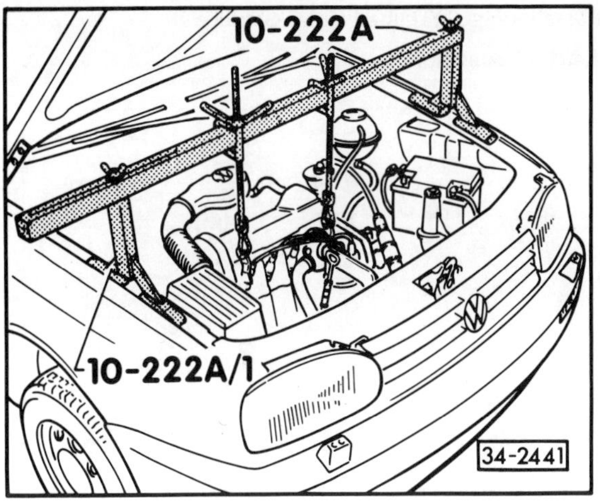

- Abfangvorrichtung VW 10-222A mit 10-222A/1 montieren und Motor über die Spindel leicht vorspannen.
- Steht die Aufhängevorrichtung nicht zur Verfügung, geeignetes Rohr über Motorraum legen und in den Kotflügelsicken abstützen, dabei Holz unterlegen. Nicht das Rohr auf den Kotflügel legen. Geeignetes Drahtseil oder Haken in die Halteösen des Motors einhängen und mit Rohr über ein Spindel verbinden. Haken oder Drahtseil spannen.
- Fahrzeug vorne aufbocken.
- Anlasser ausbauen, siehe Seite 231.
- Konsole vorn ausbauen.

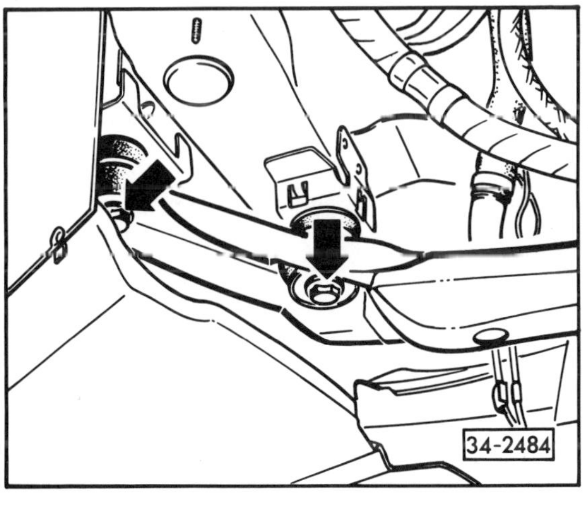

- Auf der linken Seite die Befestigungsschrauben –Pfeile– für Motorträger herausdrehen.
- Die Befestigungsschrauben des großen Abdeckbleches der Kupplung abschrauben und Blech abnehmen.

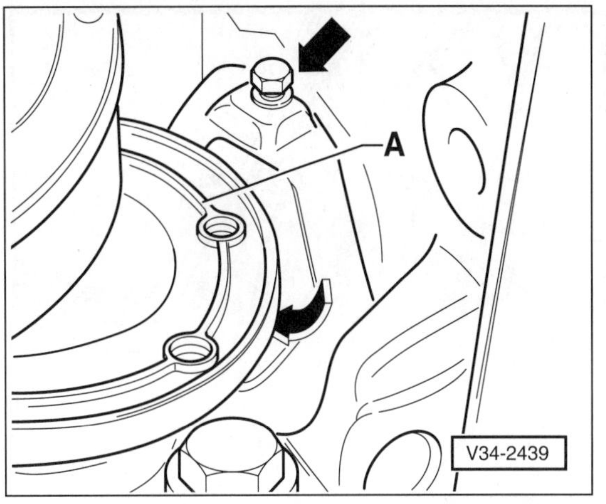

- Die Befestigungsschrauben des kleinen Abdeckbleches hinter dem rechten Gelenkflansch abschrauben und Blech abnehmen.

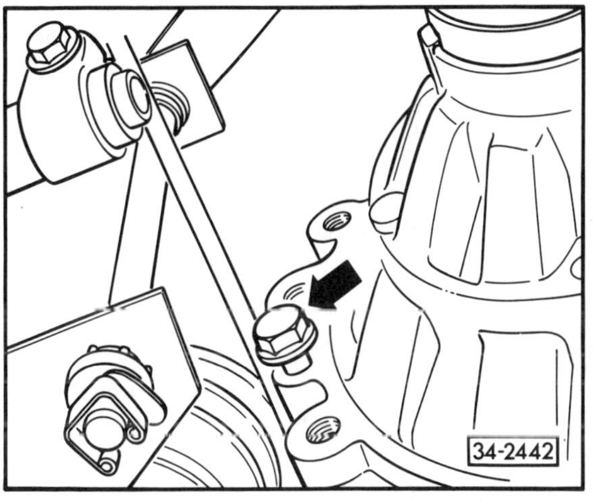

- Die dritte Schraube –Pfeil– für Getriebekonsole links herausschrauben und Getriebekonsole herausnehmen.
- Getriebe mit Motor über linke Spindel der Abfangvorrichtung absenken, soweit bis die Schrauben für linke Getriebestütze herausgezogen werden können. Getriebestütze nach Herausnehmen der Schrauben abnehmen.
- Gelenkwellen abschrauben, siehe Seite 116.
- Gelenkwellen mit einem Draht soweit wie möglich hochbinden, dazu Lenkung bis Anschlag nach links einschlagen.

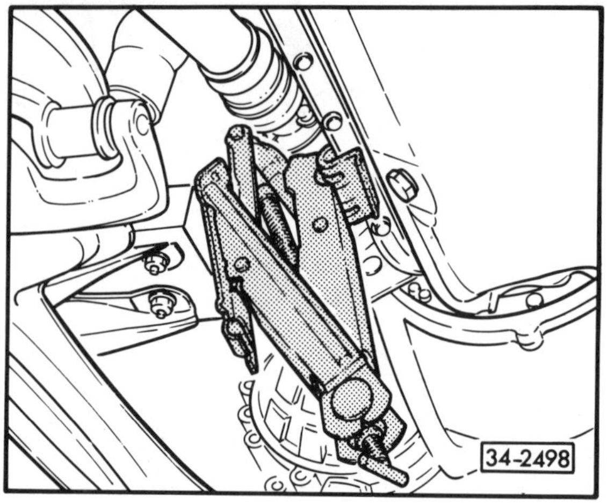

- Motor-Getriebe-Einheit mit dem Bordwagenheber um die rechte Aggregateaufnahme nach vorn drücken.
- Getriebe mit VW-Getriebeheber 1383 A leicht anheben. Steht der Getriebeheber nicht zur Verfügung, Getriebe mit einem Werkstattwagenheber anheben. **Achtung:** Zwischen Getriebe und Wagenheber Holz zwischenlegen.
- Die unteren Befestigungsschrauben zwischen Motor und Getriebe herausschrauben.
- Getriebe von Paßhülsen abdrücken und vorsichtig herausfahren. **Achtung:** Beim Herausnehmen des Getriebes darauf achten, daß keine Leitung der Servolenkung beschädigt wird.

Einbau

Achtung: Ab 9/93 besitzt das Getriebe eine zusätzliche Flanschbohrung sowie geänderte Befestigungen der Abschirmbleche. Falls ein neues Getriebe (ab 9/93) an Motoren bis 9/93 angebaut wird, müssen neue Abschirmbleche für Schwungrad und Gelenkwellenflansch verwendet werden. Außerdem ist eine abgeänderte Klemme für den Zündverteiler bzw. die Vakuumpumpe bei Dieselmotoren erforderlich. Soll die bisherige Klemme weiterverwendet werden, Anguß um ca. 4 mm absägen. Dabei Dichtring für Antriebswelle abdecken. Beim Einbau des Getriebes darauf achten, daß sich Klemme und Anguß nicht berühren.

- Vor dem Einbau Kupplung prüfen, siehe Seite 89.
- Kerbverzahnung der Antriebswelle reinigen und leicht mit MoS_2-Schmierfett einstreichen.
- Prüfen, ob die Paßhülsen zur Zentrierung von Motor/Getriebe im Motorblock vorhanden sind, gegebenenfalls einsetzen.
- Getriebe anheben und waagerecht in die Kupplung einfahren. Falls beim Einsetzen die Getriebe-Antriebswelle nicht in die Kupplungsscheibe einrastet, Antriebswelle von hinten am Flansch für die Gelenkwelle mit der Hand entsprechend verdrehen. Beim Ansetzen des Getriebes auf richtigen Sitz des Deckbleches achten.
- Befestigungsschrauben Motor/Getriebe soweit möglich einschrauben.

Befestigungsschrauben Motor/Getriebe

1,4-/1,6-l-Benzinmotor

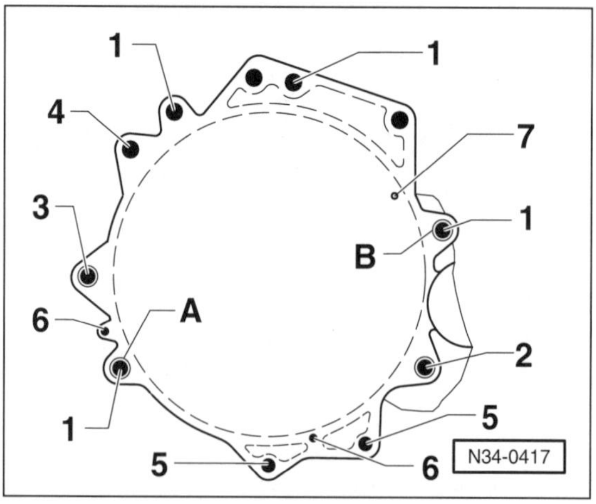

Position	Schraube	Anzahl	Anzugsdrehmoment
1	M12 x 55	4	80 Nm
2*	M12 x 30	1	20 Nm
3**	M12 x 130	1	80 Nm
4**	M12 x 55	1	80 Nm
5	M10 x50	2	25 Nm
6***	M7 x 12	2	10 Nm
7****	M6 x 8	1	10 Nm

1,8-/1,9-/2,0-l-Motor Ausführung 1

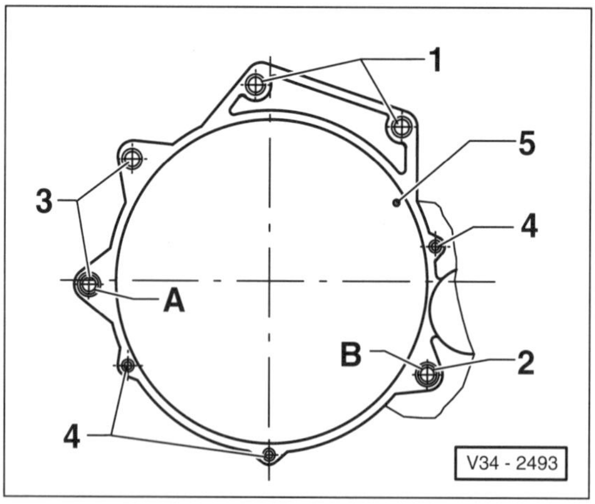

Position	Schraube	Anzahl	Anzugsdrehmoment
1	M12 x 55	2	80 Nm
2	M12 x64	1	80 Nm
3**	M10 x 140	2	60 Nm
4***	M7 x 12	3	10 Nm
5****	M6 x 8	1	10 Nm

1,8-/1,9-/2,0-l-Motor Ausführung 2

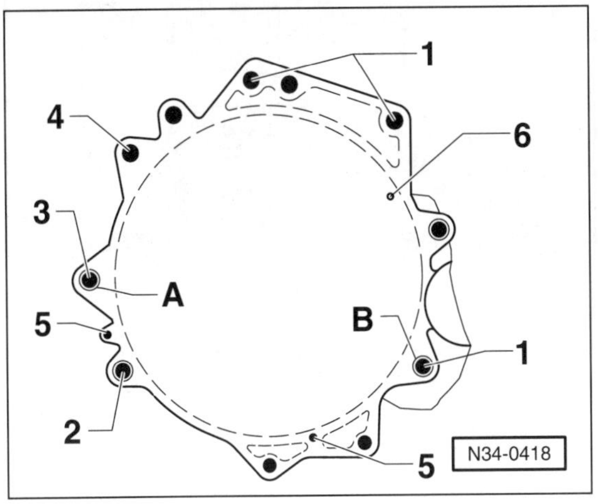

Position	Schraube	Anzahl	Anzugsdrehmoment
1	M12 x 55	3	80 Nm
2	M10 x50	1	25 Nm
3**	M12 x 130	1	80 Nm
4**	M12 x 55	1	80 Nm
5***	M7 x 12	2	10 Nm
6****	M6 x 8	1	10 Nm

Paßhülsen zur Zentrierung in Position **–A–** und **–B–**.

* – Abdeckblech

** – Zusätzlich für Anlasser an Getriebe

*** – Großes Abdeckblech an Schwungrad

**** – Kleines Abdeckblech an Schwungrad

- Wagenheber zurückdrehen und herausnehmen.
- Getriebekonsole ansetzen und mit **35 Nm** festschrauben.
- Gelenkwellen montieren, siehe Seite 116.
- Großes und kleines Abdeckblech montieren.
- Linke Befestigungsschrauben für Motorträger ansetzen und mit **50 Nm** anschrauben.
- Motorkonsole vorn ansetzen und Anlasser einbauen, siehe Seite 231.
- Die Befestigungsschraube der Motorkonsole am Getriebe mit **45 Nm** festziehen.

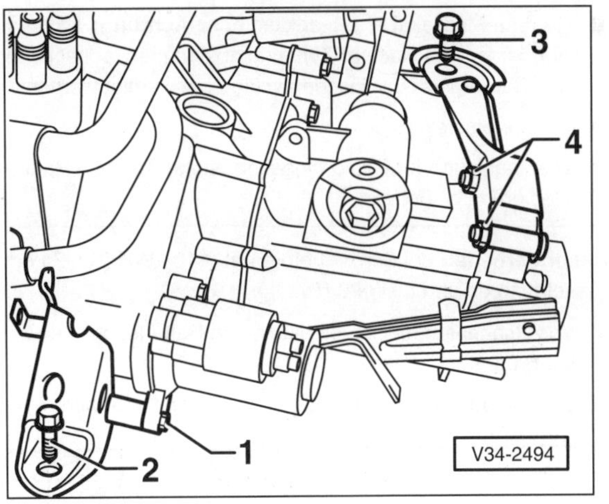

- **Bis ca. 11/92:** Getriebestütze einbauen. Dazu Schraube für Getriebelager –3– mit **60 Nm** und Muttern –4– mit **40 Nm** festziehen. **Achtung:** Bei Fahrzeugen mit Getriebestütze, muß diese auf jeden Fall auch wieder eingebaut werden.
- Befestigungsschraube des vorderen Aggregatelagers –2– ansetzen und mit **60 Nm** anziehen (Schraube 1 = 45 Nm).
- Befestigungsschraube des hinteren Aggregatelagers ansetzen und mit **60 Nm** anziehen.
- **GOLF CABRIO:** 2 zusätzliche Motor- und Getriebelager anbauen. Befestigung siehe Abbildungen am Ende des Kapitels. Anzugsdrehmomente für Konsole »Getriebe an Aufbau«: Muttern/Schraube – **50 Nm**; Konsole »Motor an Aufbau«: 3 Muttern – **50 Nm** (vorher Distanzscheiben oder Distanzplatte unterlegen), 1 Schraube: **50 Nm.**
- Motor/Getriebe an Spindel langsam ablassen, Befestigungsschraube der vorderen Konsole ansetzen und festschrauben. Schraube der rechten Motorkonsole mit **60 Nm** festziehen.
- Schaltgestänge einbauen und einstellen, siehe Seite 108.
- Alle elektrischen Kabelverbindungen von Getriebe und Anlasser entsprechend der Klebebandkennzeichnung anbauen.

Hydraulische Kupplungsbetätigung

- Nehmerzylinder mit Halter am Deckel des Getriebegehäuses ansetzen und mit **30 Nm** anschrauben.
- Schlauchklemme von der Rohr-Schlauchleitung abnehmen.
- Schlauchleitung zum Nehmerzylinder in die hintere Aufnahme des Halters einhängen.
- Kupplung mehrmals betätigen und einwandfreie Funktion prüfen.

Achtung: Falls die Hydraulikleitung geöffnet war, Hydrauliksystem entlüften.

- Kupplungszug einhängen.

- Batterie-Massekabel (–) anklemmen. **Achtung:** Batterie nur bei ausgeschalteter Zündung anklemmen, sonst kann das Steuergerät der Einspritzanlage beschädigt werden.
- Zeituhr einstellen.
- Diebstahlcode für Radio eingeben, siehe Kapitel »Radio-Codierung eingeben«.

Besonderheiten bei Benzinmotoren ab 110 kW/150 PS und Dieselmotoren ab 66 kW/90 PS:

- Vorratsbehälter für Servolenkung von Batteriekonsole abbauen.
- Batterie ausbauen und Batteriekonsole abschrauben.

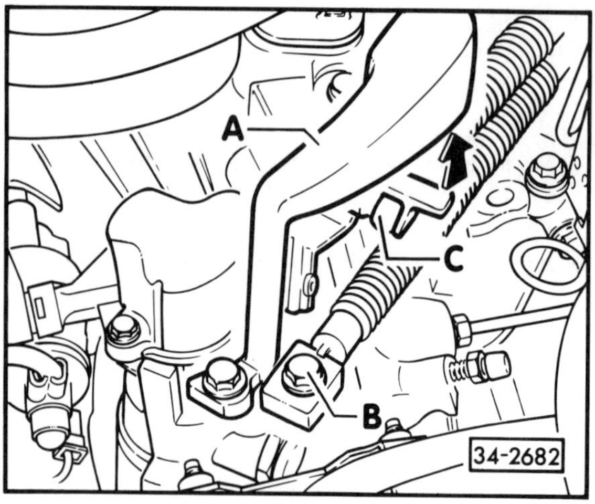

- Tilgergewicht –A– und Schaltseilzug –B– von Getriebeschalthebel abschrauben.
- Wählseilzug –C– vom Mitnehmer/Umlenkhebel abziehen, dazu Nase in Pfeilrichtung anheben.

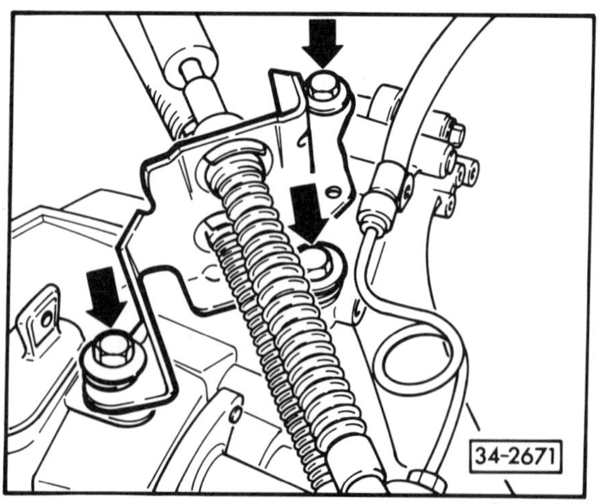

- Seilzugwiderlager vom Getriebe abschrauben.
- **Motor 110 kW/150 PS:** Zusätzliche Stütze zwischen Motor und Getriebe ausbauen.
- **Motor 110 kW/150 PS:** Kleines Abdeckblech für Kupplung hinter Gelenkwelle rechts mit 1 Schraube abschrauben und herausschwenken.

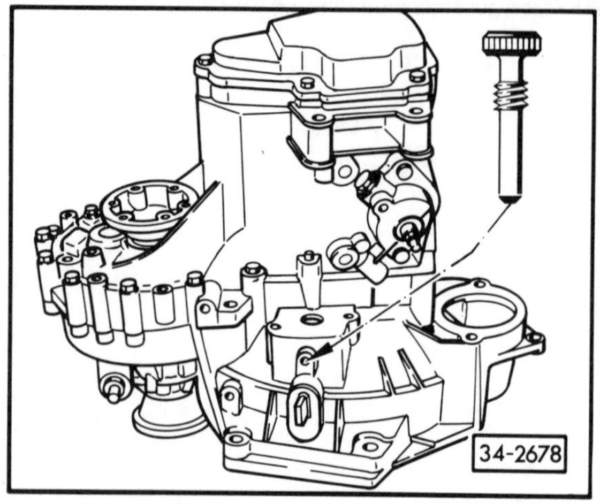

- Kupplungsausrückhebel vor Einbau des Getriebes zum Getriebegehäuse drücken und durch Montageschraube oder Schraube M8 x 35 sichern. Nach Getriebeeinbau wieder herausdrehen. Die Bohrung wird durch die Befestigungsschraube für das Widerlager der Betätigungsseilzüge verschlossen.

Befestigungsschrauben Motor/Getriebe

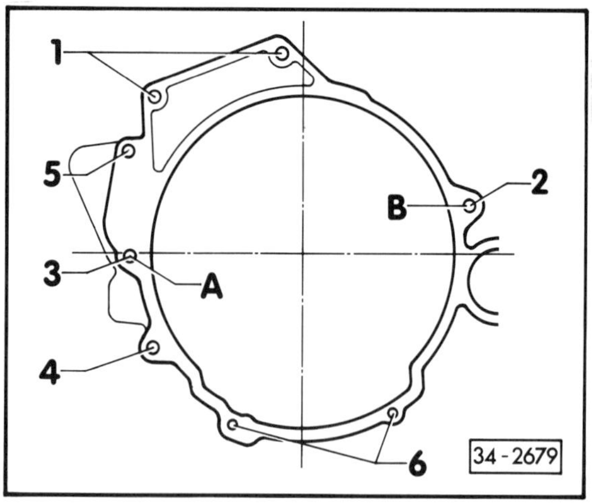

1 – 2 Schrauben	M12 x 55	**80 Nm**
2 – Schraube	M12 x 62	**80 Nm**
3 – Schraube*	M12 x 62	**80 Nm**
4 – Schraube	M12 x 46	**16 Nm**
5 – Schraube**	M10 x 160	**60 Nm**
6 – 2 Schrauben***	M7 x 12	**10 Nm**

Paßhülsen in Position A und B zur Zentriereung

* Zusätzlich Konsole vorn an Getriebe

** Zusätzlich Anlasser und Konsole vorn an Getriebe

*** Abschirmblech für Schwungrad

- Die vordere Motorkonsole am Getriebe ansetzen und Schrauben mit **50 Nm** festziehen.
- Getriebekonsole links an Getriebe mit **25 Nm** anschrauben.
- Befestigungsschraube des vorderen Aggregatelagers ansetzen und mit **50 Nm** anziehen.

- Befestigungsschraube des hinteren Aggregatelagers ansetzen und mit **50 Nm** anziehen.

Nur 2,0-l-Motor mit 110 kW/150 PS:

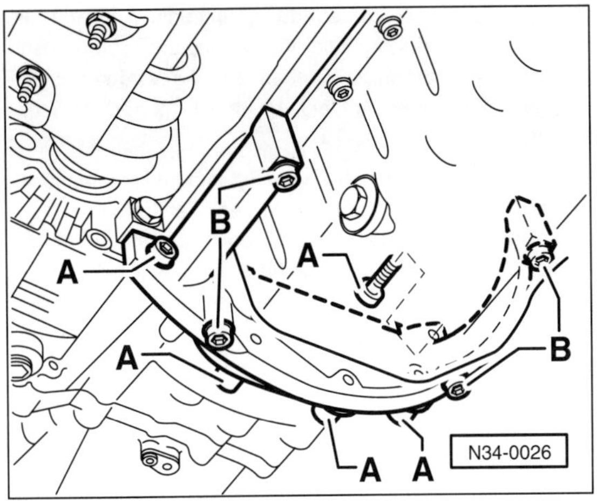

- Schrauben für Stütze folgendermaßen festziehen:
  - Alle Schrauben handfest anziehen.
  - Schrauben –A– mit **45 Nm** festziehen.
  - Schrauben –B– mit **45 Nm** festziehen.

Der Allradantrieb

Die Besonderheit am »GOLF syncro« mit Allradantrieb ist eine Visco-Kupplung zwischen Vorder- und Hinterachse.

Die Visco-Kupplung besteht aus einem mit Silikonöl angefüllten Gehäuse, in dem sich eng aneinander liegende Stahllamellen befinden, zwischen denen keine mechanische Verbindung besteht. Die Lamellen sind abwechselnd mit dem Kupplungsgehäuse – und damit der Kardanwelle – und mit der Antriebswelle zur Hinterachse verbunden. Der Kraftschluß entsteht durch das zähflüssige Silikonöl, das auf Drehzahlunterschiede zwischen den Lamellen reagiert. Je größer der Drehzahlunterschied zwischen der Vorder- und Hinterachse ist, desto mehr Kraft wird von der Vorderachse auf die Hinterachse abgegeben. Der Hinterradantrieb setzt weich und ruckfrei ein, er wird vom Fahrer kaum wahrgenommen.

Auf trockener Straße und normaler Fahrt, wo sich alle Räder mit nahezu gleicher Geschwindigkeit drehen, wird fast die ganze Antriebskraft von den Vorderrädern übertragen. Besteht jedoch beim starken Beschleunigen oder schlechtem Untergrund die Neigung der Vorderräder zum Durchdrehen, das heißt drehen die Vorderräder geringfügig schneller als die Hinterräder, überträgt die Visco-Kupplung sofort mehr Kraft auf die Hinterachse. Drehen die Vorderräder durch, wird fast der gesamte Antrieb von den Hinterrädern übernommen.

Beim Bremsen tritt automatisch ein Freilauf im Hinterachsdifferential in Funktion und unterbricht den Kraftfluß zur Hinterachse. Dadurch wird die richtige Bremskraftverteilung nicht beeinträchtigt, und das Fahrzeug bleibt fahrstabil.

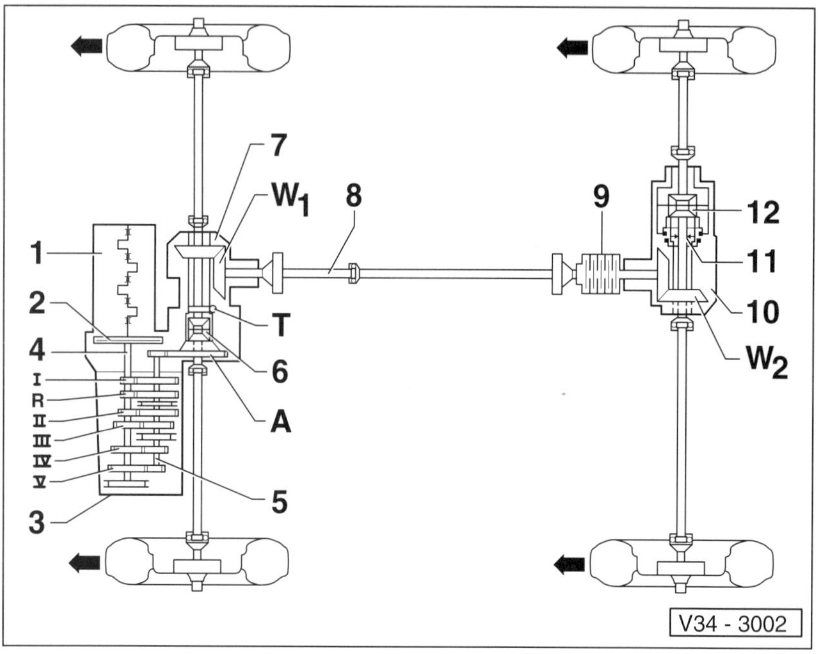

1 – Motor
2 – Kupplung
3 – Schaltgetriebe
4 – Antriebswelle
5 – Abtriebswelle/Triebwelle
6 – Ausgleichgetriebe
7 – Winkelgetriebe
8 – Kardanwelle
9 – Visco-Kupplung
10 – Achsantrieb hinten
11 – Freilauf
12 – Ausgleichgetriebe

Übersetzung
I – 1. Gang
II – 2 Gang
III – 3. Gang
IV – 4. Gang
V – 5. Gang
R – Rückwärtsgang
A – Achsantrieb
T – Tachoantrieb
W1/W2 – Winkeltrieb vorn/hinten
Pfeile zeigen in Fahrtrichtung

Die Vollautomatik

Das automatische Getriebe hat vier Vorwärtswählbereiche, die automatisch geschaltet werden.

Die Steuerung des Automatikgetriebes übernimmt ein elektronisches Steuergerät. Das Steuergerät erhält von Gebern und Sensoren Informationen über Schalterstellungen, Getriebeöltemperatur, Getriebedrehzahlen und durch das Steuergerät der Einspritzanlage Hinweise über den momentanen Lastzustand des Motors. Über 4 Magnetventile regelt das Steuergerät die Schaltvorgänge. Daraus resultieren ein geringer Kraftstoffverbrauch, weiche Schaltvorgänge und eine Wahl des Fahrprogrammes: Economy, Sport.

Bei Störungen der Eingangssignale oder der Magnetventile wird auf ein Notlaufprogramm umgeschaltet, gleichzeitig wird der im Fahrbetrieb aufgetretene Fehler im Fehlerspeicher abgespeichert und kann später mit einem VW-Fehlerauslesegerät abgerufen werden.

Für die Beurteilung der Funktion der Getriebeautomatik und für die richtige Fehlersuche ist Erfahrung mit automatischen Getrieben und die Kenntnis der Arbeitsweise unerläßlich. Diese Materie kann nur durch lange Berufserfahrung erworben werden.

Die Schaltung

Beim Einlegen eines Ganges wird zwischen der Querbewegung (Wählbewegung) in der Leerlaufposition und der eigentlichen Schaltbewegung unterschieden. Die Wählbewegung wird durch die Wählstange und den Gabelkopf auf das Getriebe übertragen. Dabei bewegt sich die Wählstange um die eigene Achse. Über Schaltstangen und Schalthebel wird die Getriebe-Schaltwelle in der Längsachse verstellt.

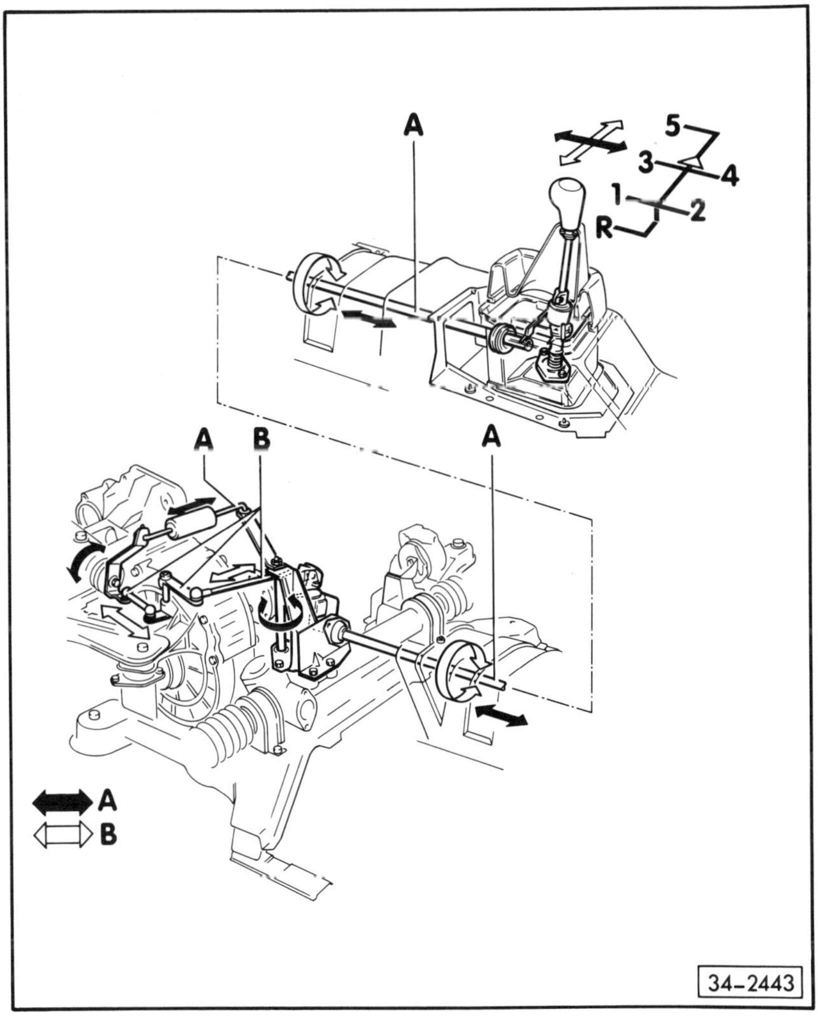

A – Schaltstangen für Schaltbewegung

B – Wählstange für Wählbewegung

Pfeil A – Schaltbewegung

Pfeil B – Wählbewegung

Hinweis: Sämtliche Lager- und Berührungsflächen mit MoS_2-Schmierfett fetten.

Schaltgehäuse/Schalthebel

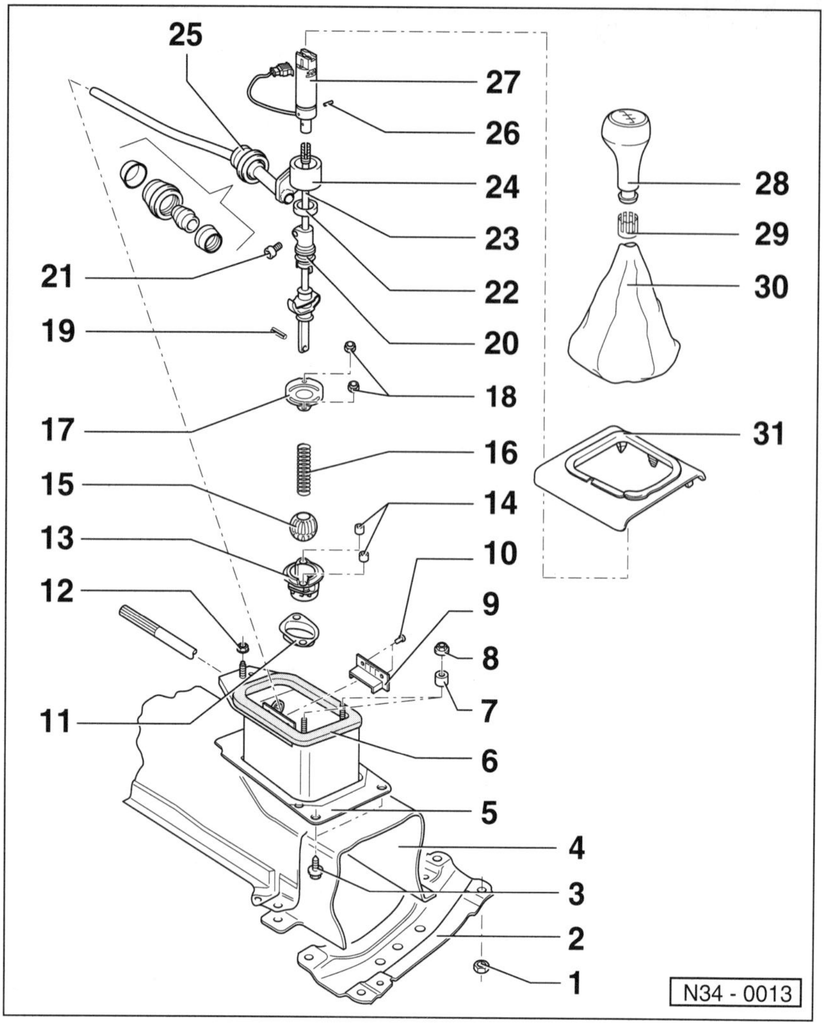

1 – **Sechskantmutter, 15 Nm**
Selbstsichernd, immer ersetzen.

2 – **Querträger**

3 – **Sechskantschraube, 25 Nm**
Schaltgehäuse an Aufbau.

4 – **Wärmeschutzblech**
Vorn und hinten.

5 – **Schaltgehäuse**
Vor Ausbau Tunnelbrücke –2–, Katalysator und Wärmeschutzblech vorn –4– demontieren.

6 – **Dichtung**
Auf Schaltgehäuse kleben.

7 – **Distanzhülse**
Zwischen Mittelkonsole und Schaltgehäuse.

8 – **Sechskantmutter**

9 – **Anschlag**

10 – **Niet**
Zur Befestigung des Anschlags.

11 – **Dichtung**
Für Kugelgehäuse.

12 – **Sechskantmutter, 25 Nm**
Schaltgehäuse an Aufbau.

13 – **Kugelgehäuse**

14 – **Distanzhülse**

15 – **Kugel**

16 – **Druckfeder**

17 – **Halteblech**

18 – **Muttern, 10Nm**
Selbstsichernd, immer ersetzen.

19 – **Spannhülse**

20 – **Einstellexzenter**
Nach Einbau des Schalthebels mit Schalthebel verrasten.

21 – **Klemmschraube, 2 Nm**

22 – **Kunststoffring**
Auf Einstellexzenter anbringen.

23 – **Schalthebel**
Nach Fahrgestellnummer zuordnen. Vor Ausbau Einstellexzenter abbauen. Vor Einbau komplettieren: Halteblech –17–, Druckfeder –16– und Kugel –15– aufschieben und mit Spannhülse –19– sichern.

24 – **Schaltstange**
Mit Schalthebel aus Schaltgehäuse ziehen.

25 – **Schaltstangenlager**
Beim Einbau darauf achten, daß beide Kunststoffhalbschalen nicht auseinander gedrückt werden.

26 – **Spannstift**
Nur bei Ecomatic Fahrzeugen.

27 – **Schalter für Gangbetätigung**
Nur bei Ecomatic Fahrzeugen.

28 – **Schaltknopf**
Nach Fahrgestellnummer zuordnen und mit Abdeckung –30– verbinden.

29 – **Klemmhülse**

30 – **Abdeckung**
Vom Rahmen abziehen.

31 – **Rahmen**

Hinweis: Sämtliche Lager- und Berührungsflächen mit MoS_2-Schmierfett fetten.

Schaltbetätigung am Getriebe

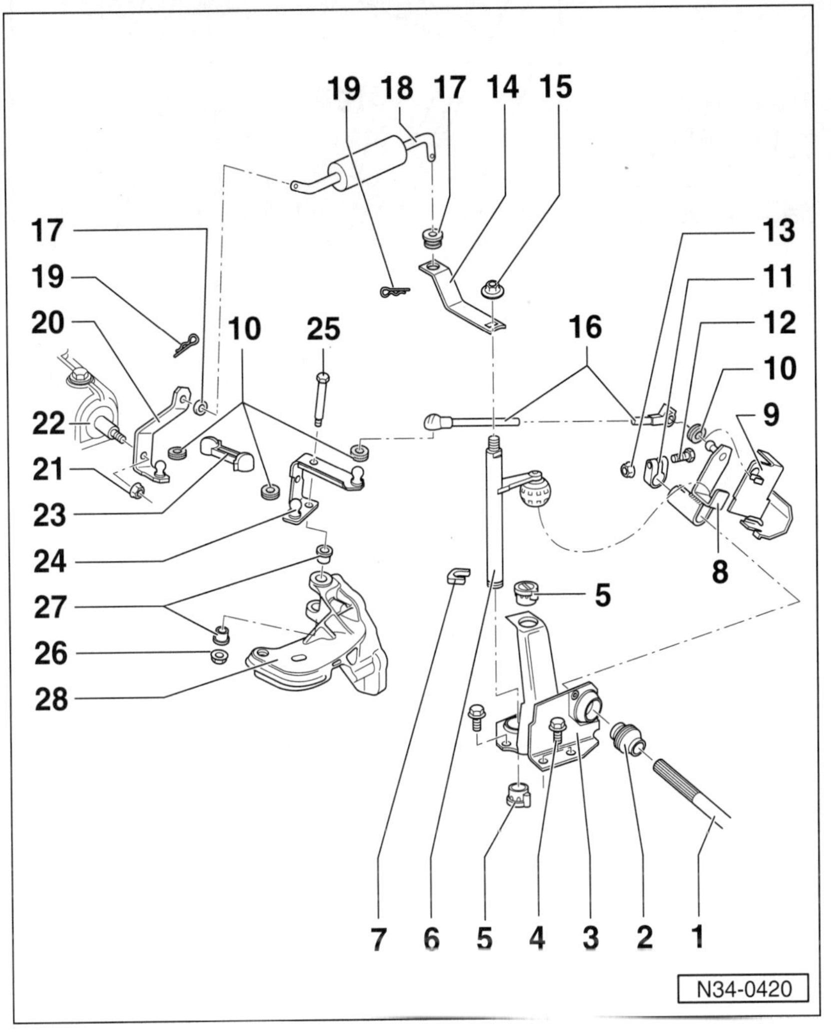

1 – **Schaltstange**
Aus Schaltgehäuse ziehen.

2 – **Lagerbuchse**

3 – **Lagerbock**
Für Umlenkwelle und Schaltstangenlager.

4 – **Sechskantschraube, 25 Nm**
Lagerbock an Lenkgetriebe

5 – **Lagerbuchse**

6 – **Umlenkwelle**

7 – **Sicherungsscheibe**

8 – **Wählhebel**

9 – **Abschirmblech**

10 – **Dichtring**

11 – **Klemmschelle**

12 – **Schraube**
Klemmschelle an Schaltstange.

13 – **Sechskantbundmutter, 20 Nm**
Klemmschelle an Schaltstange. Mutter ist selbstsichernd, daher immer ersetzen.

14 – **Zwischenhebel**

15 – **Sechskantmutter, 20 Nm**
Zwischenhebel an Umlenkwelle. Mutter ist selbstsichernd, daher immer ersetzen.

16 – **Wählstange, lang**
Vor dem Ausbau Klemmbügel der Kunststoffköpfe mit einem Schraubendreher zurückdrücken.

17 – **Lagerbuchse**

18 – **Schaltstange vorn**
Ab 02.94 mit Haltenasen an den Enden.

19 – **Sicherungsfeder**
Ab 02.94 entfallen. Nur bei Schaltstangen mit Bohrungen erforderlich.

20 – **Schalthebel**
Paßt nur in einer Stellung auf der Schaltwelle.

21 – **Sechskantmutter, 25 Nm**
Schalthebel an Getriebe. Mutter ist selbstsichernd, daher immer ersetzen.

22 – **Schaltwelle**

23 – **Wählstange, kurz**

24 – **Umlenkhebel**

25 – **Sechskantschraube**
Umlenkhebel an Konsole.

26 – **Sechskantmutter, 15 Nm**
Umlenkhebel an Konsole. Mutter ist selbstsichernd, daher immer ersetzen.

27 – **Lagerbuchse**

28 – **Getriebekonsole**
Braucht zum Ausbau des Umlenkhebels nicht ausgebaut zu werden.

Hinweis: Sämtliche Lager- und Berührungsflächen mit MoS_2-Schmierfett fetten.

Schaltbetätigung einstellen/ Funktion prüfen

Um die Schalteinstellung korrekt vornehmen zu können, müssen das Getriebe, die Kupplung und die Kupplungsbetätigung in Ordnung sein. Außerdem müssen die Betätigungs- und Übertragungselemente der Schaltbetätigung leichtgängig und in einem einwandfreien Zustand sein.

4-Zylinder-Benzinmotor, Dieselmotor 47/55 kW (67/75 PS)

Einstellen

- Getriebe in Leerlaufstellung bringen, Handbremse anziehen.

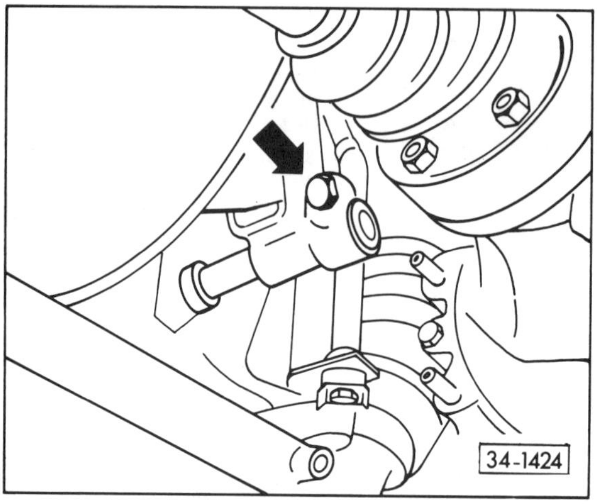

- Klemmschelle –Pfeil– lösen. Die Verbindung Schaltstange/Wählhebel muß leichtgängig sein.

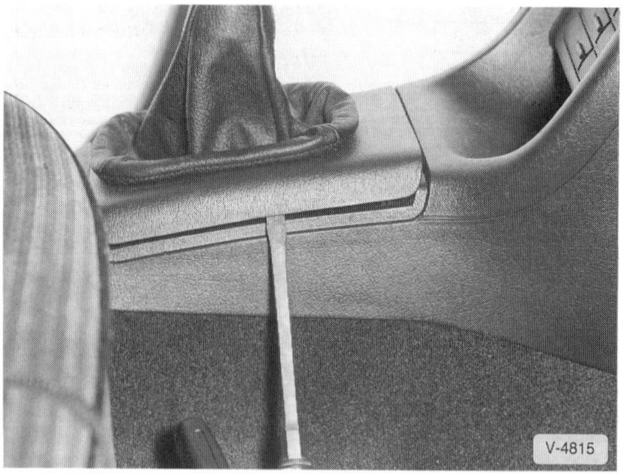

- Faltenbalg mit Rahmen von der Mittelkonsole abhebeln und nach oben über Schaltknauf hängen.

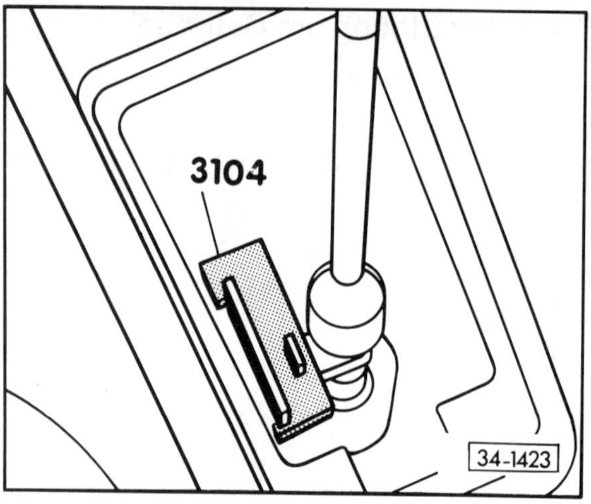

- Lehre VW-3104 einsetzen. Bei Fahrzeugen mit 1,4-l-Motor Lehre VW-3285 verwenden.
- Schaltstange spannungsfrei ausrichten (Getriebe in Leerlaufstellung) und Klemmschelle mit **20 Nm** festziehen.
- Einstellehre entnehmen.

Funktion prüfen

- Der Schalthebel muß im Leerlauf in der Gasse zwischen dem 3. und 4. Gang stehen.
- Alle Gänge durchschalten, sie müssen sich leicht und ohne zu haken einlegen lassen. Es ist besonders auf die Wirksamkeit der Rückwärtsgangsperre zu achten.
- Falls die Schaltung beim wiederholten Einlegen eines Ganges noch hakt, ist folgendermaßen vorzugehen:
- 1. Gang einlegen.
- Spiel in der Schaltbetätigung aufheben, indem der Schalthebel mit 2 – 3 N bei eingelegtem 1. Gang am Schaltknopf nach links gedrückt wird. 2 – 3 N (Newton) entsprechen einer Gewichtskraft von ca. 250 Gramm, die mit einer handelsüblichen Federwaage aufgebracht werden kann.

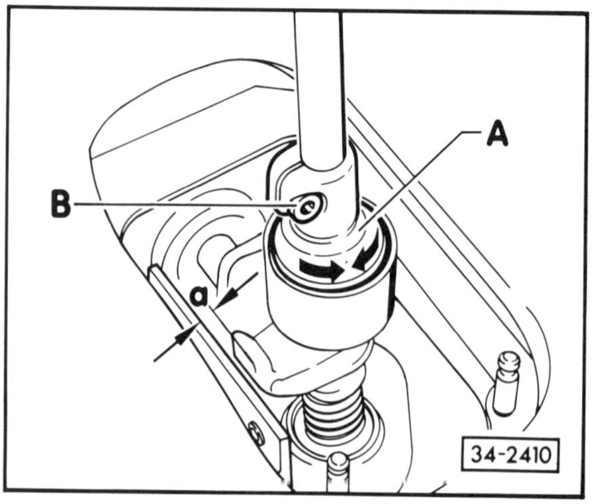

- Der Abstand Schalthebelanschlag/Schaltgehäuseanschlag muß in dieser Stellung a = 1 - 1,5 mm betragen.

- Andernfalls Feineinstellung durch Verdrehen des Exzenters –A– auf das vorgeschriebene Maß –a– einstellen. Dazu Klemmschraube –B– lösen.
- Nach Erreichen des Maßes –a– Klemmschraube –B– mit 2 Nm anziehen.
- Rahmen mit Faltenbalg montieren.

6-Zylinder-Benzinmotor, TDI-Motor 66/81 kW (90/110 PS)

Einstellen

- Getriebe in Leerlaufstellung.
- Faltenbalg mit Rahmen ausbauen und Schaltknauf abschrauben.

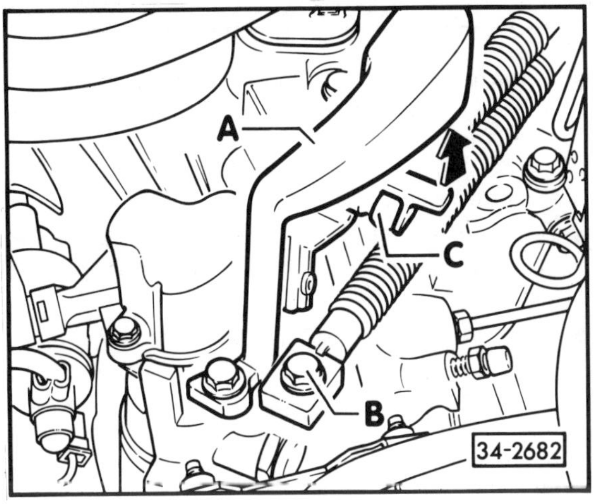

- Tilgergewicht –A– abbauen.

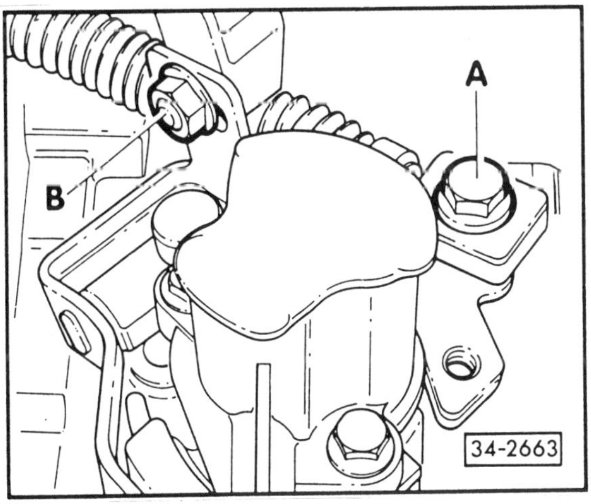

- Schraube –A– und Mutter –B– lösen, bis sich der Schaltseilzug und Mitnehmer/Wählseilzug in den Längslöchern frei bewegen lassen.

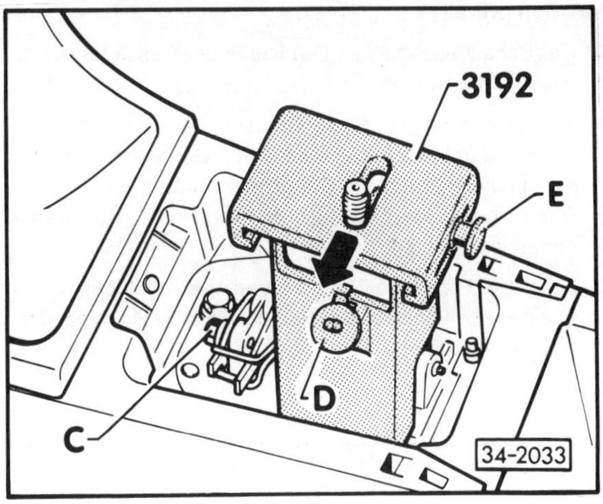

- Schraube –C– lösen.
- Schalthebellehre VW-3192 aufsetzen.
- Haken zur Befestigung der Lehre unter Lagerplatte schwenken und Mutter –D– anziehen.
- Schalthebel in die linke Rastierung des Schiebestückes drücken.
- Schalthebel mit Schiebestück nach links, in Pfeilrichtung, bis Anschlag drücken und Schiebestück mit Schraube –E– anziehen.
- Schalthebel nach rechts, entgegen der Pfeilrichtung, in die Rastierung drücken.
- Schraube –C– mit 15 Nm anziehen.

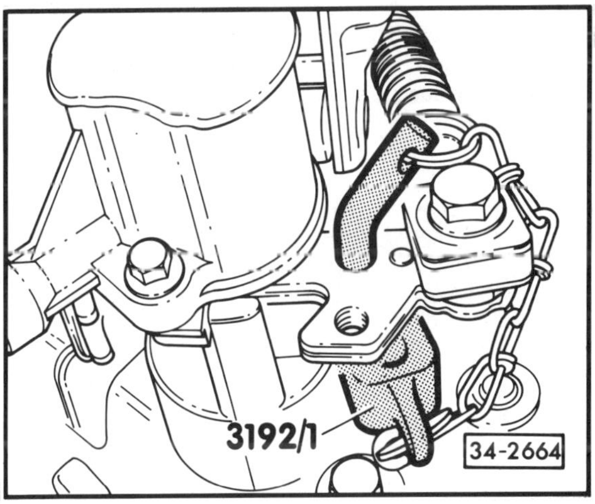

- Keilstück und Absteckstift VW-3192/1 zwischen Getriebeschalthebel und Schaltdeckel spielfrei einschieben. **Achtung:** Dabei darf der Getriebeschalthebel durch das Keilstück nicht angehoben werden.
- In dieser Stellung die Bundschraube -A- (in Bild 34-2663) mit **25 Nm** und die Befestigungsmutter –B– mit **15 Nm** festschrauben.
- Keilstück, Absteckstift und Schalthebellehre abnehmen.
- Faltenbalg mit Rahmen einclipsen und Schaltknauf aufschrauben.

Funktion prüfen

- Der Schalthebel muß im Leerlauf in der Gasse für den 3. und 4. Gang stehen.
- Kupplung betätigen, Motor anlassen, ca. 3 - 6 Sekunden warten, damit die Antriebswelle des Getriebes zum Stillstand kommt, dann alle Gänge mehrmals durchschalten. Dabei besonders auf die Funktion der Rückwärtsgangsperre achten.
- Falls die Schaltung beim wiederholten Einlegen eines Ganges noch hakt, ist der Hub der Schaltwelle folgendermaßen zu prüfen:
- 1. Gang einlegen.

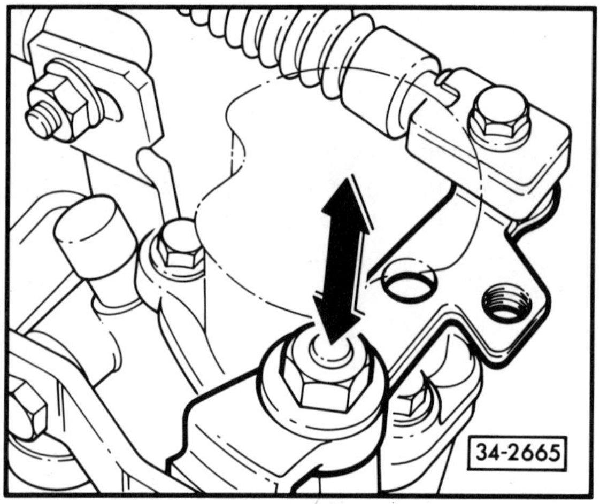

- Schalthebel bei eingelegtem 1. Gang nach links drücken. Gleichzeitig die Schaltwelle am Getriebe von Helfer beobachten lassen. Die Schaltwelle muß beim Bewegen des Schalthebels einen Hub von ca. 1 mm in Pfeilrichtung machen.

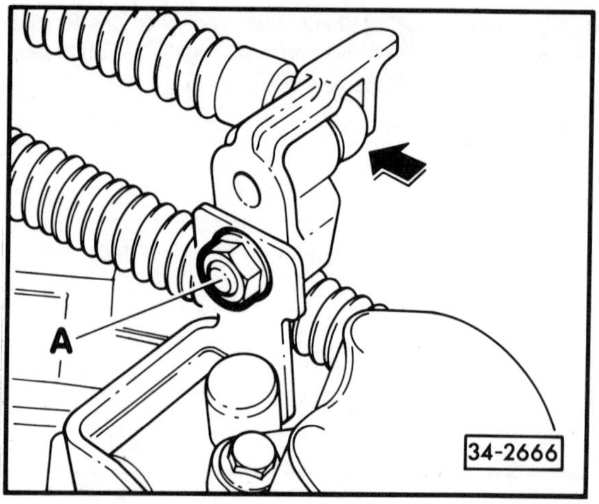

- Ist das nicht der Fall, 1.Gang herausnehmen und Befestigungsmutter –A– für den Aufnahmezapfen des Mitnehmers/Wählseilzug noch einmal lösen. Der Wählseilzug hat am Aufnahmezapfen – bedingt durch die Übertragungselemente – etwas Spiel.
- Das Spiel des Wählseilzuges aufheben, indem er mit dem Aufnahmezapfen leicht zur Spritzwand gedrückt wird.
- Mutter –A– in dieser Stellung mit **15 Nm** anziehen.

Die Vorderachse

Die Vorderachse des GOLF / VENTO besteht aus einem Aggregateträger, der mit der Bodengruppe des Fahrzeuges fest verschraubt ist. Die Motor- und Getriebeeinheit stützt sich zum Teil über die Motorlager auf dem Aggregateträger ab. Auf jeder Seite des Aggregaterträgers befindet sich ein Achslenker, der in Gummimetall-Lagern am Aggregateträger befestigt ist.

Über das Radlagergehäuse ist der Achslenker mit dem Federbein verbunden. Da das Radlagergehäuse mit dem Federbein verschraubt ist, kann bei gelösten Schrauben der Winkel – und damit der Sturz – zwischen Federbeinrohr und dem Radlagergehäuse verändert werden. Das Federbein ist oben über das Federbeinlager mit der Karosserie verschraubt.

Die Motor-Antriebskraft wird über zwei Gelenkwellen, die mit jeweils zwei Gleichlaufgelenken ausgestattet sind, auf die Vorderräder übertragen. Von den beiden Spurstangen ist zur Einstellung der Spur nur die rechte Spurstange verstellbar.

Achtung: Schweiß- und Richtarbeiten an tragenden und radführenden Bauteilen der Vorderradaufhängung **sind nicht zulässig. Selbstsichernde Muttern** im Reparaturfall **immer ersetzen.**

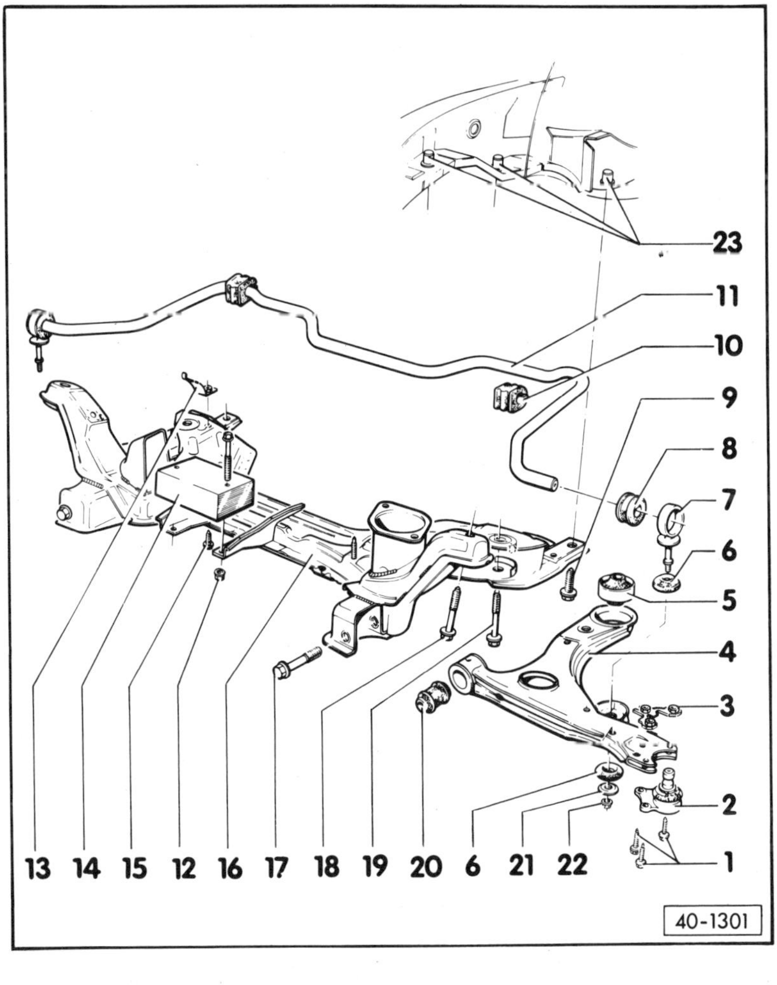

1 – **Schrauben, 35 Nm**
2 – **Achsgelenk**
Gummibalg auf Beschädigung prüfen, gegebenenfalls Achsgelenk ersetzen. Bei Austausch auf Mitte des Langloches stellen und Spur überprüfen.
3 – **Blech mit Mutter**
4 – **Achslenker**
5 – **Lager hinten für Achslenker**
6 – **Lager für Koppelstangen**
Konische Seite zeigt zum Achslenker.
7 – **Koppelstange**
8 – **Gummilager**
Vor dem Eindrücken mit Schmierseife einstreichen.
9 – **Schraube, 65 Nm**
10 – **Stabilisator-Lager**
11 – **Stabilisator**
12 – **Mutter, 25 Nm**
13 – **Schelle**
14 – **Schwingungstilger**
15 – **Schraube, 25 Nm**
16 – **Aggregateträger**
17 – **Schraube, 50 Nm + 90° (¼ Umdrehung) weiterdrehen**
18 – **Schraube, 70 Nm + 90° (¼ Umdrehung) weiterdrehen**
19 – **Schraube, 70 Nm + 90° (¼ Umdrehung) weiterdrehen**
20 – **Lager vorn für Achslenker**
21 – **Scheibe**
Kragen zeigt vom Lager weg.
22 – **Mutter, 25 Nm**
23 – **Hutmutter**

Achsgelenk prüfen/aus- und einbauen

Prüfen

- Fahrzeug vorn aufbocken.
- Achslenker kräftig nach oben drücken und nach unten ziehen, dabei das Achsgelenk beobachten.
- Rad unten kräftig nach außen und innen drücken, dabei das Achsgelenk beobachten.
- Bei beiden Prüfungen darf kein fühlbares und sichtbares Spiel im Achsgelenk vorhanden sein. Eventuell vorhandenes Radlagerspiel oder Spiel im Federbeinlager oben berücksichtigen.

Ausbau

- Scheibenrad (Felge) zur Radnabe mit Farbe kennzeichnen. Dadurch kann das ausgewuchtete Rad wieder in der gleichen Lage montiert werden.
- Radschrauben am Vorderrad lösen. Dabei muß das Fahrzeug noch auf dem Boden stehen.
- Fahrzeug aufbocken, Rad abnehmen.
- Mutter der Klemmschraube abschrauben, dabei am Schraubenkopf gegenhalten. Schraube herausziehen.
- Achslenker nach unten drücken und damit Gelenkzapfen aus dem Radlagergehäuse ausbauen.

Achtung: Falls der Gelenkzapfen sehr fest sitzt, Rohrstück mit einer Länge von ca. 1,5 m am Aggregateträger abstützen und damit Achslenker nach unten drücken.

Zum Ausdrücken des Gelenkzapfens darf auf keinen Fall der Schlitz am Radlagergehäuse mit einem Meißel oder sonstigem Werkzeug aufgeweitet werden. Um die Verbindungsstelle Radlagergehäuse und Gelenkzapfen zu trennen, können handelsübliche Rostlöser verwendet werden.

Achtung: Lage der 3 Befestigungsschrauben in den Langlöchern am Achslenker kennzeichnen (mit Reißnadel umkreisen).

- Befestigungsschrauben herausdrehen und Achsgelenk mit Sicherungsblech abnehmen.

Einbau

Achtung: Innerhalb der Langlöcher des Achsgelenkes darf der Sturz nicht eingestellt werden. Sonst können Schäden an der Gelenkwelle auftreten.

- Achsgelenk mit **neuem** Sicherungsblech am Achslenker ansetzen und Schrauben handfest anziehen.
- Achsgelenk in den Langlöchern verschieben, bis die Schrauben mit den angebrachten Markierungen übereinstimmen, dann mit **35 Nm** festziehen.

Achtung: Bei Einbau des Achsgelenkes in einen neuen Achslenker, Befestigungsschrauben in den Langlöchern ausmitteln, dann festziehen. Anschließend muß der Sturz neu vermessen werden, siehe Seite 135.

- Gelenkzapfen in Radlagergehäuse einsetzen. Klemmschraube durchstecken und Mutter mit **50 Nm** anziehen.
- Vorderrad so ansetzen, daß die beim Ausbau angebrachten Markierungen übereinstimmen. Vorher Zentriersitz der Felge an der Radnabe sowie die Kegelfläche der Radschrauben mit Wälzlagerfett leicht einfetten. Gewinde der Radschrauben **nicht** fetten oder ölen. Rad anschrauben. Fahrzeug ablassen und Radschrauben über Kreuz mit **110 Nm** festziehen. M14-Schrauben für 5-Loch-Felge mit **120 Nm** festziehen.

Federbein aus- und einbauen

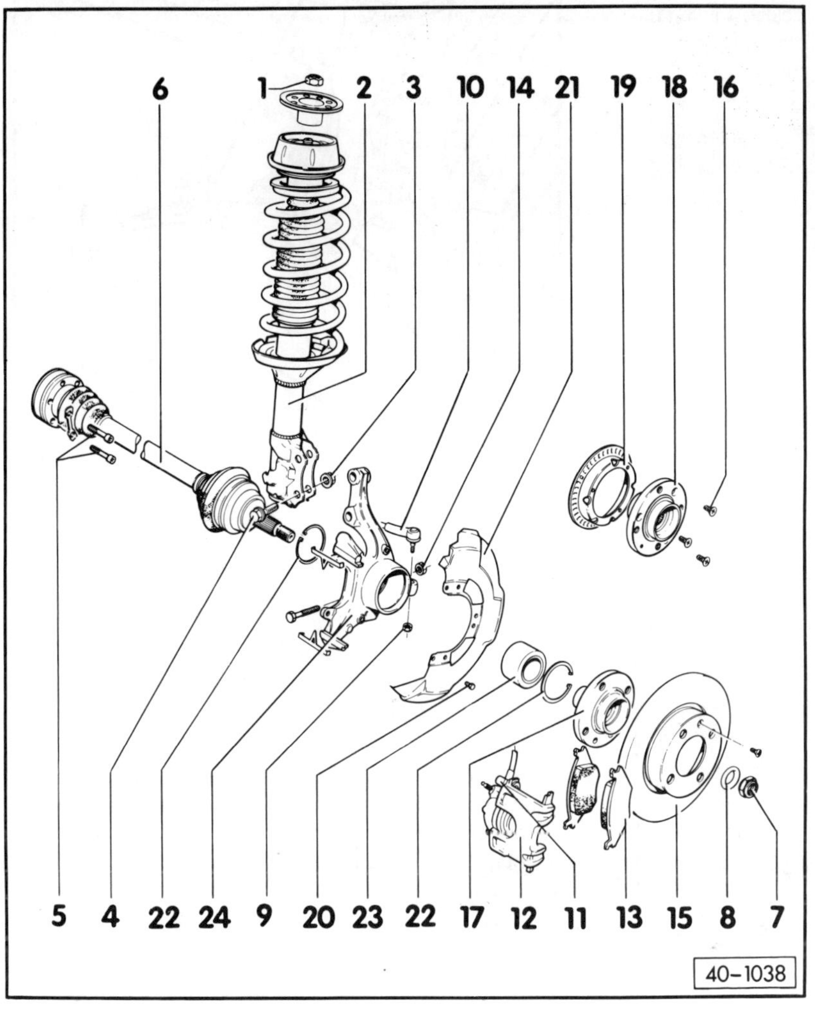

1 – **Mutter, 60 Nm**
Selbstsichernd, immer ersetzen.

2 – **Federbein**

3 – **Mutter, 95 Nm**
Selbstsichernd, immer ersetzen.

4 – **Schraube**
Vor dem Lösen Einbaulage mit Reißnadel markieren.

5 – **Schrauben, 45 Nm**

6 – **Gelenkwelle**
Bei demontierter Gelenkwelle darf das Fahrzeug nicht geschoben werden. Muß es trotzdem bewegt werden, ein Außengelenk einbauen und mit 50 Nm anziehen.

7 – **Mutter**
Anzugsdrehmoment: **265 Nm**.
Selbstsichernd, immer ersetzen.
Achtung: Schraube nur lösen und festziehen solange das Fahrzeug mit den Rädern auf dem Boden steht (Unfallgefahr).

8 – **Scheibe**

9 – **Mutter**
Selbstsichernd, immer ersetzen.

10 – **Spurstange**

11 – **Sechskantschraube, 25 Nm**

12 – **Bremssattel**

13 – **Bremsbeläge**

14 – **Mutter, 50 Nm**

15 – **Bremsscheibe**

16 – **Kreuzschlitzschraube**

17 – **Radnabe**
Für Fahrzeuge ohne ABS.

18 – **Radnabe**
Für Fahrzeuge mit ABS.

19 – **Rotor für Drehzahlfühler**
Für Fahrzeuge mit ABS.

20 – **Sechskantschraube, 10 Nm**

21 – **Abdeckblech**

22 – **Sicherungsring**
Auf richtigen Sitz achten.

23 – **Radlager**

24 – **Radlagergehäuse**

Ausbau

Vor dem Ausbau Sturzeinstellung an den beiden unteren Befestigungsschrauben markieren, wenn altes Federbein wieder eingebaut wird. Schraubenköpfe und Muttern mit Reißnadel umkreisen.

- Scheibenrad (Felge) zur Radnabe mit Farbe kennzeichnen. Dadurch kann das ausgewuchtete Rad wieder in der gleichen Lage montiert werden.
- Radschrauben am Vorderrad lösen. Dabei muß das Fahrzeug noch am Boden stehen.
- Fahrzeug aufbocken, Rad abnehmen.
- Gelenkwelle so abstützen, daß sie nach dem Ausbau des Federbeins nicht nach unten durchhängt. Dazu geeigneten Stützbock unter der Gelenkwelle postieren, und zwar neben der Gummimanschette des äußeren Gleichlaufgelenks.
- Kunststoff-Abdeckkappe oben am Federbein abnehmen.

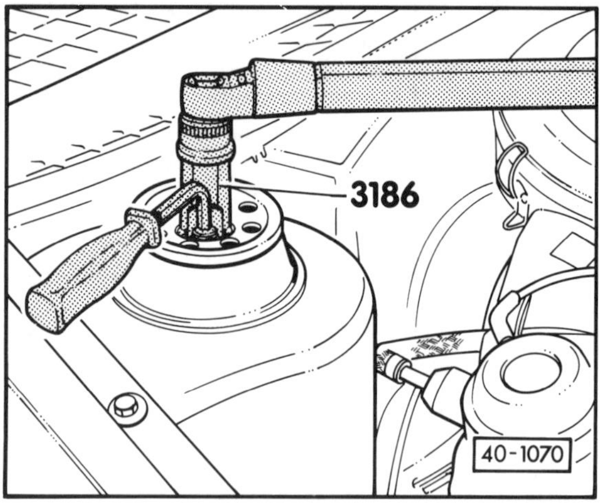

- Mutter am Federbein abschrauben, dabei mit Innensechskant-Winkelschraubendreher mit SW 7, z. B. HAZET 2100-07 an der Kolbenstange gegenhalten. Für die Mutter wird ein tiefgekröpfter Ringschlüssel benötigt. Bei der Verwendung des Spezialwerkzeuges HAZET 2593-21 kann zum Festziehen ein handelsüblicher Drehmomentschlüssel verwendet werden.

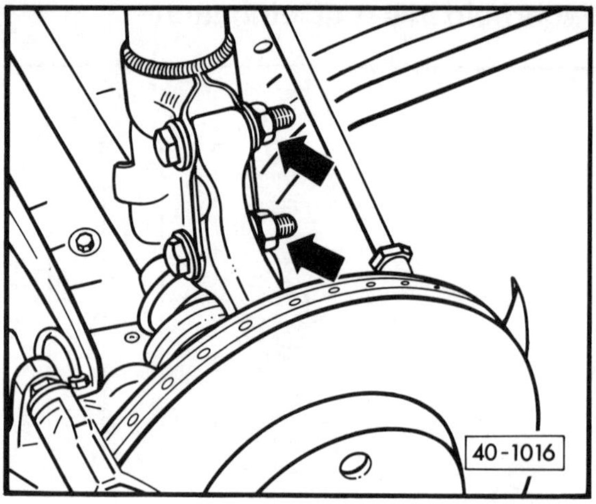

- Muttern –Pfeile– abschrauben und Bolzen herausdrükken.
- Federbein nach unten durch Radhaus herausnehmen.

Einbau

Achtung: Grundsätzlich selbstsichernde Muttern erneuern.

- Federbein von unten einsetzen, Bolzen am Radlagergehäuse durchschieben und **neue** selbstsichernde Mutter handfest anziehen.
- Federbein oben mit **60 Nm** festziehen, dabei Kolbenstange mit Innensechskantschlüssel SW 7 gegenhalten. **Achtung:** Damit ein Drehmomentschlüssel angesetzt werden kann, wird das V.A.G-Werkzeug 3186 oder das HAZET-Werkzeug 2593-21 mit 2100-07 als Gegenhalter benötigt.
- Federbein unten verschieben, bis die Schrauben die markierte Lage einnehmen, dann Muttern mit **95 Nm** festziehen.
- Vorderrad so ansetzen, daß die beim Ausbau angebrachten Markierungen übereinstimmen. Vorher Zentriersitz der Felge an der Radnabe sowie die Kegelfläche der Radschrauben mit Wälzlagerfett leicht einfetten. Gewinde der Radschrauben **nicht** fetten oder ölen. Rad anschrauben. Fahrzeug ablassen und Radschrauben über Kreuz mit **110 Nm** festziehen. M14-Schrauben für 5-Loch-Felge mit **120 Nm** festziehen.

Achtung: Nach Austausch von Stoßdämpfer und Radlagergehäuse Spur und Sturz einstellen, siehe Seite 135.

Das Federbein

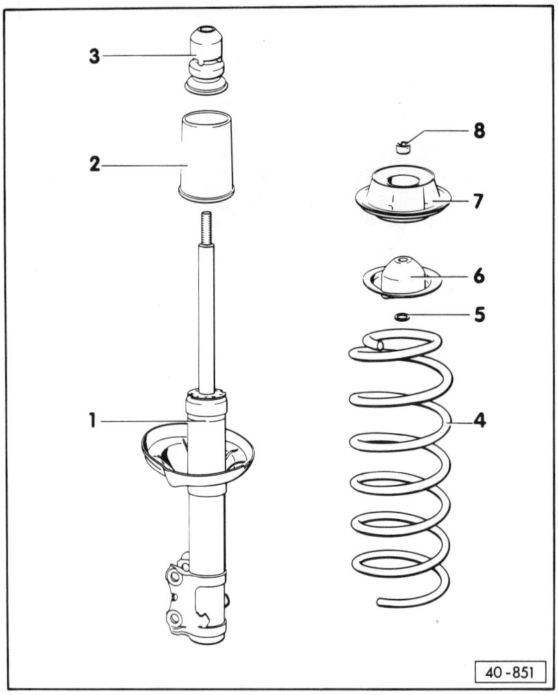

1 – **Stoßdämpfer**
Kann einzeln ausgetauscht werden.

2 – **Schutzhülle**

3 – **Anschlagpuffer**

4 – **Schraubenfeder**

5 – **Scheibe**

6 – **Federteller**

7 – **Federbeinlager**
Nur komplett ersetzen. Bei Ersatz Außendurchmesser messen und gleiches Teil kaufen, da 2 verschiedene Lager mit unterschiedlichen Durchmessern und Härten verbaut wurden.

8 – **Nutmutter, 40 Nm**

Stoßdämpfer aus- und einbauen/ Federbein zerlegen

Ausbau

- Federbein ausbauen, siehe Seite 113.
- Um den Stoßdämpfer ausbauen zu können, muß die Schraubenfeder vorgespannt werden. Die V.A.G-Werkstätten benutzen dazu eine Spezialvorrichtung.

Achtung: Auf keinen Fall Stoßdämpfer lösen, wenn die Feder nicht ordnungsgemäß gespannt ist.

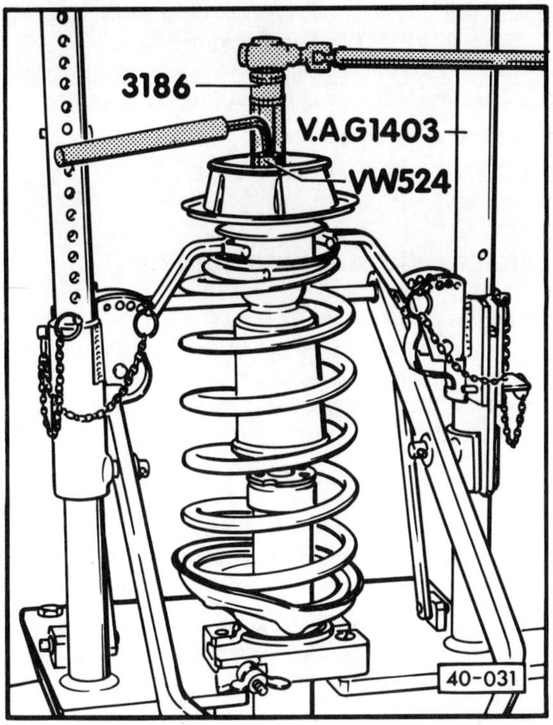

- Schraubenfeder mit geeigneter Vorrichtung spannen. **Achtung: Falls der Federspanner in die Windungen der Feder eingesetzt wird, darauf achten, daß die Federwindungen sicher umfaßt werden und der Federspanner nicht abrutschen kann. Feder grundsätzlich an 3 gleichmäßig über den Umfang verteilten Punkten spannen. Da die Schraubenfeder unter großer Vorspannung steht nur stabiles Werkzeug verwenden. Keinesfalls darf die Feder mit Draht zusammengebunden werden. Unfallgefahr!**

Achtung: Die Nutmutter darf nur dann gelöst werden, wenn die Feder sicher gespannt ist.

- Nutmutter mit Zange oder Spezialwerkzeug VW-524 (besitzt Sechskantkopf) abschrauben. Dabei Kolbenstange mit Innensechskantschlüssel gegenhalten.
- Schraubenfeder langsam entspannen, Einzelteile abnehmen.
- Stoßdämpfer prüfen, siehe Seite 126.
- Gegebenenfalls Stoßdämpfer verschrotten, siehe Seite 126.

Einbau

Achtung: Es stehen Federn in verschiedenen Toleranzgruppen zur Verfügung. Nur Federn mit gleicher Kennung (Farbkennzeichnung) verwenden.

- Eine neue Schraubenfeder ist gegen Korrosion mit einem Schutzlack versehen. Vor dem Einbau Federn auf Lackschäden untersuchen und gegebenenfalls ausbessern.
- Federbein nach Abbildung 40-851 zusammensetzen.
- Schraubenfeder mit geeigneter Spannvorrichtung spannen und in das Federbein einsetzen. Darauf achten, daß das Federende richtig in der Führung anliegt.

● Nutmutter mit **40 Nm** festziehen. Dazu ist das Spezialwerkzeug VW-524 in Verbindung mit V.A.G-3078 oder HAZET 2593-22 erforderlich. Kolbenstange mit Innensechskantschlüssel, z. B. HAZET 2100-07, gegenhalten.

● Feder langsam entspannen.

● Federbein einbauen, siehe Seite 113.

Gelenkwelle aus- und einbauen

Achtung: Bei demontierter Gelenkwelle darf das Fahrzeug nicht geschoben werden, da bei fehlender axialer Vorspannung die Wälzkörper des Radlagers beschädigt werden. Gegebenenfalls statt der Gelenkwelle ein Außengelenk einbauen und mit **50 Nm** anziehen.

Ausbau

● Alle Fahrzeuge mit mehr als 75 PS besitzen an den Gelenkwellen ein Tilgergewicht. Beim Erneuern der Gelenkwelle Tilgergewicht auf die neue Welle umbauen.

● Befestigungsmutter für Radnabe an Gelenkwelle abschrauben. **Achtung:** Das Fahrzeug muß dabei auf dem Boden stehen. Unfallgefahr!

● Scheibe abnehmen.

● Scheibenrad (Felge) zur Radnabe mit Farbe kennzeichnen. Dadurch kann das ausgewuchtete Rad wieder in der gleichen Lage montiert werden.

● Radschrauben am Vorderrad lösen. Dabei muß das Fahrzeug noch am Boden stehen.

● Fahrzeug aufbocken, Rad abnehmen.

● Innenvielzahnschrauben am inneren Gelenk herausschrauben. Hierzu wird ein Innenvielzahn-Steckschlüsseleinsatz benötigt, zum Beispiel HAZET 990 Lg-8.

● Mutter der Klemmschraube abschrauben, dabei am Schraubenkopf gegenhalten. Schraube herausziehen.

● Achslenker nach unten drücken und damit Gelenkzapfen aus dem Radlagergehäuse ausbauen.

Achtung: Falls der Gelenkzapfen sehr fest sitzt, Rohrstück mit einer Länge von ca. 1,5 m am Aggregateträger abstützen und damit Achslenker nach unten drücken.

Zum Ausdrücken des Gelenkzapfens darf auf keinen Fall der Schlitz am Radlagergehäuse mit einem Meißel oder sonstigem Werkzeug aufgeweitet werden. Um die Verbindungsstelle Radlagergehäuse und Gelenkzapfen trennen zu können, handelsübliche Rostlöser verwenden.

Achtung: 4-Zylinder-Motoren mit Automatikgetriebe ab ca. 2/94 besitzen Gelenkwellen mit Tripode-Innengelenken. Zum Ausbau der linken Gelenkwelle muß die Motorbefestigung gelöst werden.

● Motor abfangen, siehe unter »Getriebe aus- und einbauen«.

● Schraube für Getriebelager hinten und Schraube für Motorlager vorn herausdrehen.

● Motor etwas anheben und Sechskantmutter für Gelenkwelle bei auf den Rädern stehendem Fahrzeug lösen.

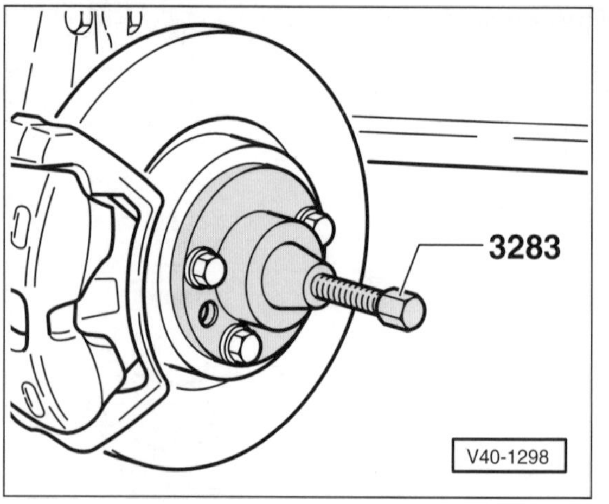

● Falls sich die Gelenkwelle nicht von Hand herausziehen läßt, Gelenkwelle mit handelsüblichem Abzieher aus Radnabe drücken. Die VW-Werkstatt verwendet hierfür den Abzieher VW-3283.

● Federbein nach außen schwenken und Gelenkwelle aus dem Radlagergehäuse herausziehen.

● **Tripode-Innengelenk:** Motor/Getriebeaggregat nach vorn drücken und Gelenkwelle herausnehmen.

Einbau

Falls eine neue Gelenkwelle eingebaut werden soll, darauf achten, daß es verschiedene Ausführungen je nach Motor und Getriebe gibt. Auch haben die linke und rechte Gelenkwelle unterschiedliche Länge.

● Gegebenenfalls Tilgergewicht auf neue Gelenkwelle umbauen, siehe Kapitel »Gelenkwelle zerlegen«.

● Vor dem Einbau Verzahnung der Gelenkwelle und Radnabe mit Benzin reinigen (fett- und ölfrei) sowie alle Rückstände von Sicherungsmittel und Lack entfernen.

● Gelenkwelle in Radnabe einsetzen und mit alter Mutter befestigen. Mutter beiziehen, bis das Außengelenk im Radlager zur Anlage kommt. Mutter nicht festziehen.

● Gelenkwelle am Getriebe anflanschen.

● Innenvielzahnschrauben für inneres Gleichlaufgelenk über Kreuz mit **45 Nm** festziehen. Unterlegplatten nicht vergessen.

● Gelenkzapfen in Radlagergehäuse einsetzen. Klemmschraube durchstecken und Mutter mit **50 Nm** anziehen.

● Vorderrad montieren, dabei auf Markierung zur Radnabe achten, Fahrzeug ablassen und Radschrauben über Kreuz mit **110 Nm** (5-Loch-Felge: **120 Nm**) festziehen.

● Achsmutter abschrauben und Gelenkwelle mit **neuer selbstsichernder Mutter** anschrauben, Unterlegscheibe nicht vergessen. Anzugsdrehmoment: **265 Nm**.

Achtung: Handbremse anziehen, Fußbremse betätigen. Das Fahrzeug muß beim Anziehen auf dem Boden stehen. Unfallgefahr!

● **Tripode-Innengelenk:** Motor- und Getriebelager festziehen, Abfangvorrichtung abnehmen, siehe Seite 97.

● Gegebenenfalls Sturzeinstellung überprüfen lassen (Werkstattarbeit).

Gelenkwelle mit Gleichlaufgelenk

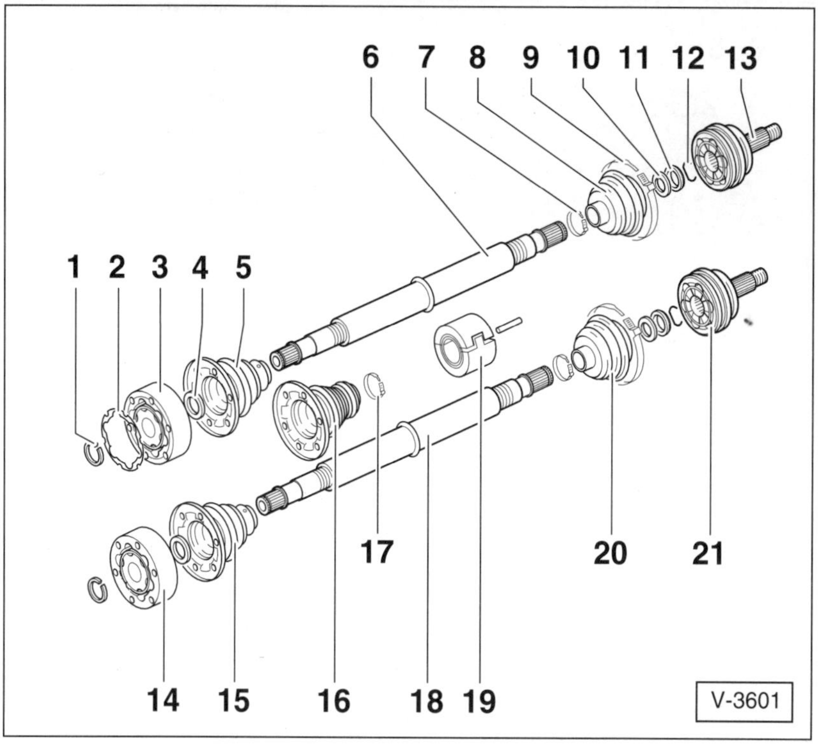

1 – **Sicherungsring**

2 – **Dichtung**
Nur bei Gelenken mit 100 mm ∅. Immer ersetzen, Schutzfolie abziehen und in das Gelenk kleben.

3 – **Gleichlaufgelenk innen,** ∅ 100 mm
Für Fahrzeuge ab 55 kW Leistung.

4 – **Tellerfeder**
Innendurchmesser verzahnt. Großer Durchmesser (Konkavseite) liegt am Gleichlaufgelenk an.

5 – **Gelenkschutzhülle**
Für Gleichlaufgelenk ∅ 100 mm.

6 – **Gelenkwelle**
Für Fahrzeuge ab 55 kW Leistung.

7 – **Klemme**

8 – **Gelenkschutzhülle**
Für Gleichlaufgelenk ∅ 90 mm.

9 – **Schlauchbinder**

10 – **Tellerfeder**
Großer Durchmesser (Konkavseite) liegt am Anlaufring an.

11 – **Anlaufring**

12 – **Sicherungsring**
Immer ersetzen. In die Nut der Welle einsetzen.

13 – **Gleichlaufgelenk außen,** ∅ 90 mm
Für Fahrzeuge mit 55 kW Leistung und mehr.

14 – **Gleichlaufgelenk innen,** ∅ 94 mm
Für Fahrzeuge bis 48 kW Leistung.

15 – **Gelenkschutzhülle**
Für Gleichlaufgelenk ∅ 94 mm.

16 – **Gelenkschutzhülle**
Für Gleichlaufgelenke ∅ 94 und 100 mm **ab 1/93.**

17 – **Schlauchbinder**

18 – **Gelenkwelle**
Für Fahrzeuge bis 48 kW Leistung.

19 – **Tilger**

20 – **Gelenkschutzhülle**
Für Gleichlaufgelenk ∅ 81 mm.

21 – **Gleichlaufgelenk außen,** ∅ 81 mm
Für Fahrzeuge bis 48 kW Leistung.

Gelenkwelle mit Tripodegelenk

4-Zylinder-Motor mit Automatikgetriebe

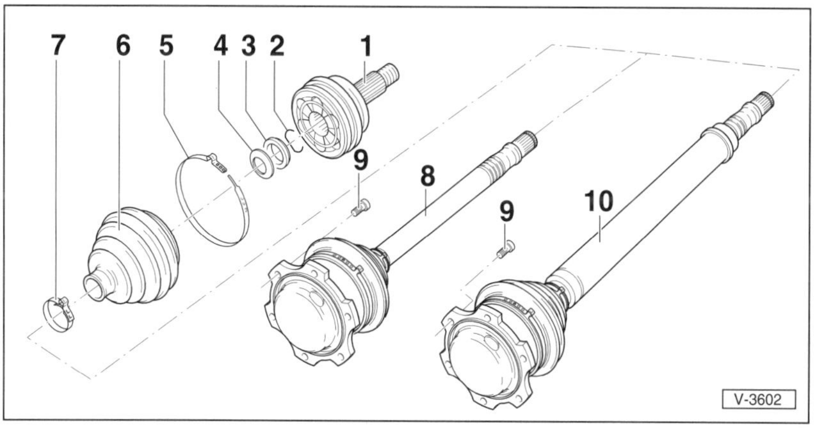

1 – **Gleichlaufgelenk außen**
Nur komplett ersetzen. Zum Einbauen mit Plastikhammer auf die Welle auftreiben, bis der Sicherungsring einrastet.

2 – **Sicherungsring**
In die Nut der Welle einsetzen.

3 – **Anlaufring**

4 – **Tellerfeder**
Großer ∅ (Konkavseite) liegt am Anlaufring an.

5 – **Schlauchbinder**

6 – **Gelenkschutzhülle**
Für Gleichlaufgelenk 90 mm ∅. Vor Einbau des kleinen Schlauchbinders Schutzhülle kurz anheben und belüften.

7 – **Schlauchbinder**

8 – **Gelenkwelle links**
Mit Tripode-Innengelenk.

9 – **Innenvielzahnschraube, 45 Nm**

10 – **Gelenkwelle rechts**
Mit Tripode-Innengelenk.

Übersicht Gelenkwelle mit Tripodegelenk

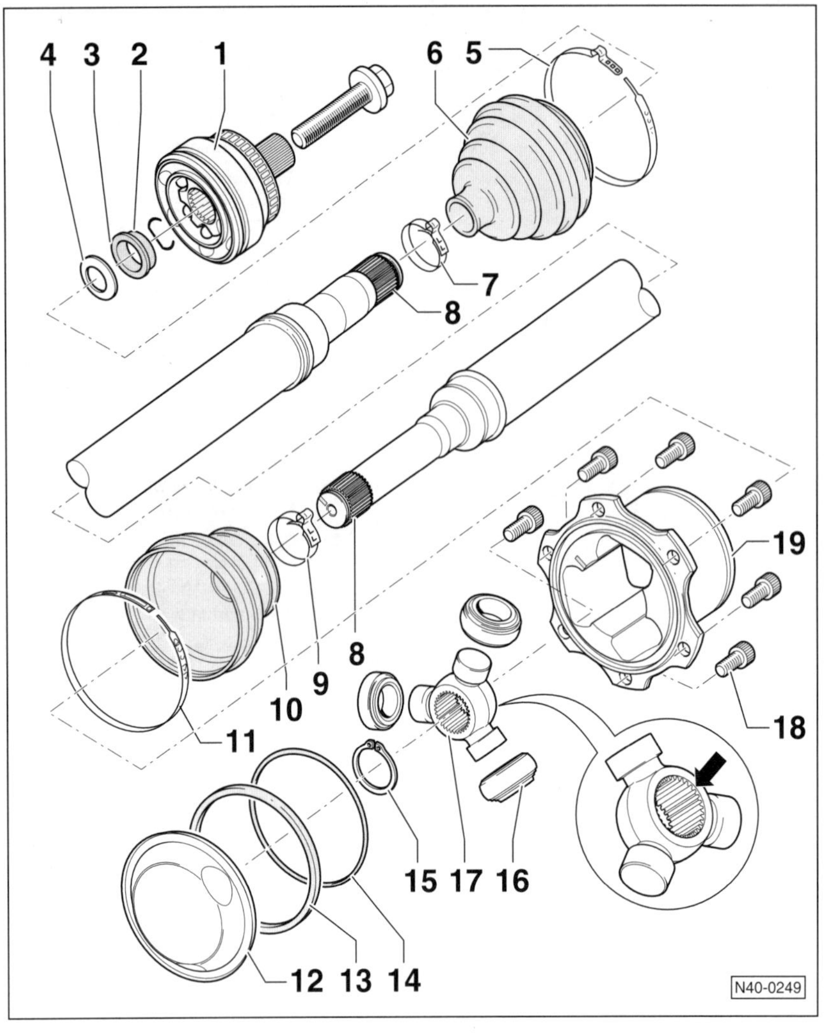

1 – **Gleichlaufgelenk außen**
Nur komplett ersetzen.
Einbau: Mit Plastikhammer auf die Welle auftreiben, bis eingefederter Sicherungsring ausfedert.

2 – **Sicherungsring**
Immer ersetzen. In die Nut der Welle einsetzen.

3 – **Anlaufring**

4 – **Tellerfeder**
Großer ∅ (Konkavseite) liegt am Anlaufring an.

5 – **Klemmschelle**
Immer ersetzen.

6 – **Glenkschutzhülle für Gleichlaufgelenk**
Auf Risse und Scheuerstellen prüfen.

7 – **Klemmschelle**

8 – **Gelenkwelle**

9 – **Klemmschelle für Tripodegelenk**

10 – **Gelenkschutzhülle für Tripodegelenk**

11 – **Klemmschelle für Tripodegelenk**

12 – **Deckel**
Wird beim Ausbau zerstört. Für den Einbau der Gelenkwelle wird der Deckel nicht benötigt.

13 – **Rechteckdichtring**
Bestandteil des Reparatursatzes, serienmäßig nicht eingebaut.

14 – **Runddichtring**
Wird nicht mehr eingebaut.

15 – **Sicherungsring**

16 – **Rollen**

17 – **Tripodestern**
Die Fase (Abschrägung) –Pfeil– zeigt zur Verzahnung der Gelenkwelle.

18 – **Innenvielzahnschraube, 80 Nm**
M10x20.

Gelenkwelle zerlegen

Nur Gelenkwelle mit Kugel-Gleichlaufgelenken

Defekte Manschetten sofort erneuern. Zum Erneuern der Schutzhüllen muß die Gelenkwelle zerlegt werden. Defekte Kugeln im Lager machen sich durch Lastwechselschlagen und Knackgeräusche bemerkbar. In diesem Fall Gelenk komplett erneuern.

Achtung: Bei demontierter Gelenkwelle darf das Fahrzeug nicht geschoben werden, da bei fehlender axialer Vorspannung die Wälzkörper des Radlagers beschädigt werden. Gegebenenfalls statt der Gelenkwelle ein Außengelenk einbauen und mit **50 Nm** anziehen.

Zerlegen

- Gelenkwelle ausbauen.
- Schlauchbinder an beiden Gelenkschutzhüllen mit Seitenschneider aufschneiden und abnehmen. Gelenkschutzhülle zurückschieben.
- Gelenkwelle in Schraubstock spannen. Dabei die Welle mit Aluminiumblechen schützen.

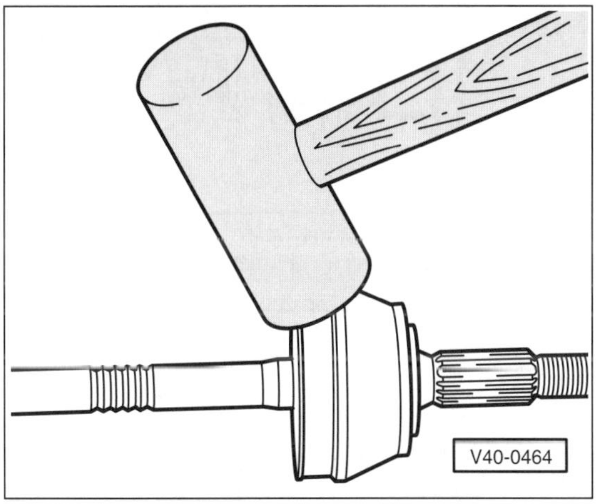

- Äußeres Gelenk: Durch kräftigen Schlag mit einem **Leichtmetallhammer** Gelenk von der Gelenkwelle abtreiben.

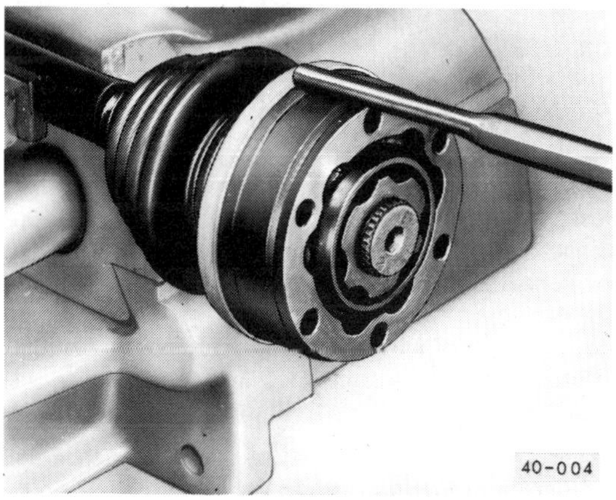

- Inneres Gelenk: Mit geeignetem Dorn Schutzkappe vom Gelenk abtreiben.

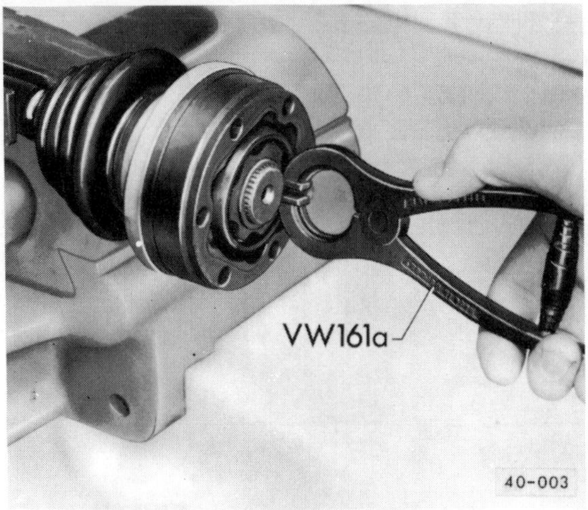

- Inneres Gelenk: Sicherungsring mit geeigneter Zange, z. B. VW-161a oder HAZET 2525K, ausfedern.

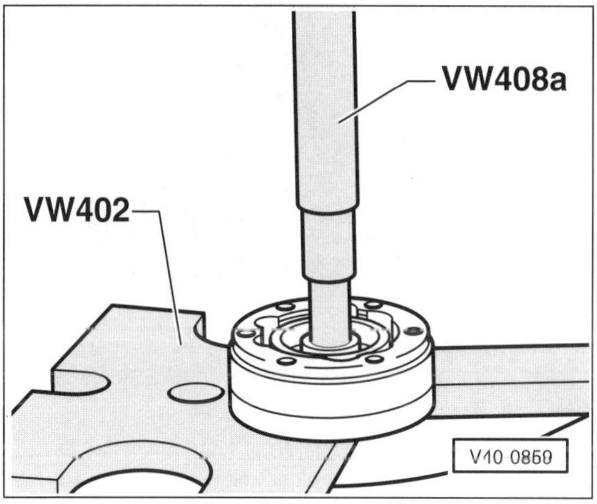

- Inneres Gelenk mit geeigneter Presse abpressen, dabei die innere Kugelnabe abstützen.
- Tellerfeder und Gelenkschutzhülle von der Welle abnehmen.
- Inneres Gelenk: Bei Motoren ab 75 PS zusätzliche Dichtung entfernen.

Zusammenbau

- Spröde oder defekte Gelenkschutzhüllen erneuern.
- Gelenkschutzhülle mit Schlauchbinder für inneres Gelenk auf die Welle schieben.

- Inneres Gelenk: Tellerfeder auf die Welle schieben. Dabei Tellerfeder lagerichtig aufsetzen. Der große Durchmesser der Tellerfeder stützt sich am Gelenk ab.
- Inneres Gelenk: Neues Gelenk mit 120 Gramm **G-6.3**-VW-Schmierfett – je 60 g von jeder Seite – füllen; bis 48 kW: Gelenk mit 90 g **G-6.3**-VW-Schmierfett – je 45 g von jeder Seite – füllen. Wenn nur die Gelenkschutzhülle erneuert wird, gegebenenfalls Gelenk nur nachfetten.

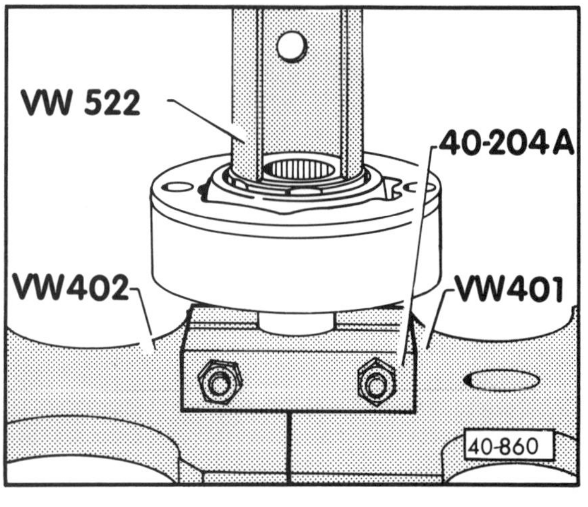

- Inneres Gelenk mit geeigneter Presse bis zum Anschlag aufpressen. **Achtung:** Fase am Innendurchmesser der Kugelnabe (Verzahnung) muß zum Anlagebund der Gelenkwelle zeigen.
- Neuen Sicherungsring mit VW 161a oder HAZET 2525K in die Nut der Welle einfedern.

- **Fahrzeuge ab 75 PS-Motorleistung:** Einbaumaß für Gelenkschutzhülle markieren.
- Vor der Montage der Gelenkschutzhülle auf der Gelenkwelle die Einbaulage mit Farbe oder Klebeband markieren. Keine Reißnadel verwenden, oder mit einem anderen scharfen Gegenstand den Lack beschädigen.

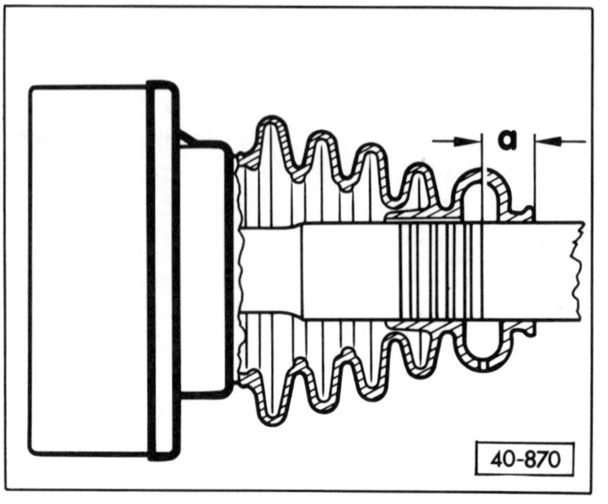

- Linke Gelenkwelle: Maß a = 17 mm.

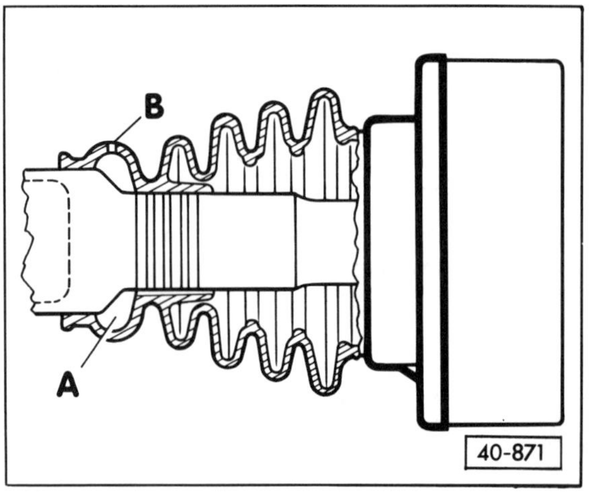

- Rechte Gelenkwelle: Der große Durchmesser der Belüftungskammer –A– muß auf dem großen Rohrdurchmesser stecken. B – Belüftungsbohrung.

- Inneres Gelenk: Saubere Stirnseite der Kappe für Gelenkschutzhülle mit VW-Dichtmittel D3 bestreichen. Kappe auf Lager auftreiben.
- Gelenkschutzhülle für äußeres Lager mit Schlauchbinder und Klemme auf die Welle schieben.

- Äußeres Gelenk: In Gleichlaufgelenk 110 Gramm **G-6.3-**VW-Schmierfett eindrücken; bis 64 PS: Gelenk mit 90 g **G-6.3-**Schmierfett füllen. Wurde nur die Gelenkschutzhülle erneuert, Lager nachfetten.

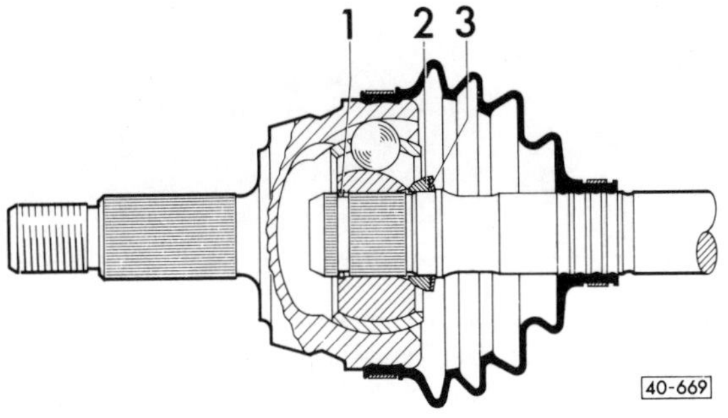

- Tellerfeder –3– und Abstandscheibe –2– lagerichtig auf die Welle setzen. Der große Durchmesser der Tellerfeder stützt sich an der Abstandscheibe ab. Abstandscheibe zeigt mit balliger Seite zum Gelenk.
- Neuen Sicherungsring in die Ringnut der Welle einsetzen. Sicherungsring mit Gummihammer auf die Welle treiben, bis er in die Nut einrastet.
- Gleichlaufgelenk mit Kunststoff- oder Leichtmetallhammer auf die Welle auftreiben, bis der Sicherungsring einrastet.

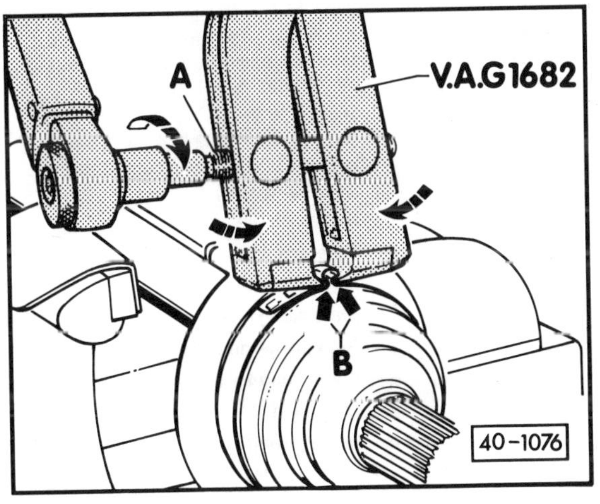

- Zum Spannen der Schlauchbinder muß die VW-Zange 1682 genommen werden. Zange wie in Abbildung gezeigt ansetzen und in dieser Stellung Schraube –A– mit Drehmomentschlüssel und **25 Nm** anziehen und dadurch Schlauchbinder spannen. Das Spannen des Schlauchbinders am kleinen Durchmesser der Gelenkschutzhülle erfolgt in gleicher Weise.

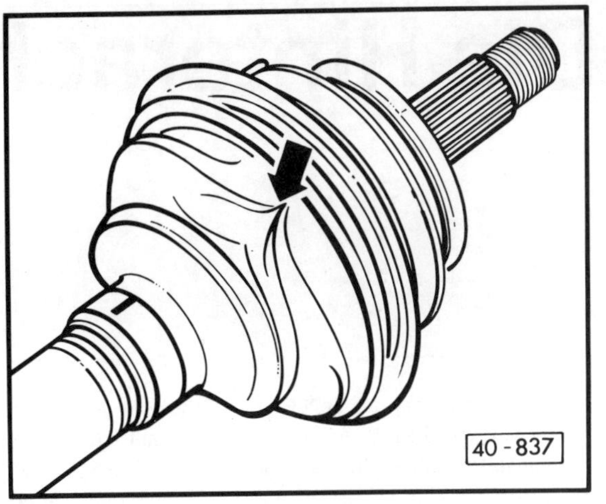

Achtung: Die Gelenkschutzhülle wird beim Aufsetzen auf den Gelenkkörper häufig eingedrückt. Dadurch entsteht in der Gelenkschutzhülle ein Unterdruck, der im Fahrbetrieb eine Falte nach innen zieht. Deshalb nach der Montage Schutzhülle am kleinen Durchmesser kurz mit einem Schraubendreher anlüften und so für einen Druckausgleich sorgen.

- Inneres Gelenk: Bei Motoren ab 55 kW (75 PS) neue Dichtung in das Gelenk einkleben, vorher Schutzfolie von der Dichtung abziehen.

Einbaumaße für Tilgergewicht:

Das Tilgergewicht wird mit einer Presse auf die Gelenkwelle aufgepreßt (Werkstattarbeit).

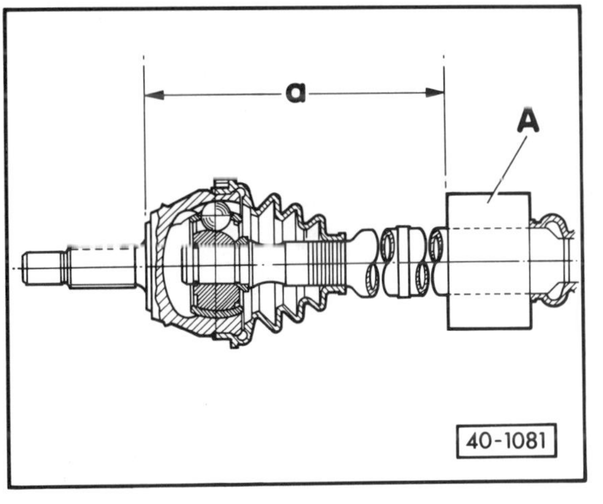

- Maß –a–: 541 ± 1 mm.

Die Hinterachse

Der Hinterachskörper des GOLF/VENTO besteht aus einem torsionsweichen V-Profil. An das V-Profil ist auf jeder Seite ein Längslenker angeschweißt. Auch ohne Stabilisator wirkt sich das V-Profil stabilisierend auf das Fahrverhalten aus. Durch seine Torsionswirkung verringert es bei Kurvenfahrt die Aufbauneigung sowie das Abheben des kurveninneren Hinterrades. Der Hinterachskörper ist über geteilte Gummi-Metallager mit dem Aufbau verschraubt. Die besondere Form der Lager sowie die Einbaulage beider Hälften zueinander beeinflussen das Fahrverhalten positiv. Bei der Kurvenfahrt wirken sie spurkorrigierend und verhindern unerwünschte Eigenlenkbewegungen der Achse. Die Abfederung der Hinterachse geschieht über Federbeine, die am Achskörper und oben mit dem Aufbau verschraubt sind.

Achtung: Zum Aus- und Einpressen des Gummi–Metallagers ist zuvor das dazu notwendige VW-Sonderwerkzeug 3111 unbedingt einzufetten. Keinen Schlagschrauber zum Drehen der Spindel verwenden. Ist das Gummi-Metallager zu weit eingepreßt, muß das Sonderwerkzeug im U-förmigen Ausschnitt etwas nachgearbeitet werden. Beim Einpressen darauf achten, daß der Lagerüberstand 8 mm nicht übersteigt.

Achtung: Schweiß- und Richtarbeiten an tragenden und radführenden Bauteilen der Hinterradaufhängung **sind nicht zulässig. Selbstsichernde Muttern** im Reparaturfall **immer ersetzen.**

1 – **Schrauben, 110 Nm**
M14-Schrauben für 5-Loch-Felgen mit **120 Nm** festziehen.

2 – **Mutter, 70 Nm**
Beim Festziehen der Mutter Achskörper in waagerechter Lage (Leergewichtszustand).

3 – **Mutter, 15 Nm**

4 – **Tellerscheibe**

5 – **Mutter, 25 Nm**

6 – **Abdeckung groß**

7 – **Gummilagerring oben**

8 – **Abdeckung klein**

9 – **Federbein**

10 – **Radlagerung**

11 – **Mutter, 80 Nm**
Selbstsichernd, immer ersetzen. Nur Muttern mit unverlierbarer Scheibe verwenden. Beim Festziehen der Mutter Achskörper in waagerechter Lage (Leergewichtszustand).

12 – **Schraube**
Von der Fahrzeugmitte aus ansetzen.

13 – **Bundschraube**
Bei beschädigtem Gewinde Hutmutter im Längsträger nacharbeiten.

14 – **Gummi-Metallager**

15 – **Halter für Handbremsseil**

16 – **Achskörper**

17 – **Stabilisator**

18 – **Lagerbock mit Halter für Bremskraftregler**

Federbein hinten aus- und einbauen/zerlegen

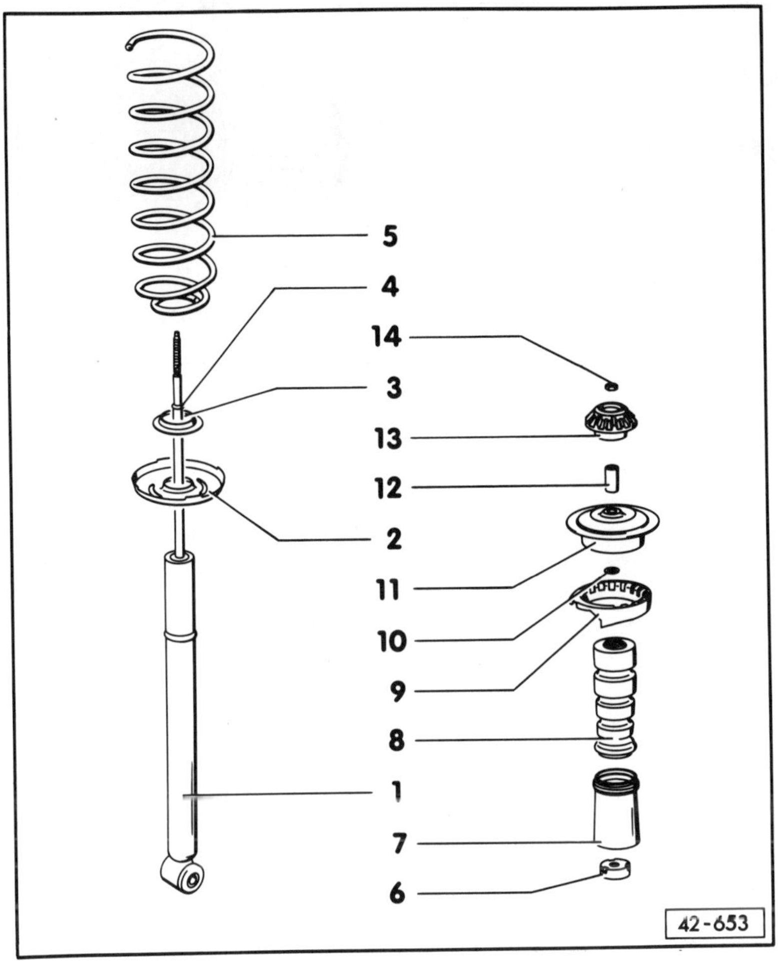

1 – Stoßdämpfer
2 – Federteller unten
3 – Unterlage
4 – Sicherungsring
5 – Schraubenfeder
6 – Schutzkappe
7 – Schutzrohr
8 – Anschlagpuffer
9 – Federauflage
10 – Scheibe
11 – Federteller oben
12 – Distanzrohr
13 – Lagerring unten
Gummiteil.
14 – Mutter, 15 Nm

Ausbau

- Fahrzeug auf den Rädern stehen lassen.

- Die 2 Befestigungsmuttern –Pfeile– der seitlichen Kofferraumabdeckung abschrauben und Abdeckung aus Verrasterung drücken.
- Die Gummiabdeckung vom Federbeindom abnehmen.

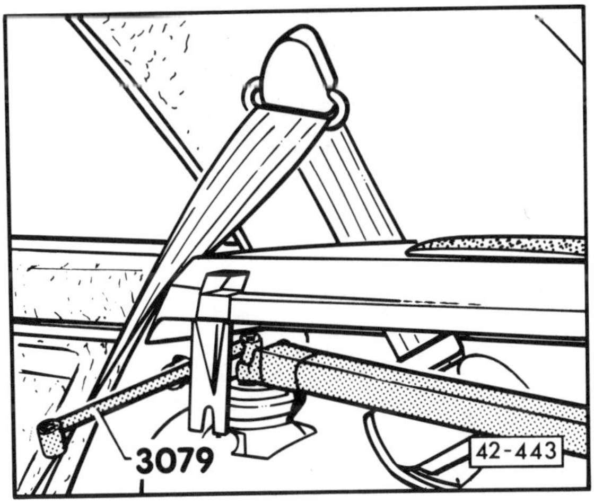

- Dämpfer oben vom Aufbau abschrauben. Hierzu wird ein gekröpfter Ringschlüssel benötigt und als Gegenhalter das VW-Werkzeug 3079 oder Hazet 2594.
- Scheibenrad (Felge) zur Radnabe mit Farbe kennzeichnen. Dadurch kann das ausgewuchtete Rad wieder in der gleichen Lage montiert werden.

- Radschrauben an den Hinterrädern lösen. Dabei muß das Fahrzeug noch am Boden stehen.
- Fahrzeug aufbocken, Räder abnehmen.
- Wagenheber unter Längslenker stellen, Lenker leicht anheben.

Achtung: Wagenheber nicht zu hoch aufbocken, sonst wird der Wagen vom Unterstellbock gehoben.

- Mutter unten am Stoßdämpfer abschrauben, Schraube heraustreiben und Federbein herausnehmen.

Zerlegen

Die im nachfolgenden Text angegebenen Nummern beziehen sich auf Bild 42-653.

- Befestigungsmutter –14– abschrauben. Dabei Kolbenstange mit Maulschlüssel gegenhalten. Da die Feder –5– nur geringfügig vorgespannt ist, braucht man keinen Federspanner.
- Teile komplett von Stoßdämpfer –1– abnehmen.
- Stoßdämpfer prüfen.
- Gegebenenfalls Stoßdämpfer verschrotten, siehe Seite 94.

Zusammenbauen

Der Stoßdämpfer ist einzeln austauschbar.

Achtung: Die Schraubenfedern gibt es in verschiedenen Toleranzgruppen. An einer Achse nur Federn gleicher Toleranzgruppe (gekennzeichnet durch Farbe) verwenden.

- Eine neue Schraubenfeder ist gegen Korrosion mit einem Schutzlack versehen. Vor dem Einbau Federn auf Lackschäden untersuchen und gegebenenfalls ausbessern.
- Federbein nach Abbildung 42-653 zusammensetzen.

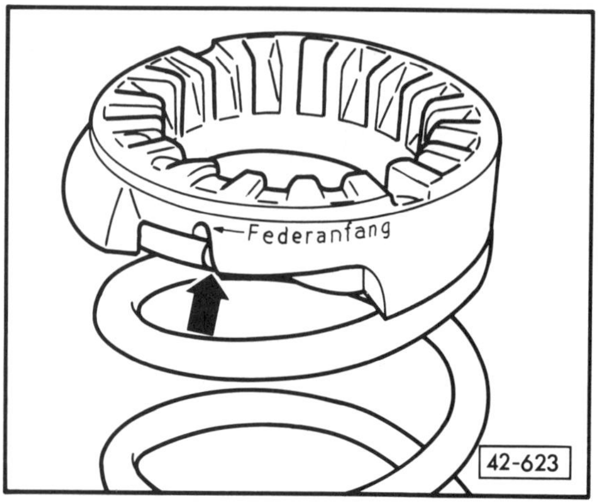

42-623

- Federauflage in richtiger Stellung auflegen.

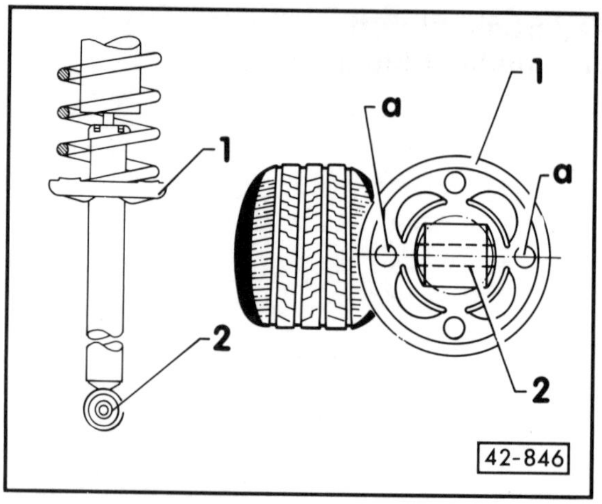

42-846

- Der Federteller –1– ist so einzubauen, daß die Bohrungen –a– mit der Buchse –2– im Dämpferauge fluchten. Andernfalls kann es bei extremen Fahrsituationen zur Berührung des Reifens mit dem Federteller –1– kommen.
- Befestigungsschraube –14– mit **15 Nm** anschrauben.

Einbau

Die im nachfolgenden Text angegebenen Nummern beziehen sich auf Bild 42-866.

- Federbein von unten in den Federbeindom einführen.
- Abdeckung (klein) –8–, Lagerring oben –7– und Abdeckung (groß) –6– vom Innenraum auf Stoßdämpfer aufsetzen und mit Befestigungsmutter –5– handfest anziehen.
- Stoßdämpferschraube unten ansetzen, eventuell Achskörper mit Wagenheber leicht anheben. Mutter –2– an Stoßdämpferschraube ansetzen.
- Befestigungsmutter –5– am Federbein oben mit **25 Nm** festschrauben.
- Tellerscheibe –4– aufsetzen und Mutter –3– mit 15 Nm anziehen. Gummiabdeckung aufsetzen.
- Hinterräder so ansetzen, daß die beim Ausbau angebrachten Markierungen übereinstimmen. Vorher Zentriersitz der Felge an der Radnabe sowie die Kegelfläche der Radschrauben mit Wälzlagerfett leicht einfetten. Gewinde der Radschrauben **nicht** fetten oder ölen. Räder anschrauben. Fahrzeug ablassen und Radschrauben über Kreuz mit **110 Nm** festziehen. M14-Schrauben für 5-Loch-Felgen mit **120 Nm** festziehen.
- Befestigungsmutter –2– mit **70 Nm** festschrauben.
- Kofferraumabdeckung einbauen.

Federbein hinten aus- und einbauen/zerlegen

Variant

Ab ca. 5/95 wird beim Variant ein Achskörper mit gedrehtem V-Profil eingebaut. Wird dieser Achskörper in bisherige Fahrzeuge eingebaut, müssen die Befestigungen für die Bremszuleitungen erneuert werden.

Ausbau

- Fahrzeug auf den Rädern stehen lassen.
- Laderaumabdeckung nach hinten herausziehen.

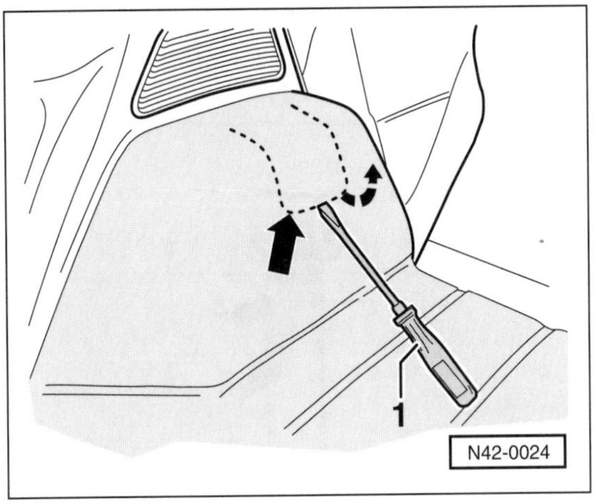

- Verkleidung für Radkasten an der perforierten Schnittstelle –Pfeil– mit einem Schraubendreher –1– hochklappen. Gegebenenfalls mit einem Messer die Naht aufschneiden.

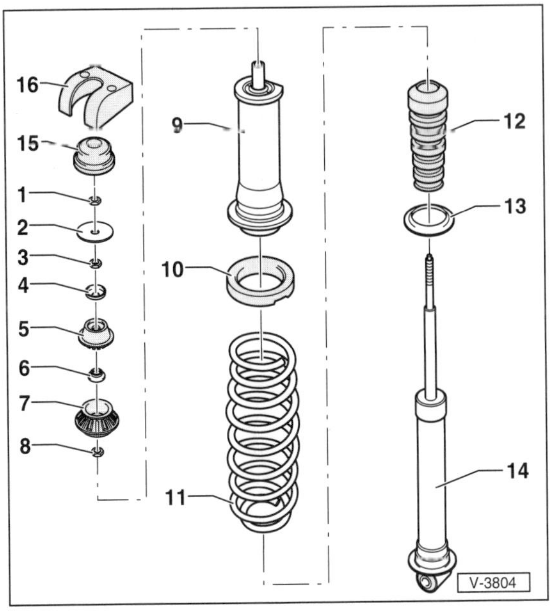

- Obere Muttern –1/3– für Federbein abschrauben.
- Stellung des jeweiligen Hinterrades zur Radnabe mit Farbe kennzeichnen. Dadurch kann das ausgewuchtete Rad wieder in derselben Position montiert werden.
- Radschrauben bei auf dem Boden stehendem Fahrzeug lösen. Fahrzeug hinten aufbocken und Rad abnehmen.
- Federbein unten von der Hinterachse abschrauben.
- Schraube herausziehen und Federbein abnehmen.

Zerlegen/Zusammenbauen

Der Vorgang ist weitgehend gleich wie bei der Limousine. Unter Umständen muß die Kolbenstange aus dem Schutzrohr ausgepreßt werden.

Benennung für Abbildung V-3804

1 – Mutter, 25 Nm	9 – Schutzrohr
2 – Tellerscheibe	10 – Federauflage
3 – Mutter, 25 Nm	11 – Schraubenfeder
4 – Druckscheibe	12 – Anschlagpuffer
5 – Gummilagerring oben	13 – Unterlage
6 – Stützscheibe	14 – Stoßdämpfer
7 – Lagerring unten	15 – Schutzkappe
8 – Mutter, 35 Nm	16 – Füllstück

- Buchse für Kolbenstangenführung vor der Montage fetten.

Einbau

- Federbein mit **neuer** Schraube am Achslenker lose anschrauben.

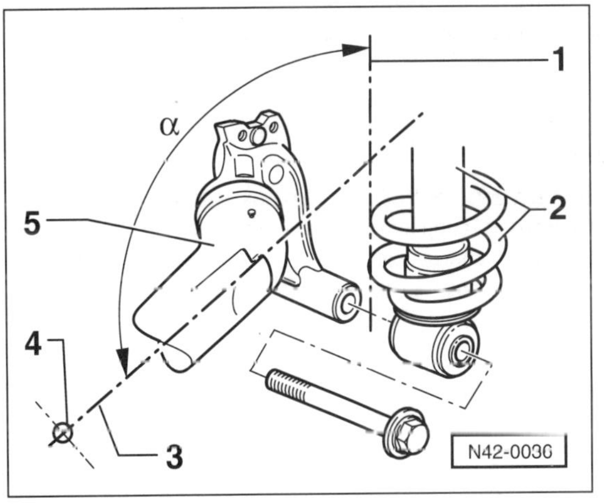

- Federbein so ausrichten, daß $\alpha = 95°$ beträgt und Schraube mit **220 Nm** festziehen.
  1 – gedachte Linie entlang der Feder
  2 – Feder mit Dämpfer
  3 – gedachte Linie auf dem Achslenker der Hinterachse
  4 – Drehpunkt der Hinterachse im Lagerbock
  5 – Achlenker
- Hinterrad so ansetzen, daß die beim Ausbau angebrachten Markierungen übereinstimmen. Vorher Zentriersitz der Felge an der Radnabe mit Wälzlagerfett leicht einfetten. Rad anschrauben.
- Fahrzeug langsam ablassen und dabei Federbein am Aufbau einführen.
- Federbein oben festschrauben.
- Radschrauben über Kreuz mit **110 Nm** (M14-Schrauben für 5-Loch-Felge: **120 Nm**) festziehen.

Stoßdämpfer prüfen

Der Stoßdämpfer kann von Hand geprüft werden.

- Stoßdämpfer ausbauen.
- Stoßdämpfer in Einbaulage halten, Stoßdämpfer auseinanderziehen und zusammendrücken.
- Der Stoßdämpfer muß sich über den gesamten Hub gleichmäßig schwer und ruckfrei bewegen lassen.
- Defekte Dämpfer erkennt man auch während der Fahrt an Polter- und Knackgeräuschen. Allerdings haben diese Geräusche häufig auch andere Ursachen, zum Beispiel lokkere Fahrwerksschrauben, Muttern, defektes Radlager, Gleichlaufgelenk. Daher Dämpfer vor dem Ersetzen immer prüfen, gegebenenfalls auf Stoßdämpferprüfstand prüfen lassen.
- Bei einwandfreier Funktion sind geringe Spuren von Stoßdämpferöl kein Grund zum Austausch. Als Faustregel gilt: Wenn ein Ölfleck sichtbar ist und sich nicht weiter ausbreitet als vom oberen Stoßdämpferverschluß (Kolbenstangendichtring) bis zum unteren Federteller, gilt der Dämpfer als in Ordnung. Voraussetzung ist, daß der Ölfleck stumpf, matt beziehungsweise durch Staub getrocknet ist. Ein geringfügiger Ölaustritt ist sogar von Vorteil, weil dadurch der Dichtring geschmiert wird und sich somit die Lebensdauer erhöht.
- Bei starkem Ölverlust Stoßdämpfer austauschen.

Stoßdämpfer verschrotten

Damit ein defekter Stoßdämpfer der Wiederverwertung zugeführt werden kann, muß das Hydrauliköl aus dem Stoßdämpfer abgelassen und an der Sondermüllsammelstelle abgegeben werden. Der entölte Stößdämpfer kann dann wie normaler Eisenschrott behandelt werden.

Achtung: Während dieser Arbeit unbedingt Schutzbrille tragen.

Vorderachse

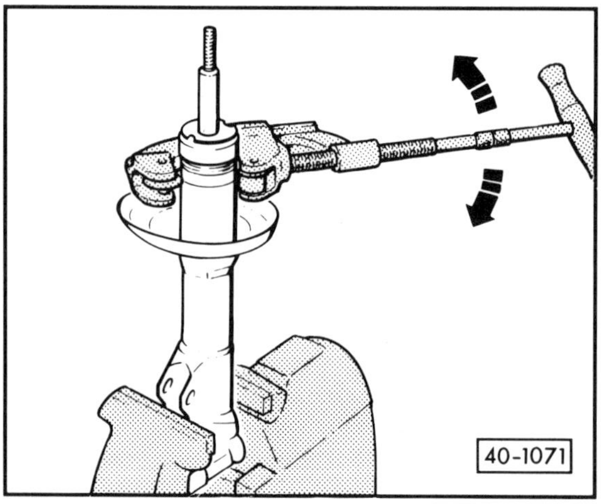

- Federbein in Schraubstock spannen.
- Rohrschneider, z. B. Stahlwille Express 150/3, ansetzen und Außenrohr durchtrennen.
- Kolbenstange hochziehen, dabei das Innenrohr mit einer Wasserrohrzange festhalten und nach unten drücken, so daß dieses bei langsamen Hochziehen der Kolbenstange im Außenrohr verbleibt.
- Kolbenstange vom Innenrohr abziehen.
- Dämpfer über eine Ölauffangwanne halten und Hydrauliköl ablaufen lassen bis kein Hydrauliköl mehr austritt.
- Hydrauliköl wie Altöl an Sondermüllsammelstelle entsorgen lassen.
- Entölten Stoßdämpfer wie Eisenschrott entsorgen.

Hinterachse

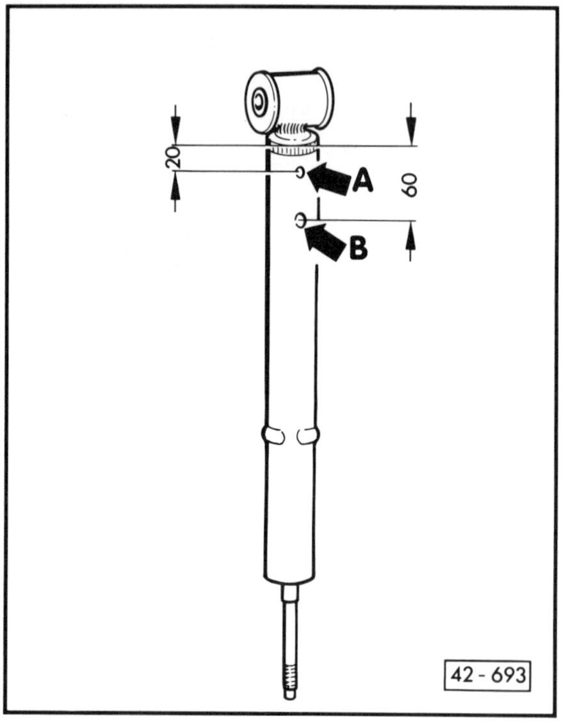

- Ausgebauten Stoßdämpfer senkrecht, mit der Kolbenstange nach unten zeigend, in den Schraubstock einspannen.
- An der Stelle –A– ein Loch mit ∅ 3 mm in das Außenrohr bohren.

Achtung: Bei Gasdruckstoßdämpfern entweicht nach dem Durchbohren der ersten Rohrwandung Gas. Öffnung während des Entgasens mit Lappen abdecken. Weiterbohren bis das innenliegende Rohr (ca. 25 mm) durchbohrt ist.

- An der Stelle –B– eine zweite Bohrung mit 6 mm-Bohrer bis durch das innenliegende Rohr bohren.
- Dämpfer über eine Ölauffangwanne halten und Hydrauliköl durch hin- und herbewegen der Kolbenstange über den gesamten Hub herausdrücken.

- Dämpfer abtropfen lassen bis kein Hydrauliköl mehr austritt.
- Hydrauliköl wie Altöl an Sondermüllsammelstelle entsorgen lassen.
- Entölten Stoßdämpfer wie Eisenschrott entsorgen.

Radlager aus- und einbauen

Ausbau

- Fahrzeuge mit **Trommelbremse:** Hinterrad und Bremstrommel ausbauen, siehe Seite 148.
- Fahrzeuge mit **Scheibenbremse:** Hinterrad und Bremsscheibe ausbauen, siehe Seite 146.
- Lagerlaufringe mit Kupferdorn austreiben. Dabei Dorn kreisförmig an verschiedenen Stellen des Laufringes ansetzen, um ein Verkanten zu verhindern.

Achtung: Nur einwandfreien Dorn benutzen, damit sich kein Grat am Laufringsitz bilden kann.

- Achszapfen und Bremstrommel beziehungsweise Radnabe mit sauberem Lappen und Spiritus reinigen.

Einbau

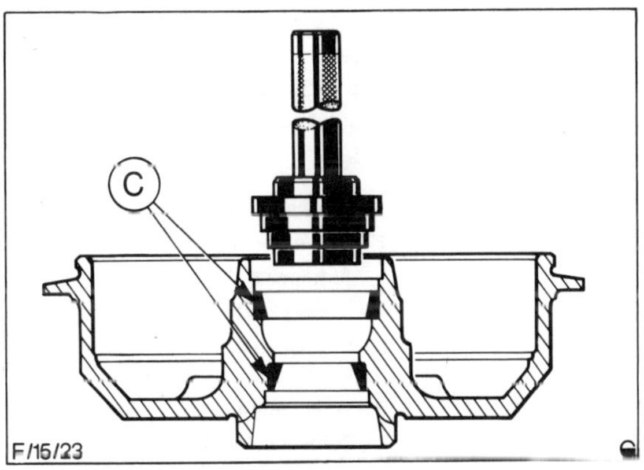

- Lagerlaufringe –C– bis zum Anschlag eintreiben. Die Werkstatt verwendet hierzu das Werkzeug VW-432 bei Fahrzeugen mit Trommelbremse beziehungsweise VW-512 und 30-506 bei Fahrzeugen mit Scheibenbremse. Steht das Spezialwerkzeug nicht zur Verfügung, Laufring mit geeignetem Rohr vorsichtig eintreiben.
- Kegelrollenlager mit Radlagerfett (Lithiumfett) füllen.
- Inneres Lager einsetzen.
- Dichtring mit Radlagerfett zwischen den Dichtlippen einfetten.

Fahrzeuge mit Trommelbremse

- Dichtring mit geeignetem Rohr eintreiben.
- Bremstrommel einbauen und dabei auch äußeres Kegelrollenlager einsetzen, siehe Seite 148.

Fahrzeuge mit Scheibenbremse

- Dichtring mit Kunststoffhammer bis zum Anschlag eintreiben.
- Radnabe mit Radlagerfett füllen und mit äußerem Kegelrollenlager einsetzen, siehe Seite 146.

- Radlagerspiel einstellen.
- Hinterrad einbauen und Radschrauben mit **110 Nm** (M14-Schrauben für 5-Loch-Felge: **120 Nm**) festziehen.

Radlagerspiel einstellen

- Fahrzeug hinten aufbocken.
- Schutzkappe ausbauen, siehe Seite 149.
- Splint herausziehen und Kronensicherung abnehmen.

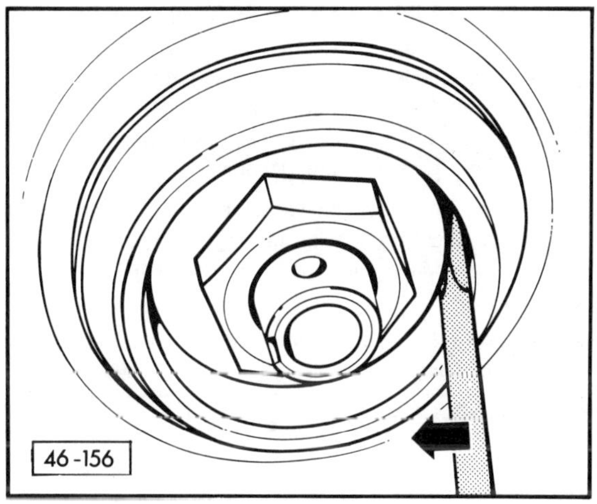

- Sechskantmutter leicht lösen und wieder anziehen. Das Radlagerspiel ist richtig eingestellt, wenn sich die Druckscheibe mit einem Schraubenzieher durch Fingerdruck –Pfeil– noch verschieben läßt. **Dabei darf auf keinen Fall der Schraubenzieher durch Dreh- oder Hebelbewegung abgestützt werden.**

Achtung: Rad beim Anziehen der Mutter drehen, damit sich das Radlager nicht verklemmt.

- Kronensicherung so aufsetzen, daß sich der Splint einstecken läßt.
- Neuen Splint einsetzen und an den Enden umbiegen.
- Fettfüllung der Fettkappe kontrollieren. Wenn Fett harzig oder verbraucht ist, Kappe zur Hälften mit Wälzlagerfett füllen.
- Fettkappe mit geeignetem Rohr auftreiben, das Rohr soll am Wulst der Fettkappe anliegen. **Achtung:** Verbeulte Fettkappen unbedingt ersetzen, da durch Undichtigkeiten Feuchtigkeit ins Radlager eindringt und dieses dadurch in kurzer Zeit zerstört wird.
- Fahrzeug ablassen.

Die Lenkung

Die Lenkung besteht im wesentlichen aus dem Lenkrad, der Lenksäule, dem Zahnstangen-Lenkgetriebe, den Spurstangen und der hydraulischen Lenkhilfe (Servolenkung). Das Lenkrad ist auf der Lenksäule aufgeschraubt, die die Lenkbewegungen auf das Lenkgetriebe überträgt. Im Lenkgetriebe wird eine Zahnstange entsprechend dem Lenkradeinschlag nach links oder rechts bewegt. Spurstangen, die am Mitnehmer der Zahnstange befestigt sind, übertragen die Lenkkräfte über beide Radlagergehäuse auf die Räder.

Die Zahnstangenlenkung ist leichtgängig und spielfrei von Anschlag zu Anschlag. Sie ist wartungsfrei, allerdings müssen die Abdicht-Manschetten auf einwandfreien Zustand geprüft werden.

Die Bedienung der Lenkung wird je nach Modell und Ausstattung durch eine hydraulische Lenkhilfe erleichtert. Die Servolenkung sorgt dafür, daß der Kraftaufwand beim Einschlagen der Lenkung möglichst gering gehalten wird. Die Lenkhilfe besteht aus der Ölpumpe, dem Vorratsbehälter und den Öldruckleitungen. Angetrieben wird die Ölpumpe über einen Keilriemen beziehungsweise Keilrippenriemen. Die Pumpe saugt das Hydrauliköl aus dem Vorratsbehälter an und fördert es mit hohem Druck zum Ventilkörper. Der Ventilkörper sitzt im Lenkgetriebe. Er ist mit der Lenksäule mechanisch verbunden und leitet das Öl je nach Lenkeinschlag in die entsprechende Seite des Arbeitszylinders. Dort drückt das Öl gegen den Zahnstangenkolben und unterstützt dadurch die Lenkbewegung. Gleichzeitig preßt der Kolben das Öl auf der anderen Seite des Arbeitszylinders über die Rücklaufnut des Drehschieberventils durch die Rücklaufleitung zurück zum Nachfüllbehälter.

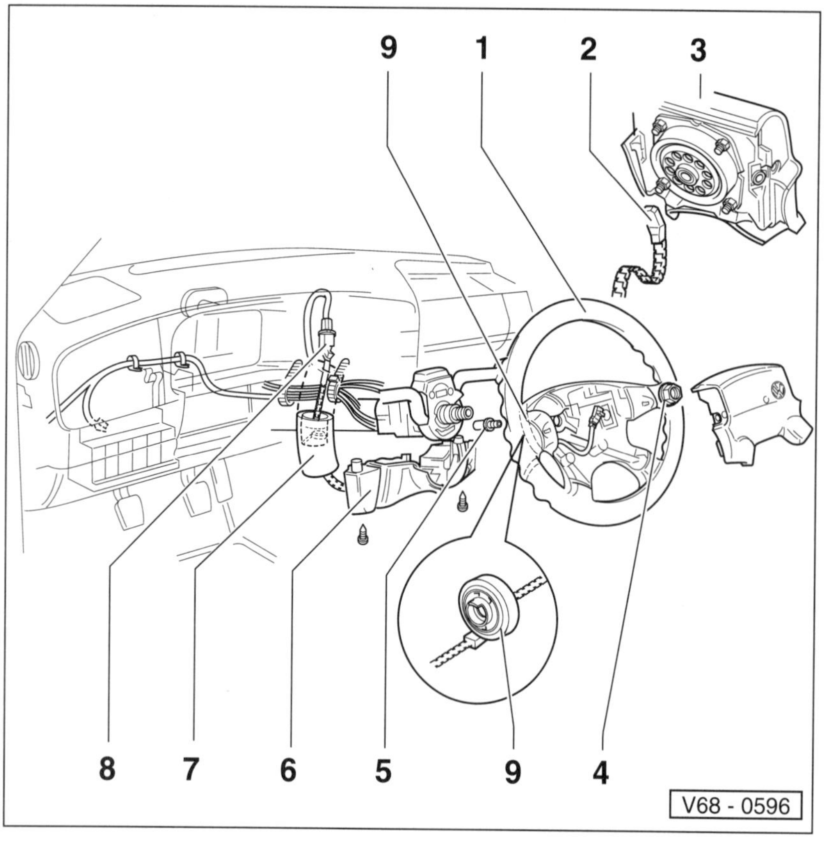

1 – Lenkrad
2 – Steckverbindung
3 – Airbageinheit
4 – Mutter, 50 Nm
5 – Innensechskantschraube, 7 Nm
Nach Ausbau immer erneuern.
6 – Verkleidung unten
7 – Schaumstoffrohr
8 – Steckverbindung
9 – Rückstellring mit Schleifring

Als Zusatzausstattung ist der Airbag erhältlich. Dies ist ein Sicherheitssystem, bei dem sich im Lenkrad beziehungsweise auch vor dem Beifahrer ein zusammengefalteter Luftsack befindet. Im Fall einer Frontalkollision wird über ein Steuergerät eine kleine Sprengladung in der Airbag-Einheit gezündet, die Abgase der Explosion blasen den Luftsack innerhalb weniger Millisekunden auf. Diese Zeit reicht aus, den Aufprall des nach vorn schnellenden Fahrers zu dämpfen. Der Airbag fällt dann innerhalb weniger Sekunden in sich zusammen, da die Gase durch Austrittsöffnungen entweichen.

Der Airbag kann auch nachträglich eingebaut werden (Werkstattarbeit).

Achtung: Selbstsichernde Muttern immer ersetzen. Schweiß- und Richtarbeiten an Lenkungsteilen sind nicht zulässig. Arbeiten am Airbag-System sollten von der Fachwerkstatt durchgeführt werden, Explosionsgefahr!

Airbag-Sicherheitshinweise

- Die Airbageinheit darf nicht zerlegt werden, bei Defekt ist sie immer komplett zu ersetzen. Da die Airbageinheit Explosivstoffe enthält, ist sie unter Verschluß oder geeigneter Aufsicht aufzubewahren. Die Entsorgung sollte die VW-Werkstatt vornehmen.
- Die Airbageinheit darf nicht mit Flüssigkeiten wie Fett oder Reinigungsmitteln behandelt werden.
- Beim Anklemmen der Batterie darf sich keine Person vor dem Fahrer- oder Beifahrerairbag aufhalten.
- Die Airbageinheit ist im ausgebauten Zustand immer so abzulegen, daß das Prallpolster bzw. die offene Seite nach oben zeigt.
- Bei Arbeitsunterbrechung die Airbageinheit nicht unbeaufsichtigt liegen lassen.
- Sind die Airbageinheiten oder das Auslösegerät aus einer Höhe von mehr als 0,5 m zu Boden gefallen, dürfen diese nicht mehr eingebaut werden.
- Die Airbageinheit darf auch kurzzeitig keiner Temperatur über +100° C (Trockenofen) ausgesetzt werden.
- **Die Airbageinheit darf nur bei abgeklemmtem Batterie-Massekabel (–) und »0«-Stellung des Zündschlüssels ausgebaut werden.**

Airbageinheit am Lenkrad aus- und einbauen

Ausbau

- Zündung ausschalten, Zündschlüssel steht in »0«-Stellung.
- Batterie-Massekabel (–) von der Batterie abklemmen. **Achtung:** Dadurch werden die elektronischen Speicher gelöscht, wie zum Beispiel der Motorfehlerspeicher oder der Radiocode. Vor dem Abklemmen der Batterie sollten auch die Hinweise im Kapitel »Batterie aus- und einbauen« durchgelesen werden.
- Lenkung in Geradeausstellung bringen.

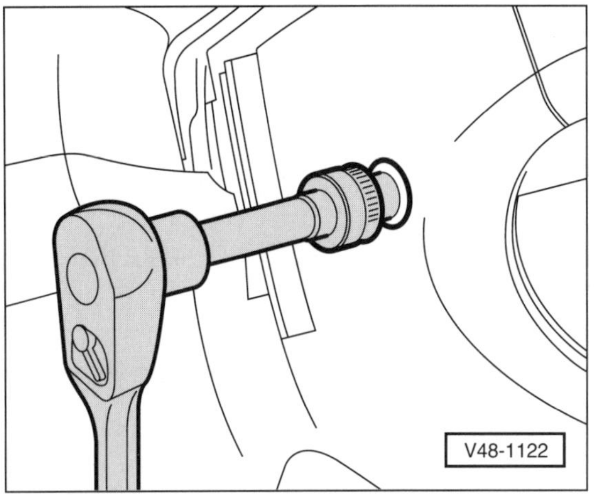

- 2 Innensechskantschrauben für Airbageinheit links und rechts an der Lenkradrückseite abschrauben.
- Airbageinheit vom Lenkrad abheben und Kabelstecker an der Rückseite abziehen.

Einbau

Achtung: Wurde der Airbag ausgelöst, ist grundsätzlich das Lenkrad ebenfalls zu ersetzen. Airbag-Sicherheitshinweise beachten.

- Kabelstecker für Airbageinheit zusammenfügen, er muß hörbar einrasten.
- Airbageinheit einsetzen, 2 **neue** Schrauben mit 7 Nm einschrauben.
- **Zuerst** Zündung einschalten, dann Batterie-Massekabel (–) anklemmen. **Achtung:** Während des Anklemmens der Batterie dürfen sich keine Personen im Fahrzeug aufhalten.
- Falls vorhanden, Zeituhr einstellen sowie Diebstahlcode für das Radio eingeben.

Lenkrad aus- und einbauen

Lenkrad ohne Airbag

Ausbau

- Abdeckkappe von Hand vom Lenkrad abziehen, siehe auch Seite 246.
- Elektrische Leitungen für Hupenbetätigung an der Abdeckkappe abziehen.
- Lenkung in Geradeausstellung bringen.
- Befestigungsmutter abschrauben und mit Scheibe abnehmen. Zum Abschrauben wird eine Stecknuß SW 24 mit Verlängerung benötigt.
- Lenkrad zur Lenkspindel mit Farbe oder Reißnadel kennzeichnen.
- Lenkrad von der Lenkspindel abziehen.

Einbau

- Lenkrad so auf die Kerbverzahnung der Spindel aufschieben, daß sich die vorher angebrachten Markierungen decken.

Achtung: Beim Aufsetzen des Lenkrades muß sich der Blinkerschalter in Mittelstellung befinden.

- Unterlegscheibe auflegen.
- **Neue selbstsichernde** Sechskantmutter mit **50 Nm** anschrauben.
- Elektrische Leitungen anschließen.
- Abdeckkappe aufdrücken und einrasten.

Lenkrad mit Airbag

Ausbau

- Lenkung in Geradeausstellung bringen.
- Airbageinheit ausbauen, siehe Seite 129.
- Verkleidung unter Lenkstockschalter ausbauen.

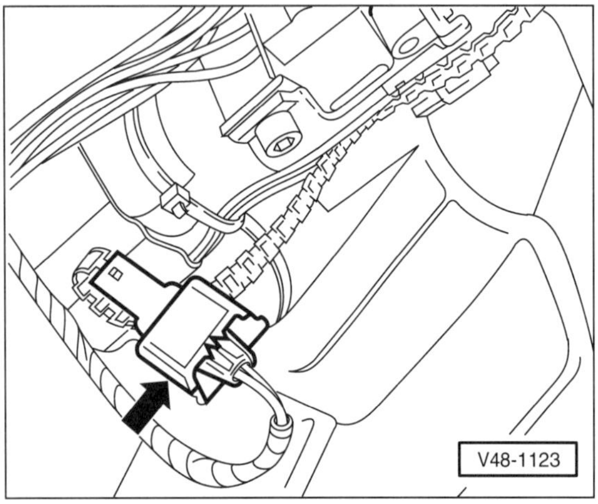

- Falls vorhanden, Schaumstoffhülle von Steckverbindung abziehen. Steckverbindung –Pfeil– für Airbag trennen.
- Lenkrad zur Lenkspindel mit Farbe oder Reißnadel kennzeichnen.
- Befestigungsmutter abschrauben und Lenkrad von der Lenkspindel abziehen.

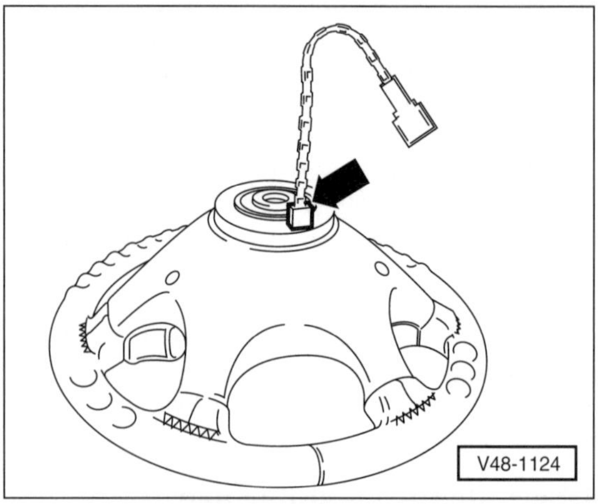

Achtung: Das ausgebaute Lenkrad in Einbaulage halten und Rückstellring geringfügig drehen, so daß das Kabel –Pfeil– nach unten zeigt. Der Ring rastet in dieser Stellung ein und ist gegen Verdrehen gesichert. Wird dies nicht beachtet, kann unkontrolliertes Verdrehen des Rückstellrings im späteren Fahrbetrieb zum Überdrehen und Zerstören der Wickelfeder des Rückstellrings führen.

Einbau

- Lenkrad so auf die Kerbverzahnung der Spindel aufschieben, daß sich die vorher angebrachten Markierungen decken. **Achtung:** Beim Aufsetzen des Lenkrades muß sich der Blinkerschalter in Mittelstellung befinden.
- Sechskantmutter mit **50 Nm** anschrauben.
- Steckverbindung für Airbageinheit unterhalb des Lenkrades zusammenstecken.
- Verkleidung unter Lenkstockschalter einbauen, dabei daruf achten, daß der Kabelanschluß des Rückstellringes in der Aussparung der Verkleidung sitzt.
- Airbageinheit einbauen, siehe Seite 129.

- Probefahrt durchführen und bei Geradeausfahrt Stellung des Lenkrades überprüfen. Die Speiche des Lenkrades muß sich in waagerechter Lage befinden.
- Falls das Lenkrad schräg steht, Lenkrad entsprechend umsetzen. Gegebenenfalls Spur der Vorderräder überprüfen, siehe Seite 135.
- Hupe und automatische Rückstellung des Blinkerschalters prüfen.

Lenkungsspiel einstellen

Nur mechanische Lenkung

Die Zahnstangenlenkung soll von Anschlag zu Anschlag spielfrei sein. Zur Einstellung sind 2 Personen erforderlich. Eine Einstellung der Servolenkung ist nicht vorgesehen.

- Fahrzeug auf der Hebebühne anheben. Räder in Geradeausstellung bringen.
- Durch wechselseitiges Hin- und Herbewegen (etwa 30° um die Geradeausstellung) des Lenkrades wird bei zu großem Lenkungsspiel ein Klappergeräusch hörbar.

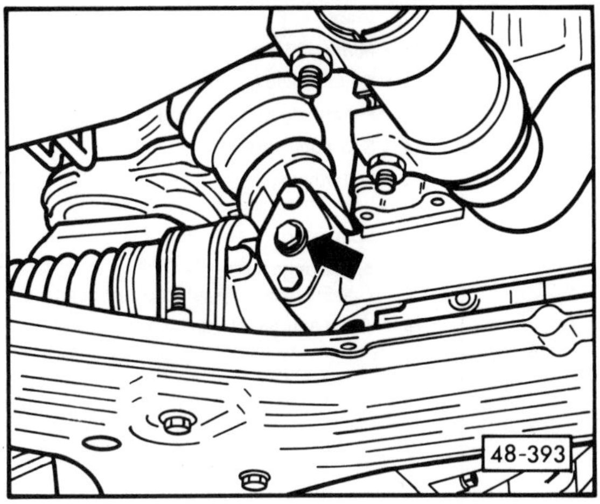

- Der zweite Mechaniker dreht dabei die Einstellschraube vorsichtig so weit hinein, bis kein Klappergeräusch mehr im Wageninnern zu hören ist.
- Fahrzeug ablassen.
- Einstellung bei Probefahrt kontrollieren. Ist die Lenkung schwergängig, läuft in Kurven nicht allein in die Geradeausstellung zurück: Einstellschraube wieder etwas lösen.

Mechanisches Lenkgetriebe

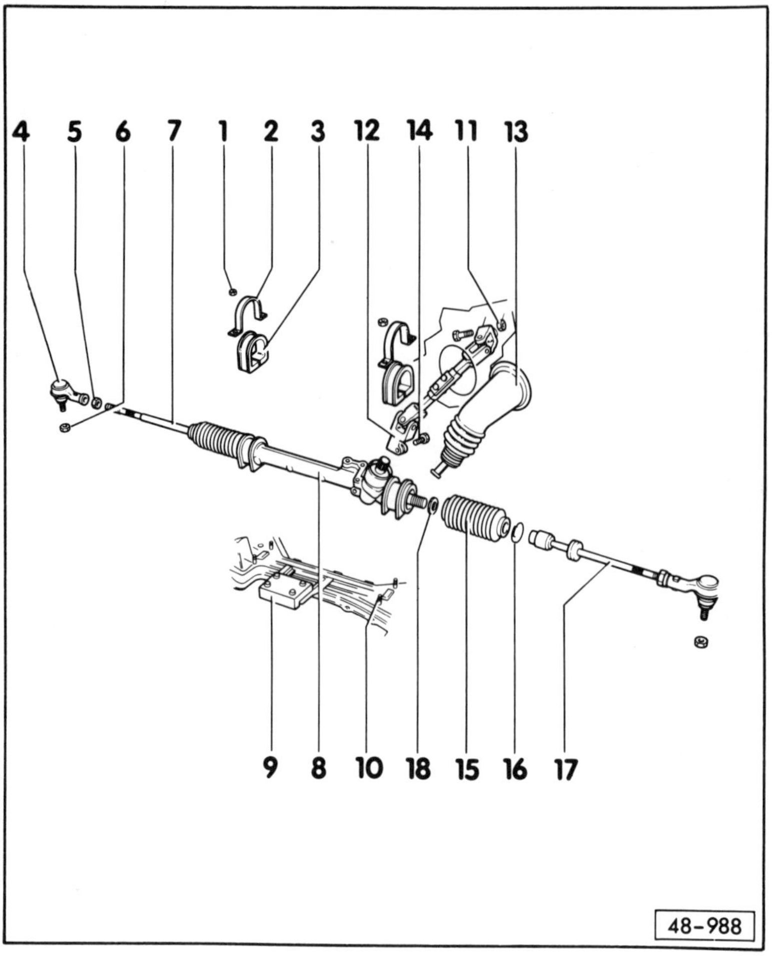

1 – **Mutter, 30 Nm**
2 – **Schelle für Gummilager**
3 – **Gummilager**
4 – **Spurstangenkopf**
5 – **Mutter, 50 Nm**
6 – **Mutter, 35 Nm**
7 – **Spurstange rechts**
Einstellbar.
8 – **Lenkgetriebe**
9 – **Aggregatträger mit Tilger**
10 – **Befestigungsschrauben für Lenkgetriebe**
11 – **Mutter, 30 Nm**
12 – **Gelenkwelle für Lenksäule**
13 – **Faltenbalg für Gelenkwelle**
14 – **Schraube, 30 Nm**
15 – **Faltenbalg**
Beim Spureinstellen nicht verdrillen.
16 – **Spannring**
17 – **Spurstange links**
Zum Ersetzen Lenkgetriebe ausbauen.
18 – **Kontermutter, 50 Nm**

Spurstangenkopf aus- und einbauen

Achtung: Zum Ersetzen der Spurstangen muß das Lenkgetriebe ausgebaut werden. Werkstattarbeit!

Ausbau

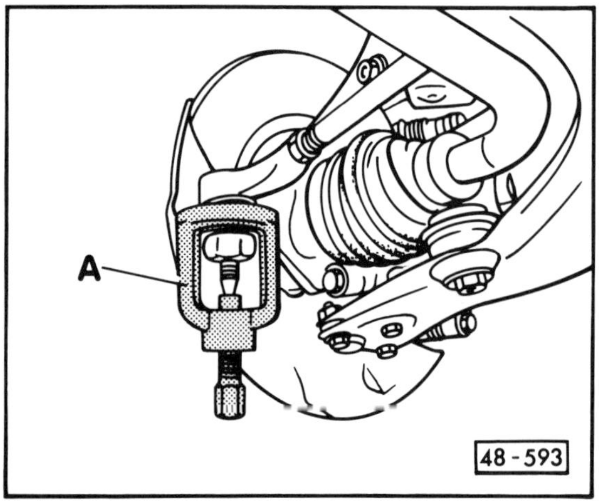

- Befestigungsmutter für Spurstangenkopf herausdrehen.
- Zapfen des Spurstangengelenks mit handelsüblichem Abzieher –A– vom Lenkspurhebel abdrücken.
- Kontermutter für Spurstangenkopf an der Spurstange lösen.
- Spurstangenkopf von der Spurstange abschrauben, dabei Umdrehungen zählen und diese für den späteren Einbau notieren.

Einbau

- Neues Spurstangengelenk mit der gleichen Umdrehungsanzahl aufschrauben.
- Spurstangenkopf mit Kontermutter und **50 Nm** sichern.
- Zapfen für Spurstangengelenk am Lenkspurhebel einsetzen und mit **neuer selbstsichernder** Mutter und **35 Nm** anschrauben.
- Spur prüfen lassen, siehe Seite 135.

Flügelpumpe für Servolenkung

4-Zylindermotor

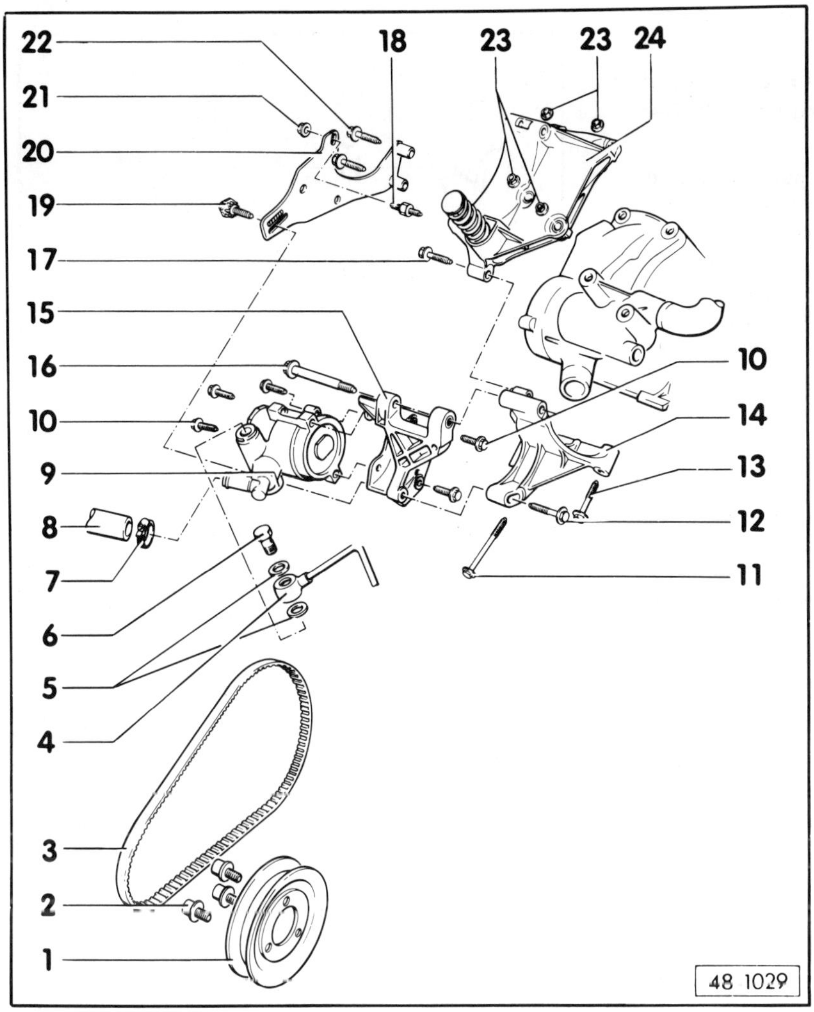

1 – **Keilriemenscheibe**
Bei der Montage darauf achten, daß die Keilriemenscheiben von Kurbelwelle und Servo-Flügelpumpe fluchten.

2 – **Schraube, 25 Nm**

3 – **Keilriemen**

4 – **Druckleitung**

5 – **Dichtring**

6 – **Hohlschraube**

7 – **Schlauchschelle**

8 – **Saugschlauch**

9 – **Flügelpumpe**

10 – **Sechskantschraube, 25 Nm**

11 – **Sechskantschraube, 25 Nm**

12 – **Sechskantschraube, 25 Nm**

13 – **Sechskantschraube, 25 Nm**

14 – **Halter**

15 – **Schwenkbügel**

16 – **Sechskantschraube, 45 Nm**

17 – **Sechskantschraube, 25 Nm**

18 – **Gewindebolzen, 25 Nm**

19 – **Einstellschraube, 25 Nm**

20 – **Halter**

21 – **Mutter, 25 Nm**

22 – **Sechskantschraube, 25 Nm**

23 – **Mutter, 25 Nm**

24 – **Konsole**

Instandsetzungen an der Flügelpumpe sind nicht vorgesehen. Fehlerursachen sind mit Hilfe einer Dichtigkeitsprüfung zu ermitteln. Liegt ein Fehler im Bauteil vor, ist die Flügelpumpe komplett zu ersetzen.

Hydraulikölsorte: **G002000**

Ölmenge im System: ca. **1 l**

Lenksystem auf Dichtheit prüfen

Bei fehlendem Hydrauliköl im Ausgleichbehälter grundsätzlich Lenksystem auf Dichtheit prüfen.

- Motor starten und im Leerlauf drehen lassen.
- Lenkrad beidseitig bis zum Anschlag drehen und kurzzeitig festhalten. Dadurch baut sich der größtmögliche Leitungsdruck auf.
- In dieser Position folgende Sichtprüfungen auf Undichtigkeit durchführen:
  1. Drehkolbenventil
  2. Zahnstangenabdichtung. Hierzu Schlauchbinder des Faltenbalges lösen und Faltenbalg zur Seite schieben.
  3. Flügelpumpe
  4. Leitungsanschlüsse

Lenkradzittern/ Vorderwagenunruhe beseitigen

Das Lenkradflattern bei bestimmten Geschwindigkeiten ist in der Regel auf eine Unwucht der Räder zurückzuführen.

Prüfen

- Reifenfülldruck prüfen, gegebenenfalls korrigieren.
- Probefahrt durchführen. Störung möglichst genau eingrenzen, Geschwindigkeitsbereich, Fahrbahnbeschaffenheit, Kurven- oder Geradeausfahrt.
- Fahrzeug aufbocken.
- Mittenzentrierung der Felgen prüfen. Dabei müssen die Radnabe oder Bremstrommel über den Kragen der Scheibenräder hinausragen oder zumindest bündig damit abschließen. Andernfalls Felge austauschen.

- Radaufhängung prüfen. Dazu Gummi-Metallager, Gelenke, Stoßdämpfer und Felgen auf einwandfreien Zustand prüfen.
- Räder ausbauen und reinigen. Dabei beispielsweise auch Steine aus dem Profil entfernen.
- Reifen auf Bremsplatten untersuchen. Das sind Stellen geringerer Profiltiefe, die bei Vollbremsungen mit blockierenden Rädern entstehen können.
- Profiltiefe der einzelnen Reifen prüfen und miteinander vergleichen. Bei abnormalem Reifenverschleiß vorn und/oder hinten muß das Fahrzeug vorn und hinten vermessen und gegebenenfalls eingestellt werden. Dabei ist die Einstellung der Vorspur an die obere Toleranzgrenze zu legen. **Achtung:** Für die Vermessung ist eine entsprechende Meßanlage erforderlich, die in der Regel nur in einer Fachwerkstatt vorhanden ist.
- Probefahrt durchführen und prüfen, ob die Störungen noch vorhanden sind.

Höhen- und Seitenschlag der Räder prüfen.

- Bei aufgebocktem Fahrzeug geeignete Meßuhr an der Lauffläche und danach an der Reifenflanke ansetzen. Rad von Hand langsam drehen, Zeigerausschlag der Meßuhr ablesen und Stelle des maximalen Höhenschlags am Reifen mit Kreide kennzeichnen.

Sollwerte: Maximaler Höhenschlag = 0,8 mm; maximaler Seitenschlag = 1,2 mm.

- Falls diese Werte nicht eingehalten werden, Räder auf stationärer Auswuchtmaschine auswuchten. Dabei müssen die Räder in gleicher Weise wie am Fahrzeug mittenzentriert werden. Konische Spannvorrichtungen, die das Rad in der Mittenbohrung zentrieren, sind nicht zulässig. Die zulässige Restunwucht in beiden Wuchtebenen beträgt 5 Gramm.

Höhenschlag beseitigen (matchen):

- Luft aus dem Reifen lassen und Reifenwülste in das Felgenbett drücken.
- Reifen auf der Felge um 120° verdrehen.
- Reifen aufpumpen und Höhenschlag erneut prüfen.
- Falls der Maximalwert überschritten wird, Reifen auf der Felge um weitere 120° verdrehen und Höhenschlag prüfen.
- Falls der Maximalwert eingehalten wird, Räder auswuchten.

Höhen- und Seitenschlag der Felge prüfen

- Felge ohne Reifen mittenzentriert auf die Auswuchtmaschine oder am Fahrzeug montieren. Meßuhr anbringen.

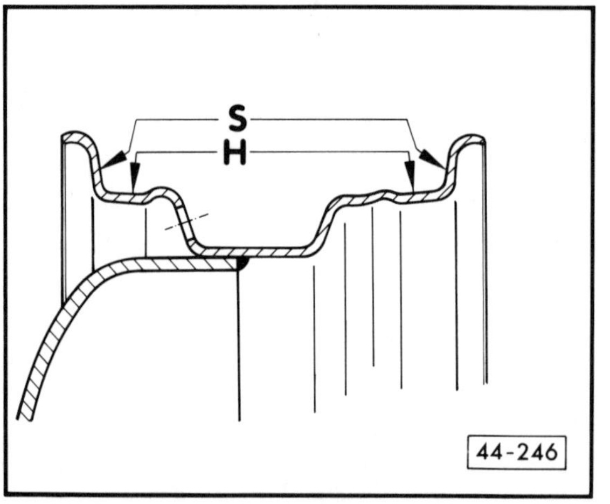

- Höhenschlag –H– und Seitenschlag –S– an den angegebenen Stellen prüfen. Dabei sind punktuelle Ausschläge der Meßuhr, die durch Materialerhöhungen oder -vertiefungen entstehen, nicht zu berücksichtigen.

Sollwerte Stahlfelge: H = 0,6 mm; S = 0,8 mm; Leichtmetallfelge: H = 0,5 mm; S = 0,5 mm.

- Falls die Sollwerte überschritten werden, Felge ersetzen.

Montage der Räder am Fahrzeug

- Bei aufgebocktem Fahrzeug Räder so ansetzen, daß sich die Stelle des maximalen Höhenschlages oben befindet. Radschrauben in diesem Zustand über Kreuz mit einem Drehmomentschlüssel und **110 Nm** (M14-Schrauben für 5-Loch-Felgen: **120 Nm**) festziehen.

Achtung: Wenn die Verschleißunterschiede der einzelnen Reifen klein sind, Räder mit dem geringsten Höhenschlag und den kleinsten Auswuchtgewichten an der Vorderachse montieren.

- Probefahrt durchführen. Falls immer noch Vorderwagenunruhe oder Lenkradschütteln festgestellt wird, kann es sich um Restunwuchten handeln, die durch Nachwuchten am Fahrzeug beseitigt werden.

Räder am Fahrzeug nach- oder auswuchten

- Beim Auswuchten der Antriebsräder unbedingt beide Reifen einer Achse auf Rollen (Geberböcke) setzen.
- Der Antrieb der Räder muß durch den Fahrzeugmotor erfolgen, damit die Räder synchron laufen. Fahrzeuge mit Allradantrieb müssen an beiden Achsen angehoben werden. Achsen nacheinander auswuchten.
- Probefahrt durchführen.

Falls immer noch Störungen auftreten, so sind die Radial- oder Taumelbewegungen eines oder mehrerer Reifen zu hoch. Mit Werkstattmitteln kann das nicht gemessen werden. In diesem Fall bleibt nur der Austausch der vorderen und/oder hinteren Reifen. Dabei sollten die Reifen grundsätzlich paarweise ersetzt werden.

Die Fahrwerkvermessung

Optimale Fahreigenschaften und geringster Reifenverschleiß sind nur dann zu erzielen, wenn die Stellung der Räder einwandfrei ist. Bei unnormaler Reifenabnutzung sowie mangelhafter Straßenlage – bei schlechter Richtungsstabilität während der Geradeausfahrt sowie schlechten Lenkeigenschaften bei Kurvenfahrt – sollte die Werkstatt aufgesucht werden, um den Wagen optisch vermessen zu lassen.
Die Fahrwerkvermessung kann ohne eine entsprechende Meßanlage nicht durchgeführt werden. Ich beschränke mich deshalb hier auf die Beschreibung der für die Vermessung erforderlichen Grundbegriffe.

Spur/Sturz/Spreizung/Nachlauf

Als **Spur** bezeichnet man den seitlichen Abstand der Räder voneinander. Vorspur bedeutet, daß die Räder – in Höhe des Radmittelpunktes gemessen – vorn etwas enger zusammenstehen als hinten. Nachspur bedeutet, daß die Vorderräder vorn etwas weiter auseinanderstehen als hinten.
Beim VW GOLF / VENTO wird die Spur auf „neutral" eingestellt.

Sturz und Spreizung vermindern die Übertragung von Fahrbahnstößen auf die Lenkung und halten bei Kurvenfahrt die Reibung möglichst gering.
Sturz ist der Winkel α, um den die Radebene von der Senkrechten abweicht. Die Vorderräder stehen also schräg, bei positivem Sturz beispielsweise im Radaufstandspunkt mehr zusammen als oben. Der VW GOLF / VENTO besitzt einen negativen Sturz.

Spur und Sturz verändern sich beim VW GOLF / VENTO je nach Beladungszustand.

Spreizung ist der Winkel β zwischen der Schwenkachse des Achsschenkels und der Senkrechten im Reifenaufstandspunkt, in Längsrichtung des Wagens gesehen.

Durch den Sturz- und Spreizwinkel werden die Berührungspunkte der Räder auf der Fahrbahn näher an die Schwenkachse des Achsschenkels herangebracht. Damit kann der sogenannte Lenkrollhalbmesser klein gehalten werden. Je kleiner der Lenkrollhalbmesser ist, desto leichtgängiger ist die Lenkung. Auch die Fahrbahnstöße wirken sich wesentlich schwächer auf das Lenkgestänge aus.

Nachlauf ist der Winkel zwischen der Schwenkachse des Achsschenkels und der Senkrechten im Reifenaufstandspunkt in Querrichtung des Fahrzeuges gesehen.
Der Nachlauf beeinflußt maßgeblich die Geradeausführung der Vorderräder. Zu geringer Nachlauf begünstigt ein Abweichen aus der Fahrtrichtung auf schlechten Straßen oder bei Seitenwind und läßt zudem nach der Kurvenfahrt die Lenkung nicht weit genug zur Mittelstellung zurücklaufen.

Prüfvoraussetzung

- Vorschriftsmäßiger Reifenfülldruck
- Genau ebene, waagerechte Meßfläche
- Fahrzeug in Leergewichtszustand: unbeladen, mit Reserverad, Wagenheber und vollem Tank.
- Fahrzeug vorher kräftig durchgefedert
- Lenkung richtig eingestellt
- Kein unzulässiges Spiel im Lenkgestänge
- Kein unzulässiges Spiel in der Radaufhängung

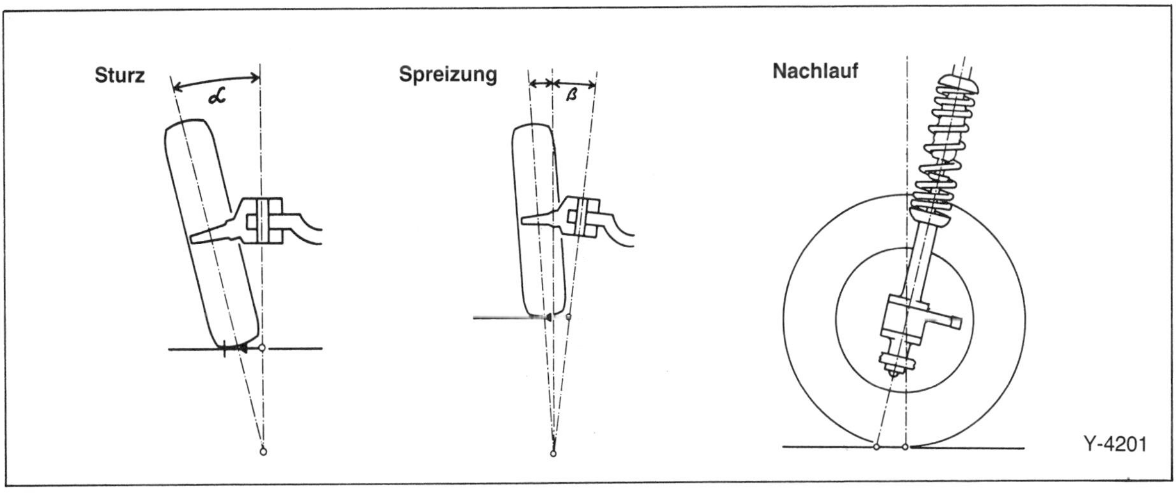

Die Bremsanlage

Das hydraulische Fußbremssystem besteht aus dem Hauptbremszylinder, dem Bremskraftverstärker und den Bremsen für die Vorder- und Hinterräder. Das hydraulische Bremssystem ist in zwei Kreise aufgeteilt, die diagonal wirken. Ein Bremskreis arbeitet vorn rechts/hinten links, der zweite vorn links/hinten rechts. Dadurch bremst bei Ausfall eines Bremskreises ein Vorderrad und das entgegengesetzte Hinterrad.

An den Vorderrädern sind Scheibenbremsen eingebaut, die je nach Ausführung zur besseren Wärmeabfuhr innenbelüftet sind. Die Hinterräder werden durch selbstnachstellende Trommelbremsen oder durch Scheibenbremsen verzögert.

Die Bremsflüssigkeit für das gesamte Bremssystem und für die hydraulische Kupplungsbetätigung (nur in Verbindung mit bestimmten Motoren) kommt aus dem Bremsflüssigkeitsbehälter, der vorn im Motorraum untergebracht ist. Der Druck für beide Bremskreise wird im Hauptbremszylinder über das Bremspedal aufgebaut.

Der Bremskraftverstärker speichert einen Teil des vom Motor erzeugten Ansaug-Unterdruckes. Über entsprechende Ventile wird dann bei Bedarf die Pedalkraft durch den Unterdruck verstärkt. Da beim Dieselmotor der Unterdruck im Saugrohr nicht ausreicht, wird zusätzlicher Unterdruck durch eine Vakuumpumpe erzeugt. Die Vakuumpumpe ist seitlich am Motorblock angeflanscht.

Die Handbremse wirkt über Seilzüge auf die Bremsbeläge der Hinterräder.

Für den VW GOLF/VENTO kommen Scheibenbremssättel von unterschiedlichen Firmen zum Einsatz: Girling oder VW-II. Beim Wechseln der Bremsbeläge sind daher unterschiedliche Arbeitsschritte erforderlich.

Ein Bremskraftregler an der Hinterachse sorgt dafür, daß beim scharfen Bremsen die Hinterräder nicht überbremst werden (blockieren).

Als Mehrausstattung wird der VW GOLF/VENTO auch mit Antiblockiersystem (ABS) angeboten. Die hier beschriebenen Arbeiten gelten für alle VW GOLF/VENTO-Versionen, ob mit oder ohne ABS-System.

Beim Reinigen der Bremsanlage fällt Bremsstaub an. Dieser Staub kann zu gesundheitlichen Schäden führen. Deshalb beim Reinigen der Bremsanlage darauf achten, daß der Bremsstaub nicht eingeatmet wird.

Die Bremsbeläge sind Bestandteil der Allgemeinen Betriebserlaubnis (ABE), außerdem sind sie vom Werk auf das jeweilige Fahrzeugmodell abgestimmt. Es empfiehlt sich deshalb, nur von VW beziehungsweise vom Kraftfahrtbundesamt freigegebene Bremsbeläge zu verwenden. Diese Bremsbeläge haben eine KBA-Freigabenummer.

Das Arbeiten an der Bremsanlage erfordert peinliche Sauberkeit und exakte Arbeitsweise. Falls die nötige Arbeitserfahrung fehlt, sollten die Arbeiten an der Bremse von einer Fachwerkstatt durchgeführt werden.

Hinweis: Auf stark regennassen Fahrbahnen sollte während des Fahrens die Bremse von Zeit zu Zeit betätigt werden, um die Bremsscheiben von Rückständen zu befreien. Durch die Zentrifugalkraft wird zwar das Wasser von den Bremsscheiben geschleudert, doch bleibt teilweise ein dünner Film von Silikonen, Gummiabrieb, Fett und Verschmutzungen zurück, der das Ansprechen der Bremse vermindert.

Wird das Fahrzeug nach einer Regenfahrt abgestellt, insbesondere im Winter bei Streusalzeinwirkung, ist es zweckmäßig, die Bremse vorher mit leichter Pedalkraft bis zum Stillstand zu betätigen. Dadurch trocknen die Bremsscheiben und können nicht so leicht korrodieren.

Nach dem Einbau von neuen Bremsbelägen müssen diese eingebremst werden. Während einer Fahrtstrecke von rund 200 km sollten unnötige Vollbremsungen unterbleiben.

Korrodierte Scheibenbremsen erzeugen beim Abbremsen einen Rubbeleffekt, der sich auch durch längeres Abbremsen nicht beseitigen läßt. In diesem Fall müssen die Bremsscheiben erneuert werden.

Eingebrannter Schmutz auf den Bremsbelägen und zugesetzte Regennuten in den Bremsbelägen führen zur Riefenbildung auf den Bremsscheiben. Dadurch kann eine verminderte Bremswirkung eintreten.

Technische Daten Bremsanlage

Modell	1,4-/1,6-/1,8-l CL/GL 1,9-l-Diesel CL/GL/ GTD		1,8-l GT 2,0-l GL		1,8-/1,9-/2,0-l Variant und Cabrio 1,9-l Golf TDI		2,0-l16V 2,8-/2,9-l VR6	
Zustand	Neu	Verschleiß-grenze	Neu	Verschleiß-grenze	Neu	Verschleiß-grenze	Neu	Verschleiß-grenze
Scheibenbremse vorn								
Bremsscheiben-∅ mm	239	–	256	–	256	–	280	–
Bremsscheibendicke mm	12	10	20	18	13*/20	11*/18	22	20
Bremsbelagdicke ohne Rückenplatte mm	14	2	11	2	11	2	14	2
Scheibenbremse hinten								
Bremsscheiben-∅ mm	–	–	226	–	–	–	226	–
Bremsscheibendicke mm	–	–	10	8	–	–	10	8
Bremsbelagdicke ohne Rückenplatte mm	–	–	12	2	–	–	12	2
Bremstrommel hinten								
Bremstrommel-∅ Limousine mm	200	201	–	–	200	201	–	–
Syncro/Variant mm	230	231	–	–	230	231	–	–
Bremsbelagdicke mm	5	2,5	–	–	5	2,5	–	–

*) 1,8-/1,9-l-Variant
Hinweis: Bei der Zuordnung der Maßangaben zu den einzelnen Modellen können in der Serie Abweichungen auftreten.

Scheibenbremsbeläge vorn aus- und einbauen

Fahrzeuge mit VW II-Bremsanlage

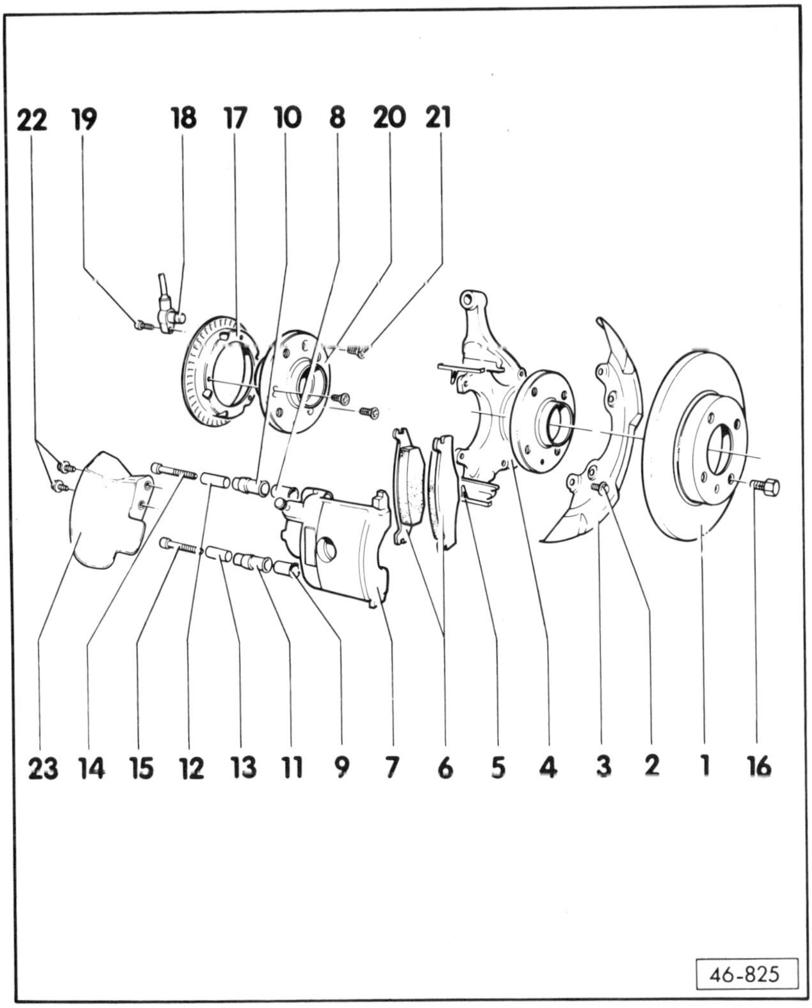

1 – **Bremsscheibe**
Immer achsweise ersetzen.

2 – **Schraube, 10 Nm**

3 – **Abdeckblech**

4 – **Radlagergehäuse**

5 – **Belaghaltefeder**
Beim Bremsbelagwechsel ersetzen.

6 – **Bremsbeläge**
Dicke prüfen, grundsätzlich achsweise ersetzen.

7 – **Bremssattel**

8 – **Hülse oben**

9 – **Hülse unten**

10 – **Buchse oben**

11 – **Buchse unten**

12 – **Abstandshülse oben**

13 – **Abstandshülse unten**

14 – **Innensechskantschraube oben, 25 Nm**

15 – **Innensechskantschraube unten, 25 Nm**

16 – **Radschraube, 110 Nm**
M14-Schrauben für 5-Loch-Felgen: **120 Nm.**

Nur bei Fahrzeugen mit ABS:

17 – **Rotor für Drehzahlfühler**

18 – **Drehzahlfühler**

19 – **Schraube, 10 Nm**

20 – **Radnabe**

21 – **Kreuzschlitzschraube**

22 – **Schraube, 15 Nm**

23 – **Luftleitblech**

Ausbau

- Scheibenrad (Felge) zur Radnabe mit Farbe kennzeichnen. Dadurch kann das ausgewuchtete Rad wieder in der gleichen Lage montiert werden.
- Radschrauben an Vorderrädern lösen. Dabei muß das Fahrzeug noch am Boden stehen.
- Fahrzeug aufbocken, Räder abnehmen.

Achtung: Sollen die Bremsbeläge wieder verwendet werden, so müssen sie beim Ausbau gekennzeichnet werden. Ein Wechsel der Beläge von der Außen- zur Innenseite und umgekehrt oder auch vom rechten zum linken Rad ist nicht zulässig. Der Wechsel kann zu ungleichmäßiger Bremswirkung führen. Es empfiehlt sich nur Original VW-, beziehungsweise von VW freigegebene Bremsbeläge zu verwenden. **Grundsätzlich alle Scheibenbremsbeläge vorn gleichzeitig ersetzen, auch wenn nur ein Belag die Verschleißgrenze erreicht hat.**

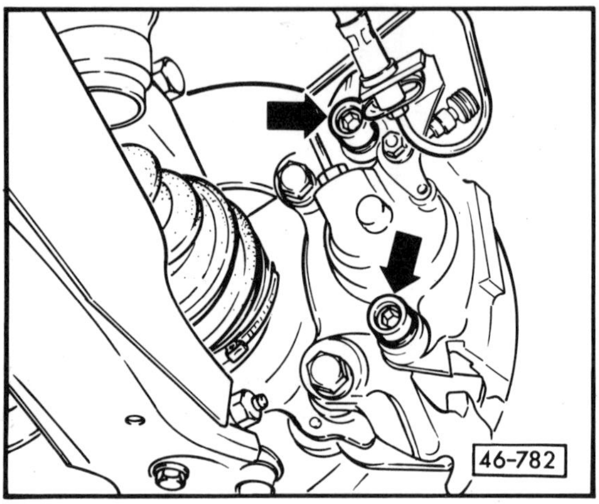

- Befestigungsschrauben –Pfeile– für Bremssattel herausdrehen. Hierfür wird ein Innensechskantschlüssel SW 6 benötigt. **Achtung:** Die Schrauben sind selbstsichernd und haben daher ein relativ hohes Lösemoment. Auf unterschiedliche Länge der Schrauben achten und beim Einbau an der gleichen Stelle einsetzen.
- Halter für Bremsschlauch am Federbein ausclipsen.

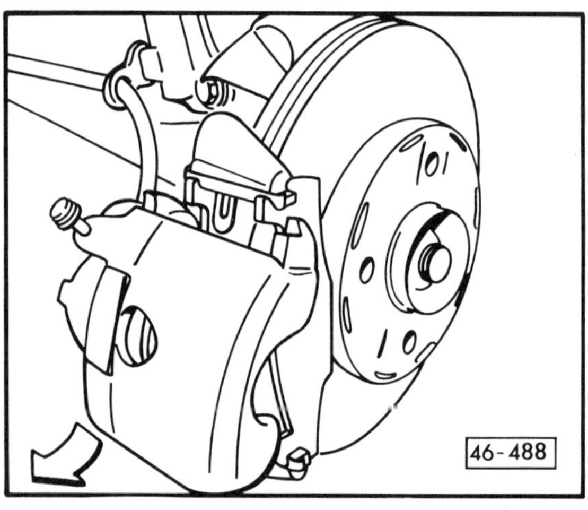

- Bremssattel unten vom Bremsträger wegschwenken –Pfeil– und abnehmen.
- Bremssattel mit Draht am Aufbau aufhängen. **Achtung:** Bremssattel nicht einfach nach unten hängen lassen; der Bremsschlauch darf nicht auf Zug beansprucht oder verdreht werden.
- Bremsbeläge seitlich aus den Führungen des Bremsträgers herausnehmen.
- Belaghaltefedern abnehmen.

Einbau

Achtung: Bei ausgebauten Bremsbelägen nicht auf das Bremspedal treten, sonst wird der Kolben aus dem Gehäuse herausgedrückt.

- Führungsfläche beziehungsweise Sitz der Beläge im Gehäuseschacht mit geeigneter Weichmetallbürste reinigen oder mit einem Lappen und Spiritus auswischen. Keine mineralölhaltigen Lösungsmittel oder scharfkantigen Werkzeuge verwenden.
- Vor Einbau der Beläge ist die Bremsscheibe durch Abtasten mit den Fingern auf Riefen zu untersuchen. Riefige Bremsscheiben können abgedreht werden (Werkstattarbeit), sofern sie noch eine ausreichende Dicke aufweisen.
- Bremsscheibendicke messen, siehe Seite 145.
- Staubkappe für Bremskolben auf Anrisse prüfen. Eine beschädigte Staubkappe umgehend ersetzen lassen, da eingedrungener Schmutz schnell zu Undichtigkeiten des Bremssattels führt. Der Bremssattel muß hierzu zerlegt werden (Werkstattarbeit).

- Bremskolben –2– mit Rücksetzvorrichtung zurückdrücken. Es geht auch mit einem Hartholzstab (Hammerstiel), dabei jedoch besonders darauf achten, daß der Kolben nicht verkantet wird und Kolbenfläche sowie Staubkappe nicht beschädigt werden.

Achtung: Beim Zurückdrücken des Kolbens wird Bremsflüssigkeit aus dem Bremszylinder in den Ausgleichbehälter gedrückt. Flüssigkeit im Behälter beobachten, eventuell Bremsflüssigkeit mit einem Saugheber absaugen.

Zum Absaugen eine Entlüfterflasche oder eine Plastikflasche verwenden, die nur mit Bremsflüssigkeit in Berührung kommt. Keine Trinkflaschen verwenden! **Bremsflüssigkeit ist giftig und darf auf gar keinen Fall mit dem Mund über**

einen Schlauch abgesaugt werden. Saugheber verwenden. Auch nach dem Belagwechsel darf die Max.-Marke am Bremsflüssigkeitsbehälter nicht überschritten werden, da sich die Flüssigkeit bei Erwärmung ausdehnt. Ausgelaufene Bremsflüssigkeit läuft am Hauptbremszylinder hinunter, zerstört den Lack und führt zur Rostbildung.

Achtung: Bei hohem Bremsbelagverschleiß Leichtgängigkeit des Kolbens prüfen. Dazu einen Holzklotz in den Bremssattel einsetzen und durch Helfer langsam auf das Bremspedal treten lassen. Der Bremskolben muß sich leicht heraus- und hineindrücken lassen. Zur Prüfung muß der andere Bremssattel eingebaut sein. Darauf achten, daß der Bremskolben nicht ganz herausgedrückt wird. Bei schwergängigem Kolben Bremssattel instandsetzen (Werkstattarbeit).

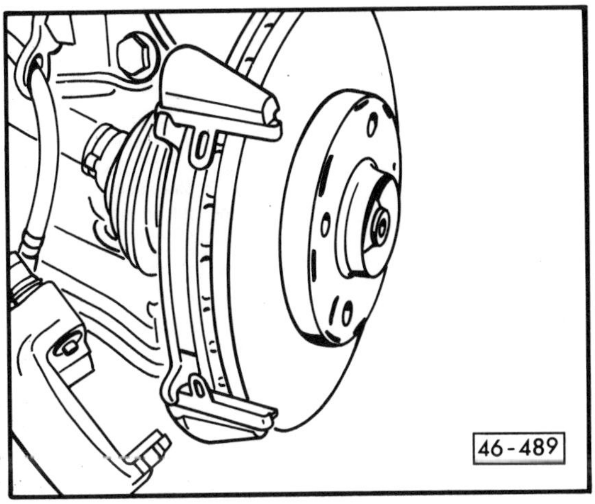

46-489

- Bremsbelaghaltefedern grundsätzlich erneuern. In der Regel werden neue Haltefedern zusammen mit den Bremsbelägen geliefert. Haltefedern so einsetzen, daß der kürzere Teil nach innen zeigt.
- Untere Bremsbelaghaltefeder in den Bremsträger einsetzen. Obere Feder ansetzen und inneren Bremsbelag seitlich über die Haltefedern in den Bremsträger einsetzen. Der innere Bremsbelag hat die kleinere Belagoberfläche.
- Äußeren Bremsbelag in den Bremsträger einsetzen.

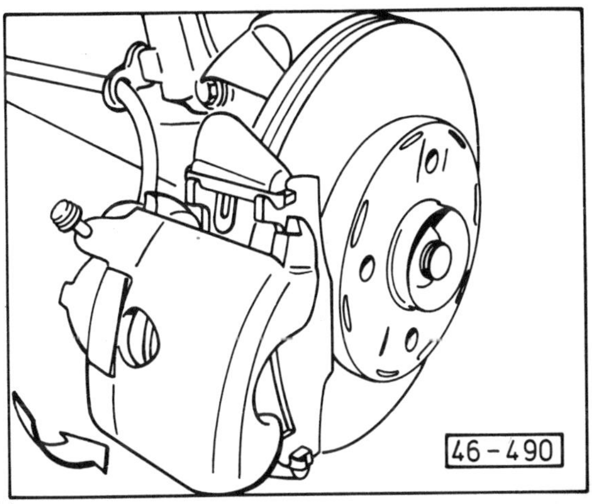

46-490

- Bremssattel oben am Bremsträger ansetzen und nach unten schwenken. **Achtung:** Bremssattel nur so weit am Bremsträger andrücken, daß die Befestigungsschrauben eingesetzt werden können. Wird der Bremssattel über diesen Punkt hinausgedrückt, können sich die Belaghaltefedern verformen. Das kann zu Geräuschen beim Bremsen führen.
- Befestigungsschrauben mit Sicherungsmittel einsetzen und mit **25 Nm** festziehen. Die längere Schraube wird in der Regel oben eingesetzt.
- Halter für Bremsschlauch am Federbein einclipsen.
- Vorderräder so ansetzen, daß die beim Ausbau angebrachten Markierungen übereinstimmen. Vorher Zentriersitz der Felge an der Radnabe sowie die Kegelfläche der Radschrauben mit Wälzlagerfett leicht einfetten. Gewinde der Radschrauben **nicht** fetten oder ölen. Räder anschrauben. Fahrzeug ablassen und Radschrauben über Kreuz mit **110 Nm** festziehen. M14-Schrauben für 5-Loch-Felgen mit **120 Nm** festziehen.

Achtung: Bremspedal im Stand mehrmals kräftig niedertreten, bis fester Widerstand spürbar ist. Dadurch legen sich die Bremsbeläge an die Bremsscheiben an und nehmen einen dem Betriebszustand entsprechenden Sitz ein.

- Bremsflüssigkeit im Ausgleichbehälter prüfen, gegebenenfalls bis zur Max.-Marke auffüllen.
- Neue Bremsbeläge vorsichtig einbremsen, dazu Fahrzeug mehrmals von ca. 80 km/h auf 40 km/h mit geringem Pedaldruck abbremsen. Dazwischen Bremse etwas abkühlen lassen.

Achtung: Bis zu einer Fahrstrecke von ca. 200 km sollten keine Vollbremsungen vorgenommen werden.

Achtung, Sicherheitskontrolle durchführen:

- Sind die Bremsschläuche festgezogen?
- Befindet sich der Bremsschlauch in der Halterung?
- Sind die Entlüftungsschrauben angezogen?
- Ist genügend Bremsflüssigkeit eingefüllt?
- Bei laufendem Motor Dichtheitskontrolle durchführen. Hierzu Bremspedal mit 200 bis 300 N (entspricht 20 bis 30 kg) etwa 10 sec. betätigen. Das Bremspedal darf nicht nachgeben. Sämtliche Anschlüsse auf Dichtheit kontrollieren.

Hinweis: Bremsbeläge sind als Sondermüll zu entsorgen. Die örtlichen Behörden geben darüber Auskunft, ob auch eine Entsorgung über den hausmüllähnlichen Gewerbemüll zulässig ist.

Scheibenbremsbeläge vorn aus- und einbauen

Fahrzeuge mit Girling-Bremsanlage

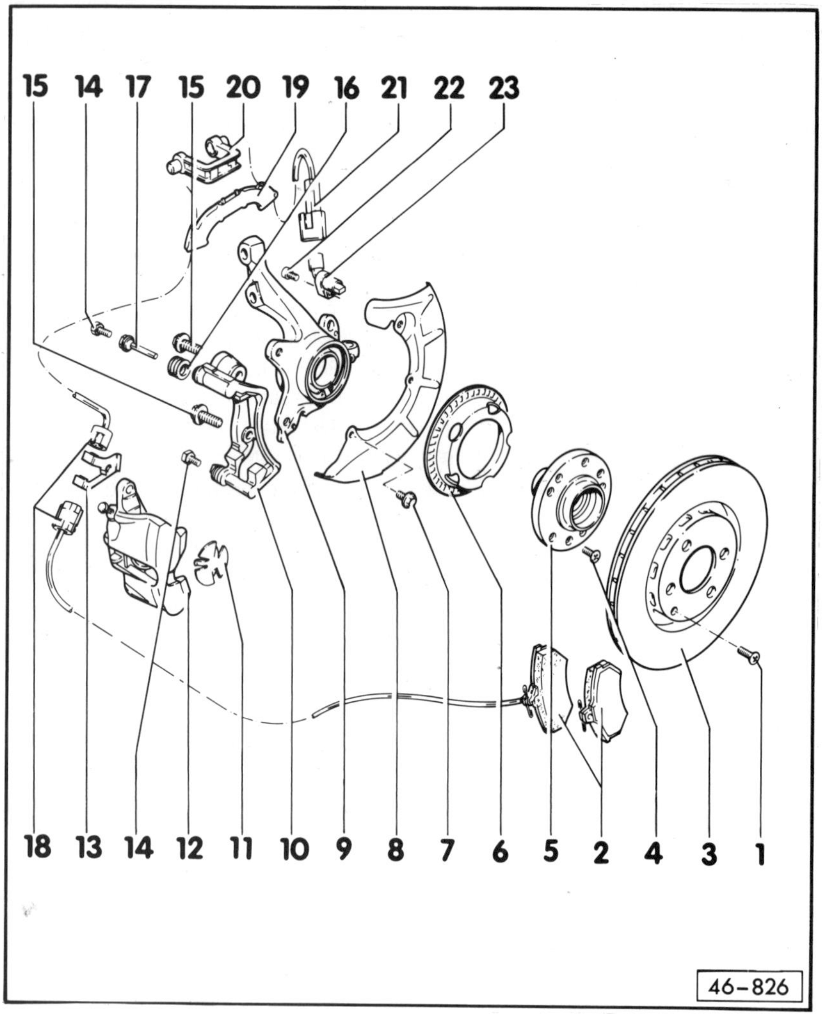

1 – **Kreuzschlitzschraube**

2 – **Bremsbeläge**
Dicke prüfen, grundsätzlich achsweise ersetzen.

3 – **Bremsscheibe**
Immer achsweise ersetzen.

4 – **Kreuzschlitzschraube**

5 – **Radnabe**

6 – **Rotor für Drehzahlfühler**
Nur bei Fahrzeugen mit ABS.

7 – **Sechskantschraube**

8 – **Abdeckblech**

9 – **Radlagergehäuse**

10 – **Bremsträger**
Wird als Ersatzteil zusammengebaut mit Führungsbolzen und Schutzkappe sowie mit ausreichender Fettmenge an den Führungsbolzen geliefert. Bei Beschädigung der Schutzkappen kompletten Reparatursatz verwenden. Führungsbolzen mit beiliegendem Fettkissen fetten.

11 – **Wärmeschutzblech**
In den Kolben einsetzen.

12 – **Bremssattelgehäuse**

13 – **Halter**

14 – **Schraube, 35 Nm**
Selbstsichernd, immer ersetzen.

15 – **Rippschraube, 125 Nm**

16 – **Schutzkappe**

17 – **Führungsbolzen**

18 – **Steckverbindung**
Für Bremsbelagsverschleißanzeige.

19 – **Halter**

20 – **Halter**

21 – **Steckverbindung**
Nur bei Fahrzeugen mit ABS.

22 – **Innensechskantschraube, 10 Nm**
Nur bei Fahrzeugen mit ABS.

23 – **Drehzahlfühler**
Nur bei Fahrzeugen mit ABS. Mit VW-Festschmierstoff G000650 einsetzen.

Ausbau

Achtung: Ab ca. 1/95 ist der VR6-Motor mit einer Teves/ATE-Bremsanlage ausgestattet. Besonderheiten für den Aus- und Einbau der Bremsbeläge stehen am Ende des Kapitels.

- Scheibenrad (Felge) zur Radnabe mit Farbe kennzeichnen. Dadurch kann das ausgewuchtete Rad wieder in der gleichen Lage montiert werden.
- Radschrauben an Vorderrädern lösen. Dabei muß das Fahrzeug noch am Boden stehen.
- Fahrzeug aufbocken, Räder abnehmen.

Achtung: Sollen die Bremsbeläge wieder verwendet werden, so müssen sie beim Ausbau gekennzeichnet werden. Ein Wechsel der Beläge von der Außen- zur Innenseite und umgekehrt oder auch vom rechten zum linken Rad ist nicht zulässig. Der Wechsel kann zu ungleichmäßiger Bremswirkung führen. Es empfiehlt sich nur Original VW-, beziehungsweise von VW freigegebene Bremsbeläge zu verwenden. **Grundsätzlich alle Scheibenbremsbeläge vorn gleichzeitig ersetzen, auch wenn nur ein Belag die Verschleißgrenze erreicht hat.**

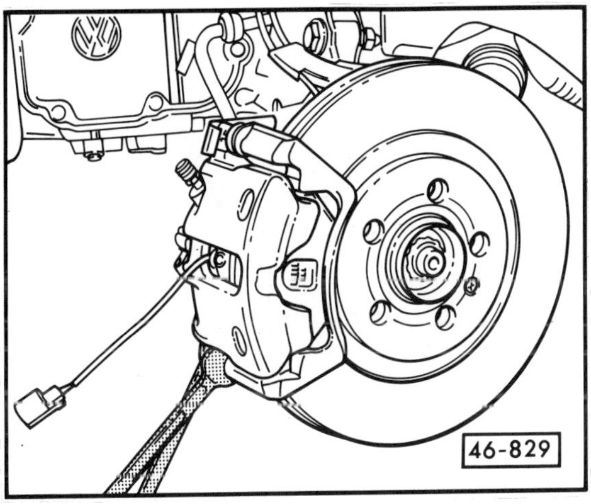

- Untere Befestigungsschraube für Bremssattelgehäuse herausschrauben. Dabei Führungsbolzen mit Maulschlüssel gegenhalten.

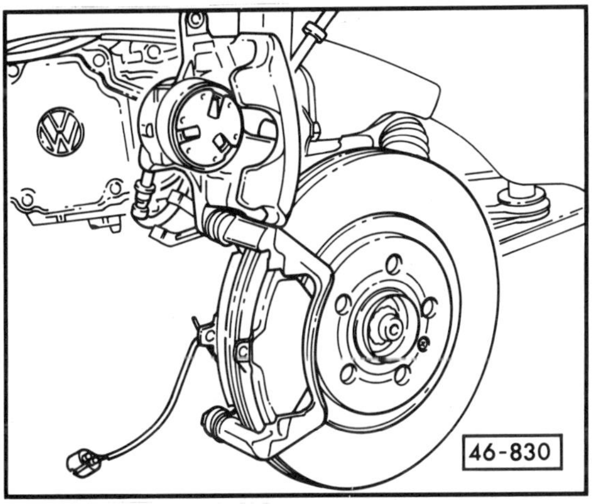

- Bremssattelgehäuse nach oben schwenken.
- Bremsbeläge herausnehmen.

Einbau

Achtung: Bei ausgebauten Bremsbelägen nicht auf das Bremspedal treten, sonst wird der Kolben aus dem Gehäuse herausgedrückt.

- Führungsfläche beziehungsweise Sitz der Beläge im Gehäuseschacht mit geeigneter Weichmetallbürste reinigen oder mit einem Lappen und Spiritus auswischen. Keine mineralölhaltigen Lösungsmittel oder scharfkantigen Werkzeuge verwenden.
- Vor Einbau der Beläge ist die Bremsscheibe durch Abtasten mit den Fingern auf Riefen zu untersuchen. Riefige Bremsscheiben können abgedreht werden (Werkstattarbeit), sofern sie noch eine ausreichende Dicke aufweisen. Bremsscheibe immer beidseitig abdrehen und auf ausreichende Verschleißreserve achten.
- Bremsscheibendicke messen, siehe Seite 145.
- Staubkappe auf Anrisse prüfen. Eine beschädigte Staubkappe umgehend ersetzen lassen, da eingedrungener Schmutz schnell zu Undichtigkeiten des Bremssattels führt. Der Bremssattel muß hierzu ausgebaut und zerlegt werden (Werkstattarbeit).
- Festen Sitz des Wärmeschutzbleches im Kolben prüfen.

- Bremskolben –2– mit Rücksetzvorrichtung zurückdrücken. Es geht auch mit einem Hartholzstab (Hammerstiel), dabei jedoch besonders darauf achten, daß der Kolben nicht verkantet wird und Kolbenfläche sowie Staubkappe nicht beschädigt werden.

Achtung: Beim Zurückdrücken der Kolben wird Bremsflüssigkeit aus den Bremszylindern in den Ausgleichbehälter gedrückt. Flüssigkeit im Behälter beobachten, eventuell Bremsflüssigkeit mit einem Saugheber absaugen.

Zum Absaugen eine Entlüfterflasche oder eine Plastikflasche verwenden, die nur mit Bremsflüssigkeit in Berührung kommt. Keine Trinkflaschen verwenden! **Bremsflüssigkeit ist giftig und darf auf gar keinen Fall mit dem Mund über einen Schlauch abgesaugt werden. Saugheber verwenden. Auch nach dem Belagwechsel darf die Max.-Marke am Bremsflüssigkeitsbehälter nicht überschritten werden, da sich die Flüssigkeit bei Erwärmung ausdehnt. Ausgelaufene Bremsflüssigkeit läuft am Hauptbremszylinder hinunter, zerstört den Lack und führt zur Rostbildung.**

Achtung: Bei hohem Bremsbelagverschleiß Leichtgängigkeit des Kolbens prüfen. Dazu einen Holzklotz in den Bremssattel einsetzen und durch Helfer langsam auf das Bremspedal treten lassen. Der Bremskolben muß sich leicht heraus- und hineindrücken lassen. Zur Prüfung muß der andere Bremssattel eingebaut sein. Darauf achten, daß der Bremskolben nicht ganz herausgedrückt wird. Bei schwergängigem Kolben Bremssattel instandsetzen (Werkstattarbeit).

- Beide Bremsbeläge in den Bremsträger einsetzen. Dabei darauf achten, daß die Druckfedern gleichmäßig nach oben und parallel zur Belagoberkante stehen.
- Kolbengehäuse herunterschwenken und am Bremsträger mit **neuer** selbstsichernder Befestigungsschraube und **35 Nm** festschrauben. Dabei Führungsbolzen gegenhalten. Beschädigte Schutzkappen für Führungsbolzen ersetzen (Reparatursatz).

Achtung: Jedem Original-VW-Bremsbelag-Reparatursatz liegt für jeden Bremssattel eine neue Sechskantschraube bei. **Diese Schrauben sind in jedem Fall zu benutzen.**

- Vorderräder so ansetzen, daß die beim Ausbau angebrachten Markierungen übereinstimmen. Vorher Zentriersitz der Felge an der Radnabe sowie die Kegelfläche der Radschrauben mit Wälzlagerfett leicht einfetten. Gewinde der Radschrauben **nicht** fetten oder ölen. Räder anschrauben. Fahrzeug ablassen und Radschrauben über Kreuz mit **110 Nm** festziehen. M14-Schrauben für 5-Loch-Felgen mit **120 Nm** festziehen.

Achtung: Bremspedal im Stand mehrmals kräftig niedertreten, bis fester Widerstand spürbar ist. Dadurch legen sich die Bremsbeläge an die Bremsscheiben an und nehmen einen dem Betriebszustand entsprechenden Sitz ein.

- Bremsflüssigkeit im Ausgleichbehälter prüfen, gegebenenfalls bis zur Max.-Marke auffüllen.
- Neue Bremsbeläge vorsichtig einbremsen, dazu Fahrzeug mehrmals von ca. 80 km/h auf 40 km/h mit geringem Pedaldruck abbremsen. Dazwischen Bremse etwas abkühlen lassen.

Achtung: Bis zu einer Fahrstrecke von ca. 200 km sollten keine Vollbremsungen vorgenommen werden.

Achtung, Sicherheitskontrolle durchführen:

- ◆ Sind die Bremsschläuche festgezogen?
- ◆ Befindet sich der Bremsschlauch in der Halterung?
- ◆ Sind die Entlüftungsschrauben angezogen?
- ◆ Ist genügend Bremsflüssigkeit eingefüllt?
- ◆ Bei laufendem Motor Dichtheitskontrolle durchführen. Hierzu Bremspedal mit 200 bis 300 N (entspricht 20 bis 30 kg) etwa 10 sec. betätigen. Das Bremspedal darf nicht nachgeben. Sämtliche Anschlüsse auf Dichtheit kontrollieren.

Hinweis: Bremsbeläge sind als Sondermüll zu entsorgen. Die örtlichen Behörden geben darüber Auskunft, ob auch eine Entsorgung über den hausmüllähnlichen Gewerbemüll zulässig ist.

Besonderheiten Teves/ATE-Bremsanlage

Achtung: Hier wird nur auf die Unterschiede hingewiesen. In jedem Fall komplettes Kapitel durchlesen.

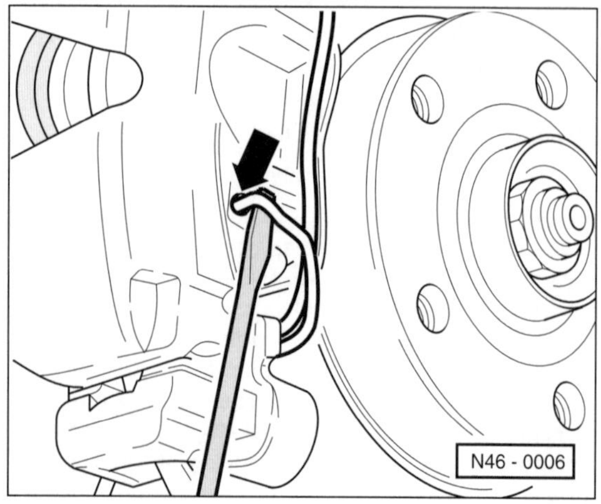

- Mit Schraubendreher die Haltefeder für Bremsbeläge aus Bremssattelgehäuse ausheben und abnehmen.

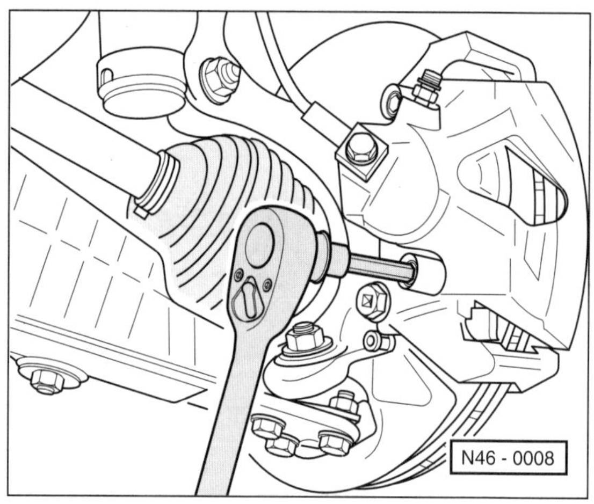

- Abdeckkappen abhebeln, beide Führungsschrauben für Bremssattelgehäuse herausschrauben.
- Bremssattelgehäuse nach oben abnehmen.
- Bremsbeläge herausnehmen.

Einbau

- Inneren Bremsbelag mit Haltefeder so in den Bremskolben einsetzen, daß der Pfeil auf der Rückenseite des Bremsbelages nach unten zeigt.
- Äußeren Belag auf Bremsträger aufsetzen und Schutzfolie von der Rückenplatte des Bremsbelages abziehen.
- Kolbengehäuse aufsetzen und am Bremsträger mit beiden Führungsbolzen und **25 Nm** festschrauben. Beschädigte Schutzkappen für Führungsbolzen ersetzen (Reparatursatz).
- Beide Abdeckkappen und Haltefeder in Bremssattelgehäuse einsetzen.

Scheibenbremsbeläge hinten aus- und einbauen

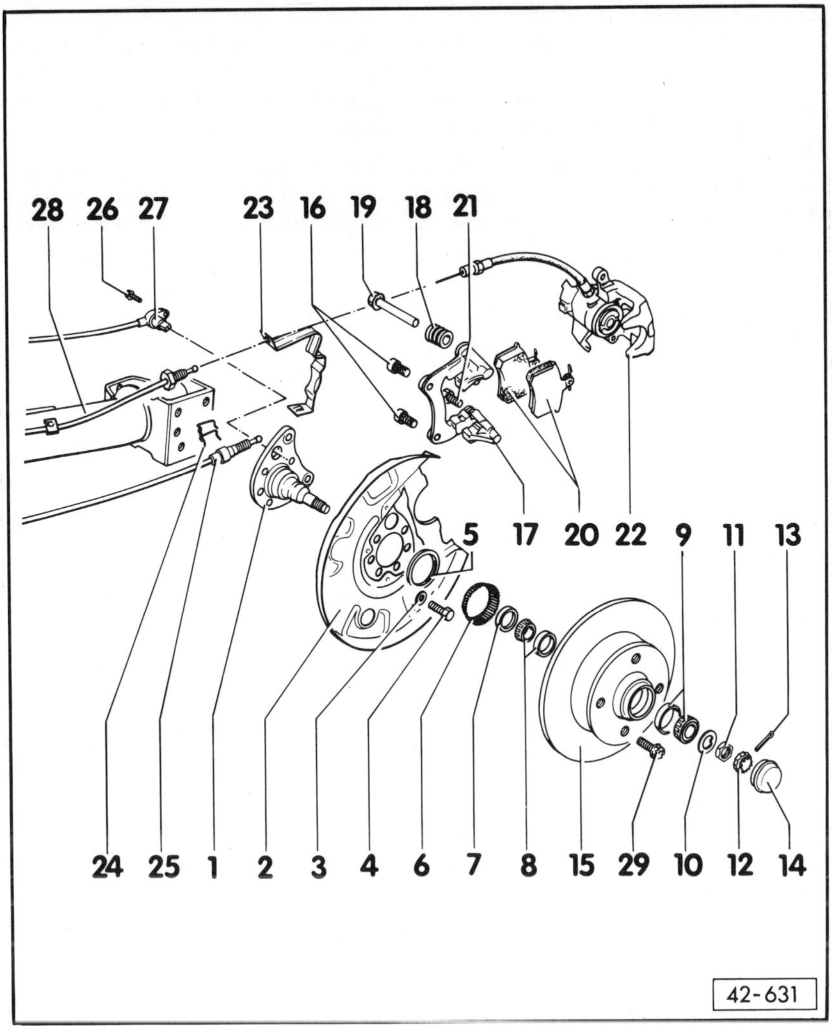

1 – **Achszapfen**

2 – **Abdeckblech**

3 – **Tellerfeder**

4 – **Schraube, 60 Nm**

5 – **Abdeckring**

6 – **Rotor für Drehzahlfühler**
Nur bei Fahrzeugen mit ABS. Mit Dorn durch die Radschraubenlöcher abtreiben.

7 – **Dichtring**

8 – **Radlager innen**

9 – **Radlager außen**

10 – **Druckscheibe**

11 – **Sechskantmutter**
Mit Kronensicherung und neuem Splint sichern.

12 – **Kronensicherung**

13 – **Splint**

14 – **Fettkappe**

15 – **Bremsscheibe**
Immer achsweise ersetzen.

16 – **Schraube, 65 Nm**

17 – **Bremsträger**
Wird als Ersatzteil zusammengebaut mit Führungsbolzen und Schutzkappe sowie mit ausreichender Fettmenge an den Führungsbolzen geliefert. Bei Beschädigung der Schutzkappen kompletten Reparatursatz verwenden. Führungsbolzen mit beiliegendem Fettkissen fetten.

18 – **Schutzkappe**

19 – **Führungsbolzen**

20 – **Bremsbeläge**
Dicke prüfen, grundsätzlich achsweise ersetzen.

21 – **Schraube, 35 Nm**
Selbstsichernd, immer ersetzen.

22 – **Bremssattel**
Seit 10/92 geänderter Bremssattel. Einbau in ältere Fahrzeuge ist nicht erlaubt.

23 – **Halter für Bremsschlauch**

24 – **Federklammer**

25 – **Handbremsseil**

26 – **Innensechskantschraube, 10 Nm**
Nur bei Fahrzeugen mit ABS.

27 – **Drehzahlfühler**
Nur bei Fahrzeugen mit ABS. Mit VW-Festschmierstoff G000650 einsetzen.

28 – **Achskörper**

29 – **Radschraube, 110 Nm**
M14-Schrauben für 5-Loch-Felgen: **120 Nm.**

Ausbau

- Scheibenrad (Felge) zur Radnabe mit Farbe kennzeichnen. Dadurch kann das ausgewuchtete Rad wieder in der gleichen Lage montiert werden.
- Radschrauben an den Hinterrädern lösen. Dabei muß das Fahrzeug noch auf dem Boden stehen.
- Fahrzeug aufbocken, Räder abnehmen.

Achtung: Sollen die Bremsbeläge wieder verwendet werden, so müssen sie beim Ausbau gekennzeichnet werden. Ein Wechsel der Beläge von der Außen- zur Innenseite und umgekehrt oder auch vom rechten zum linken Rad ist nicht zulässig. Der Wechsel kann zu ungleichmäßiger Bremswirkung führen. Es empfiehlt sich nur Original-VW-, beziehungsweise von VW freigegeben Bremsbeläge zu verwenden. **Grundsätzlich alle Scheibenbremsbeläge hinten gleichzeitig ersetzen, auch wenn nur ein Belag die Verschleißgrenze erreicht hat.**

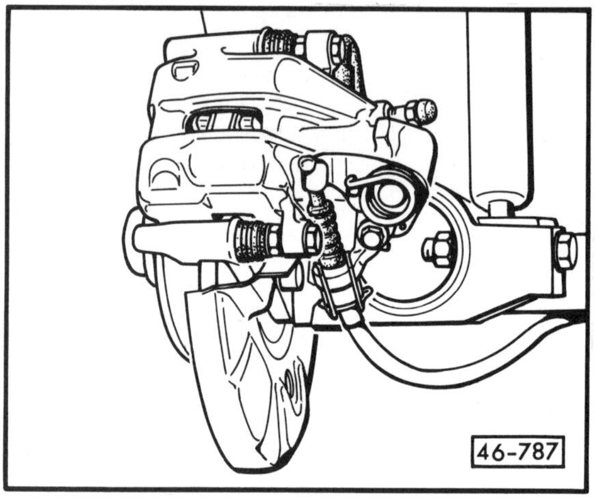
46-787

- Handbremsseil am Bremssattel ausbauen.

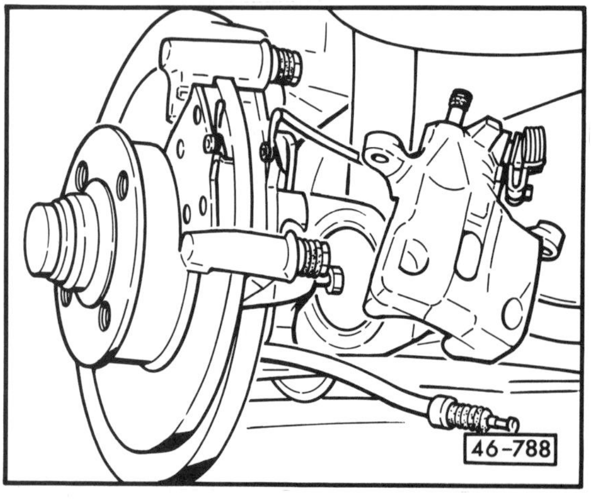
46-788

- 2 Befestigungsschrauben für Bremssattelgehäuse herausschrauben, dabei am Führungsbolzen gegenhalten. Kolbengehäuse abnehmen und mit Draht aufhängen. Bremsschlauch nicht abschrauben, sonst muß die Anlage entlüftet werden.

- Bremsbeläge herausnehmen.

Einbau

Achtung: Bei ausgebauten Bremsbelägen nicht auf das Bremspedal treten, sonst wird der Kolben aus dem Gehäuse herausgedrückt und die automatische Nachstellung des Bremssattels zerstört.

- Führungsfläche beziehungsweise Sitz der Beläge im Gehäuseschacht mit geeigneter Weichmetallbürste reinigen oder mit einem Lappen und Spiritus auswischen. Keine mineralölhaltigen Lösungsmittel oder scharfkantigen Werkzeuge verwenden.
- Vor Einbau der Beläge ist die Bremsscheibe durch Abtasten mit den Fingern auf Riefen zu untersuchen. Riefige Bremsscheiben können abgedreht werden (Werkstattarbeit), sofern sie noch eine ausreichende Dicke aufweisen.
- Bremsscheibendicke messen, siehe Seite 145.
- Staubkappe auf Anrisse prüfen. Eine beschädigte Staubkappe umgehend ersetzen lassen, da eingedrungener Schmutz schnell zu Undichtigkeiten des Bremssattels führt. Der Bremssattel muß hierzu ausgebaut und zerlegt werden (Werkstattarbeit).

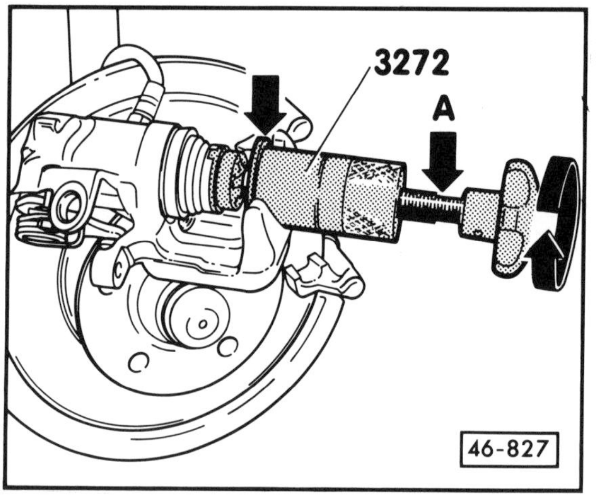

46-827

- Kolben durch Rechtsdrehen mit dem Spezial-Schlüssel VW-3272 und unter kräftigem Druck einschrauben. Falls das Spezialwerkzeug nicht zur Verfügung steht, Flacheisen durch die beiden Nuten des Bremskolbens führen und Kolben zurückdrehen. **Achtung:** Der Bremskolben darf **nicht** mit der Kolbenrücksetzvorrichtung zurückgedrückt werden, sonst wird die automatische Nachstellung im Bremssattel zerstört.

Achtung: Beim Zurücksetzen (mit Spezialwerkzeug VW-3272) des Kolbens wird Bremsflüssigkeit aus dem Bremszylinder in den Ausgleichbehälter gedrückt. Flüssigkeit im Behälter beobachten, eventuell Bremsflüssigkeit mit einem Saugheber absaugen.

Zum Absaugen eine Entlüfterflasche oder eine Plastikflasche verwenden, die nur mit Bremsflüssigkeit in Berührung kommt. Keine Trinkflaschen verwenden! **Bremsflüssigkeit ist giftig und darf auf gar keinen Fall mit dem Mund über einen Schlauch abgesaugt werden. Saugheber verwenden. Auch nach dem Belagwechsel darf die Max.-Marke am Bremsflüssigkeitsbehälter nicht überschritten werden, da sich die Flüssigkeit bei Erwärmung ausdehnt. Ausgelaufene Bremsflüssigkeit läuft am Hauptbremszylinder hinunter, zerstört den Lack und führt zur Rostbildung.**

- Beide Bremsbeläge in den Bremsträger einsetzen. Dabei darauf achten, daß die Druckfedern gleichmäßig nach oben und parallel zur Belagoberkante stehen.
- Kolbengehäuse einsetzen und am Bremsträger mit **neuen** selbstsichernden Befestigungsschrauben und **35 Nm** festschrauben, dabei am Führungsbolzen gegenhalten.

Achtung: Jedem Original-VW-Bremsbelag-Reparatursatz liegen für jeden Bremssattel 2 neue Sechskantschrauben bei. **Diese Schrauben sind in jedem Fall zu benutzen.**

- Grundeinstellung für Hinterradbremse durchführen.
- Handbremsseil am Bremssattelgehäuse montieren.
- Hinterräder montieren, dabei auf Markierung zur Radnabe achten, Fahrzeug ablassen und Radschrauben über Kreuz mit **110 Nm** (5-Loch-Felgen: **120 Nm**) festziehen.
- Bremsflüssigkeit im Ausgleichbehälter prüfen, gegebenenfalls bis zur Max.-Marke auffüllen.

Achtung: Nach jedem Belagwechsel Bremspedal im Stand mehrmals kräftig durchtreten, damit die Bremsbeläge den richtigen Sitz einnehmen.

Achtung, Sicherheitskontrolle durchführen:

- ◆ Sind die Bremsschläuche festgezogen?
- ◆ Befindet sich der Bremsschlauch in der Halterung?
- ◆ Sind die Entlüftungsschrauben angezogen?
- ◆ Ist genügend Bremsflüssigkeit eingefüllt?
- ◆ Bei laufendem Motor Dichtheitskontrolle durchführen. Hierzu Bremspedal mit 200 bis 300 N (entspricht 20 bis 30 kg) etwa 10 sec. betätigen. Das Bremspedal darf nicht nachgeben. Sämtliche Anschlüsse auf Dichtheit kontrollieren.

Hinweis: Bremsbeläge sind als Sondermüll zu entsorgen. Die örtlichen Behörden geben darüber Auskunft, ob auch eine Entsorgung über den hausmüllähnlichen Gewerbemüll zulässig ist.

Quietschgeräusche der Scheibenbremse beseitigen

- Bremsbeläge ausbauen.
- Beläge und Bremssattel mit einer Weichmetallbürste oder einem Lappen und Spiritus reinigen.

Achtung: Bremsstaub nicht einatmen!

- Folgende Stellen mit Anti-Quietsch-Paste »Plastilube« oder Hochtemperaturpaste, z. B. »Liqui Moly LM-508-ASC«, bestreichen:

- ■ Alle zugänglichen Stellen der Bremsbelag-Rückenplatte.
- ■ Kolbenstirnseite.
- ■ Anlagefläche des Bremsträgers.
- ■ Gleitführungen des Bremssattels.

Achtung: Plastilube oder Hochtemperaturpaste darf **nicht** auf die Reibflächen der Bremsscheibe oder der Bremsbeläge kommen. Eventuell auf die Reibflächen gelangte Reste der Paste mit einem Lappen abwischen, gegebenenfalls mit Spiritus reinigen.

- Bremsbeläge einbauen.

Bremsscheibendicke prüfen

- Scheibenrad (Felge) zur Radnabe mit Farbe kennzeichnen. Dadurch kann das ausgewuchtete Rad wieder in der gleichen Lage montiert werden.
- Radschrauben an den Rädern lösen. Dabei muß das Fahrzeug noch am Boden stehen.
- Fahrzeug aufbocken, Räder abnehmen.

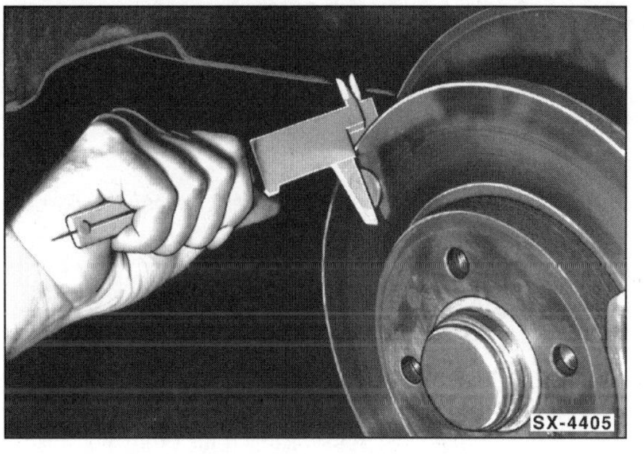

- Bremsscheibendicke messen. Die Werkstätten benutzen dazu eine spezielle Lehre oder eine Mikrometer-Bügelmeßschraube, da sich durch Abnutzung der Bremsscheibe ein Rand bildet. Man kann die Bremsscheibendicke auch mit einer normalen Schieblehre messen, allerdings muß dann auf jeder Seite der Bremsscheibe eine entsprechend starke Unterlage zwischengelegt werden (beispielsweise 2 Zehn-Pfennig-Stücke). Um die exakte Bremsscheibendicke zu haben, müssen von dem gemessenen Maß die Dicke für die untergelegten Zehn-Pfennig-Stücke beziehungsweise die Unterlage abgezogen werden. **Achtung:** Messung an mehreren Punkten der Bremsscheibe vornehmen.
- Maße für Bremsscheibe, siehe Seite 137.
- Immer beide Bremsscheiben erneuern, auch wenn nur eine Bremsscheibe die Verschleißgrenze erreicht hat.
- Bei größeren Rissen oder bei Riefen, die tiefer als 0,5 mm sind, Bremsscheibe erneuern.
- Räder montieren, dabei auf Markierung zur Radnabe achten, Fahrzeug ablassen und Radschrauben über Kreuz mit **110 Nm** (5-Loch-Felgen: **120 Nm**) festziehen.

Bremsscheibe/Bremssattel aus- und einbauen

Achtung: Seit 10/92 sind an der Hinterachse geänderte Bremssättel eingebaut. Der Einbau von alter und neuer Ausführung sowie der Einbau der neuen Bremssättel in ältere Fahrzeuge ist nicht zulässig. Die Montage ändert sich jedoch nicht.

Ausbau

- Scheibenrad (Felge) zur Radnabe mit Farbe kennzeichnen. Dadurch kann das ausgewuchtete Rad wieder in der gleichen Lage montiert werden.
- Radschrauben an den Rädern lösen. Dabei muß das Fahrzeug noch am Boden stehen.
- Fahrzeug aufbocken, Räder abnehmen.
- 2 Rippschrauben für Bremssattel vorn beziehungweise 2 Sechskantschrauben für Bremssattel hinten herausdrehen und Bremssattel komplett mit Bremsträger vom Radlagergehäuse abnehmen. Einbauort der Befestigungsschrauben, siehe auch Übersichts-Abbildungen zu den einzelnen Bremsanlagen.
- Gegebenenfalls Bremsschlauch am Radlagergehäuse ausclipsen.
- Bremssattel mit selbstangefertigtem Drahthaken so am Aufbau aufhängen, daß der Bremsschlauch nicht verdreht oder auf Zug beansprucht wird.

Achtung: Bremsschlauch nicht lösen, sonst muß das Bremssystem entlüftet werden.

- Soll der Bremssattel ganz abgenommen werden, muß vorher der Bremsschlauch an der Bremsschlauchkupplung abgeschraubt werden. Der Bremsschlauch kann sonst nicht am Bremssattel abgeschraubt werden. **Achtung:** Bremsflüssigkeit läuft aus. Bremsflüssigkeit in einer Flasche sammeln, die ausschließlich für Bremsflüssigkeit vorgesehen ist. Man kann auch die Bremsflüssigkeit mit einem Saugheber aus dem Vorratsbehälter absaugen. Beim hinteren Bremssattel muß zusätzlich das Handbremsseil ausgehängt werden.
- **Vordere Bremsscheibe:** Befestigungs-Kreuzschlitzschraube herausdrehen.
- Bremsscheibe abnehmen.

Achtung: Die Bremsscheibe darf **nicht** durch Gewaltanwendung (Hammerschläge) von der Radnabe getrennt werden. Statt dessen handelsübliche Rostlöser anwenden, um Schäden an den Bremsscheiben zu vermeiden. Falls der Ausbau nur durch kräftige Hammerschläge möglich ist, aus Sicherheitsgründen sowohl die Bremsscheiben wie auch die Radlager erneuern. Das Erneuern der vorderen Radlager sollte der Werkstatt vorbehalten bleiben, da in der Regel nur dort eine entsprechende Presse vorhanden ist. Auch bei der Verwendung eines geeigneten Abziehers Bremsscheiben erneuern.

Scheibenbremse hinten

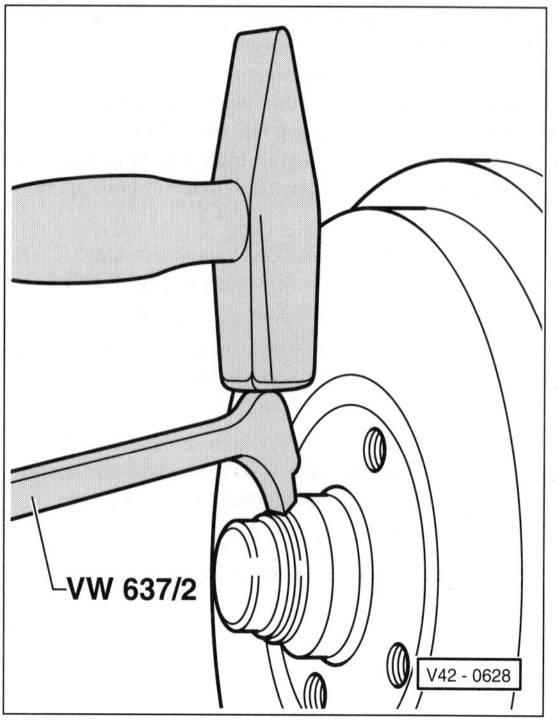

- Fettkappe abdrücken. Das Abdrücken der Fettkappe kann mit unterschiedlichen Werkzeugen erfolgen, dabei ist jedoch darauf zu achten, daß die Fettkappe nicht beschädigt wird. Durch eine verbeulte oder deformierte Fettkappe kann Wasser in das Radlager eindringen, wodurch dieses in kurzer Zeit zerstört wird. Beschädigte Fettkappe deshalb immer ersetzen.
- Splintenden geradebiegen, Splint herausziehen. Kronensicherung abnehmen, Mutter abschrauben, Druckscheibe abnehmen.
- Äußeres Radlager herausnehmen.

Achtung: Das Lager kann herausfallen, sicherheitshalber sauberen Lappen unterlegen. Gegebenenfalls Radlager mit Radlagerfett (Lithiumfett) nachfetten.

- Bremsscheibe abnehmen.
- Dichtring und inneres Radlager herausnehmen, falls es nicht mit der Bremsscheibe herausgezogen wurde.

Einbau

Um ein gleichmäßiges Bremsen beidseitig zu gewährleisten, müssen beide Bremsscheiben die gleiche Oberfläche bezüglich Schliffbild und Rauhtiefe aufweisen. Deshalb **grundsätzlich beide** Bremsscheiben ersetzen, beziehungsweise abdrehen lassen.

Die Werkstatt kann die Bremsscheibe auf Schlag prüfen. Maximaler Scheibenschlag an der Bremsfläche gemessen: 0,03 mm. Maximal zulässige Dickentoleranz: 0,01 mm.

- Bremsscheibendicke messen, siehe Seite 145.
- Falls vorhanden, Rost am Flansch der Bremsscheibe und der Vorderradnabe entfernen.
- Neue Bremsscheiben mit Nitro-Verdünnung vom Schutzlack reinigen.
- **Scheibenbremse vorn:** Bremsscheibe auf Radnabe aufsetzen. Bremsscheibe mit Kreuzschlitzschraube anschrauben.

Scheibenbremse hinten

- Bremsscheibe auf Verschleiß, Beschädigungen, Maßhaltigkeit, beschädigtes Gewinde für die Radschrauben und einwandfreie Bremsfläche prüfen. Nabe mit Mehrzweckfett füllen.
- Inneres Radlager mit Radlagerfett in die Bremsscheibe einsetzen, Dichtring mit Gummihammer kreuzweise einschlagen. Vorher Gummilippe leicht fetten.
- Bremsscheibe aufschieben.
- Äußeres Radlager mit Radlagerfett einfetten und auf Achszapfen aufschieben.
- Druckscheibe mit Sechskantmutter anschrauben.
- Radlagerspiel einstellen, siehe Seite 127.
- Kronensicherung so aufsetzen, daß sich der Splint einstecken läßt. Neuen Splint verwenden, Enden umbiegen.

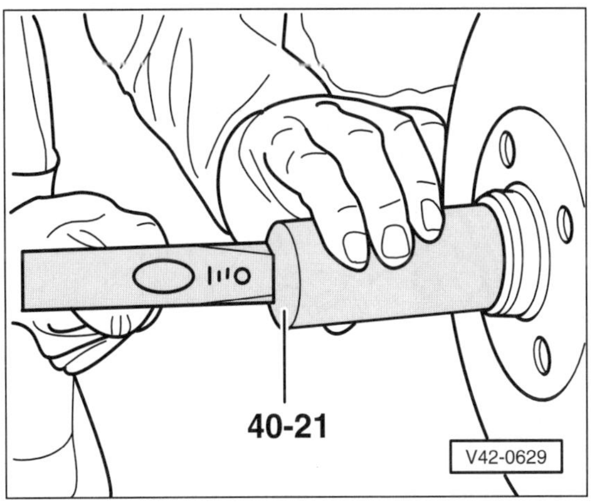

- Fettkappe vorsichtig auftreiben. Statt dem Sonderwerkzeug kann auch ein geeignetes Rohr verwendet werden. Der Innendurchmesser des Rohres muß dabei am Wulst der Fettkappe anliegen. Ist die Fettkappe auch nur geringfügig verformt, ist sie zu erneuern.

- Bremssattel mit den eingesetzten Bremsbelägen ansetzen. Dabei darf der Bremsschlauch nicht verdreht oder gedehnt werden. Freigängigkeit des Bremsschlauches bei vollem Lenkradeinschlag prüfen. Am hinteren Bremssattel Handbremsseil einhängen.
- Gegebenenfalls Bremsschlauch am Radlagergehäuse einclipsen.
- Vorderen Bremssattel mit **125 Nm** anschrauben. Werden die bisherigen Rippschrauben wiederverwendet, vorher Verrippung mit Drahtbürste reinigen.
- Hinteren Bremssattel mit **65 Nm** festschrauben.

Achtung: War der Bremsschlauch demontiert, Bremsschlauch anschrauben und Bremsanlage entlüften, siehe Seite 155.

- Räder so ansetzen, daß die beim Ausbau angebrachten Markierungen übereinstimmen. Vorher Zentriersitz der Felge an der Radnabe sowie die Kegelfläche der Radschrauben mit Wälzlagerfett leicht einfetten. Gewinde der Radschrauben **nicht** fetten oder ölen. Räder anschrauben. Fahrzeug ablassen und Radschrauben über Kreuz mit **110 Nm** festziehen. M14-Schrauben für 5-Loch-Felgen mit **120 Nm** festziehen.

Achtung: Bremspedal im Stand mehrmals kräftig niedertreten, bis fester Widerstand spürbar ist.

- Falls die hintere Bremsscheibe ausgebaut war, Grundeinstellung Hinterradbremse durchführen.
- Bremsflüssigkeitsstand im Ausgleichbehälter prüfen, siehe Seite 281.

Achtung, Sicherheitskontrolle durchführen:

- ◆ Sind die Bremsschläuche festgezogen?
- ◆ Befindet sich der Bremsschlauch in der Halterung?
- ◆ Sind die Entlüftungsschrauben angezogen?
- ◆ Ist genügend Bremsflüssigkeit eingefüllt?
- ◆ Bei laufendem Motor Dichtheitskontrolle durchführen. Hierzu Bremspedal mit 200 bis 300 N (entspricht 20 bis 30 kg) etwa 10 sec. betätigen. Das Bremspedal darf nicht nachgeben. Sämtliche Anschlüsse auf Dichtheit kontrollieren.

Hinweis: Bremsbeläge sind als Sondermüll zu entsorgen. Die örtlichen Behörden geben darüber Auskunft, ob auch eine Entsorgung über den hausmüllähnlichen Gewerbemüll zulässig ist.

Bremstrommel aus- und einbauen

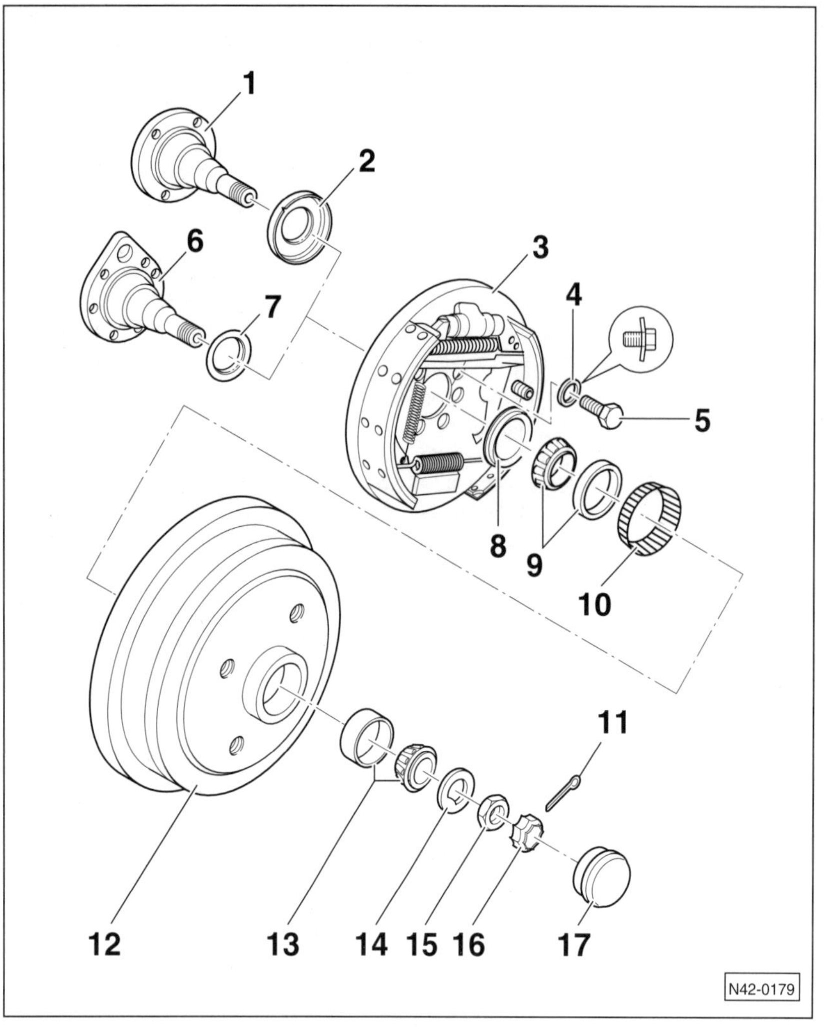

1 – **Achszapfen**
Achtung: Richtarbeiten am Achszapfen sind nicht zulässig.

2 – **Abdeckring**
Ab ca. 1/97. Für Fahrzeuge ohne ABS.

3 – **Bremsträger**
Mit Achszapfen an Hinterachse anschrauben.

4 – **Tellerfeder**
Große Auflagefläche (Konkavseite) zeigt zum Bremsträger.

5 – **Schraube, 60 Nm**

6 – **Achszapfen**
Für Fahrzeuge mit ABS. **Achtung:** Richtarbeiten am Achszapfen sind nicht zulässig.

7 – **Abdeckring**
Ab ca. 1/97. Für Fahrzeuge mit ABS.

8 – **Dichtring**
Zwischen den Dichtlippen mit Mehrzweckfett füllen.

9 – **Radlager innen**
Außenlaufring mit Kupferdorn austreiben.

10 – **Rotor**
Nur Fahrzeuge mit ABS.

11 – **Splint**
Immer ersetzen.

12 – **Bremstrommel**
Beim Einbau Nabe mit Mehrzweckfett füllen.

13 – **Radlager außen**

14 – **Druckscheibe**

15 – **Sechskantmutter**

16 – **Kronensicherung**

17 – **Fettkappe**

Ausbau

Achtung: Einige Arbeitsanweisungen sind in den Kapiteln »Radlager aus- und einbauen« beziehungsweise »Radlagerspiel einstellen« ausführlicher beschrieben, daher diese Kapitel ebenfalls durchlesen.

- Scheibenrad (Felge) zur Radnabe mit Farbe kennzeichnen. Dadurch kann das ausgewuchtete Rad wieder in der gleichen Lage montiert werden.
- Radschrauben an den Rädern lösen. Dabei muß das Fahrzeug noch am Boden stehen.
- Fahrzeug aufbocken, Räder abnehmen.

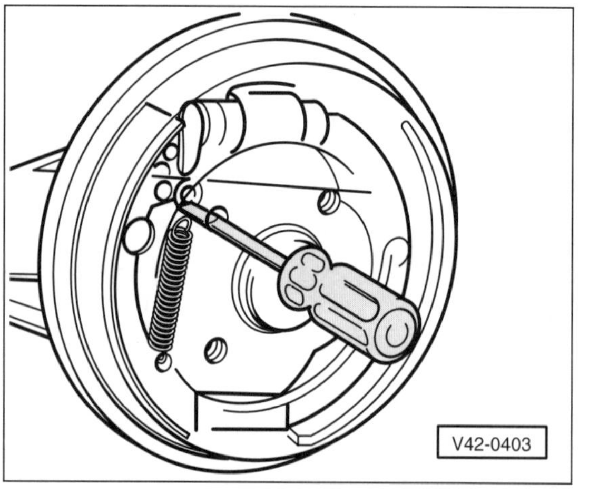

- Bremse zurückstellen. Dazu durch eine Gewindebohrung in der Bremstrommel mit einem Schraubendreher den Keil für selbstnachstellende Bremse bis zum Anschlag nach oben drücken.

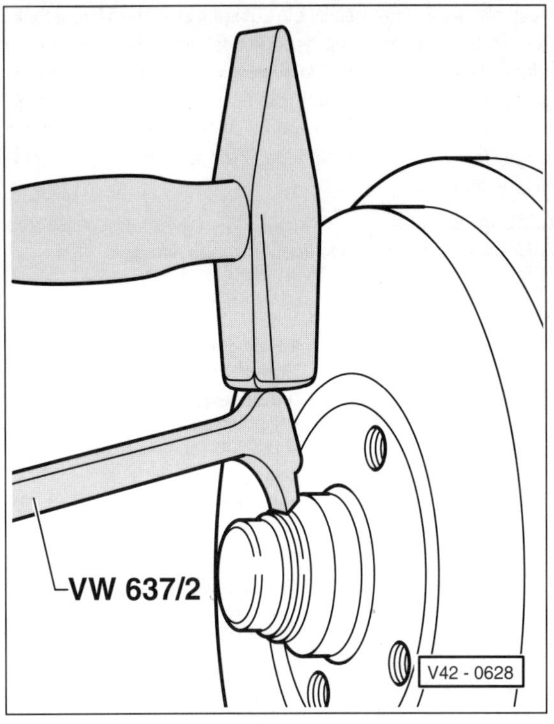

- Fettkappe abdrücken. Das Abdrücken der Fettkappe kann mit unterschiedlichen Werkzeugen erfolgen, dabei ist jedoch darauf zu achten, daß die Fettkappe nicht beschädigt wird. Durch eine verbeulte oder deformierte Fettkappe kann Wasser in das Radlager eindringen, wodurch dieses in kurzer Zeit zerstört wird. Beschädigte Fettkappe deshalb immer ersetzen.
- Splintenden geradebiegen, Splint herausziehen. Kronensicherung abnehmen, Mutter abschrauben, Druckscheibe abnehmen.
- Äußeres Radlager herausnehmen.

Achtung: Das Lager kann herausfallen, sicherheitshalber sauberen Lappen unterlegen. Gegebenenfalls Radlager mit Radlagerfett (Lithiumfett) nachfetten.

- Bremstrommel abnehmen. Falls erforderlich, Bremstrommel mit einem Universalabzieher vom Achszapfen ziehen.
- Dichtring und inneres Radlager herausnehmen, falls es nicht mit der Bremstrommel herausgezogen wurde.

Einbau

- Bremstrommel sorgfältig reinigen. Auf Verschleiß, Beschädigungen, Maßhaltigkeit, beschädigtes Gewinde für die Radschrauben und einwandfreie Bremsfläche prüfen. Nabe mit Mehrzweckfett füllen.
- Inneres Radlager mit Radlagerfett in die Bremstrommel einsetzen, Dichtring mit Gummihammer kreuzweise einschlagen. Vorher Gummilippe leicht fetten.
- Bremstrommel aufschieben.
- Äußeres Radlager mit Radlagerfett einfetten und auf Achszapfen aufschieben.
- Druckscheibe mit Sechskantmutter anschrauben.
- Radlagerspiel einstellen, siehe Seite 127.
- Kronensicherung so aufsetzen, daß sich der Splint einstecken läßt. Neuen Splint verwenden, Enden umbiegen.

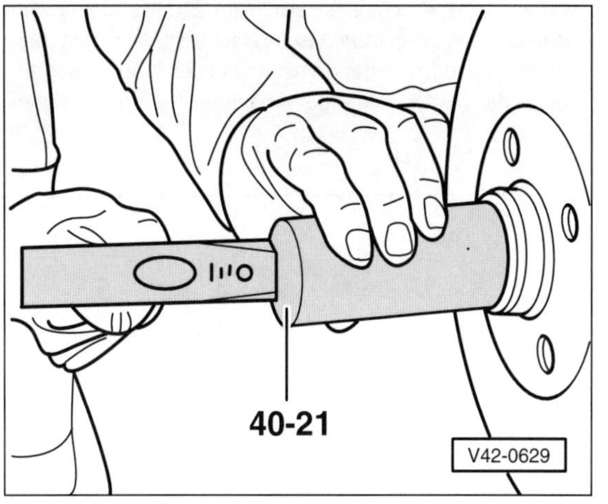

- Fettkappe vorsichtig auftreiben. Statt dem Sonderwerkzeug kann auch ein geeignetes Rohr verwendet werden. Der Innendurchmesser des Rohres muß dabei am Wulst der Fettkappe anliegen. Ist die Fettkappe auch nur geringfügig verformt, ist sie zu erneuern.
- Räder so ansetzen, daß die beim Ausbau angebrachten Markierungen übereinstimmen. Vorher Zentriersitz der Felge an der Radnabe sowie die Kegelfläche der Radschrauben mit Wälzlagerfett leicht einfetten. Gewinde der Radschrauben **nicht** fetten oder ölen. Räder anschrauben. Fahrzeug ablassen und Radschrauben über Kreuz mit **110 Nm** festziehen. M14-Schrauben für 5-Loch-Felgen mit **120 Nm** festziehen.
- Bremspedal mehrmals voll durchtreten und dadurch Bremsbacken in Betriebsstellung bringen

---

Achtung, Sicherheitskontrolle durchführen:

- Sind die Bremsschläuche festgezogen?
- Befindet sich der Bremsschlauch in der Halterung?
- Sind die Entlüftungsschrauben angezogen?
- Ist genügend Bremsflüssigkeit eingefüllt?
- Bei laufendem Motor Dichtheitskontrolle durchführen. Hierzu Bremspedal mit 200 bis 300 N (entspricht 20 bis 30 kg) etwa 10 sec. betätigen. Das Bremspedal darf nicht nachgeben. Sämtliche Anschlüsse auf Dichtheit kontrollieren.

Hinweis: Bremsbeläge sind als Sondermüll zu entsorgen. Die örtlichen Behörden geben darüber Auskunft, ob auch eine Entsorgung über den hausmüllähnlichen Gewerbemüll zulässig ist.

Bremsbacken aus- und einbauen

Die Hinterrad-Trommelbremse stellt sich automatisch nach. Dabei verändert die Druckstange durch eine Nachstelleinheit ihre Länge und sorgt für ein immer gleichbleibendes, konstruktiv vorgegebenenes Lüftspiel zwischen Bremstrommel und Bremsbacken. Für die automatische Nachstellung ist zwischen Primärbacke und Druckstange ein Keil mit einer Zugfeder angeordnet, der die Druckstange verlängert. Nach einmaligem Betätigen der Fußbremse ist ein Lüftspiel zwischen Bremsbacken und Bremstrommel vorgegeben. Ist die Backenbewegung aufgrund von Belagverschleiß größer als das vorgegebene Lüftspiel, wird der Keil durch die Anordung der Druckstange und der Feder nach unten gezogen. Dadurch verändert sich die Länge der Druckstange, und die Bremsbacken sind automatisch nachgestellt.

Achtung: Es dürfen nur Original VW-, beziehungsweise von VW freigegebene Bremsbeläge verwendet werden.

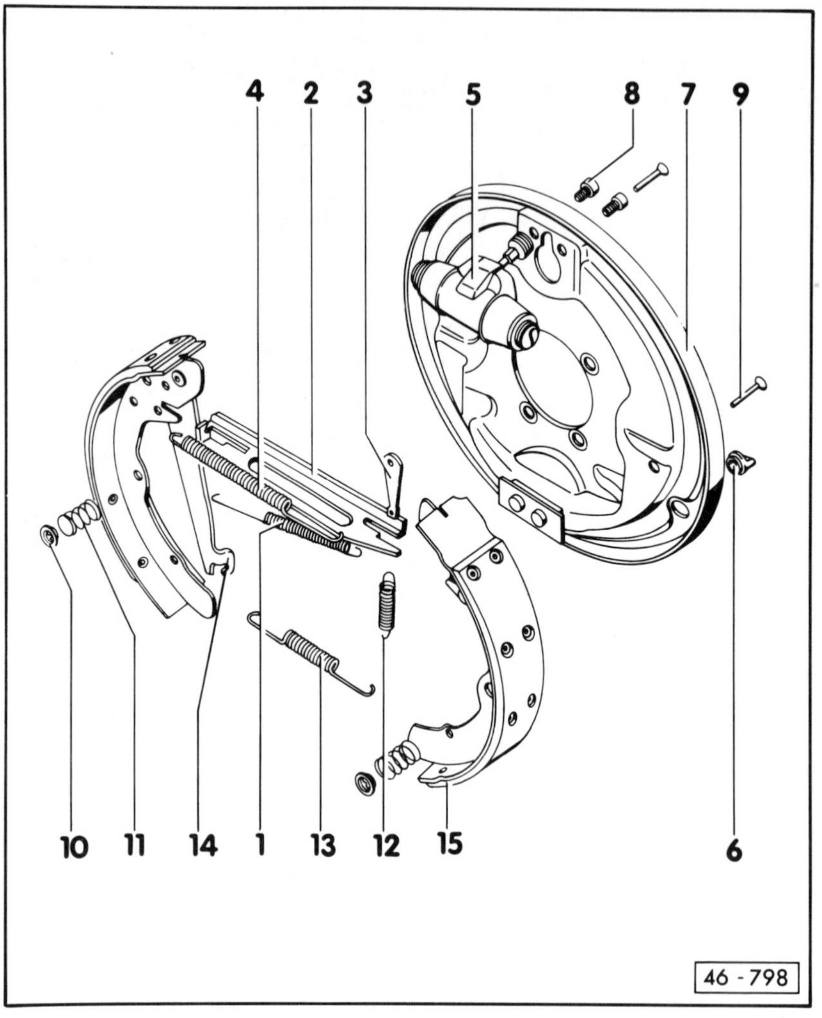

1 – **Rückzugfeder oben**
Mit Bremsfedernzange aushängen.

2 – **Druckstange**
Anlagestellen mit VW-Schmierfett G 6 fetten.

3 – **Keil**

4 – **Anlagefeder**
Mit Bremsfedernzange aushängen.

5 – **Radbremszylinder**

6 – **Verschlußkappe**
Zum Prüfen des Bremsbelagverschleißes abnehmen.

7 – **Bremsträger**

8 – **Innensechskantschraube, 10 Nm**

9 – **Spannstift**

10 – **Federteller**
Gegen die Druckfeder drücken und um 90° verdrehen.

11 – **Druckfeder**

12 – **Zugfeder**

13 – **Rückzugfeder unten**
Anlagestellen mit VW-Schmierfett G 6 fetten.

14 – **Bremshebel**
Anlagestellen mit VW-Schmierfett G 6 fetten.

15 – **Bremsbacken**

Ausbau

Achtung: Immer nur eine Seite ausbauen, damit die andere Seite als Vorlage zum Zusammenbau dienen kann.

- Bremstrommel ausbauen.

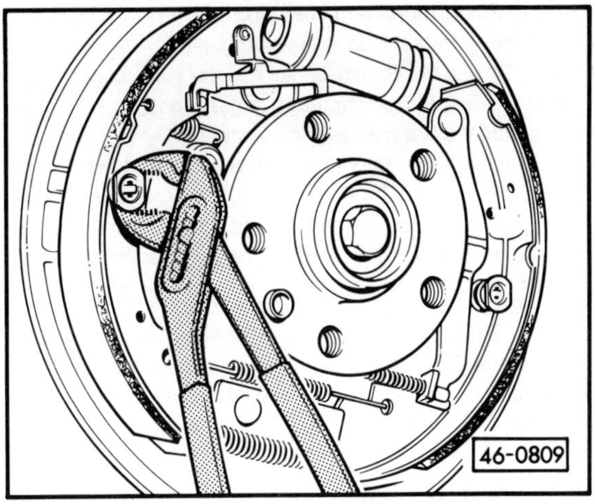

- Federteller für Druckfeder mit Rohrzange kräftig zurückdrücken und um 90° drehen (¼ Umdrehung). Während des Zurückdrückens von hinten am Bremsträger den Stift nach vorn drücken.
- 2. Federteller ausbauen.
- Rückzugfeder unten aushängen.
- Bremsbacken von Hand aus der unteren Abstützung heben. Rückzugfeder unten herausnehmen.

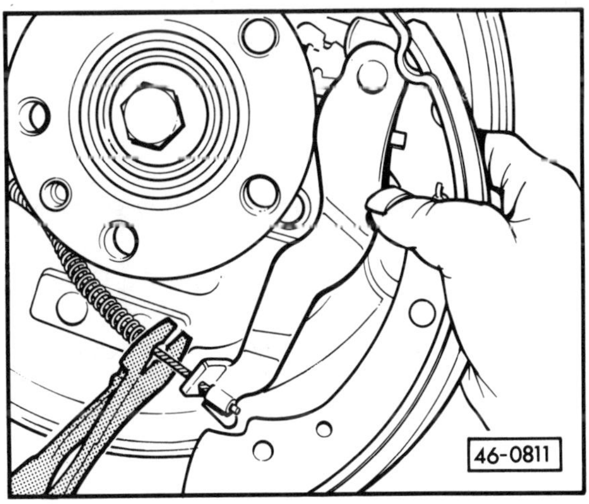

- Handbremsseil aushängen.
- Bremsbacken in Schraubstock einspannen.

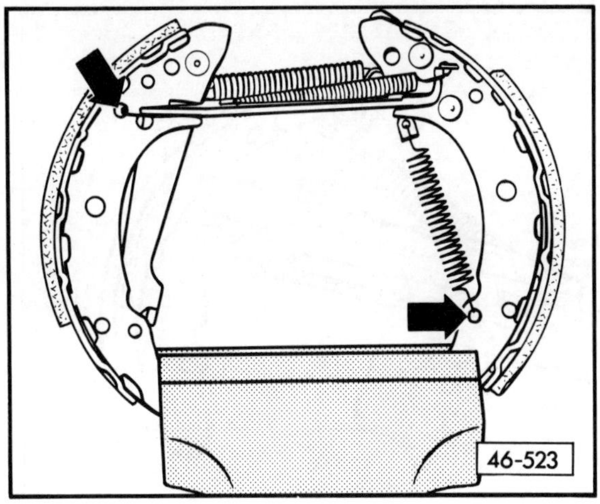

- Zugfeder für Keil und obere Rückzugfeder mit einer Kombi-zange aushängen.

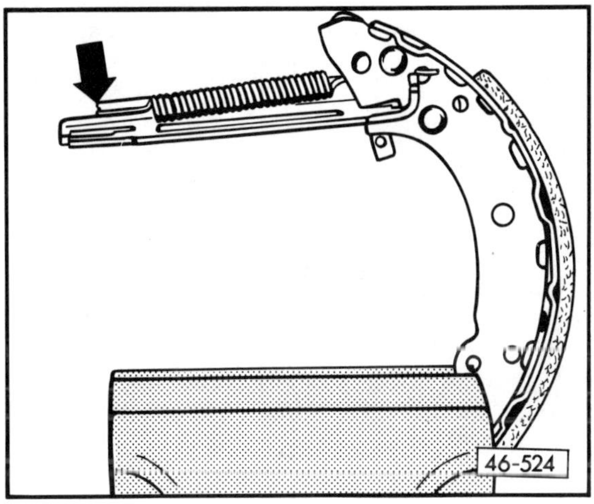

- Bremsbacke in Schraubstock spannen und Anlagefeder aushängen.

Einbau

Grundsätzlich nur Bremsbacken gleicher Qualität verwenden, Bremstrommel und Bremsträger möglichst mit Preßluft ausblasen. Während die Bremsbacken ausgebaut sind, nicht auf die Bremse treten, da sonst die Bremskolben aus dem Radbremszylinder rutschen. Falls der Radbremszylinder feucht ist, Radbremszylinder austauschen. Riefige Bremstrommel ausdrehen lassen. Dabei immer beide Trommeln einer Achse ausdrehen lassen.

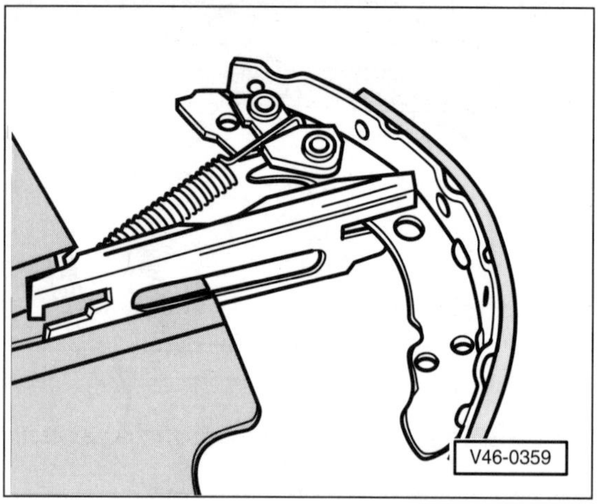

V46-0359

- Druckstange in Schraubstock spannen, Anlagefeder einhängen und Bremsbacke auf die Druckstange setzen.
- Keil einsetzen. Der Keil lagert zwischen Bremsbacke und Bremsträger. **Achtung:** Nase zeigt zum Bremsträger.

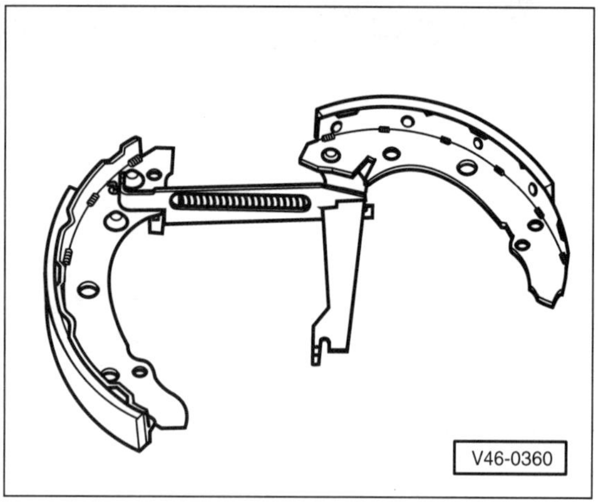

V46-0360

- Bremsbacke mit Bremshebel in Druckstange einsetzen.
- Rückzugfeder oben einhängen.
- Handbremsseil am Bremshebel einhängen.
- Bremsbacken auf die Kolben des Radbremszylinders setzen.
- Rückzugfeder unten einsetzen und Bremsbacken auf die untere Abstützung heben.
- Zugfeder für Keil einhängen.
- Stifte für Druckfedern durch die Bremsbacken schieben. Druckfedern aufsetzen, Federteller mit Kombizange ansetzen und Feder zusammendrücken. Dabei Stift von hinten gegenhalten. Federteller um 90° (1/4 Umdrehung) verdrehen und dadurch arretieren.
- Bremstrommel einbauen und Radlagerspiel einstellen, siehe Seite 127.
- Fußbremse mehrmals kräftig durchtreten. Damit ist die Hinterradbremse eingestellt.
- Handbremse einstellen, siehe Seite 152.
- Rad aufsetzen, Wagen abbocken, Radschrauben über Kreuz mit **110 Nm** (5-Loch-Felge: **120Nm**) festziehen.
- Probebremsung aus mittlerer Geschwindigkeit durchführen.

Achtung, Sicherheitskontrolle durchführen:

- Sind die Bremsschläuche festgezogen?
- Befindet sich der Bremsschlauch in der Halterung?
- Sind die Entlüftungsschrauben angezogen?
- Ist genügend Bremsflüssigkeit eingefüllt?
- Bei laufendem Motor Dichtheitskontrolle durchführen. Hierzu Bremspedal mit 200 bis 300 N (entspricht 20 bis 30 kg) etwa 10 sec. betätigen. Das Bremspedal darf nicht nachgeben. Sämtliche Anschlüsse auf Dichtheit kontrollieren.

Hinweis: Bremsbeläge sind als Sondermüll zu entsorgen. Die örtlichen Behörden geben darüber Auskunft, ob auch eine Entsorgung über den hausmüllähnlichen Gewerbemüll zulässig ist.

Radbremszylinder aus- und einbauen

Ausbau

- Bremsbacken ausbauen.
- Überwurfmutter für Bremsleitung lösen, nicht abschrauben.
- 2 Befestigungsschrauben für Radbremszylinder hinten am Bremsträger herausdrehen.

Einbau

- Lappen unter Bremsträgerblech legen.
- Mutter für Bremsleitung herausschrauben und sofort am neuen Radbremszylinder handfest anschrauben. Dadurch ist sichergestellt, daß nur wenig Bremsflüssigkeit ausläuft.
- Schrauben für Radbremszylinder einschrauben und mit 10 Nm festziehen.
- Überwurfmutter für Bremsleitung möglichst mit offenem Ringschlüssel und 5 Nm, also leicht, festziehen.
- Bremsbacken einbauen. **Achtung:** Die abgesetzte Seite der beiden Radbremszylinder-Druckkolben muß nach außen, zum Betrachter hin zeigen.
- Bremsanlage entlüften.

Handbremse einstellen

Durch die automatische Nachstellung der Hinterradbremse ist ein Nachstellen der Handbremse in der Regel nicht erforderlich. Die Neueinstellung ist nur bei Ersatz der Handbremsseile, der Bremssättel, der Bremsbeläge und der Bremsscheiben erforderlich.

Fahrzeuge mit Trommelbremse

- Hinteren Teil der Mittelkonsole ausbauen, siehe Seite 199.
- Fahrzeug aufbocken.

- Handbremse lösen.

46-052

- Nachstellmutter für Handbremsseil so weit wie möglich lösen.
- Bremspedal einmal kräftig betätigen.
- Handbremshebel **4 Zähne** anziehen.
- Einstellmuttern so weit anziehen, bis sich beide Räder von Hand schwer durchdrehen lassen.
- Handbremse lösen und prüfen, ob sich beide Räder frei durchdrehen lassen.
- Nachstellmuttern kontern und Fahrzeug ablassen.
- Hinteren Teil der Mittelkonsole einbauen.

Fahrzeuge mit Scheibenbremse hinten

- Fahrzeug aufbocken.
- Hinteren Teil der Mittelkonsole ausbauen.
- Handbremse lösen.
- Kontermuttern lösen.

46-790

- Nachstellmuttern für Handbremsseile so weit lösen bis beide Hebel am Anschlag anliegen. Dabei an den Gewindestücken mit Schraubendreher gegenhalten.
- Nachstellmuttern anziehen, bis die Hebel an den Bremssätteln vom Anschlag abheben –Pfeil–. Dabei sind maximal 1,5 mm Abstand zulässig. Beim Anziehen der Nachstellmuttern Gewindestücke mit Schraubendreher gegenhalten.
- Handbremse anziehen und wieder loslassen.
- Anschließend prüfen, ob beide Räder frei durchdrehen.
- Kontermuttern festziehen.
- Fahrzeug ablassen.
- Hinteren Teil der Mittelkonsole einbauen.

Bremslichtschalter aus- und einbauen

Der Bremslichtschalter sitzt am Pedalbock. Wenn das Bremslicht nicht aufleuchtet, zuerst Sicherung überprüfen. Anschließend Glühlampe überprüfen. Wenn die betreffende Glühlampe oder Sicherung nicht defekt sind, Bremslichtschalter prüfen.

Prüfen

- Kabelstecker am Bremslichtschalter abziehen und mit kurzem Kabel die beiden Leitungen im Stecker verbinden.
- Zündung einschalten. Wenn jetzt das Bremslicht aufleuchtet, Bremslichtschalter auswechseln.
- **Direkteinspritzer:** Ohmmeter an Bremslichtschalter anschließen und Widerstand messen.
  Sollwert:
  Bremse nicht getreten: kleiner 10 Ω.
  Bremse getreten: ∞ Ω.

Ausbau

- Bremslichtschalter um 90° (1/4 Umdrehung) im Uhrzeigersinn, also rechtsherum, drehen und vom Pedalbock abnehmen.

Einbau

- Stößel des Bremslichtschalters ganz herausziehen.
- Bremspedal betätigen, Bremslichtschalter in Pedalbock einsetzen und durch Linksdrehen befestigen.
- Bremspedal loslassen. Der Betätigungsstift stellt sich automatisch ein.
- Stecker auf Bremslichtschalter aufschieben und einrasten.
- Bremslicht überprüfen. Leuchtet das Bremslicht ständig auf, so muß der Betätigungsstift nochmals eingestellt werden.

Handbremshebel aus- und einbauen

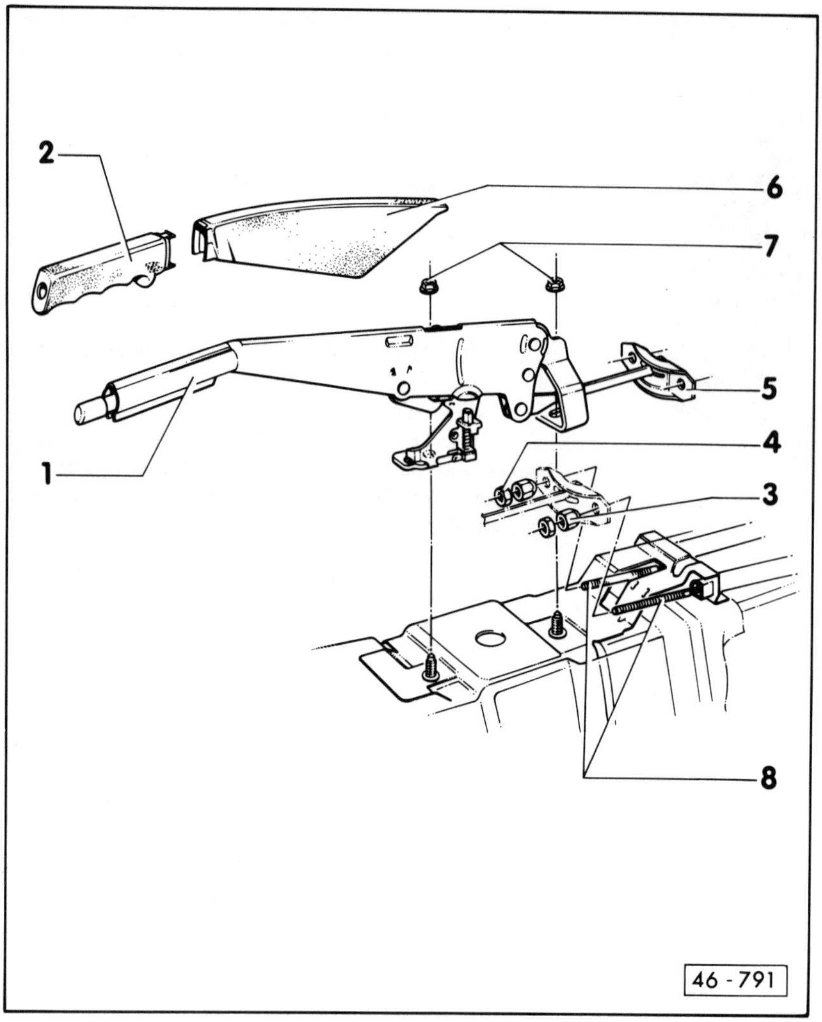

1 – **Handbremshebel**
Unterschiedliche Ausführungen für Trommel- und Scheibenbremse hinten.

2 – **Handgriff**
Nach vorn abziehen, vorher Rastnasen unter dem Handgriff nach unten drücken.

3 – **Nachstellmutter**

4 – **Sechskantmutter**
Mit Nachstellmutter kontern.

5 – **Ausgleichsbügel**

6 – **Verkleidung für Handbremshebel**
Nach vorn abziehen, vorher Handgriff abziehen.

7 – **Sechskantmutter**

8 – **Handbremsseil**
Unterschiedliche Ausführungen für Trommel- und Scheibenbremse hinten.

Die Bremsflüssigkeit

Beim Umgang mit Bremsflüssigkeit ist zu beachten:

- Bremsflüssigkeit ist giftig. Keinesfalls Bremsflüssigkeit mit dem Mund über einen Schlauch absaugen. Bremsflüssigkeit nur in Behälter füllen, bei denen ein versehentlicher Genuß ausgeschlossen ist.
- Bremsflüssigkeit ist ätzend und darf deshalb nicht mit dem Autolack in Berührung kommen, gegebenenfalls sofort abwischen und mit viel Wasser abwaschen.
- Bremsflüssigkeit ist hygroskopisch, das heißt, sie nimmt aus der Luft Feuchtigkeit auf. Bremsflüssigkeit deshalb nur in geschlossenen Behältern aufbewahren.
- **Bremsflüssigkeit, die schon einmal im Bremssystem verwendet wurde, darf nicht wieder verwendet werden. Auch beim Entlüften der Bremsanlage nur neue Bremsflüssigkeit verwenden.**
- Bremsflüssigkeits-Spezifikation: **FMVSS 116 DOT 4.**
- **Bremsflüssigkeit darf nicht mit Mineralöl in Berührung kommen.** Schon geringe Spuren Mineralöl machen die Bremsflüssigkeit unbrauchbar, beziehungsweise führen zum Ausfall des Bremssystems. Stopfen und Manschetten der Bremsanlage werden beschädigt, wenn sie mit mineralölhaltigen Mitteln zusammenkommen. Zum Reinigen keine mineralölhaltigen Putzlappen verwenden.
- Bremsflüssigkeit alle 2 Jahre wechseln, möglichst nach der kalten Jahreszeit.
- Alte Bremsflüssigkeit bei der örtlichen Deponie für Sondermüll abgeben.

Bremsanlage entlüften

Nach jeder Reparatur an der Bremse, bei der die Anlage geöffnet wurde, kann Luft in die Druckleitungen eingedrungen sein. Dann ist das Bremssystem zu entlüften. Luft ist auch dann in den Leitungen, wenn sich beim Tritt auf das Bremspedal der Bremsdruck schwammig anfühlt. In diesem Fall muß die Undichtigkeit beseitigt und die Bremsanlage entlüftet werden.

Die Bremsanlage wird durch Pumpen mit dem Bremspedal entlüftet, dazu ist eine zweite Person notwendig.
Der Arbeitsvorgang ist für Fahrzeuge mit und ohne ABS (Antiblockiersystem) identisch. Nur wenn der Bremsflüssigkeitsvorratsbehälter ganz leergelaufen ist, muß eine Grundeinstellung des ABS vorgenommen werden (Werkstattarbeit).

Muß die ganze Anlage entlüftet werden, jede Radbremse einzeln entlüften. Das ist immer dann der Fall, wenn Luft in jeden einzelnen Bremszylinder gedrungen ist. Falls nur ein Bremssattel beziehungsweise Radbremszylinder erneuert bzw. überholt wurde, genügt in der Regel das Entlüften des betreffenden Zylinders.

Die Reihenfolge der Entlüftung: 1. Radbremszylinder hinten rechts, 2. Radbremszylinder hinten links, 3. Bremssattel vorn rechts, 4. Bremssattel vorn links.

Bei Fahrzeugen mit Bremskraftregler an der Hinterachse, muß während des Entlüftens der Hinterradbremsen der Hebel des Bremskraftreglers bewegt werden.

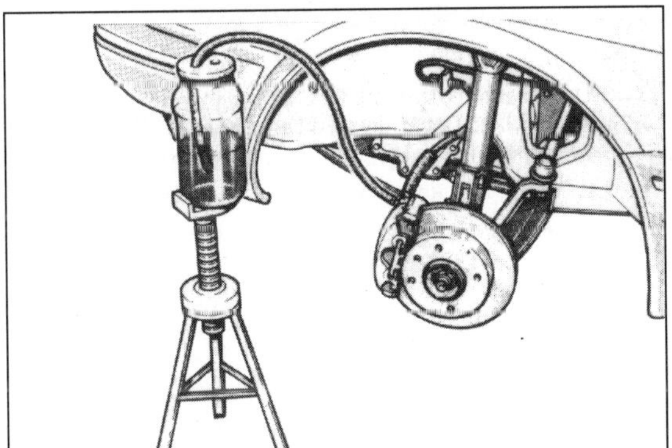

- Staubkappe vom Entlüfterventil des Bremszylinders abnehmen. Entlüfterventil reinigen, sauberen Schlauch aufstecken, anderes Schlauchende in eine mit Bremsflüssigkeit halbvoll gefüllte Flasche stecken (geeigneten Schlauch und passendes Gefäß gibt es auch im Autozubehör-Handel).
- Von einer Hilfsperson Bremspedal so oft niedertreten lassen, »pumpen«, bis sich im Bremssystem Druck aufgebaut hat. Zu spüren am wachsenden Widerstand beim Betätigen des Pedals.
- Ist genügend Druck vorhanden, Bremspedal ganz durchtreten, Fuß auf dem Bremspedal halten.
- Entlüfterventil am Bremssattel (beziehungsweise Radbremszylinder) etwa eine halbe Umdrehung mit Ringschlüssel öffnen. Ausfließende Bremsflüssigkeit in der Flasche sammeln. Darauf achten, daß sich das Schlauchende in der Flasche ständig unterhalb des Flüssigkeitsspiegels befindet.
- Sobald der Flüssigkeitsdruck nachläßt, Entlüfterventil schließen.
- Pumpvorgang wiederholen, bis sich Druck aufgebaut hat. Bremspedal niedertreten, Fuß auf dem Bremspedal lassen, Entlüfterschraube öffnen, bis der Druck nachläßt, Entlüfterschraube schließen.
- Entlüftungsvorgang an einem Bremszylinder so lange wiederholen, bis sich in der Bremsflüssigkeit, die in die Entlüfterflasche strömt, keine Luftblasen mehr zeigen.
- Nach dem Entlüften Schlauch von Entlüfterschraube abziehen, Staubkappe auf Ventil stecken.
- Die Bremszylinder an den anderen Rädern auf gleiche Weise entlüften, Reihenfolge einhalten.

Achtung: Während des Entlüftens ab und zu den Ausgleichbehälter beobachten. Der Flüssigkeitsspiegel darf nicht zu weit sinken, sonst wird über den Ausgleichbehälter Luft angesaugt. **Immer nur neue Bremsflüssigkeit nachgießen!**

- Nach dem Entlüften den Ausgleichbehälter bis zur Max.-Markierung auffüllen.
- Sicherheitskontrolle durchführen, siehe Seite 139.

Bremsleitung/Bremsschlauch ersetzen

Für das Bremsleitungssystem, das zusammen mit den druckfesten Bremsschläuchen für die Räder die Verbindung vom Hauptbremszylinder zu den vier Radbremsen herstellt, werden Rohre verwendet.

Achtung: Bei Fahrzeugen mit ABS-Anlage nur fertige Original-Bremsrohre verwenden, keine Meterware.

Die Bremsschläuche stellen die flexiblen Verbindungen zwischen den starren und beweglichen Fahrzeugteilen her.

- Fahrzeug aufbocken.
- Bremsleitung an den Überwurfmuttern lösen und abnehmen.
- Leitungsanschluß in Richtung Hauptbremszylinder mit geeignetem Stopfen verschließen oder vorher Bremsflüssigkeit mit Saugheber aus dem Vorratsbehälter absaugen.
- Neue Bremsleitung möglichst an gleicher Stelle verlegen.
- Soll der Bremsschlauch am Bremssattel erneuert werden, muß vorher der Bremssattel ausgebaut werden.
- Neuen Bremsschlauch so einbauen, daß er ohne Drall durchhängt und mit 15 Nm festziehen.
- Nur vom Werk freigegebene Bremsschläuche einbauen.
- Nach dem Einbau bei entlastetem Rad prüfen (Wagen angehoben), ob der Schlauch allen Radbewegungen folgt, ohne irgendwo anzuscheuern.

Achtung: Bremsschläuche nicht mit Öl oder Petroleum in Berührung bringen, nicht lackieren oder mit Unterbodenschutz besprühen.

- Bremsanlage entlüften.
- Fahrzeug ablassen.
- Sicherheitskontrolle durchführen, siehe Seite 139.

Bremskraftverstärker prüfen

Der Bremskraftverstärker ist auf Funktion zu überprüfen, wenn zur Erzielung ausreichender Bremswirkung die Pedalkraft außergewöhnlich hoch ist.

- Bremspedal bei stehendem Motor mindestens 5mal kräftig durchtreten, dann bei belastetem Bremspedal Motor starten. Das Bremspedal muß jetzt unter dem Fuß spürbar nachgeben.
- Andernfalls Unterdruckschlauch am Bremskraftverstärker abschrauben, Motor starten. Durch Fingerauflegen am Ende des Unterdruckschlauches prüfen, ob Unterdruck erzeugt wird.
- Ist kein Unterdruck vorhanden: Unterdruckschlauch auf Undichtigkeiten und Beschädigungen prüfen, gegebenenfalls ersetzen. Sämtliche Schellen fest anziehen.
- Dieselmotor: Unterdruckschlauch von der Vakuumpumpe abziehen und mit dem Finger prüfen ob Unterdruck am Schlauchanschluß anliegt.
- Ist Unterdruck vorhanden: Unterdruck messen, gegebenenfalls Bremsservo ersetzen (Werkstattarbeit).

Bremskraftregler prüfen

Je nach Modell und Ausstattung ist der GOLF/VENTO an der Hinterachse mit einem druckabhängigen oder einem lastabhängigen Bremskraftregler ausgestattet. Dieser Bremskraftregler hat die Aufgabe den Bremsdruck an der Hinterachse zu reduzieren, um ein Überbremsen (blockieren) der Hinterräder zu vermeiden und die Stabilität des Fahrzeuges beim Bremsen zu verbessern. Der lastabhängige Bremskraftregler steuert in Abhängigkeit von der Fahrzeugbelastung den Bremsdruck für die Hinterräder.

Der lastabhängige Bremskraftregler ist hinten am Aufbau befestigt und wird über eine Feder von der Hinterachse aus gesteuert.

Um die Einstellung des druckabhängigen Bremskraftreglers zu kontrollieren, ist ein entsprechendes Manometer nötig, das nur in einer VW-Werkstatt zur Verfügung steht, deshalb wird im nachfolgenden nur die Funktionsprüfung für den lastabhängigen Bremskraftregler beschrieben.

Funktion prüfen

- Das Fahrzeug muß auf den Rädern stehen.
- Von 2. Person Bremskraftregler beobachten lassen.

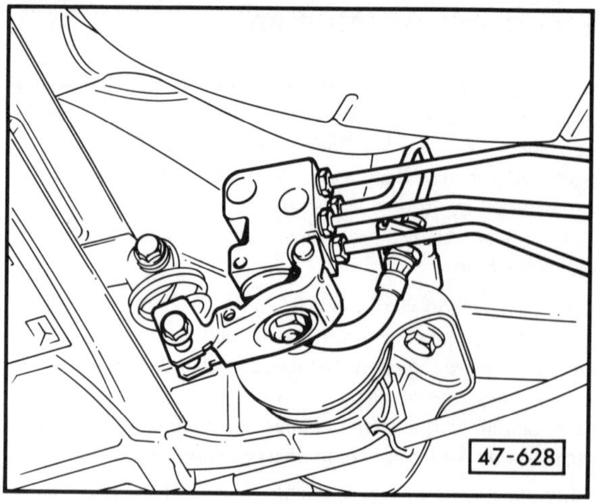

47-628

- Bremspedal kräftig durchtreten und schnell loslassen. Dabei muß sich der Hebel des Bremskraftreglers bewegen.
- Zum Einstellen des Bremskraftreglers wird ein entsprechendes Manometer zum Messen der Bremsdrücke benötigt (Werkstattarbeit).

Die ABS-Anlage

Je nach Ausstattung ist der VW GOLF / VENTO mit einem elektronischen Anti-Blockier-System (ABS) ausgerüstet. Bei diesem Antiblockiersystem von der Firma TEVES sind die Energieversorgung, die Bremsbetätigung und die Bremskraftverstärkung sowie die Antiblockierregelung in einem Aggregat zusammengefaßt. Diese Hydraulikeinheit ist anstelle des serienmäßigen Bremskraftverstärkers mit integriertem Hauptbremszylinder eingebaut. Ein nachträglicher Einbau des ABS ist nicht möglich.

Das Antiblockiersystem (ABS) verhindert, daß bei scharfem Abbremsen die Räder blockieren. Dadurch bleibt das Fahrzeug bei einer Vollbremsung lenkbar.

Durch Drehzahlfühler, pro Rad einer, wird die Radgeschwindigkeit gemessen. Aus den Signalen der einzelnen Drehzahlfühler errechnet das elektronische Steuergerät eine Durchschnittsgeschwindigkeit, die in etwa der Fahrzeuggeschwindigkeit entspricht. Durch Vergleich der Radgeschwindigkeit für ein einzelnes Rad und der Durchschnittsgeschwindigkeit aller Räder erkennt das Steuergerät den Schlupfzustand des einzelnen Rades und kann dadurch feststellen, wenn sich ein Rad kurz vor dem Blockieren befindet.

Sobald ein Rad zum Blockieren neigt, der Bremsflüssigkeitsdruck im Bremssattel oder Radbremszylinder ist dann zu hoch im Verhältnis zur Haftfähigkeit der Reifen auf der Straße, hält das Hydrauliksystem aufgrund von Signalen des Steuergerätes den Flüssigkeitsdruck konstant. Das heißt, der Druck im Bremssattel erhöht sich nicht, auch wenn stärker auf das Bremspedal getreten wird. Besteht weiterhin Blockierneigung, wird der Flüssigkeitsdruck durch Öffnen eines Auslaßventils abgesenkt. Jedoch nur so weit, bis das Rad wieder geringfügig beschleunigt, dann wird der Druck wieder konstant gehalten.

Beschleunigt das Rad über einen bestimmten Wert hinaus, wird der Druck durch das Hydrauliksystem wieder erhöht, jedoch nicht über das Maß des allgemeinen Bremsdrucks hinaus.

Dieser Vorgang wiederholt sich bei scharfem Bremsen für jedes einzelne Rad so lange, bis das Bremspedal zurückgenommen wird, beziehungsweise bis kurz vor Stillstand (2–3 km/h) des Fahrzeuges. Der Fahrer erkennt das Arbeiten der Antiblockierregelung am Pulsieren des Bremspedals.

Eine Sicherheitsschaltung im elektronischen Steuergerät sorgt dafür, daß sich das ABS bei einem Defekt (z. B. Kabelbruch) oder bei zu niedriger Betriebsspannung (Batteriespannung unter 10 Volt) selbst abschaltet. In diesem Fall leuchtet die ABS-Kontrolleuchte am Armaturenbrett während der Fahrt auf. Die herkömmliche Bremsanlage bleibt dabei in Betrieb. Das Fahrzeug verhält sich beim Bremsen dann so, als ob kein ABS eingebaut wäre.

Leuchtet während der Fahrt die ABS-Kontrollampe auf, dann weist dies darauf hin, daß sich das ABS abgeschaltet hat.

- Fahrzeug kurz anhalten, Motor abstellen und wieder starten.
- Batteriespannung prüfen. Wenn die Spannung unter 10 Volt liegt, Batterie laden.

Achtung: Wenn die ABS-Kontrolleuchte am Anfang einer Fahrt aufleuchtet und nach einiger Zeit wieder erlöscht, deutet das darauf hin, daß die Batteriespannung zunächst zu gering war, bis sie sich während der Fahrt durch Ladung über den Generator wieder erhöht hat.

- Prüfen, ob die Batterieklemmen richtig festgezogen sind und einwandfreien Kontakt haben.
- Fahrzeug aufbocken, Vorderräder abnehmen, elektrische Leitungen auf äußere Beschädigungen (durchgescheuert) prüfen.
- Weitere Prüfungen des ABS sollten der VW-Werkstatt vorbehalten bleiben.

ABS mit elektronischer Differentialsperre (EDS)

Je nach Modell und Ausstattung besitzt der VW GOLF / VENTO zusätzlich zum ABS eine elektronische Differentialsperre, kurz **EDS**. Aufbauend auf den Komponenten des ABS verbessert EDS die Traktion (Übertragung der Motorkraft) unter ungünstigen Fahrbahnverhältnissen besonders beim Bergauffahren, Beschleunigen oder Anfahren.

Auf Fahrbahnen mit unterschiedlicher Bodenhaftung kann es zum Durchdrehen eines Rades kommen, da die Ausgleichwirkung des Differentials dafür sorgt, daß beide Räder nur soviel Kraft übertragen können, wie es dem Reibwert zwischen Reifen und Fahrbahn auf der glatten Seite entspricht. Durch mechanisches Sperren der Ausgleichwirkung (Sperrdifferential) wird eine Traktionsverbesserung erreicht, da dann die Seite mit dem höheren Reibwert auch eine höhere Vortriebskraft übertragen werden kann. Herkömmliche, mechanische Differentialsperren können jedoch an einer angetriebenen Vorderachse aus zwei Gründen nicht eingesetzt werden: Der Lenkkomfort würde zu stark eingeschränkt, außerdem würde die Wirkung des ABS beeinträchtigt.

Funktionsweise des EDS: Das elektronische Steuergerät erfaßt über die Drehzahlsensoren des ABS die Drehzahlen der Antriebsräder (bei Allradantrieb aller vier Räder) und vergleicht sie laufend miteinander. Treten Drehzahlunterschiede über ca. 110/min auf, greift EDS automatisch ein und bremst das durchdrehende Rad soweit ab, bis es annähernd die gleiche Drehzahl wie das nicht durchdrehende Rad hat. Mit dieser Regelung wird wie beim mechanisch gesperrten Differential erreicht, daß das Rad mit den besseren Haftverhältnissen eine höhere Zugkraft übertragen kann. Bei Fahrzeuggeschwindigkeiten über 40 km/h schaltet sich das EDS ebenso wie bei Kurvenfahrt oder überhitzten Bremsen aus. Das System ist mehrfach gegen Fehlsteuerungen der Bremse abgesichert –sowohl elektronisch als auch hydraulisch.

Beim EDS-System werden viele Bauteile des ABS genutzt. Die Hydraulik-Einheit erhält als Zusatz-Komponente einen EDS-Ventilblock, das Steuergerät ist um die EDS-Software erweitert.

Achtung: Vor Schweißarbeiten mit einem elektrischen Schweißgerät muß der Stecker vom elektronischen Steuergerät des ABS/EDS abgezogen werden. Stecker nur bei ausgeschalteter Zündung abziehen. Bei Lackierarbeiten darf das Steuergerät kurzzeitig mit max. +95° C und langfristig (ca. 2 Stunden) mit max. +85° C belastet werden.

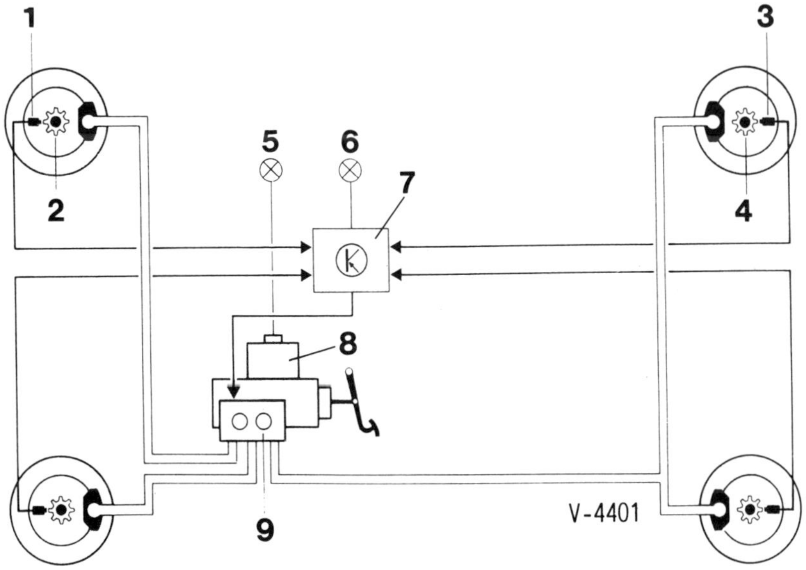

1 – Drehzahlfühler vorn rechts
2 – Impulsrad vorn rechts
3 – Drehzahlfühler hinten rechts
4 – Impulsrad hinten rechts
5 – Kontrolleuchte für Bremsanlage
6 – Kontrolleuchte für ABS
7 – Steuergerät
8 – Hydraulikeinheit
9 – Magnetventile

Störungsdiagnose Bremse

Störung	Ursache	Abhilfe
Leerweg des Bremspedals zu groß	Bremsbacken teilweise oder völlig abgenutzt	■ Bremsbeläge nachstellen oder Beläge erneuern
	Ein Bremskreis ausgefallen	■ Bremskreise auf Flüssigkeitsverlust prüfen
	ABS: Ein vorderer Bremskreis ausgefallen	■ Bremse instandsetzen lassen
Bremspedal läßt sich weit und federnd durchtreten	Luft im Bremssystem	■ Bremse entlüften
	Zu wenig Bremsflüssigkeit im Ausgleichbehälter	■ Neue Bremsflüssigkeit nachfüllen Bremse entlüften
	Dampfblasenbildung. Tritt meist nach starker Beanspruchung auf, z. B. Paßabfahrt	■ Bremsflüssigkeit wechseln. Bremse entlüften
Bremswirkung läßt nach, und Bremspedal läßt sich durchtreten	Undichte Leitung	■ Leitungsanschlüsse nachziehen oder Leitung erneuern
	Beschädigte Manschette im Haupt- oder Radbremszylinder	■ Manschette erneuern. Beim Hauptbremszylinder Innenteile ersetzen, ggf. Hauptbremszylinder ersetzen
	Speziell bei Scheibenbremse: Stationärer Gummidichtring beschädigt	■ Bremssattel überholen
Schlechte Bremswirkung trotz hohen Fußdrucks	Bremsbeläge verölt	■ Bremsbeläge erneuern
	Ungeeigneter oder verhärteter Bremsbelag	■ Beläge erneuern Original VW-Beläge verwenden
	Bremskraftverstärker defekt	■ Bremsservo prüfen
	Speziell bei Scheibenbremse: Bremsbeläge abgenutzt	■ Bremsbeläge erneuern
	ABS: Hinterer Bremskreis oder Hydraulikpumpe ausgefallen	■ Bremse instandsetzen lassen
Bremse zieht einseitig	Unvorschriftsmäßiger Reifendruck	■ Reifendruck prüfen und berichtigen
	Bereifung ungleichmäßig abgefahren	■ Abgefahrene Reifen ersetzen
	Bremsbeläge verölt	■ Bremsbeläge erneuern
	Verschiedene Bremsbelagsorten auf einer Achse	■ Beläge erneuern. Original VW-Beläge verwenden
	Schlechtes Tragbild der Bremsbeläge	■ Bremsbeläge austauschen
	Speziell bei Scheibenbremse: Verschmutzte Bremssattelschächte	■ Sitz- und Führungsflächen der Bremsbeläge im Bremssattel reinigen
	Korrosion in den Bremssattelzylindern	■ Bremssattel erneuern
	Bremsbelag ungleichmäßig verschlissen	■ Bremsbeläge erneuern (beide Räder)
	Speziell bei Trommelbremse: Kolben in den Radbremszylindern schwergängig	■ Radbremszylinder instand setzen

Störung	Ursache	Abhilfe
Bremse zieht von selbst an	Ausgleichsbohrung im Hauptbremszylinder verstopft Spiel zwischen Betätigungsstange und Hauptbremszylinderkolben zu gering	■ Hauptbremszylinder reinigen und Innenteile erneuern lassen ■ Spiel prüfen
Bremsen erhitzen sich während der Fahrt	Ausgleichsbohrung im Hauptbremszylinder verstopft Spiel zwischen Betätigungsstange und Hauptbremszylinder zu gering **Speziell bei Scheibenbremse:** Drosselbohrung im Spezial-Bodenventil verstopft **Speziell bei Trommelbremse:** Bremsbacken-Rückzugfedern erlahmt	■ Hauptbremszylinder reinigen und Innenteile erneuern lassen ■ Spiel prüfen ■ Hauptbremszylinder reinigen, Innenteile ersetzen und Bremsflüssigkeit erneuern ■ Rückzugfedern erneuern
Bremsen rattern	Ungeeigneter Bremsbelag **Speziell bei Scheibenbremse:** Bremsscheibe stellenweise korrodiert Bremsscheibe hat Seitenschlag **Speziell bei Trommelbremse:** Bremsbeläge verschlissen Bremstrommel unrund	■ Beläge erneuern Original VW-Beläge verwenden ■ Scheibe mit Schleifklötzen sorgfältig glätten ■ Scheibe nacharbeiten oder ersetzen ■ Beläge erneuern. Original VW-Beläge verwenden ■ Bremstrommel ausdrehen, gegebenenfalls ersetzen
Bremsbeläge lösen sich nicht von der Bremsscheibe, Räder lassen sich schwer von Hand drehen	**Speziell bei Scheibenbremse:** Korrosion in den Bremssattelzylindern	■ Bremssattel überholen, eventuell austauschen
Ungleichmäßiger Belag-Verschleiß	**Speziell bei Scheibenbremse:** Ungeeigneter Bremsbelag Bremssattel verschmutzt Kolben nicht leichtgängig Bremssystem undicht	■ Bremsbeläge erneuern Original VW-Beläge verwenden ■ Bremssattelschächte reinigen ■ Kolben gangbar machen ■ Bremssystem auf Dichtigkeit prüfen
Keilförmiger Bremsbelag-Verschleiß	**Speziell bei Scheibenbremse:** Bremsscheibe läuft nicht parallel zum Bremssattel Korrosion in den Bremssätteln Kolben arbeitet nicht richtig	■ Anlagefläche des Bremssattels prüfen ■ Verschmutzung beseitigen ■ Kolbenstellung (Kolbenring) prüfen

Störung	Ursache	Abhilfe
Bremse quietscht	Oft auf atmosphärische Einflüsse (Luftfeuchtigkeit) zurückzuführen	■ Keine Abhilfe erforderlich, und zwar dann, wenn Quietschen nach längerem Stillstand des Wagens bei hoher Luftfeuchtigkeit auftrat, aber nach den ersten Bremsungen sich nicht wiederholt
	Speziell bei Scheibenbremse: Ungeeigneter Bremsbelag	■ Beläge erneuern. Original VW-Beläge verwenden Rückenplatte mit Anti-Quietsch-Paste bestreichen
	Bremsscheibe läuft nicht parallel zum Bremssattel	■ Anlagefläche des Bremssattels prüfen
	Verschmutzte Schächte im Bremssattel	■ Bremssattelschächte reinigen
	Belaghaltefedern verbogen	■ Haltefedern erneuern
	Spreizfedern ausgeleiert	■ Spreizfedern erneuern
	Speziell bei Trommelbremse: Ungeeigneter Bremsbelag	■ Beläge erneuern
	Belag liegt nicht satt auf	■ Beläge erneuern
	Bremse verschmutzt	■ Radbremsen reinigen
	Rückzugfedern zu schwach	■ Rückzugfedern erneuern
Bremse pulsiert	**ABS** in Funktion	■ Normal, keine Abhilfe
	Speziell bei Scheibenbremse: Seitenschlag oder Dickentoleranz der Bremsscheibe zu groß	■ Schlag und Toleranz prüfen. Scheibe nacharbeiten oder ersetzen
	Bremsscheibe läuft nicht parallel zum Bremssattel	■ Anlagefläche des Bremssattels prüfen
	Speziell bei Trommelbremse: Anlagefläche des Scheibenrades an der Bremstrommel nicht plan, dadurch Verzug der Bremstrommel	■ Es kann versucht werden, die Scheibenräder untereinander auszutauschen. Besser: Bremstrommel mit angeschraubtem Rad auf einer geeigneten Drehbank ausdrehen

Räder und Reifen

Räder- und Reifenmaße, Reifenfülldruck

Modell	Motor	Scheibenrad Felge	Einpreß-tiefe in mm	Reifengröße Gürtelreifen (schlauchlos)	Reifenfülldruck (Überdruck) in bar			
					halbe Zuladung		volle Zuladung	
					vorn	hinten	vorn	hinten
Golf (Limousine)	47 kW / 64 PS	5½ J x 13	38	175/70 R 13 82 S	2,1	1,9	2,4	2,6
		6 J x 14	45	185/60 R 14 82 T	2,1	1,9	2,4	2,6
		6 J x 15	45	195/50 R 15 82 H	2,1	1,9	2,4	2,6
	55/66 kW / 75/90 PS	5½ J x 13	38	175/70 R 13 82 T	2,3	2,1	2,6	2,8
		6 J x 14	45	185/60 R 14 82 T	2,3	2,1	2,6	2,8
		6 J x 15	45	195/50 R 15 82 H	2,3	2,1	2,6	2,8
	81 kW / 110 PS 4-Loch-Felge	6 J x 14	45	185/60 R 14	2,5	2,3	2,6	2,8
		6 J x 15	45	195/50 R 15	2,5	2,3	2,6	2,8
	81 kW / 110 PS 5-Loch-Felge	6½ J x 15	43	195/50 R 15	2,6	2,4	2,7	2,7
		6½ J x 15	43	205/50 R 15	2,2	2,0	2,3	2,5
		–	–	215/40 R 16	2,6	2,4	2,7	2,7
Golf Syncro	66 kW / 90 PS	6 J x 14	45	185/60 R 14 82 T	2,4	2,4	2,6	3,0
		6 J x 15	45	195/50 R 15 82 H	2,4	2,4	2,6	3,0
Golf Variant	47 kW / 64 PS	6 J x 14	45	185/60 R 14 82 T	2,1	2,1	2,4	3,0
		6 J x 15	45	195/50 R 15 82 H	2,1	2,1	2,4	3,0
		6 J x 14	45	195/60 R 14 85 T	1,8	1,8	2,1	2,7
	55 kW / 75 PS	6 J x 14	45	185/60 R 14 82 T	2,3	2,3	2,5	3,1
		6 J x 15	45	195/50 R 15 82 H	2,3	2,3	2,5	3,1
		6 J x 14	45	195/60 R 14 85 T	2,0	2,0	2,2	2,8
	66 kW / 90 PS	6 J x 15	45	195/50 R 15 82 H	2,3	2,3	2,6	3,2
		6 J x 14	45	195/60 R 14 85 T	2,0	2,0	2,2	2,8
	81 kW / 110 PS	6 J x 15	45	195/50 R 15	2,5	2,3	2,6	3,2
		6 J x 14	45	195/60 R 14	2,2	2,0	2,3	2,9
Variant Syncro	66 kW / 90 PS	6 J x 14	45	195/60 R 14 86 T	2,1	2,4	2,3	3,0
Golf Cabriolet	66 kW / 90 PS	6 J x 14	45	185/60 R 14 82 T/H	2,4	2,2	2,6	2,9
		6 J x 15	45	195/50 R 15 82 H	2,4	2,2	2,6	2,9
	81 kW / 110 PS	6 J x 14	45	185/60 R 14	2,5	2,3	2,7	3,0
		6 J x 15	45	195/50 R 15	2,5	2,3	2,7	3,0
Vento	47 kW / 64 PS	5½ J x 13	38	175/70 R 13 82 S	2,1	1,9	2,4	2,8
		6 J x 14	45	185/60 R 14 82 T	2,1	1,9	2,4	2,8
		6 J x 15	45	195/50 R 15 82 H	2,1	1,9	2,4	2,8
	55/66 kW / 75/90 PS	5½ J x 13	38	175/70 R 13 82 S	2,3	2,1	2,6	3,0
		6 J x 14	45	185/60 R 14 82 T	2,3	2,1	2,6	3,0
		6 J x 15	45	195/50 R 15 82 H	2,3	2,1	2,6	3,0
	81 kW / 110 PS	6 J x 14	45	185/60 R 14	2,5	2,3	2,6	3,0
		6 J x 15	45	195/50 R 15	2,5	2,3	2,6	3,0

Der VW GOLF/VENTO kann vom Werk aus mit unterschiedlichen Räder/Reifenkombinationen bestückt sein. Wenn das Fahrzeug mit anderen als den werksseitig montierten Rädern bestückt werden soll, dürfen nur die freigegebenen Räder verwendet werden. Sonst kann die Verkehrssicherheit beeinträchtigt werden, außerdem erlischt die Zulassung für den Straßenverkehr.

Felgen und Radschrauben sind konstruktiv aufeinander abgestimmt. Bei jeder Umrüstung auf andere Felgen müssen deshalb die dazugehörigen Radschrauben mit der richtigen Länge und Kalottenform (Anlagefläche an der Felge) verwendet werden. Der Festsitz der Räder und die Funktion der Bremsanlage hängen davon ab.

Achtung: Der Gesetzgeber verlangt, daß Reifen lediglich bis zu einer Profiltiefe von 1,6 mm abgefahren werden dürfen, und zwar muß die gesamten Lauffläche noch 1,6 mm Tiefe aufweisen. Es empfiehlt sich jedoch, sicherheitshalber die Sommerreifen bei bei einer Profiltiefe von 2 mm und die Winterreifen bei einer Tiefe von 4 mm auszutauschen.

Hinweis: Die technische Entwicklung geht ständig weiter. Es kann sein, daß inzwischen auch für ältere Fahrzeug-Modelle andere Reifenfülldrücke beziehungsweise andere Reifen-Felgen-Kombinationen zugelassen sind. Maßgebend sind die in den Fahrzeugpapieren angegebenen Größen. Die gültigen Fülldruckwerte stehen auch auf einem Aufkleber auf der Innenseite der Tankklappe.

- Der Reifenfülldruck für das **Notrad** liegt bei **4,2 bar.** Der Reifenfülldruck für das **normale Reserverad** entspricht dem höchsten Fülldruck bei maximaler Belastung, z. B. GOLF mit 64 PS und Reifengröße 185/60 R 14: 2,6 bar.
- Sämtliche Überdruckangaben beziehen sich auf kalte Reifen. Der sich bei längerer Fahrt einstellende, um ca. 0,2 bis 0,4 bar höhere Überdruck darf nicht reduziert werden.
- Winterreifen werden in der Regel mit einem um 0,2 bar höheren Überdruck gefahren. Die Luftdruckempfehlungen des jeweiligen Reifenherstellers bei Winterreifen sind zu beachten.beachten. Da die Winterreifen einer Geschwindigkeitsbeschränkung unterliegen, muß ein Hinweis über die zulässige Höchstgeschwindigkeit im Blickfeld des Fahrers angebracht werden (§ 36, Absatz 1 StVZO).
- Bei sportlicher Fahrweise empfiehlt es sich, den Reifenüberdruck an Vorder- und Hinterrädern um 0,2 bar zu erhöhen. Bei dieser Erhöhung ist vom Basis-Überdruck auszugehen, wie er für die verschiedenen Belastungszustände vorgeschrieben ist.
- Bei Anhängerbetrieb Reifenfülldruck auf den unter »volle Zuladung« angegebenen Wert erhöhen.

Reifen- und Scheibenrad-Bezeichnungen

Beispiel Reifen-Bezeichnungen:

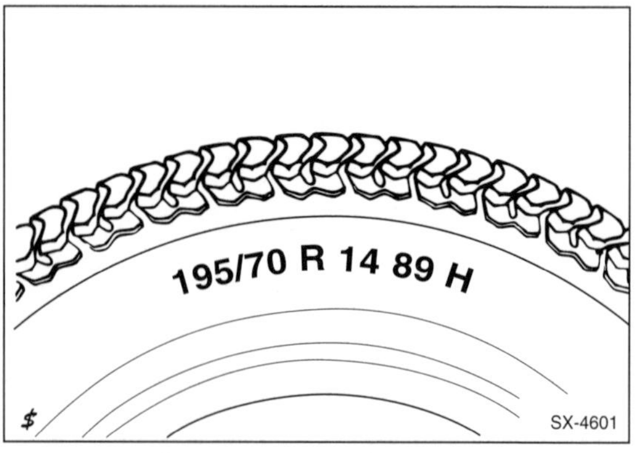

195 = Reifenbreite in mm

/70 = Verhältnis Höhe zu Breite (die Höhe des Reifenquerschnitts beträgt 70 % von der Breite)

Fehlt eine besondere Angabe des Querschnittverhältnisses (z. B. 155 R 13), so handelt es sich um das »normale« Höhen-Breiten-Verhältnis. Es beträgt bei Gürtelreifen 82 %.

R = Radial-Bauart (= Gürtelreifen).

14 = Felgendurchmesser in Zoll.

89 = Tragfähigkeits-Kennzahl.

Achtung: Steht zwischen den Angaben 14 und 89 die Bezeichnung M+S, dann handelt es sich um einen Reifen mit Winterprofil.

H = Kennbuchstabe für zulässige Höchstgeschwindigkeit, H: bis 210 km/h.

Der Geschwindigkeitsbuchstabe steht hinter der Reifengröße. Die Geschwindigkeitssymbole gelten sowohl für Sommer- als auch für Winterreifen.

Geschwindigkeits-Kennbuchstabe

Kennbuchstabe	Zulässige Höchstgeschwindigkeit
Q	160 km/h
S	180 km/h
T	190 km/h
H	210 km/h
V	240 km/h
W	270 km/h

Reifen-Herstellungsdatum

Das Herstellungsdatum steht auf dem Reifen im Hersteller-Code.

Beispiel: DOT CUL2 UM8 227 ◁ TUBELESS

DOT = Department of Transportation (US-Verkehrsministerium)

CU = Kürzel für Reifenhersteller

L2 = Reifengröße

UM8 = Reifenausführung

127 = Herstellungsdatum = 22. Produktionswoche 1997

◁ = Symbol für dieses Jahrzehnt (1990 bis 1999)

TUBELESS = schlauchlos (TUBETYPE = Schlauchreifen)

Beispiel Scheibenrad-Bezeichnungen: 6 J x 15

6 = Maulweite der Felge in Zoll
J = Kennbuchstabe für Höhe und Kontur des Felgenhorns (B = niedrigere Hornform)
x = Kennzeichen für einteilige Tiefbettfelge
15 = Felgen-Durchmesser in Zoll

Austauschen und auswuchten der Räder

Es ist nicht zweckmäßig, bei einem Austausch der Räder die Drehrichtung der Reifen zu ändern, da sich die Reifen nur unter vorübergehend stärkerem Verschleiß der veränderten Drehrichtung anpassen. Bei einigen Reifen ist eine Laufrichtung durch einen Pfeil auf der Seitenwand vorgegeben, die Laufrichtung ist dann unbedingt einzuhalten.

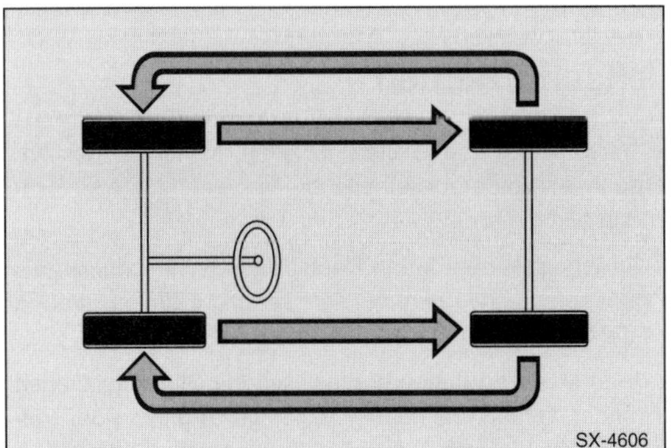
SX-4606

Bei deutlich stärkerer Abnutzung der vorderen Reifen empfiehlt es sich, die Vorderräder gegen die Hinterräder zu tauschen. Dadurch haben alle 4 Reifen etwa die gleiche Lebensdauer.

Sicherheitshinweis:
Reifen nicht einzeln, sondern mindestens achsweise ersetzen. Reifen mit der größeren Profiltiefe vorn montieren. An Vorder- und Hinterachse nur Reifen gleicher Größe und Bauart, möglichst auch gleichen Fabrikats und Profilausführung montieren.

Sicherheitshinweis:
Reifen, die älter als 6 Jahre sind, nur im Notfall und bei vorsichtiger Fahrweise verwenden. Beim Erneuern und Demontieren schlauchloser Reifen unbedingt das Gummiventil mit austauschen.

- Vor der Demontage Rad mit Kreide oder Farbstift zur Radnabe markieren, damit es in gleicher Stellung wieder montiert werden kann.
- Radschrauben lösen, wenn das Fahrzeug auf dem Boden steht. Dazu Handbremse anziehen oder 1. Gang einlegen, damit das Fahrzeug nicht wegrollt.

Achtung: Leichtmetallfelgen sind durch einen Klarlacküberzug gegen Korrosion geschützt. Beim Radwechsel darauf achten, daß die Schutzschicht nicht beschädigt wird, andernfalls mit Klarlack ausbessern.

- Zum Schutz gegen Festrosten des Rades ist der Zentriersitz des Scheibenrades an den Radnaben vorn und hinten bei jeder Demontage des jeweiligen Rades mit Wälzlagerfett leicht einzufetten.
- Verschmutzte Schrauben und Gewinde reinigen. Gewinde der Radschrauben **nicht** fetten oder ölen.
- Radschrauben über Kreuz in mehreren Durchgängen festziehen. Zum Festziehen der Radschrauben sollte immer ein Drehmomentschlüssel verwendet werden. Dadurch wird sichergestellt, daß die Radschrauben gleichmäßig fest angezogen sind. **Das Anzugsdrehmoment beträgt für alle Radschrauben 110 Nm.** M14-Schrauben für 5-Loch-Felgen mit **120 Nm** anziehen.

Achtung: Durch einseitiges oder unterschiedlich starkes Anziehen der Radschrauben können das Rad und/oder die Radnabe verspannt werden.

Hinweise für Fahrzeuge mit Allradantrieb »syncro«

- Nur Reifen gleichen Fabrikats verwenden. Andernfalls können Drehzahlunterschiede auftreten und die Viscokupplung erhöht unnötig den Anteil des Hinterradantriebs. Dadurch können Schäden auftreten.
- Bei unterschiedlicher Profiltiefe empfiehlt es sich, die Reifen mit der größeren Profiltiefe vorn zu montieren. Grund: Abgenutzte Reifen haben einen kleineren Abrollumfang und drehen deshalb schneller. Dadurch treten Verspannungen im Antriebsstrang auf und die Reifen verschleißen schneller.

Auswuchten der Räder

Die serienmäßigen Räder werden im Werk ausgewuchtet. Das Auswuchten ist notwendig, um unterschiedliche Gewichtsverteilung und Materialungenauigkeiten auszugleichen.

Im Fahrbetrieb macht sich die Unwucht durch Trampel- und Flattererscheinungen bemerkbar. Das Lenkrad beginnt dann bei höherem Tempo zu zittern.

In der Regel tritt dieses Zittern nur in einem bestimmten Geschwindigkeitsbereich auf und verschwindet wieder bei niedrigerer und höherer Geschwindigkeit.

Solche Unwuchterscheinungen können mit der Zeit zu Schäden an Achsgelenken, Lenkgetriebe und Stoßdämpfern führen.

Räder nach jeder Reifenreparatur auswuchten lassen, da sich durch Abnutzung und Reparatur die Gewichts- und Materialverteilung am Reifen ändert.

Reifenpflegetips

Generell gilt, daß Reifen sozusagen ein »Gedächtnis« haben und unsachgemäße Behandlung – dazu zählt beispielsweise auch schnelles oder häufiges Überfahren von Bordstein- oder Schienenkanten – oft erst viel später zu Reifenpannen führt.

Reifen reinigen

- Reifen möglichst nicht mit einem Dampfstrahlgerät reinigen. Wird die Düse des Dampfstrahlers zu nahe an den Reifen gehalten, dann wird dessen Gummischicht innerhalb weniger Sekunden irreparabel zerstört, selbst bei Verwendung von kaltem Wasser. Ein auf diese Weise gereinigter Reifen sollte sicherheitshalber ersetzt werden.
- Ersetzt werden sollte auch ein Reifen, der über längere Zeit mit Öl oder Fett in Berührung kam. Der Reifen quillt an den betreffenden Stellen zunächst auf, nimmt jedoch später wieder seine normale Form an und sieht äußerlich unbeschädigt aus. Die Belastungsfähigkeit des Reifens nimmt aber ab.

Reifen lagern

- Reifen sollten kühl, dunkel und trocken aufbewahrt werden. Sie dürfen nicht mit Fett und Öl in Berührung kommen.
- Räder liegend oder an den Felgen aufgehängt in der Garage oder im Keller lagern.
- Bevor die Räder abmontiert werden, Reifenfülldruck etwas erhöhen (ca. 0,3–0,5 bar).
- Für Winterreifen eigene Felgen verwenden, denn das Ummontieren der Reifen auf dieselben Felgen lohnt sich aus Kostengründen nicht.

Reifen einfahren

Neue Reifen haben vom Produktionsprozeß her eine besonders glatte Oberfläche. Deshalb müssen neue Reifen – das gilt auch für das neue Ersatzrad – eingefahren werden. Bei diesem Einfahren rauht sich durch die beginnende Abnutzung die glatte Oberfläche auf.

Während der ersten 300 km sollte man mit neuen Reifen speziell auf Nässe besonders vorsichtig fahren.

Das Notrad

Bei der Benutzung des platzsparenden Reserve-Notrades sind folgende Punkte zu beachten:

- Das Notrad darf an Vorder- oder Hinterachse montiert werden.
- Das Notrad ist nur für den vorübergehenden und kurzzeitigen Einsatz bestimmt. Muß das Rad bei einer Reifenpanne montiert werden, ist es deshalb so schnell wie möglich wieder durch ein Normalrad zu ersetzen.
- Nach Montage des Notrades muß **der Reifenfülldruck so schnell wie möglich geprüft werden,** der Druck muß **4,2 bar** betragen.
- Mit montiertem Notrad darf **nicht über 80 km/h** gefahren werden. Vollgasbeschleunigungen, starkes Bremsen und rasante Kurvenfahrten sind zu vermeiden.
- Das Notrad ist kleiner als das Normalrad. Deshalb verringert sich die Bodenfreiheit der jeweiligen Achse um etwa 30 mm. Um Schäden an tiefliegenden Fahrzeugteilen zu verhindern, sollte nicht über größere Hindernisse oder Vertiefungen gefahren werden. Auch automatische Waschanlagen sollten mit montiertem Notrad nicht benutzt werden – der Wagen könnte aufsetzen.
- Das Notrad ist speziell für den Wagentyp entwickelt. Es darf daher nicht für andere Wagentypen benutzt werden. Ebensowenig dürfen Noträder anderer Fahrzeugtypen verwendet werden.
- Die Verwendung von Gleitschutzketten (Schneeketten) auf dem platzsparenden Notrad ist aus technischen Gründen nicht zulässig. Falls mit Gleitschutzketten gefahren werden muß, ist bei einer Vorderrad-Reifenpanne das Notrad an der Hinterachse zu montieren und der hintere Reifen auf die Vorderachse zu wechseln. Dabei empfiehlt es sich, bereits vor der Montage des Rades die Gleitschutzkette aufzulegen.
- Auf die Felge des Notrades darf kein Sommer- oder Winterreifen montiert werden.
- Niemals zwei oder mehr Noträder gleichzeitig montieren.

Gleitschutzketten

Die Verwendung von Gleitschutzketten ist nur an der Antriebsachse (Vorderachse) erlaubt. Vor der Montage Radblenden abnehmen.

Mit Gleitschutzketten darf in Deutschland nicht schneller als 50 km/h gefahren werden. Auf schnee- und eisfreien Straßen sind die Gleitschutzketten abzunehmen.

Auf allen Modellen dürfen nur feingliedrige Gleitschutzketten verwendet werden, die auf der Reifenfläche und an der Reifeninnenseite nicht mehr als 15 mm auftragen, einschließlich Kettenschloß. Es sollten nur von VW freigegebene Gleitschutzketten verwendet werden.

Fehlerhafte Reifenabnutzung

- Ungleichmäßiger Reifenverschleiß ist zumeist die Folge zu geringen oder zu hohen Reifenfülldrucks. Außerdem kann es auf Fehler in der Radeinstellung oder Radauswuchtung sowie auf mangelhafte Stoßdämpfer oder Felgen zurückzuführen sein.
- In erster Linie ist auf vorschriftsmäßigen Reifenfülldruck zu achten, wobei spätestens alle vier Wochen eine Prüfung vorgenommen werden sollte.

- Reifenfülldruck nur bei kühlen Reifen prüfen. Der Reifenfülldruck steigt nämlich mit zunehmender Erhitzung bei schneller Fahrt an. Dennoch ist es völlig falsch, aus erhitzten Reifen Luft abzulassen.
- Bei zu hohem Reifenfülldruck wird die Laufflächenmitte mehr abgenutzt, da der Reifen an der Lauffläche durch den hohen Innendruck mehr gewölbt ist.
- Bei zu niedrigem Reifenfülldruck liegt die Lauffläche an den Reifenschultern stärker auf, und die Laufflächenmitte wölbt sich nach innen durch. Dadurch ergibt sich ein stärkerer Reifenverschleiß der Reifenschultern.

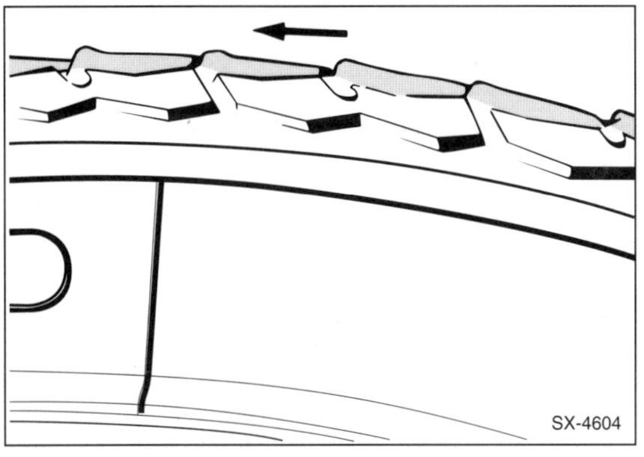

- Sägezahnförmige Abnutzung des Profils ist in der Regel auf eine Überbelastung des Fahrzeuges zurückzuführen.

- Falsche Radeinstellung und Unwucht ergeben jeweils typische Reifenverschleißbilder, auf die in der Störungsdiagnose hingewiesen wird.

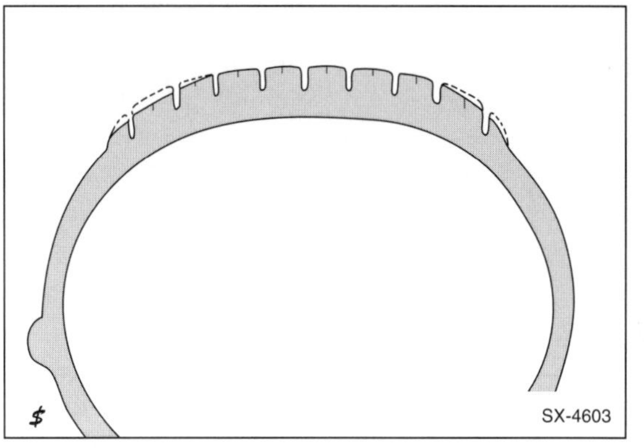

- An den Vorderrädern ist eine etwas größere Abnutzung der Reifenschultern gegenüber der Laufflächenmitte normal, wobei aufgrund der Straßenneigung die Abnutzung der zur Straßenmitte zeigenden Reifenschulter (linkes Rad: außen, rechtes Rad: innen) deutlicher ausgeprägt sein kann.

Störungsdiagnose Reifen

Abnutzung	Ursache
Stärkerer Reifenverschleiß auf beiden Seiten der Lauffläche	■ Zu niedriger Reifenfülldruck
Stärkerer Reifenverschleiß in der Mitte der Lauffläche, über den gesamten Umfang	■ Zu hoher Reifenfülldruck
Auswaschungen der Profilseite	■ Statische und dynamische Unwucht des Rades. Eventuell zu großer Seitenschlag der Felge, zu großes Spiel in den Traggelenken
Auswaschungen in der Mitte des Reifenprofils	■ Statische Unwucht des Rades. Eventuell Folge von zu großem Höhenschlag
Starke Abnutzung an einzelnen Stellen in der Mitte der Lauffläche	■ Blockierspuren von Vollbremsungen
Schuppenförmige oder sägezahnähnliche Abnutzung des Profils. In krassen Fällen mit Gewebebrüchen verbunden, die nach einiger Zeit außen sichtbar werden	■ Überbelastung des Wagens. Innenseite der Reifen auf Gewebebrüche untersuchen!
Gummizungen an den seitlichen Profilkanten	■ Fehlerhafte Radeinstellung. Reifen radiert. Bei Hinterrädern auch Zustand der Stoßdämpfer prüfen!
Gratbildung an einer Profilseite des Vorderrades	■ Falsche Spureinstellung. Reifen radiert. Häufiges Fahren auf stark gewölbter Fahrbahn. Schnelle Kurvenfahrt
Stoßbrüche im Reifenunterbau. Anfangs nur im Innern des Reifens sichtbar	■ Überfahren von kantigen Steinen, Schienenstößen und ähnlichem bei hohen Geschwindigkeiten
Einseitig abgefahrene Laufflächen	■ Sturzeinstellung überprüfen

Die Karosserie

Die Karosserie des GOLF / VENTO ist selbsttragend. Bodengruppe, Seitenteile, Dach und die hinteren Kotflügel sind miteinander verschweißt. Front- und Heckscheibe sowie die hinteren Seitenscheiben sind eingeklebt. Die Reparatur größerer Karosserieschäden sowie das Ersetzen der geklebten Scheiben sollte der Fachwerkstatt vorbehalten bleiben.

Motorhaube, Heckklappe beziehungsweise Kofferraumdeckel, Türen und die vorderen Kotflügel sind angeschraubt und lassen sich leicht auswechseln. Beim Einbau sind dann unbedingt die richtigen Luftspaltmaße einzuhalten, sonst klappert beispielsweise die Tür, oder es können während der Fahrt erhöhte Windgeräusche auftreten. Der Luftspalt muß auf jeden Fall parallel verlaufen, das heißt, der Abstand zwischen den Karosserieteilen muß auf der gesamten Länge des Spaltes gleich groß sein.

Neben den Karosserie-Anbauteilen wird in diesem Kapitel auch die Innenausstattung, wie Sitze und Verkleidungen, behandelt.

Muß an der Karosserie geschweißt werden, soll dies grundsätzlich durch Widerstandspunktschweißen (RP) durchgeführt werden. Nur wenn sich die Schweißzange nicht ansetzen läßt, ist das Schutzgas-Schweißverfahren anzuwenden.

Sicherheitshinweise bei Karosseriearbeiten

- Soweit Schweißarbeiten oder andere funkenerzeugende Arbeiten in Batterienähe durchgeführt werden, muß grundsätzlich die Batterie ausgebaut werden. Beim Batterieausbau Hinweise beachten, siehe Seite 175.
- An Teilen der gefüllten Klimaanlage darf weder geschweißt, noch hart- oder weichgelötet werden. Das gilt auch für Schweiß- und Lötarbeiten am Fahrzeug, wenn die Gefahr besteht, daß sich Teile der Klimaanlage erwärmen. **Achtung: Der Kältemittelkreislauf der Klimaanlage darf nicht geöffnet werden.**
- An besonders korrosionsgefährdeten Karosserieteilen sind verzinkte Bleche verwendet worden. Zinkschicht vor dem Schweißen nicht abschleifen (nur bei Hartlötung abschleifen). Schweißstrom um ca. 10 % erhöhen. **Achtung:** Beim Schweißen von verzinkten Stahlblechen entsteht giftiges Zinkoxid, daher für eine gute Arbeitsplatzbelüftung sorgen.
- Unterbodenschutz und Dichtmaterialien an der Reparaturstelle mit rotierender Drahtbürste entfernen oder mit Heißluftgeläse auf maximal +180° C erwärmen und mit Spachtel ablösen.
- Im Rahmen einer Reparatur-Lackierung darf im Trockenofen oder in seiner Vorwärmzone das Fahrzeug bis maximal **+80° C** aufgeheizt werden. Sonst können elektronische Steuergeräte im Fahrzeug beschädigt werden.

Kühlergrill aus- und einbauen

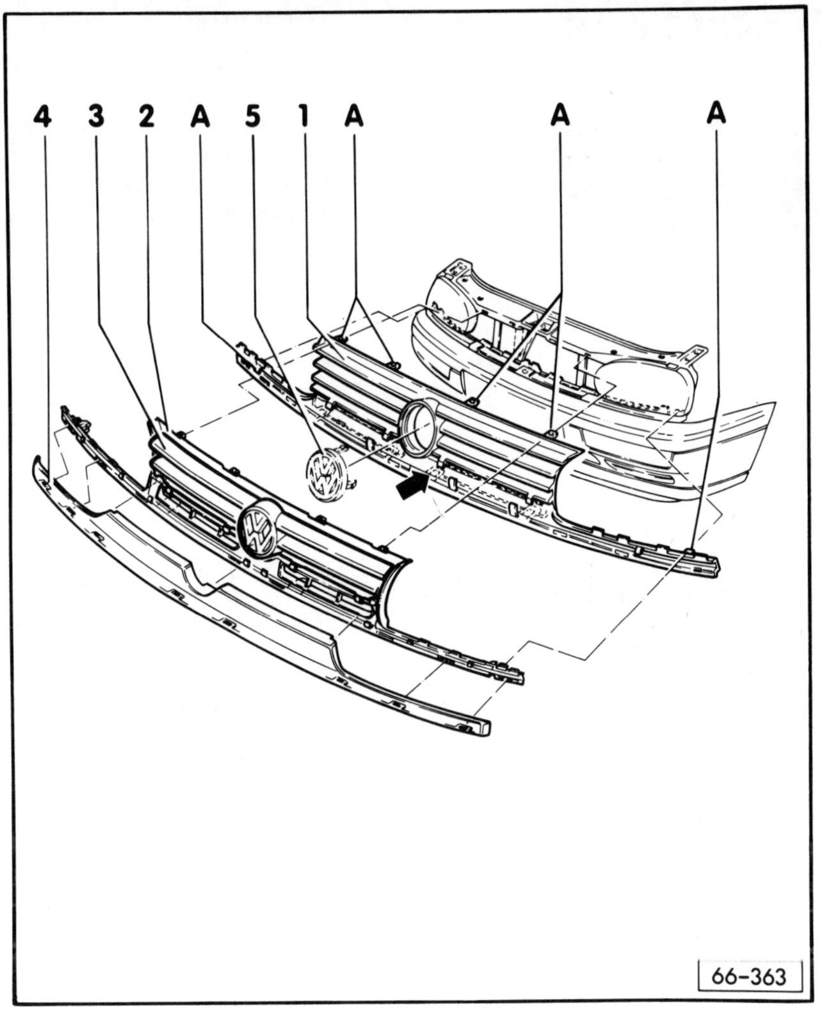

1 – Kühlergrill
Normalausführung (2 = GTI-Ausführung).

4 – Blendleiste

5 – Firmenzeichen
In den Kühlergrill eingeclipst.

Ausbau

- Motorhaube öffnen.
- Obere und untere Rastnasen –A– mit einem Schraubendreher entriegeln.
- Kühlergrill nach oben vom Schloßträger abziehen.
- Gegebenenfalls Blendleiste –4– ausclipsen.

Einbau

- Kühlergrill nach der Mittenfixierung –Pfeil– ausrichten und einclipsen.

Stoßfänger vorn aus- und einbauen

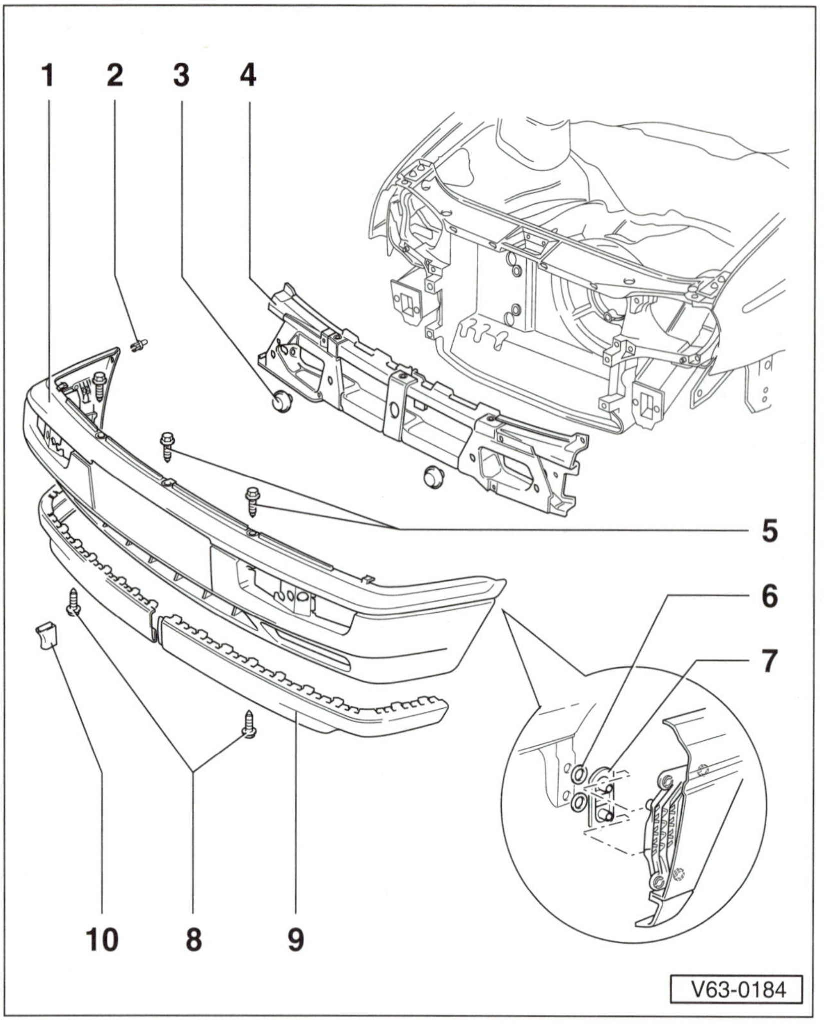

1 – **Abdeckung**

2 – **Spreizniet**
Verbindet die Abdeckung mit der Radhausschale.

3 – **Puffer**

4 – **Querträger**

5 – **Sechskantschraube, 5 Nm**

6 – **Dichtscheibe**

7 – **Führungsteil**

8 – **Sechskantschraube, 5 Nm**

9 – **Spoiler**
Wird in die Abdeckung eingeclipst.

10 – **Abdeckteil**
Nur vorhanden bei lackierten Stoßfängern.

Ausbau

- Kühlergrill ausbauen.

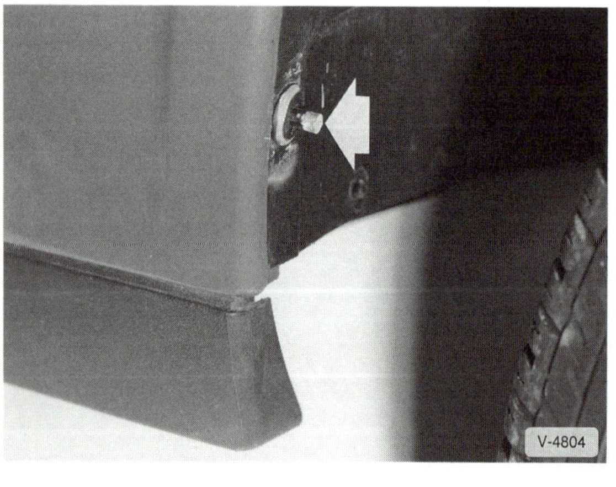

- Spreizniete an den Radhausschalen mit einem Schraubendreher heraushebeln.
- 3 obere Schrauben –5– sowie 5 untere Schrauben –8– links und rechts unter dem Nummernschild herausdrehen.

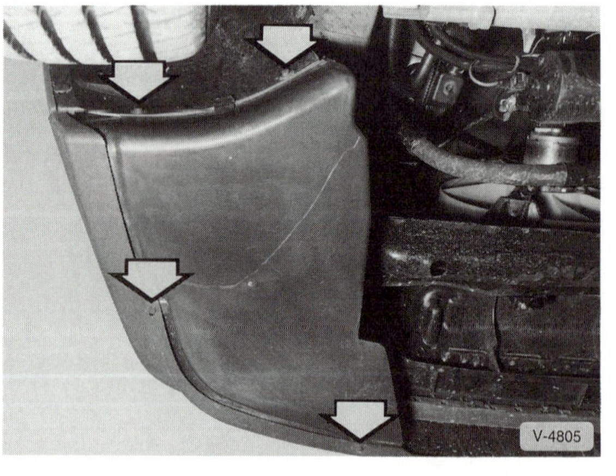

- Untere Luftführungen von der Stoßfängerabdeckung abschrauben.
- Elektrische Anschlußstecker für Nebelscheinwerfer und Blinkleuchten an den Lampenrückseiten abziehen.

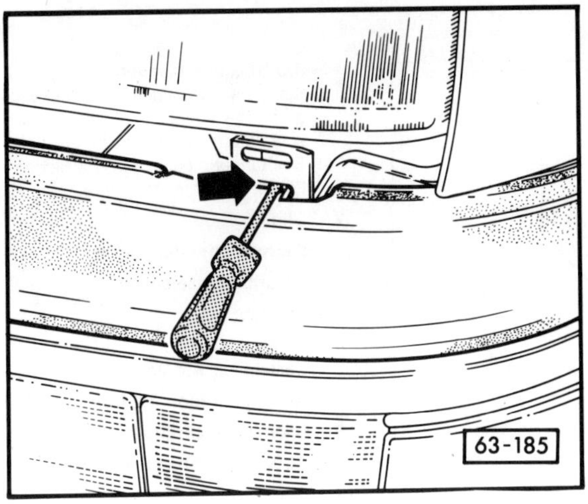

- Rastnase –Pfeil– links und rechts mit einem Schraubendreher herunterdrücken und Stoßfänger parallel aus den seitlichen Führungen nach vorn herausziehen.

Einbau

- Stoßfänger mit Hilfsperson in die seitlichen Führungen einschieben und andrücken, die beiden Rastnasen unterhalb der Scheinwerfer müssen einrasten.
- 8 Schrauben oben und unten am Stoßfänger einschrauben und mit 5 Nm, also nur leicht, anziehen.
- Spreiznieten links und rechts an den Radhausschalen eindrücken.
- Elektrische Anschlußkabel für Nebelscheinwerfer/Blinkleuchten aufstecken.
- Luftführungen in den Stoßfänger einsetzen und anschrauben.
- Kühlergrill einbauen.
- Nebelscheinwerfer einstellen, siehe Seite 241.

Stoßfänger hinten aus- und einbauen

Limousine

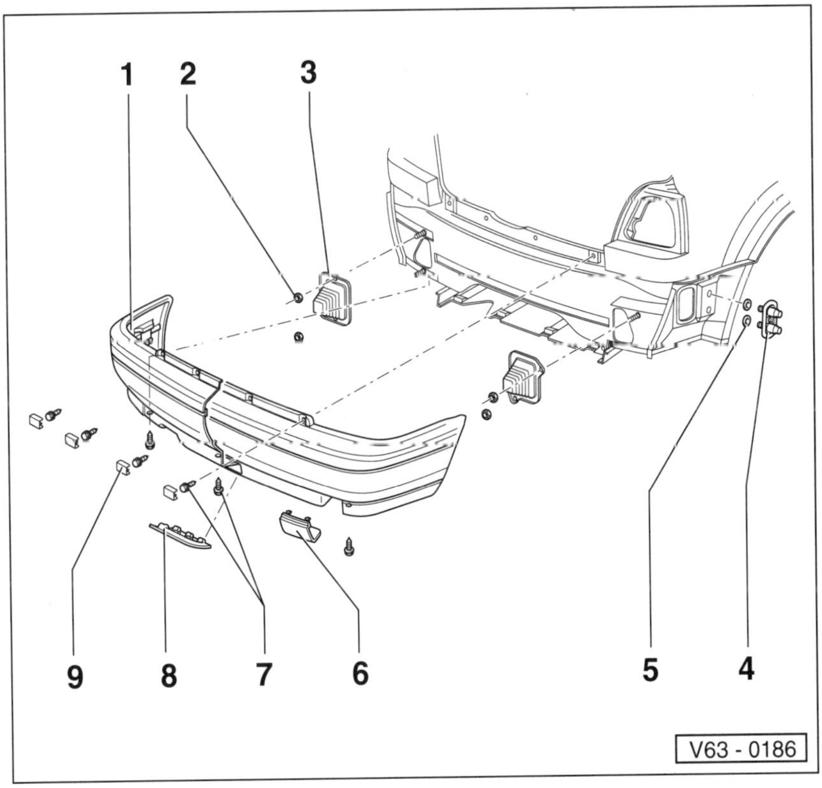

1 – Stoßfänger

2 – Sechskantmutter, 25 Nm

3 – Deformationselement

4 – Führung

5 – Dichtscheibe
(Kunststoff)

6 – Abdeckung/Abschleppöse

7 – Sechskantschraube, 5 Nm

8 – Abdeckung
Für Anhängevorrichtung.

9 – Abdeckung
Für obere Sechskantschrauben.

Ausbau

- Heckklappe öffnen.
- Abdeckungen –9– abhebeln (4 Stück).
- Sechskantschrauben –7– herausdrehen (7 Stück) und Stoßfänger mit Helfer aus den seitlichen Führungen nach hinten herausziehen.

Einbau

- Der Einbau erfolgt in umgekehrter Reihenfolge wie der Ausbau.

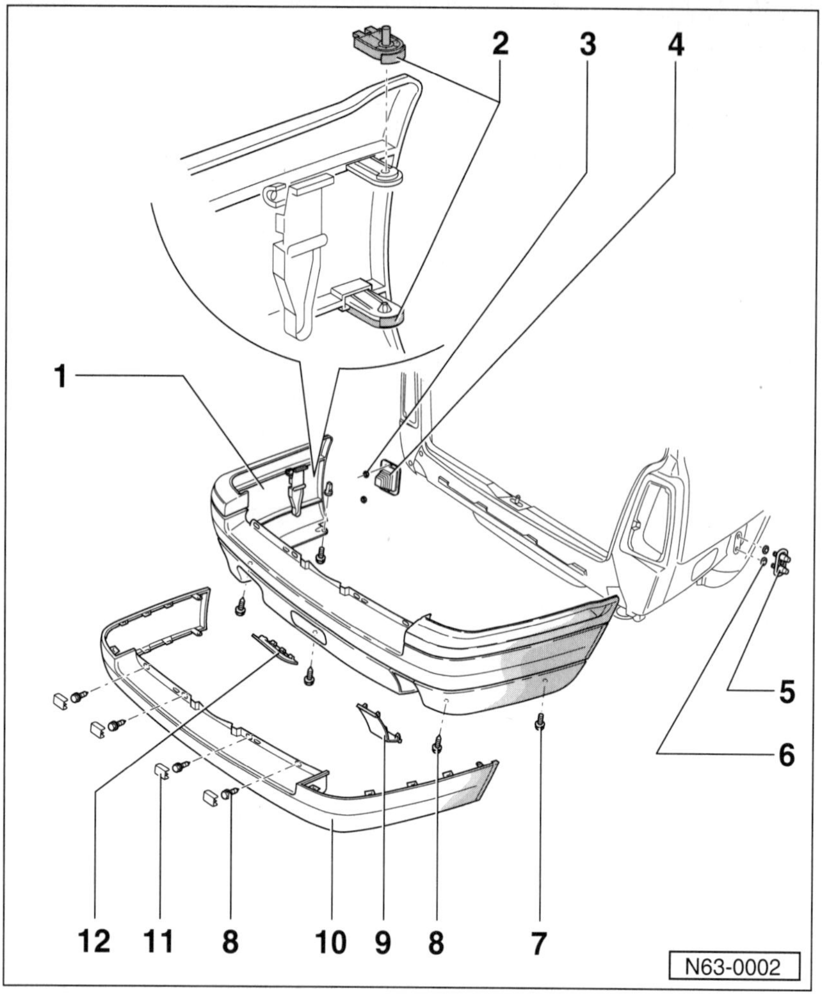

1 – **Stoßfänger ausbauen:**
Klappe hinten öffnen, 4 Abdeckungen –11– abhebeln. 7 Sechskantschrauben –8– herausdrehen und Stoßfänger aus den seitlichen Führungen herausziehen

2 – **Clip**

3 – **Sechskantmutter, 25 Nm**

4 – **Deformationselement**

5 – **Führung**

6 – **Dichtscheibe**
Besteht aus Kunststoff.

7 – **Kombischraube, 1,2 Nm**

8 – **Sechskantschrauben, 6,5 Nm**

9 – **Abdeckung/Abschleppöse**

10 – **Blende für Stoßfänger**
Ausbau:
Blende aus der Abdeckung ausclipsen. Die Blende ist grundiert oder genarbt.

11 – **Abdeckung/obere Sechskantschrauben**

12 – **Abdeckung/Anhängevorrichtung**

Radhausschale vorn aus- und einbauen

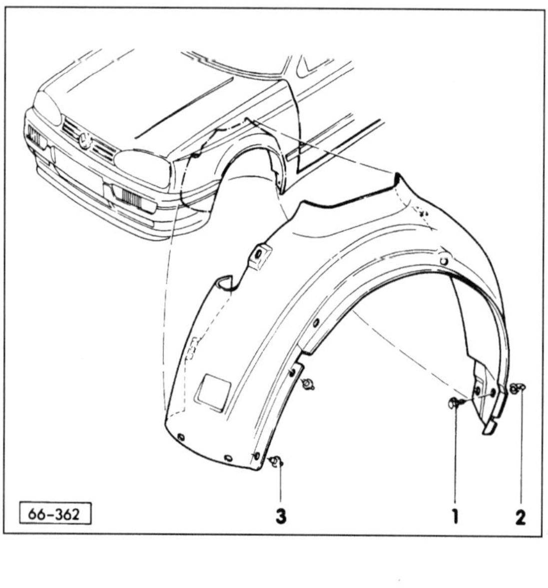

Ausbau

- Radschrauben bei auf dem Boden stehendem Fahrzeug lösen.
- Scheibenrad zur Radnabe mit Farbe kennzeichnen. Dadurch kann das ausgewuchtete Rad wieder an gleicher Stelle montiert werden.
- Fahrzeug aufbocken.
- Vorderrad abnehmen.
- Schrauben –1– (7 Stück) aus den Spreizmuttern –2– ausschrauben.
- Spreizniete –3– entriegeln. Dazu mit kleinem Schraubendreher Kern der Stifte etwas heraushebeln.
- Radhausschale vom Kotflügelflansch nach innen abdrücken und nach unten herausnehmen.

Einbau

- Vor dem Einbau Lage und Zustand der Spreizmuttern im Radhaus kontrollieren. Gegebenenfalls alte Muttern heraushebeln und ersetzen.
- Radhausschale einsetzen und in den Kotflügel einrasten

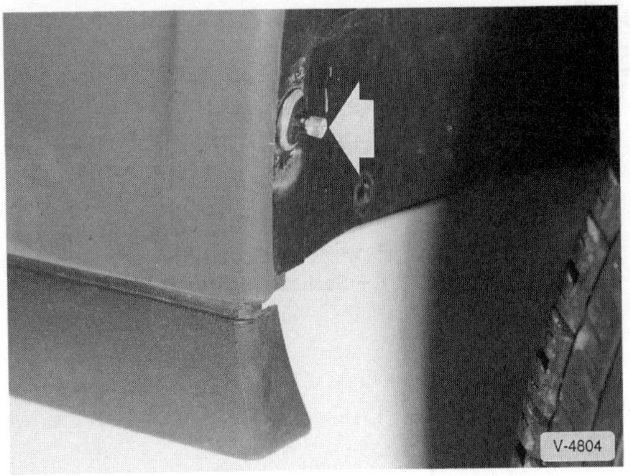

- Spreizniete an der Vorderseite einsetzen. Nietkern mit dem Finger eindrücken.
- Sämtliche Befestigungsschrauben an der Radhausschale von Hand einsetzen und einige Umdrehungen anziehen. Erst wenn alle Schrauben eingesetzt sind, festziehen. **Achtung:** Alle Schrauben nur mit 1 bis 2 Nm, also ganz leicht, festziehen.
- Vorderrad mit der Markierung zur Radnabe ausrichten und handfest anschrauben.
- Fahrzeug ablassen und Radschrauben über Kreuz mit **110 Nm** (M14-Schrauben für 5-Loch-Felge: **120 Nm**) festziehen.

Kotflügel vorn aus- und einbauen

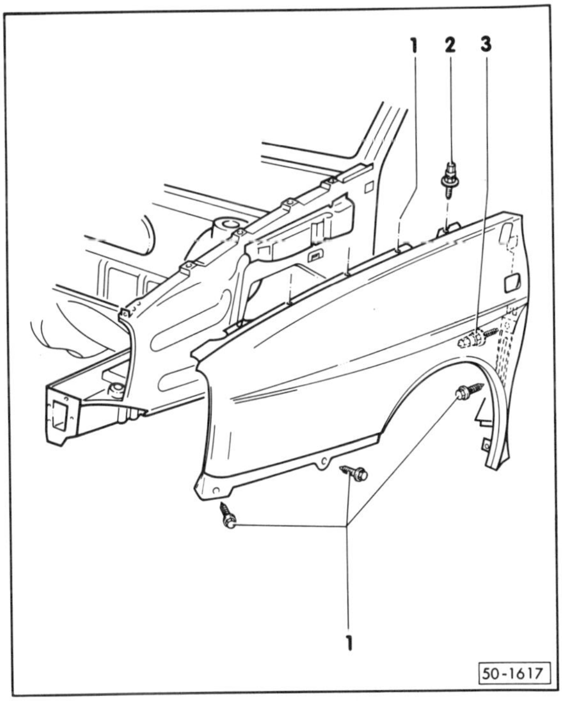

Ausbau

- Kühlergrill ausbauen.
- Stoßfänger vorn ausbauen, siehe Seite 168.
- Radhausschale ausbauen.
- Falls vorhanden, Stabantenne (für Autoradio) vom Kotflügel abschrauben.
- Sechskantschrauben –1– abschrauben, siehe Abbildung.
- Sechskantbolzen –2– und –3– herausdrehen.
- Durch den Unterbodenschutz und das Abdichtband sitzt der Kotflügel sehr fest. Zum Lösen des Kotflügels ist deshalb ein Fön erforderlich, der mindestens eine Temperatur von +450° C erreicht. Steht kein Fön zur Verfügung, empfiehlt es sich, den Unterbodenschutz an den Trennstellen mit einem scharfen Messer wegzuschneiden.

Achtung: Unterbodenschutz (PVC-Material) nur leicht und kurzzeitig erwärmen. Das PVC darf sich farblich nicht verändern und keine Blasen bilden. Sonst entstehen gesundheitsgefährdende Dämpfe, außerdem entsteht stark korrosionsfördernde Salzsäure.

- Kotflügel Stück für Stück vorsichtig abziehen.

Einbau

- Kotflügel gegebenenfalls lackieren.
- Anlageflächen des Kotflügels reinigen, gegebenenfalls ausrichten.
- Schraubpunkte im Kotflügel-Anlagebereich Radhaus und A-Säule (Säulen, an der die Fahrer- und Beifahrertür angeschlagen sind) mit je einer Zink-Zwischenlage, VW-Nr. AKL 381 035 50, versehen. Dies dient als Korrosionsschutz.
- Auf den Anlageflächen handelsübliches Kotflügelabdichtband auflegen.
- Kotflügel ansetzen, ausrichten und anschrauben. Dabei auf gleichmäßiges Fugenmaß zwischen Motorhaube und Kotflügel sowie Tür achten.

Achtung: Die Befestigungsschrauben (Blechschrauben) dürfen nur mit ca. 5 Nm, also nur leicht, festgezogen werden.

- Auf der Innenseite des Kotflügels Unterbodenschutz auftragen.
- Gegebenenfalls Stabantenne einbauen.
- Radhausschale einbauen.
- Stoßfänger einbauen.
- Kühlergrill einbauen.

Schloßträger/Scheinwerferträger aus- und einbauen

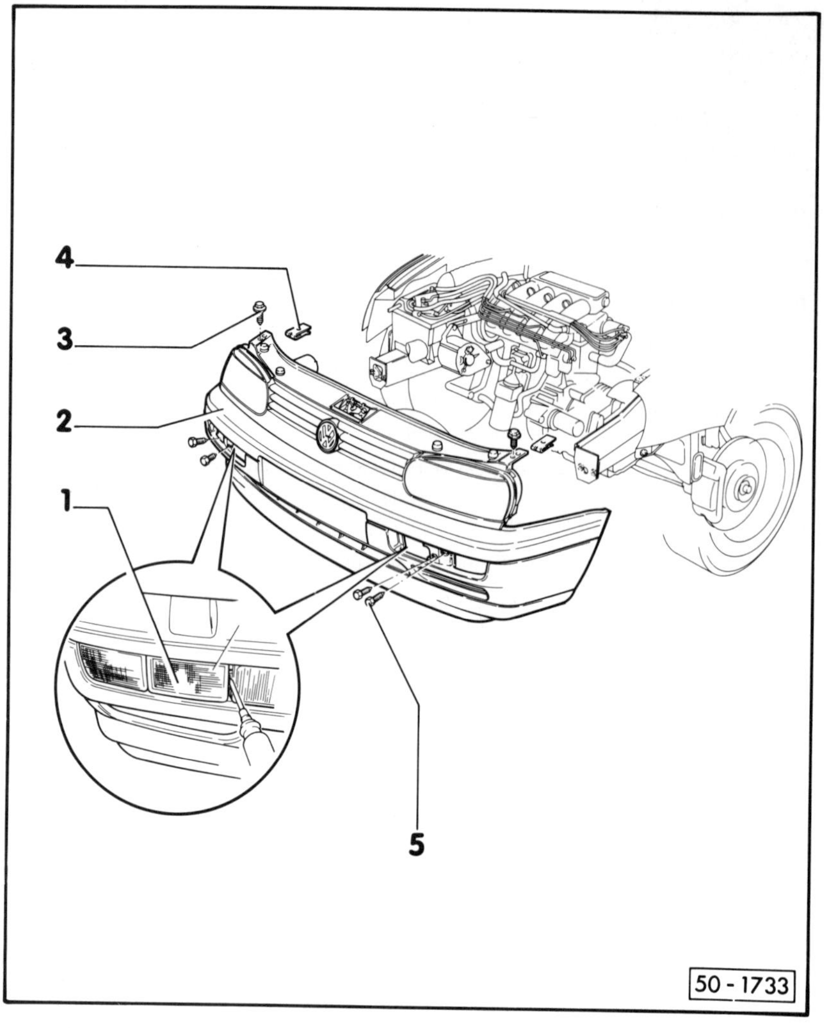

1 – Abdeckkappe für Abschleppöse
2 – Schloßträger mit Anbauteilen
3 – Schraube, 5 Nm
4 – Schnappmutter
5 – Sechskantschraube, 23 Nm

Ausbau

- Seilzug für Motorhaubenschloß am Schloßträger aushängen.
- Luftführungen im Bereich der Radhausschalen lösen, siehe Seite 170.
- Mehrfachstecker für Scheinwerfer und Blinkleuchten rechts vorn im Motorraum trennen.
- Falls vorhanden, Zulaufschlauch zur Scheinwerferreinigungsanlage abziehen, siehe Seite 262.
- Abdeckkappen –1– für Abschleppöse mit einem Schraubendreher nach vorn herausschwenken und aus dem Blinkleuchtenhalter herausziehen.
- Kombischrauben –3– und Sechskantschrauben –5– abschrauben, dabei Schloßträger von Hilfsperson festhalten lassen.
- Schloßträger abnehmen.

Einbau

- Der Einbau erfolgt in umgekehrter Reihenfolge wie der Ausbau.
- Nach dem Einbau Scheinwerfer einstellen, siehe Seite 241.
- Bowdenzug für Motorhaube einhängen, siehe Seite 173.

Seilzug für Motorhaube aus- und einbauen

Achtung: Seilzüge dürfen nicht geknickt werden, da sie später an dieser Stelle brechen können. Geknickte Züge sollen nicht eingebaut werden.

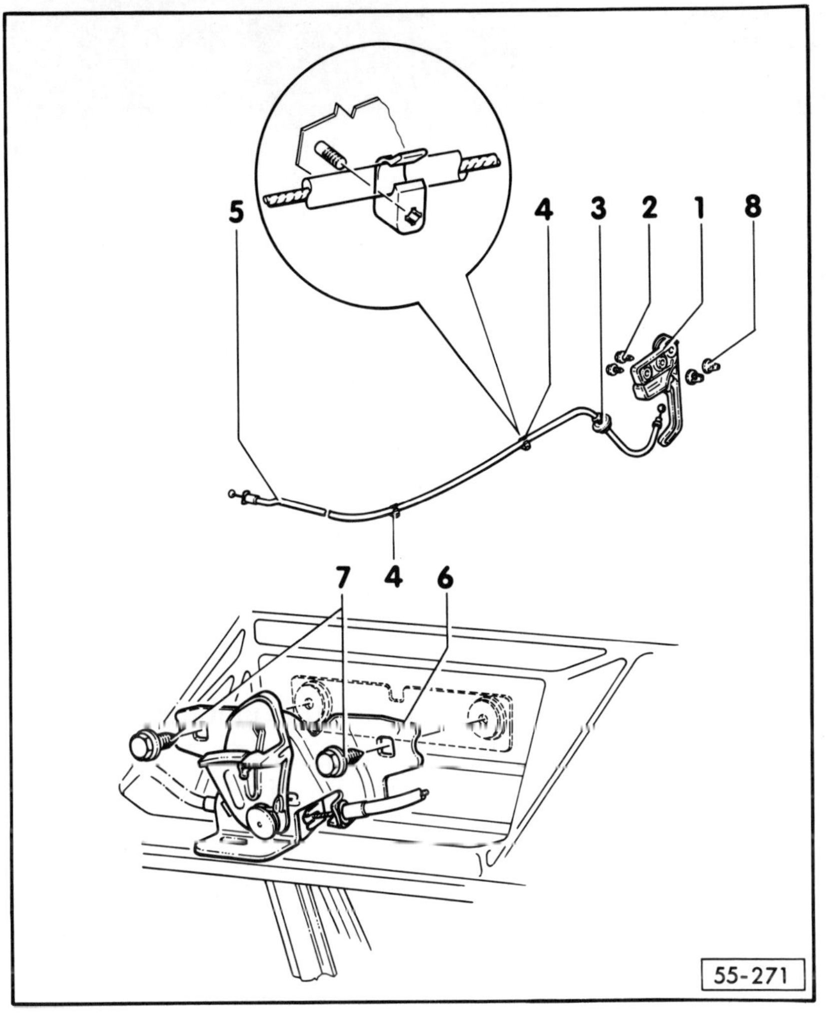

1 – **Betätigungshebel**
Seilzug eingehängt.

2 – **Blechschraube**

3 – **Dichttülle**

4 – **Clip**

5 – **Seilzug**

6 – **Schloß**
Seilzug eingehängt.

7 – **Sechskantschraube, 12 Nm**
Neue Schrauben sind selbstsichernd (beschichtet). Bei Wiederverwendung: Gewinde der Schraube mit Drahtbürste und Mutterngewinde mit Gewindebohrer reinigen, Schraube am Gewinde mit VW-Sicherungsmittel AMV 19700001 bestreichen.

8 – **Spreizclip**

Motorhaube aus- und einbauen/ einstellen

Ausbau

- Motorhaube öffnen.
- Zuleitungsschlauch und elektrische Steckverbindung, falls vorhanden, an der Scheibenwaschdüse abziehen.

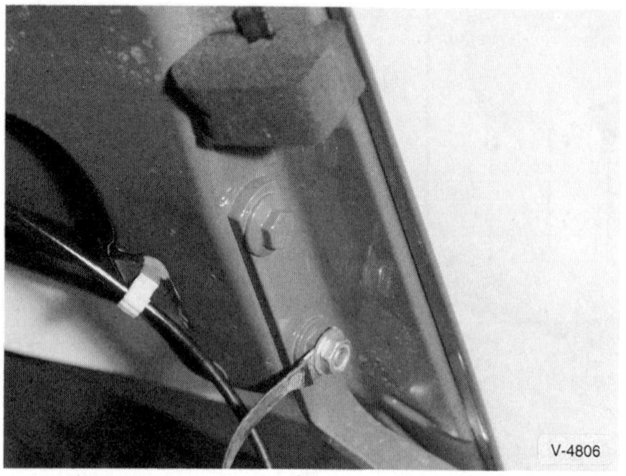

- Einbaulage der Motorhaube kennzeichnen, dazu Schrauben am Scharnier mit Filzstift umkreisen.
- Schrauben am Scharnier herausdrehen und Motorhaube abnehmen. Dazu ist eine Hilfsperson erforderlich. Vor dem Lösen der Scharnierschrauben Stoff als Lackschutz zwischen Haube und Karosserie legen.

Einbau

- Motorhaube ansetzen, Schrauben reindrehen, Haube ausrichten und Schrauben festziehen. Massekabel am linken Scharnier mit anschrauben, siehe Foto unter »Ausbau«.

Motorhaube einstellen:

- Schrauben für Haubenschloß lösen.
- Scharnierschrauben lösen und Motorhaube in Längs- und Querrichtung verschieben, bis die Klappe gleichmäßig und parallel zu den Kotflügeln steht.
- Scharnierschrauben mit 20 Nm festziehen.

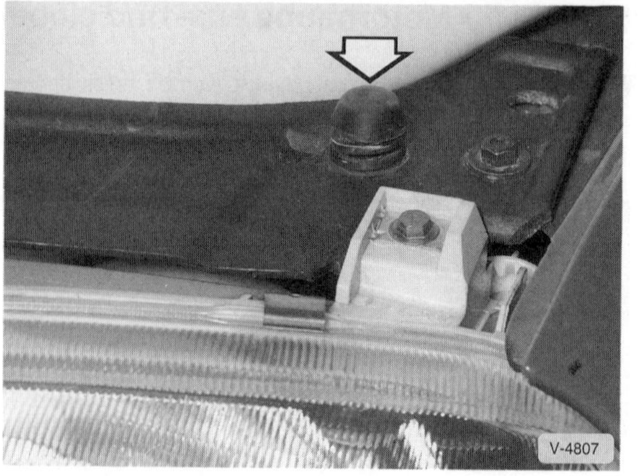

- Soll die Motorhaube in der Höhe verstellt werden: 2 Einstellpuffer soweit wie möglich in das Abschlußblech einschrauben.
- Schloß so verschieben, daß die geschlossene Motorhaube bündig mit den Kotflügeln abschließt. Nach der Einstellung Schrauben wieder festziehen.
- Anschließend Einstellpuffer einstellen: Plastilin oder Knetgummi auf beide Puffer aufkleben und Motorhaube schließen. Haube öffnen und Dicke des zusammengedrückten Knetgummis messen. Einstellpuffer entsprechend weit herausschrauben. Die Klappe muß in geschlossenem Zustand spannungsfrei auf beiden Einstellpuffern aufliegen.

Heckklappe aus- und einbauen/ einstellen

Ausbau

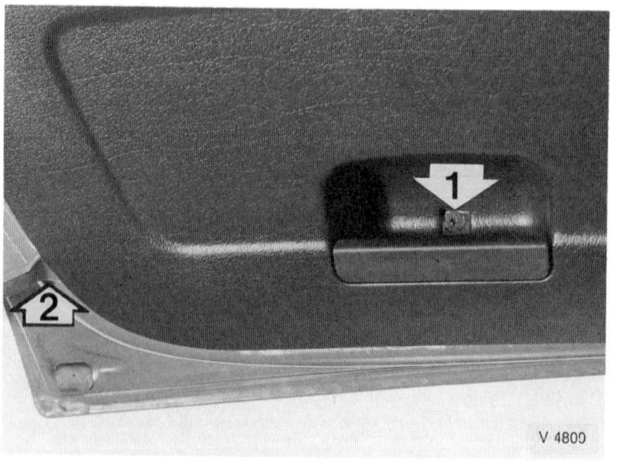

- Griffschale abschrauben –1–, dann Heckklappenverkleidung abheben –2–.

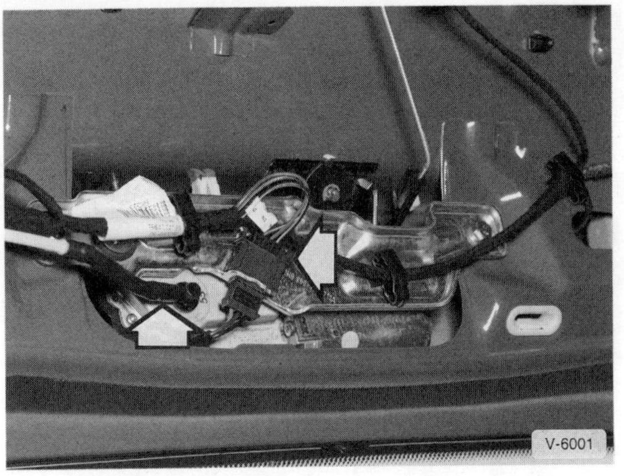

- Zuleitungsschlauch der Scheibenwaschdüse abziehen.
- Elektrische Steckverbindung am Scheibenwischermotor abziehen.
- Falls vorhanden, Unterdruckschlauch der Zentralverriegelung am Heckklappenschloß abziehen.

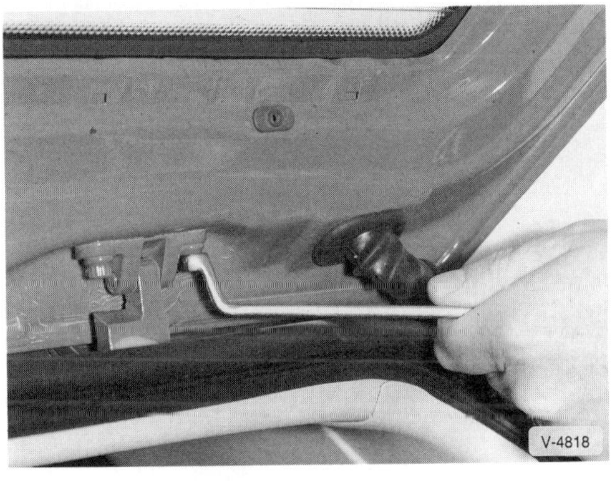

- Einbaulage der Heckklappe kennzeichnen, dazu Schrauben am Scharnier mit Filzstift umkreisen.
- Heckklappe abstützen.

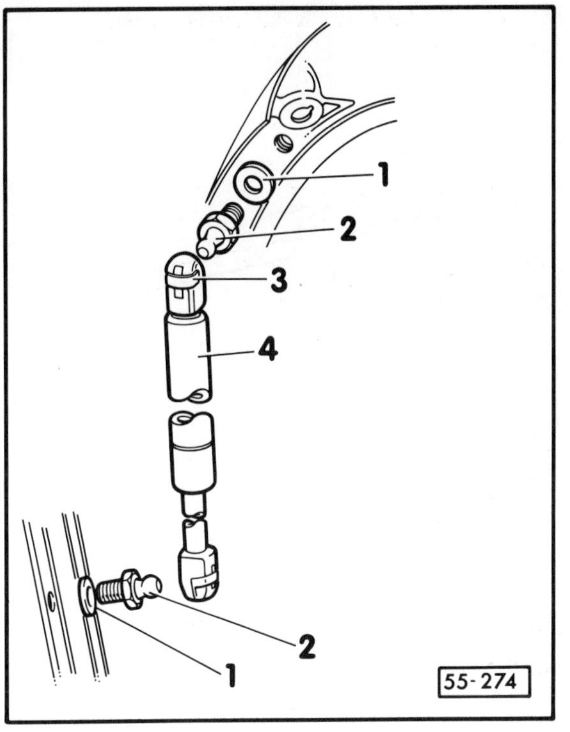

1 – Unterlegscheibe
2 – Kugelzapfen, 15 Nm
3 – Sicherungsbügel
4 – Gasdruckfeder

- Gasdruckfeder von der Haube abbauen. Dazu Sicherungsbügel –3– mit einem Schraubendreher anheben und Gasdruckfeder vom Kugelzapfen abziehen. Soll die Gasdruckfeder demontiert werden, Gasdruckfeder in gleicher Weise vom unteren Kugelzapfen abziehen.

Achtung: Der Sicherungsbügel –3– darf nicht ganz aus der Kugelpfanne entfernt werden, da er sonst verbogen wird.

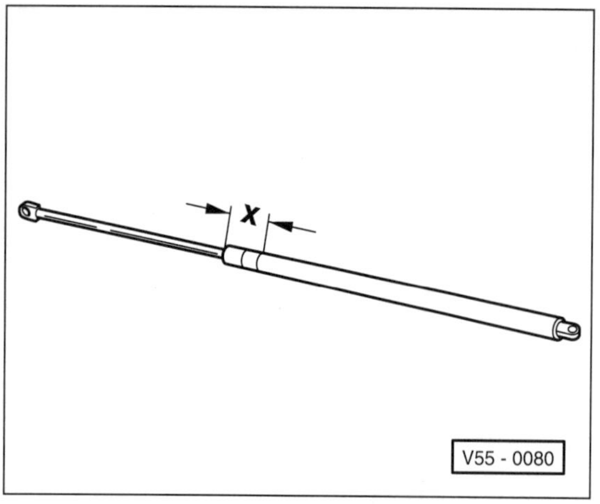

Achtung: Falls die Gasdruckfeder ersetzt wird, muß die alte Feder entgast werden, bevor sie verschrottet wird. Dazu Gasdruckfeder **im Bereich x = 50 mm** in den Schraubstock einspannen. Feder unbedingt nur in diesem Bereich einspannen, sonst besteht Unfallgefahr! Anschließend Zylinder im ersten Drittel der Zylindergesamtlänge – ausgehend von der Bezugskante auf der Kolbenstangenseite – aufsägen. Um herausspritzendes Öl aufzufangen, Bereich des Sägetrennschnittes mit einem Lappen abdecken. Außerdem ist während des Sägevorganges eine Schutzbrille zu tragen.

- Schrauben am Scharnier mit einem 12-kant Ringschlüssel, Schlüsselweite 8 mm, herausdrehen und Heckklappe abnehmen. Dazu ist eine Hilfsperson erforderlich. Vor dem Lösen der Scharnierschrauben Stoff als Lackschutz zwischen Haube und Karosserie legen.

Einbau

- Heckklappe ansetzen, Schrauben reindrehen, Haube ausrichten und Schrauben mit 20 Nm festziehen.
- Gasdruckfeder am Kugelzapfen aufschieben, der Sicherungsbügel muß einrasten.
- Heckklappe einstellen.
- Schloßteil mit 20 Nm anschrauben.
- Zuleitungsschlauch der Scheibenwaschdüse aufstecken.
- Elektrische Steckverbindung am Scheibenwischermotor aufstecken.
- Heckklappenverkleidung einbauen.

Heckklappe einstellen

Limousine

- Schrauben am Schloßteil lösen, nicht abschrauben.
- Scharnierschrauben lösen und Klappe in Längs- und Querrichtung verschieben, bis die Klappe gleichmäßig und parallel zum Karosserieausschnitt steht.

- Soll die Klappe in der Höhe verstellt werden: 2 Einstellpuffer entsprechend weit herausschrauben. Die Klappe muß in geschlossenem Zustand spannungsfrei auf beiden Einstellpuffern aufliegen.
- Schloßteil mit 20 Nm anschrauben.
- Zuleitungsschlauch der Scheibenwaschdüse aufstecken.
- Elektrische Steckverbindung am Scheibenwischermotor aufstecken.
- Heckklappenverkleidung einbauen.

Variant

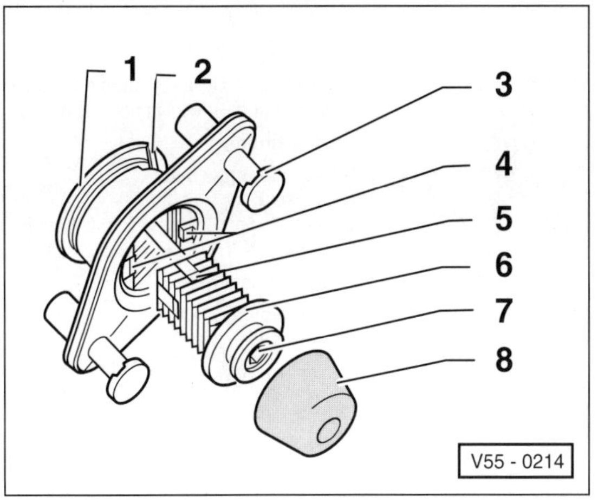

1 – Gewindehülse (mit Linksgewinde)
2 – Distanzsteg
3 – Spreizstifte mit Demontageschlitz
4 – Rastnasen für Grundeinstellung
5 – Vertiefung für Rastnasen
6 – Rastschieber
7 – Klemmschraube
8 – Gummipuffer

- Spreizstift im Demontageschlitz mit schmalem Schraubendreher heraushebeln und Einstellpuffer aus der Klappe herausnehmen.
- Gummipuffer abnehmen und Klemmschraube (Innensechskant 3 mm) bis zum Rand des Rastschiebers herausdrehen.

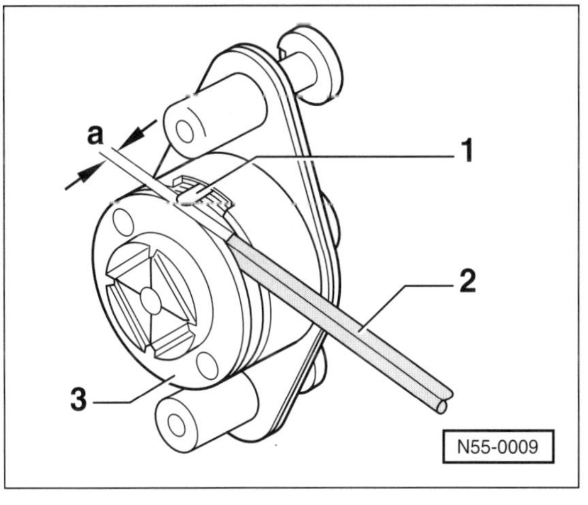

- Gewindehülse –3– (Linksgewinde) auf a = 3 mm Abstand einstellen. Abstand z. B. mit Innensechskantschlüssel –2– prüfen. Gummipuffer wieder montieren.

Achtung: Im Neuzustand ist der Einstellpuffer bereits auf 3 mm Abstand eingestellt. Der Distanzsteg –1– liegt dann an der Gewindehülse –3– an.

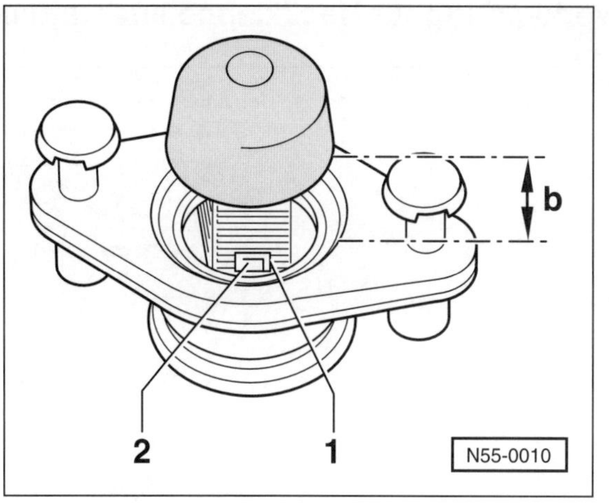

- Rastschieber herausziehen und wieder soweit eindrücken, bis die Rastnasen –2– in der Vertiefung –1– einrasten. Der Abstand zwischen Gehäuse und Gummipuffer beträgt dann b = 10 mm.
- Einstellpuffer einsetzen, Spreizstifte eindrücken.
- Klappe in die zweite Raststufe des Schlosses drücken.
- Heckklappe wieder öffnen.

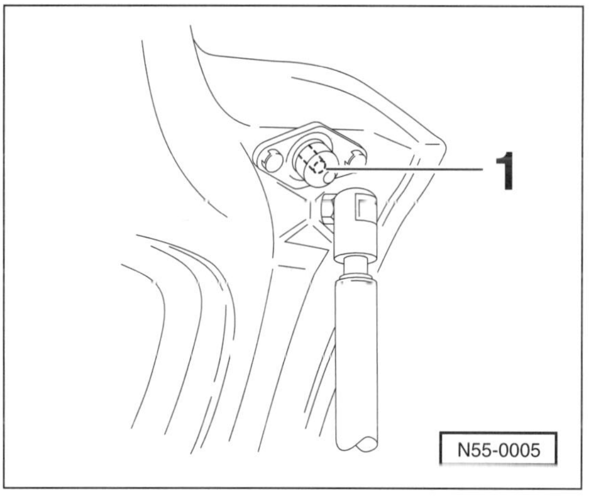

- Klemmschraube –1– mit Innensechskantschlüssel SW 3 ganz leicht mit 2 Nm, **also kaum merklich,** anziehen. Zum Einhalten des Anzugsdrehmoments verwendet die Werkstatt einen Drehmoment-Schraubendreher.

Verkleidung für Heckklappe aus- und einbauen

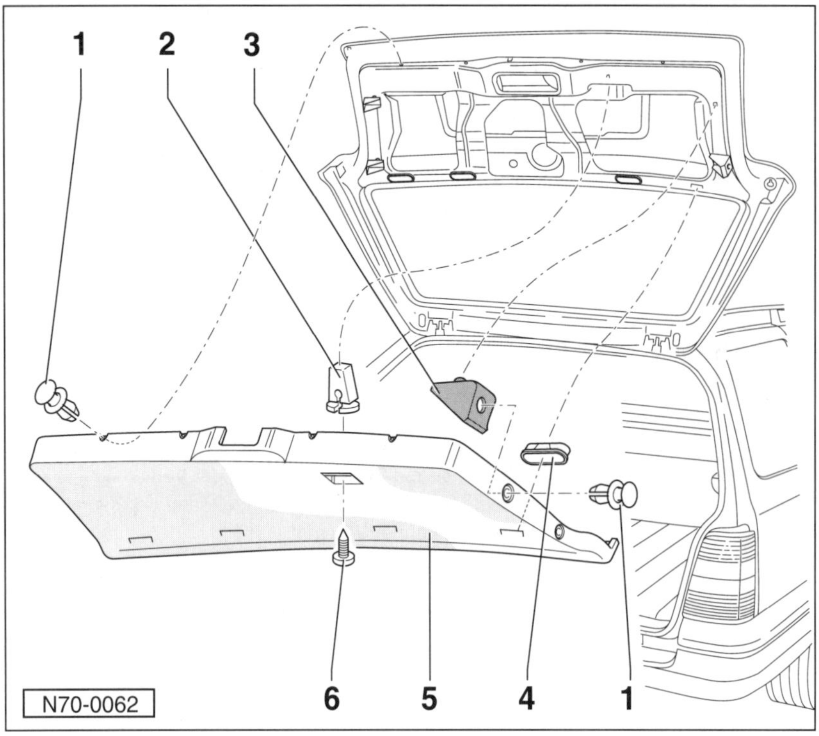

Variant

1 - Spreizlip
Der Clip ist zweiteilig. Zum ausbauen vorher den Spreizstift heraushebeln.

2 - Spreizmutter

3 - Verkleidungswinkel
Ausbau:
Winkel um 90° drehen und herausziehen.

4 - Aufnahmeclip

5 - Verkleidung
Ausbau:
Dazu Clipse –1– ausbauen. Kreuzschlitzschraube –6– herausdrehen. Verkleidung ausclipsen.

6 - Kreuzschlitzschraube

Heckklappenschloß aus- und einbauen

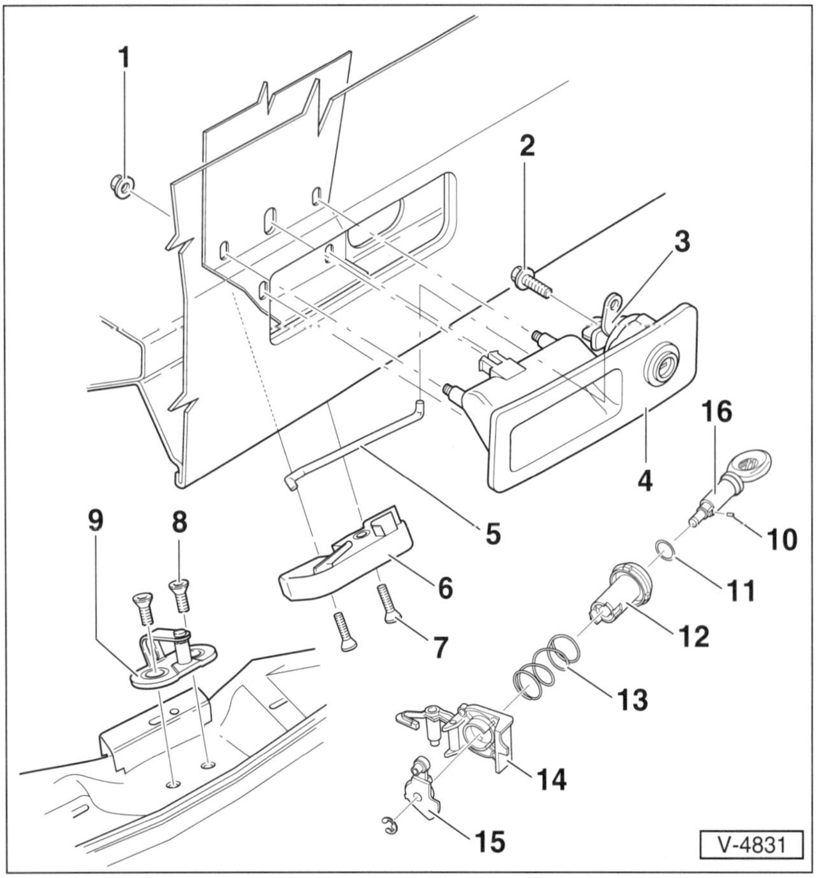

Variant
Bis 7/95

1 – **Sechskantmutter, 2 Nm**

2 – **Kreuzschlitzschraube, 7 Nm**

3 – **Drucktaste**
Ausbau: Verkleidung für Klappe ausclipsen. Der Handgriff ist mit einer Kreuzschlitzschraube befestigt. Kreuzschlitzschrauben –2– herausdrehen. Zugstange –5– ausclipsen und Drucktaste aus der Klappe herausnehmen.

4 – **Griffleiste**
Ausbau: Verkleidung ausbauen. Dazu Sechskantmuttern –1– herausdrehen, Zugstange –5– ausclipsen und Griffleiste aus der Klappe herausnehmen.

5 – **Zugstange**
Spannungsfrei einhängen

6 – **Klappenschloß**
Nur bei verrasteter Drehfalle einbauen.

7 – **Linsensenkschraube, 20 Nm**

8 – **Linsensenkschraube, 20 Nm**

9 – **Schließblech**

10 – **Führungszylinder**

11 – **Dichtring**

12 – **Drücker**

13 – **Druckfeder**

14 – **Gehäuse**

15 – **Umlenkhebel**

16 – **Schließzylinder**

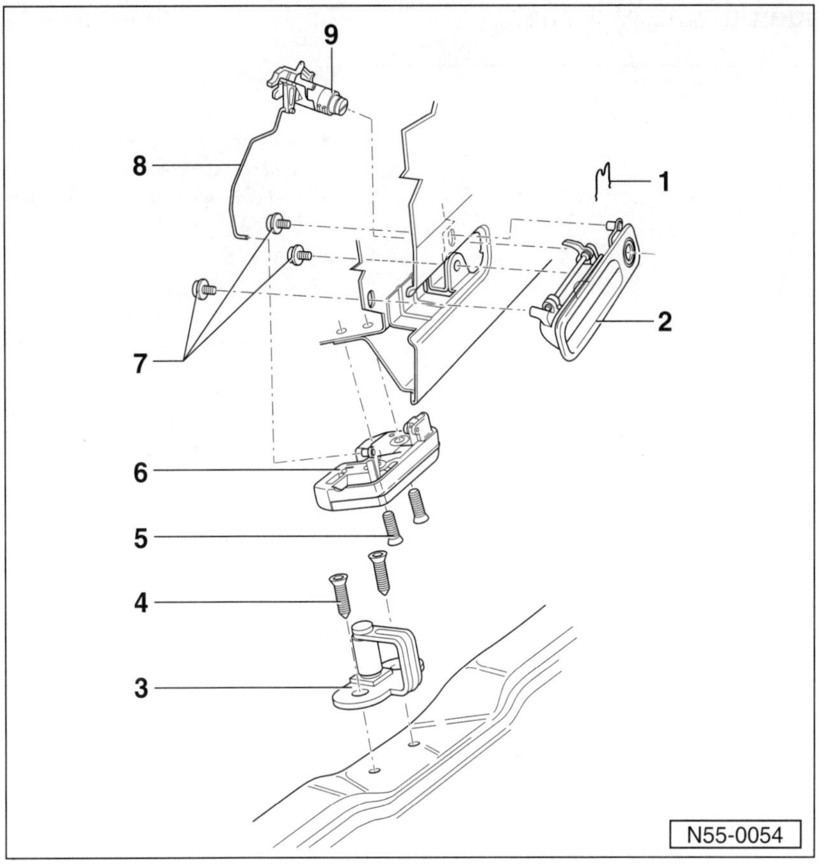

Heckklappenschloß Variant

Ab 8/95

1 – Sicherungsklammer

2 – Griff

Ausbau

- ◆ Verkleidung für Heckklappe ausbauen.
- ◆ Zugstange -8- ausclipsen, Sicherungsklammer -1- heraushebeln und Schließzylindergehäuse aus dem Griff -2- herausnehmen.
- ◆ Steckverbindung für Kofferraumbeleuchtung trennen ggf. Betätigungsstange für Zentralverriegelung) ausclipsen.
- ◆ Torxschrauben -7- herausdrehen und Griff aus der Klappe herausnehmen.

3 – Schließblech

4 – Innentorxschraube T40, 20 Nm

5 – Inbusschraube SW 6, 20 Nm

6 – Schloß

Nur bei verrasteter Drehfalle einbauen.

7 – Torxschraube T45

8 – Zugstange

9 – Schließzylindergehäuse

Ausbau

- ◆ Verkleidung für Heckklappe ausbauen.
- ◆ Zugstange -8- ausclipsen, Sicherungsklammer -1- heraushebeln und Schließzylindergehäuse aus dem Griff -2- herausnehmen.

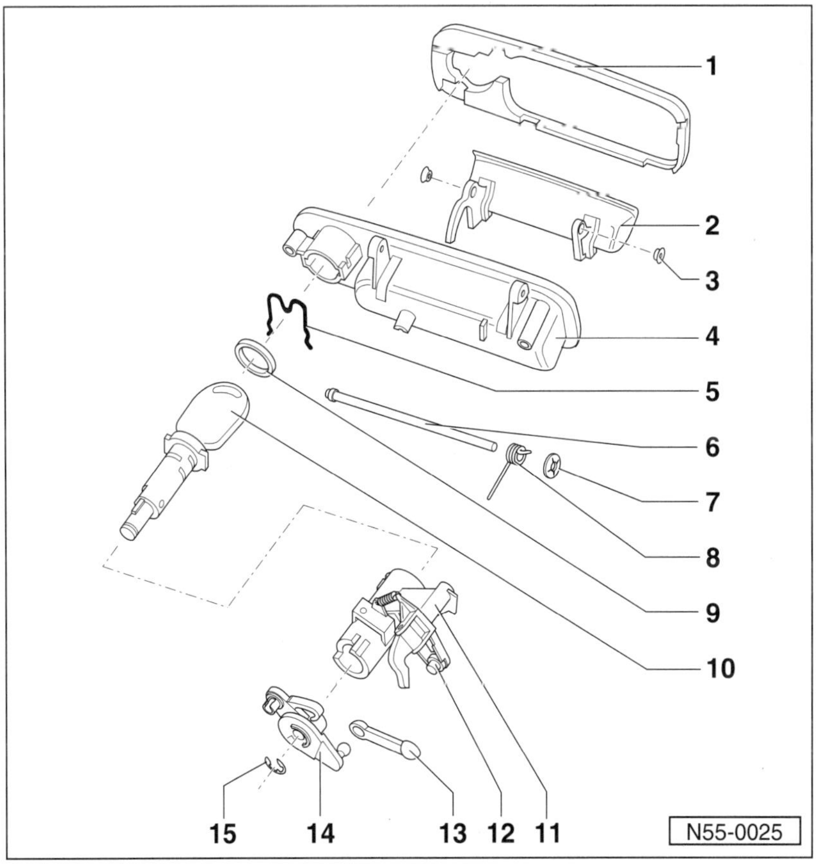

Griff für Heckklappe, Variant

Ab 8/95

1 – Dichtung

2 – Griff

3 – Führungshülsen

4 – Griff

5 – Sicherungsklammer

6 – Welle

7 – Sicherungsring

8 – Druckfeder

9 – Dichtring

10 – Schließzylinder

Ausbau

- ◆ Verkleidung für Heckklappe ausbauen.
- ◆ Zugstange (ggf. Betätigungs stange für Zentralverriegelung) ausclipsen, Sicherungsklammer -5- heraushebeln und Schließzylindergehäuse aus dem Griff -4- herausnehmen.
- ◆ Sicherungsklammer -15- abdrucken und Schließzylinder herausziehen (Schlüssel muß sich im Schließzylinder befinden).

11 – Schließzylindergehäuse

12 – Gestängeclip

13 – Verbindungsstange

14 – Umlenkhebel

15 – Sicherungsklammer

Dachleiste aus- und einbauen

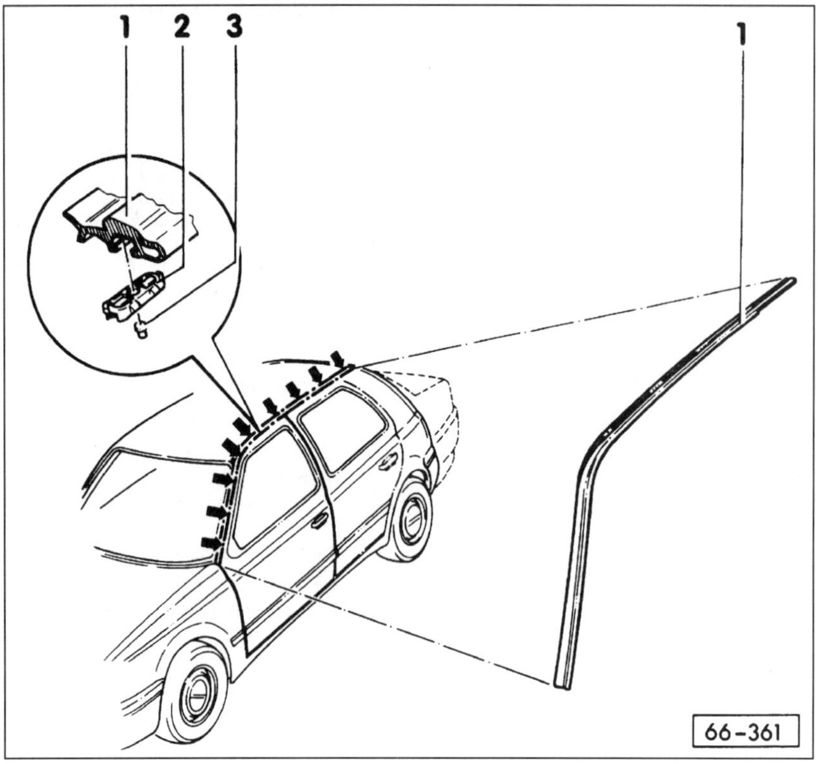

Limousine

Ausbau

- Mit einem Kunststoff- oder Holzspachtel die Dachleiste –1– von den Befestigungsclips –2– abhebeln.

Einbau

Achtung: Wird die Dachleiste wiederverwendet, muß sie im Bereich der Clipbefestigungen zusammengedrückt werden, da sie sich beim Abziehen aufgebogen hat. Die Innenbreite an den Clipaufnahmen muß 8,6 mm betragen, gegebenenfalls Dachleiste entsprechend nachbiegen.

- Alle Befestigungsclips –2– ersetzen. Dazu Clips mit einer Zange zusammendrücken und von den T-Bolzen –3– abziehen. Neue Clips aufdrücken.
- Vorderen Bereich der Dachleiste zwischen Kotflügel und A-Säule (= Säule, an der die Vordertür angeschlagen ist) einstecken.
- Dachleiste ausrichten und mit dem Handballen auf die Befestigungsclips aufdrücken.

Dachreling aus- und einbauen

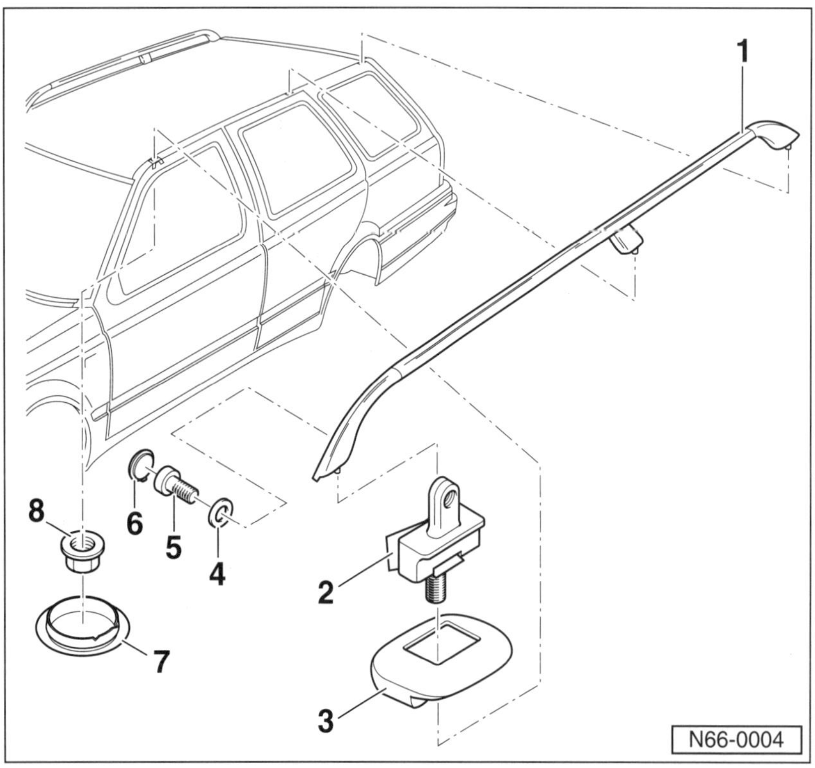

Variant

Hinweis: Die Dachreling kann nachgerüstet werden, dazu sind aber neue Dachleisten erforderlich.

1 – Dachreling ausbauen
Stopfen –6– heraushebeln und Innensechskantschrauben –5– herausdrehen. Dachreling nach oben abnehmen.
Falls die Dachreling komplett mit den Befestigungsbolzen ausgebaut werden soll: Stopfen aus dem Formhimmel ausclipsen und Sechskantmuttern –6– abschrauben. Dachreling nach oben abnehmen.

2 – Befestigungsbolzen mit Dichtstreifen

3 – Dichtung

4 – Unterlegscheibe

5 – Innensechskantschraube (microverkapselt), 9 Nm

6 – Stopfen/Dachreling

7 – Stopfen/Formhimmel

8 – Sechskantmutter, 20 Nm

Vordertür aus- und einbauen/einstellen

Es werden im GOLF/VENTO 2 Versionen von Türscharnieren eingebaut, unterschiedlichen Ausbau beachten.

Ausbau

- Elektrischen Mehrfachstecker (zum Beispiel für Fensterhebermotor, elektrisch verstellbaren Außenspiegel, Zentralverriegelung) an der Türvorderseite abziehen. Dazu Kunststoffmutter nach links drehen, siehe Abbildung.
- Falls vorhanden, Luft-Druckschlauch für Zentralverriegelung am Stecker der Türvorderseite abziehen.

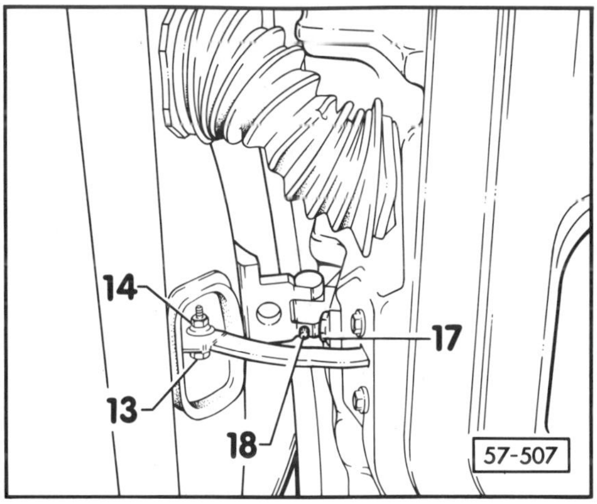

- Sicherungsmutter –14– abschrauben und Bolzen –13– herausziehen.
- 1. Version (Ausführung mit Madenschraube): Madenschraube –18– aus dem oberen und unteren Scharnier herausdrehen und Tür nach oben aus den Scharnierwinkeln herausheben.
- 2. Version (Ausführung ohne Madenschraube): Schrauben –17– an den Türscharnieren abschrauben. Vorher Einbaulage markieren, dazu Schraubenköpfe mit Filzstift umkreisen. Zum Lösen der Schrauben ist ein Torxschraubendreher, Größe T 45, von maximal 35 mm Länge erforderlich. Tür abnehmen.

Einbau

- 1. Version (Ausführung mit Madenschraube): Tür in die Scharniere einsetzen und Madenschrauben mit **25 Nm** festziehen. Ein Einstellen der Tür ist nur bei Ersatz notwendig, oder wenn das Scharnier gelöst wurde.
- 2. Version (Ausführung ohne Madenschraube): Tür einsetzen, ausrichten und Torxschrauben mit **40 Nm** festschrauben. Anschließend Tür einstellen.
- Türbremse anschrauben, Sicherungsmutter mit **7 Nm**, also nicht zu fest, anschrauben.
- Unterdruckschlauch für Zentralverriegelung am Stecker zusammenfügen, und elektrische Steckverbindung aufstecken. Dabei muß der Pfeil am Türstecker mit der Markierung am Karosseriestecker übereinstimmen. Stecker zusammenfügen, dazu Kunststoffmutter nach rechts drehen.

Tür einstellen:

Die Tür muß eingestellt werden, wenn die Tür nicht korrekt in der Karosserie sitzt, beziehungsweise wenn eine neue Tür eingebaut wurde.

- Im hinteren Bereich der Tür ist die Einstellung am Schließkeil vorzunehmen. Dazu Schließkeil so weit lösen, daß er mit etwas Kraftaufwand verschoben werden kann. Tür schließen und ausrichten. Anschließend Tür vorsichtig öffnen und Schließkeil mit den beiden Schrauben und **10 Nm** festziehen. Um das Verschieben besser kontrollieren zu können, Schließkeil mit Filzstift umranden.

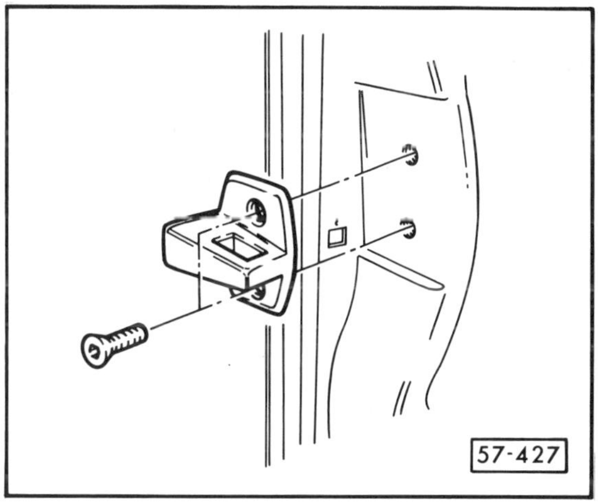

- Tür-Schließkeil so weit lösen, daß er mit etwas Kraftaufwand verschoben werden kann. Zum Lösen wird ein Schlüssel für Torxschrauben, Größe T 40, benötigt.
- Zum Einstellen der Fugenmaße Scharnierschrauben an der Karosserie (A- beziehungsweise B-Säule) lösen, nicht herausdrehen. Fugenmaß durch Verschieben der Tür einstellen.

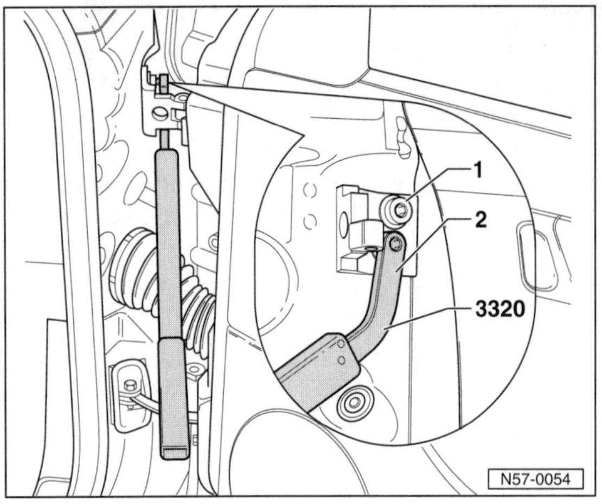

- Tür öffnen und die Schrauben –1– (Torx T45) am oberen, bzw. unteren Scharnier mit Spezialwerkzeug VW-3320 –2– lösen.

- Tür innerhalb der übergroßen Bohrungen verschieben und die Schrauben mit **35 Nm** festziehen. Dazu ist eine Hilfsperson erforderlich.
- Tür an die Karosserie-Kontur anpassen: Schließt die Tür in geschlossenem Zustand vorn nicht bündig mit der umliegenden Karosserie ab, Scharnierschrauben an der Tür lösen und Tür entsprechend verschieben. Die hintere Tür darf vorn maximal 1 mm weiter innen stehen als die vordere Tür.

Türverkleidung aus- und einbauen

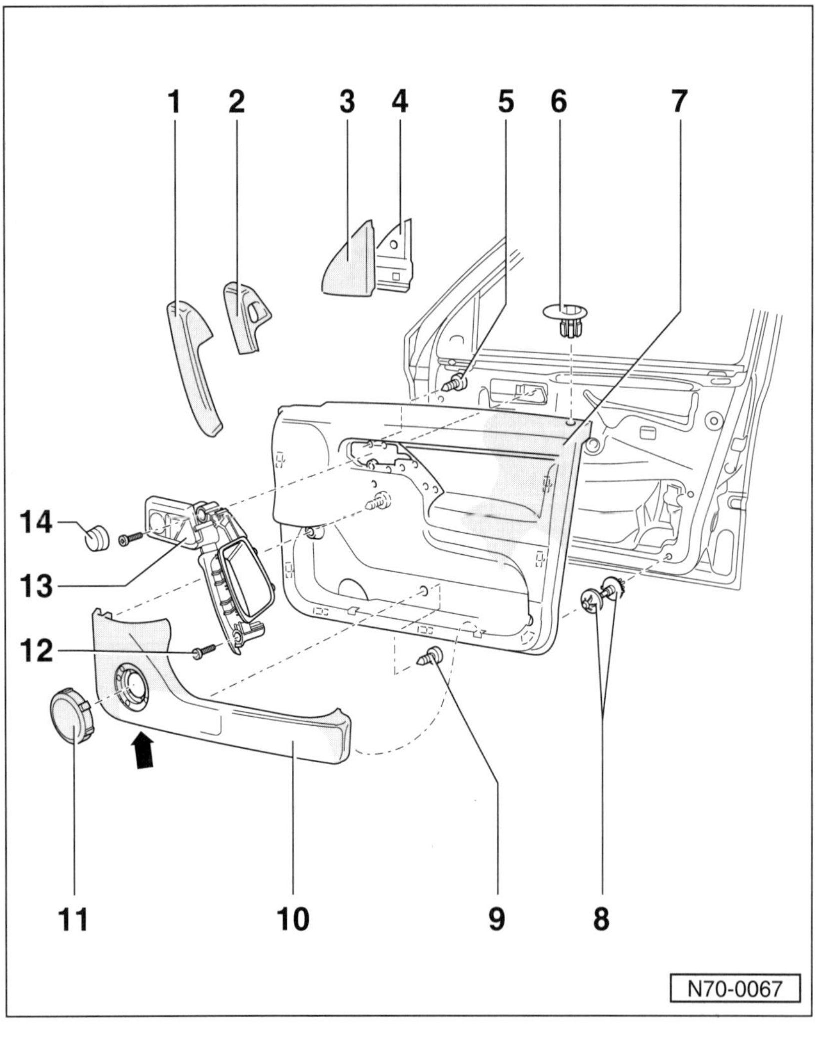

1 – **Abdeckung**
Eingeclipst.

2 – **Abdeckung**
Eingeclipst. (Fahrzeuge mit elektrischem Fensterheber

3 – **Abdeckung**
Vom Türrahmen abziehen (geclipst).

4 – **Dämpfung**

5 – **Kreuzschlitzschraube**

6 – **Rosette**

7 – **Verkleidung**

8 – **Befestigungsclips**
Zweiteilig. Bis 12/93 ist das Unterteil mit einem Spreizstift befestigt. Für Clips ab 1/94 kann die Lösezange HAZET 799-4 verwendet werden.

9 – **Kreuzschlitzschraube**

10 – **Türablage**
Zum Ausbau vorher Türverkleidung abbauen.

11 – **Lautsprecherabdeckung**
Zum Ausbau Haltenase mit Schraubendreher durch Öffnung im Ablagefach –Pfeil– niederdrücken.

12 – **Linsenschraube**

13 – **Zuziehgriff (Grundkörper)**
Auf der Rückseite der Verkleidung verschraubt.

14 – **Betätigungsknopf**
Abziehen (aufgesteckt).

Ausbau

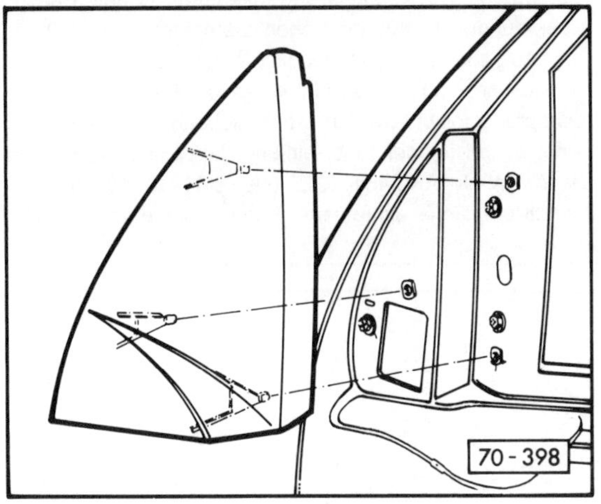

- Dreieckblende im rechten Winkel vom Türrahmen abziehen. Dabei wird der Halteclips zerstört, beim Einbau muß eine neue Abdeckung eingebaut werden.
- Verriegelungsknopf –3– abschrauben, siehe große Abbildung.
- Spiegel-Verstellknopf –10– abziehen und Verkleidung –11– durch kräftiges Ziehen abclipsen. Falls ein elektrisch verstellbarer Spiegel eingebaut ist, Kabelstecker am Schalter abziehen.

- Haltegriff-Abdeckung mit breitem Schraubendreher oder Messer vorsichtig von unten abhebeln.
- Falls vorhanden, Stecker von der elektrischen Fensterbetätigung abziehen.

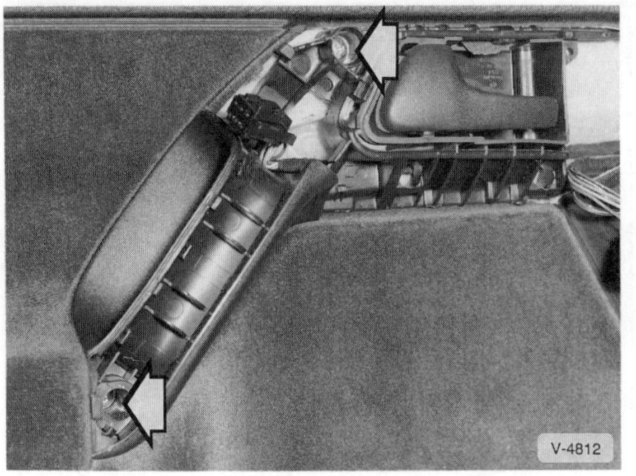

- 2 Schrauben herausdrehen.

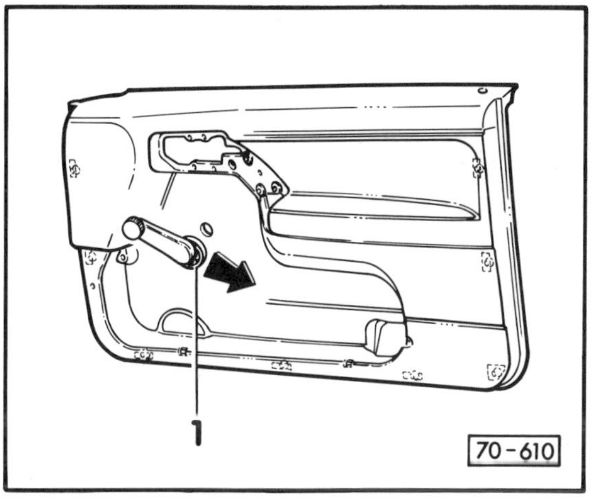

- An der Fensterkurbel den Abstandsring –1– in Pfeilrichtung schieben, dadurch wird die Sicherungsklammer entriegelt. Gleichzeitig Fensterkurbel vom Antrieb abziehen.
- Türverkleidung an der Unterseite mit einem breiten Kunststoff- oder Holzkeil vom Türrahmen abhebeln. Dabei rasten die Befestigungsclips aus den Aufnahmen aus. Verkleidung abnehmen.
- Falls vorhanden, Stecker für Türlautsprecher abziehen.

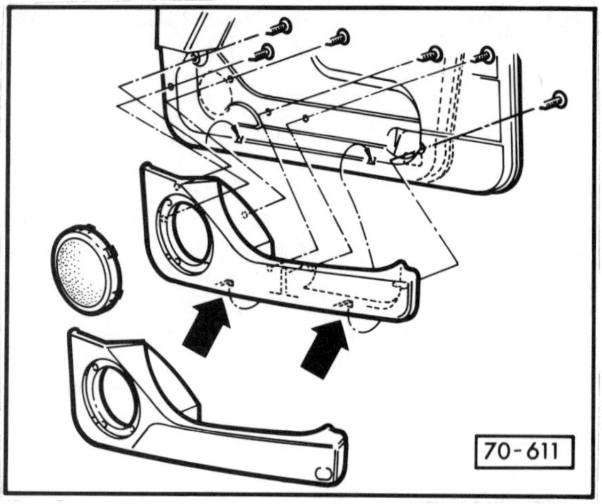

- Gegebenenfalls Türablage ausbauen, dazu Lautsprecherblende ausclipsen, Schrauben herausdrehen und Türablage nach oben aus den Aussparungen –Pfeile– herausheben.

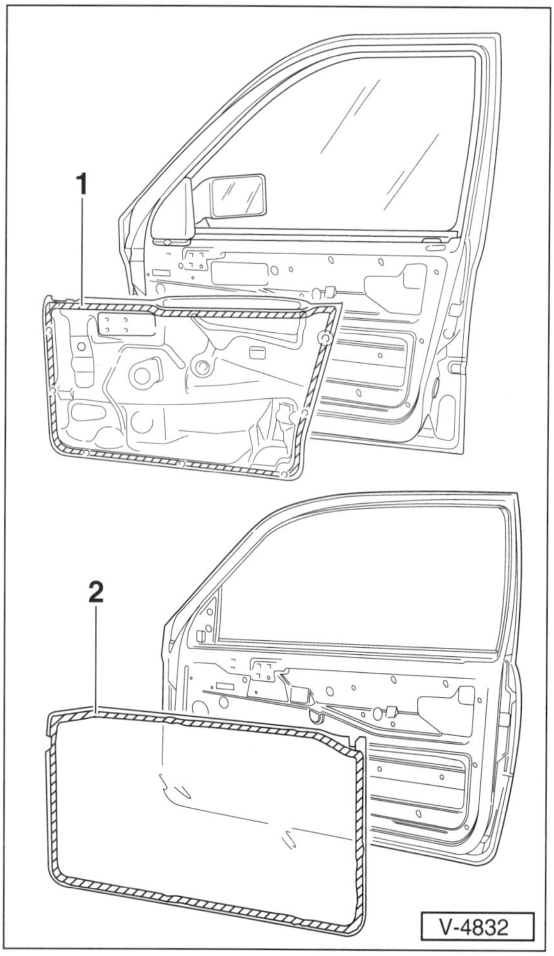

- Falls erforderlich, Dämpfungsfolie –1/2– abziehen.
  1 – Ab 1/94: Klebstoff wie in der Abbildung dargestellt auftragen, gegebenenfalls doppelseitiges Klebeband verwenden. Kann auch in bisherige Fahrzeuge eingebaut werden.
  2 – Bis 12/93: Dämpfungsfolie selbstklebend.

Einbau

- Dämpfungsfolie sorgfältig und faltenfrei von unten nach oben auf den Türrahmen kleben. Dämpfungsfolien haben die Aufgabe, den Fahrzeuginnenraum gegen Zugluft, Geräusche und Wassereintritt abzudichten. Ersatzteil-Dämpfungsfolien werden selbstklebend geliefert. Bei nicht ausreichender Klebewirkung doppelseitiges Klebeband VW-Nr. AKL-43401925 oder D469101A3 verwenden. Klebefläche: schraffierter Bereich, siehe Abbildung.

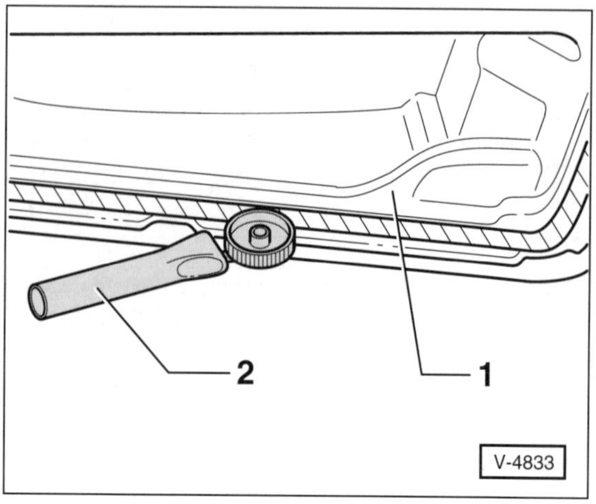

- Dämpfungsfolie –1– mit Andruckrolle –2– umlaufend an die Tür andrücken.
- Befestigungsclipse für Türverkleidung überprüfen. Beschädigte und verbogene Clips ersetzen.
- Türablage in die Haltewinkel einhängen, nach oben klappen und an der Türverkleidung anschrauben.
- Lautsprecherkabel aufstecken.
- Türverkleidung einsetzen und im Bereich der Clipse mit dem Handballen andrücken. Vorher gegebenenfalls Kabel für Fenster- und Spiegelbetätigung durchführen.
- Türinnengriff oben und unten anschrauben.
- Blende auf Türinnengriff aufdrücken und mit dem Handballen aufschlagen.
- Falls vorhanden, Mehrfachstecker für elektrische Fensterbetätigung und Spiegelverstellung aufschieben.
- Blende und Spiegelverstellknopf aufdrücken.
- Verriegelungsknopf einschrauben.

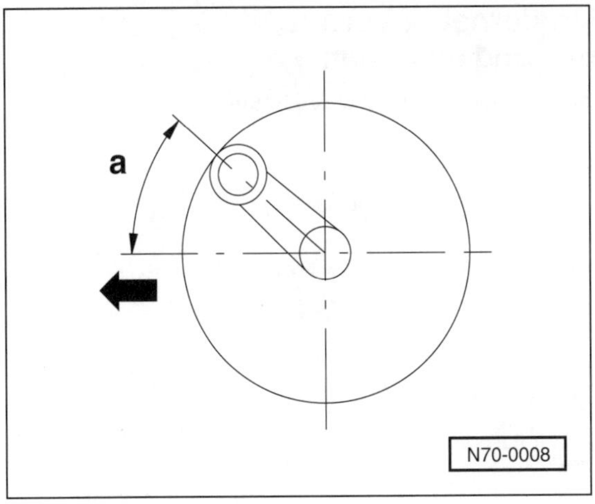

● Fensterkurbel so auf die Kurbelachse aufschieben, daß die Kurbel bei geschlossenem Fenster in einem Winkel von 45° ± 12° nach vorn oben zeigt. Vorher Kunststoffring einsetzen.

● Neue Dreieckblende an den Befestigungspunkten einclipsen.

Türfensterscheibe vorn aus- und einbauen

Ausbau

● Türinnenverkleidung ausbauen.

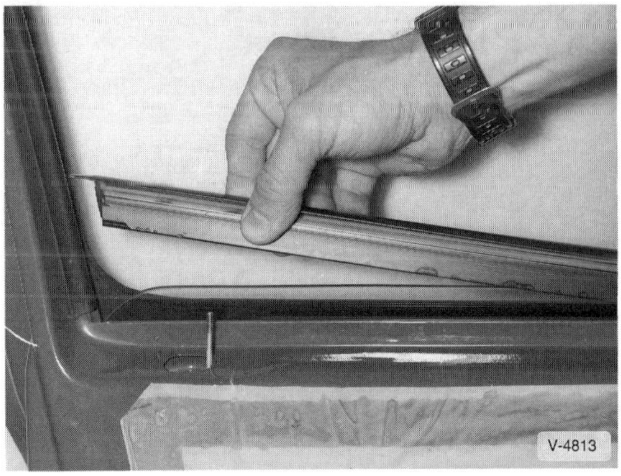

● Fensterabdichtung innen vom Flansch abziehen.

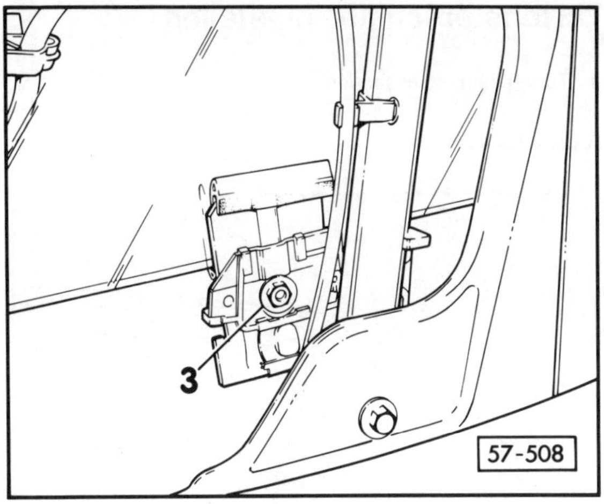

● Fensterscheibe herunterkurbeln und vom Fensterheber abschrauben, dazu Muttern –3– lösen und Klemmbacken auseinanderdrücken.

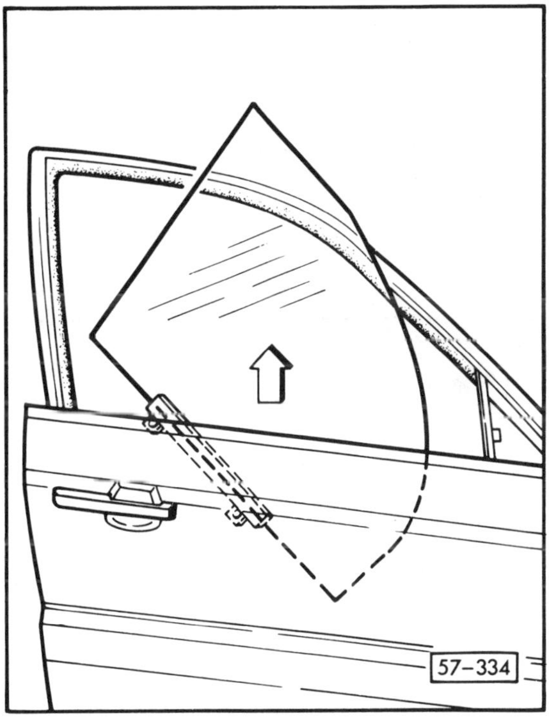

● Scheibe nach vorn neigen und aus dem Fensterschacht herausheben.

Einbau

● Fensterscheibe in die Tür einführen.

● Scheibe am Fensterheber anschrauben, Schrauben **nicht** festziehen.

● Fenster einstellen und anschrauben, siehe Seite 186.

● Fensterabdichtung innen am Flansch aufdrücken.

● Türinnenverkleidung einbauen.

Türfensterscheibe einstellen

● Türverkleidung ausbauen.

Türfenster vorn

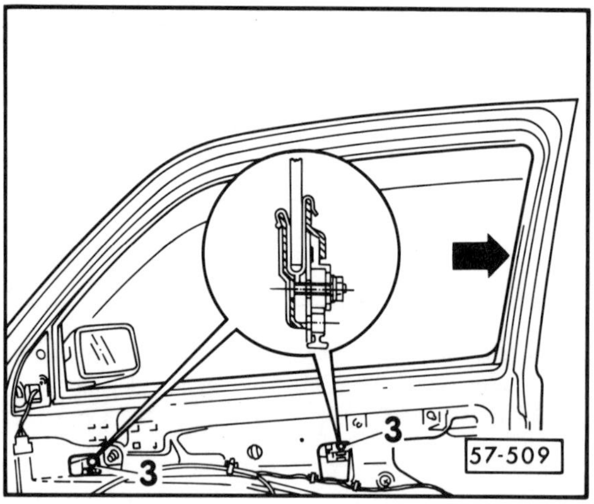

● Fensterscheibe so weit hochkurbeln, bis die Muttern –3– in den Montagebohrungen sichtbar sind.

● Muttern etwas lösen, Fensterscheibe in die Fensterführung drücken –Pfeil– und Klemmbacken mit den Muttern –3– mit **10 Nm**, also nur leicht, festziehen.

Türfenster hinten

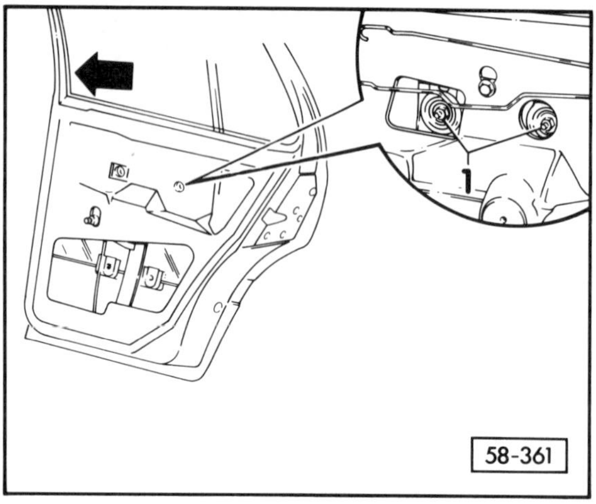

● Türfensterscheibe soweit nach unten fahren, bis die Muttern –1– der Klemmbacken in den Montageöffnungen stehen.

● Klemmbacken etwas lösen, Türfensterscheibe nach vorn in die Fensterführung drücken –Pfeil– und Klemmbacken mit den Muttern –1– mit **10 Nm**, also nicht zu fest, anziehen.

● Türverkleidung einbauen.

Fensterheber vorn aus- und einbauen

Manuelle oder elektrische Betätigung

Ausbau

● Türfensterscheibe ausbauen.

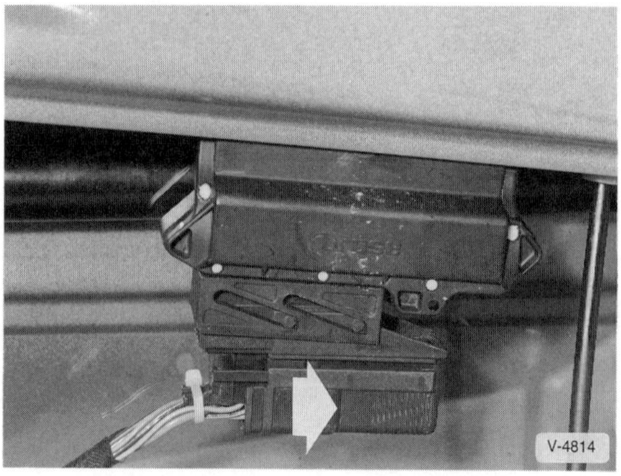

● Bei elektrischen Fensterhebern: Kabelstecker abziehen.

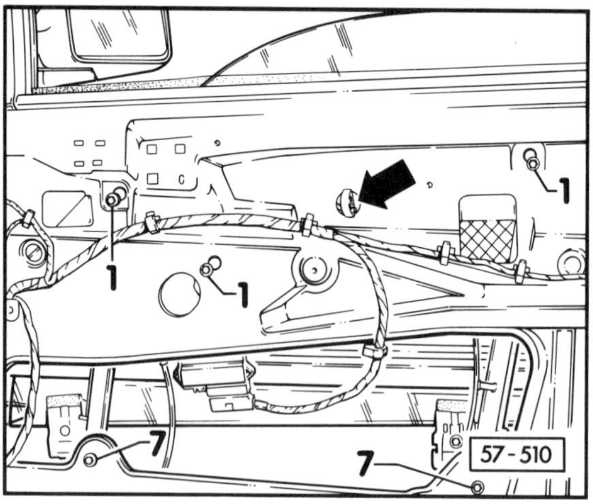

● Clip –Pfeil– für Bowdenzüge ausclipsen.

● Sechskantschrauben –1– lösen und Sechskantschrauben –7– herausdrehen.

● Fensterheber etwas anheben, damit die Sechskantschrauben –1– durch die Montagelöcher gezogen werden können.

● Fensterheber nach unten aus der Tür herausnehmen.

Einbau

- Fensterheber einsetzen und Schrauben –1– lose eindrehen.
- Bowdenzug im Clip verlegen.
- Schrauben –7– einsetzen und mit **10 Nm**, also nicht zu fest, anschrauben. Erst dann Schrauben –1– festziehen.
- Wo vorhanden, Kabelstecker aufstecken.
- Türfensterscheibe einbauen.
- Türinnenverkleidung einbauen.

Tür hinten aus- und einbauen

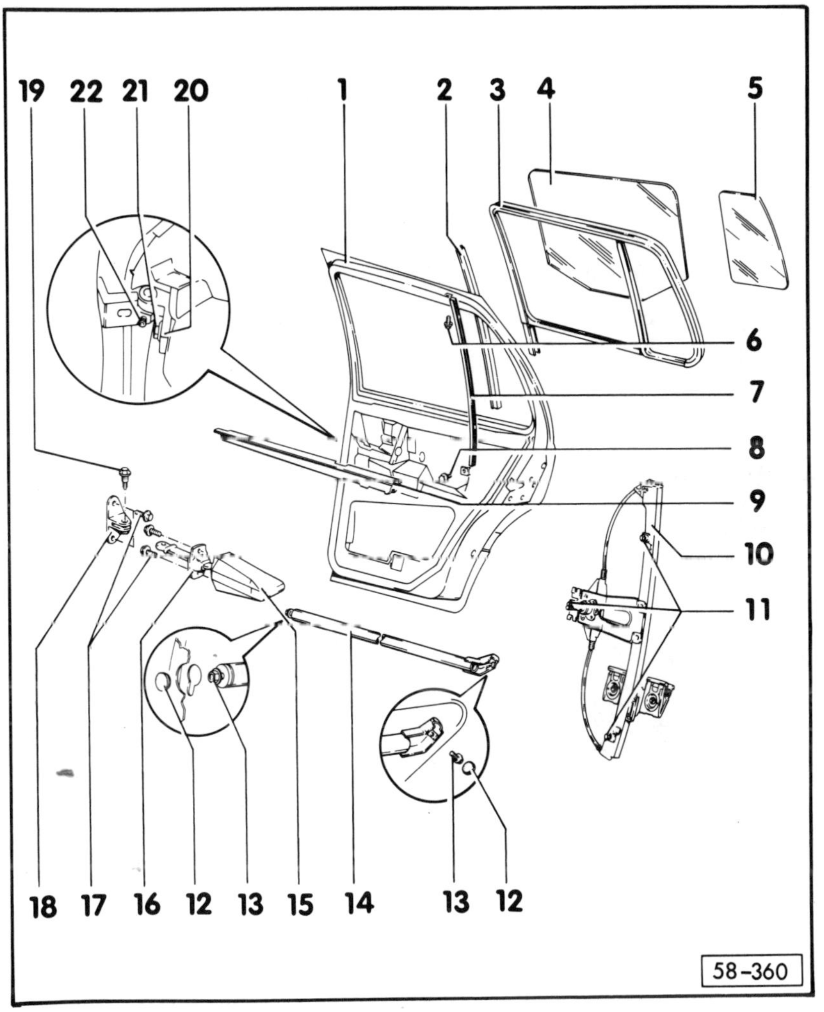

1 – **Tür**

2 – **Fensterführung, Steg**
Im Mittelsteg eingeknöpft.

3 – **Fensterführung**
Im Fensterrahmen eingeknöpft.

4 – **Türfensterscheibe**

5 – **Dreieckfenster**

6 – **Kreuzschlitzschraube**

7 – **Mittelsteg**

8 – **Sechskantschraube, 6 Nm**

9 – **Fensterschachtabdichtung**
Auf dem Flansch aufgesteckt.

10 – **Fensterheber**

11 – **Sechskantschrauben, 10 Nm**
Werden zum Ausbau des Fensterhebers nur gelöst.

12 – **Abdeckung**

13 – **Sechskantschraube, 25 Nm**

14 – **Aufprallträger**

15 – **Hülle**

16 – **Türfeststeller**

17 – **Sechskantschraube, 8 Nm**

18 – **Haltebock**

19 – **Bolzen, 10 Nm**

20 – **Türscharnier**
An der Tür und der B-Säule geschraubt. Je nach Ausführung Scharnierbolzen eingesteckt und mit Madenschraube gesichert.

21 – **Torxschraube T 45**

22 – **Madenschraube, 25 Nm**
(Nicht alle Modelle).

Ausbau

- Bolzen –9– an der Türbremse abschrauben.
- Elektrischen Mehrfachstecker (zum Beispiel für Fensterhebermotor, elektrisch verstellbaren Außenspiegel, Zentralverriegelung) an der Türvorderseite abziehen.
- Falls vorhanden, Luft-Druckschlauch für Zentralverriegelung am Stecker der Türvorderseite abziehen.
- Scharnierversion mit Madenschraube: Madenschraube –22– aus dem oberen und dem unteren Scharnier herausdrehen und Tür nach oben aus den Scharnierwinkeln herausheben.
- Version ohne Madenschraube: Scharnierschrauben –21– an der Tür abschrauben, dabei Tür von Hilfsperson halten lassen. Vorher Einbaulage markieren, dazu Schraubenköpfe mit Filzstift umkreisen. Zum Lösen der Schrauben ist ein Torxschraubendreher, Größe T 45, von maximal 35 mm Länge erforderlich. Tür abnehmen.

Einbau

- Ausführung mit Madenschraube: Tür in die Scharniere einsetzen und Madenschrauben mit **25 Nm** festziehen. Ein Einstellen der Tür ist nur bei Ersatz notwendig, oder wenn das Scharnier gelöst wurde.
- Ausführung ohne Madenschraube: Tür einsetzen, ausrichten und Torxschrauben mit **40 Nm** festschrauben. Anschließend Tür einstellen.
- Türbremse anschrauben, Bolzen mit **10 Nm**, also nicht zu fest, anschrauben.
- Unterdruckschlauch für Zentralverriegelung und elektrische Steckverbindung aufstecken.

Türgriff / Türschloß

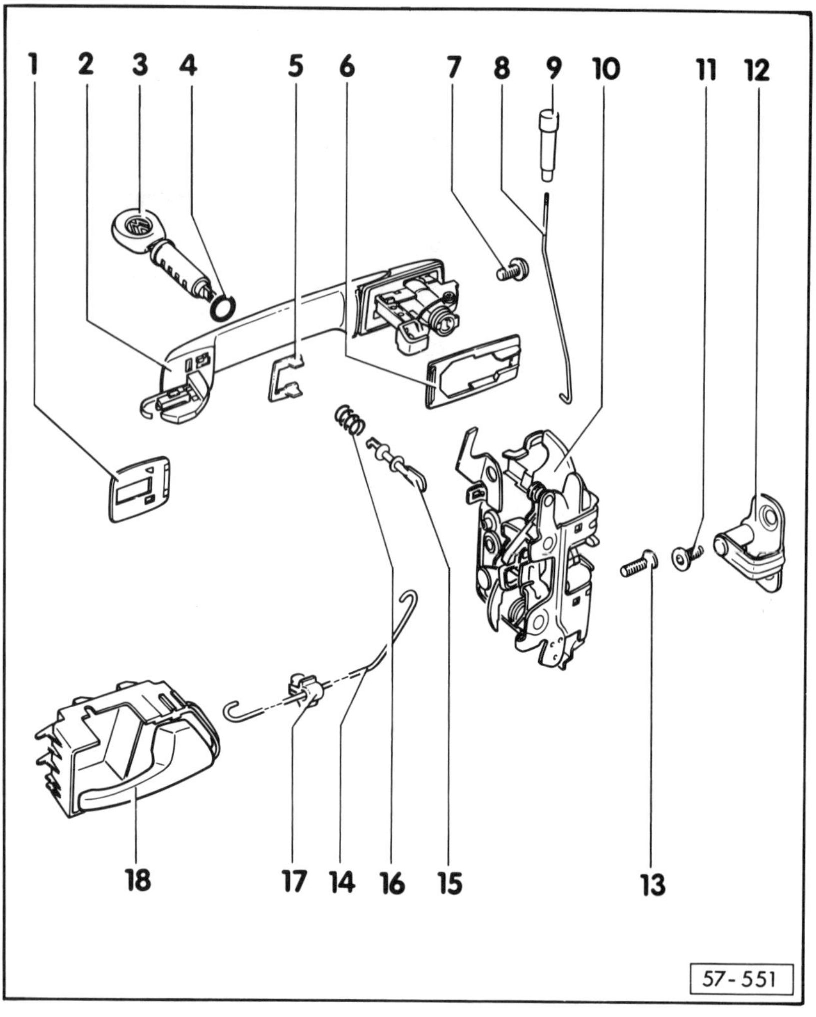

1 – **Unterlage**
2 – **Türgriff**
3 – **Schließzylinder**
4 – **Dichtring**
5 – **Klammer**
6 – **Unterlage**
7 – **Zylinderbundschraube, 8 Nm**
8 – **Sicherungsstange**
9 – **Sicherungsknopf**
Auf die Stange aufgeschraubt.
10 – **Türschloß**
11 – **Schraube, 8 Nm**
12 – **Schließbügel**
13 – **Zylinderbundschraube, 8 Nm**
14 – **Zugstange**
15 – **Verbindungsstange**
In das Schließzylindergehäuse eingehängt.
16 – **Druckfeder**
17 – **Clip**
18 – **Innenbetätigung**

Türgriff aus- und einbauen

Ausbau

- Tür öffnen.
- An der hinteren Stirnseite die Zylinderbundschraube –7– (in Höhe des Türgriffs) herausschrauben, siehe folgende Abbildung.
- Türgriff nach vorn, also in Fahrtrichtung, schieben.

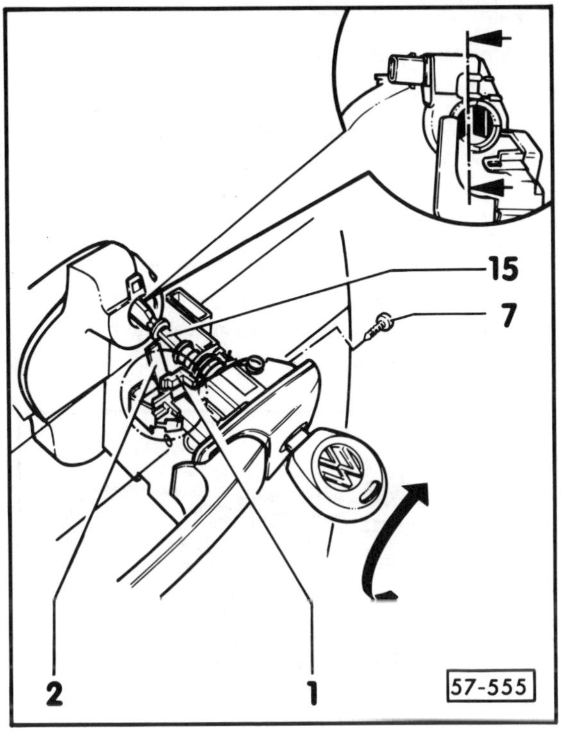

- Nur bei der Fahrertür: Schlüssel in das Schloß stecken und um 90° drehen, dabei gibt der Mitnehmer –1– vom Türgriff den Betätigungshebel –2– des Türschlosses frei.
- Türgriff aus der Tür herausschwenken.

Einbau

- Nur Fahrertür bei Fahrzeugen mit Zentralverriegelung: Vor dem Einsetzen des Türgriffs muß der Mitnehmer für die Verbindungsstange –15– in senkrechter Position –Pfeile– stehen, siehe Abbildung 57-555.

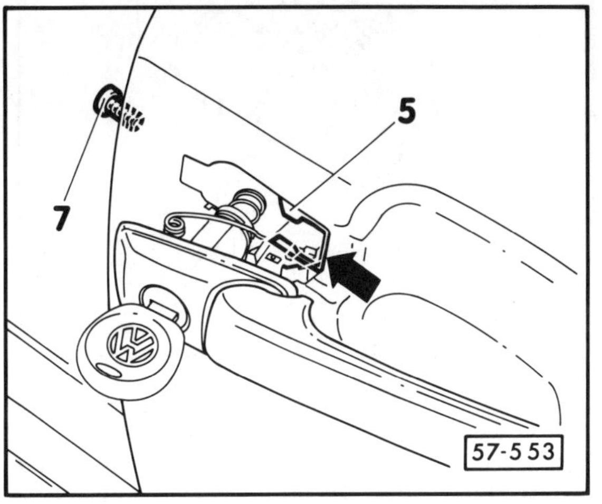

- Klammer –5– auf Beschädigung prüfen und gegebenenfalls ersetzen.
- Türgriff so einschwenken, daß der Türgriff am Türblech ohne Luftspalt –Pfeil– vorbei gleitet.
- Türgriff nach hinten schieben und Zylinderbundschraube –7– einschrauben.

Schließzylinder ersetzen/ gangbar machen

Ausbau

- Schlüssel in Schloß stecken.
- Türgriff, beziehungsweise Heckklappenschloß ausbauen.
- Schließzylinder mit eingestecktem Schlüssel vorsichtig herausziehen.

Achtung: Wird der Schlüssel jetzt herausgezogen, fallen die Schließplättchen aus dem Schließzylinder. Gegebenenfalls Schließzylinder mit Tesaband umwickeln, dann kann der Schlüssel gefahrlos herausgezogen werden.

Ersetzen

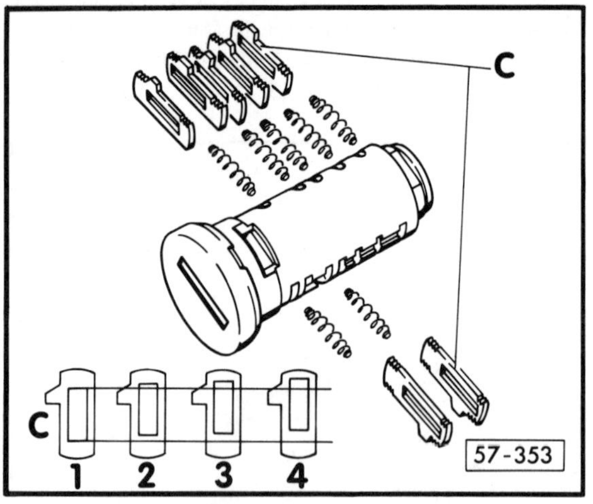

- Anhand der Schlüsselnummer kann die Werkstatt mit einem Schließzylinder-Reparatursatz den zum Fahrzeug passenden Schließzylinder zusammenbauen. Die Schlüsselnummer befindet sich auf einem Kunststoffanhänger, der mit den Fahrzeugschlüsseln mitgeliefert wird. Teilweise steht die Schlüsselnummer auch auf dem Schließzylinder von Fahrer- oder Beifahrertür.

Gangbar machen

Durch Eindringen von Wasser, insbesondere im Winter bei Streusalzeinsatz, können die Schließplättchen korrodieren, so daß sich der Schließzylinder in seinem Gehäuse nicht mehr bewegen läßt.

- Schließzylinder und Gehäuse in Kraftstoff auswaschen und so sämtliches Fett entfernen.
- Schließzylinder mit Korrosionsschutzöl, zum Beispiel »Caramba«, einsprühen und einwirken lassen.
- Beweglichkeit der Schließplatten prüfen. Dazu mit kleinem Schraubendreher Schließplatten eindrücken. Und zwar immer von der Seite, wo sich neben den Schließplatten eine kleine Bohrung für die Schließplattenfeder befindet. Die Schließplatten müssen sich leicht eindrücken lassen und von selbst vollständig zurückfedern.
- Andernfalls Schließplatten ausbauen. Dazu Schließzylinder mit Tesaband umwickeln, auszubauende Schließplatte aussparen.

Achtung: Es empfiehlt sich, die Schließplatten einzeln gangbar zu machen, da bei Verwechslungen der Schlüssel nicht mehr paßt. Die richtige Position der Schließplatten selbst wieder herauszufinden, ist praktisch unmöglich.

- Schlüssel herausziehen.
- Schließplatte in Richtung »Federbohrung« herausdrücken. Darauf achten, daß die Feder nicht verlorengeht.
- Alle Teile sorgfältig in Korrosionsschutzöl reinigen.
- Schließplatte und Feder mit Fett VW-G 000 400 oder anderem wasserfestem Mehrzweckfett bestreichen und wieder einsetzen.
- Leichtgängigkeit prüfen.
- Schlüssel einschieben, Tesaband abnehmen.
- Schließzylinder einsetzen.
- Türgriff, beziehungsweise Heckklappenschloß einbauen.

Türschloß/Innenbetätigung aus- und einbauen

Ausbau

- Türfensterscheibe schließen.
- Türgriff ausbauen.
- Türverkleidung ausbauen, Dämpfungsfolie im hinteren Bereich vorsichtig abziehen.
- Zylinderbundschrauben –13– herausdrehen, siehe Abbildung 57-554.
- Zugstange der Innenbetätigung am Schloß aushängen.
- Bei Zentralverriegelung: Gegebenenfalls elektrisches Anschlußkabel und Druckschlauch am Schloß abziehen.

Innenbetätigung ausbauen

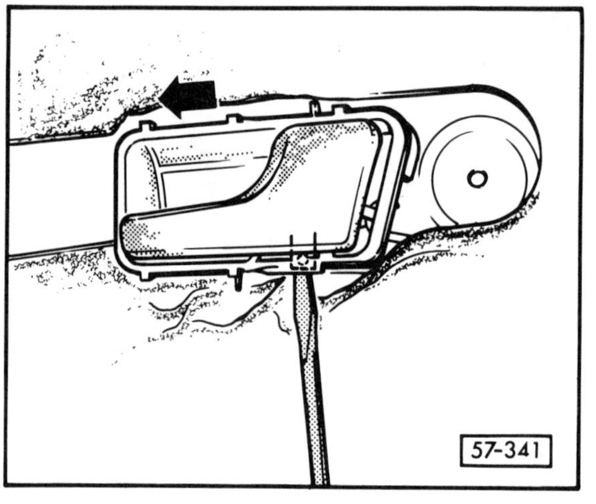

- Mit einem Schraubendreher die Sicherungslasche aus der Bohrung im Türinnenblech herausdrücken.
- Innenbetätigung in Fahrtrichtung verschieben, dabei rastet der Griff aus dem Türblech aus.

Einbau

- Türinnenbetätigung am Türblech einsetzen und nach hinten schieben, bis sie einrastet.

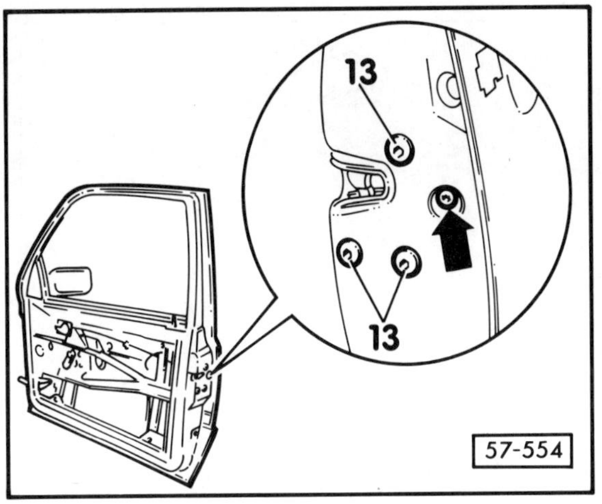

- Einstellschraube –Pfeil– vor dem Einbau des Türschlosses lösen. Dazu wird ein Torxschraubendreher Größe T 20 benötigt.

Achtung: An der linken Tür hat die Schraube Rechtsgewinde, also linksherum lösen. An der rechten Tür hat die Schraube Linksgewinde, also rechtsherum lösen.

- Schloß einsetzen, Sicherungsstange zur Türverriegelung und Stange zum Innengriff einhängen.
- Zylinderbundschrauben –13– festziehen.
- Türgriff einbauen, siehe Seite 189.
- Einstellschraube –Pfeil– mit 3 Nm, also nur ganz leicht, festziehen. Dadurch wird das Schloß eingestellt. Links- und Rechtsgewinde je nach Fahrzeugseite beachten.
- Türverkleidung einbauen.

Die Zentralverriegelung

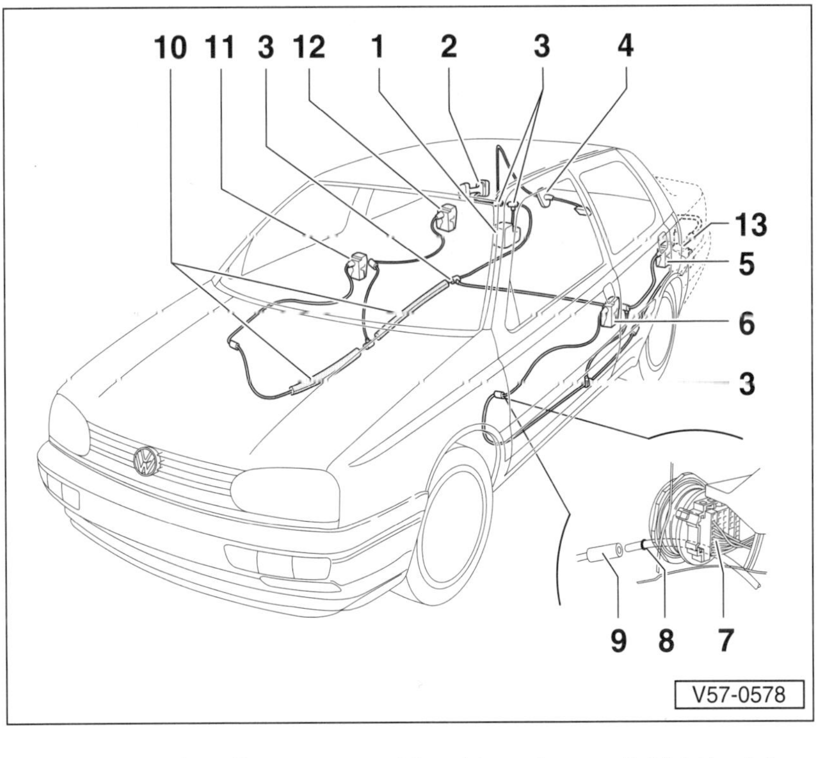

1 – **Bi-Druckpumpe**
2 – **Stellelement Tankklappe**
Zum Ausbau muß vorher die Kofferraum-Verkleidung bis zum Radhaus gelöst werden.
3 – **T-Verteilerstücke**
Einbauort: Säule B/Unterholm, abgedeckt durch Einstiegleiste.
4 – **Stellelement Klappe hinten**
5 – **Stellelement Türschloß hinten**
6 – **Stellelement Türschloß vorn**
7 – **Mehrfachsteckverbindung**
Einbauort: Säule A und Säule B bei viertürigen Fahrzeugen.
8 – **Farbmarkierung**
Rohrleitungen müssen bis zur Farbmarkierung in die Rohrleitungsverbindung geschoben werden.
9 – **Rohrleitungsverbindung**
Zwei verschiedene Ausführungen: Trennung im Mehrfachstecker oder außerhalb.
10 – **Schaumstoffrohr**
Nur Beifahrerseite.
11 – **Stellelement Türschloß vorn**
12 – **Stellelement Türschloß hinten**
13 – **Bi-Druckpumpe VENTO**

Die Zentralverriegelung (Zusatzausstattung) besteht aus der elektrischen Druckpumpe, den Druckleitungen und den Schaltelementen für die einzelnen Schlösser. Die Druckpumpe baut zum Öffnen der Schlösser einen Luft-Überdruck und zum Schließen einen Unterdruck auf, der über Schlauchleitungen an die einzelnen Schaltelemente für die Schlösser gelangt.

Die Zentralverriegelung ist nach längerer Standzeit des Fahrzeuges und nach Ersetzen der Bi-Druckpumpe erst nach mehrfacher Betätigung wieder betriebsbereit.

Bei intakter Anlage muß die Verriegelung aller Schlösser nach ca. 2 Sekunden erfolgt sein. Läuft die Bi-Druckpumpe länger als 5 Sekunden, ist die Anlage undicht. Bei undichter Anlage darf die Bi-Druckpumpe max. 30 Sekunden laufen, danach muß die Steuereinheit in der Bi-Druckpumpe die Pumpe abschalten.

Damit die Zentralverriegelung einwandfrei funktionieren kann, müssen die Batterie geladen und die Sicherung intakt sein. Gegebenenfalls Spannungsversorgung der Druckpumpe nach Stromlaufplan prüfen.

Ist die Anlage undicht, systematisch von der Pumpe her an den T-Stücken die Schläuche abziehen. Pumpe laufen lassen, jeweiligen Anschluß am T-Stück zuhalten und dadurch undichte Seite feststellen. Undichtes Schaltelement oder undichten Schlauch ersetzen. Schläuche immer bis auf Anschlag aufschieben. Zum leichteren Aufschieben, Anschlußstücke vorher mit Seifenlösung einstreichen.

Seit ca. 1/97 sind die Unterdruckleitungen mit geänderten Kupplungen verbunden. Zum Lösen der Kupplung vorderen Ring zusammendrücken und dadurch Kupplung entriegeln. Beim Einbau Kupplung auf das Verteilerstück aufschieben und einrasten.

Bi-Druckpumpe aus- und einbauen

Die Bi-Druckpumpe der Zentralverriegelung sitzt rechts (GOLF) oder links (VENTO) im Kofferraum.

Ausbau

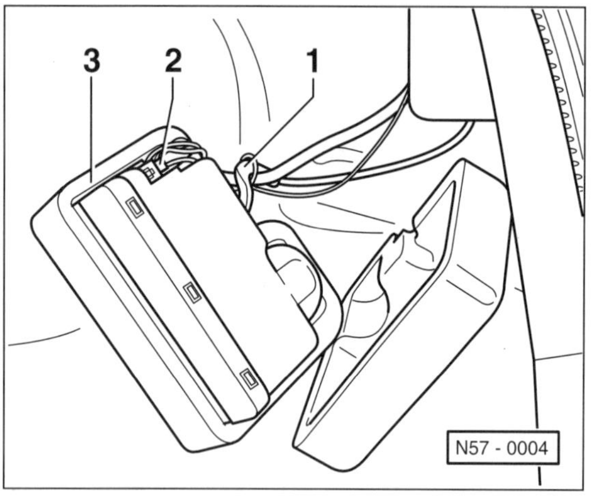

- Kabelbinder öffnen oder Haltegummi aushängen und Dämpfungen –3– von Bi-Druckpumpe abziehen.
- Mehrfachstecker –2– und Druckleitung –1– von Bi-Druckpumpe abziehen. Beim Aufstecken des Mehrfachsteckers, Verrastung prüfen.

Einbau

- Der Einbau erfolgt in umgekehrter Reihenfolge wie der Ausbau.

Das Schiebe-/Ausstelldach

Die Arbeiten am Schiebe-/Ausstelldach beschränken sich in der Regel auf das Fetten der Führungsschienen sowie dem Reinigen der Wasserablaufschläuche in der Karosserie. Reparaturen erfordern Erfahrung und sollten der Fachwerkstatt vorbehalten bleiben.

Führungsschienen fetten

Achtung: Im Bedarfsfall sind die Führungsschienen ausschließlich mit dem VW-Spezialfett G 000 450 02 zu fetten, da sonst die Funktionen nicht gewährleistet sind. Auf keinen Fall ein herkömmliches Mehrzweckfett verwenden.

Wasserablaufschläuche reinigen

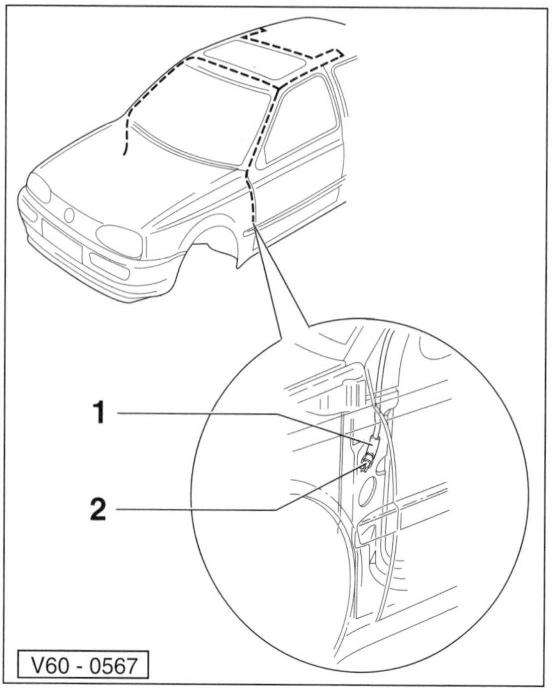

1 – Wasserablaufschlauch; 2 – Wasserablaufventil.

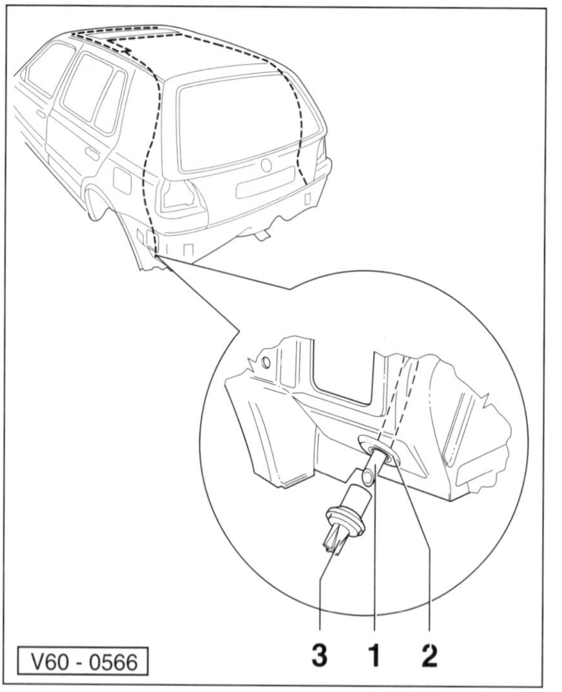

1 – Wasserablaufschlauch; 2 – Tülle; 3 – Wasserablaufventil (nur staubreiche Länder oder USA-Ausführung).

Bei Fahrzeugen mit Schiebedach sind Wasserablaufschläuche vorhanden, die das Wasser vom Schiebedach nach außen ableiten.

- Verstopfte Wasserablaufschläuche lassen sich am besten mit alten, flexiblen Tachowellen reinigen. Dazu Tachowellen zu einer ca. 230 cm langen Sonde zusammenfügen. Gegebenenfalls Tachowelle in eine elektronisch gesteuerte Bohrmaschine einspannen und mit langsamen Umdrehungen die Wasserablaufschläuche »durchbohren«.
- Die vorderen Wasserablaufschläuche verlaufen in den A-Säulen (vordere Karosseriesäulen) und enden zwischen Tür und A-Säule. Die Reinigung erfolgt vom Schiebe-/Ausstelldach-Ausschnitt.
- Die hinteren Wasserablaufschläuche verlaufen in den C-Säulen (hintere Karosseriesäulen) und enden seitlich hinter der Stoßfängerabdeckung. Die Reinigung erfolgt vom unteren Schlauchende her, vorher hinteren Stoßfänger ausbauen.

Glasdeckel für Schiebe-/Ausstelldach aus- und einbauen

Ausbau

- Schiebe-/Ausstelldach ausstellen (hinten hochstellen).

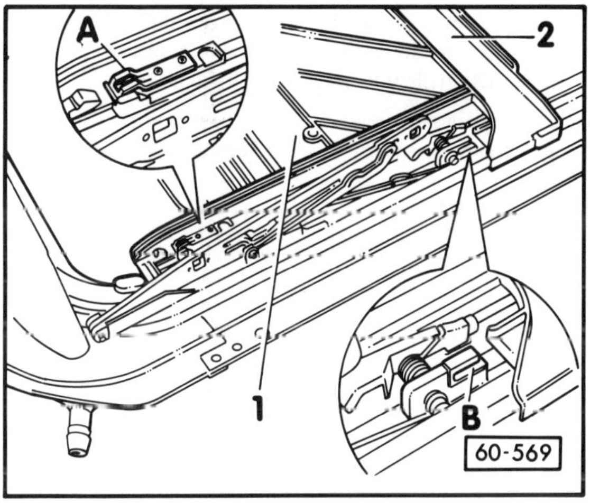

- Schiebehimmel –1– nach hinten schieben.
- Blendrahmen nach hinten schieben (der Rahmen ist im Bereich der vorderen Führungen –A– aufgeclipst und im hinteren Bereich durch Zapfen –B– geführt).

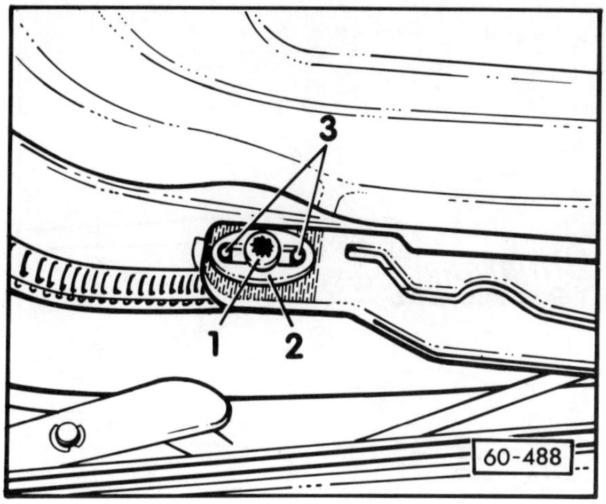

- Befestigungsschrauben –1– mit Torxschraubendreher, Größe T 25, herausdrehen und Einstellscheiben –2– abnehmen. Die Einstellscheiben –2– werden durch Führungsstifte –3– positioniert.
- Schiebe-/Ausstelldachdeckel nach oben herausnehmen.

Einbau

- Der Deckel muß in Nullstellung eingebaut werden, das heißt in geschlossener Stellung. Deckelantrieb auf Nullstellung fahren.

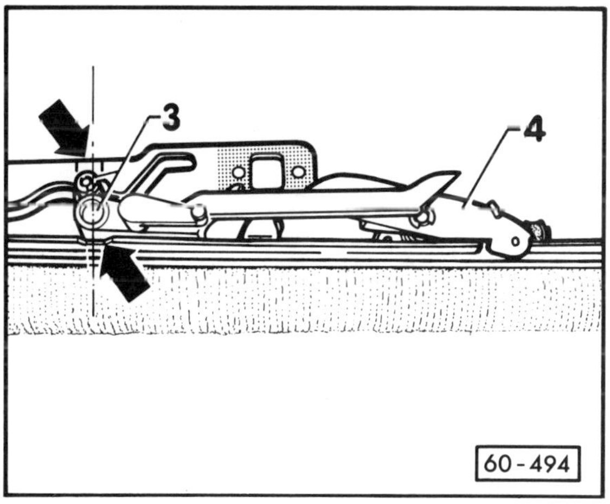

- Nullstellung am Deckelantrieb überprüfen:
  – Die Zapfen –3– müssen innerhalb der Markierungen (Kerben) –Pfeil– stehen.
  – Die Rasthaken –4– müssen in den Führungsschienen eingerastet sein.
- Ist dies nicht der Fall, Seilzugantrieb abschrauben und Antrieb parallel ausrichten, siehe Seite 194.

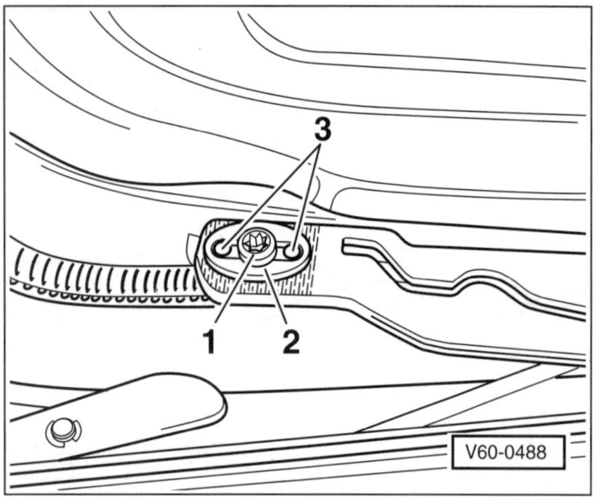

- Schiebe-/Ausstelldachdeckel von oben einsetzen und Torx-Befestigungsschrauben leicht anziehen.

Achtung: Beim Anziehen der Torxschrauben –1– auf richtigen Sitz der Einstellscheiben –2– achten: Die Führungsstifte –3– befinden sich in den Langlöchern der Einstellscheiben.

- Schiebe-/Ausstelldachdeckel zum Dachausschnitt in der Höhe einstellen: An der Vorderkante muß der Deckel 1 mm tiefer, an der Hinterkante 1 mm höher als die umliegende Dachdichtung liegen. Befestigungsschrauben in dieser Stellung mit 6 Nm, also nicht zu fest, anziehen.

Schiebehimmel für Schiebe-/ Ausstelldach aus- und einbauen

Ausbau

- Schiebe-/Ausstelldachdeckel ausbauen.
- Antrieb in Nullstellung bringen, siehe Kapitel »Schiebe-/ Ausstelldachdeckel ausbauen«.

Bis 8/94

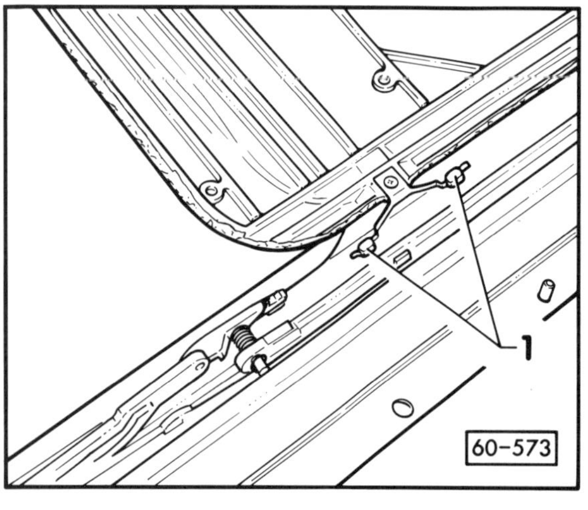

- Gleitfüße der Führungen –1– aus den Führungskanälen der Montageeinheit mit einem kleinen Schraubendreher heraushebeln: Zuerst eine Seite komplett heraushebeln und dabei den Schiebehimmel in die gegenüberliegende Führung drücken.

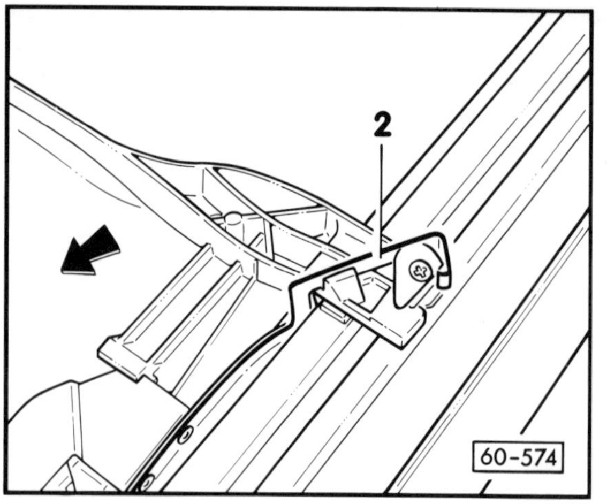

- Feder –2– entriegeln und Schiebehimmel nach vorn aus dem Dachausschnitt herausziehen. Der Schiebehimmel muß beim Herausziehen verkantet werden (die Feder –2– ist in eingebautem Zustand schlecht sichtbar).

Einbau

- Schiebehimmel in den Dachausschnitt einsetzen. Die Gleitfüße einer Seite in die Führungskanäle einstecken. Gleitfüße der anderen Seite mit einem kleinen Schraubendreher in die Führungskanäle hebeln.
- Schiebehimmel entgegen der Fahrtrichtung schieben, bis die Federn –2– einrasten, siehe Abbildung unter »Ausbau«.

Ausbau ab 9/94

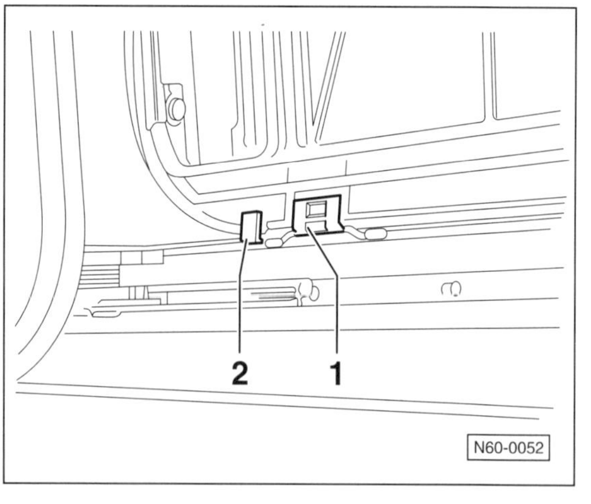

- Anschläge –2– auf einer Seite ausclipsen und Schiebehimmel zu dieser Seite drücken. Gleiter –1– auf der gegenüberliegenden Seite (von vorn nach hinten) mit einem Schraubendreher aus den Führungskanälen heraushebeln.
- Schiebehimmel aus der Montageeinheit herausschwenken.

Einbau

- Schiebehimmel in den Dachausschnitt einsetzen. Gleiter des Schiebehimmels (Gleiter sind am Schiebehimmel eingerastet) in die Führungskanäle einstecken. Gleiter –1– der anderen Seite in die Führungskanäle einsetzen und die seitlichen Anschläge –2– aufstecken.

Parallellauf des Schiebe-/ Ausstelldachs prüfen/einstellen

Prüfen

- Glasdeckel in Stellung »geschlossen« fahren.
- Schiebehimmel von Hand ganz zurückschieben.
- Blendrahmen nach hinten schieben und ausclipsen, siehe Kapitel »Schiebe-/Ausstelldachdeckel ausbauen«. Der Deckel kann eingebaut bleiben.

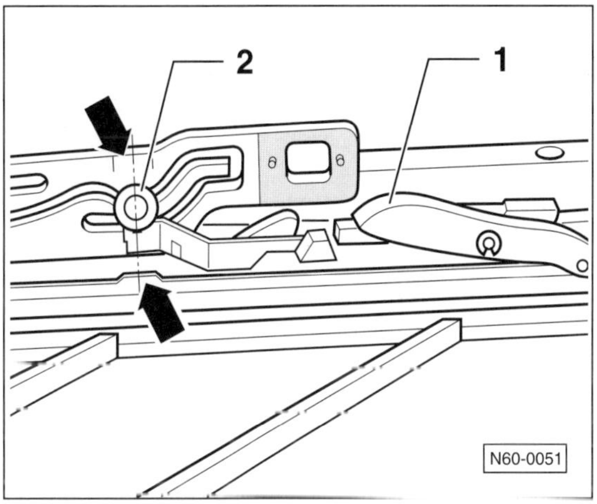

- Die Rasthaken (mit Rolle) –1– müssen in den Führungsschienen eingerastet sein.
- Die Bolzen –2– müssen innerhalb der Markierungen (Kerben) –Pfeile– stehen.
- Ist dies nicht der Fall, Parallellauf wie folgt einstellen:

Einstellen

- Batterie-Massekabel (–) bei ausgeschalteter Zündung abklemmen. **Achtung:** Dadurch werden die elektronischen Speicher gelöscht, zum Beispiel Motor-Fehlerspeicher oder Radiocode. Vor dem Abklemmen sollten auch die Hinweise im Kapitel »Radio« bzw. »Batterie aus- und einbauen« durchgelesen werden.

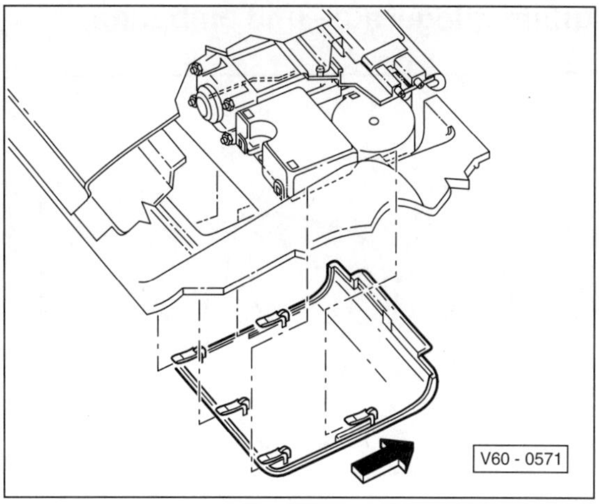

- Abdeckung für Seilzugantrieb in Pfeilrichtung schieben, aushaken und abnehmen.
- 2 Schrauben für Seilzugantrieb abschrauben und Antrieb etwas nach unten ziehen. Das Antriebsritzel darf nicht mehr mit den Seilzügen im Eingriff stehen.

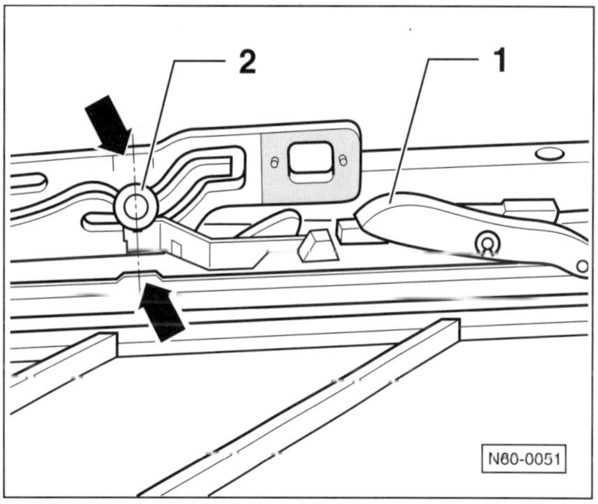

- Führungen von vorne nach hinten von Hand verschieben, bis:
  - ◆ die Rasthaken –1– in den Führungsschienen eingerastet sind.
  - ◆ die Führungen hinten mit Bolzen –2– zwischen den Kerben –Pfeile– stehen.
- Seilzugantrieb (in 0-Stellung) einsetzen und mit neuen Schrauben (microverkapselt) und 3 Nm, also nur leicht, anschrauben. **Hinweis:** Falls die bisherigen Schrauben verwendet werden, Gewinde vor dem Einschrauben mit einer Drahtbürste reinigen und mit Schraubensicherungsmittel beschichten.
- Abdeckung für Seilzugantrieb in die Dachverkleidung einsetzen und einhaken.
- Blendrahmen einclipsen.
- Batterie-Massekabel (–) bei **ausgeschalteter Zündung** anklemmen.
- Zeituhr einstellen. Diebstahlcode für Radio eingeben, siehe Kapitel »Radio-Codierung eingeben«.

Außenspiegel aus- und einbauen

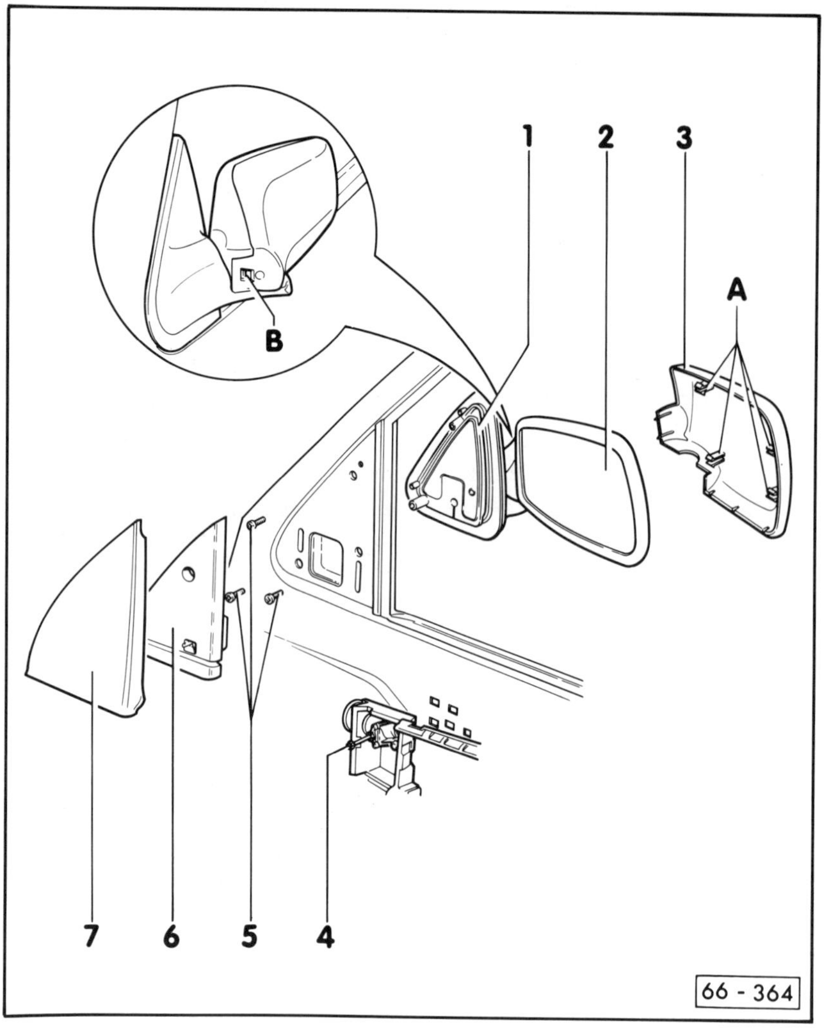

1 – **Spiegelgehäuse**

2 – **Spiegelglas**

3 – **Gehäusekappe**
Einzeln abbaubar: Spiegelglas ausclipsen und Spiegelgehäuse zur Türscheibe klappen. Rastnasen –A– und –B– zusammendrücken und Gehäusekappe abziehen.

4 – **Außenspiegelbetätigung**

5 – **Schraube, 2 Nm**

6 – **Dämpfung**

7 – **Abdeckung**

Ausbau

- **Nur Außenspiegel mit mechanischer Verstellung:** Türverkleidung ausbauen. Anschließend Einstellknopf mit Bowdenzügen aus dem inneren Türträger herausziehen.
- Türscheibe herunterdrehen.
- Abdeckung –7– mit Dämpfung –6– abziehen und Linsenschrauben –5– von innen herausdrehen.
- Außenspiegel abnehmen. Falls vorhanden, elektrischen Anschlußstecker abziehen.

Einbau

- Falls vorhanden, Kabelstecker aufstecken.
- Innere Befestigungsschrauben –5– nur ganz leicht, mit 2 Nm, anziehen.
- Mechanische Verstellung: Bowdenzüge einfädeln, Türverkleidung einbauen.
- Abdeckung mit Dämpfung an der Türinnenseite einclipsen.

Spiegelglas ersetzen

Die Spiegelgläser sind nur eingeclipst unabhängig davon, ob der Außenspiegel manuell oder elektrisch verstellbar ist.

- Gehäuse-Unterkante mit Tesaband abkleben und dadurch vor Beschädigung schützen.

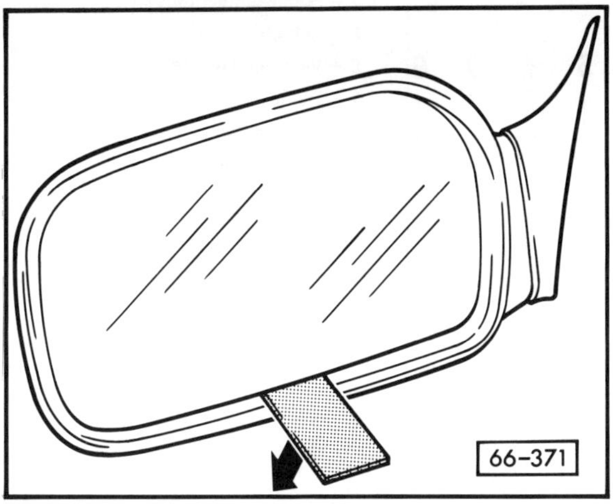

66-371

- Spiegelglas mit flachem Kunststoffspachtel nach hinten vorsichtig abdrücken, zuerst unten, dann oben.
- Falls vorhanden, Steckverbindung für Spiegelheizung an der Rückseite abziehen.

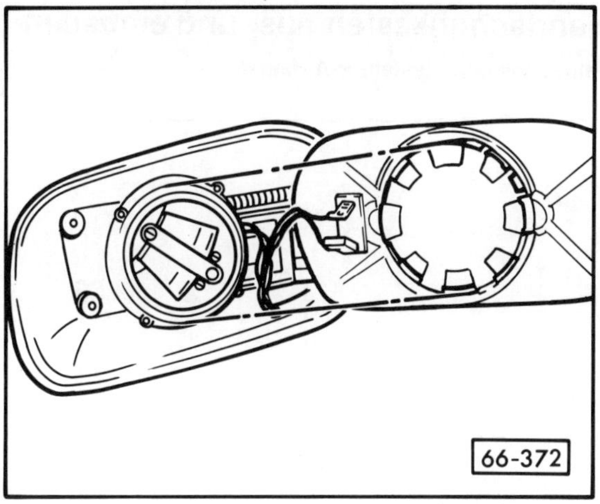

66-372

- Spiegelglas in die Führungszapfen einsetzen und einclipsen. Dabei nur auf die Glasmitte drücken. Um Verschmutzungen des Glases zu vermeiden und auch aus Sicherheitsgründen, empfiehlt es sich, einen sauberen Lappen zu unterlegen oder Handschuhe anzuziehen.

Handschuhkasten aus- und einbauen

Fahrzeuge ohne Beifahrer-Airbag

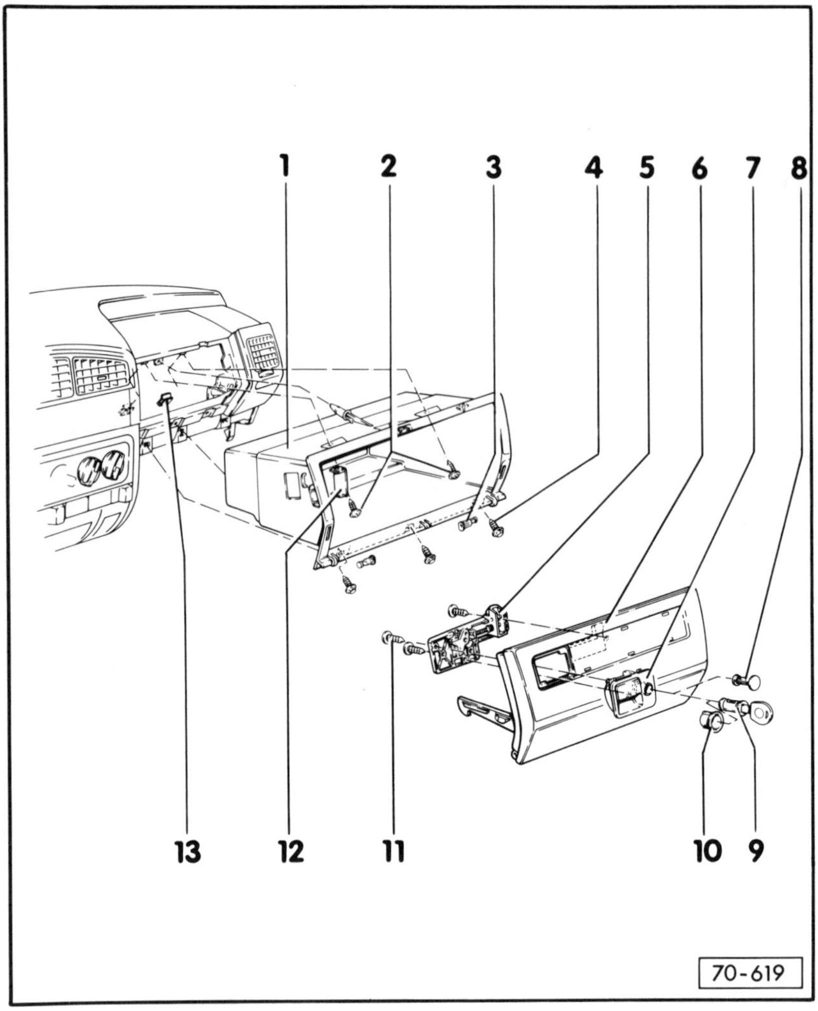

1 – **Handschuhkasten**
2 – **Kreuzschlitzschrauben**
3 – **Scharnierbolzen**
4 – **Sechskantschrauben**
5 – **Schloß**
6 – **Verschlußklappe**
7 – **Betätigung**
8 – **Abdeckkappe**
9 – **Schließzylinder**
10 – **Hülse**
Ausbau der Hülse nur bei eingestecktem Schlüssel.
11 – **Kreuzschlitzschrauben**
12 – **Leuchtenglas**
13 – **Schnappmutter**

Ausbau

- Ablage unterhalb vom Handschuhkasten abschrauben, siehe Kapitel »Schalttafelausbau«.
- Sechskantschrauben –4– abschrauben.
- Handschuhkasten öffnen, Schrauben –3– abschrauben.

Einbau

- Handschuhkasten einsetzen, Schrauben festziehen.
- Ablage einbauen.

Mittelkonsole aus- und einbauen

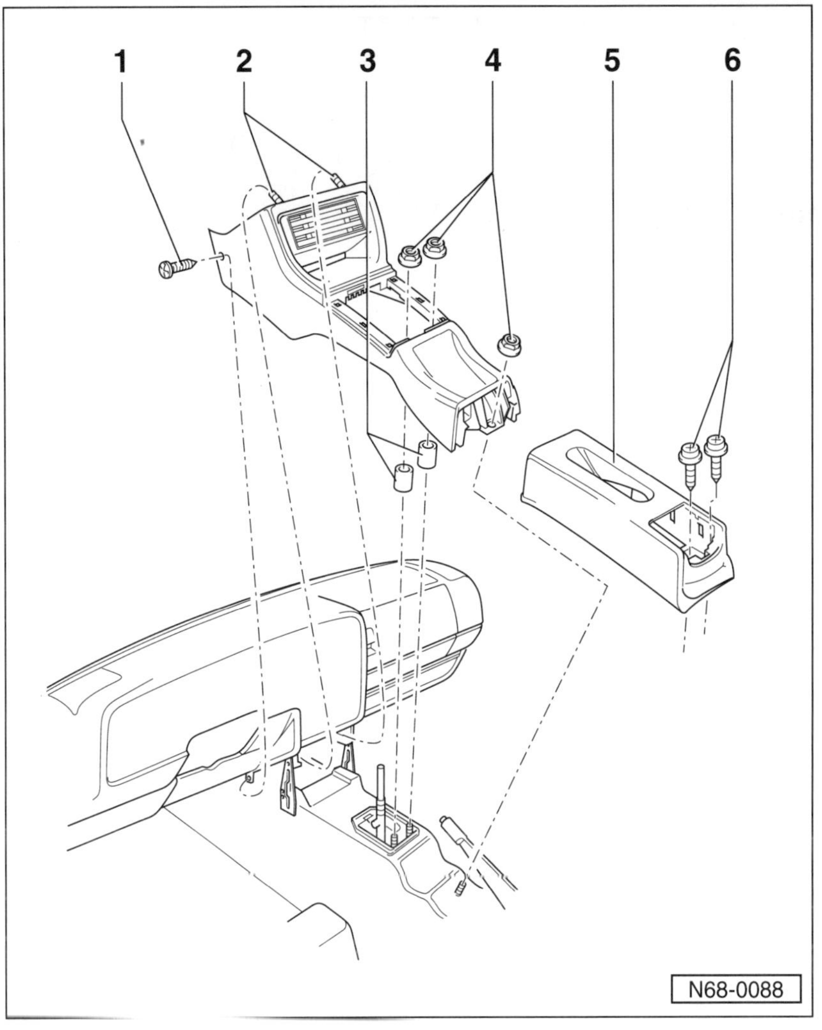

1 – **Kreuzschlitzschraube**
2 – **Haltezapfen**
3 – **Distanzbolzen**
4 – **Sechskantmuttern**
5 – **Abdeckung**
6 – **Sechskantschrauben**

Ausbau

- Lichtschalter muß ausgeschaltet sein.

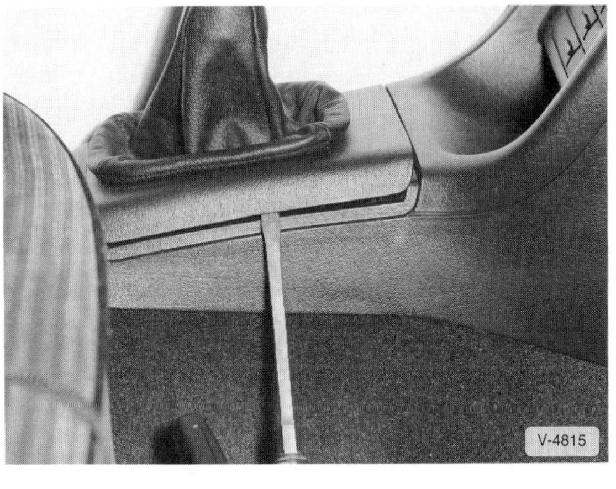

- Blende für Schalthebel-Faltenbalg an der Mittelkonsole ausclipsen und nach oben ziehen.
- Aschenbecher herausziehen und Sechskantschrauben –6– abschrauben, siehe Abbildung.
- Abdeckung –5– nach hinten von der Mittelkonsole abziehen, elektrische Anschlüsse für Ascherbeleuchtung abziehen.
- Sechskantmuttern –4– und Kreuzschlitzschrauben –1– links und rechts abschrauben.
- Konsole hinten etwas anheben und nach hinten von der Schalttafel abziehen.
- Elektrische Anschlußkabel für Beleuchtung abziehen.

Einbau

- Elektrische Anschlußstecker an Ascher- und Cassettenfachbeleuchtung aufstecken.
- Distanzhülsen –4– auf die Stehbolzen aufsetzen.
- Konsole mit Haltezapfen –5– in die Schalttafel einsetzen.
- Konsole anschrauben.
- Schalthebel-Faltenbalg einclipsen.
- Anschlußstecker an hintere Abdeckung anklemmen, Abdeckung anschrauben.
- Aschenbecher einsetzen.

Schalttafel aus- und einbauen

Fahrzeuge ohne Beifahrer-Airbag

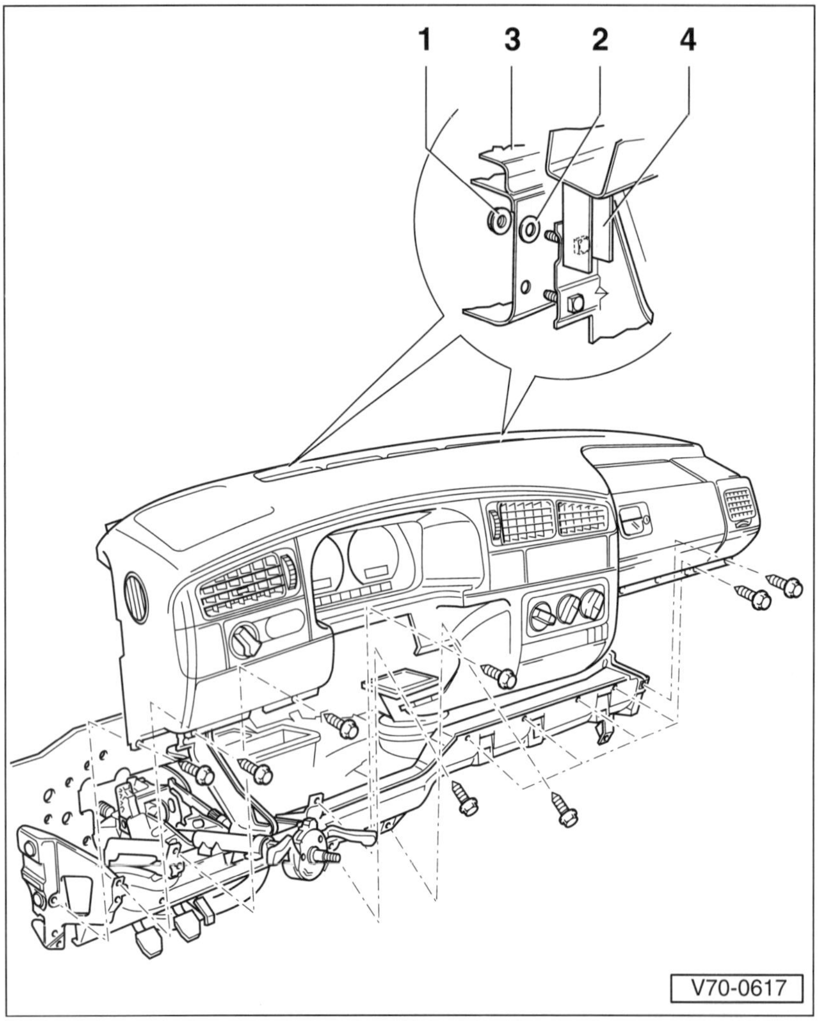

Schalttafel-Schraubverbindungen:

1 – **Mutter**

2 – **Dichtscheibe**
Beim Einbau darauf achten, daß die Dichtscheiben nicht vergessen werden.

3 – **Stirnwand**

4 – **Schalttafelträger**

Ausbau

- Batterie-Massekabel (–) abklemmen. **Achtung:** Dadurch werden die elektronischen Speicher gelöscht, zum Beispiel Motor-Fehlerspeicher oder Radiocode. Batterie nur bei **ausgeschalteter Zündung** abklemmen, da sonst das Steuergerät der Einspritzanlage beschädigt werden kann. Vor dem Abklemmen sollten auch die Hinweise im Kapitel »Radio« bzw. »Batterie aus- und einbauen« durchgelesen werden.
- Mittelkonsole ausbauen.
- Radio ausbauen, siehe Seite 251.
- Lenkrad und Lenkstockschalter ausbauen, siehe Seite 130/246.
- Schalttafeleinsatz ausbauen, siehe Seite 243.

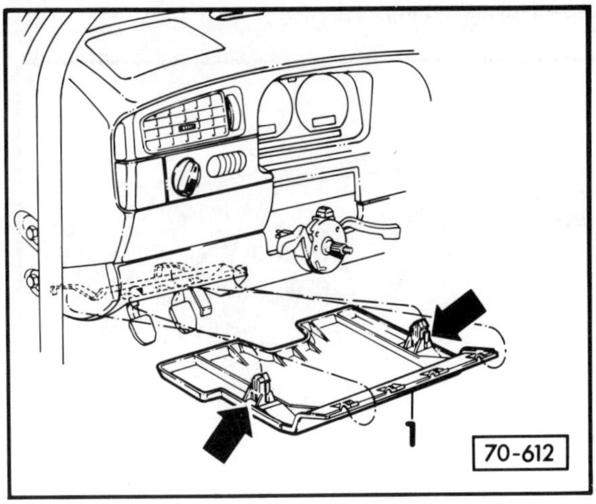

- Abdeckung –1– der Relaisplatte herausziehen, dabei gleichzeitig beide Sicherungsknöpfe –Pfeile– drücken (entriegeln).

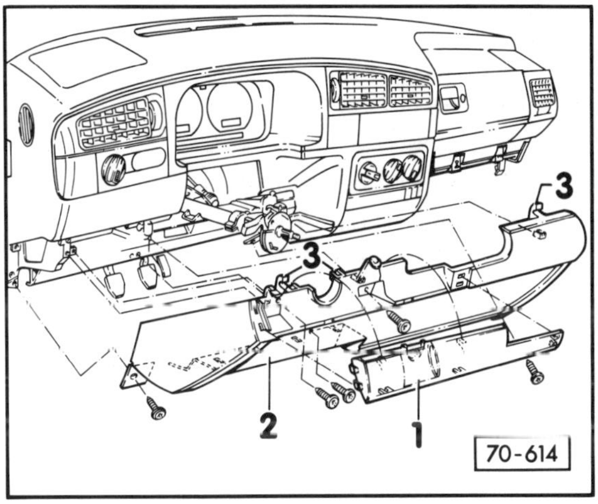

- Untere Abdeckung –1– abhebeln.
- Kreuzschlitzschrauben herausdrehen und Ablage –2– schräg nach unten aus den Führungen –3– ziehen.

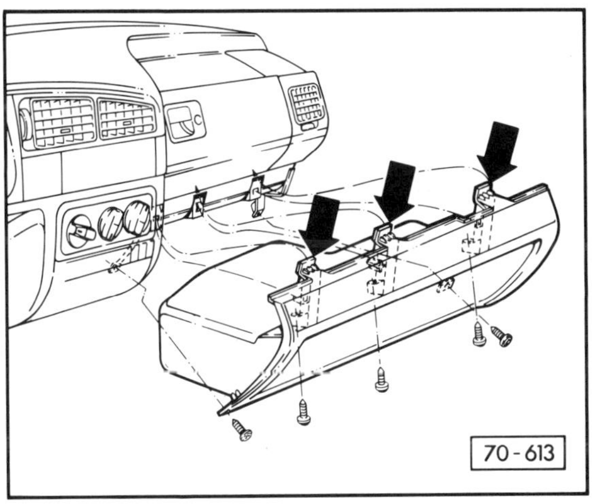

- Schrauben aus der Ablage an der Beifahrerseite herausdrehen und die Ablage schräg nach unten aus den Führungen –Pfeile– ziehen.

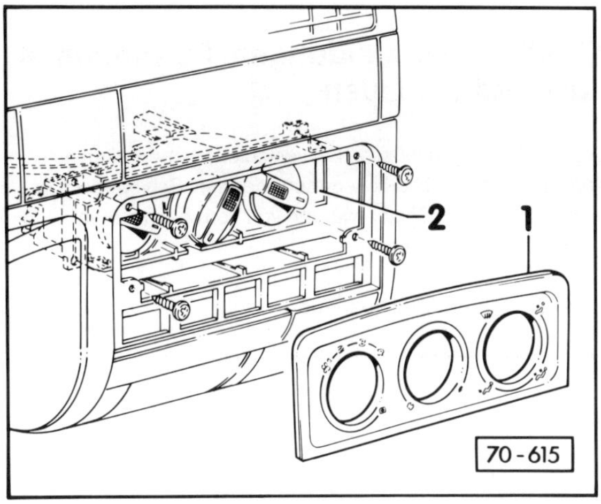

- Blende –1– der Heizungsbetätigung vorsichtig heraushebeln und darunterliegende Schrauben lösen.
- Heizungsbetätigung –2– in die Schalttafelöffnung hineindrücken, die Züge bleiben angebaut.
- Sechskantschrauben an der Unterkante der Schalttafel ausschrauben, insgesamt 11 Stück.
- Wasserkastenabdeckung (Gitter unterhalb der Windschutzscheibe) abschrauben, vorher Scheibenwischerarme ausbauen, siehe Seite 206.
- Sechskantmuttern –1– im Wasserkasten an der Stirnwand abschrauben, siehe große Abbildung 70-617.
- Schalttafel etwas von der Stirnwand abziehen und Leitungsstränge von der Schalttafel lösen, dann aus dem Fahrzeug herausnehmen.

Einbau

- Leitungsstränge an der Schalttafelrückseite verlegen.
- Schalttafel einsetzen und anschrauben. **Achtung:** Dabei Dichtscheiben –2– zwischen Schalttafel und Stirnwand nicht vergessen, siehe Abbildung 70-617.
- Wasserkastenabdeckung einsetzen und anschrauben.
- Scheibenwischerarme einbauen, siehe Seite 259.
- Schalttafeleinsatz einbauen, siehe Seite 243,
- Lenkstockschalter, Lenkrad einbauen, siehe Seite 130/246.
- Ablagen an Fahrer- und Beifahrerseite anschrauben, Abdeckung aufdrücken, siehe Abbildungen unter »Ausbau«.
- Abdeckung der Relaisplatte aufdrücken.
- Heizungsbetätigung anschrauben und Blende aufdrücken.
- Radio einbauen, siehe Seite 251.
- Mittelkonsole einbauen.
- Batterie-Massekabel (–) anklemmen. **Achtung:** Batterie nur bei **ausgeschalteter Zündung** anklemmen, sonst kann das Steuergerät der Einspritzanlage beschädigt werden.

- Zeituhr einstellen.
- Diebstahlcode für Radio eingeben, siehe Kapitel »Radio-Codierung eingeben«.

Türsäulenverkleidungen / Formhimmel aus- und einbauen

Die Verkleidungen müssen bei verschiedenen Arbeiten an der Karosserie, den Sicherheitsgurten oder dem Schiebedach entfernt werden. Die Säulen werden von vorn nach hinten A-, B- und C-Säulen genannt.

A-Säulenverkleidung ausbauen

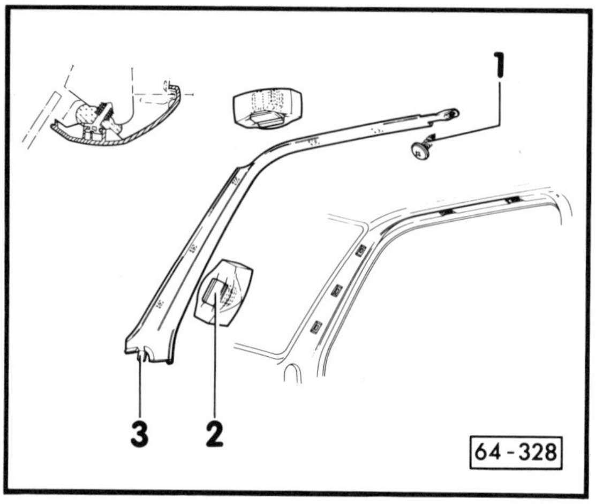

- Kreuzschlitzschraube –1– herausdrehen und Verkleidung für A-Säule abziehen. Dabei rastet der Clip –2– aus.
- Verkleidung aus der Stecklasche –3– herausziehen.

B-Säulenverkleidung ausbauen

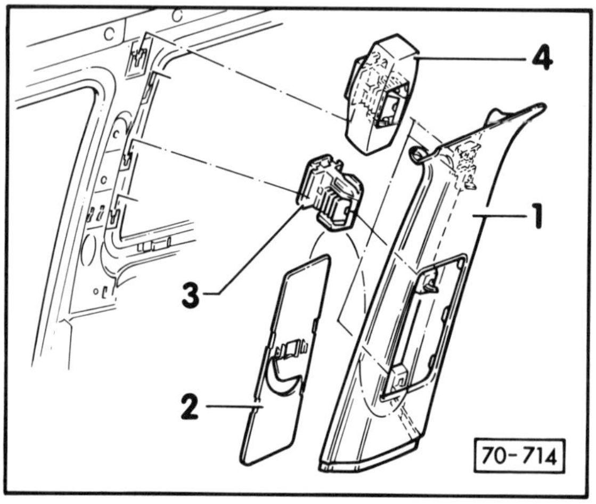

- Verkleidung –1– abziehen, die Befestigungsclipse –3– (nur bei 2-türigen Fahrzeugen) und –4– verbleiben an der B-Säule.
- Blende –2– aus der Verkleidung –1– ausclipsen.

C-Säulenverkleidung ausbauen

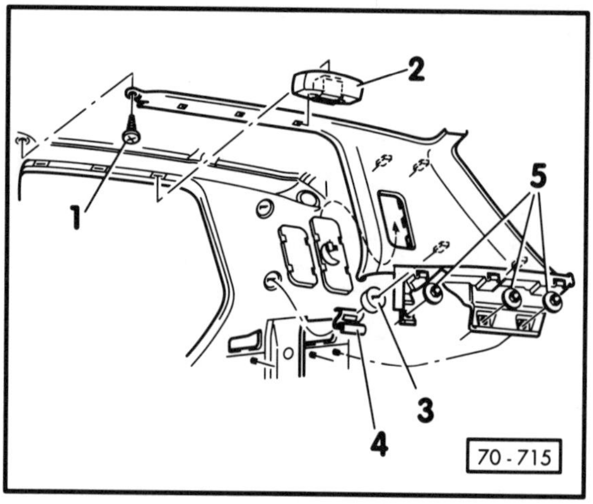

- Kreuzschlitzschraube –1– herausdrehen und Verkleidung im oberen Bereich abziehen. (2 – Befestigungsclip, 3 – Dichtungsscheibe, 4 – Federlasche, 5 – Befestigungsmutter.)

Formhimmel ausbauen

- Innenleuchte ausbauen, siehe Seite 239.
- Abdeckung für Seilzugantrieb ausbauen, siehe Seite 194.
- Sonnenblenden und Haltegriffe abschrauben. Die vorderen Haltegriffe sind bei Fahrzeugen mit Schiebedach mit einem »V«, die hinteren Haltegriffe mit einem »H« gekennzeichnet.

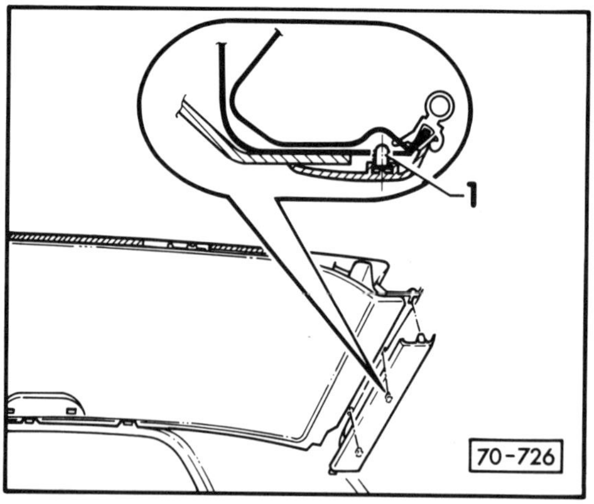

- Abschlußleiste (vor der Heckklappe) von den Clips –1– abziehen.
- Formhimmel absenken und mit einer Hilfsperson aus dem Fahrzeug herausnehmen (Bruchgefahr).

Einbau

- Der Einbau erfolgt in umgekehrter Reihenfolge wie unter »Ausbau« beschrieben.

Laderaumabdeckung aus- und einbauen

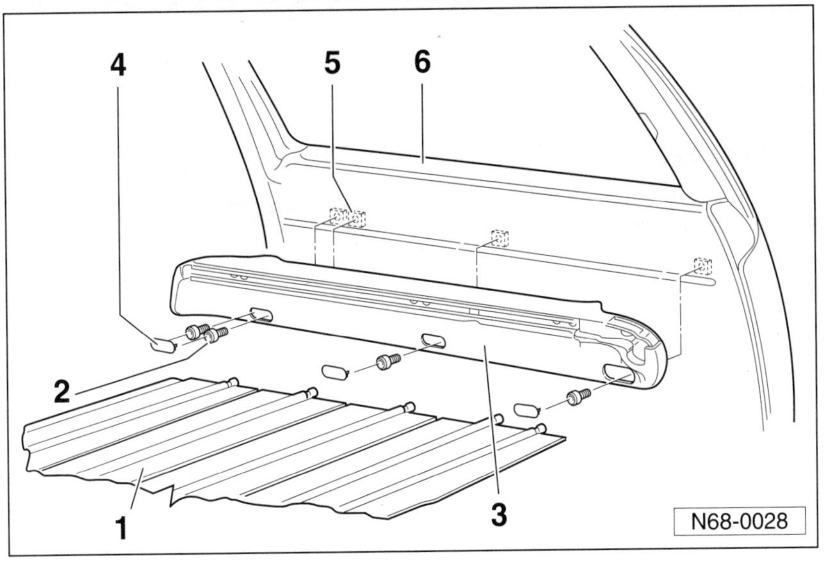

Variant

Hinweis: Die Laderaumabdeckung kann auch nachträglich eingebaut werden.

1 – Abdeckplane

2 – Innensechskantschraube mit Unterlegscheibe, 8 Nm

3 – Laderaumabdeckung mit Führungsschiene
Die Führungsschiene ist mit der Laderaumabdeckung vernietet.

4 – Abdeckkappe
In Laderaumabdeckung eingeclipst.

5 – Gewindemutter
In jedem Fahrzeug vorhanden.

6 – Verkleidung Laderaum hinten
Die Durchbrüche für den nachträglichen Einbau sind auf der Rückseite gekennzeichnet.

Vordersitz aus- und einbauen

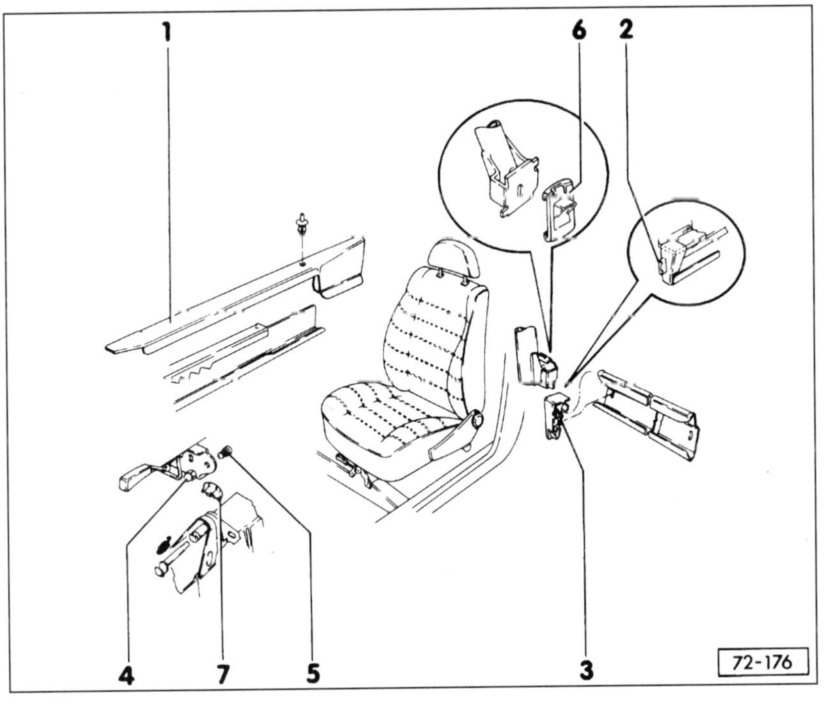

Der Sitz wird in 3 Führungsschienen gelagert, in denen er auch verschoben werden kann.

Ausbau

- Batterie-Massekabel (–) bei ausgeschalteter Zündung abklemmen. **Achtung:** Dadurch werden elektronische Speicher gelöscht, wie zum Beispiel der Radiocode. Hinweise im Kapitel »Batterie aus- und einbauen« beachten.
- Bei Sitzen mit Sitzheizung, elektrischer Sitzverstellung und Seitenairbag Kabelverbindungen trennen.
- Clip für Abdeckleiste –1– ausclipsen und Abdeckleiste nach hinten von der rechten Sitz-Führungsschiene abziehen.
- An der linken Schiene Keil –2– an der Abdeckkappe –3– mit einer Flachzange herausziehen.
- Sitz nach vorn verschieben und Hutmutter –4– am Verstellhebel abschrauben. Dabei Schraube –5– gegenhalten, nach hinten abnehmen.
- Sitz nach hinten aus den Führungsschienen herausschieben.

Einbau

- Gleitstücke –6– links und rechts, sowie vorderes Gleitstück –7– auf Beschädigungen und Abnutzung prüfen, gegebenenfalls ersetzen.
- Alle 3 Gleitstücke mit Mehrzweckfett schmieren.
- Sitz von hinten in die Führungen einfahren.
- Schraube –5– einsetzen, Hutmutter –4– mit 10 Nm aufschrauben.
- Abdeckkappe –3– einsetzen, Keil –2– an der Rückseite eindrücken.
- Abdeckleiste –1– aufsetzen und mit Halteclip sichern.
- Falls vorhanden, elektrische Leitungen verbinden.
- Batterie-Massekabel (–) anklemmen. Zeituhr einstellen. Falls erforderlich, Diebstahlcode für Radio eingeben.

Rücksitz aus- und einbauen

Ausbau

- Sitzbank mit Zugschlaufe anheben.

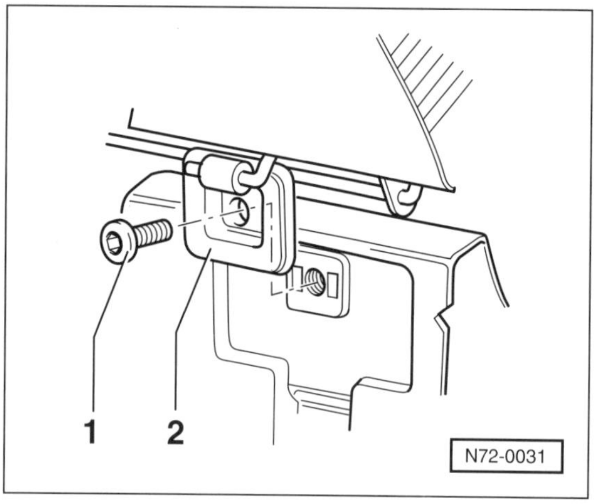

- **GOLF, VENTO:** Innensechskantschrauben –1– herausdrehen und Sitzbankteil mit Scharnieren –2– abnehmen.

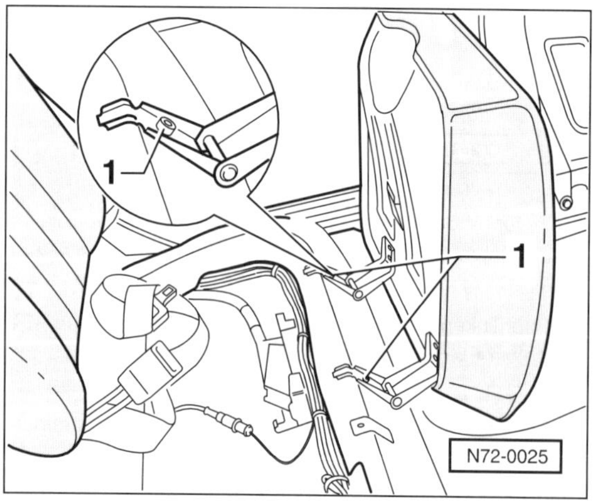

- **VARIANT:** Innensechskantschrauben –1– herausdrehen und Sitzbankteil mit Scharnieren herausnehmen.

- Beide Lehnenteile umklappen.

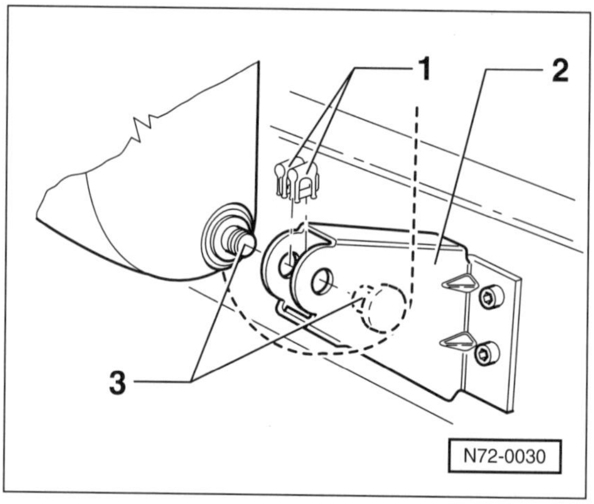

- Sicherungsscheiben –1– von den Bolzen der Adapter –3– am Mittellager –2– der Lehnenteile abziehen.

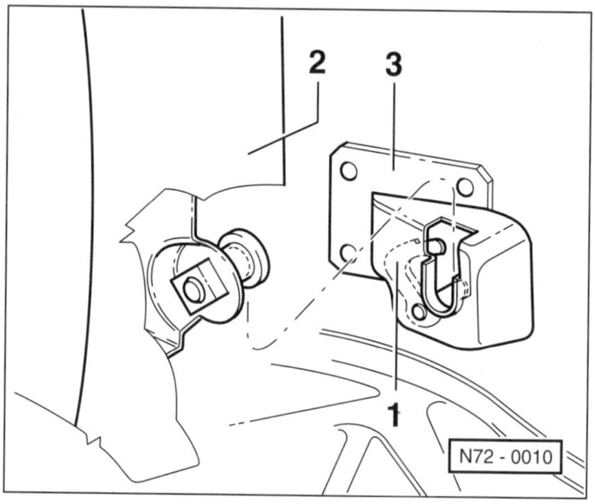

- Rasthaken –1– links bzw. rechts mit einem Schraubendreher zurückdrücken und Lehnenteil –2– aus dem Lehnenlager –3– nach oben herausziehen.
- Lehnenteil aus dem Mittellager herausziehen und aus dem Fahrzeug nehmen.

Einbau

- Rückenlehne mit den Bolzen in die Lager einsetzen.
- Sicherungsscheiben auf die Adapter schieben.
- Beide Lehnenteile zurückklappen und Arretierung überprüfen.
- Sitzbankteil mit Innensechskantschrauben anschrauben und zurückklappen.

Der Gurtstraffer

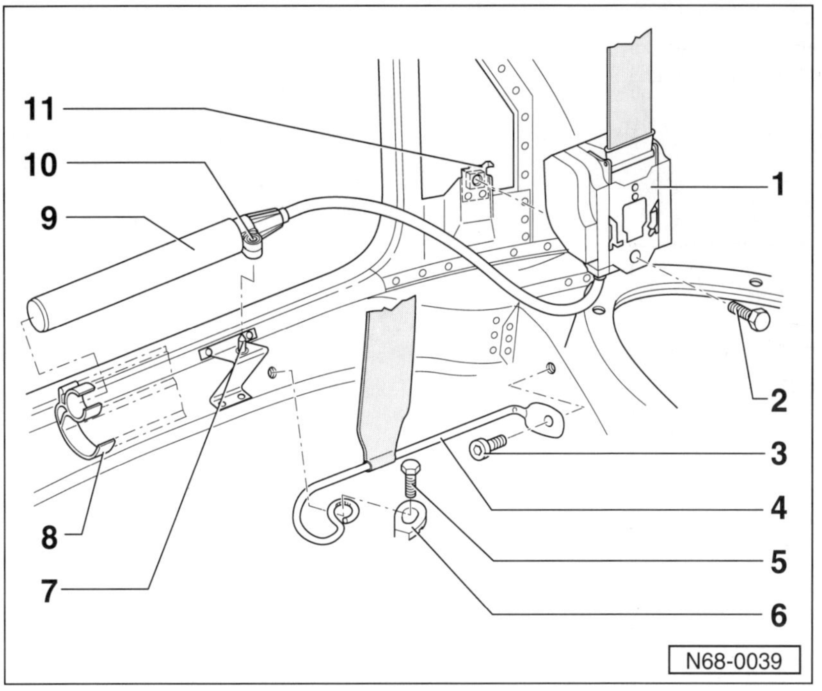

In der Abbildung GOLF 2türer dargestellt.

1 – **Gurtautomat**

2 – **Sechskantschraube, 40 Nm**

3 – **Zylinderschraube, 23 Nm**

4 – **Führungsbügel**

5 – **Sechskantschraube, 40 Nm**

6 – **Ösenkappe**

7 – **Gewindebolzen**

8 – **Kabelkanal**
Mit Aufnahme für Straffereinheit.

9 – **Straffereinheit**
Sichern:
Mit dem **Lösen der Sicherungsmutter –10–** ist der Gurtstraffer gesichert, und umgekehrt wieder funktionsfähig gemacht.
Die Straffereinheit ist Bestandteil des Sicherheitsgurtes.

10 – **Sicherungsmutter, 20 Nm**

11 – **Befestigungspunkt Gurtautomat**
Haltenasen bestimmen die Lage des Gurtautomaten.

Der Gurtstraffer ist fest in den Gurtautomaten integriert. Er sorgt bei einem Frontalaufprall für einen eng am Körper liegenden Sicherheitsgurt und verhindert, daß der Insasse unter dem Gurt wegrutscht. Ausgelöst wird der Gurtstraffer bei einem starken Frontalaufprall.

Beim Auslösen des Gurtschloßstraffers wird eine kleine Zündkapsel von einer Feder gegen einen Aufschlagstift geschossen. Die bei der Explosion der Kapsel freiwerdenden Gase treiben einen Kolben im Druckrohr nach unten. Am Kolben ist ein Seil befestigt, das die Gurtrolle verdreht. Das Gurtband wird so innerhalb von 10 ms (Millisekunden) um bis zu 150 mm aufgerollt.

Der Gurtstraffer ist wartungsfrei. Nach Auslösen muß der Gurtautomat komplett ersetzt werden. Erkennbar ist ein ausgelöster Gurtstraffer am Blockieren des Sicherheitsgurtes, oder wenn das Abrollen des Gurtes mit einem deutlichen Schnarrgeräusch verbunden ist. **Achtung:** Vor der Entsorgung eines nicht ausgelösten Gurtschloßstraffers muß dieser zwangsausgelöst werden (Werkstattarbeit).

Achtung: Um ein ungewolltes Auslösen des Gurtschloßstraffers zu vermeiden, ist grundsätzlich bei allen Ausbeul- und Richtarbeiten an der Karosserie, die mit starken Erschütterungen verbunden sind, der Gurtstraffer auszubauen. Montagearbeiten an den Sicherheitsgurten sollten von der VW-Werkstatt durchgeführt werden.

Sicherheitshinweise zum Gurtstraffer

- Der Gurtstraffer darf weder geöffnet, noch repariert werden.
- Gurtstraffer, die zu Boden gefallen sind, dürfen nicht mehr eingebaut werden.
- Mechanisch beschädigte Gurtstraffer (Beulen, Risse) grundsätzlich ersetzen.
- Gurtstraffer dürfen niemals unbeaufsichtigt liegengelassen werden. Ausgebaute Gurtstraffer immer wegschließen.
- Der Gurtstraffer darf nicht mit Fett, Reinigungsflüssigkeit oder ähnlichen Mitteln behandelt werden.
- Gurtstraffer keinen Temperaturen über +100° C aussetzen; auch nicht kurzfristig.

Gurtstraffer aus- und einbauen

Ausbau

Achtung: Die Ausbaureihenfolge ist unbedingt einzuhalten.

- Einstiegleiste ausbauen.
- Verkleidung Säule B oben und unten beziehungsweise Seitenverkleidung ausbauen.
- Sicherungsmutter –10– lösen, damit wird die Straffereinheit –9– abgeschraubt und gesichert.
- Führungsbügel –4– abschrauben.
- Gurtumlenkung mit 2 Kreuzschlitzschrauben abschrauben.
- Gurtautomat –1– abschrauben.
- Straffereinheit –9– aus dem Kabelkanal –8– herausziehen.

Einbau

Achtung: Der Einbau erfolgt in umgekehrter Reihenfolge, die unbedingt eingehalten werden muß.

Wasserkastenabdeckung aus- und einbauen

Die Wasserkastenabdeckung muß beispielsweise zur Demontage des Scheibenwischerantriebs oder Teilen der Heizung ausgebaut werden.

Ausbau

- Motorhaube öffnen.

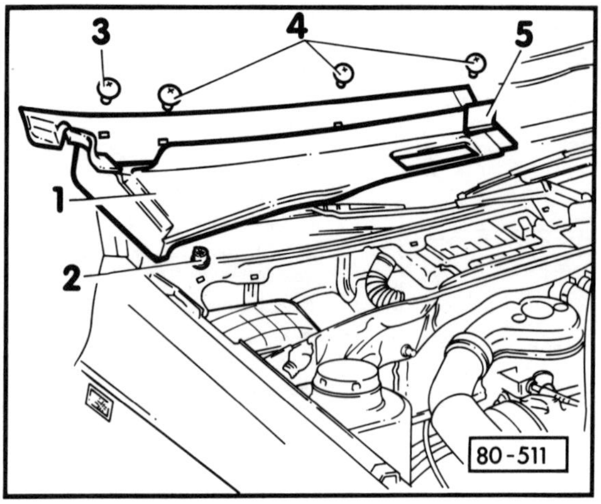

1 – **Rechte Wasserkastenabdeckung**
2 – **Adapter**
3 – **Kunststoffschraube**
4 – **Clip**
5 – **Verbindungsteil**

- Rechte Wasserkastenabdeckung ausbauen: Kunststoffschraube lösen, Abdeckung ausclipsen und mit Adapterteil abnehmen.
- Linke Wasserkastenabdeckung in gleicher Weise ausbauen, jedoch zuvor Scheibenwischerarme ausbauen, siehe Seite 209.

Einbau

- Wasserkastenabdeckungen einclipsen und mit den Kunststoffschrauben anschrauben.
- Scheibenwischerarme einbauen, siehe Seite 209.

Die Heizung

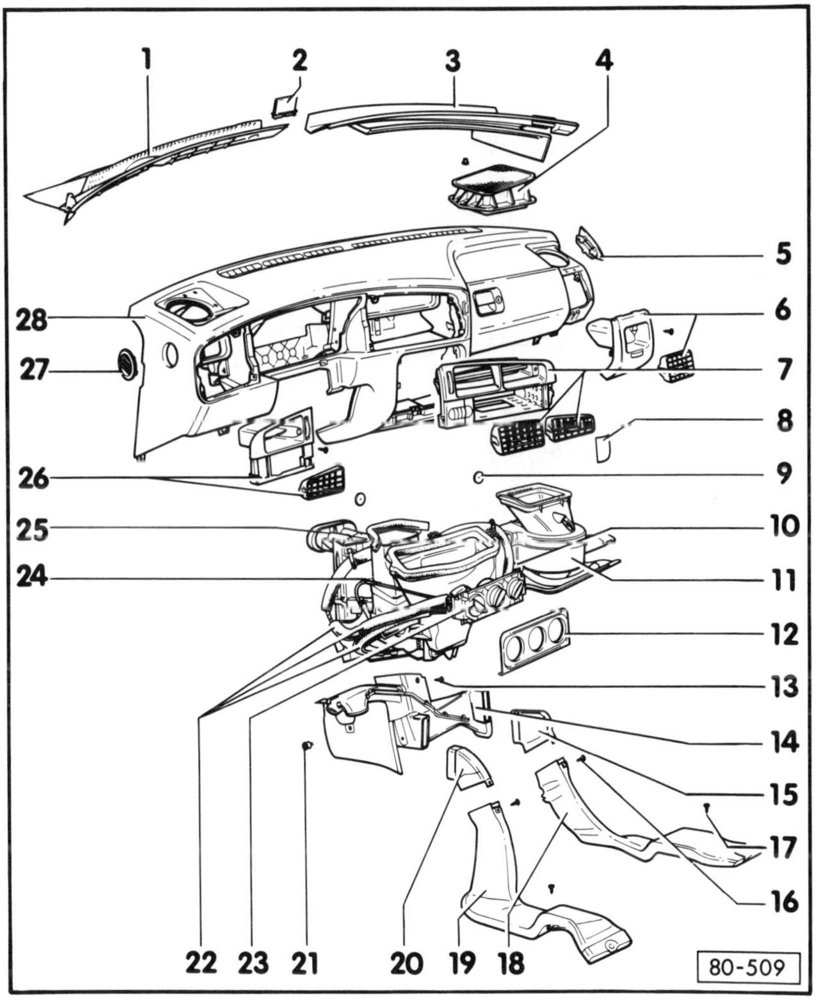

1 – **Wasserkastenabdeckung links**
2 – **Verbindungsteil**
3 – **Wasserkastenabdeckung rechts**
4 – **Ansaugstutzen**
5 – **Seitenscheibenanstömer**
6 – **Ausströmer rechts**
7 – **Ausströmer Mitte**
8 – **Blende**
9 – **Sechskantmutter**
10 – **Vorwiderstand für Gebläse** Mit Überhitzungssicherung.
11 – **Frischluftgebläse**
12 – **Heizungsblende**
13 – **Blechschraube**
14 **Fußraumausströmer**
15 – **Verbindungsstück rechts**
16 – **Linsenblechschraube**
17 – **Blechschraube**
18 – **Fondkanal rechts**
19 – **Fondkanal links**
20 – **Verbindungsstück links**
21 – **Clip**
22 – **Züge**
23 – **Heizungsregulierung**
24 – **Heizgerät**
25 – **Wärmetauscher**
26 – **Ausströmer rechts**
27 – **Seitenscheibenanströmer**
28 – **Schalttafel**

Die Frischluft für die Heizung gelangt über das Heizgebläse in den Fahrzeuginnenraum. Dabei durchströmt die Luft das Heizungsgehäuse und wird durch verschiedene Klappen auf die einzelnen Lufteintrittsdüsen verteilt. Wird die Heizung auf »warm« gestellt, so wird die kühle Luft durch den Wärmetauscher erwärmt. Der Wärmetauscher befindet sich im Heizungsgehäuse und wird durch das heiße Kühlmittel aufgeheizt. Die vorbeistreichende Frischluft erwärmt sich an den heißen Lamellen des Wärmetauschers und gelangt dann in den Fahrzeuginnenraum. Die Heizung wird luftseitig beeinflußt, das heißt, die Temperatur wird durch das Mischungsverhältnis von kalter und warmer Luft mit Hilfe der Temperaturmischklappe gesteuert.

Zur Verstärkung der Heizleistung dient ein vierstufiges Heizgebläse. Damit das Gebläse in den einzelnen Stufen mit unterschiedlicher Geschwindigkeit läuft, werden Widerstände vorgeschaltet. Die Widerstände befinden sich in der Anschlußplatte am Gebläse. Bei einem Defekt ist die komplette Anschlußplatte zu ersetzen.

Sonderausstattung Thermotronic

Als Mehrausstattung kann eine elektronische Heizungssteuerung, die Thermotronic, geordert werden. Hier kann über den mittleren Drehregler die Innenraumtemperatur vorgewählt werden, die dann durch automatische Steuerung der Temperaturregelklappe schnell erreicht und exakt gehalten wird: Zwei Innenraumtemperaturfühler (am Dach zwischen den Sonnenblenden sowie im Fahrerfußraum) sowie ein Außentemperaturfühler melden einem Steuergerät (hinter der Heizungsbetätigung) die Temperaturen. Bei Unterschieden zwischen der gewünschten und der vorhandenen Innenraumtemperatur verstellt das Steuergerät automatisch die Temperaturregelklappe im Heizungsgehäuse über einen Stellmotor.

Sonderausstattung: Klimaanlage

Mit Hilfe der Klimaanlage kann die Innenraumtemperatur auch unter die momentan herrschende Außentemperatur abgesenkt werden. Kühlt die Klimaanlage, wird außerdem die Luftfeuchtigkeit im Fahrzeuginnern vermindert. Durch Drücken der Taste »norm« wird die Anlage in Betrieb gesetzt. Bei Betätigung der Taste »max« sperrt sich automatisch die Frischluftzufuhr ab, und es wird nur noch die im Fahrzeug befindliche Luft umgewälzt. Der Kompressor der Klimaanlage wird vom Motor über einen Keilriemen angetrieben.

Reparaturarbeiten an der Thermotronic und der Klimaanlage sollten von der Fachwerkstatt durchgeführt werden.

Heizgebläse prüfen / aus- und einbauen

Ausbau

- Batterie-Massekabel (–) abklemmen. **Achtung:** Dadurch werden die elektronischen Speicher gelöscht, zum Beispiel der Radiocode. Vor dem Abklemmen sollten auch die Hinweise im Kapitel »Radio« bzw. »Batterie aus- und einbauen« durchgelesen werden.
- Elastische Abdeckung oben im Beifahrer-Fußraum herausziehen.

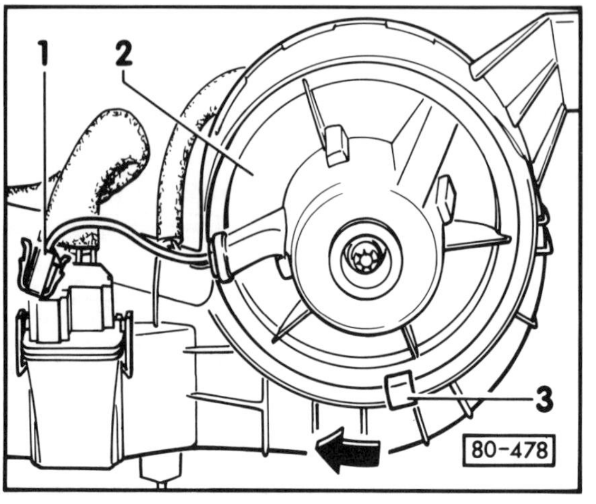

- Steckverbindung –1– vom Vorwiderstand abziehen.
- Haltezunge –3– mit Schraubendreher nach unten drükken. Gebläse im Uhrzeigersinn drehen und nach unten herausnehmen.
- Lüfterrad auf Leichtgängigkeit prüfen.
- Eventuell vorhandene Fremdkörper aus dem Luftführungskanal herausnehmen.

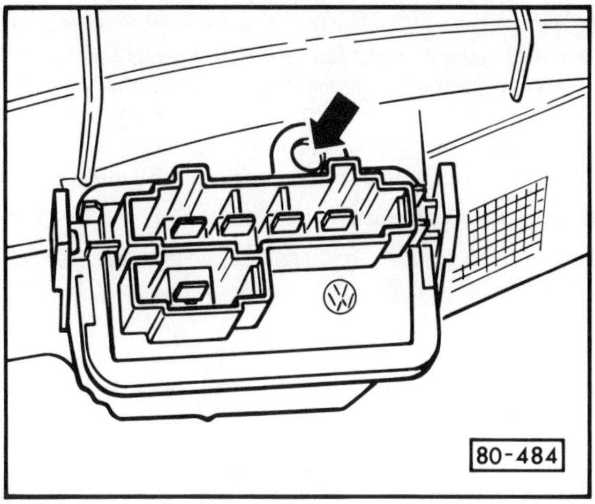

Achtung: Wenn das Heizgebläse nicht auf allen Stufen läuft, ist in der Regel ein Vorwiderstand defekt. In diesem Fall Anschlußplatte komplett ersetzen.

- Dazu seitliche Laschen zusammendrücken und Vorwiderstand herausziehen.

Einbau

- Vorwiderstand ansetzen und einrasten. **Achtung:** Rasten die seitlichen Rasten nicht ein, Vorwiderstand mit einer Blechschraube –Pfeil– anschrauben.
- Gebläse ansetzen, nach links drehen und einrasten.
- Haltezunge eindrücken.
- Abdeckung in den Beifahrerfußraum einsetzen.
- Batterie-Massekabel (–) anklemmen.
- Zeituhr einstellen.
- Diebstahlcode für Radio eingeben, siehe Kapitel »Radio Codierung eingeben«.

Heizungsregulierung aus- und einbauen/zerlegen

Ausbau

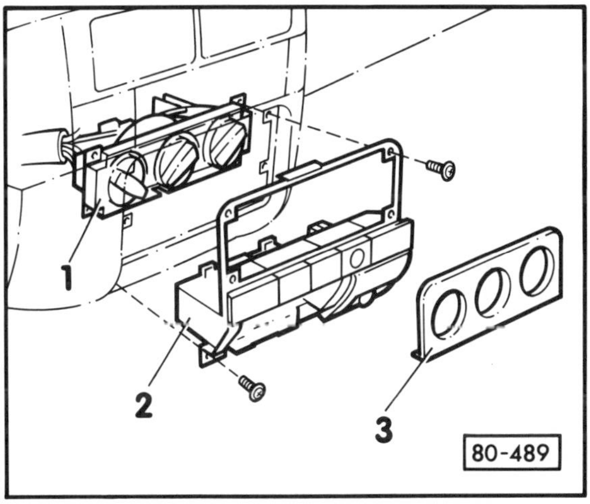

- Heizungsblende –3– mit einem breiten Schraubendreher vorsichtig abhebeln.
- Instrumentenblende –2– abschrauben.
- Regulierung –1– mit angebauten Zügen aus der Schalttafel herausziehen.

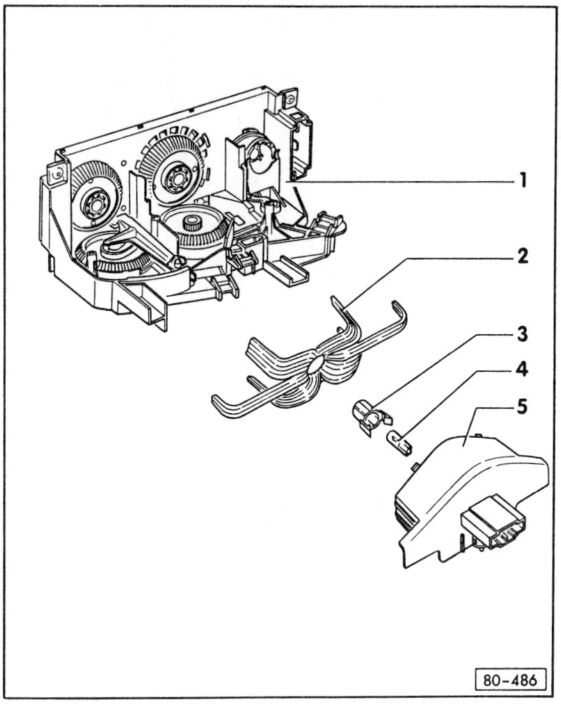

- Zum Auswechseln der Lampe, Kappe –5– abclipsen. Lampe –4– mit Farbfilter –5– herausziehen (–2– = Lichtleiter).
- Heizungszüge ausbauen.

Einbau

- Heizungszüge an ausgebauter Regulierung befestigen.
- Kappe mit eingesetzer Lampe in die Regulierung einrasten.
- Regulierung in die Schalttafel einsetzen und anschrauben.
- Blende aufdrücken.

Heizungszüge aus- und einbauen/ einstellen

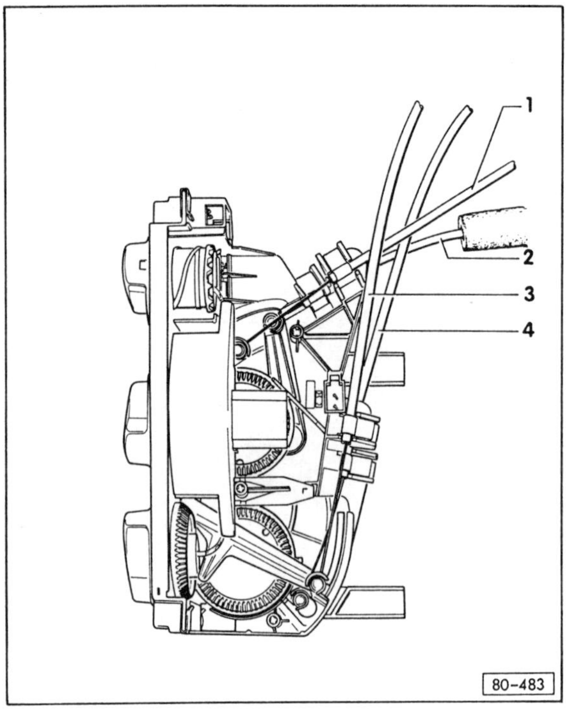

1 – **Zug Hauptabsperrklappe**
Schwarze Hülle, 807 mm lang.

2 – **Zug für Temperatur-Drehknopf zur Temperaturklappe**
Blaue Hülle, 585 mm lang.

3 – **Zug für Luftverteilungs-Drehknopf zur Klappe Fußraum/Defrost**
Schwarze Hülle, 488 mm lang.

4 – **Zug für Luftverteilungs-Drehknopf zur Zentralklappe**
Schwarze Hülle, 639 mm lang.

Ausbau

- Heizungsregulierung ausbauen.
- Untere Abdeckung für Pedale abschrauben und herausziehen.
- Im Beifahrerfußraum die obere, elastische Abdeckung herausziehen.
- Soll der Zug der Temperaturklappe ausgebaut werden, Mittelkonsole mit Fußraumausströmern ausbauen, siehe Seite 156.
- Heizungszüge an den Betätigungshebeln aushängen und herausnehmen. Dazu Federklammern für Zughüllen mit Schraubendreher abhebeln und Züge abnehmen.

Einbau

- Heizungszüge zuerst an der Heizungsregulierung einbauen. Dazu die Züge mit der Seite, die mit einem Farbstrich markiert ist, an der Regulierung einhängen. Zughüllen an die Anschläge auf der Regulierung setzen, dann die Federklammern mit einer Zange aufdrücken und einrasten.
- Regulierung einbauen.
- Züge an den Betätigungshebeln einhängen, Zughülle noch nicht befestigen.

Einstellen

- Gebläse-Drehknopf bis zum Anschlag auf die Stellung »0« drehen.

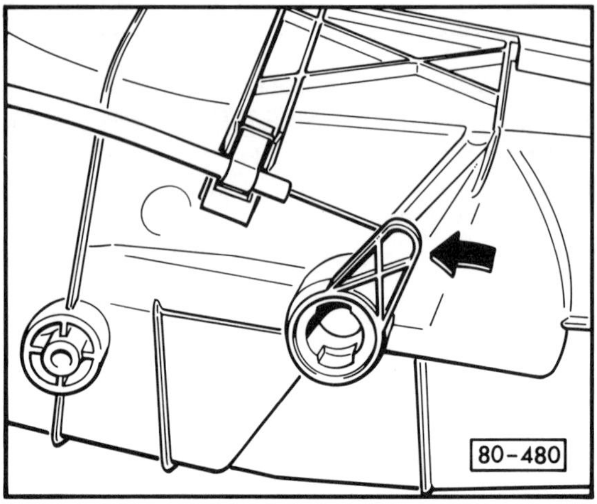

- Hebel für Hauptabsperrklappe bis zum Anschlag drücken, dann Hülle des Zuges in die Federklammer einrasten.
- Temperatur-Drehknopf bis zum Anschlag auf die Stellung »kalt« drehen.

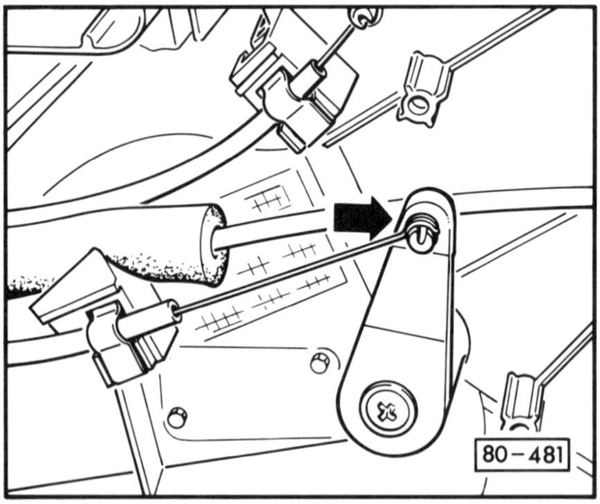

- Hebel für Temperaturklappe bis zum Anschlag drücken und blaue Hülle des Zuges befestigen.
- Luftverteilungs-Drehknopf bis zum Anschlag auf die Stellung »Defrost« drehen.

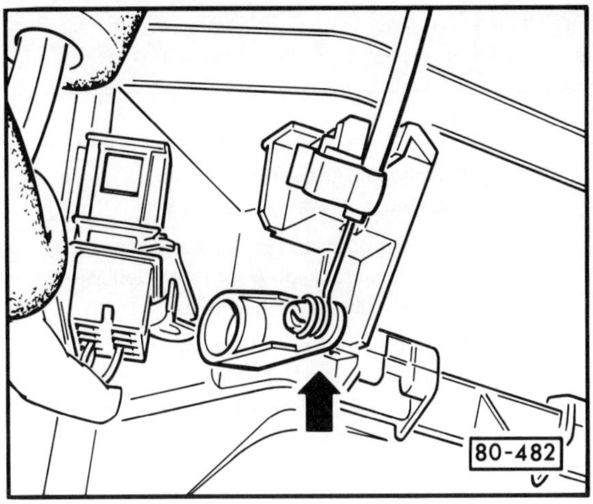

- Hebel der Klappe Fußraum/Defrost bis zum Anschlag drükken und schwarze Hülle des Zuges befestigen.
- Luftverteilungs-Drehknopf bis zum Anschlag auf die Stellung »Schalttafelausströmer« drehen.

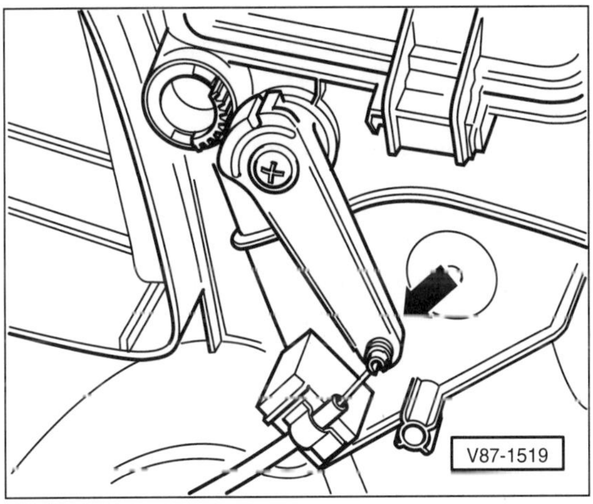

- Hebel für Zentralklappe bis zum Anschlag drücken –Pfeil– und schwarze Hülle des Zuges befestigen.
- **Einstellung prüfen:** Drehknöpfe an der Heizungsregulierung von Anschlag zu Anschlag drehen. Dabei müssen die Klappen hörbar anschlagen.
- Untere Abdeckung und Mittelkonsole einbauen.

Ausströmer aus- und einbauen

Ausbau

- Lichtschalter ausbauen, siehe Seite 249.

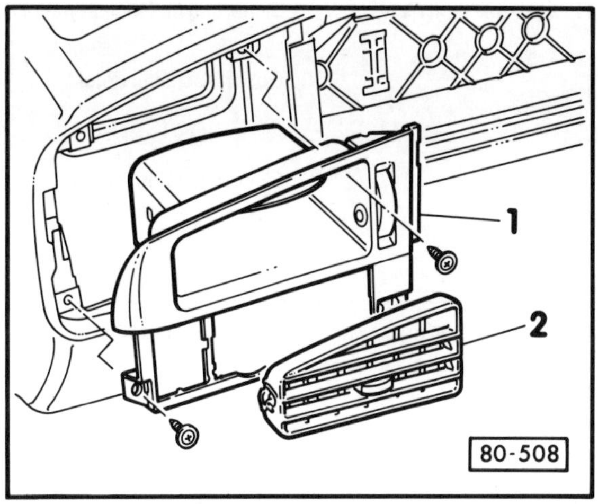

- Dreheinsatz –2– mit einer Spitzzange fassen und vorsichtig herausziehen.
- Gehäuse für Ausströmer –1– abschrauben und herausnehmen.

Einbau

- Gehäuse für Ausströmer einsetzen und anschrauben.
- Dreheinsatz einclipsen.
- Lichtschalter einbauen.

Störungsdiagnose Heizung

Störung	Ursache	Abhilfe
Heizgebläse läuft nicht	Sicherung für Gebläsemotor defekt	■ Sicherung für Gebläse prüfen, gegebenenfalls ersetzen
	Gebläseschalter defekt	■ Prüfen, ob an den Vorwiderständen Spannung anliegt. Wenn nicht, Gebläseschalter ausbauen und prüfen
	Elektromotor defekt	■ Prüfen, ob bei eingeschalteter Zündung und betätigtem Gebläseschalter am Kontakt des Gebläsemotors Spannung anliegt. Wenn ja, Motor auswechseln
Heizgebläse läuft nur in einer Geschwindigkeitsstellung nicht	Vorwiderstand defekt	■ Anschlußplatte ersetzen
Heizung läßt sich durch den Heizungs-Schieberegler nicht ausschalten	Schalter defekt	■ Schalter prüfen
	Seilzüge für Temperatur-Mischklappe beschädigt oder schwergängig	■ Seilzüge ersetzen
Heizleistung zu gering	Kühlmittelstand zu niedrig	■ Kühlmittelstand prüfen, gegebenenfalls Kühlmittel auffüllen
	Heizungsbetätigung schwergängig, defekt	■ Heizungsbetätigung prüfen, gegebenenfalls Bowdenzug ersetzen
Geräusche im Bereich des Heizgebläses	Eingedrungener Schmutz, Laub	■ Gebläse ausbauen, reinigen, Luftkanal säubern
	Lüfterrad hat Unwucht, Lager defekt	■ Gebläsemotor ausbauen und auf leichten Lauf prüfen

Die elektrische Anlage

Bei der Überprüfung der elektrischen Anlage stößt der Heimwerker in den technischen Unterlagen immer wieder auf die Begriffe Spannung, Stromstärke und Widerstand.

Die Spannung wird in Volt (V) gemessen, die Stromstärke in Ampère (A) und der Widerstand in Ohm (Ω). Mit dem Begriff Spannung ist beim Auto in der Regel die Batteriespannung gemeint. Es handelt sich dabei um eine Gleichspannung von ca. 12 Volt. Die Höhe der Batteriespannung hängt vom Ladezustand der Batterie und von der Außentemperatur ab. Sie kann zwischen 10 bis 13 Volt betragen. Demgegenüber wird die Bordspannung vom Generator (Lichtmaschine) erzeugt, die bei mittleren Drehzahlen ca. 14 Volt beträgt.

Der Begriff Stromstärke taucht im Bereich der Automobil-Elektrik relativ selten auf. Die Stromstärke ist beispielsweise auf der Rückseite von Sicherungen angegeben und weist auf den maximalen Strom hin, der fließen kann, ohne daß die Sicherung durchbrennt und damit den Stromkreis unterbricht.

Überall wo ein Strom fließt, muß er einen Widerstand überbrükken. Der Widerstand ist unter anderem von folgenden Faktoren abhängig: Leitungsquerschnitt, Leitungsmaterial, Stromaufnahme usw. Ist der Widerstand zu groß, treten Funktionsstörungen auf. Beispielsweise darf der Widerstand an den Anlasserkabeln und -anschlüssen nicht zu hoch sein, sonst dreht der Anlasser beim Starten nicht mit der erforderlichen Drehzahl und der Motor springt nicht an.

Meßgeräte

Zum Messen der Bord-Elektrik gibt es im Handel sogenannte Mehrfach-Meßgeräte. Sie vereinen in einem Gerät das Voltmeter, um Spannungen zu messen, das Ampèremeter, um die Stromstärke zu messen und das Ohmmeter, um den Widerstand zu messen. Die im Handel befindlichen Meßgeräte unterscheiden sich hauptsächlich im Meßbereich und in der Meßgenauigkeit. Durch den Meßbereich wird festgelegt, in welchem Bereich Spannungen oder Widerstände liegen müssen, damit sie überhaupt vom Gerät erfaßt werden können.

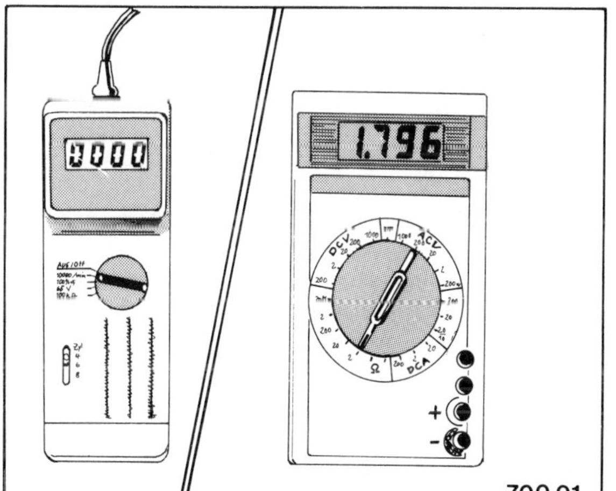

700.01

Für den Heimwerker gibt es Vielfach-Meßgeräte, die speziell für Prüfarbeiten am Auto abgestimmt sind. Mit solch einem Gerät können die Motordrehzahl, Zünd-Schließwinkel und außerdem Spannungen bis zu 20 Volt gemessen werden. Bei Widerstandsmessungen beschränkt sich das Gerät in der Regel auf den Kilo-Ohm-Bereich, also etwa 1 – 1000 kΩ.

Darüber hinaus werden Meßgeräte zur Überprüfung von elektrischen und elektronischen Bauteilen angeboten. Sie erlauben eine umfassende Messung von kleinen Widerständen in Ohm (Ω) bis zu großen Widerständen im Mega-Ohm-Bereich (MΩ). Spannungen (in Volt) können sehr exakt gemessen werden, was vor allem bei elektronischen Bauteilen erforderlich ist.

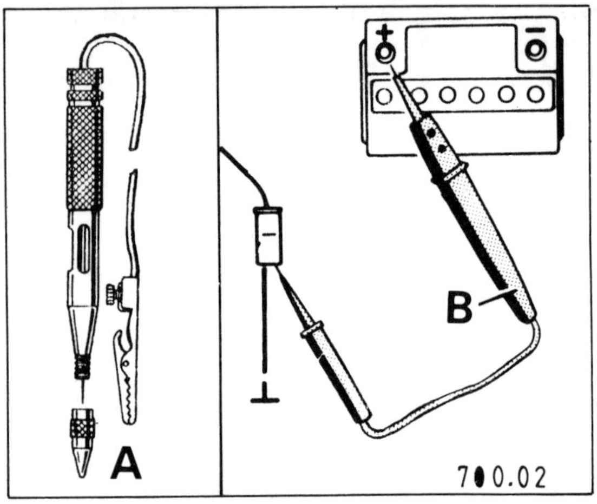

Wenn nur geprüft werden soll, ob überhaupt Spannung (V) anliegt, eignet sich hierzu eine einfache Prüflampe –A–. Dies gilt allerdings nur für Stromkreise, in denen sich keine elektronischen Bauteile befinden. Denn Elektronikteile reagieren äußerst empfindlich auf zu hohe Ströme. Unter Umständen können sie bereits durch das Anschließen einer Prüflampe zerstört werden. **Achtung:** Bei elektronischen Bauteilen (Transistoren, Dioden, Kondensatoren und vor allem bei ganzen Steuergeräten) ist ein hochohmiger Spannungsprüfer –B– erforderlich. Er arbeitet wie eine Prüflampe, jedoch ohne daß elektronische Bauteile geschädigt werden, und eignet sich für sämtliche Prüfarbeiten.

Meßtechnik

Spannung messen

Spannung kann schon mit einer einfachen Prüflampe oder einem Spannungsprüfer nachgewiesen werden. Allerdings erkennt man dann nur, ob überhaupt Spannung anliegt. Um die Höhe der anliegenden Spannung zu prüfen, muß ein Voltmeter (Spannungs-Meßgerät) angeschlossen werden.

Zunächst ist beim Voltmeter der Meßbereich einzustellen, in dem sich die zu messende Spannung voraussichtlich befindet. Spannungen am Fahrzeug sind in der Regel nicht höher als ca. 14 Volt. Eine Ausnahme bildet die Zündanlage beim Benzinmotor; hier kann die Zündspannung bis zu 30000 Volt betragen. Diese hohe Spannung ist nur mit einem speziellen Meßgerät oder einem Oszilloskop meßbar.

Während man bei Meßgeräten, die speziell auf das Auto abgestimmt sind, am Wählschalter nur das Voltmeter einschalten muß, sind bei einem allgemeinen Vielfachmeßgerät erst eine Reihe von Entscheidungen zu fällen. Zunächst wird mit dem Wählschalter der Bereich Gleichspannung (DCV im Gegensatz zu ACV=Wechselspannung) eingestellt. Dann wird der Meßbereich gewählt. Da beim Auto außer an der Zündanlage keine höheren Spannungen als ca. 14 Volt auftreten, sollte die Obergrenze des einzustellenden Meßbereiches etwas höher liegen (ca. 15 bis 20 Volt). Falls sicher ist, daß die gemessene Spannung wesentlich niedriger ist, zum Beispiel im Bereich von 2 Volt, kann der Meßbereich heruntergeschaltet werden, um eine größere Anzeigegenauigkeit zu erreichen. Liegen höhere Spannungen an, als sie vom Meßbereich des Gerätes erfaßt werden, kann das Meßgerät zerstört werden.

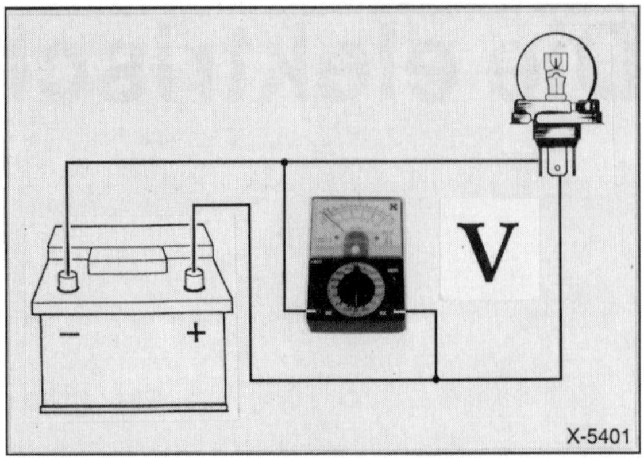

Die Kabel des Meßgerätes entsprechend der Zeichnung parallel zum Verbraucher anschließen. Dabei wird das rote Meßkabel an die vom Batterie-Pluspol kommende Leitung angelegt, das schwarze Meßkabel an die Masse-Leitung oder an Fahrzeugmasse, wie zum Beispiel den Motorblock.

Prüfbeispiel: Wenn der Motor nicht richtig anspringt, weil der Anlasser zu langsam dreht, ist es zweckmäßig, die Batteriespannung zu prüfen, während der Anlasser betätigt wird. Dazu das Voltmeter mit dem roten Kabel (+) an den Batterie-Pluspol und mit dem schwarzen Kabel an Fahrzeugmasse (–) anklemmen. Anschließend durch einen Helfer den Anlasser betätigen lassen und den Spannungswert ablesen. Liegt die Spannung unter ca. 10 Volt (bei einer Batterie-Temperatur von +20°C), muß die Batterie überprüft und eventuell vor den nächsten Startversuchen geladen werden.

Stromstärke messen

Am Auto ist es relativ selten erforderlich, die Stromstärke zu messen. Beispiel, siehe Kapitel »Batterie entlädt sich selbständig«. Benötigt wird hierzu ein Ampèremeter, welches ebenfalls in einem Vielfachmeßgerät integriert ist.

Vor der Strommessung wird das Meßgerät auf den Meßbereich eingestellt, in dem sich die zu messende Stromstärke voraussichtlich befindet. Falls das nicht bekannt ist, höchsten Meßbereich einstellen und, falls keine Anzeige erfolgt, nacheinander in die nächstniedrigeren Meßbereiche schalten.

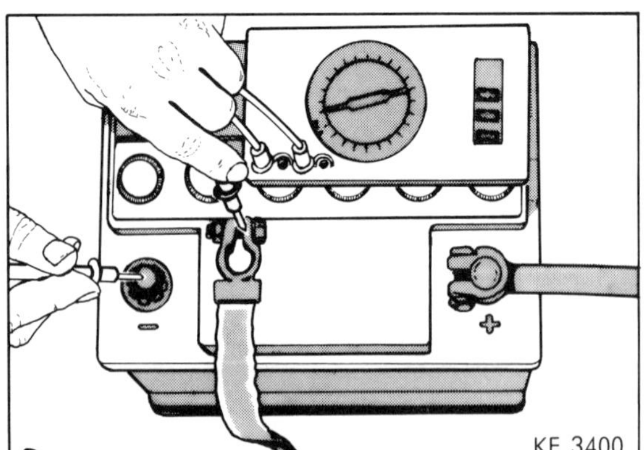

Für die Messung der Stromstärke muß der Stromkreis aufgetrennt werden, das Meßgerät (Ampèremeter) wird dazwischengeschaltet. Dazu wird beispielsweise der Stecker abgezogen und das rote Kabel (+) des Ampèremeters an die stromführende Leitung angeschlossen. Das schwarze Kabel (−) wird an den Kontakt angelegt, an dem normalerweise die unterbrochene Leitung angeschlossen ist. Die Massekontakte zwischen Verbraucher und Stecker müssen dann mit einem Hilfskabel verbunden werden.

Achtung: Keinesfalls sollte mit einem normalen Ampèremeter die Stromstärke in der Leitung zum Anlasser (ca. 150 A) oder zu den Glühkerzen beim Dieselmotor (bis 60 A) gemessen werden. Durch die hierbei auftretenden hohen Ströme kann das Meßgerät zerstört werden. Die Werkstatt benutzt für diese Messungen ein Ampèremeter mit Gleichstromzange. Dabei wird eine Stromzange über das isolierte Stromkabel geklemmt und der Stromwert durch Induktion gemessen.

Widerstand messen

Vor der Prüfung des Widerstandes ist grundsätzlich sicherzustellen, daß am Bauteil, an welches das Ohmmeter angeschlossen wird, keine Spannung anliegt. Also immer vorher Stecker abziehen, Zündung ausschalten, Leitung beziehungsweise Aggregat ausbauen oder Batterie abklemmen. Andernfalls kann das Meßgerät beschädigt werden.

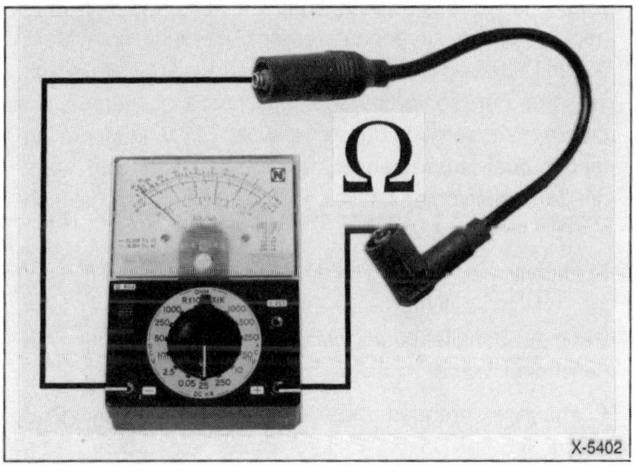

X-5402

Das Ohmmeter wird an die 2 Anschlüsse eines Verbrauchers oder an die 2 Enden einer elektrischen Leitung angeschlossen. Dabei spielt es keine Rolle, welches Kabel (+/−) des Meßgerätes an welchen Kontakt angeklemmt wird.

Die Widerstandsmessung am Auto erstreckt sich weitgehend auf 2 Bereiche:

1. Kontrolle eines in den Stromkreis integrierten Widerstandes oder Bauteils.

2. »Durchgangsprüfung« einer elektrischen Leitung, eines Schalters oder einer Heizwendel. Dabei wird geprüft, ob eine elektrische Leitung im Fahrzeug unterbrochen ist und deshalb das angeschlossene elektrische Gerät nicht funktionieren kann. Zur Messung wird das Ohmmeter an die beiden Enden der betreffenden elektrischen Leitung angeschlossen. Beträgt der Widerstand 0 Ω, dann ist „Durchgang" vorhanden. Das heißt, die elektrische Leitung ist in Ordnung. Bei unterbrochener Leitung zeigt das Meßgerät ∞ (unendlich) Ω an.

Elektrisches Zubehör nachträglich einbauen

Beim Bohren von Karosserie-Löchern müssen die Lochränder anschließend entgratet, grundiert und lackiert werden. Die beim Bohren zwangsläufig anfallenden Späne sind restlos aus der Karosserie zu entfernen.

Bei allen Einbauarbeiten, die das elektrische Leitungssystem berühren, ist, um der Gefahr von Kurzschlüssen im elektrischen Leitungssystem vorzubeugen, grundsätzlich das Massekabel (−) von der Fahrzeugbatterie abzuklemmen und zur Seite zu hängen.

Achtung: Wird die Batterie abgeklemmt, werden unter Umständen der Fehlerspeicher für Motor- und Getriebesteuerung, Antiblockiersystem sowie andere elektrische Geräte wie zum Beispiel das Radio und die Zeituhr stillgelegt beziehungsweise Speicherwerte gelöscht. Spezielle Hinweise zu diesem Thema stehen im Kapitel »Batterie-Ausbau«.

Kabel, die beim Einbau von Zubehör zusätzlich zu dem serienmäßig eingebauten Kabelsatz im Fahrzeug verlegt werden müssen, sind nach Möglichkeit immer entlang der einzelnen Kabelstränge unter Verwendung der vorhandenen Kabelschellen und Gummitüllen zu verlegen.

Falls erforderlich, sind die neu verlegten Kabel, um Geräuschen während der Fahrt vorzubeugen und das Scheuern von Kabeln zu vermeiden, mit Isolierband, plastischer Masse, Kabelbändern und dergleichen zusätzlich festzulegen. Hierbei ist besonders darauf zu achten, daß zwischen den Bremsleitungen und den festverlegten Kabeln ein Mindestabstand von 10 mm sowie zwischen den Bremsleitungen und den Kabeln, die mit dem Motor oder anderen Teilen des Fahrzeuges schwingen, ein Mindestabstand von 25 mm vorliegt.

Sofern zusätzliche elektrische Verbraucher eingebaut werden, ist in jedem Fall zu überprüfen, ob die erhöhte Belastung noch von dem vorhandenen Drehstromgenerator mit übernommen werden kann. Falls erforderlich, sollte ein Generator mit größerer Leistung vorgesehen werden.

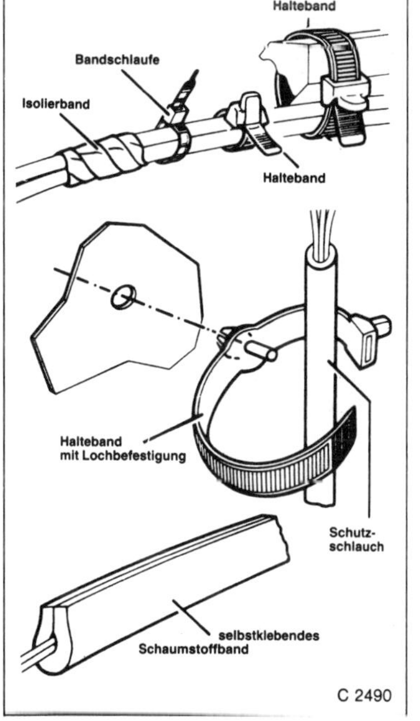

C 2490

Fehlersuche in der elektrischen Anlage

Beim Aufspüren eines Defekts in der elektrischen Anlage ist es wichtig, systematisch vorzugehen. Dies gilt sowohl beim Überprüfen von ausgefallenen Glühlampen wie auch bei nicht laufenden Elektromotoren.

Der **erste Schritt** ist immer die Überprüfung der Sicherung, sofern das elektrische Bauteil abgesichert ist. Die aktuelle Sicherungsbelegung ergibt sich aus dem Aufdruck auf dem Sicherungskastendeckel.
Defekte Sicherung gegebenenfalls auswechseln und nach Einschalten des elektrischen Verbrauchers kontrollieren, ob diese nicht unmittelbar wieder durchbrennt. In diesem Fall muß zuerst der Fehler aufgespürt und behoben werden, in der Regel handelt es sich um einen Kurzschluß. Das bedeutet, an irgend einer Stelle, mitunter auch intern im elektrischen Gerät, sind Masse- und Plusanschluß miteinander verbunden.
Zweiter Prüfschritt: Wenn bei intakter Sicherung die Glühlampe nicht leuchtet beziehungsweise der Elektromotor nicht anläuft, ist die Stromversorgung zu überprüfen.

Glühlampe prüfen

- Lampe ausbauen und sichtprüfen. Ist der Glühfaden durchgebrannt oder sitzt der Glaskolben locker im Sockel, Lampe erneuern.
- Um einwandfrei festzustellen, ob die Glühlampe intakt ist, geht man folgendermaßen vor: Eine Plusleitung (+) und eine Masseleitung (−) direkt an die Pole der Batterie anschließen und mit der Lampe verbinden. Dabei ist es unwichtig, wie die Kabel an die Lampe angeschlossen werden. Ein Kabel an den Stromanschluß, das andere an das Glühlampengehäuse. Wenn jetzt die Lampe nicht leuchtet, Lampe erneuern. Hinweis: Es muß sichergestellt sein, daß die Kontakte an der Lampe und in der Lampenfassung nicht korrodiert sind. Gegebenenfalls korrodierte oder verbogene Anschlüsse abschmirgeln und einwandfreien Kontakt herstellen.
- Ist die Lampe intakt, Lampe einsetzen und einschalten. Leuchtet die Lampe nicht, mit Prüflampe Stromzuführung überprüfen. Dazu Prüflampe an Masse anlegen. Das bedeutet: Das eine Kabel der Prüflampe muß an eine gute Massestelle am Motor (blankes Metall) oder direkt am Batterie-Minuspol angeschlossen werden. Die andere Prüflampen-Prüfspitze (+) entweder an den stromführenden Stecker halten oder mit der Prüfspitze in das stromführende Kabel einstechen. Wenn die Prüflampe jetzt aufleuchtet und die Lampe dennoch nicht brennt, ist die Massezuführung zur Lampe unterbrochen. Um dies zu überprüfen, Massehilfsleitung an die Lampenfassung anlegen. Die Lampe muß jetzt leuchten.
  Hinweis: Es gibt Lampen, die nur eine spannungsführende Zuleitung haben, zum Beispiel Standlicht, Fahrzeuginnenbeleuchtung. Diese Lampen sind über ihr Gehäuse direkt mit der Fahrzeugmasse verbunden.
- Wenn das stromführende Kabel zur Lampe keine Spannung aufweist, die Prüflampe also nicht aufleuchtet, ist sehr wahrscheinlich der Schalter defekt. Schalter auf Durchgang prüfen.

Elektromotoren prüfen

Im Auto werden immer mehr Komfortfunktionen von kleinen Elektromotoren übernommen. Dazu gehören bespielsweise der Fensterheber, das Schiebedach, die elektrische Zentralverriegelung oder die elektrische Antenne.

Jeder Motor wird bei Bedarf über einen Schalter zugeschaltet, meist von Hand. Bei der elektrischen Antenne wird der Schalter automatisch vom Radio angesteuert.

- Sicherung des betreffenden Elektromotors prüfen, gegebenenfalls ersetzen.

Hinweis: Elektromotoren vom elektrischen Fensterheber und dem Schiebedach besitzen Sicherungsautomaten, die sich bei einer Überlastung ausschalten und nach einiger Zeit wieder zuschalten. Vor einer erneuten Betätigung sollte die Überlastungsursache beseitigt werden. Das können vereiste Scheiben oder verschmutzte Fenster-Führungsschienen sein.

- Brennt die Sicherung gleich wieder durch, liegt ein Kurzschluß vor.
- Um eindeutig zu klären, ob der Defekt im Motor liegt, 2 Hilfskabel (∅ ca. 2 mm) direkt von der Fahrzeugbatterie an den Motor anlegen. Pluskabel an den Pluspol, Massekabel an Massepol des Motors. Die Pol-Belegung ergibt sich im Zweifelsfall aus dem Stromlaufplan. Dazu muß der Motor gegebenenfalls ausgebaut werden. Alle elektrischen Motoren im Fahrzeug werden mit Bordspannung (12 bis 14 Volt) versorgt. Funktioniert der Motor jetzt ordnungsgemäß, war die Stromversorgung defekt. Hinweis: Ein zu langsam laufender oder aussetzender Elektromotor kann auf abgenützte Schleifkohlen hinweisen. In diesem Fall Schleifkohlen (Bürsten) ersetzen.
- Funktioniert der Motor, anhand des Stromlaufplans feststellen, welche Zuleitung am Elektromotor Spannung führt, wenn der Schalter betätigt wird und zuvor die Zündung eingeschaltet wurde.
- Spannungsführendes Kabel am Elektromotor mit Prüflampe prüfen. Da bei Elektromotoren ein großer Strom fließt, kann eine herkömmliche Prüflampe mit Glühlampe genommen werden. Diese haben spitze Prüfnadeln, mit denen das Anschlußkabel durchstochen werden kann. So läßt sich auf einfache Weise die Spannnung prüfen. Die Anschlußklemmen der Elektromotoren sind mit kleinen Zahlen gekennzeichnet, die normiert sind:
  – Klemme 32 ist der Masseanschluß
  – Klemme 33 der Plus (+)-Anschluß.
  Motoren, die links/rechtsherum drehen, zum Beispiel Fensterhebermotoren, haben zwei Plus-Anschlüsse. Hier ist
  – Klemme 33L der Anschluß der Drehrichtung linksherum,
  – Klemme 33R für rechtsherum.

Achtung: Der Scheibenwischermotor hat besondere Klemmenbezeichnungen, siehe entsprechendes Kapitel.

- Liegt keine Spannung am Elektromotor an, ist die Stromversorgung defekt. Fehler in der Zuleitung nach Stromlaufplan suchen und beheben. Elektromotoren haben in der Regel aufgrund des hohen Strombedarfs zusätzliche Schaltrelais. Prüfung, siehe entsprechendes Kapitel.
- Wurde kein Fehler gefunden, Schalter prüfen.
- Ist ein Kabel defekt, ist es oft sinnvoller, man legt ein neues Kabel, da es schwierig ist, einen Defekt im Kabel zu lokalisieren.

Schalter auf Durchgang prüfen

Die meisten elektrischen Verbraucher werden über einen von Hand betätigten Schalter ein- und ausgeschaltet. Darüber hinaus gibt es auch Schalter, die automatisch betätigt werden. Zu diesen Schaltern zählen zum Beispiel der Öldruckschalter und die Geber für Kühlmittelstand oder Bremsflüssigkeitsstand.

Grundsätzlich hat ein Schalter die Aufgabe, den Stromkreis zu schließen und zu unterbrechen. Es gibt Schalter, die die Masseleitung unterbrechen, und Schalter, die den Plusstrom unterbrechen.

Schalter für Lampen und Elektromotoren prüfen

- Betreffenden Schalter ausbauen.
- Einfache Schalter haben nur 2 Anschlüsse für die Kabel. In diesem Fall muß an einem Anschluß immer Spannung (+) anliegen und nach dem Einschalten an der anderen Klemme auch. Es gibt auch Schalter mit mehreren Klemmen. Bei diesen Schaltern anhand des Stromlaufplans klären, an welcher Klemme Spannung anliegen muß, gegebenenfalls vorher Zündung einschalten.
- Mit Prüflampe prüfen, ob am Schalter Spannung anliegt. Leuchtet die Prüflampe auf, Schalter betätigen und an der Ausgangsklemme prüfen, ob dort auch Spannung anliegt. Ist das der Fall, ist sichergestellt, daß der Schalter funktioniert.
- Wenn an der Eingangsklemme keine Spannung anliegt, liegt eine Unterbrechung in der Leitungs-Zuführung vor. Anhand des Stromlaufplans muß die Spannungszuführung kontrolliert und gegebenenfalls eine neue Leitung gelegt werden.

Geberschalter prüfen

Geberschalter sind bespielsweise: Öldruckschalter, Geber für Bremsflüssigkeits- und Kühlmittelstand.

- Durchgangsprüfer (Prüflampe oder Ohmmeter) an der Zu- und Ableitung des Schalters anschließen, dazu Kabel am Schalter abziehen. **Achtung:** Schalter, die im Motorblock eingeschraubt sind, haben in der Regel kein Massekabel, da das Schaltergehäuse über den Motorblock als Massepol dient.
- Bei geschlossenem Schalter muß der Durchgangsprüfer Durchgang anzeigen. Am besten ist ein Ohmmeter als Durchgangsprüfer: Bei geschlossenem Schalter muß es 0Ω, bei geöffnetem Schalter $\infty\Omega$ (unendlich) anzeigen.
- Die Funktionsfähigkeit etwa der Kühlmittel- oder Bremsflüssigkeitsstand-Warnschalter läßt sich am schnellsten prüfen, indem bei eingeschalteter Zündung die Zuleitung am Schalter abgezogen wird und an eine gute Massestelle, zum Beispiel gegen den Motorblock, gehalten wird. Spricht die Warnlampe im Schalttafeleinsatz jetzt an, liegt der Fehler am Schalter.
  Ein Sonderfall ist der Öldruckschalter: Bei stehendem Motor ist der Kontakt geschlossen (Warnlampe brennt), erst bei einem gewissen Öldruck öffnet der Schalter.

Relais prüfen

In vielen Stromkreisen ist ein Relais integriert. Ein Schaltrelais arbeitet wie ein Schalter. Beispiel: Wenn das Fernlicht über den Handschalter eingeschaltet wird, bekommt das Relais den Befehl, den Strom zum Fernlicht durchzuschalten. Man könnte natürlich den Strom auch direkt über den Lichtschalter von der Batterie zum Fernlicht legen. Bei allen Verbrauchern mit hoher Stromaufnahme (Fernscheinwerfer, Scheibenwischer, Nebelscheinwerfer) schaltet man jedoch ein Relais dazwischen, um den Schalter nicht zu überlasten beziehungsweise um kurze Stromwege sicherzustellen. Neben diesen Schaltrelais gibt es auch Funktionsrelais, zum Beispiel für die Wisch-Wasch-Anlage oder das Zeitrelais für die Innenbeleuchtung.

Schaltrelais prüfen

Die Anschlußfahnen der Zubehör-Relais sind normiert. Beim Einschalten des betreffenden Verbrauchers wird das Relais angesteuert, das heißt durch den an Klemme 86 ankommenden Schaltstrom wird der Schaltstromkreis zu Klemme 85 geschlossen. Eine Magnetspule im Relaisinnern zieht einen Kontakt an und schließt so den Stromkreis für den »Arbeitsstrom«. Der Arbeitsstrom läuft von Klemme 30 über das Relais und Klemme 87 zum Stromverbraucher weiter.

Am einfachsten läßt sich die Funktionsfähigkeit eines Relais prüfen, wenn man es gegen ein intaktes auswechselt. So macht man es auch in der Werkstatt. Da dem Heimwerker jedoch in den seltensten Fällen ein neues Relais sofort zur Verfügung steht, empfiehlt sich folgender Arbeitsschritt bei den sogenannten Schaltrelais, wie sie unter anderem zum Schalten von Nebel- und Hauptscheinwerfern verwendet werden. Die hier angegebenen Klemmenbezeichnungen können vor allem bei den serienmäßig eingebauten Relais auch anders lauten.

- Relais aus der Halterung herausziehen.
- Zündung und entsprechenden Schalter einschalten.
- Zuerst mit Spannungsprüfer feststellen, ob an Klemme 30 (+) im Relaishalter Spannung anliegt. Dazu Spannungsprüfer an Masse (−) anschließen und die andere Kontaktspitze vorsichtig in Klemme 30 einführen. Wenn die Leuchtdiode des Spannungsprüfers aufleuchtet, ist Spannung vorhanden. Zeigt der Spannungsprüfer keine Spannung an, Unterbrechung vom Batterie-Pluspol (+) zu Klemme 30 anhand des Schaltplanes aufspüren.
- Leitungsbrücke aus einem Stück isoliertem Draht herstellen, die Enden müssen blank sein.
- Mit dieser Brücke im Relaishalter die Klemme 30 (Batterie +, führt immer Spannung) mit dem Ausgang des Relais-Schließers Klemme 87 verbinden. Mit diesem Arbeitsschritt wird praktisch genau das getan, was ein intaktes Relais auch vornimmt. Wo sich die Klemmen im Relaishalter befinden, ist auf dem Relais beziehungsweise am Steckkontakt aufgeführt.
- Wenn bei eingesetzter Brücke zum Beispiel das Fernlicht aufleuchtet, kann man davon ausgehen, daß das Relais defekt ist.

- Wenn das Fernlicht nicht aufleuchtet, klären, ob die Masseverbindung zum Scheinwerfer intakt ist. Dann Unterbrechung in der Leitungsführung von Klemme 87 zum Hauptscheinwerfer anhand des Schaltplanes aufspüren und beheben.
- Falls erforderlich, neues Relais einsetzen.

Scheibenwischermotor prüfen

Der Scheibenwischermotor sitzt im Wasserkasten unterhalb der Windschutzscheibe, beim Heckwischer in der Heckklappe. Zum Prüfen muß die jeweilige Abdeckung demontiert werden. Im nachfolgenden wird vor allem auf den Frontscheibenwischer eingegangen, beim Heckwischer dementsprechend verfahren.

Klemmenbezeichnungen

Die Klemmen am Motor sind genormt:
– Klemme 31 ist der Masseanschluß (allgemein in der Fahrzeugelektrik).
– Klemme 53 erhält Spannung für die erste Wischergeschwindigkeit.
– Klemme 53 a liefert Plusstrom (+) für die Wischer-Endabstellung: Der Motor erhält über einen Schleifkontakt so lange Spannung, bis die Wischer in Ruhestellung gelaufen sind, wenn der Fahrer den Scheibenwischer ausschaltet.
– Klemme 53 b führt die Spannung für die zweite Wischergeschwindigkeit (Nebenschlußwicklung).
– Über Klemme 53 e wird der Wischermotor beim Zurücklaufen nach dem Abschalten abgebremst, damit die Wischer nicht über ihre Parkstellung hinauslaufen.
– Nicht überall vorhanden: Klemme 53 c führt zur elektrischen Scheibenwaschpumpe, Klemme 53 i ist bei Wischermotoren mit Permanentmagnet und dritter Bürste (für höhere Wischergeschwindigkeit) vorhanden.

Wischermotor prüfen

Zunächst klären, ob der Wischermotor oder die Stromversorgung defekt ist. Dazu folgendermaßen vorgehen:

- Mehrfachstecker am Wischermotor abziehen.
- Mit 2 Hilfskabeln Spannung (+) und Masse (–) von der Fahrzeugbatterie an den Wischermotor anlegen:
  – Ein Kabel vom Batterie-Pluspol zu Klemme 53 oder 53 b verlegen.
  – Das zweite vom Batterie-Minuspol zu Motor-Klemme 31 führen.
- Der Scheibenwischermotor muß jetzt je nach benutzer Klemme auf Stufe I oder II laufen. Wenn nicht, ist der Motor oder die entsprechende Stufe defekt. Wischermotor ausbauen, siehe Seite 260.

Blinkanlage prüfen

Die Takte für die Blink- und Warnblinkanlage werden von einem Relais erzeugt, dem sogenannten Blinkgeber. Die Warnblinkanlage ist ohne Sicherung an das Relais angeschlossen. Die Richtungs-Blinkanlage wird über eine Sicherung im Sicherungskasten abgesichert.

- Ist der Blinker-Rhythmus auf einer Seite schneller als auf der anderen Seite, ist auf der »schnellen« Seite eine Glühlampe defekt oder eine Leitungsunterbrechung vorhanden.
- Bei allen anderen Störungen ist meist das Blinkrelais die Ursache. Klemmenbelegung am Blinkgeber, die Anschlußfahnen sind markiert:
  – Klemme 31 ist Masse (minus, allgemein in der Fahrzeugelektrik)
  – Klemme 49 ist Relaiseingang (plus liegt ständig an), Klemme 49 a der Relaisausgang
- Steht kein neues Relais zur Verfügung, dünnen Draht vorsichtig zwischen Klemme 49 und 49a im Relaisstecker einstecken. **Achtung:** Dabei dürfen die empfindlichen Relaiskontakte nicht beschädigt werden. Drahtenden vor dem Einstecken umbiegen, damit keine scharfen Kanten vorhanden sind. Defektes Blinkrelais wieder aufsetzen. Die Anschlußfahnen sind so lang, daß das Relais trotz Überbrückung wieder aufgesteckt werden kann.
- Zündung einschalten. Wird der Blinkhebel jetzt betätigt, leuchtet die betreffende Blinkerseite dauernd auf. Durch Ein- und Ausschalten mit dem Blinkerhebel kann ein Blinkrhythmus erzeugt werden. Dennoch: Umgehend neues Blinkrelais einbauen.
- Leuchtet das Blinklicht trotz Überbrückung der Relaiskontakte nicht, liegt ein Defekt im Blinkerschalter oder in der elektrischen Zuleitung vor.

Bremslicht prüfen

- Wenn das Bremslicht nicht aufleuchtet, zuerst Sicherung im Sicherungkasten überprüfen.
- War die Sicherung in Ordnung, anschließend Brems-Glühlampen überprüfen, gegebenenfalls erneuern.

Sind die Brems-Glühlampen in Ordnung, anschließend Bremslichtschalter prüfen. Der Bremslichtschalter sitzt am Pedalbock des Bremspedals. Beim Niedertreten des Bremspedals wandert ein Druckstift aus dem Schalter heraus. Der Schalterkontakt schließt, und die Bremslichter leuchten auf.

- Bremslichtschalter überprüfen. Dazu 2 Kabelstecker vom Bremslichtschalter abziehen.
- Zündung einschalten.
- Beide Kabelstecker des Bremslichtschalters mit einer kurzen Hilfsleitung überbrücken. Wenn die Bremslichter jetzt aufleuchten, ist der Bremslichtschalter defekt.
- **Direkteinspritzer:** Ohmmeter an Bremslichtschalter anschließen und Widerstand messen.
  Sollwert:
  Bremse nicht getreten: kleiner 10 Ω.
  Bremse getreten: ∞ Ω.
- Bremslichtschalter ersetzen.

Heizbare Heckscheibe prüfen

Bei eingeschalteter Heckscheibenheizung muß das Feld mit den sichtbaren Leiterbahnen nach einiger Zeit frei von Beschlag oder Eis sein.

- Bei Störungen zuerst Sicherung im Sicherungkasten überprüfen.
- Ist die Sicherung in Ordnung, anschließend festen Sitz der Kabelstecker links und rechts an der Heckscheibe überprüfen, gegebenenfalls von Korrosion reinigen.
- Funktioniert die Heckscheibenheizung immer noch nicht, Zuleitungen und Schalter prüfen, siehe Seite 217.
- Funktion des Schaltrelais prüfen, siehe Seite 217.
- Sind Heizfäden unterbrochen, hilft handelsüblicher Leitsilberlack zur Wiederherstellung der Verbindung (zum Beispiel von Fa. DODUCO, Postfach 480, 75181 Pforzheim).

Hupe prüfen

Je nach Ausstattung besitzt der GOLF/VENTO eine Hupe oder Zweiklanghörner, deren Platz im Motorraum hinter dem Stoßfänger ist. Beim Betätigen der Hupe wird ein Stromkreis geschlossen. Bei den Zweiklanghörnern (Mehrausstattung) ist zur Schonung der Hupkontakte ein Relais zwischengeschaltet. Bei beiden Versionen liegt ständig Spannung an Klemme 15 der Hupe an; der Hupknopf schließt den Stromkreis zur Fahrzeugmasse.

Prüfen

V-5401

- Anschlußstecker abziehen, dabei seitliche Drahtbügel zusammendrücken. Haltemutter lösen und Hupe herausnehmen.
- Hupe mit Hilfsleitungen direkt an die Fahrzeugbatterie anschließen, dabei Klemme 15 mit Batterie-Plus (+) verbinden. Die Hupe muß ertönen.
- Es kann versucht werden, eine verstimmte oder ganz defekte Hupe durch Verdrehen der Einstellschraube (Torxschraubendreher, Größe T 20) an der Rückseite wieder in Gang zu setzen, siehe –Pfeil– in der Abbildung. Zuvor Dichtmasse am Schraubenkopf abkratzen. Nach dem Einstellen Schraube wieder mit Karosserie-Dichtmasse gegen Feuchtigkeit schützen.

Sicherungen auswechseln

Um Kurzschluß- und Überlastungsschäden an den Leitungen und Verbrauchern der elektrischen Anlage zu verhindern, sind die einzelnen Stromkreise durch Schmelzsicherungen geschützt. Es werden Sicherungen verwendet, die neuesten technischen Erkenntnissen entsprechen. Sie sind mit Messerkontakten ausgestattet, so daß herkömmliche Sicherungen nicht mehr verwendet werden können.

Die Zentralelektrik mit den Relais und Sicherungen sind in einem Sicherungskasten untergebracht, der sich unter einer Abdeckung links an der Schalttafel befindet.

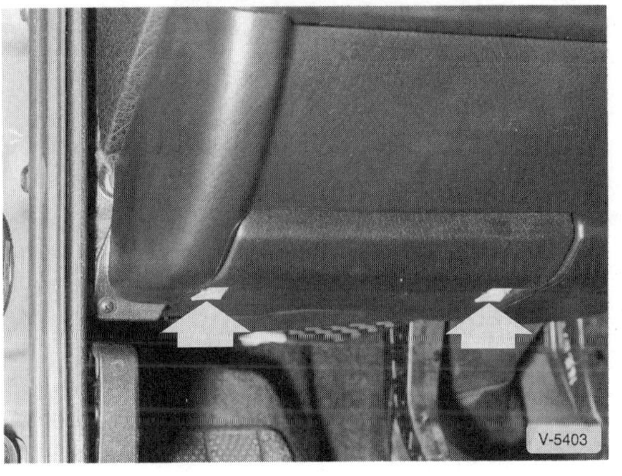

V-5403

- Abdeckung abnehmen. Dazu beide Tasten kräftig hineindrücken, Abdeckung am Griff (zwischen den Tasten) nach unten ziehen und abnehmen.
- Vor dem Auswechseln einer Sicherung immer zuerst den betroffenen Verbraucher ausschalten.
- Eine durchgebrannte Sicherung erkennt man am durchgeschmolzenen Metallstreifen. Eine Übersicht der aktuellen Sicherungsbelegung befindet sich auf der Innenseite der Sicherungskasten-Abdeckung sowie in der Betriebsanleitung des Fahrzeugs.

Hinweis: Die elektrischen Fensterheber (wo vorhanden) sind gemeinsam über einen Sicherungsautomaten abgesichert, der sich bei Überlastung, zum Beispiel bei festgefrorenen Scheiben, selbsttätig aus- und nach einigen Sekunden wieder einschaltet. Er sitzt in einem separaten Halter oben im Sicherungskasten. Dort sitzen auch die Sicherungen der Zusatzausstattungen ABS, Klimaanlage und Anhängevorrichtung-Dauer I.

Achtung: Die Sicherung der Dieselmotor-Vorglühanlage (Streifensicherung) sitzt im Motorraum oberhalb des Bremskraftverstärkers. Diese Sicherung sollte möglichst von einer VW-Werkstatt erneuert werden.

- Defekte Sicherung herausziehen.
- Neue Sicherung **gleicher Sicherungsstärke** einsetzen.
- Brennt eine neu eingesetzte Sicherung nach kurzer Zeit wieder durch, muß der entsprechende Stromkreis überprüft werden.
- Auf keinen Fall Sicherung durch Draht oder ähnliche Hilfsmittel ersetzen, weil dadurch ernste Schäden an der elektrischen Anlage auftreten können.
- Es ist empfehlenswert, stets einige unterschiedlich starke Ersatz-Sicherungen im Wagen mitzuführen.

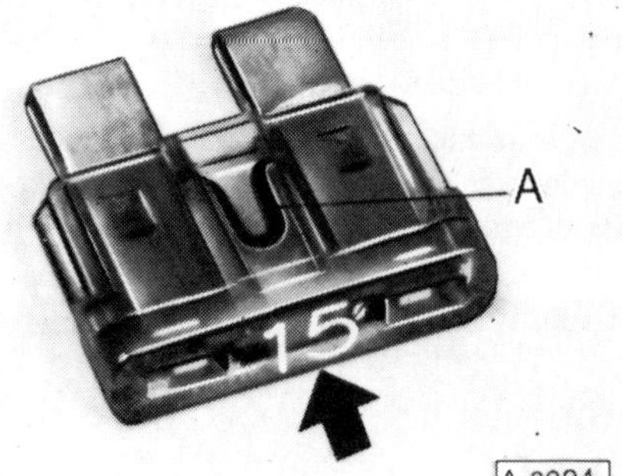

A 8324

- Die Nennstromstärke der Sicherung ist auf der Rückseite des Griffes aufgedruckt. Außerdem hat der Griff eine Kennfarbe, an der ebenfalls die Nennstromstärke zu erkennen ist. A = Schmelzfaden.

Nennstromstärke Ampére	Kennfarbe
5	beige
10	rot
15	blau
20	gelb
25	weiß
30	grün

- Abdeckung mit den Haltenasen einsetzen und hochklappen, sie muß einrasten.

Batterie aus- und einbauen

Achtung: Wird die Batterie abgeklemmt, werden der Fehlerspeicher der Motorsteuerung, Antiblockiersystem sowie andere ständig im Eingriff befindliche Geräte (zum Beispiel Radio und Zeituhr) stillgelegt beziehungsweise gelöscht. Vor dem Abklemmen gegebenenfalls Fehlerspeicher abrufen lassen, nach dem Anklemmen betreffende Geräte neu programmieren.

Einige serienmäßig eingebaute Radios besitzen überdies eine Anti-Diebstahl-Codierung. Die Codierung verhindert die unbefugte Inbetriebnahme des Gerätes, wenn die Stromversorgung unterbrochen wurde. Die Stromversorgung wird beispielsweise unterbrochen beim Abklemmen der Batterie, beim Ausbau des Radios oder wenn die Radiosicherung durchgebrannt ist.
Falls das Radio codiert ist, Radiocode vor Abklemmen der Batterie feststellen. Ist der Code nicht bekannt, kann nur die VW-Werkstatt das Autoradio wieder in Betrieb nehmen, siehe auch Seite 203.

Ausbau

- Zündung ausschalten. Dadurch werden Schäden an elektronischen Steuergeräten (zum Beispiel der Klimaanlage, Antiblockier-Bremssystem) vermieden.
- Motorhaube öffnen. Die Batterie befindet sich auf der linken Seite im Motorraum.
- Batteriekabel abklemmen, zuerst Massekabel, dann Pluskabel.

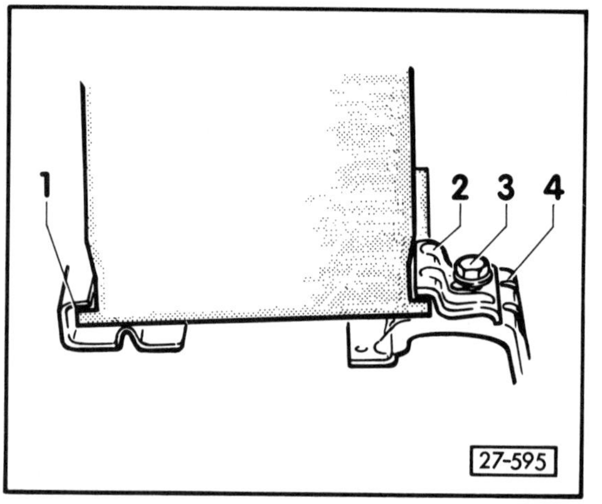

27-595

- Halteplatte am Batteriefuß abschrauben und herausnehmen.
- Batterie von der Halteleiste –1– wegschieben und herausheben.

Achtung: Batterien enthalten giftige Substanzen, diese dürfen nicht in den Hausmüll gelangen. Altbatterien auf der Sondermülldeponie abgeben. Gemeinde- und Stadtverwaltungen informieren darüber, wo sich die nächste Annahmestelle befindet.

Einbau

- Vor dem Einbau Batterie-Pole blank kratzen, geeignet ist dazu eine Messingdrahtbürste. Zur Verhinderung von Korrosion beide Pole mit speziellem Säureschutzfett bestreichen, zum Beispiel mit BOSCH-Polfett.
- Batterie in die Halteleiste einsetzen.
- Halteplatte –2– am Bock –4– für Batteriebefestigung ansetzen und mit 20 Nm festschrauben.
- Pluskabel am Pluspol (+), dann Massekabel am Minuspol (–) anklemmen. **Achtung:** Durch eine falsch angeschlossene Batterie können erhebliche Schäden am Generator und an der elektrischen Anlage entstehen.
- Radio falls erforderlich, neu programmieren, siehe Seite 204.
- Zeituhr einstellen.

Batterie prüfen

Es gibt zwei verschiedene Möglichkeiten, die Batterie zu prüfen. Je nach Prüfung werden verschiedene Testgeräte benötigt.

Säuredichte prüfen

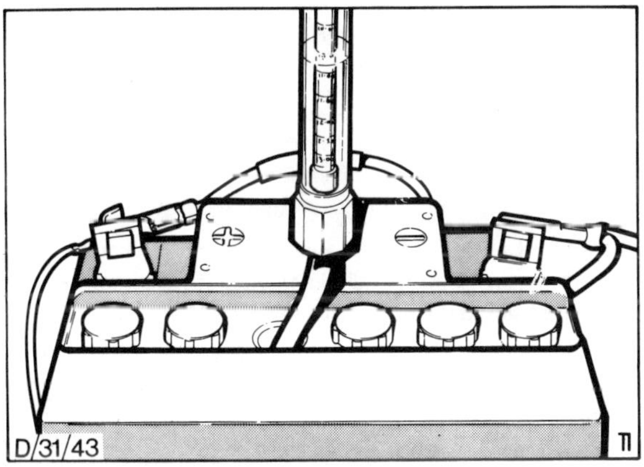

D/31/43

- Die Säuredichte ergibt in Verbindung mit der Spannungsmessung genauen Aufschluß über den Ladezustand der Batterie. Zur Prüfung dient ein Säureheber, der recht preiswert in Fachgeschäften angeboten wird. Je größer das spezifische Gewicht (Säuredichte) der angesaugten Batteriesäure ist, desto mehr taucht der Schwimmer auf. An der Skala kann man die Säuredichte in spezifischem Gewicht (g/ml) oder Baumégrad (+°Bé) ablesen. Folgende Werte müssen erreicht werden:

Ladezustand	norm. Klimazonen		Tropen	
	+°Bé	g/ml	+ °Bé	g/ml
entladen	16	1,15	11	1,08
halb entladen	24	1,22	18	1,16
gut geladen	32	1,28	27	1,23

- Nacheinander jede Batteriezelle prüfen, alle Zellen müssen die gleiche Säuredichte (maximale Differenz 0,04 g/ml) haben. Sonst kann auf eine defekte Batterie geschlossen werden.

Batterie unter Belastung prüfen

- Voltmeter an den Polen der Batterie anschließen.
- Motor starten und Spannung ablesen.
- Während des Startvorganges darf bei einer vollen Batterie die Spannung nicht unter 8 Volt (bei einer Säuretemperatur von ca. +20° C) abfallen.
- Bricht die Spannung sofort zusammen und wurde in den Zellen eine unterschiedliche Säuredichte festgestellt, so ist auf eine defekte Batterie zu schließen.
- Die Gesamtspannung kann auch mit einem Batterie-Testgerät gemessen werden. Bedienungsanweisung des Herstellers beachten.

Prüfwerte			
Typ Ah	Belastungs-strom Ampére	Mindestspannung nach 10 Sek. Volt bei °C	
		ab –10° C	+20° C u. höher
63	200	8,8	9,5
88	300		
92	300		

Achtung: Sinkt bei dieser Messung (Dauer 10 Sekunden) die Gesamtspannung unter den angegebenen Wert, so ist die Batterie entweder entladen oder defekt.

Batterie laden

Achtung: Wenn die Batterie zu lange Zeit entladen war, kann sie nicht mehr vollständig beziehungsweise gar nicht mehr aufgeladen werden.

- Batterie niemals kurzschließen, das heißt Plus- (+) und Minuspol (–) dürfen nicht verbunden werden. Bei Kurzschluß erhitzt sich die Batterie und kann platzen. Nicht mit offener Flamme in Batterie leuchten. Batteriesäure ist ätzend und darf nicht in die Augen, auf die Haut oder die Kleidung gelangen, gegebenenfalls mit viel Wasser abspülen.
- Die Batterie kann auch in eingebautem Zustand geladen werden, vorher jedoch Masse- (–) und Pluskabel (+) abklemmen (Massekabel zuerst). **Achtung:** Dadurch werden elektronische Speicher gelöscht. Vor dem Abklemmen daher unbedingt Hinweise im Kapitel »Batterie aus- und einbauen« durchlesen.
- Batterie nur in gut belüftetem Raum laden. Beim Laden der eingebauten Batterie Motorhaube geöffnet lassen.
- Vor dem Laden Säurestand prüfen, gegebenenfalls destilliertes Wasser nachfüllen.
- Falls die Batterie gefroren ist, vor dem Laden unbedingt auftauen. Eine geladene Batterie friert bei ca. –65° C, eine halbentladene bei ca. –30° C und eine entladene schon bei ca. –12° C.

- Stopfen aus der Batterie herausschrauben und leicht auf die Öffnungen legen. Dadurch werden Säurespritzer auf dem Lack vermieden, während die beim Laden entstehenden Gase entweichen können.
- Bei der Normalladung beträgt der Ladestrom ca. 10 % der Kapazität. (Bei einer 50-Ah-Batterie also etwa 5,0 A.) Als Richtwert für die Ladezeit kann dann 10 Stunden genommen werden.
- Pluspol (+) der Batterie mit Pluspol, Minuspol (–) der Batterie mit Minuspol des Ladegerätes verbinden.
- Die Säuretemperatur darf während des Ladens +55° C nicht überschreiten, gegebenenfalls Ladung unterbrechen oder Ladestrom herabsetzen.
- So lange laden, bis alle Zellen lebhaft gasen und bei drei im Abstand von je einer Stunde aufeinanderfolgenden Messungen das spezifische Gewicht der Säure und die Spannung nicht mehr angestiegen sind.
- Nach der Ladung Säurestand prüfen, gegebenenfalls destilliertes Wasser nachfüllen.
- Säuredichte prüfen. Liegt der Wert in einer Zelle deutlich unterhalb der anderen Werte (z. B. 5 Zellen zeigen 1,26 g/ml und 1 Zelle 1,18 g/ml), so ist die Batterie defekt und sollte erneuert werden.
- Batterie ca. 20 Minuten ausgasen lassen, dann Verschlußstopfen einschrauben oder hineindrücken.

Achtung: Der Motor darf nicht bei abgeklemmter Batterie laufen, da sonst die elektrische Anlage beschädigt wird.

Schnelladen/Starthilfe

- Das Laden beziehungsweise Starthilfe geben mit einem Schnelladegerät darf nur ausnahmsweise durchgeführt werden, da die Batterie hierdurch kurzfristig einer sehr hohen Stromstärke ausgesetzt ist.

Batterie lagern

Eine Batterie, die längere Zeit unbenutzt war (zum Beispiel Fahrzeug stillgelegt), entlädt sich selbst und kann darüber hinaus sulfatiert sein. **Spätestens nach 3 Monaten Batterie erneut aufladen, da sie sonst unbrauchbar wird.**

Werden länger gelagerte Batterien mit einem Schnelladegerät geladen, kann es sein, daß sie keinen Ladestrom aufnehmen oder durch sogenannte Oberflächenladung zu früh als »voll« ausgewiesen werden.

Bevor diese Batterien als defekt angesehen werden, sind sie zu prüfen:

- Säuredichte prüfen. Weicht die Säuredichte in allen Zellen nicht mehr als 0,04 g/ml voneinander ab, Batterie mit einem Normalladegerät zu laden.
- Batterie nach der Ladung durch eine Belastungsprüfung testen. Werden die Sollwerte nicht erreicht, ist sie defekt.
- Weicht die Säuredichte in einer oder zwei benachbarten Zellen merklich nach unten ab (zum Beispiel 5 Zellen zeigen 1,16 g/ml und eine Zelle 1,08), hat die Batterie einen Kurzschluß und ist defekt.

Batterie entlädt sich selbständig

Je nach Fahrzeugausstattung addiert sich zur natürlichen Selbstentladung der Batterie auch die Stromaufnahme der verschiedenen Steuergeräte im Ruhezustand. Daher sollte ein stehendes Fahrzeug spätestens alle 6 Wochen nachgeladen werden. Wenn der Verdacht auf Kriechströme besteht, Bordnetz nach folgender Anleitung prüfen:

- Zur Prüfung geladene Batterie verwenden.
- Batterie-Massekabel (–) abklemmen. **Achtung:** Dadurch werden elektronische Speicher gelöscht. Vor dem Abklemmen sollten auch die Hinweise im Kapitel »Batterie aus- und einbauen« durchgelesen werden.

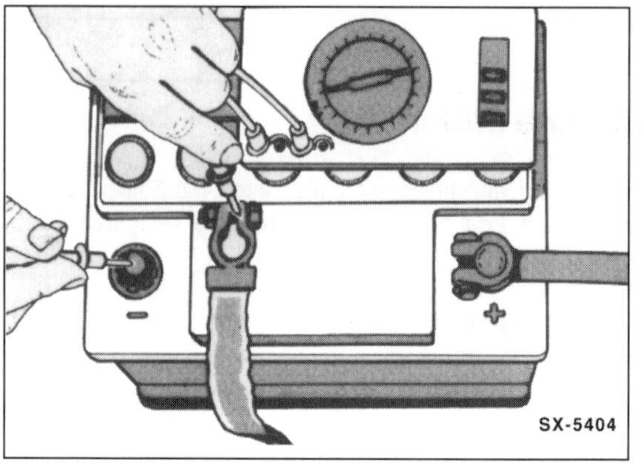

- Am Ampèremeter (Meßbereich von 5 mA bis 5 A) den höchsten Meßbereich einstellen. Ampèremeter zwischen Batterie-Minuspol und Massekabel schalten.

Achtung: Die Prüfung kann auch mit einer Prüflampe durchgeführt werden. Leuchtet die Lampe jedoch nicht auf, ist auf jeden Fall ein Ampèremeter zu verwenden.

- Alle Verbraucher ausschalten, vorhandene Zeituhr (Dauerverbraucher) abklemmen, Türen schließen.
- Vom Ampèrebereich solange auf den Milliampèrebereich zurückschalten, bis eine ablesbare Anzeige erfolgt (1–3 mA sind zulässig).
- Sicherungen nacheinander herausziehen, dadurch die einzelnen Stromkreise unterbrechen. Geht die Anzeige auf Null zurück, ist hier die Fehlerquelle zu suchen. Fehler können sein: korrodierte und verschmutzte Kontakte, durchgescheuerte Leitungen, interner Schluß in Aggregaten.
- Wird in den abgesicherten Stromkreisen kein Fehler gefunden, Leitungen an den nicht abgesicherten Aggregaten abzuziehen, z. B.: Generator, Anlasser, Zündanlage.
- Geht beim Abklemmen von einem der ungesicherten Aggregate die Anzeige auf Null zurück, betreffendes Bauteil überholen oder austauschen. Bei Stromverlust in Anlasser oder Zündanlage immer auch den Zündschalter nach Stromlaufplan prüfen.
- Batterie-Massekabel (–) anklemmen. **Achtung:** Batterie nur bei ausgeschalteter Zündung anklemmen, sonst kann das Steuergerät der Einspritzanlage beschädigt werden.
- Zeituhr einstellen. Diebstahlcode für Radio eingeben, siehe Kapitel »Radio-Codierung eingeben«.

Störungsdiagnose Batterie

Störung	Ursache	Abhilfe
Säurestand zu niedrig	Überladung, Verdunstung (besonders im Sommer)	■ Destilliertes Wasser bis zur vorgeschriebenen Höhe nachfüllen (bei geladener Batterie)
Säure tritt aus den Verschlußstopfen aus	Ladespannung zu hoch	■ Spannungsregler prüfen, ggf. austauschen
	Säurestand zu hoch	■ Überschüssige Säure mit Säureheber absaugen
Säuredichte zu niedrig	Säuredichte in einer Zelle deutlich niedriger als in den übrigen Zellen	■ Kurzschluß in einer Zelle. Batterie erneuern
	Säuredichte in zwei benachbarten Zellen deutlich niedriger als in den übrigen Zellen	■ Trennwand undicht, dadurch enteht eine leitende Verbindung zwischen den Zellen, wodurch die Zellen entladen werden. Batterie erneuern
	Batterie entladen	■ Batterie laden
	Generator nicht in Ordnung	■ Generator prüfen, ggf. reparieren oder austauschen
	Kurzschluß im Leitungsnetz	■ Elektrische Anlage überprüfen
	Säure infolge Wartungsfehler verwässert	■ Säureausgleich durchführen
Säuredichte zu hoch	Säure wurde nachgefüllt	■ Säureausgleich durchführen
Abgebende Leistung ist zu gering, Spannung fällt stark ab	Batterie entladen	■ Batterie nachladen
	Ladespannung zu niedrig	■ Spannungsregler prüfen, ggf. austauschen
	Anschlußklemmen lose oder oxydiert	■ Anschlußklemmen reinigen und besonders Unterseite mit Säureschutzfett leicht einfetten, Befestigungsschrauben anziehen
	Masseverbindung Batterie-Motor-Karosserie ist schlecht	■ Masseverbindung überprüfen, ggf. metallische Verbindungen herstellen oder Schraubverbindungen festziehen
	Zu große Selbstentladung der Batterie durch Verunreinigung der Batteriesäure	■ Batterie austauschen
	Evtl. Batterie sulfatiert (grauweißer Belag auf den Plus- und Minusplatten)	■ Batterie mit kleinem Strom laden, damit sich der Belag langsam zurückbildet. Falls nach wiederholter Ladung und Entladung die abgegebene Leistung immer noch zu gering ist, Batterie austauschen
	Batterie verbraucht, aktive Masse der Platten ausgefallen	■ Batterie austauschen
Nicht ausreichende Ladung der Batterie	Fehler an Generator, Spannungsregler oder Leitungsanschlüssen	■ Generator und Spannungsregler überprüfen, instand setzen bzw. austauschen; Leitungen einwandfrei befestigen
	Keilriemen locker	■ Keilriemen spannen oder austauschen
	Zu viele Verbraucher angeschlossen	■ Größere Batterie einbauen; evtl. auch größeren Generator verwenden
Dauernde Überladung	Fehler am Spannungsregler, evtl. auch am Generator	■ Spannungsregler austauschen bzw. Generator überprüfen

Die elektronische Wegfahrsicherung

Seit 10/94 ist der VW GOLF serienmäßig mit einer elektronische Wegfahrsicherung ausgerüstet. Bei aktiviertem System verhindert die Anlage das Anspringen des Motors, wenn nicht der mit dem richtigen Code versehene Schlüssel verwendet wird.

Die Anlage besteht aus:

- ❑ dem Steuergerät für elektronische Wegfahrsicherung auf dem Mantelrohr der Lenkung,
- ❑ dem angepaßten Motorsteuergerät bei Benzin- und Direkteinspritzer-Dieselmotoren,
- ❑ dem Steuergerät für das Kraftstoffabschaltventil bei Wirbelkammer-Dieselmotoren (1Y/AAZ),
- ❑ einer Lesespule am Zündschloß,
- ❑ dem Zündschlüssel mit eingebautem Transponder (Antwort-Lesespeicher). Der Transponder ist eine batterielos arbeitende Empfangs- und Sendeeinheit, die für jeden Schlüssel einen anderen fest eingespeicherten Code enthält.

- ■ Die Wegfahrsicherung wird durch Einschalten der Zündung aktiviert. Dabei wird durch die Lesespule elektrische Energie induktiv auf den Transponder im Schlüssel übertragen.
- ■ Der Schlüsselcode wird gelesen und an das Steuergerät für Wegfahrsicherung übermittelt. Dort wird der Schlüsselcode mit dem abgespeicherten Wert verglichen. Anschließend wird der Code des Motor-Steuergerätes oder des Steuergerätes für Kraftstoffabschaltventil (Dieselmotor 1Y/AAZ) geprüft.

Achtung: Bei Austausch des Motor-Steuergerätes, muß das neue Steuergerät an das eingebaute System der Wegfahrsicherung angepaßt werden.

- ■ Falls keine Übereinstimmung der Codes vorhanden ist, wird der Motor nach maximal 2 Sekunden abgeschaltet. Das kann auch folgende Ursachen haben:
  - ◆ Lesevorgang durch zusätzliche Schlüssel am Schlüsselbund behindert,
  - ◆ Schlüsselcode defekt.
- ■ Die elektronische Überprüfung der Wegfahrsicherung erfolgt mit dem V.A.G-Diagnosegerät 1551 oder 1552 durch Abrufen des Fehlerspeichers.

Hinweis: Das Steuergerät für Kraftstoffabschaltventil (Dieselmotoren 1Y/AAZ) ist mit 2 Abreißschrauben an der Einspritzpumpe befestigt. Es kann auch nachträglich eingebaut werden (Werkstattarbeit), vorausgesetzt das Abschaltventil besitzt eine 2fach-Steckverbindung.

Geheimnummer

Die Geheimnummer ist bei Neufahrzeugen auf einem Schlüsselanhänger verdeckt (erkennbar durch Aufrubbeln) angebracht. Nach Eingabe der Geheimnummer durch das V.A.G-Diagnosegerät 1551 oder 1552 kann das Steuergerät neue Schlüssel-Codes lernen. Dies ist zum Beispiel bei Verlust von Fahrzeugschlüsseln erforderlich.

Identnummer

Die Identnummer wird benötigt, um bei Verlust der Geheimnummer diese beim VW-Werk zu erfragen. Sie befindet sich bei Neufahrzeugen auf einem Schlüsselanhänger. Ist die Identnummer verloren, kann sie mit dem V.A.G-Diagnosegerät aus dem Steuergerät der Wegfahrsicherung ausgelesen werden.

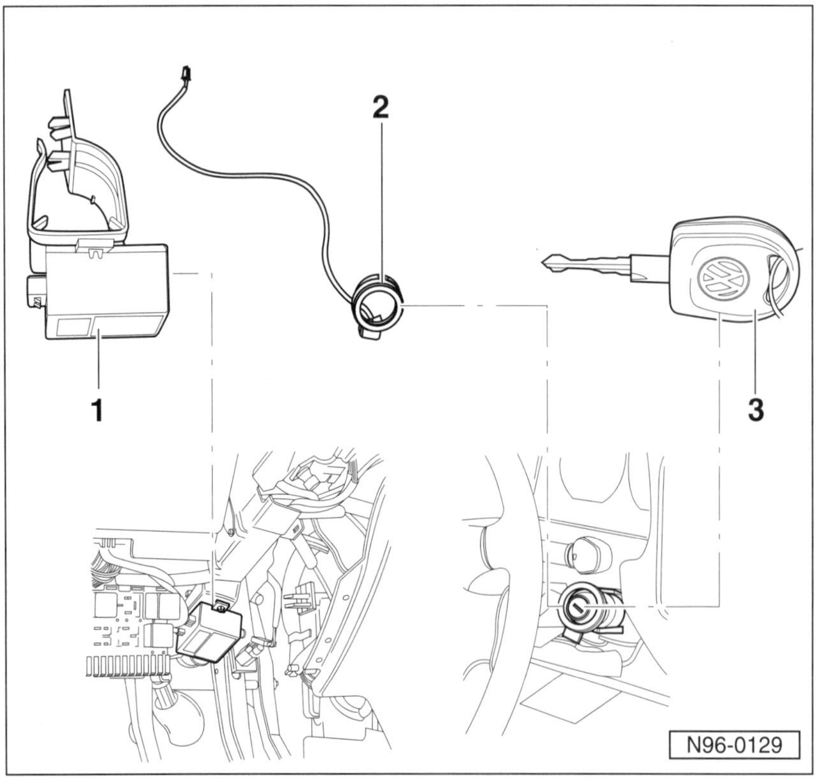

1 – Steuergerät für elektronische Wegfahrsicherung

2 – Lesespule für Wegfahrsicherung
Die Lesespule ist auf das Lenkschloßgehäuse aufgesteckt und über ein Kabel mit dem Steuergerät verbunden.

3 – Transponder
Antwort-Lesespeicher, im Zündschlüssel integriert.

Diebstahlwarnanlage

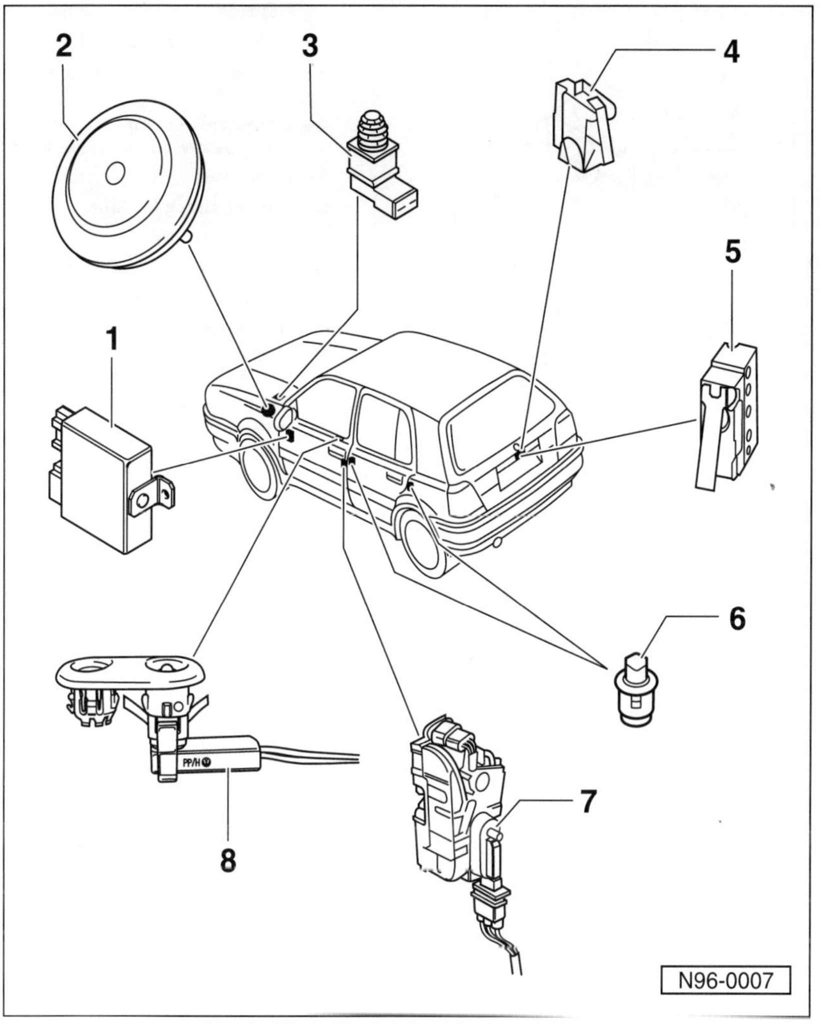

1 – Steuergerät für Diebstahlwarnanlage
2 – Signalhorn für Diebstahlwarnanlage
3 – Kontaktschalter für Diebstahlwarnanlage
4 – Schalter für Kofferraumbeleuchtung
5 – Kontaktschalter im Schließzylinder für Heckklappe/Diebstahlwarnanlage/Zentralverriegelung
6 – Türkontaktschalter
7 – Schalter für Zentralverriegelung
8 – Kontrollampe für Alarmanlage

Geschwindigkeitsregelanlage

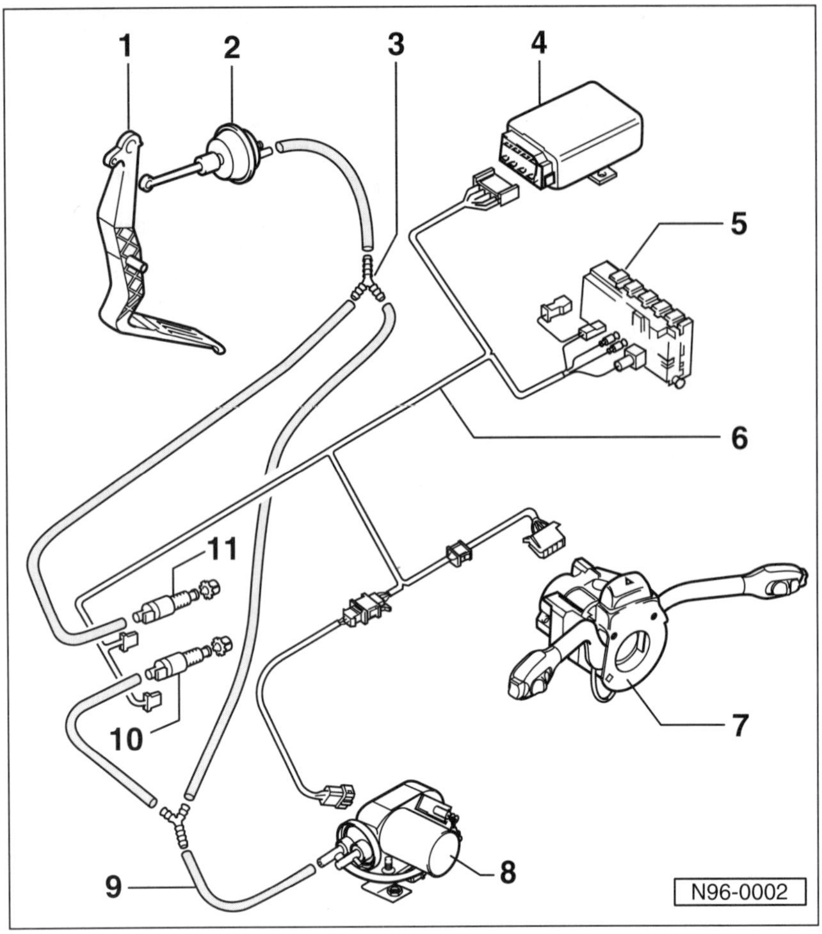

1 – **Gaspedal**
2 – **Stellelement am Gaspedal**
3 – **Verteilerstück für Unterdruckleitungen**
4 – **Steuergerät für GRA**
GRA = Geschwindigkeitsregelanlage
5 – **Relaisplatte**
6 – **Leitungsstrang für GRA**
7 – **Schalter für GRA**
8 – **Unterdruckpumpe für GRA**
9 – **Unterdruckleitungen**
10 – **Belüftungsventil für Kupplungspedalschalter**
Nur bei Schaltgetriebe.
11 – **Belüftungsventil für Bremspedalschalter**

Stellelement ausbauen

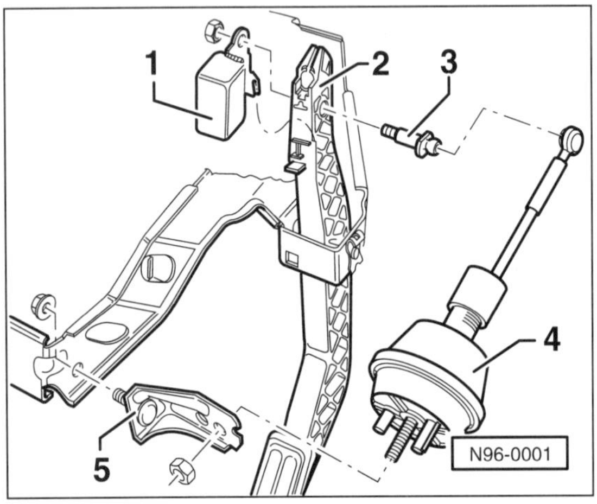

- Befestigungsmutter M8 des Stellelements –4– am Halter –5– abschrauben.
- Zugstange des Stellelementes vorsichtig vom Kugelzapfen –3– abziehen. 2 – Gaspedal.

Achtung: Das Tilgergewicht –1– ist nicht bei allen Modellen vorhanden.

Stellelement einstellen

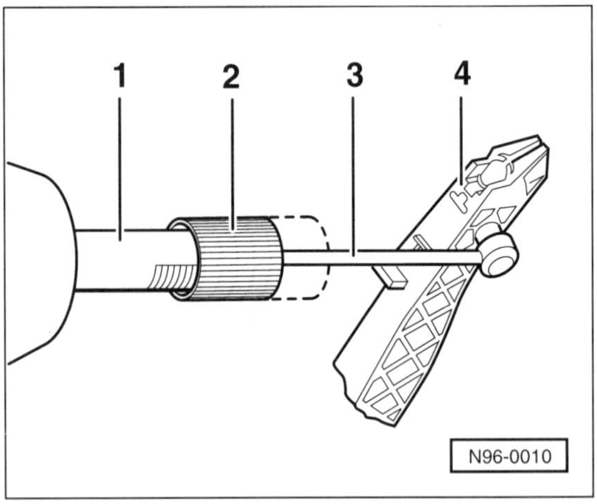

- Einstellhülse –2– am Stellelement –1– lösen und ganz nach vorn schieben. 3 – Zugstange, 4 – Gaspedal.
- Gaszug einstellen, siehe Seite 56.
- Einstellhülse nach hinten ziehen, bis ein Spiel von max. 1 mm vorhanden ist und durch rechtsdrehen bis zum Anschlag verriegeln.

Der Generator

Der GOLF/VENTO ist mit einem Drehstromgenerator ausgerüstet. Je nach Modell und Ausstattung können Generatoren mit unterschiedlichen Leistungen eingebaut sein. Die Leistung steht auf dem Typschild am Generator. **Achtung:** Wenn nachträglich elektrisches Zubehör eingebaut wird, sollte überprüft werden, ob die bisherige Generatorleistung noch ausreicht, gegebenenfalls stärkeren Generator einbauen.

Der Generator wird von der Kurbelwelle über den Keilriemen angetrieben. Dabei dreht sich der Läufer mit der Erregerwicklung innerhalb der feststehenden Ständerwicklung mit etwa doppelter Motordrehzahl.

Über Kohlebürsten und Schleifringe fließt der Erregerstrom durch die Erregerwicklung. Dabei bildet sich ein Magnetfeld.

Die Lage des magnetischen Feldes zur Ständerwicklung ändert sich ständig, entsprechend der Umdrehung des Läufers. Dadurch wird in der Ständerwicklung ein Drehstrom erzeugt.

Da die Batterie aber nur mit Gleichstrom geladen werden kann, wird der Drehstrom durch Gleichrichter in der Diodenplatte in Gleichstrom umgewandelt. Der Spannungsregler verändert den Ladestrom durch Ein- und Ausschalten des Erregerstromes, entsprechend dem Ladezustand der Batterie. Gleichzeitig hält der Regler die Betriebsspannung konstant bei ca. 14 Volt, unabhängig von der Drehzahl.

Achtung: Der Generator ist ein sogenanntes Austauschteil. Das bedeutet, daß ein defekter Generator bei Kauf eines überholten oder neuen Generators vom Hersteller in Zahlung genommen wird, daher Altteil zum Händler mitnehmen.

Sicherheitshinweise für den Drehstromgenerator

- Bei Arbeiten an der elektrischen Anlage im Motorraum grundsätzlich das Batterie-Massekabel (–) abklemmen.
- Kabel an Spannungsregler und Generator **nicht** vertauschen. Kabel vor dem Abklemmen mit Tesaband kennzeichnen.
- Batterie oder Spannungsregler **nicht** bei laufendem Motor abklemmen.
- Generator **nicht** bei angeschlossener Batterie ausbauen.
- Beim Elektroschweißen Batterie grundsätzlich abklemmen.

Generatorspannung prüfen

- Voltmeter zwischen Plus- und Minuspol der Batterie anschließen.
- Motor starten. Die Spannung darf beim Startvorgang bis 8 Volt (bei +20° C Außentemperatur) absinken.
- Motordrehzahl auf 3000/min erhöhen. Die Spannung soll dann 13,5 bis 14,5 Volt betragen. Dies ist ein Beweis, daß Generator und Regler arbeiten. Die Generatorspannung (Bordspannung) muß höher als die Batteriespannung sein, damit die Batterie im Fahrbetrieb wiederaufgeladen wird.
- Regelstabilität prüfen. Dazu Fernlicht einschalten und Messung bei 3000/min wiederholen. Die gemessene Spannung darf nicht mehr als 0,4 Volt über dem vorher gemessenen Wert liegen.
- Liegen die gemessenen Werte außerhalb der Sollwerte, Generator von Fachwerkstatt überprüfen lassen.

Schaltschema des Generators

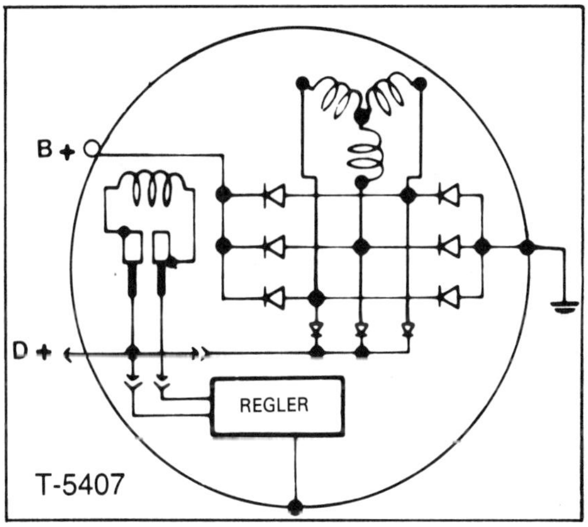

Generator aus- und einbauen

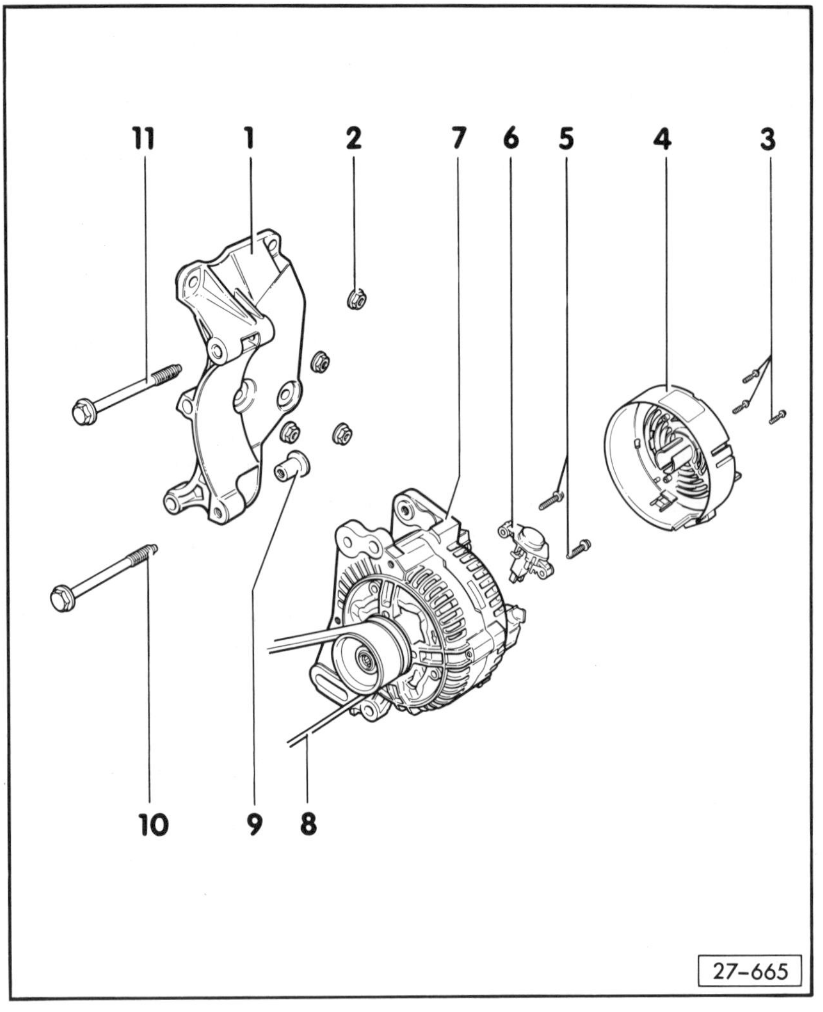

Generator bei
Motoren ohne Klimaanlage

1 – Halter
2 – Sechskantmutter, 35 Nm
3 – Schrauben, 20 Nm
4 – Schutzkappe
5 – Linsenkopfschraube
6 – Spannungsregler
7 – Drehstromgenerator
8 – Keilrippenriemen
9 – Innengewindehülse
10 – Schraube, 25 Nm
11 – Schraube, 25 Nm

Ausbau

- Batterie-Massekabel (–) abklemmen. **Achtung:** Dadurch werden die elektronischen Speicher gelöscht, zum Beispiel Motor-Fehlerspeicher oder Radiocode. Batterie nur bei **ausgeschalteter Zündung** abklemmen, da sonst das Steuergerät der Einspritzanlage beschädigt werden kann. Vor dem Abklemmen sollten auch die Hinweise im Kapitel »Radio« bzw. »Batterie aus- und einbauen« durchgelesen werden.
- Keilriemen entspannen und abnehmen, siehe Seite 35.

- Schutzkappe wegziehen, dicke (B+) und dünne (D+) -Leitung abklemmen.

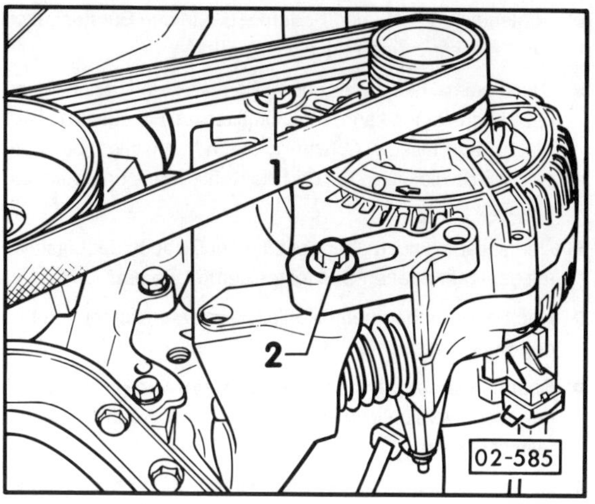

- Schrauben –1– und –2– am Lagerbock für Generator herausdrehen. Generator abnehmen.

Einbau

- Generator einsetzen und mit Schraube –1– am Lagerbock anschrauben, noch nicht festziehen.
- Spannschraube –2– einsetzen.
- Keilriemen auf Verschleiß prüfen, gegebenenfalls ersetzen.
- Keilriemen auflegen und spannen, siehe Seite 35.
- Elektrische Leitungen für Generator anschließen.
- Batterie-Massekabel (–) anklemmen. **Achtung:** Batterie nur bei **ausgeschalteter Zündung** anklemmen, sonst kann das Steuergerät der Einspritzanlage beschädigt werden.
- Zeituhr einstellen.
- Diebstahlcode für Radio eingeben, siehe Kapitel »Radio-Codierung eingeben«.

Schleifkohlen für Generator/ Spannungsregler ersetzen/prüfen

Je nach Ausführung können Generatoren verschiedener Firmen eingebaut sein. Der Ausbau der Schleifkohlen (Bürsten) ist bei BOSCH und VALEO-Generatoren bei eingebautem Generator möglich.

Ausbau

- Batterie-Massekabel (–) abklemmen. **Achtung:** Dadurch werden die elektronischen Speicher gelöscht, zum Beispiel der Radiocode. Vor dem Abklemmen sollten auch die Hinweise im Kapitel »Radio« bzw. »Batterie aus- und einbauen« durchgelesen werden.

BOSCH-Regler

- Generator-Schutzkappe abschrauben.

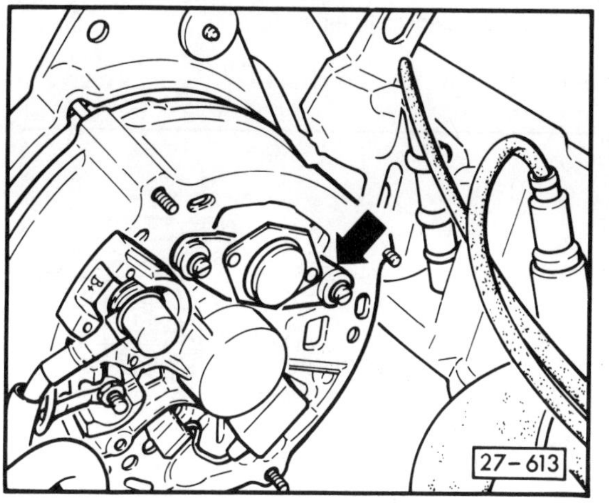

VALEO-Regler

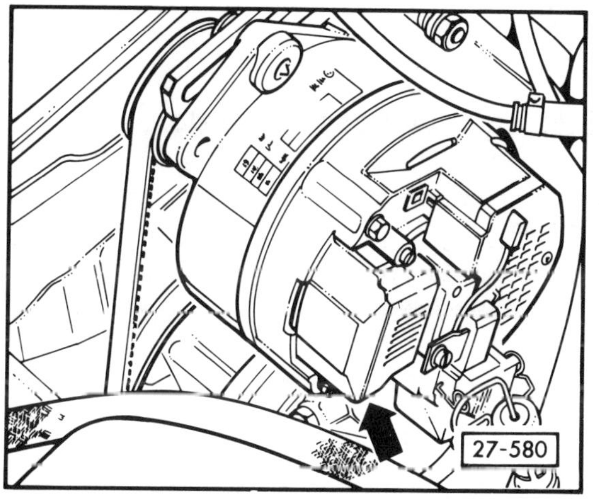

- Spannungsregler –Pfeil– an der Rückseite des Generators abschrauben (2 Schrauben) und vorsichtig herausziehen.

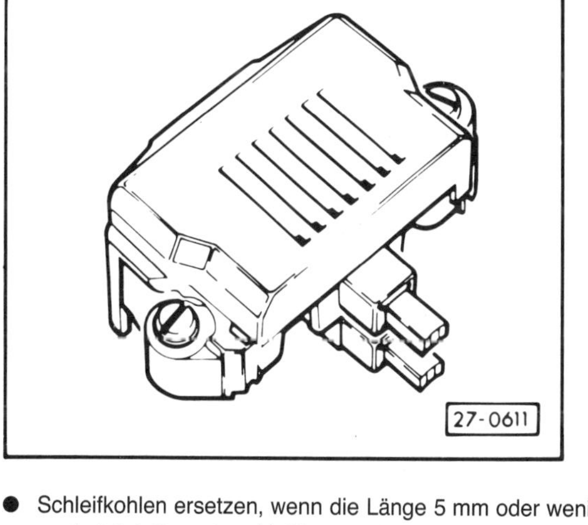

- Schleifkohlen ersetzen, wenn die Länge 5 mm oder weniger beträgt. Dazu Anschlußlitze auslöten.

- Schleifringe auf Verschleiß prüfen, gegebenenfalls feinstüberdrehen und polieren.
- Kontaktfläche reinigen und Vorspannung der Kontaktfeder prüfen, gegebenenfalls erneuern.

Einbau

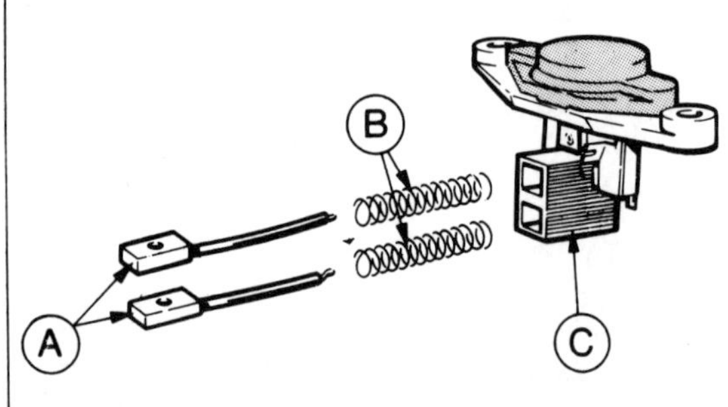

S/31/9

- Kohlebürsten –A– und Federn –B– in den Bürstenhalter –C– einsetzen und Anschlüsse verlöten.
- Damit beim Anlöten der neuen Bürsten kein Lötzinn in der Litze hochsteigen kann, Anschlußlitze der Bürsten mit einer Flachzange fassen. **Achtung:** Durch hochsteigendes Lötzinn würde die Litze steif und die Kohlebürste unbrauchbar werden.
- Der Isolierschlauch über der Litze muß neben der Lötstelle mit der vorhandenen Öse festgeklemmt werden.
- Nach dem Einbau neue Kohlebürsten auf leichten Lauf in den Bürstenhaltern prüfen.
- Spannungsregler erst mit einer Schraube von Hand befestigen, dann vorsichtig in endgültige Einbaulage drücken und festschrauben.
- Batterie-Massekabel (–) anklemmen. **Achtung:** Batterie nur bei **ausgeschalteter Zündung** anklemmen, sonst kann das Steuergerät der Einspritzanlage beschädigt werden.
- Zeituhr einstellen.
- Diebstahlcode für Radio eingeben, siehe Kapitel »Radio-Codierung eingeben«.

Störungsdiagnose Generator

Störung	Ursache	Abhilfe
Ladekontrollampe brennt nicht bei eingeschalteter Zündung	Lampe durchgebrannt	■ Ersetzen
	Masseband an Generator locker oder korrodiert	■ Masseband auf einwandfreien Kontakt prüfen, Schraube festziehen
	Batterie leer	■ Laden
	Unterbrechung in der Leitungsführung zwischen Generator, Zündschloß und Kontrollampe	■ Mit Voltmeter nach Stromlaufplan untersuchen
	Steckverbindungen zwischen Diodenplatte und Spannungsregler nicht gesteckt	■ Kontrollieren, gegebenenfalls Stecker ersetzen
	Schleifkohlen liegen nicht auf dem Schleifring auf	■ Freigängigkeit der Schleifkohlen und Mindestlänge (5 mm) prüfen
	Erregerwicklung im Generator durchgebrannt	■ Läufer austauschen
Ladekontrollampe verlöscht nicht bei Drehzahlsteigerung	Keilriemen locker	■ Keilriemen spannen
	Regler defekt	■ Regler prüfen, gegebenenfalls austauschen
	Leitung zwischen Drehstromgenerator und Regler defekt	■ Leitung und Kontakte prüfen, ggf. Leitungsstrang ersetzen
Ladekontrollampe brennt bei ausgeschalteter Zündung	Plusdiode hat Kurzschluß	■ Dioden prüfen, gegebenenfalls Diodenplatte austauschen

Anlasser aus- und einbauen

Zum Starten des Verbrennungsmotors ist ein kleiner elektrischer Motor, der Anlasser, erforderlich. Damit der Motor überhaupt anspringen kann, muß der Anlasser den Verbrennungsmotor auf eine Drehzahl von mindestens 300 Umdrehungen in der Minute beschleunigen. Das funktioniert aber nur, wenn der Anlasser einwandfrei arbeitet und die Batterie hinreichend geladen ist.

Der Anlasser besteht aus einem Antriebs-, Pol- und Kollektorgehäuse. In dem Pol- und Kollektorgehäuse sind Anker und Kollektor gelagert sowie der Bürstenhalter. Im Bürstenhalter befinden sich Kohlebürsten, die sich zwar langsam, aber stetig abnutzen. Bei hoher Abnutzung der Kohlebürsten kann der Anlasser nicht mehr einwandfrei arbeiten.

In dem vorderen Antriebsgehäuse ist der Ritzelantrieb untergebracht. Wenn der Anlasser über den Zündanlaßschalter Spannung erhält, wird über den Magnetschalter, der auf dem Anlassergehäuse sitzt, das Ritzel auf einem Steilgewinde gegen den Zahnkranz des Motor-Schwungrades geschoben. Sobald das Ritzel bis zum Anschlag auf der Spindel vorgelaufen ist, ist es kraftschlüssig mit dem Schwungrad verbunden. Nun kann der Anlasser den Motor auf die erforderliche Anlaßdrehzahl bringen. Wenn der Verbrennungsmotor anläuft, wird das Ritzel vom Motor her beschleunigt, es läuft also kurzzeitig schneller als der Anlassermotor und spurt aus, wodurch die Verbindung zum Verbrennungsmotor aufgehoben ist.

Da zum Starten eine hohe Stromaufnahme erforderlich ist, ist im Rahmen der Wartung auf eine einwandfreie Kabelverbindung zu achten. Korrodierte Anschlüsse säubern und mit Polschutzfett einstreichen.

Beim GOLF/VENTO Diesel sind 12-Volt-Anlasser mit 1,1 kW Leistung eingebaut.

Achtung: Der Anlasser ist ein sogenanntes Austauschteil. Das bedeutet, daß ein defekter Anlasser bei Kauf eines überholten oder neuen Anlassers vom Hersteller in Zahlung genommen wird, daher Altteil zum Händler mitnehmen.

Ausbau

Da das vordere Motorlager mit den Anlasserschrauben befestigt ist, wird zum Anlasserausbau ein Motorheber (oder Kran) beziehungsweise ein Werkstattwagenheber benötigt.

- Batterie-Massekabel (–) abklemmen. **Achtung:** Dadurch werden die elektronischen Speicher gelöscht, zum Beispiel der Radiocode. Vor dem Abklemmen sollten auch die Hinweise im Kapitel »Radio« bzw. »Batterie aus- und einbauen« durchgelesen werden.

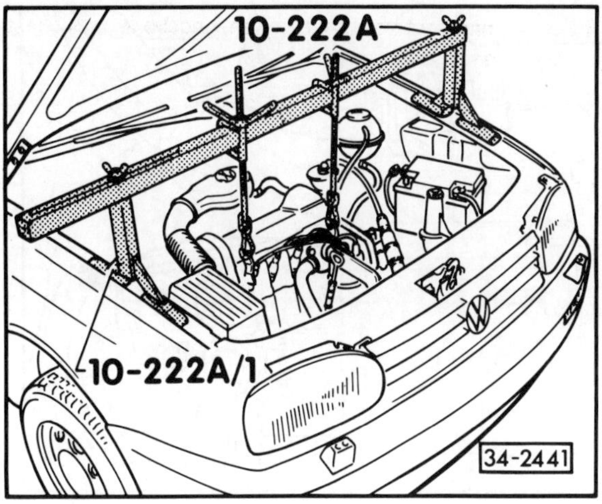

- Motor-/Getriebeeinheit an den Aufhängelaschen anseilen und Seile vorspannen. Bei Verwendung eines Werkstattwagenhebers Motor abstützen, damit das Motorlager entlastet wird. Holz zwischenlegen, Motor nicht an der Ölwanne abstützen.

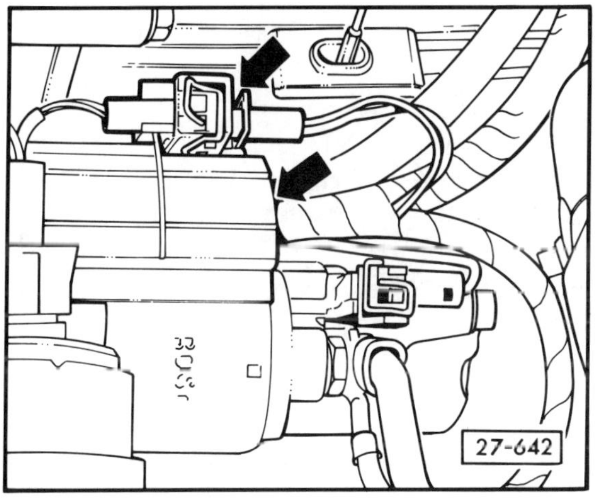

- Vor dem Lösen der Leitungen, schwarze Kunststoffkappe und Steckverbindung –Pfeil– vom Magnetschalter abziehen.

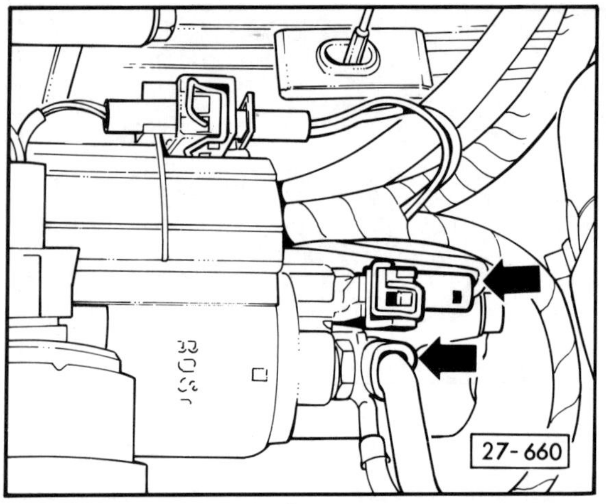

- Klemme 50 –oberer Pfeil– zum Zündanlaßschalter abziehen, dabei Drahtsicherung am Stecker niederdrücken.
- Leitung Batterie-Anlasser und Anlasser-Generator von Klemme 30 abschrauben –unterer Pfeil–.

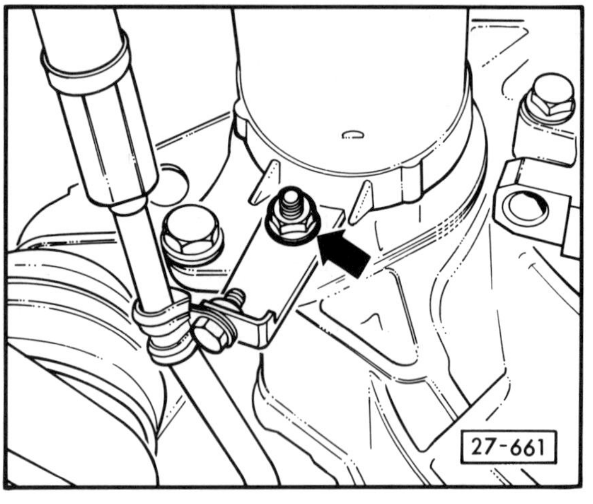

- Mutter beim Kabelhalter an der Anlasserunterseite lösen.

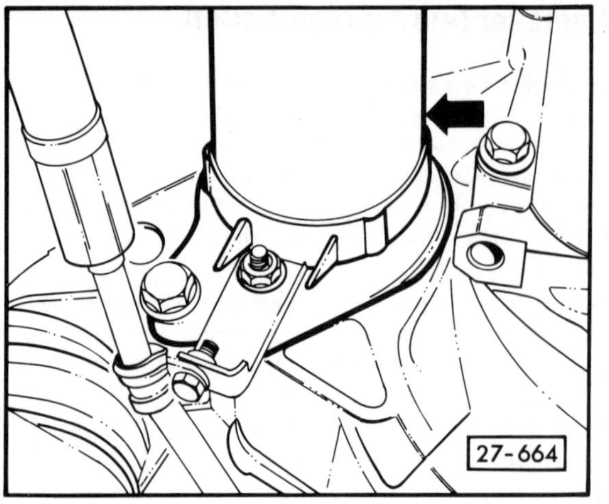

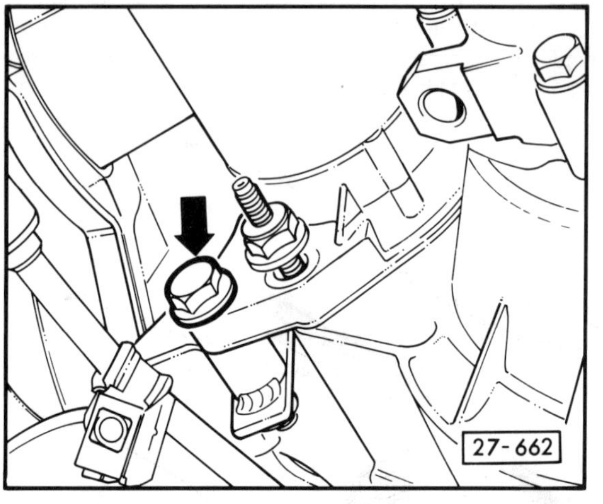

- 2 Anlasserschrauben vom Getriebe abschrauben.

Einbau

- Anlasser einsetzen, obere Schraube sowie untere Mutter (Gewindedurchmesser 10 mm) mit **60 Nm** anschrauben.
- Untere Sechskantschraube mit **45 Nm** festziehen.
- Mutter am Kabelhalter (Gewindedurchmesser 8 mm) mit **10 Nm**, also nicht zu fest, anschrauben.
- Motorstütze entfernen.
- Leitung an Klemme 30 mit **15 Nm** anschrauben.
- Kabelstecker auf Klemme 50 aufschieben, er muß einrasten.
- Kunststoff-Abdeckung aufdrücken.
- Batterie-Massekabel (–) anklemmen.
- Zeituhr einstellen.
- Diebstahlcode für Radio eingeben, siehe Kapitel »Radio-Codierung eingeben«.

Magnetschalter prüfen/ersetzen

Schaltschema Anlasser

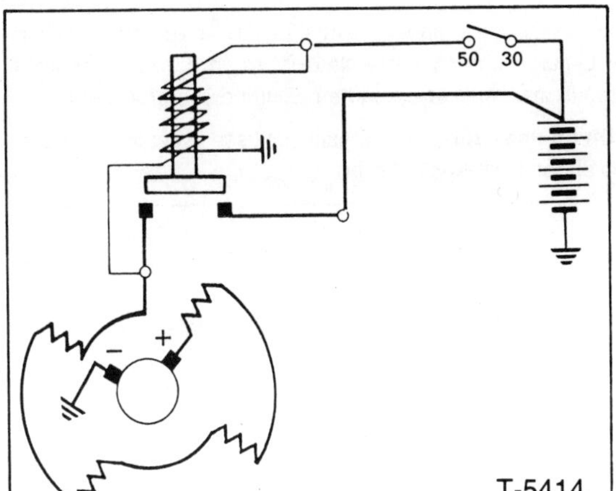

T-5414

Bei einem Defekt des Magnetschalters wird das Ritzel im Anlasser nicht gegen den Zahnkranz des Schwungrades gezogen. Dadurch kann der Anlasser den Motor nicht durchdrehen.

Prüfen

- Anlasser ausbauen.
- An Klemme 30 (Stromanschluß für dickes Kabel) des Anlassers mit Starthilfekabel Batteriespannung 12 Volt anlegen.
- Mit Hilfskabel Klemme 50 und 30 am Anlasser kurz überbrücken, das Anlasserritzel muß nach vorne schnellen.

Ausbau

- 3 Befestigungsschrauben für Magnetschalter vom Antriebsgehäuse abschrauben und Magnetschalter aushängen.

Einbau

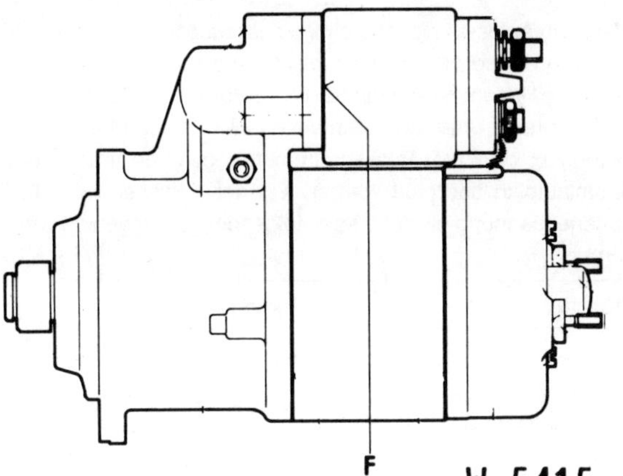

W-5415

- Magnetschalter an Anlasser anschrauben, Trennfuge –F– beim Bosch-Anlasser mit geeignetem Dichtmittel abdichten.
- Leitung für Magnetschalter anschrauben.
- Anlasser prüfen, wie oben beschrieben.
- Anlasser einbauen.

Störungsdiagnose Anlasser

Wenn ein Anlasser nicht durchdreht, ist zunächst zu prüfen, ob an der Klemme 50 des Magnetschalters die zum Einziehen benötigte Spannung von mindestens 8 Volt vorhanden ist. Liegt die Spannung unter dem genannten Wert, dann müssen die Leitungen, die zum Anlasserstromkreis gehören, nach dem Stromlaufplan überprüft werden. Ob der Anlasser bei voller Batteriespannung einzieht, kann folgendermaßen geprüft werden.

- Keinen Gang einlegen, Zündung eingeschaltet.
- Mit einer Leitung (Querschnitt mindestens 4 mm^2) die Klemmen 30 und 50 am Anlasser überbrücken, siehe auch Kapitel »Magnetschalter prüfen«.

Spurt der Anlasser dabei einwandfrei ein, so liegt der Fehler in der Leitungsführung zum Anlasser. Wenn der Anlasser nicht einspurt, muß er in ausgebautem Zustand überprüft werden.

Prüfvoraussetzung: Leitungsanschlüsse müssen festsitzen und dürfen nicht oxydiert sein.

Störung	Ursache	Abhilfe
Anlasser dreht sich nicht beim Betätigen des Zündanlaßschalters	Batterie entladen	■ Batterie laden
	Klemmen 30 und 50 am Anlasser überbrücken: Anlasser läuft an. Leitung 50 zum Zündanlaßschalter unterbrochen, Anlaßschalter defekt	■ Unterbrechung beseitigen, defekte Teile ersetzen
	Kabel oder Masseanschluß ist unterbrochen. Batterie entladen	■ Batteriekabel und Anschlüsse prüfen. Spannung der Batterie messen, nötigenfalls laden
	Ungenügender Stromdurchgang infolge lockerer oder oxydierter Anschlüsse	■ Batteriepole und -klemmen reinigen. Stromsichere Verbindungen zwischen Batterie, Anlasser und Masse herstellen
	Keine Spannung an Klemme 50 (Magnetschalter)	■ Leitung unterbrochen Zündanlaßschalter defekt
Anlasser dreht sich zu langsam und zieht den Motor nicht durch	Batterie entladen	■ Batterie laden
	Kein Winteröl bzw. Mehrbereichsöl im Motor	■ Mehrbereichsöl einfüllen
	Ungenügender Stromdurchgang infolge lockerer oder oxydierter Anschlüsse	■ Batteriepole und -klemmen und Anschlüsse am Anlasser reinigen, Anschlüsse festziehen
	Kohlebürsten liegen nicht auf dem Kollektor auf, klemmen in ihren Führungen, sind abgenutzt, gebrochen, verölt oder verschmutzt	■ Kohlebürsten überprüfen, reinigen bzw. auswechseln. Führungen prüfen
	Ungenügender Abstand zwischen Kohlebürsten und Kollektor	■ Kohlebürsten ersetzen und Führungen für Kohlebürsten reinigen
	Kollektor riefig oder verbrannt und verschmutzt	■ Kollektor abdrehen oder Anker ersetzen
	Spannung an Klemme 50 fehlt (mind. 8 Volt)	■ Zündanlaßschalter oder Magnetschalter überprüfen
	Lager ausgeschlagen	■ Lager prüfen, ggf. auswechseln
	Magnetschalter defekt	■ Schalter auswechseln
Anlasser spurt ein und zieht an, Motor dreht nicht oder nur ruckweise	Ritzelgetriebe defekt	■ Ritzelgetriebe ersetzen
	Ritzel verschmutzt	■ Ritzel reinigen
	Zahnkranz am Schwungrad defekt	■ Zahnkranz nacharbeiten, falls erforderlich, Schwungrad erneuern
Ritzelgetriebe spurt nicht aus	Ritzelgetriebe oder Steilgewinde verschmutzt bzw. beschädigt	■ Ritzelgetriebe reinigen, ggf. ersetzen
	Magnetschalter defekt	■ Magnetschalter ersetzen
	Rückzugfeder schwach oder gebrochen	■ Rückzugfeder erneuern
Anlasser läuft weiter, nachdem der Zündschlüssel losgelassen wurde	Magnetschalter hängt, schaltet nicht ab	■ Zündung sofort ausschalten, Magnetschalter ersetzen
	Zündschloß schaltet nicht ab	■ Sofort Batterie abklemmen, Zündschloß ersetzen

Die Beleuchtungsanlage

Zur Beleuchtungsanlage zählen: Hauptscheinwerfer, Heckleuchten, Bremsleuchten, Rückfahrscheinwerfer, Blinkleuchten, Nebelscheinwerfer und Nebelschlußleuchten, Kennzeichenleuchten und Innenleuchten. Die Instrumentenbeleuchtung wird im Kapitel »Armaturen« behandelt.

Normale Glühlampen (nicht Halogenlampen) unterliegen dem Verschleiß. Etwa alle 2 Jahre sollten sie ausgewechselt werden, auch wenn sie noch intakt sind. Eine Glühlampe mit verminderter Leuchtkraft erkennt man auch an schwarzen Ablagerungen auf dem Glaskolben.

Vor dem Auswechseln einer Glühlampe Schalter des betreffenden Verbrauchers ausschalten. **Achtung: Glaskolben nicht mit bloßen Fingern anfassen.** Der Fingerabdruck würde verdunsten und sich – aufgrund der Wärme – auf dem Reflektor niederschlagen und diesen erblinden lassen. Grundsätzlich Glühlampe nur durch eine gleiche Ausführung ersetzen. Versehentlich entstandene Berührungsflecken mit sauberem, nicht faserndem Tuch und Alkohol oder Spiritus entfernen.

Lampentabelle

Um jederzeit eine Lampe auswechseln zu können, sollte stets ein Kasten mit Ersatzlampen im Wagen mitgeführt werden. Der VW-Kundendienst führt solche Ersatzlampenboxen. Eine Zusammenstellung der wichtigsten im VW verwendeten Lampen enthält die Tabelle.

12-V-Glühlampe für	DIN-Bezeichnung	
Fern/Abblendlicht	H 4	60/55 W
Stand- und Parklicht vorn	HL	4 W
Blinkleuchten vorn und hinten, Nebelschlußleuchte, Rückfahrleuchte	P 25-1	21 W
Brems- und Schlußleuchte		21/5 W
Kennzeichenleuchte	Glassockel	5 W

Glühlampen der Außenleuchten auswechseln

- Schalter der betreffenden Lampe ausschalten.

Scheinwerfer

- Motorhaube öffnen.
- Nur GOLF mit separaten Fernscheinwerfern: Abdeckung an der Scheinwerfer-Rückseite abnehmen, dazu 2 Rastnasen nach unten drücken. Glühlampe wechseln, wie für »Nebelscheinwerfer« beschrieben.

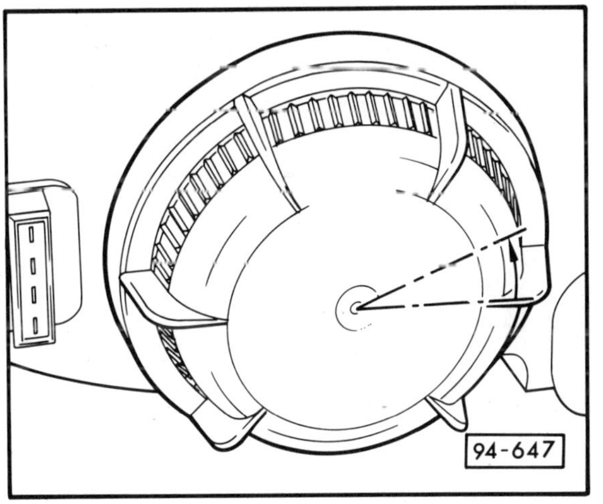

- Alle anderen Modelle: Kunststoffabdeckung an der Scheinwerfer-Rückseite nach links drehen und abnehmen.

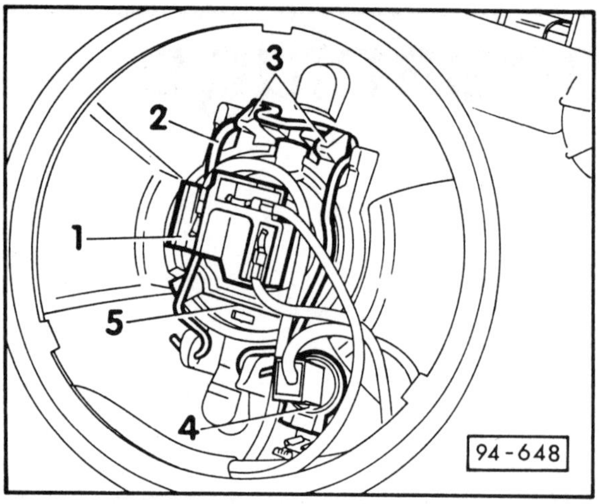

- Stecker –1– abziehen.
- Federdrahtbügel –2– der Lampenhalterung über die Rastnasen –3– nach unten klappen.
- Defekte Lampe herausnehmen.
- Neue Glühlampe so einsetzen, daß die Nasen in die entsprechenden Aussparungen am Gehäuse passen.
- Federklammer nach oben klappen und in die Haltenasen einrasten.
- Stecker auf die Fassung aufdrücken.
- Kunststoffverkleidung an der Scheinwerferrückseite aufsetzen, nach rechts drehen und einrasten lassen. Die Aufschrift »TOP« auf der Abdeckkappe muß nach oben zeigen. Bei der Ausführung mit separaten Fernscheinwerfern die Abdeckung in die unteren Ösen einführen und oben andrücken, die beiden Laschen müssen einrasten.
- Scheinwerfereinstellung von einer Fachwerkstatt kontrollieren lassen.

Standlichter vorn

- Abdeckkappe für Scheinwerfer abnehmen.
- Fassung –4– am Anschlußstecker herausziehen, siehe Abbildung.
- Lampe leicht in die Fassung hineindrücken, um 90° (¼ Umdrehung) nach links drehen und Lampe herausnehmen.
- Neue Lampe einsetzen, leicht eindrücken und nach rechts drehen.
- Fassung mit eingesetzter Standlicht-Glühlampe in den Reflektor stecken.
- Kunststoffverkleidung an der Scheinwerferrückseite aufsetzen und einrasten lassen, siehe Scheinwerferlampe wechseln.

Vordere Blinkleuchten

Um eine Blinkleuchte oder einen Nebelscheinwerfer auszubauen, muß zuerst die Abdeckkappe für die Abschleppöse ausgebaut werden. Besitzt das Fahrzeug keine Nebelleuchte, ist die Abdeckkappe entsprechend breiter.

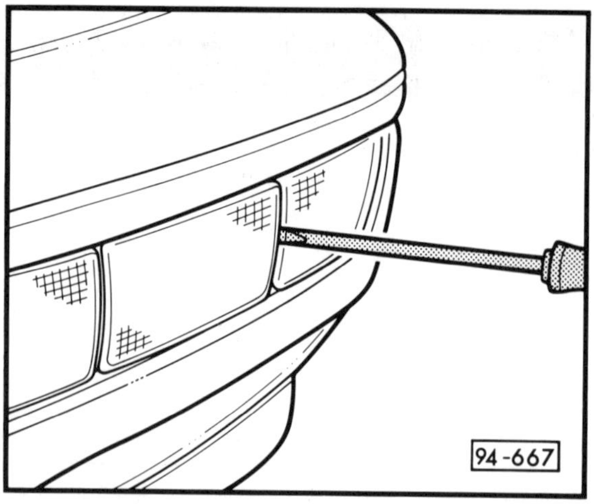

- Abdeckkappe mit einem Schraubendreher vorsichtig aus der Halterung an der Blinkleuchte heraushebeln und abnehmen.

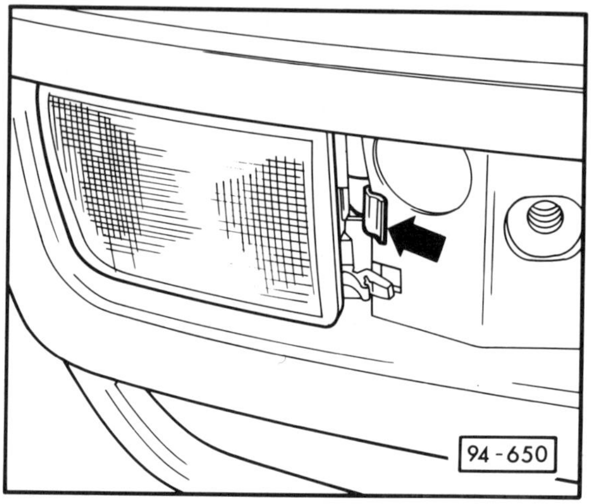

- Lasche –Pfeil– zur Blinkleuchte drücken und Blinkleuchte nach vorn herausziehen.

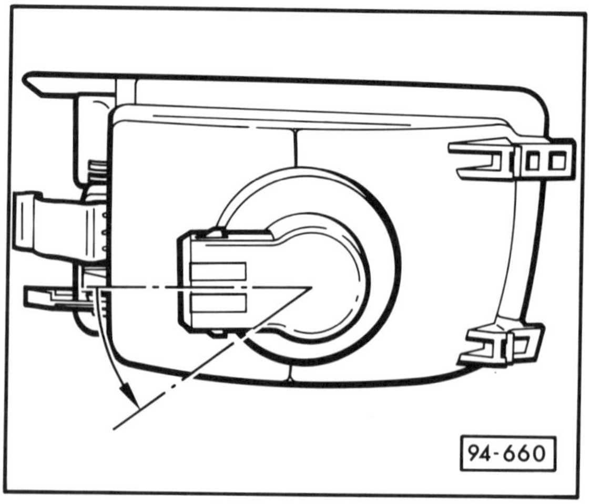

- Lampenfassung nach links drehen und aus der Blinkleuchte herausziehen.

- Lampe leicht in die Fassung hineindrücken, um 90° (¼ Umdrehung) nach links drehen und Lampe herausnehmen.
- Neue Lampe einsetzen, leicht eindrücken und nach rechts drehen.
- Fassung in die Blinkleuchte einrasten (bis zum Anschlag nach rechts drehen).
- Blinkleuchte außen mit den beiden Haltenasen in die Karosserie-Aussparungen einsetzen und eindrücken, bis die Lasche einrastet.
- Abdeckblende in die Scharniere einstecken, zum Stoßfänger schwenken und andrücken, bis sie einrastet.

Nebelscheinwerfer

Um einen Nebelscheinwerfer auszubauen, muß zuerst die Abdeckblende für die danebenliegende Abschleppöse ausgebaut werden.

- Abdeckblende mit einem Schraubendreher vorsichtig aus der Halterung an der Blinkleuchte heraushebeln und abnehmen, siehe Blinkleuchtenlampe wechseln.

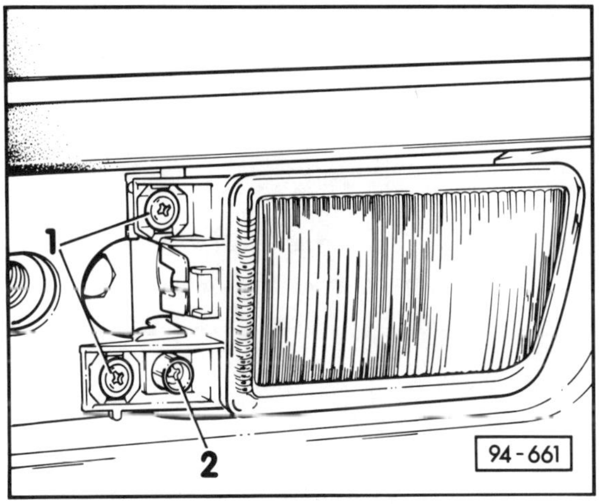

- 2 Schrauben –1– herausdrehen, Scheinwerfereinsatz nach vorn herausnehmen und Kabelstecker abziehen. (–2– = Leuchtweiten-Einstellschraube).

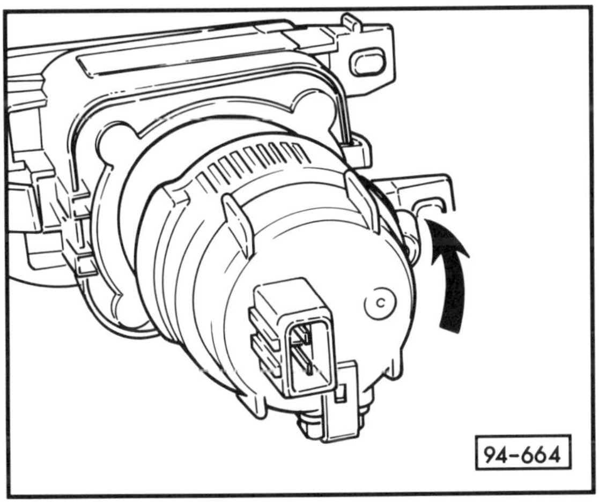

- Abdeckkappe nach links drehen und abnehmen.

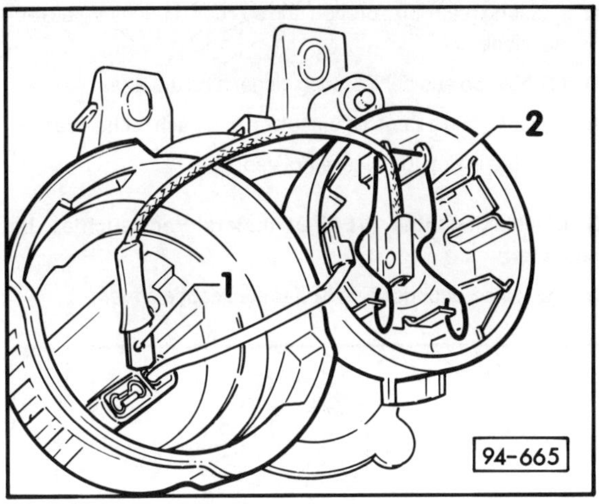

- Kabelstecker –1– an der Abdeckkappe abziehen.
- Federdrahtbügel –2– der Lampenhalterung aushaken, defekte Lampe herausnehmen.
- Neue Glühlampe so einsetzen, daß die Nasen in die entsprechenden Aussparungen am Gehäuse passen.
- Federklammer umklappen und in die Haltenasen einrasten.
- Lampenkabel in der Abdeckkappe aufstecken.
- Abdeckkappe in die Nebelleuchte einrasten (bis zum Anschlag nach rechts drehen).
- Anschlußstecker aufstecken, Scheinwerfer einsetzen und mit 2 Schrauben befestigen.
- Abdeckblende für Abschleppöse in die Scharniere einstekken, zum Stoßfänger schwenken und andrücken, bis sie einrastet.
- Nebel-Scheinwerfereinstellung prüfen lassen.

Seitliche Blinkleuchten

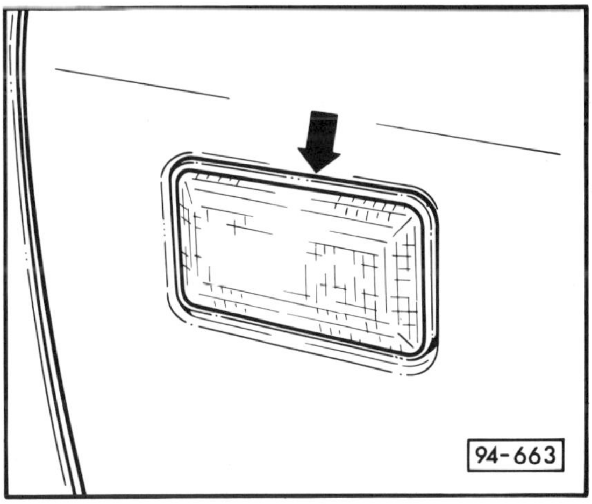

- Blinkleuchte mit einem breiten Schraubendreher oder Spachtel vorsichtig (Tuch zwischenlegen) aus dem Kotflügel heraushebeln, die Haltelasche befindet sich in der Mitte der Blinkleuchten-Unterkante.

- Fassung nach links drehen und aus dem Leuchtenglas herausziehen.
- Glühlampe aus der Fassung ziehen und ersetzen.
- Fassung in die Leuchte einsetzen und nach rechts drehen.
- Leuchte in den Kotflügel einrasten.

GOLF-Heckleuchten (VENTO: äußere Heckleuchten im Seitenteil)

- Heck- beziehungsweise Kofferraumklappe öffnen.

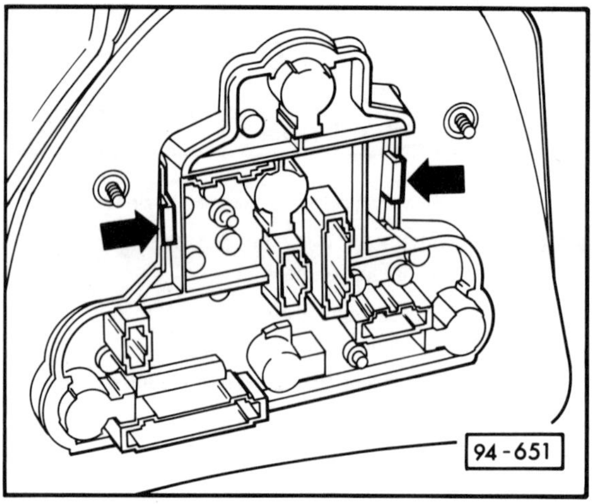

- Vom Kofferraum her die Haltelaschen –Pfeile– nach innen drücken und den Lampenträger nach innen abnehmen.
- Defekte Lampe eindrücken, um 90° (1/4 Umdrehung) nach links drehen und herausnehmen. Lampenbelegung GOLF: Die obere Lampe ist für die Blinkleuchte, die unteren Lampen, von innen nach außen: Rückfahrlicht, Schlußlicht und Bremslicht. Lampenbelegung VENTO: Brems-/Schlußlicht, Blinklicht.
- Neue Glühlampe in die Fassung eindrücken, nach rechts drehen und einrasten.
- Lampenträger in das Gehäuse einsetzen, beide Laschen müssen einrasten.

VENTO: Heckleuchten in der Kofferraumklappe

In der Kofferraumklappe des VENTO befinden sich die Rückfahrleuchten und die Nebelschlußleuchten.

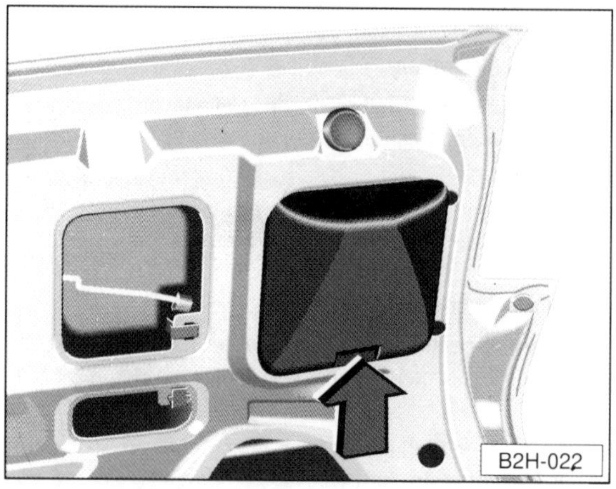

- Kofferraum öffnen, Federlasche in Pfeilrichtung drücken und Lampenabdeckung abnehmen.

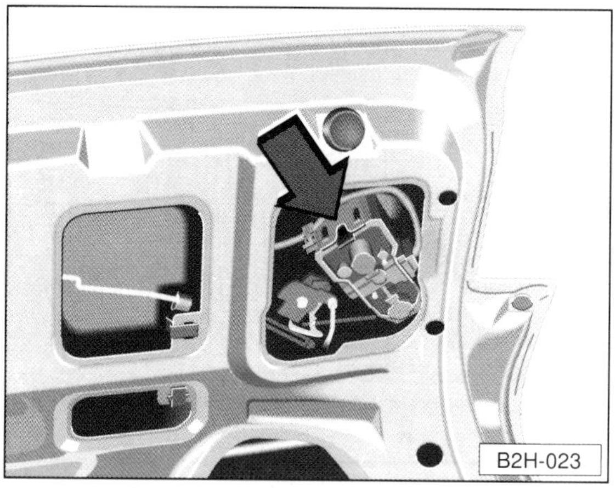

- Federlasche des Lampenträgers in Pfeilrichtung drücken und Lampenträger abnehmen.
- Defekte Lampe eindrücken, um 45° (1/4 Umdrehung) nach links drehen und herausnehmen.
- Neue Glühlampe in die Fassung eindrücken und nach rechts drehen.
- Lampenträger in das Gehäuse einsetzen, die Federlasche muß einrasten.
- Beide Nasen der Lampenabdeckung oben hinter das Karosserieblech schieben und Abdeckung andrücken, die Lasche muß einrasten.

Kennzeichenleuchten

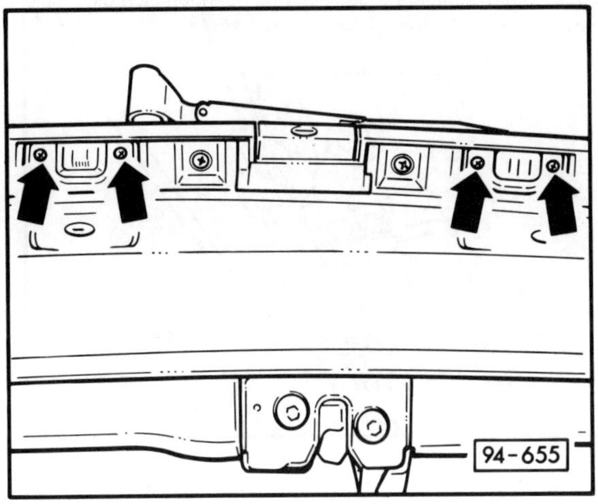

- Leuchtenglas mit Kreuzschlitzschraubendreher abschrauben und abnehmen.
- Glassockellampe aus der Fassung herausziehen, nicht drehen.
- Neue Lampe eindrücken.
- Leuchtenglas aufsetzen und nicht zu fest anschrauben. Auf richtige Lage des Dichtgummis achten, gegebenenfalls ausrichten.

Glühlampen der Innenleuchten auswechseln

- Schalter der betreffenden Lampe ausschalten.

Innenleuchte/Leseleuchte

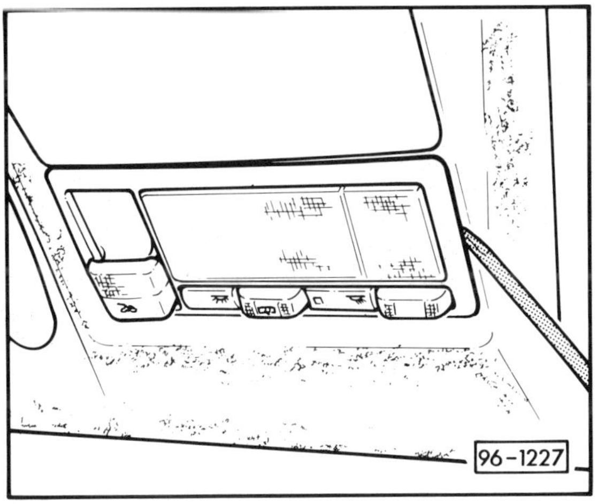

- Kompletten Leuchtenträger heraushebeln, dazu Schraubendreher rechts zwischen Leuchtenrahmen und Dachverkleidung einsetzen.
- Innenleuchte auswechseln: Leuchtenglas vom Leuchtenträger abziehen. Sofittenlampe auswechseln. Saß die Lampe locker, Kontaktzungen etwas nachbiegen.

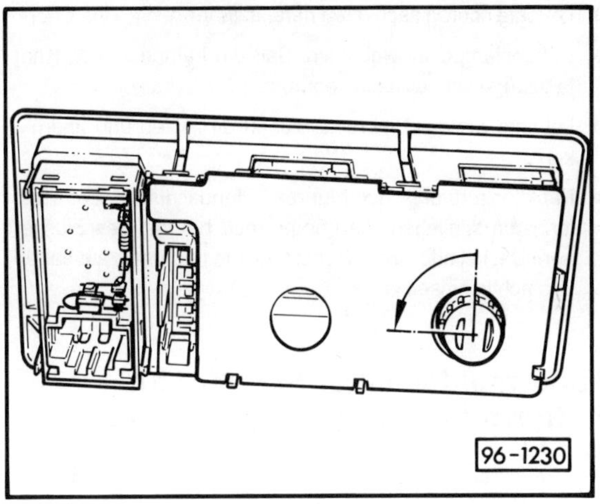

- Leseleuchte auswechseln: Dazu weiße Fassung an der Lampenrückseite nach links drehen und herausziehen. Glassockellampe aus der Fassung ziehen und ersetzen. Fassung einsetzen und durch Rechtsdrehen einrasten.
- Leuchtenträger zuerst auf der linken Seite einsetzen und anschließend in den Ausschnitt der Dachverkleidung drükken.

Gepäckraum-/Kofferraumleuchte

- Kofferraum öffnen.
- Mit einem Finger hinter die Leuchte greifen und Leuchte nach unten herausdrücken.
- Sofittenlampe auswechseln. Saß die Lampe locker, Kontaktzungen etwas nachbiegen.
- Leuchte einsetzen und hochdrücken.

Handschuhkastenleuchte

- Handschuhkasten öffnen.

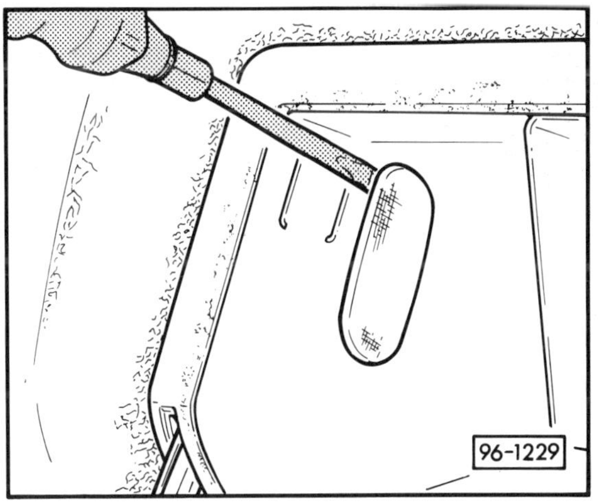

- Schraubendreher seitlich zwischen unter das Leuchtenglas schieben und Leuchte heraushebeln, dabei Schraubendreher möglichst weit oben ansetzen.

- Leuchte schräg nach oben herausziehen.
- Sofittenlampe auswechseln. Saß die Lampe locker, Kontaktzungen etwas nachbiegen.
- Leuchte mit der Unterseite zuerst einsetzen und andrükken.
- Funktionsprüfung durchführen: Handschuhkastendeckel langsam schließen, die Lampe muß bei fast geschlossenem Deckel erlöschen. Sonst Leuchte nochmals ausbauen und richtig einsetzen.

Türkontaktschalter/Schalter für Kofferraumbeleuchtung ersetzen

Die Türkontaktschalter an den Türen schalten automatisch die Innenbeleuchtung ein, wenn eine Tür geöffnet wird. Wird die Heckklappe geöffnet, schaltet ein Kontakt am Heckklappenschloß die Kofferraumbeleuchtung ein. Schalter prüfen, siehe Seite 217.

Türkontaktschalter ersetzen

- Gummimanschette abziehen.

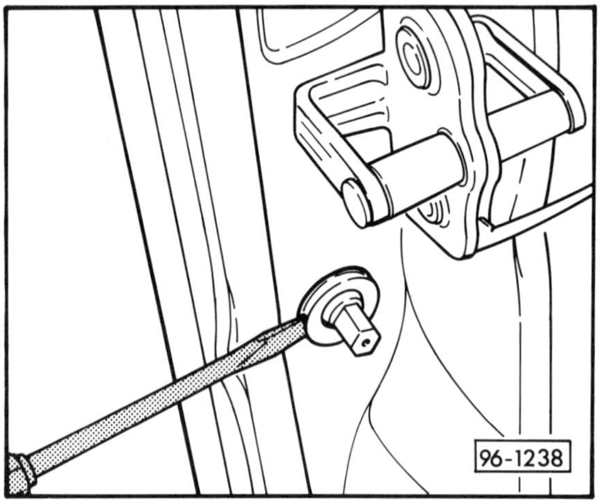

- Türkontaktschalter vorsichtig heraushebeln.
- Steckverbindung entrasten.
- Stecker auf neuen Schalter aufschieben, Kontaktschalter einsetzen und Gummikappe aufsetzen.

Schalter für Kofferraumbeleuchtung ersetzen

- Heckklappenverkleidung ausbauen, siehe Seite 178.
- Kabelstecker am Heckklappenschloß abziehen.

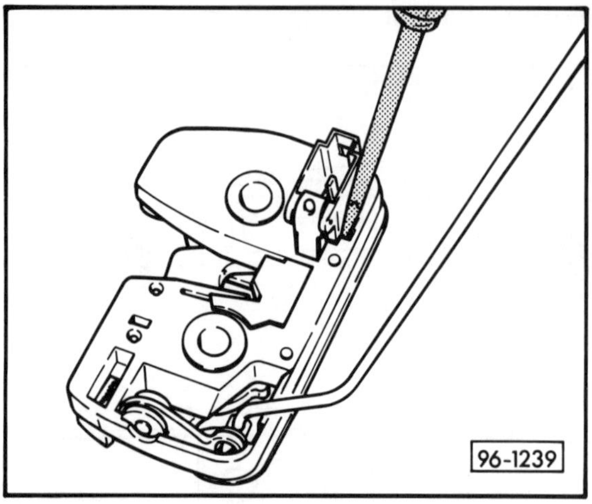

- Seitliche Rastnase mit Schraubendreher entriegeln und gleichzeitig Schalter aus dem Heckklappenschloß herausziehen.
- Neuen Schalter in das Heckklappenschloß eindrücken, er muß einrasten.
- Kabelstecker aufstecken.

Scheinwerfer aus- und einbauen

Der Scheinwerfer ist nicht zerlegbar. Ist zum Beispiel das Glas defekt, muß der ganze Scheinwerfer ersetzt werden.

Ausbau

- Scheinwerferschalter ausschalten.
- Motorhaube öffnen.
- An der Scheinwerferrückseite die Abdeckung durch Linksdrehung ausrasten und Stecker von der Scheinwerfer-Glühlampe abziehen.
- Kühlergrill ausbauen, siehe Seite 167.

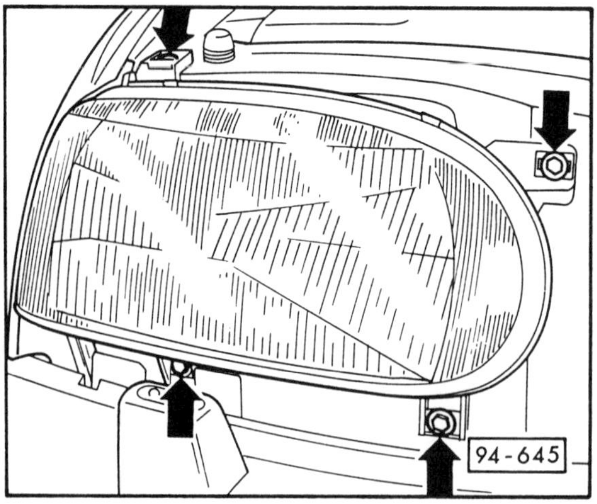

- Befestigungsschrauben –Pfeile– herausschrauben und Scheinwerfer nach vorn herausschieben.
- Stecker für Leuchtweitenregulierung abziehen.

Einbau

- Der Einbau erfolgt in umgekehrter Reihenfolge wie unter »Ausbau« beschrieben.
- Kühlergrill einbauen, siehe Seite 167.
- Scheinwerfer von einer Fachwerkstatt einstellen lassen.

Scheinwerfer einstellen

Für die Verkehrssicherheit ist die richtige Einstellung der Scheinwerfer von großer Bedeutung. Die exakte Einstellung der Scheinwerfer ist nur mit einem Spezialeinstellgerät möglich. Es wird deshalb nur gezeigt, wo die Scheinwerfer eingestellt werden können und welche Bedingungen zum richtigen Einstellen der Scheinwerfer erfüllt sein müssen.

- Reifen müssen den vorgeschriebenen Reifenfülldruck haben.
- Das unbeladene Fahrzeug muß mit 75 kg (eine Person) auf dem Fahrersitz belastet sein, sowie der Kraftstofftank gefüllt sein. Anschließend das Fahrzeug mindestens einige Meter rollen, damit sich die Federn richtig einstellen.
- Fahrzeug auf ebene Fläche stellen.
- Regulierknopf für Leuchtweitenregulierung auf »0« stellen.
- Die Scheinwerfer dürfen nur bei Abblendlicht eingestellt werden. Das Neigungsmaß beträgt für Normalscheinwerfer X = 12 cm auf 10 m Entfernung. Nebelscheinwerfer X = 20 cm auf 10 m Entfernung.

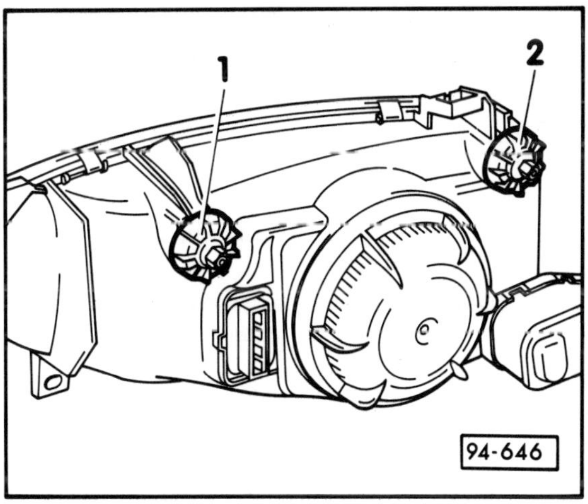

- Die Einstellschrauben sind: 1 – Seitenverstellung, 2 – Höhenverstellung. Die Abbildung zeigt den rechten Scheinwerfer; links sind die Schrauben spiegelbildlich angeordnet.

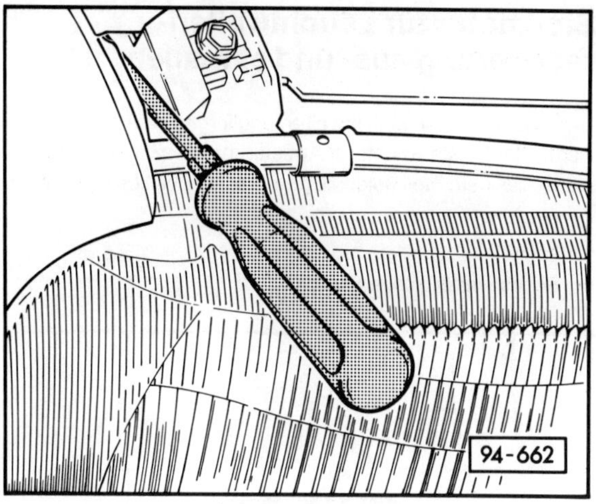

- Zur Seiten- und Höhenverstellung kann das jeweilige Rändelrad mit einem Schraubendreher von vorn verstellt werden.

Einstellung Nebelscheinwerfer

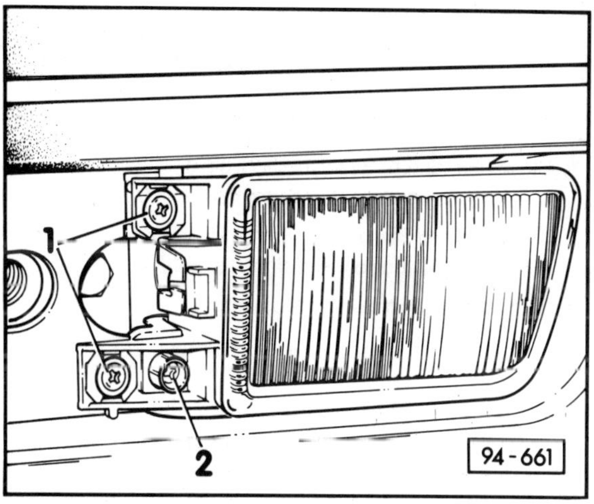

- An den Nebelscheinwerfern ist nur die Höheneinstellung möglich. Dazu Schraube –2– verdrehen.

Stellmotor für Leuchtweiten-regulierung aus- und einbauen

Der Stellmotor für Leuchtweitenregulierung sitzt am Scheinwerfer. Im Einstellknopf am Armaturenbrett sitzt ein Potentiometer, das dem Stellmotor die gewünschte Position übermittelt.

Ausbau

- Scheinwerfer ausbauen.

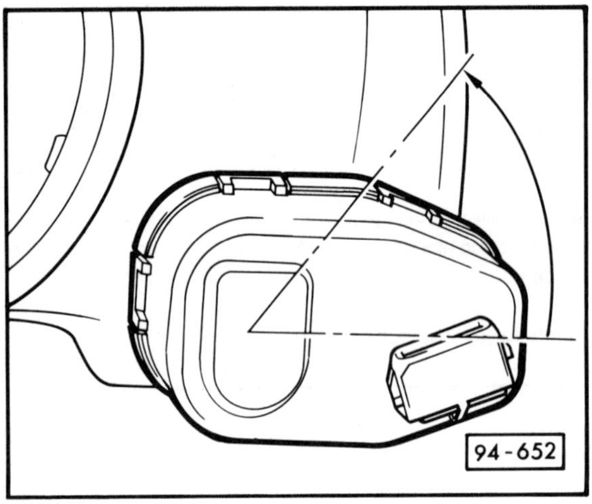

- Stellmotor durch Rechtsdrehen beim linken und durch Linksdrehen beim rechten Scheinwerfer entriegeln.
- Kugelkopf der Stellachse durch kräftigen Zug nach hinten aus der Verrastung am Reflektor ziehen.
- Stellmotor nach hinten herausziehen.

Einbau

- Glühlampe aus dem Scheinwerfer ausbauen.
- Stellachse eindrücken, bis sie ganz einrastet. Dabei Reflektor am Ausschnitt für die Glühlampe gegenhalten. **Achtung:** Reflektor nicht an der Innenseite mit bloßen Fingern anfassen, da er sonst trübe wird.
- Stellmotor schwenken und dadurch verriegeln.
- Glühlampe einbauen.
- Scheinwerfer einbauen und einstellen.

Heckleuchte aus- und einbauen

GOLF-Heckleuchte

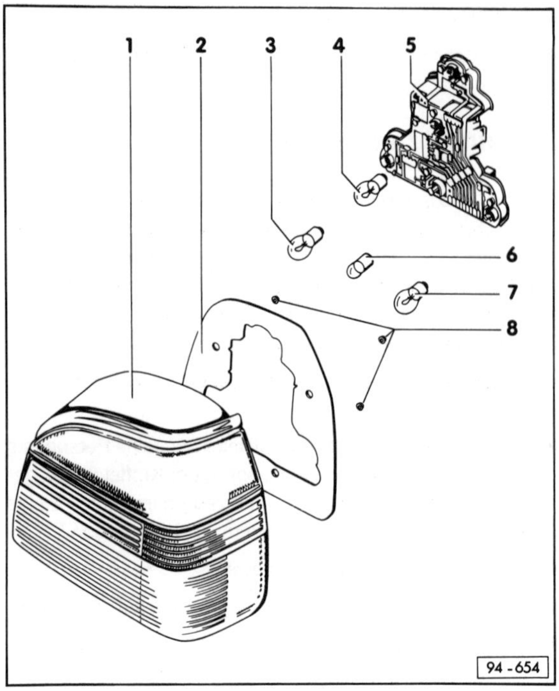

1 – Gehäuse
2 – Dichtung
3 – Glühlampe für Rückfahrlicht
4 – Glühlampe für Blinklicht
5 – Lampenträger
6 – Glühlampe für Schlußlicht
7 – Glühlampe für Bremslicht
8 – Sechskantmutter M 5

Ausbau

- Glühlampen der betreffenden Heckleuchte ausbauen, siehe Seite 235.
- **Heckleuchte im Seitenteil ausbauen:** 3 Muttern –Pfeile– vom Kofferraum her lösen.
- **VENTO-Heckleuchte in der Heckklappe ausbauen:** Abdeckung abziehen und 4 Muttern von innen her lösen.
- Leuchte nach außen abnehmen.
- Gummidichtung zwischen Leuchte und Karosserie abnehmen.

Einbau

- Poröse oder beschädigte Gummidichtung sowie gesprungene Leuchtengläser umgehend ersetzen, sonst dringt Wasser in den Innenraum.
- Leuchten mit Dichtung ansetzen, von innen her anschrauben.
- Glühlampen einbauen.

Die Armaturen

Beim GOLF/VENTO sind die Instrumente in einem Schalttafeleinsatz zusammengefaßt. Der Schalttafeleinsatz muß beispielsweise ausgebaut werden, wenn Glühlampen der Instrumentenbeleuchtung ersetzt werden sollen. Sind einzelne Instrumente defekt, muß der gesamte Schalttafeleinsatz ersetzt werden, da er nicht zerlegbar ist. In diesem Kapitel werden auch die Schalter an der Schalttafel behandelt.

Schalttafeleinsatz aus- und einbauen

Ausbau

- Batterie-Massekabel (–) abklemmen. **Achtung:** Dadurch werden die elektronischen Speicher gelöscht, zum Beispiel Motor-Fehlerspeicher oder Radiocode. Batterie nur bei **ausgeschalteter Zündung** abklemmen, da sonst das Steuergerät der Einspritzanlage beschädigt werden kann. Vor dem Abklemmen Hinweise im Kapitel »Radio« bzw. »Batterie aus- und einbauen« durchlesen.

Hinweis: Das Lenkrad muß nicht ausgebaut werden, in den folgenden Abbildungen fehlt es wegen der besseren Übersicht.

- Lichtschalter ausbauen, siehe Seite 249.

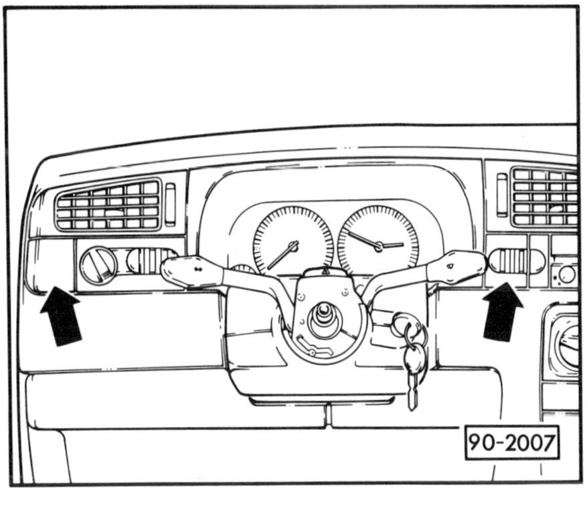

- Blende links neben dem Lichtschalter und Blende rechts neben dem Schalttafeleinsatz –Pfeile– mit einem Schraubendreher vorsichtig heraushebeln.

Achtung: Je nach Fahrzeugausstattung können sich anstelle der Blenden auch Schalter oder Kontrolleuchten befinden, diese heraushebeln, Stecker abziehen.

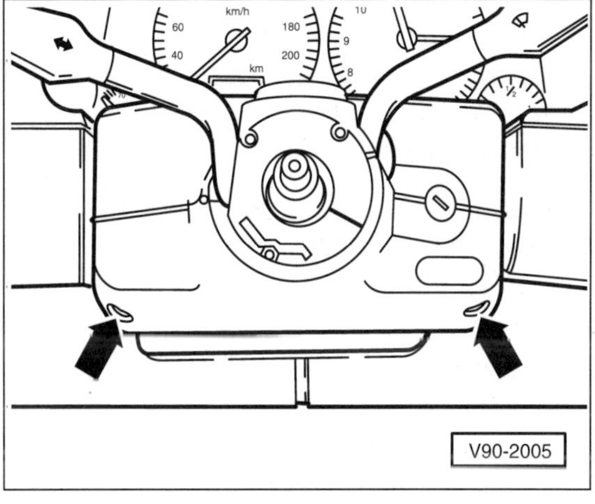

- 2 Schrauben herausdrehen und Oberteil der Lenksäulenverkleidung abnehmen. **Achtung:** Bei höhenverstellbarem Lenkrad, Lenksäule ganz nach unten stellen. Die Lenksäulenverkleidung braucht **nicht** ausgebaut zu werden.

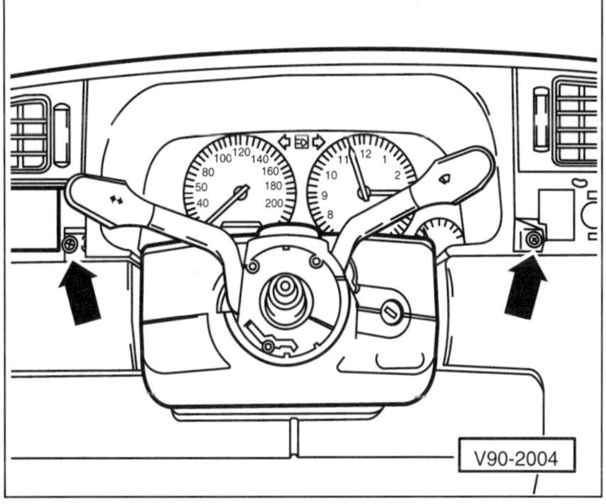

- Schrauben links und rechts herausdrehen –Pfeile–.

- Blende für Schalttafeleinsatz seitlich ausrasten. Dazu Blende im oberen Bereich kräftig vorziehen.
- Blende aus der Schalttafel herausnehmen.

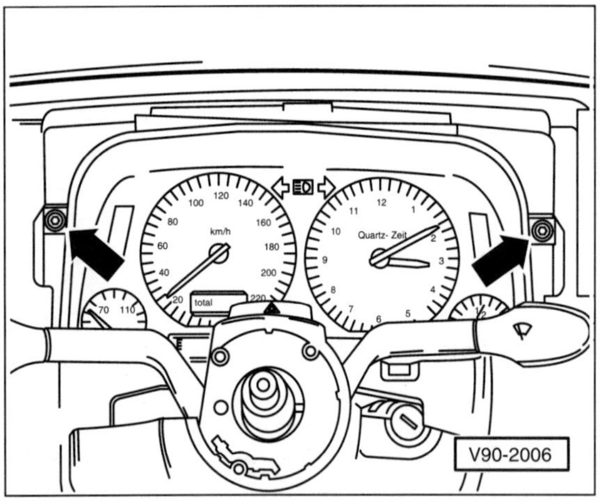

- 2 Schrauben –Pfeile– herausdrehen.
- Schalttafeleinsatz nach unten klappen und vorsichtig aus dem Schalttafelausschnitt herausziehen.
- Steckverriegelung an der Rückseite mit einem kleinen Schraubendreher bis zum Anschlag nach oben ziehen. Stecker von Hand abziehen und Schalttafeleinsatz abnehmen. **Bis 7/95:** Bei Fahrzeugen mit Ecomatic und/oder Airbag 2. Steckanschluß ebenfalls abziehen.

Einbau

- Elektrische(n) Anschlußstecker einsetzen und Verriegelung ganz eindrücken.
- Schalttafeleinsatz einsetzen und anschrauben.
- Blende einsetzen und anschrauben.
- Lenksäulenverkleidung montieren.
- Lichtschalter einbauen, siehe Seite 249.
- Abdeckungen in die Schalttafel einclipsen.
- Batterie-Massekabel (–) anklemmen. **Achtung:** Batterie nur bei **ausgeschalteter Zündung** anklemmen, sonst kann das Steuergerät der Einspritzanlage beschädigt werden.
- Zeituhr einstellen.
- Diebstahlcode für Radio eingeben, siehe Kapitel »Radio-Codierung eingeben«.

Schalttafeleinsatz-Kontrollampen/Beleuchtung aus- und einbauen

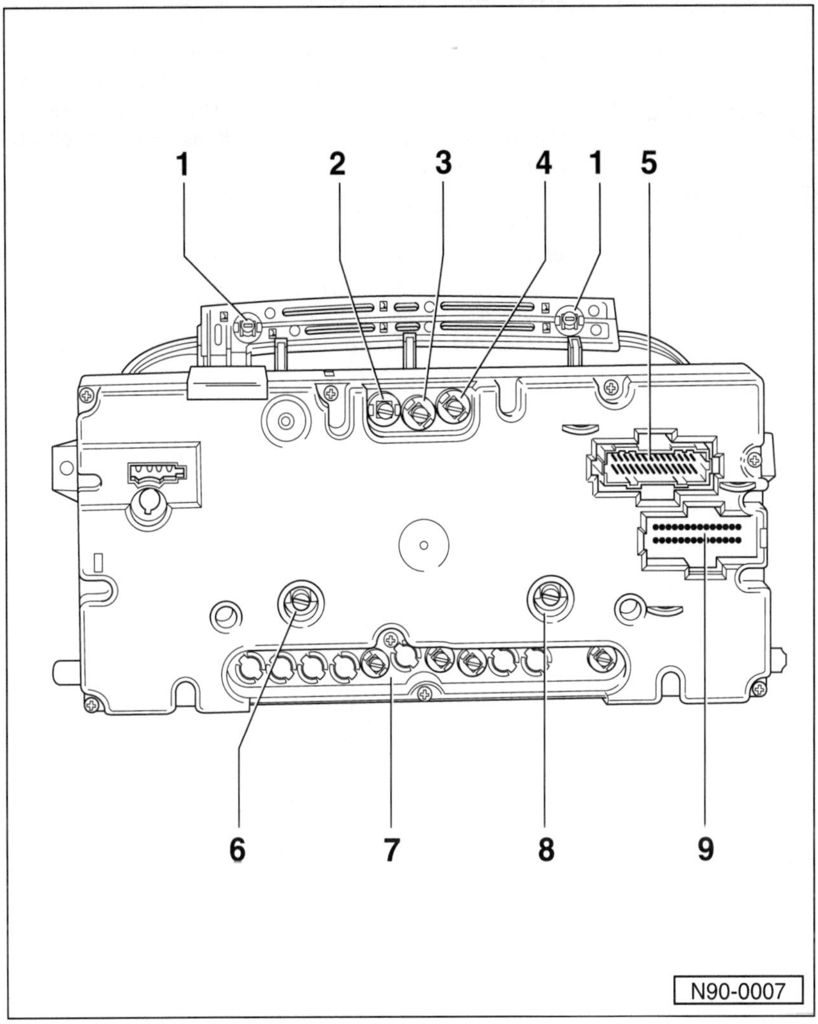

Lampenbelegung

12 Volt-Lampen* für:

1 – Instrumentenbeleuchtung 2,0 W

2 – Blinker rechts

3 – Fernlicht

4 – Blinker links

5 – Steckanschluß 1, 28fach

6 – Digitaluhr/MFA-Beleuchtung

7 – diverse Kontrolleuchten

8 – Beleuchtung Kilometerzähler

9 – Steckeranschluß 2, 28fach
Nur bis 7/95 vorhanden. Ab 8/95 sind alle Leitungen auf Steckeranschluß 1 gelegt.

***)** Falls nicht anders angegeben, haben alle Lampen eine Leistungsaufnahme von 1,1 Watt.

Ausbau

- Schalttafeleinsatz ausbauen und auf eine saubere, weiche Unterlage ablegen.
- Lampenfassung für defekte Leuchte von Hand oder mit einem schmalen Schraubendreher nach links drehen und herausnehmen.

Einbau

- Glühlampe mit Fassung ersetzen. Fassung einsetzen und nach rechts drehen.
- Schalttafeleinsatz einbauen.

Cassetten-Ablage/Glühlampe aus- und einbauen

Ausbau

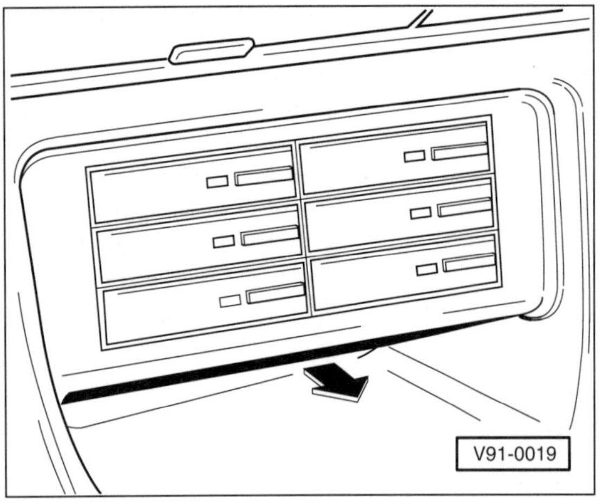

- Mit der Hand unter die Cassettenablage fassen und Cassettenablage in Pfeilrichtung herausziehen. Gelingt das nicht, Mittelkonsole ausbauen, siehe Seite 199.
- Steckverbindung abziehen.

Lampe ersetzen

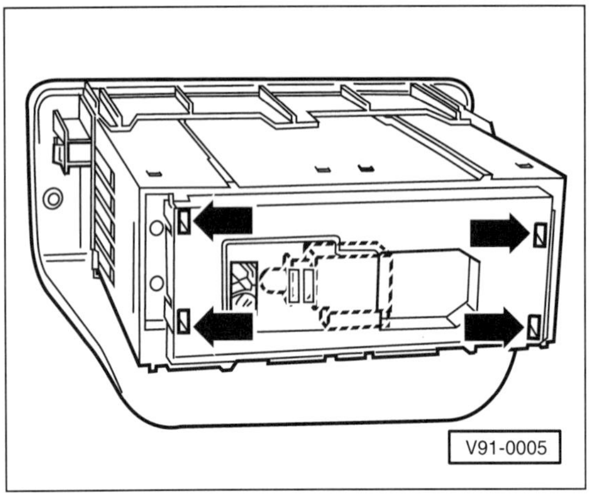

- Abdeckung auf der Rückseite vorsichtig abhebeln –Pfeile–.
- Lampe für Beleuchtung herausnehmen und ersetzen.

Einbau

- Elektrische Leitungen verbinden.
- Cassettenablage in die Öffnung einschieben und einrasten.

Blinker-/Wischerschalter aus- und einbauen

Blink-/Fernlichtschalter und Wischerschalter sind sogenannte Lenkstockschalter und werden zusammen ausgebaut. Je nach Fahrzeugausstattung werden auch die Multifunktionsanzeige (MFA) und die Geschwindigkeits-Regelanlage mit diesen Hebeln betätigt.

Ausbau

- Batterie-Massekabel (–) abklemmen. **Achtung:** Dadurch werden die elektronischen Speicher gelöscht, daher Hinweise im Kapitel »Batterie aus- und einbauen« durchlesen. Batterie nur bei **ausgeschalteter Zündung** abklemmen.

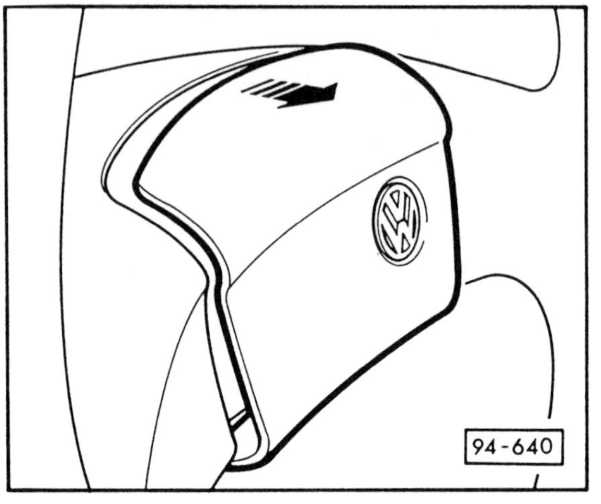

- Abdeckkappe für Lenkrad abnehmen. Dazu Kappe unten anheben und in Pfeilrichtung abziehen.

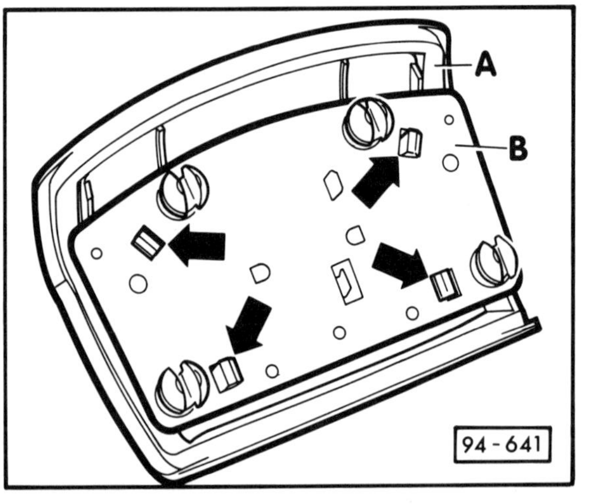

- Falls erforderlich, Taster für Signalhornbetätigung ausbauen. Dazu Rastnasen in Pfeilrichtung drücken und Kontaktplatte –A– abnehmen.

Hinweis: Die Taste besteht aus den beiden Kontaktplatten –A– und –B–, die voneinander getrennt sind. Bei Betätigung der Taste werden die Platten an den nicht isolierten Stellen gegeneinander gedrückt.

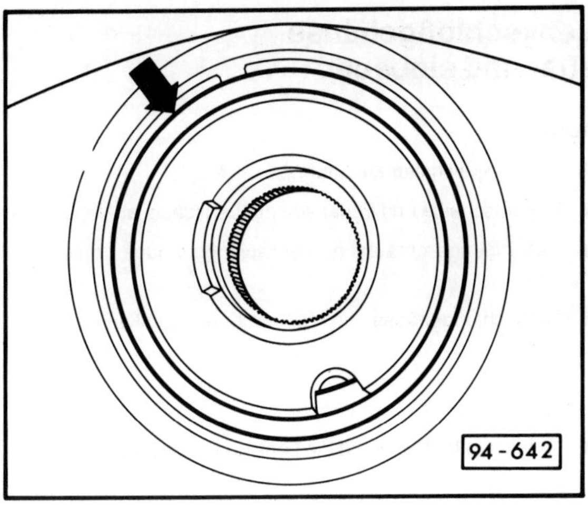

Die Plusspannung wird dem Taster über einen Federkontakt auf dem Lenkstockschalter und einem Schleifring unter dem Lenkrad zugeführt.

- Lenkrad ausbauen, siehe Seite 130.
- Verkleidung für Lenksäule von unten mit 2 Schrauben abschrauben.

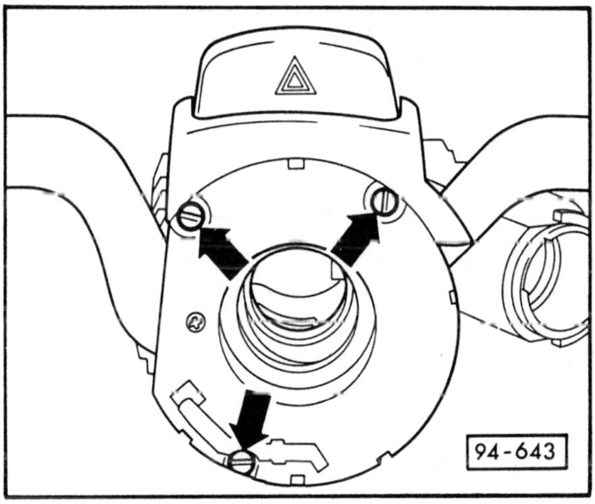

- Befestigungsschrauben herausdrehen.
- Steckverbindungen am Lenkstockschalter trennen.
- Lenkstockschalter von der Lenksäule abziehen.

Einbau

- Mehrfachstecker verbinden.
- Lenkstockschalter aufschieben und mit 3 Schrauben anschrauben.
- Lenksäulenverkleidung anschrauben (2 Schrauben).
- Lenkrad einbauen, siehe Seite 130.
- Abdeckkappe aufdrücken und einrasten.
- Batterie-Massekabel (–) anklemmen. **Achtung:** Batterie nur bei **ausgeschalteter Zündung** anklemmen, sonst kann das Steuergerät der Einspritzanlage beschädigt werden.
- Zeituhr einstellen.
- Diebstahlcode für Radio eingeben, siehe Kapitel »Radio-Codierung eingeben«.
- Funktion der Hupe prüfen.

Anschlußbelegung am Lenkstockschalter

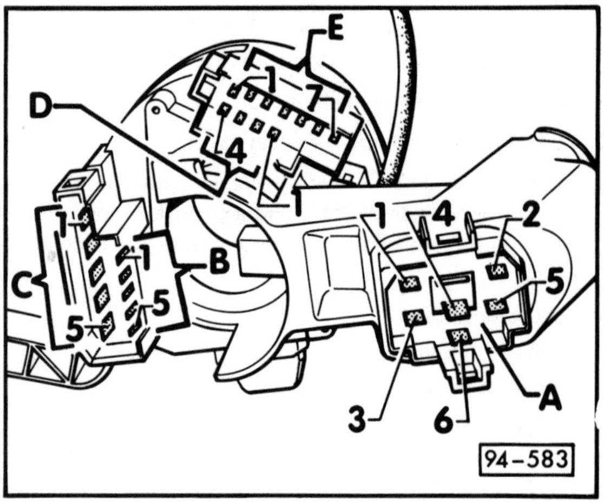

A – Zündanlaßschalter

1 – Klemme 15
2 – Klemme X
3 – Klemme 50
4 – Klemme 30
5 – Klemme SU
6 – Klemme P

B – Steckverbindung, 5-fach

1 – Scheibenwischerschalter, Klemme 53b
2 – Scheibenwischerschalter, Klemme 53a
3 – Scheibenwischerschalter, Klemme 53
4 – Scheibenwischerschalter, Klemme 53e
5 – Scheibenwischerschalter, Klemme J

C – Steckverbindung, 5-fach

1 – Warnlichtschalter, Klemme 49
2 – Schalter für Handabblendung und Lichthupe, Klemme 56b
3 – Schalter für Handabblendung und Lichthupe, Klemme 56
4 – Schalter für Handabblendung und Lichthupe, Klemme 56a
5 – Schalter für Handabblendung und Lichthupe, Klemme 30

D – Steckverbindung, 4-fach

1 – Scheibenwischerschalter, Klemme L
2 – Scheibenwischerschalter, Klemme T
3 – Scheibenwischerschalter, Klemme 31
4 – Warnlichtschalter, Klemme 15

E – Steckverbindung, 7-fach

1 – Betätigung für Hupe, Klemme 71
2 – Warnlichtschalter, Klemme 49a
3 – Blinkerschalter, Klemme L
4 – Schalter für Parklicht, Klemme PL
5 – Schalter für Parklicht, Klemme P
6 – Schalter für Parklicht, Klemme PR
7 – Blinkerschalter, Klemme R

Lenkschloßgehäuse aus- und einbauen

Ausbau

- Lenkstockschalter ausbauen.
- Klemmscheibe und Feder von der Lenksäule abziehen.
- Befestigungsschraube für Lenkschloßgehäuse herausdrehen.
- Lenkschloßgehäuse von Mantelrohr und Lenksäule abziehen.

Einbau

- Lenkschloßgehäuse auf die Lenksäule aufschieben.

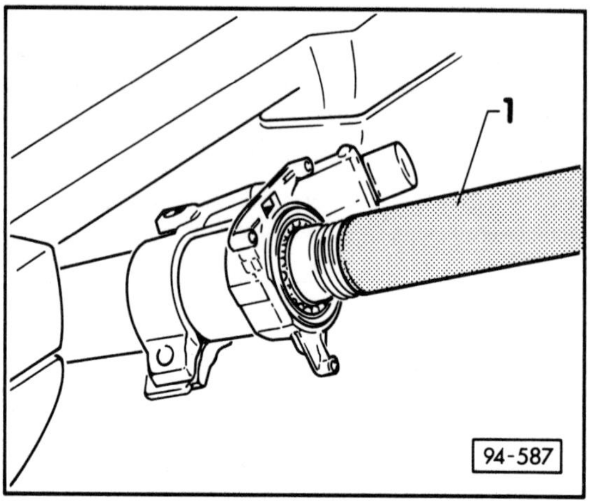

- Feder und Klemmscheibe mit geeignetem Rohr oder mit Spezialwerkzeug VW-420 –1– auf die Lenksäule auftreiben.

Achtung: Falls die Lenksäule nicht ganz aus dem Mantelrohr herausragt, Lenksäule an aufgeschraubter Sechskantmutter weiter herausziehen.

- Lenkstockschalter einbauen.

Schließzylinder für Lenk-Zündschloß aus- und einbauen

Ausbau

- Lenkschloßgehäuse ausbauen.

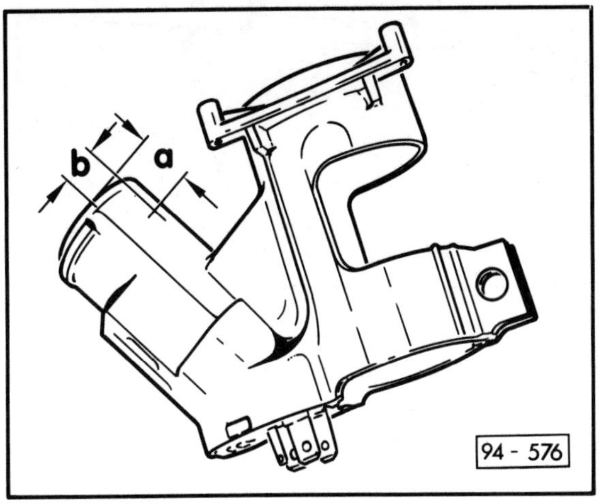

94 - 576

- Bohrloch am Lenkschloßgehäuse markieren: a = 12 mm, b = 10 mm.
- Lenkschloßgehäuse mit Bohrer von ca. 3 mm ∅ durchbohren, bis die Rastfeder des Schließzylinders spürbar wird. Das ist der Fall bei einer Lochtiefe von ca. 3 mm.
- Mit der Rückseite des Bohrers Rastfeder zusammendrükken und Schließzylinder mit eingestecktem Schlüssel herausziehen.

Einbau

- Schließzylinder in das Lenkschloßgehäuse bis zum Anschlag eindrücken. Dabei Schlüssel leicht drehen.
- Lenkschloßgehäuse einbauen.

Schalter für Beleuchtung/Leuchtweitenregelung/beheizbare Heckscheibe/Sitzheizung aus- und einbauen

Ausbau

- Batterie-Massekabel (–) abklemmen. **Achtung:** Dadurch werden die elektronischen Speicher gelöscht, zum Beispiel der Radiocode. Vor dem Abklemmen sollten auch die Hinweise im Kapitel »Radio« bzw. »Batterie aus- und einbauen« durchgelesen werden.

Lichtschalter ausbauen

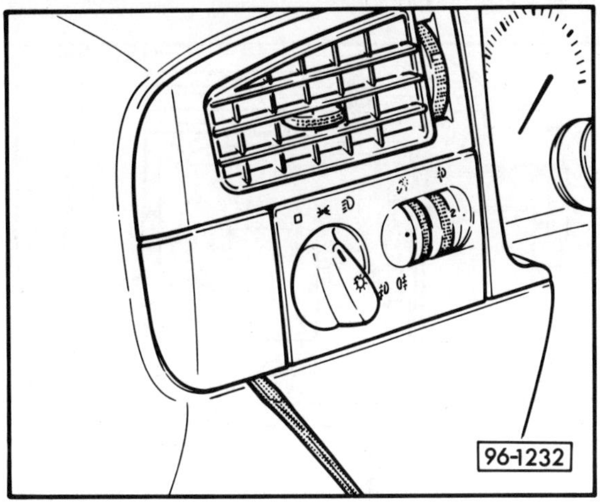

96-1232

- Blende links neben dem Lichtschalter vorsichtig mit einem Schraubendreher heraushebeln.

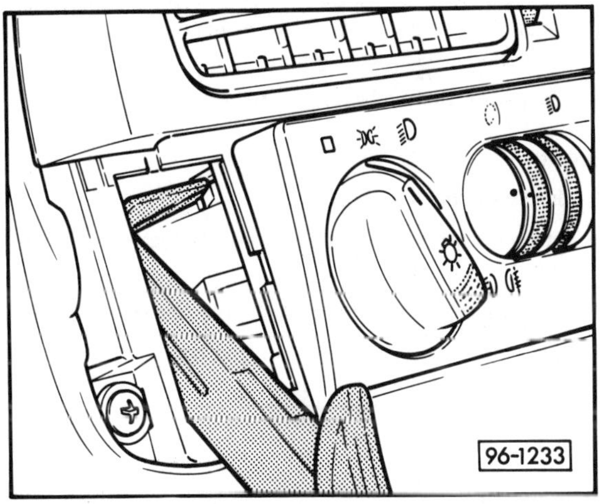

96-1233

- Die jetzt sichtbare seitliche Rastnase am Lichtschalter zurückdrücken.
- Lichtschalter aus der Schalttafel herausziehen und elektrische Steckverbindung abziehen.

Einbau

- Steckverbindung aufstecken.
- Lichtschalter in die Schalttafel einsetzen und einrasten.
- Blende links neben dem Lichtschalter einsetzen.

Leuchtweitenregulierung ausbauen

- Lichtschalter ausbauen.

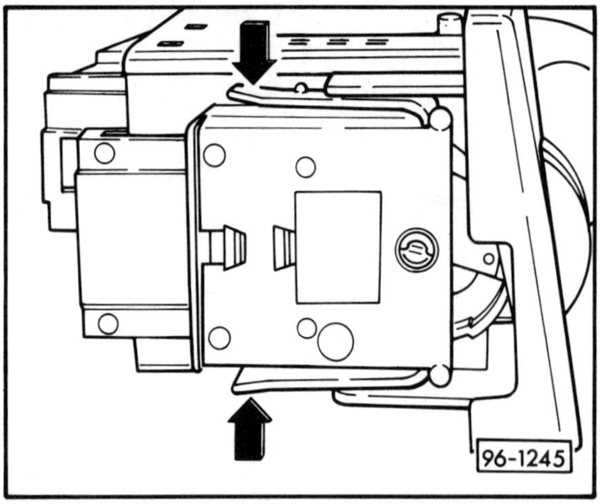

96-1245

- Am Lichtschalter die seitlichen Haltelaschen am Einstellschalter zusammendrücken, dabei entriegeln sich die Rastnasen. Gleichzeitig Schalter nach hinten aus der Frontplatte des Lichtschalters ziehen.
- Elektrische Steckverbindung abziehen.

Einbau

- Steckverbindung aufstecken.
- Einstellschalter in die Führungsstege am Lichtschalter einsetzen.
- Haltelaschen nach außen drücken, bis die Rastnasen verriegeln.
- Lichtschalter einbauen.

Schalter für Heckscheibenheizung ausbauen

Hinweis: Der Aus- und Einbau des Schalters für Klimaanlage sowie für die hinteren Fensterheber (falls vorhanden) erfolgt in gleicher Weise.

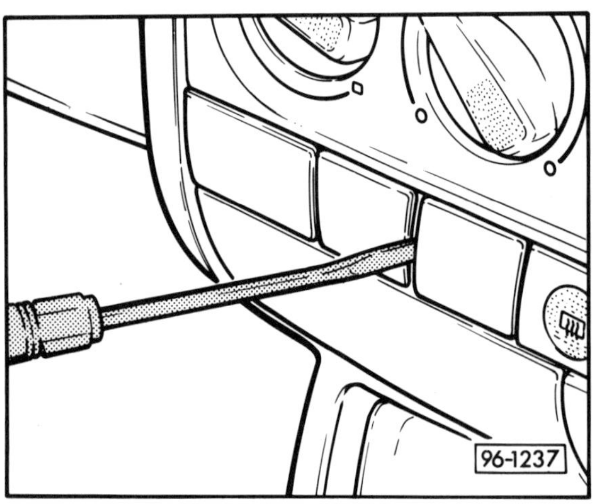

96-1237

- Abdeckblende für Anschlüsse der Eigendiagnose vorsichtig mit einem Schraubendreher heraushebeln.

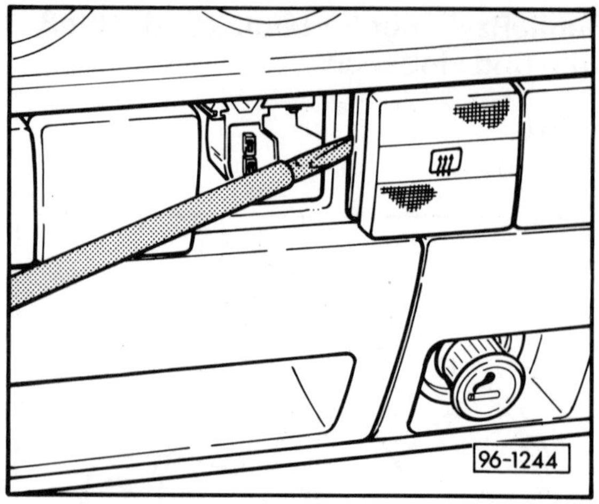

96-1244

- Schraubendreher zwischen Schaltergehäuse und Verkleidung ansetzen und Schalter vorsichtig lösen.
- Schalter aus der Schalttafel herausziehen.
- Steckverbindung abziehen.

Einbau

- Steckverbindung aufstecken.
- Schalter in die Schalttafel einsetzen und eindrücken, bis er einrastet.

Schalter für Sitzheizung ausbauen

- Blende rechts neben dem Schalter vorsichtig mit einem Schraubendreher heraushebeln.

Achtung: Anstelle der Blende ist bei entsprechend ausgestattetem Fahrzeug ein Temperaturfühler für die Thermotronic (Heizungsregelung), diesen heraushebeln.

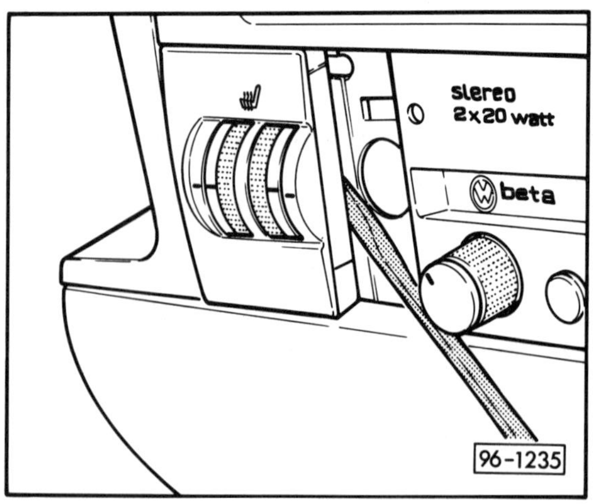

96-1235

- Schraubendreher wie in der Abbildung gezeigt ansetzen und Schalter vorsichtig lösen.
- Schalter aus der Schalttafel herausziehen.
- Steckverbindung abziehen.

Einbau

- Steckverbindung aufstecken.
- Schalter in die Schalttafel einsetzen und eindrücken, bis er einrastet.
- Blende neben dem Schalter wieder einsetzen.

- Batterie-Massekabel (–) anklemmen. **Achtung:** Batterie nur bei **ausgeschalteter Zündung** anklemmen, sonst kann das Steuergerät der Einspritzanlage beschädigt werden.
- Zeituhr einstellen.
- Diebstahlcode für Radio eingeben, siehe Kapitel »Radio-Codierung eingeben«.

Schalter für Schiebedach aus- und einbauen

Ausbau

- Innenleuchte am Rahmen aus der Dachverkleidung herausheben, siehe Seite 239.
- Elektrische Steckverbindungen abziehen.

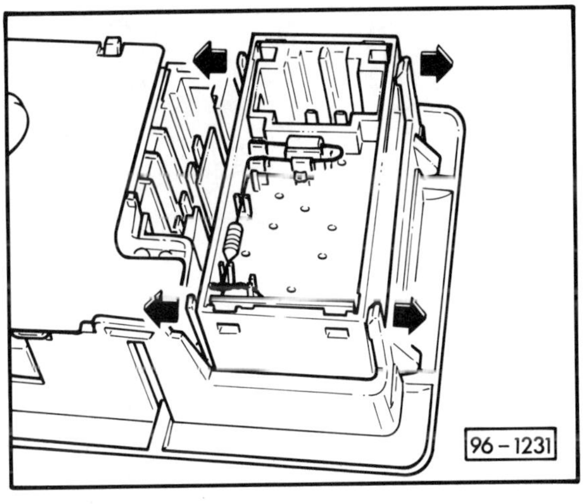

- Beidseitige Rastnasen des Schalters für Schiebedach entriegeln und Schalter aus der Innenleuchte herausnehmen.

Einbau

- Schalter in die Innenleuchte einsetzen und seitliche Haltelaschen verriegeln.
- Steckverbindungen aufstecken und Innenleuchte einbauen.

Radio aus- und einbauen

Das vom Werk eingebaute Radiogerät ist mit einer Einschubhalterung ausgestattet, die den schnellen Ein- und Ausbau des Radios ermöglicht. Allerdings gelingt das nur mit Ausziehbügeln, die beim Kauf des Radios beigelegt oder im Fachhandel erhältlich sind. Ob ein Radio mit Einschubhalterung eingebaut ist, erkennt man in der Regel an den 4 Bohrungen in der Frontplatte. Stehen keine Ausziehbügel zur Verfügung, können ersatzweise 4 Nägel mit ∅ 1,5 mm verwendet werden.

Achtung: Ab 9/93 wird zum Ausbau des serienmäßig eingebauten Radios ein geändertes Entriegelungswerkzeug benötigt.

Ausbau

- Zündung ausschalten.
- Batterie-Massekabel (–) abklemmen. **Achtung:** Beim Abklemmen der Batterie werden Speicher im Radio und in elektronischen Steuergeräten gelöscht. Serienmäßig eingebaute Radios sind in der Regel mit einer Anti-Diebstahl-Codierung ausgerüstet. Diese verhindert die unbefugte Inbetriebnahme des Gerätes, wenn die Stromversorgung unterbrochen wurde. Die Stromversorgung ist beispielsweise unterbrochen beim Abklemmen der Batterie, beim Ausbau des Radios oder wenn die Radiosicherung durchgebrannt ist.
  Falls das Radio codiert ist, Radiocode vor Abklemmen der Batterie oder Ausbau des Radios feststellen. Ist der Code nicht bekannt, kann nur die VW-Werkstatt das Autoradio wieder in Betrieb nehmen.

Die individuelle Code-Nummer ist in der Radio-Bedienungsanleitung angegeben. Sie sollte nicht im Fahrzeug aufbewahrt werden.

Radio bis 9.93

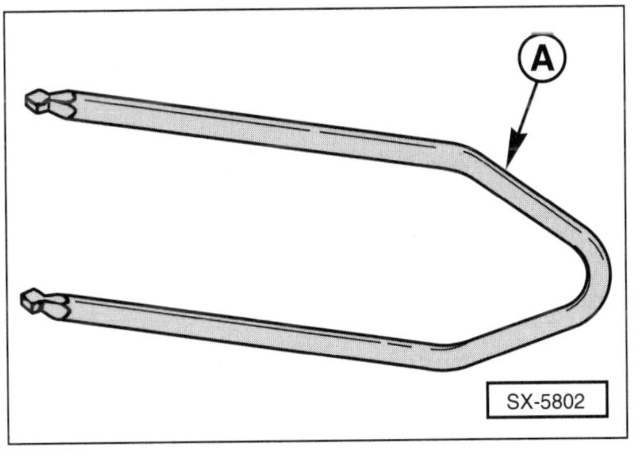

- Beide Ausziehbügel links und rechts in die Öffnungen der Frontplatte einführen. Sind keine Öffnungen vorhanden, Bedienungsknöpfe und Blende abziehen.

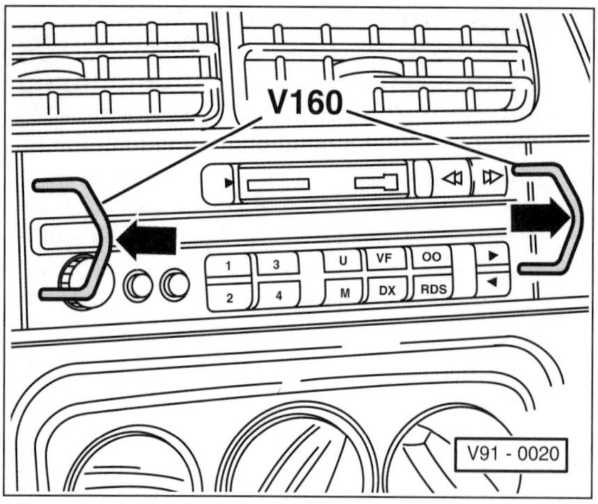

- Radio gleichmäßig herausziehen, dabei gleichzeitig Entriegelungsbügel nach außen drücken. Radio beim Herausziehen nicht verkanten.

Radio ab 10.93

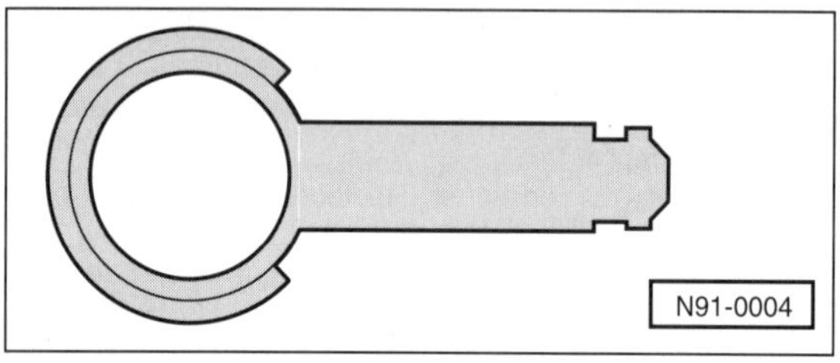

Für den Ausbau werden die beiden Entriegelungswerkzeuge 3316 benötigt.

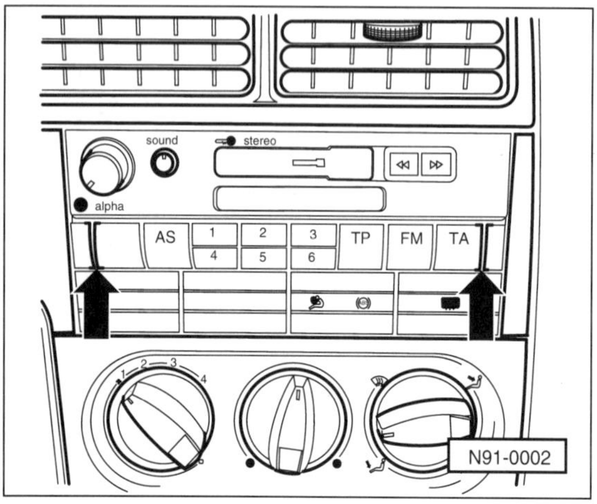

- Entriegelungswerkzeuge in die Entriegelungsschlitze –Pfeile– stecken, bis sie einrasten.

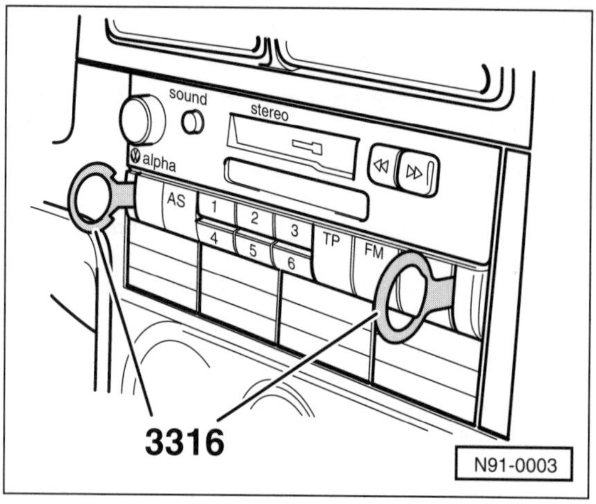

- Radio an den Grifffösen der Werkzeuge aus der Schalttafel herausziehen.

Achtung: Die Entriegelungswerkzeuge dürfen dabei **nicht** zur Seite gedrückt oder verkantet werden.

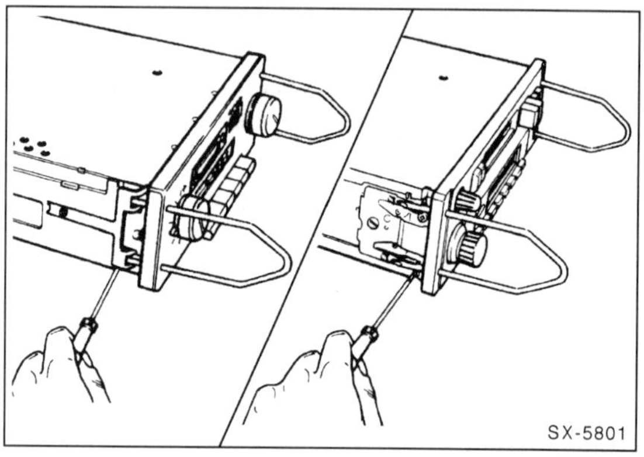

- Bei ausgebautem Radio Entriegelungswerkzeuge abnehmen. Dazu die seitlichen Rastnasen am Radio nach innen drücken
- Steckverbindungen für Lautsprecher und Antenne herausziehen, Mehrfachsteckverbindung für Stromversorgung abziehen. Falls das Radio nicht mit den serienmäßigen Mehrfachsteckern angeschlossen ist, Kabel vor dem Abziehen kennzeichnen, damit sie beim Einbau nicht vertauscht werden.

Einbau

- Beide Ausziehbügel aus dem Radio herausziehen.
- Elektrische Anschlüsse an der Rückseite des Radiogerätes anbringen.

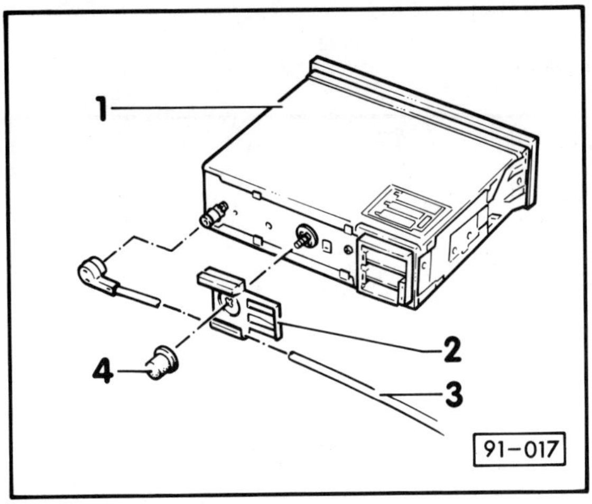

- Antennenleitung –3– in der Kabelführung –2– verlegen und am Radio einstecken. Gummipuffer –4– aufstecken.
- Radio in Armaturentafel eindrücken, bis die Haltefedern einrasten.
- Batterie-Massekabel (–) anklemmen.
- Radio einschalten und Funktion überprüfen. Falls ein Radio mit Anti-Diebstahl-Codierung eingebaut ist, zuvor Geheimcode eingeben.

Hinweise für den nachträglichen Radioeinbau

- Der serienmäßig eingebaute Mehrfachstecker des Kabelstranges paßt zu allen Radiogeräten aus dem VW-Zubehörprogramm seit Modelljahr 1988. Der Versorgungsstecker hat folgende Kabelfarben und Anschlüsse:

Rot/Weiß	Dauerplus
Braun	Minus (Fahrzeugmasse)
Grau/Blau	Skalenbeleuchtung
Blau/Weiß	Geschwindigkeitssignal für automatische Lautstärkeanpassung (Sonderausstattung)
Braun/Rot	Steuerleitung für »Zündschlüssel«-gesteuerte Radio Aus-/Einschaltung. Diesen Anschluß niemals zur Betriebsspannungs-Versorgung verwenden.

- Für andere Radiogeräte ist ein VW-Adapterkabel erhältlich.

Achtung: Wird das Adapterkabel nicht verwendet, unbedingt darauf achten, daß keine unisolierten Kabel frei herumliegen. Ein sonst möglicher Kurzschluß kann zu einem Kabelbrand führen.

- Darauf achten, daß nur typgeprüfte Entstörsätze (mit allgemeiner Betriebserlaubnis, ABE) verwendet werden, sonst kann die Zulassung des Fahrzeuges erlöschen. Im Handel gibt es speziell auf den VW abgestimmte Entstörsätze mit Einbauanleitung.

Achtung: Wurde das Radio nachträglich eingebaut, Radio auf Antenne abstimmen. Dazu schwachen Mittelwellensender einstellen und an der Antennenabgleichschraube (vorn rechts in der Blende des Radios, oder am Gehäuse) mit kleinem Schraubendreher auf besten Empfang einregulieren.

Radio-Codierung eingeben

Gilt nur für VW-Radio mit Codierung (erkennbar am roten Schlüssel-Symbol auf der Frontblende)

Die Anti-Diebstahl-Codierung verhindert die unbefugte Inbetriebnahme des Gerätes, wenn die Stromversorgung unterbrochen wurde. Die Stromversorgung wird beispielsweise unterbrochen beim Abklemmen der Batterie, beim Ausbau des Radios oder wenn die Radiosicherung durchgebrannt ist.

Falls das Radio codiert ist, Radiocode vor Abklemmen der Batterie oder Ausbau des Radios feststellen. Ist der Code nicht bekannt, kann nur die VW-Werkstatt das Autoradio wieder in Betrieb nehmen.

Die individuelle Code-Nummer ist in der Radio-Bedienungsanleitung angegeben. Sie sollte nicht im Fahrzeug aufbewahrt werden.

Elektronische Sperre aufheben

- Stromversorgung herstellen, Radio einschalten. Es erscheint am Radio die Anzeige »SAFE«.
- Die Wellenbereichstasten »M« und »VF« **gleichzeitig** so lange drücken, bis in der Radioanzeige »1000« erscheint. Tasten loslassen.
- Mit Hilfe der Stationstasten 1 bis 4 die geheime Code-Nummer eingeben.
  Dabei wird mit Taste 1 die erste Stelle der Code-Nummer eingegeben, mit Taste 2 die zweite Stelle usw. Aus technischen Gründen kann die erste Stelle nur mit einer 1 oder keiner Zahl belegt werden, während die nachfolgenden drei Stellen mit einer Zahl von 0 bis 9 belegt werden können.
- Anschließend wieder die Tasten »U« und »M« gleichzeitig so lange drücken, bis in der Radioanzeige »SAFE« erscheint. Tasten loslassen. Das Gerät ist jetzt wieder betriebsbereit.

Achtung: Wird versehentlich eine falsche Code-Nummer eingegeben, erscheint in der Anzeige »SAFE« zunächst blinkend und dann dauernd. Jetzt kann der gesamte Vorgang **einmal** wiederholt werden. Wird erneut eine falsche Code-Nummer eingegeben, ist das Radio für ca. 1 Stunde gesperrt, es kann nicht in Betrieb genommen werden. Nach Ablauf von 1 Stunde – das Gerät muß dabei eingeschaltet bleiben – kann die elektronische Sperre wieder aufgehoben werden. Dieser Zyklus gilt für alle weiteren Versuche.

Lautsprecher aus- und einbauen

Die serienmäßigen Lautsprecher können ohne Ausbau der Türverkleidungen oder Schalttafel demontiert werden.

Ausbau

- Radio ausschalten.

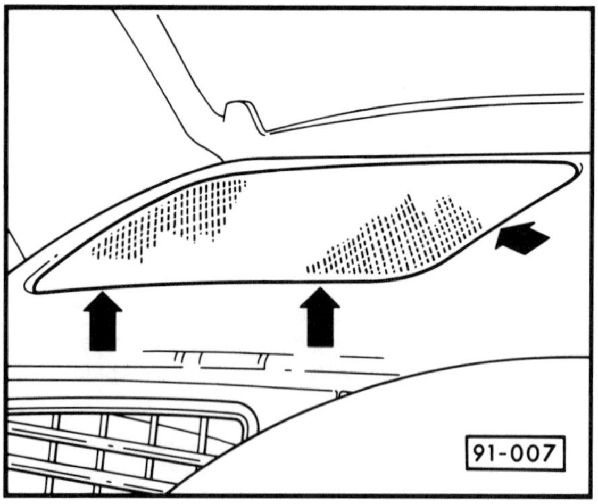

- Lautsprecherabdeckung mit einem Schraubendreher vorsichtig aushebeln. Die Abbildung zeigt die oberen Lautsprecher in der Schalttafel. Bei Türlautsprechern Abdeckung in gleicher Weise abhebeln.
- 4 Schrauben am Lautsprecher herausschrauben, beziehungsweise Grundplatte mit Lautsprecher heraushebeln.
- Steckverbindung abziehen.

Einbau

- Kabelstecker am Lautsprecher aufstecken.
- Lautsprecher einsetzen, teilweise befindet sich am Lautsprecher serienmäßig eine Einbaumarkierung, damit er nicht verdreht eingesetzt wird.
- Lautsprecher gegebenenfalls mit 4 Schrauben anschrauben.

Stabantenne aus- und einbauen

Für den Radioempfang kann eine herkömmliche Stabantenne benützt oder eine elektronisch verstärkte Dachantenne verwendet werden. Beschrieben wird hier der Aus- und Einbau der Stabantenne.

Ausbau

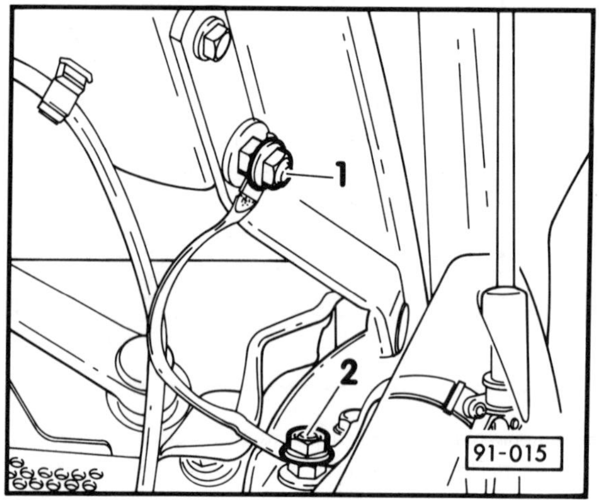

- Entstör-Masseband am linken Motorhaubenscharnier –1– und Radhaus –2– abschrauben.
- Linke untere Ablage ausbauen, siehe Seite 200.
- Antennenkabel an der Steckverbindung (im Bereich des Fahrer-Fußraums) trennen und an der Motor-Trennwand herausziehen. Vorher Bindfaden oder geeignete Schnur am Antennenkabel anbinden, um den späteren Einbau zu erleichtern.
- Gegebenenfalls Radio ausbauen.
- Überwurfmutter für Antenne abschrauben.
- Linke Radhausschale ausbauen, siehe Seite 170.

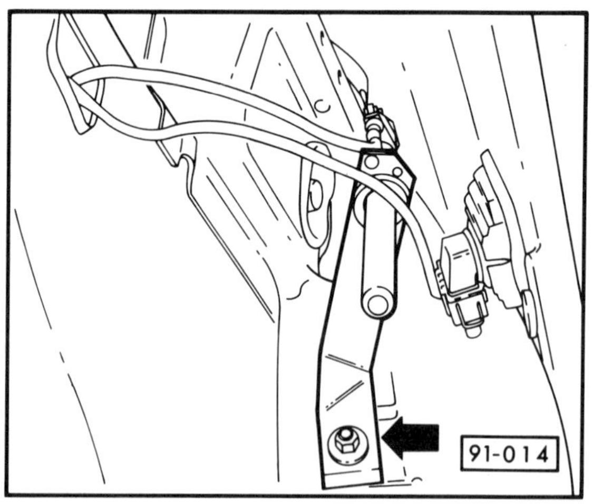

- Antennenhalter im Radhaus abschrauben und Antenne nach unten in das Radhaus ziehen.

Einbau

Für den nachträglichen Einbau ist eine Bohrung im linken, vorderen Kotflügel bereits vorgesehen. In diesem Fall Abdeckkappe abziehen.

- Antenne in den Halter einsetzen.
- Antenne von unten durch die Öffnung im Kotflügel einsetzen und mit Überwurfmutter anschrauben.
- Antennenhalter im Radhaus anschrauben.

Achtung: Falls die Antenne nachträglich eingebaut wird, Antenne so einsetzen, daß sie in ausgezogenem Zustand leicht nach hinten innen geneigt ist. Dabei Hinweise des Antennenherstellers beachten.

- Antennen-Massekabel am Kotflügel und der Motorhaube anschrauben, siehe Abbildung unter »Ausbau«.
- Gummitüllen auf Antennenkabel aufschieben.
- Antennenkabel durch die seitliche Öffnung im Radkasten in den Innenraum führen. **Achtung:** Bohrungen mit Gummitüllen beziehungsweise Karosserie-Abdichtmasse gut verschließen, sonst dringt Wasser in den Innenraum.
- Antennenkabel mit Bindfaden durchziehen und hinter der Armaturentafel verlegen.
- Radhausschale einbauen.
- Radio anschließen und Empfang prüfen.
- Radio einbauen und Antenne abstimmen, siehe Seite 251.

Dachantenne aus- und einbauen

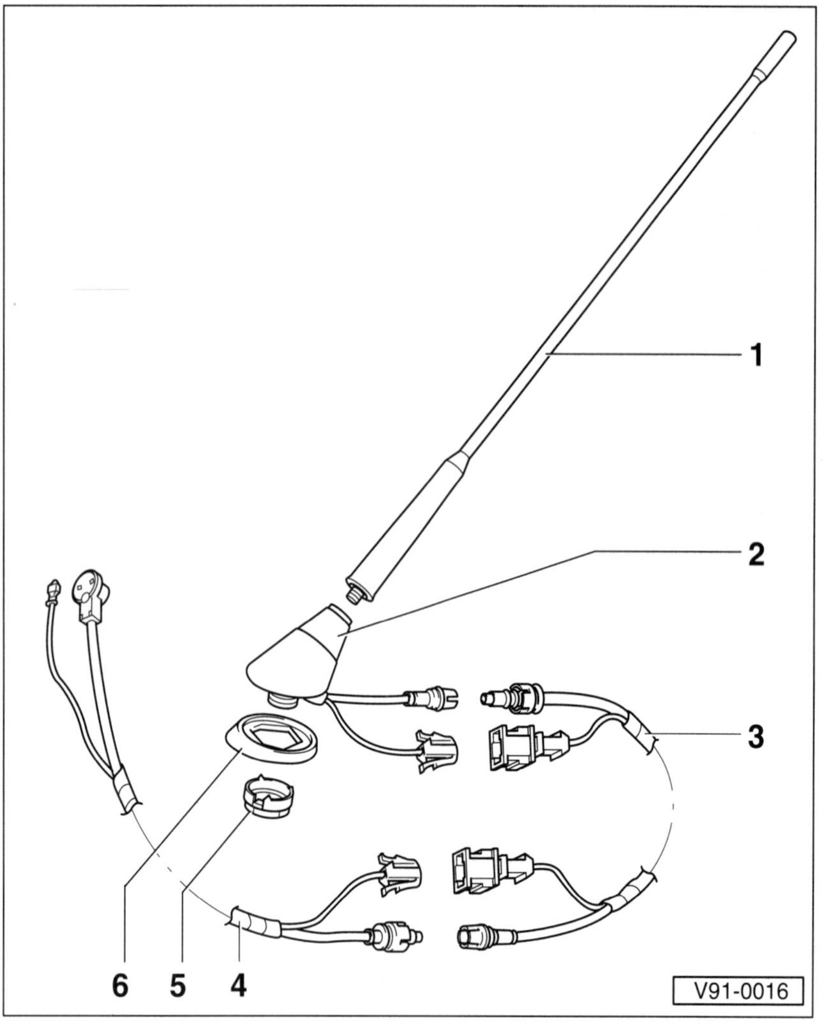

1 – Antennenstab

2 – Antennenfuß

Der Verstärker für die Dachantenne ist im Antennenfuß eingebaut. Zum Ausbau Formhimmel hinten absenken.

3 – Antennenleitung

Von der Dachantenne zur A-Säule, links unten. A-Säule ist die vordere Säule vom Dach zum Türanschlag.

4 – Antennenleitung

Von der A-Säule, links unten zum Radio.

5 – Sechskantmutter M14 mit Zahnscheibe, 7 Nm

Die Mutter ist mit der Zahnscheibe durch einen Kunststoffring verbunden. Im Bereich der Zahnscheibe Kontaktfett auf der Dachinnenseite auftragen.

6 – Dichtung

Die Scheibenwischanlage

Scheibenwischergummi ersetzen

Die Scheibenwischergummis sind bei schlechtem Wischbild zu ersetzen. Im Handel werden sowohl komplette Scheibenwischerblätter (Wischergummi mit Träger) als auch einzelne Wischgummis angeboten. Wird nur das Wischgummi ersetzt, darauf achten, daß der Träger nicht verbogen wird.

Achtung: Wenn die Scheibenwischerblätter rubbeln, genügt es in der Regel nicht, Wischerblätter oder Wischergummis zu ersetzen. Auf jeden Fall sollte der Anstellwinkel der Scheibenwischerarme kontrolliert beziehungsweise eingestellt werden.

Ausbau

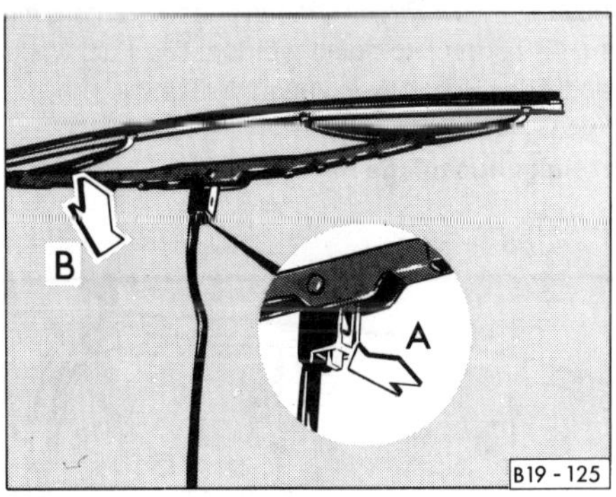

- Wischerarm hochklappen und Wischerblatt waagerecht stellen.
- Federklammer –A– niederdrücken und Wischerblatt nach unten –B– aus dem Haken am Wischerarm schieben.
- Wischerblatt nach oben schieben und vom Haken des Wischerarmes abnehmen.

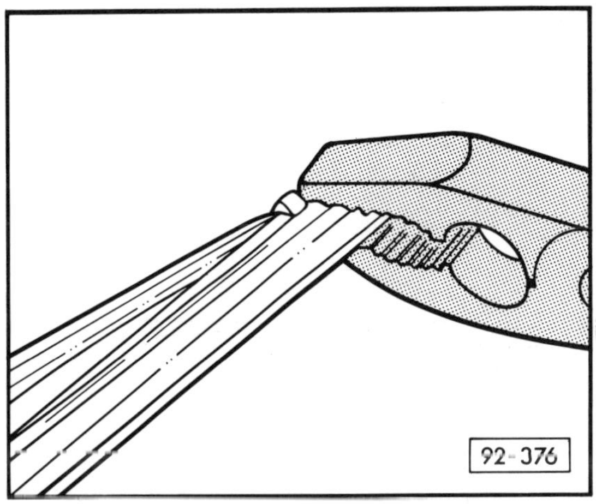

- An der geschlossenen Seite des Wischgummis beide Stahlschienen mit Kombizange zusammendrücken, seitlich aus der oberen Klammer herausnehmen und Gummi komplett mit Schienen aus den restlichen Klammern des Wischerblattes herausziehen.

Einbau

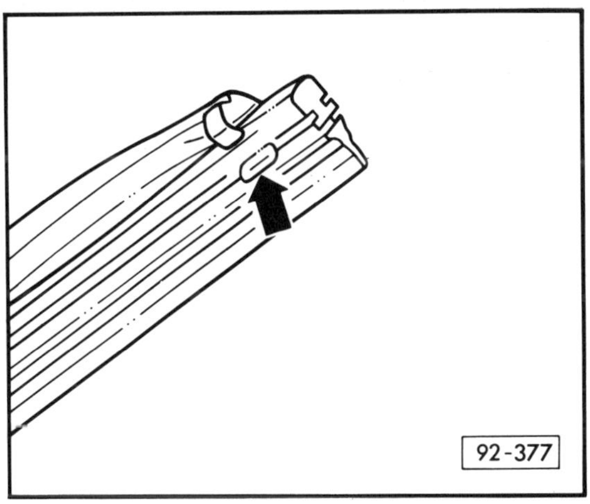

- Neues Wischgummi ohne Halteschienen in die unteren Klammern des Wischerblattes lose einlegen.

- Beide Schienen so in das Wischgummi einführen, daß die Aussparungen der Schienen zum Gummi zeigen und in die Gumminasen der Rille einrasten.
- Beide Stahlschienen und Gummi mit Kombizange zusammendrücken und so in die andere Klammer einsetzen, daß die Klammernasen beidseitig in die Haltenuten –Pfeil– des Wischgummis einrasten.
- Wischerblatt über den Wischerarm schieben und Federklammer in den Haken des Wischerarms einclipsen.
- Wischerarm zurückklappen. Darauf achten, daß das Wischgummi überall an der Scheibe anliegt.

Scheibenwaschdüsen aus- und einbauen/einstellen

Ausbau

- Motorhaube öffnen.
- Zulaufschlauch für Düse abziehen.

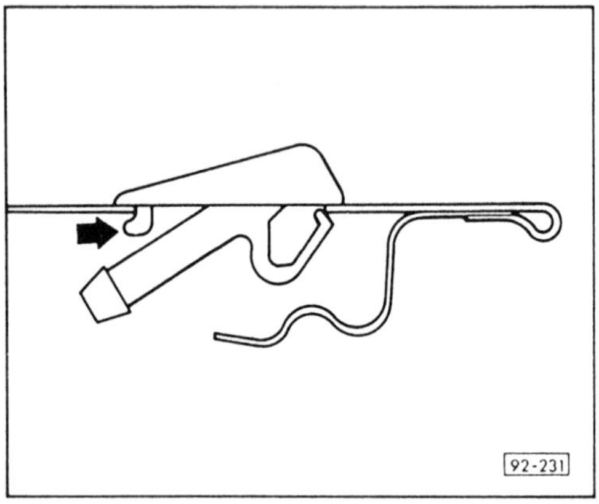

- Haltelasche der Düse in Pfeilrichtung drücken und Düse nach oben abnehmen.

Einbau

- Düse von oben einsetzen und nach hinten schieben, bis sie einrastet.
- Zulaufschlauch aufschieben.

Einstellen

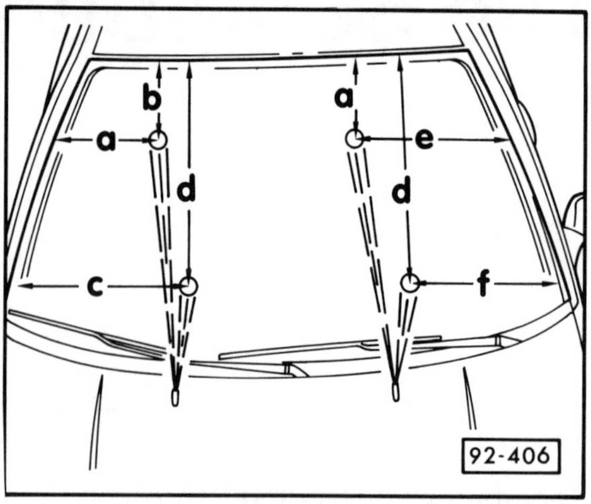

- Maße für Spritzstrahleinstellung: a = 280 mm, b = 300 mm, c = 430 mm, d = 560 mm, e = 400 mm, f = 330 mm (Toleranz ± 20 mm).
- Die Düse kann mit Preßluft gereinigt werden.

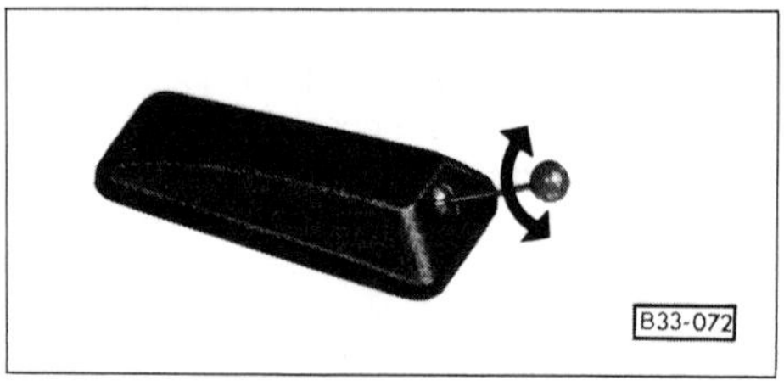

- Die Spritzrichtungen der Düsen können gegebenenfalls mit einem Dorn, ∅ 0,8 mm, korrigiert werden. Die Fachwerkstatt verwendet das Spezialwerkzeug VW-3125.

Scheinwerferreinigungsanlage

Linker Scheinwerfer

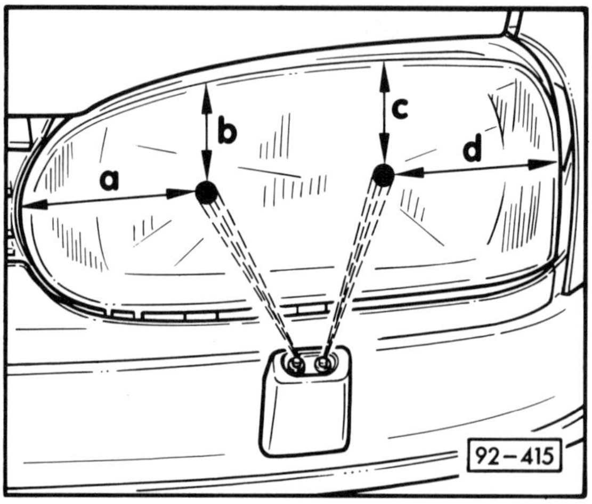

- Maße für Spritzstrahleinstellung: a = 85 mm, b = 80 mm, c = 65 mm, d = 125 mm. Die Fachwerkstatt verwendet zur Einstellung das Sonderwerkzeug VW-3019A.
- Die Maße für den rechten Scheinwerfer sind spiegelbildlich.

Der Scheibenwischerantrieb

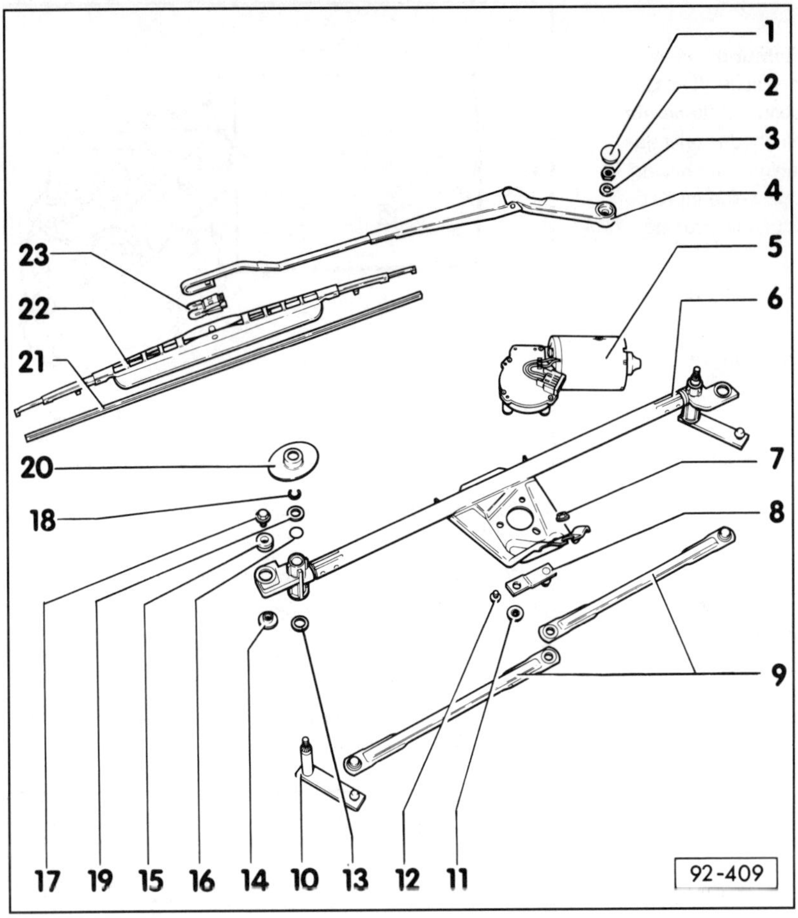

Frontscheibenwischer

1 – Abdeckkappe
2 – Sechskantmutter, 20 Nm
3 – Scheibe
4 – Wischerarm
5 – Wischermotor
6 – Wischerrahmen
7 – Sechskantmutter
8 – Kurbel
9 – Gelenkstange
10 – Gelenkhebel
11 – Sechskantmutter, 20 Nm
12 – Sechskantschraube, 5 Nm
13 – Federscheibe
14 – Scheibe
15 – Gummiring
16 – O-Ring
17 – Sechskantschraube, 5 Nm
18 – Sprengring
19 – Scheibe
20 – Abdeckkappe
21 – Wischergummi
22 – Wischerblatt
23 – Haltefeder

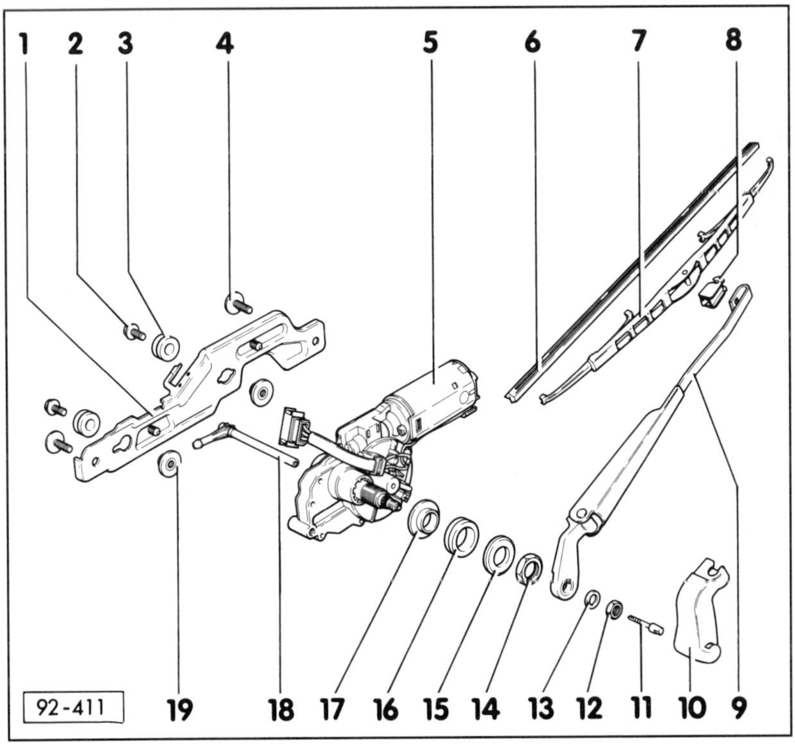

Heckscheibenwischer

1 – Wischermotorhalter
2 – Sechskantschraube, 5 Nm
3 – Gummiring
4 – Sechskantschraube, 5 Nm
5 – Wischermotor
6 – Wischergummi
7 – Wischerblatt
8 – Haltefeder
9 – Wischerarm
10 – Abdeckkappe
11 – Spritzdüse
12 – Sechskantmutter, 15 Nm
13 – Scheibe
14 – Sechskantmutter, 7 Nm
15 – Kunststoffscheibe
16 – Gummiring
17 – Distanzstück
18 – Anschlußrohr
Wird durch die Wischerarmwelle zur Spritzdüse geführt.
19 – Scheibe

Wischermotor aus- und einbauen

Ausbau

- Batterie-Massekabel (–) abklemmen. **Achtung:** Dadurch werden die elektronischen Speicher gelöscht, zum Beispiel Motor-Fehlerspeicher oder Radiocode. Batterie nur bei **ausgeschalteter Zündung** abklemmen, da sonst das Steuergerät der Einspritzanlage beschädigt werden kann. Vor dem Abklemmen sollten auch die Hinweise im Kapitel »Radio« bzw. »Batterie aus- und einbauen« durchgelesen werden.
- Frontscheibenwischer: Wasserkastenabdeckung ausbauen, siehe Seite 206.
- Heckscheibenwischer: Heckklappenverkleidung ausbauen, siehe Seite 178.
- Mehrfachstecker am Wischermotor abziehen.
- Wischerarme abschrauben und von den Wischerachsen abziehen, vorher Abdeckkappen mit schmalem Schraubendreher abhebeln.

Frontscheibenwischer

- Wischerrahmen mit Schrauben –17– abschrauben und komplett mit Wischermotor herausnehmen, siehe Abbildung 92-409.
- Antriebsstangen –9– von der Kurbel abhebeln.
- Motor vom Wischerrahmen abschrauben, dazu 3 Schrauben herausdrehen.
- Kurbel von der Motorachse abschrauben.

Heckscheibenwischer

- Überwurfmutter –14– abschrauben, siehe Abbildung 92-411.
- Wischerrahmen mit Schrauben –2– und –4– abschrauben und komplett mit Wischermotor herausnehmen.

Einbau

- Wird ein neuer Wischermotor eingebaut, Motor vor dem Einbau in Parkstellung bringen. Dazu Mehrfachstecker anschließen und Motor etwa 1 Minute laufen lassen. Anschließend Motor mit Wischerschalter ausschalten und in Endstellung laufen lassen. Mehrfachstecker abziehen.

Frontscheibenwischer

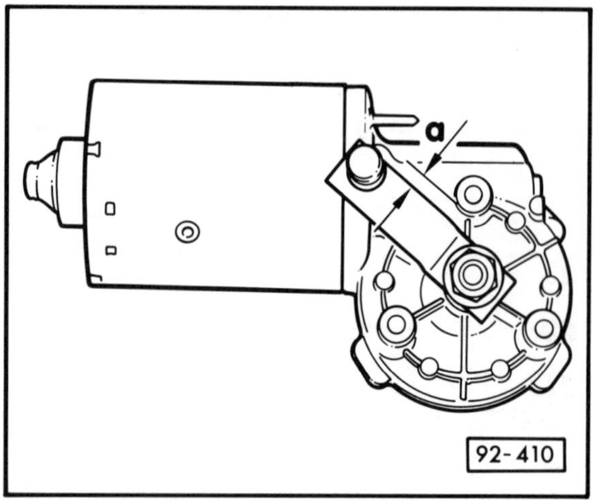

- Kurbel aufsetzen und so ausrichten, daß das Maß a = 10 mm beträgt. Kurbel mit 20 Nm festschrauben.
- Wischermotor am Wischerrahmen anschrauben.
- Antriebsstangen auf die Kurbel aufdrücken.
- Motor mit Wischerrahmen einsetzen und mit 5 Nm, also nicht zu fest anschrauben.
- Mehrfachstecker aufschieben und Wischermotor in Parkstellung laufen lassen.

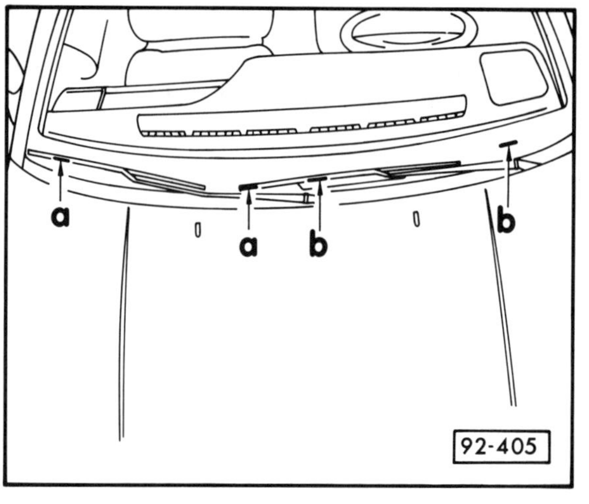

- Wischerarme entsprechend den an der Windschutzscheibe angebrachten Markierungen auf die Wischerlager schieben und mit 20 Nm festschrauben. a = Markierung für Linkslenker-Fahrzeuge (zum Beispiel deutsche Ausführung); b = Markierung für Rechtslenker.

Heckscheibenwischer

- Wischermotor am Wischerrahmen anschrauben.
- Überwurfmutter an der Wischerachse von außen aufschrauben.
- Motor mit Wischerrahmen einsetzen und mit 5 Nm, also nicht zu fest anschrauben.
- Mehrfachstecker aufschieben und Wischermotor in Parkstellung laufen lassen.

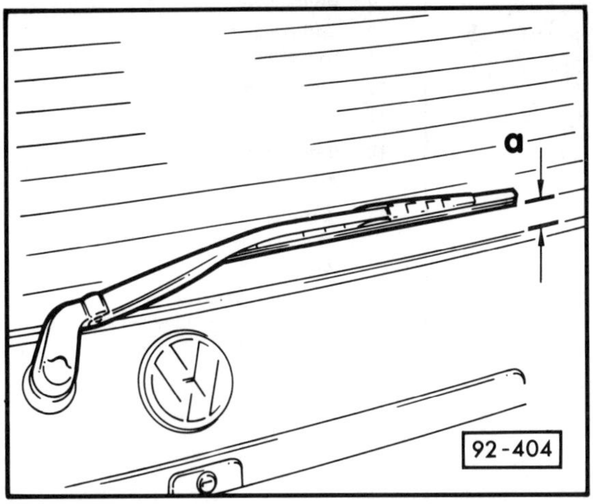

- Wischerarm so aufschrauben, daß er bei Endablage den Abstand a = 25 mm zur Scheibenunterkante hat.

- Abdeckkappen auf die Wischerachsen aufdrücken.
- Batterie-Massekabel (–) anklemmen.
- Funktion der Wischeranlage überprüfen.
- Wasserkastenabdeckung, beim Heckscheibenwischer Innenverkleidung einsetzen und anschrauben.
- Zeituhr einstellen.
- Diebstahlcode für Radio eingeben, siehe Kapitel »Radio-Codierung eingeben«.

Scheibenwaschpumpe prüfen/ersetzen

Achtung: Elektromotor der Scheibenwaschpumpe prüfen, siehe Seite 216.

Ausbau

- Damit die Pumpe besser erreicht wird, Batterie vom Halter abschrauben und seitlich verschieben.
- Stecker abziehen, dabei Drahtsicherungen zusammendrücken.

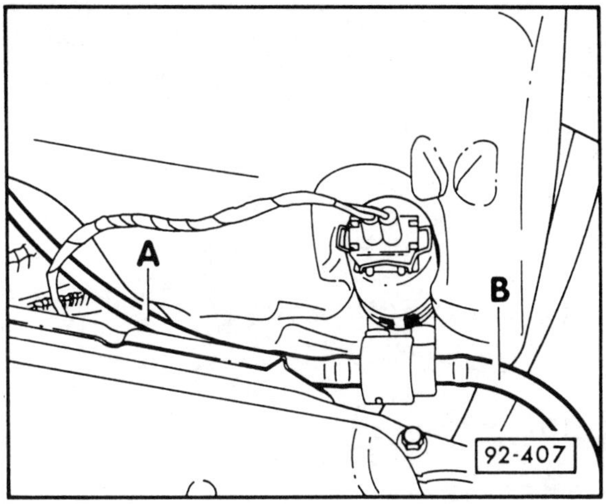

- Schläuche zur Frontscheibenwaschanlage –A– und, falls vorhanden, zur Heckscheibenwaschanlage –B– abziehen.

Achtung: Falls die Pumpe erneuert werden soll, neue Pumpe bereitlegen.

- Pumpe aus dem Vorratsbehälter herausziehen und Öffnung im Waschwasserbehälter mit dem Daumen zuhalten.

Einbau

- Neue Pumpe einsetzen, dabei läuft etwas Flüssigkeit aus.
- Schläuche aufschieben.
- Stecker aufschieben.
- Funktion der Scheibenwaschpumpe prüfen.
- Falls ausgebaut, Batterie anschrauben.

Die Scheinwerferreinigungsanlage

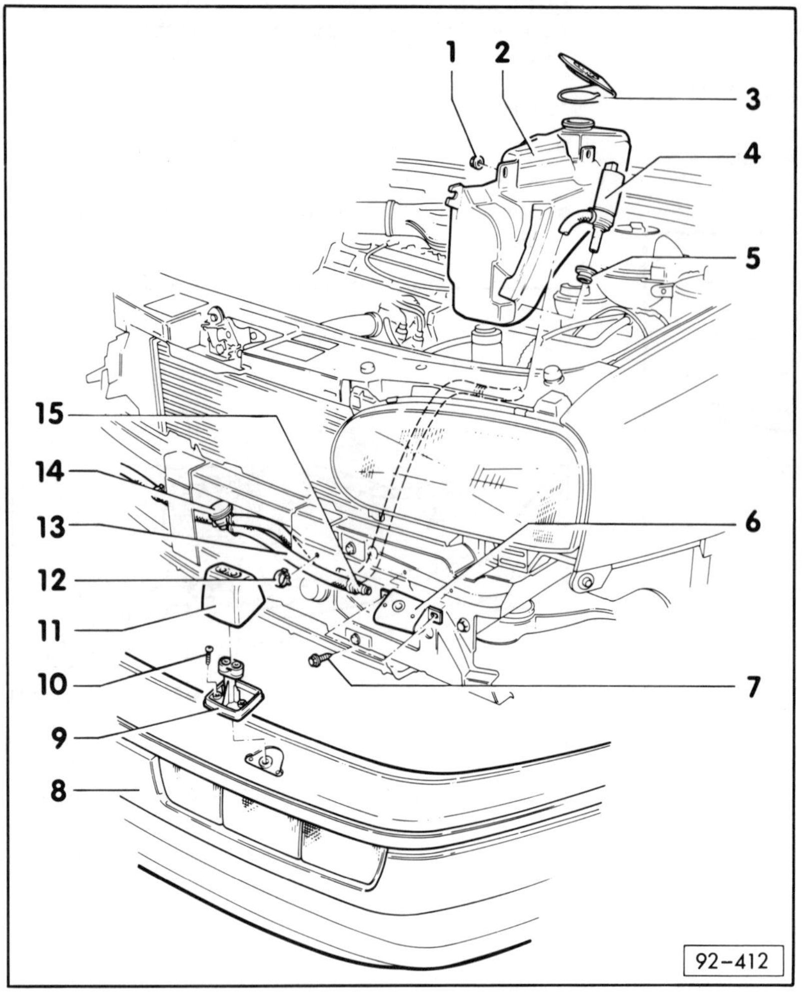

1 – **Kunststoffmutter**

2 – **Flüssigkeitsbehälter**

3 – **Verschluß**

4 – **Scheinwerferreinigungspumpe**

5 – **Dichtung**

6 – **Spritzdüsenhalter**

7 – **Sechskantschraube**

8 – **Stoßstange**

9 – **Spritzdüsen**
Einstellbar.

10 – **Blechschraube**

11 – **Abdeckkappe**

12 – **Befestigungsclip**

13 – **Schlauch 10 x 3**

14 – **Verteiler**
Schlauchanschlüsse nicht vertauschen.

15 – **Verbindungsstück**
Zur Demontage Stoßfänger ausbauen.

Störungsdiagnose Scheibenwischergummi

Wischbild	Ursache	Abhilfe
Schlieren	Wischgummi verschmutzt	■ Wischgummi mit harter Nylonbürste und einer Waschmittellösung oder Spiritus reinigen
	Ausgefranste Wischlippe, Gummi ausgerissen oder abgenutzt	■ Wischgummi erneuern
	Wischgummi gealtert, rissige Oberfläche	■ Wischgummi erneuern
Im Wischfeld verbleibende Wasserreste ziehen sich sofort zu Perlen zusammen	Windschutzscheibe durch Lackpolitur oder Öl verschmutzt	■ Windschutzscheibe mit sauberem Putzlappen und einem Fett-Öl-Silikonentferner reinigen
Wischerblatt wischt einseitig gut - einseitig schlecht, rattert. Wischerblatt rubbelt	Wischgummi einseitig verformt, »kippt nicht mehr«	■ Neues Wischgummi einbauen
	Wischerarm verdreht, Blatt steht schief auf der Scheibe	■ Wischerarme einstellen
	Scheibe verkratzt	■ Gegebenenfalls Scheibe ersetzen
	Wischergummi ausgerastet oder eingerissen,	■ Wischergummi erneuern
	Wischerarme/-blätter lose oder verformt	■ Wischerarme einstellen, anschrauben. Wischerblätter ersetzen
	Wischerblätter eingewachst oder wellig	■ Wischerblätter ersetzen
Nicht gewischte Flächen	Wischgummi aus der Fassung herausgerissen	■ Wischgummi vorsichtig in die Fassung einsetzen
	Wischerblatt liegt nicht mehr gleichmäßig an der Scheibe an, da Federschienen oder Bleche verbogen	■ Wischerblatt ersetzen. Dieser Fehler tritt vor allem bei unsachgemäßem Montieren eines Ersatzblattes auf
	Anpreßdruck durch Wischerarm zu gering	■ Wischerarmgelenke und Feder leicht einölen oder neuen Arm einbauen

Die Wagenpflege

Fahrzeug waschen

Aus Umweltschutzgründen ist in den meisten Gemeinden die Wagenwäsche auf öffentlichen Plätzen verboten. Inzwischen gibt es an vielen Tankstellen die Möglichkeit, dort seinen Wagen auch von Hand zu waschen. Da an diesen Tankstellen garantiert ist, daß das Schmutzwasser nicht in der Erde versickert, sollte die Wagenwäsche dort durchgeführt werden.

- Verschmutzten Wagen möglichst umgehend waschen.
- Tote Insekten **vor** der Wagenwäsche einweichen und abwaschen.
- Reichlich Wasser verwenden.
- Weichen Schwamm oder sehr weiche Waschbürste mit Schlauchanschluß benutzen.
- Lackierung nicht scharf abspritzen, sondern nur abbrausen und Schmutz aufweichen lassen.
- Aufgeweichten Schmutz von oben nach unten mit reichlich Wasser abwaschen.
- Schwamm oft ausspülen.
- Zum Abtrocknen sauberes Leder verwenden.
- Nur gute, rückfettende Markenwaschmittel verwenden (falls überhaupt). Mit klarem Wasser gründlich nachspülen, um die Reste des Waschmittels zu entfernen.
- Zum Schutz der Lackierung kann dem Waschwasser ein Waschkonservierer beigegeben werden.
- Bei regelmäßiger Benutzung von Waschmitteln muß öfter konserviert werden.
- Wagen niemals in der Sonne waschen oder trocknen. Wasserflecken auf der Lackierung sind sonst unvermeidlich.
- Durch Streusalze besonders gefährdet sind alle innenliegenden Falze, Flansche und Fugen an Türen und Hauben. Diese Stellen müssen deshalb bei jedem Wagenwaschen – auch nach der Wäsche in automatischen Waschstraßen – mit einem Schwamm gründlich gereinigt und anschließend abgespült und abgeledert werden.

Achtung: Nach der Wagenwäsche ergibt sich eine verringerte Bremswirkung durch Nässe. Deshalb Bremsscheiben kurz trockenbremsen.

Durch Waschen allein lassen sich Teerspritzer, Ölspuren, Insekten und andere Verschmutzungen nicht immer entfernen. Grundsätzlich sollten derartige Verunreinigungen so bald wie möglich beseitigt werden, da sie sonst bleibende Lackschäden verursachen können. Anschließend sollte der Lack an diesen Stellen konserviert werden.

Lackierung pflegen

Konservieren: So oft wie nötig, soll die sauber gewaschene und getrocknete Lackierung mit einem Konservierungsmittel behandelt werden, um die Oberfläche durch eine porenschließende und wasserabweisende Wachsschicht gegen Witterungseinflüsse zu schützen.

Übergelaufenen Kraftstoff, übergelaufenes Öl oder Fett beziehungsweise übergelaufene Bremsflüssigkeit **sofort entfernen,** sonst kommt es zu Lackverfärbungen.

Das Konservieren muß wiederholt werden, wenn Wasser nicht mehr vom Lack abperlt, sondern großflächig verläuft. Regelmäßiges Konservieren bewirkt, daß der ursprüngliche Glanz der Lackierung sehr lange erhalten bleibt.

Eine weitere Möglichkeit, den Lack zu konservieren, bieten Wasch-Konservierer. Wasch-Konservierer schützen die Lackierung jedoch nur ausreichend, wenn sie bei **jeder** Wagenwäsche verwendet werden und der zeitliche Abstand zwischen 2 Wäschen nicht mehr als 2 bis 3 Wochen beträgt. Nur Lackkonservierer verwenden, die Carnauba- oder synthetische Wachse enthalten.

Nach dem Anwenden von Waschmitteln (Schaumwäsche) ist eine Nachbehandlung mit einem Konservierungsmittel besonders zu empfehlen (Gebrauchsanweisung beachten).

Das Konservieren darf nicht in der prallen Sonne erfolgen.

Polieren: Das Polieren der Lackierung ist nur dann erforderlich, wenn der Lack infolge mangelhafter Pflege unter der Einwirkung von Straßenstaub, industriellen Abgasen, Sonne und Regen unansehnlich geworden ist und sich durch eine Behandlung mit Konservierungsmitteln kein Glanz mehr erzielen läßt. Zu warnen ist vor stark schleifenden oder chemisch stark angreifenden Poliermitteln, auch wenn der erste Versuch damit noch so sehr zu überzeugen scheint.

Vor jedem Polieren muß der Wagen sauber gewaschen und sorgfältig abgetrocknet werden. Im übrigen ist nach der Gebrauchsanweisung für das Poliermittel zu verfahren.

Die Bearbeitung soll in nicht zu großen Flächen erfolgen, um ein vorzeitiges Eintrocknen der Politur zu vermeiden. Bei manchen Poliermitteln muß anschließend noch konserviert werden. Nicht in der prallen Sonne polieren! Matt lackierte Teile dürfen nicht mit Konservierungs- oder Poliermitteln behandelt werden.

Leichtmetallteile an der Karosserie brauchen nicht besonders gepflegt zu werden.

Teerflecke entfernen: Teerflecke fressen sich innerhalb kurzer Zeit in den Lack ein und können dann nicht mehr vollkommen entfernt werden. Frische Teerflecke können mit einem in Waschbenzin getränkten weichen Lappen entfernt werden. Notfalls kann auch Tankstellenbenzin, Petroleum oder Terpentinöl verwendet werden. Sehr gut gegen Teerflecke eignet sich auch ein Lackkonservierer. Bei Verwendung dieses Mittels kann auf ein Nachwaschen verzichtet werden.

Insekten entfernen: Die Reste von Insektenleichen tragen Stoffe in sich, die den Lackfilm beschädigen können, wenn sie nicht innerhalb kurzer Zeit entfernt werden. Einmal festgeklebt, lassen sie sich durch Wasser und Schwamm allein nicht entfernen, sondern müssen mit schwacher, lauwarmer Seifen- oder Waschmittel-Lösung abgewaschen werden. Es gibt auch spezielle Insekten-Entferner.

Baumaterial-Spritzer entfernen: Spritzer jeglichen Baumaterials mit einer lauwarmen Lösung neutraler Waschmittel abwaschen. Nur leicht reiben, da sonst die Lackierung zerkratzt werden kann. Nach dem Waschen sorgfältig mit klarem Wasser nachspülen.

Kunststoffteile pflegen: Kunststoffteile, Kunstledersitze, Himmel, Leuchtengläser sowie mattschwarz gespritzte Teile mit Wasser und eventuell einem Shampoo-Zusatz säubern, Himmel nicht durchfeuchten. Kunststoffteile gegebenenfalls mit Kunststoffreiniger behandeln. Keinesfalls Lösungsmittel wie Nitroverdünner, Kaltreiniger oder Kraftstoff verwenden.

Scheiben reinigen: Fensterscheiben innen und außen mit sauberem, weichem Lappen abreiben. Bei starker Verschmutzung helfen Spiritus oder Salmiakgeist und lauwarmes Wasser, oder auch ein spezieller Scheibenreiniger. Beim Reinigen der Windschutzscheibe Scheibenwischerarm nach vorn klappen.

Bei der Reinigung der Windschutzscheibe sind auch die Wischerblätter zu säubern.

Achtung: Bei Verwendung silikonhaltiger Mittel dürfen die zur Reinigung der Lackierung verwendeten Waschbürsten, Schwämme, Lederlappen und Tücher nicht für die Scheiben verwendet werden. Beim Einsprühen der Lackierung mit silikonhaltigen Pflegemitteln sollten die Scheiben mit Pappe oder anderem Material abgedeckt werden.

Gummidichtungen pflegen: Von Zeit zu Zeit Gummidichtungen durch Einpudern der Dicht- und Gleitflächen mit Talkum oder Besprühen mit Silikonspray geschmeidig halten. So werden auch quietschende oder knarrende Geräusche beim Türenschließen vermieden. Auch das Einreiben der betreffenden Flächen mit Schmierseife beseitigt die Geräusche.

Leichtmetall-Scheibenräder mit Felgenreiniger besonders während der kalten Jahreszeit pflegen, jedoch keine aggressiven, säurehaltigen, stark alkalischen und rauhen Reinigungsmittel oder Dampfstrahler über +60° C verwenden.

Sicherheitsgurte nur mit milder Seifenlauge in eingebautem Zustand säubern, nicht chemisch reinigen, da dadurch das Gewebe zerstört werden kann. Automatikgurte nur in trockenem Zustand aufrollen und gegebenenfalls mit Gleitspray einsprühen, um das Zurücklaufen besonders am Umlenkbügel zu erleichtern. Gurtband nicht bei einer Temperatur von über +80° C oder direkter Sonneneinstrahlung trocknen.

Unterbodenschutz/ Hohlraumkonservierung

Die gesamte Bodenanlage einschließlich der hinteren Radkästen ist mit PVC-Unterbodenschutz beschichtet. Die besonders stark gefährdeten Bereiche in den vorderen Radläufen sind mit Kunststoffschalen gegen Steinschlag geschützt. Sämtliche Hohlräume sind mit Spezialwachs beschichtet. Darüber hinaus wurden korrosionsgefährdete Karosserieteile aus verzinktem Blech hergestellt. Vor der kalten Jahreszeit und nach einer Unterbodenwäsche sollte der Unterbodenschutz kontrolliert und gegebenenfalls nachkonserviert werden.

Im Schleuderbereich des Unterbaues können sich Staub, Lehm und Sand ablagern. Das Entfernen des angesammelten Schmutzes, der während der Winterzeit auch noch mit Salz angereichert sein kann, ist besonders wichtig.

Motorraum konservieren: Zur Verhinderung von Korrosion am Vorderwagen (z. B. Seitenteile, Längsträger oder Abschlußblech) und des Antriebsaggregates muß der Motorraum einschließlich der im Motorraum befindlichen Teile der Bremsanlage sowie der Vorderachselemente und der Lenkung mit einem hochwertigen Konservierungswachs eingesprüht werden. Vor allen Dingen natürlich nach einer Motorwäsche. **Achtung:** Vor der Motorwäsche Zündung ausschalten. Generator und Bremsflüssigkeitsbehälter mit Plastikhüllen abdecken. Die Lager des Generators sind zwar wassergeschützt, jedoch besteht bei einer Reinigung, zum Beispiel mit einem Dampfstrahlgerät, die Gefahr, daß die Lager durch fettlösende Zusätze ausgelaugt werden. Negative Erscheinungen, wie zum Beispiel Lagerlaufgeräusche oder sogar Ausfälle durch defekte Lager können die Folge sein. Nach dem Wachsauftrag alle Gelenke und Scharniere reinigen und mit einer MoS_2-Paste schmieren.

Polsterbezüge pflegen

Textilbezüge: Polsterbezüge mit Staubsauger absaugen oder mit einer nicht zu weichen Bürste ausbürsten. Fett- und Ölflecke mit Reinigungsbenzin oder Fleckenwasser behandeln. Das Reinigungsmittel darf aber nicht unmittelbar auf den Stoff gegossen werden, da sich sonst unweigerlich Ränder bilden. Fleck durch kreisförmiges Reiben von außen nach innen bearbeiten. Andere Verschmutzungen lassen sich meistens mit lauwarmem Seifenwasser entfernen. Bei starker Verschmutzung Textilbezüge mit Trockenschaum reinigen.

Lederbezüge: Trikot- oder Wollappen mit Wasser leicht anfeuchten und Lederflächen säubern, ohne das Leder oder die Nahtstellen zu durchfeuchten. Anschließend das getrocknete Leder mit einem sauberen und weichen Tuch nachreiben. Stärker verschmutzte Lederflächen können mit einer milden Seifenlösung (2 Eßlöffel Neutralseife auf 1 Liter Wasser) gereinigt werden. Fett- und Ölflecke vorsichtig ohne Reiben mit Reinigungsbenzin abtupfen.

Die gereinigten (lackierten) Lederpolster müssen zur Lederpflege und als Anti-Elektrostatikum mit Karneol behandelt werden. Das Mittel vor Gebrauch gut schütteln und mit einem weichen Lappen dünn auftragen. Nach dem Eintrocknen mit einem sauberen und weichen Tuch nachreiben. Diese Behandlung empfiehlt sich bei normaler Beanspruchung alle 6 Monate.

Motor-Starthilfe

Bei der Starthilfe mit einem Starthilfekabel sind einige Punkte zu beachten:

- Der Leitungsquerschnitt der Starthilfekabel soll bei Ottomotoren bis ca. 2,5 l Hubraum mindestens 16 mm^2 (Durchmesser ca. 5 mm) betragen. Bei Dieselmotoren oder Ottomotoren über ca. 2,5 l Hubraum soll der Leitungsquerschnitt mindestens 25 mm^2 betragen. Maßgebend ist dabei jeweils das Fahrzeug mit der entladenen Batterie. Der Leitungsquerschnitt ist in der Regel auf der Packung der Starthilfekabel angegeben. Beim Neukauf ist grundsätzlich ein Starthilfekabel mit isolierten Kabelzangen und 25 mm^2 Querschnitt empfehlenswert, da es sich auch für Motoren mit geringerem Hubraum eignet.
- Beide Batterien müssen eine Spannung von 12 Volt haben.
- Eine entladene Batterie kann bereits bei −10° C gefrieren. Vor Anschluß der Starthilfekabel muß eine gefrorene Batterie unbedingt aufgetaut werden.
- Die entladene Batterie muß ordnungsgemäß am Bordnetz angeklemmt sein.
- Flüssigkeitsstand der entladenen Batterie prüfen, gegebenenfalls mit destilliertem Wasser auffüllen.
- Fahrzeuge so weit auseinanderstellen, daß kein metallischer Kontakt besteht. Andernfalls könnte bereits beim Verbinden der Pluspole ein Strom fließen.
- Bei beiden Fahrzeugen Handbremse anziehen. Schaltgetriebe in Leerlaufstellung, automatisches Getriebe in Parkstellung »P« schalten.
- Alle Stromverbraucher ausschalten.
- Motor des stromgebenden Fahrzeuges im Leerlauf laufen lassen.

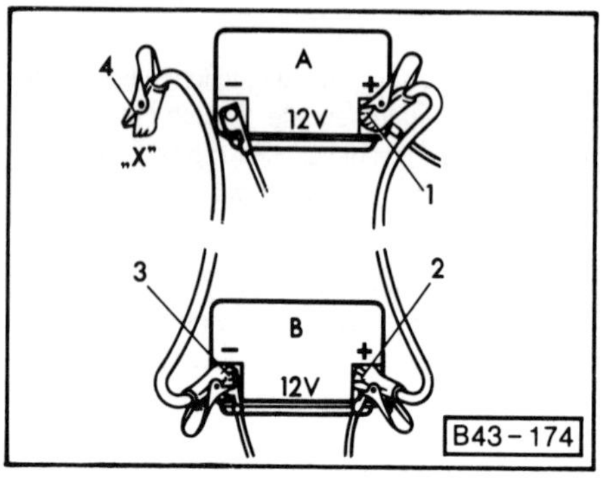

- Starthilfekabel in folgender Reihenfolge anschließen:
  1. Rotes Kabel an den Pluspol der entladenen Batterie −A− anklemmen.
  2. Das andere Ende des roten Kabels an den Pluspol der stromgebenden Batterie −B− anklemmen.
  3. Schwarzes Kabel an den Minuspol der stromgebenden Batterie anklemmen.
  4. Das andere Ende des schwarzen Kabels an eine gute Massestelle −X− des Empfängerfahrzeuges anschließen. Dadurch werden Masseverluste vermieden. Am besten eignet sich hierzu ein fest mit dem Motorblock verschraubtes Metallteil oder der Motorblock selbst. Unter ungünstigen Umständen könnte beim Anschließen des Kabels an den Minuspol der leeren Batterie, durch Funkenbildung und Knallgasentwicklung, die Batterie explodieren.
- Polzangen nochmals auf festen Sitz prüfen. Darauf achten, daß die Starthilfekabel nicht durch sich drehende Teile, wie etwa durch den Kühlerventilator, beschädigt werden können.

Achtung: Die Klemmen der Starthilfekabel dürfen bei angeschlossenen Kabeln nicht in Kontakt miteinander kommen, beziehungsweise die Plusklemmen dürfen keine Massestellen (Karosserie oder Rahmen) berühren.

- Motor des Empfängerfahrzeuges (leere Batterie) starten und laufen lassen. Beim Starten Anlasser nicht länger als 10 Sekunden ununterbrochen betätigen, da sich durch die hohe Stromaufnahme Polzangen und Kabel erwärmen. Deshalb zwischendurch eine »Abkühlpause« von mindestens ½ Minute einlegen.

- Grundsätzlich Motor des Spenderfahrzeuges während des Startvorganges mit Leerlaufdrehzahl drehen lassen. Dadurch wird eine eventuelle Beschädigung des Generators durch Spannungsspitzen beim Startvorgang vermieden. Sinkt allerdings die Leerlaufdrehzahl stark ab, kann etwas Gas gegeben werden.
- Während des Starthilfevorganges offene Flammen oder brennende Zigaretten in der Nähe der Batterie vermeiden, weil aus der Batterie brennbare Gase austreten können.
- Nicht über die Batterien beugen – Verätzungsgefahr!
- **Nach der Starthilfe** Kabel in **umgekehrter** Reihenfolge abklemmen: Zuerst schwarzes Kabel (–) am Empfängerfahrzeug, dann am stromgebenden Fahrzeug abklemmen. Rotes Kabel zuerst am stromgebenden und dann am Empfängerfahrzeug abklemmen.

Achtung: Werden die vorgeschriebenen Anschlußhinweise nicht genau eingehalten, besteht die Gefahr der Verätzung durch austretende Batteriesäure. Außerdem können Verletzungen oder Schäden durch eine Batterieexplosion entstehen. Zudem können Defekte an den elektrischen Anlagen beider Fahrzeuge auftreten.

Fahrzeug abschleppen

Vordere Abschleppöse

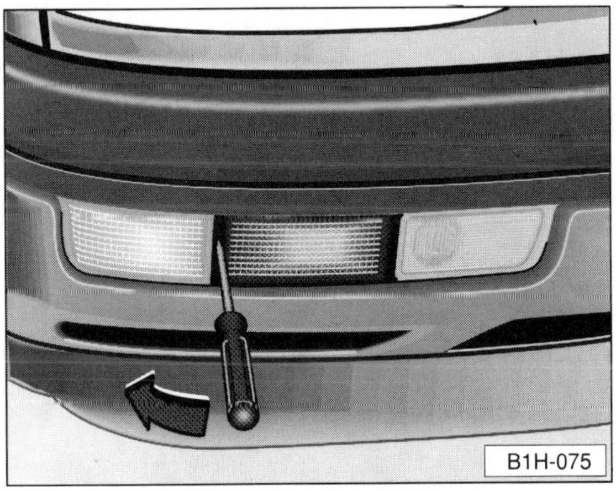
B1H-075

- Schraubendreher zwischen Blinkleuchte und Abdeckung einsetzen und Abdeckung aufhebeln.
- Abdeckung am Scharnier abclipsen.

B2H-027

- Abschleppöse aus dem Bordwerkzeug in das Gewinde unter der Abdeckung einschrauben. **Achtung:** Die Abschleppöse hat ein Linksgewinde, muß also linksherum eingeschraubt werden. Abschleppöse bis zum Anschlag einschrauben und dann mit dem Radschlüssel fest anziehen, siehe Abbildung.
- Nach Gebrauch Abschleppöse wieder ausschrauben (rechtsherum drehen) und zum Bordwerkzeug legen. Abdeckung einsetzen und einclipsen.

Hintere Abschleppöse

B1H-064

- Die hintere Abschleppöse befindet sich beim GOLF unter einer Abdeckung im hinteren Stoßfänger. Klappe an der Oberkante mit einem Schraubendreher nach außen hebeln und nach unten drücken. Klappe nicht abnehmen, sie bleibt während des Abschleppens am Fahrzeug.
- Nach Gebrauch Klappe an der Unterkante einsetzen und nach oben drücken, sie muß einrasten.

Regeln beim Abschleppen

- Zündung einschalten, damit das Lenkrad nicht blockiert ist und das Signalhorn und gegebenenfalls die Scheibenwischer betätigt werden können.
- In Deutschland Warnblinkanlage bei ziehendem und gezogenem Fahrzeug einschalten (gegebenenfalls anderslautende Vorschriften beachten).

- Da der Bremskraftverstärker nur bei laufendem Motor arbeitet, muß bei Fahrzeugen mit Bremskraftverstärker bei nicht laufendem Motor das Bremspedal entsprechend kräftiger getreten werden!
- Bei Fahrzeugen mit Servolenkung muß zum Lenken mehr Kraft aufgewendet werden, da bei stehendem Motor die Servo-Unterstützung fehlt.
- Das Abschleppseil soll elastisch sein, damit das schleppende und das gezogene Fahrzeug geschont werden. Nur Kunstfaserseile oder Seile mit elastischen Zwischengliedern verwenden. **Am sichersten ist die Verwendung einer Abschleppstange.**
- Ohne Getriebeöl darf das Fahrzeug nur mit angehobenen Antriebsrädern abgeschleppt werden.

Abschleppen von Fahrzeugen mit Getriebeautomatik

- Wählhebelstellung „N".

Maximale Schleppgeschwindigkeit: 50 km/h!

Maximale Schleppentfernung: 50 Kilometer!

- Über große Entfernungen muß der Wagen vorn angehoben werden. Grund: Bei stehendem Motor arbeitet die Getriebeölpumpe nicht, das Getriebe wird für höhere Drehzahlen und längere Laufzeiten daher nicht ausreichend geschmiert.
- Mit dem Abschleppwagen darf das Automatik-Fahrzeug nur vorwärts (mit angehobenen Vorderrädern) abgeschleppt werden. Bei nur hinten angehobenem Wagen würden sich die Vorderräder rückwärts drehen und das Automatikgetriebe in kurzer Zeit beschädigen.

Achtung: Das Anschleppen (Starten des Motors durch das rollende Fahrzeug) ist bei Fahrzeugen mit Getriebeautomatik nicht möglich. Bei betriebswarmem Benzinmotor mit Schaltgetriebe darf nur über eine Strecke von maximal 50 Metern angeschleppt werden, da sonst die Gefahr von Katalysatorschäden besteht.

Fahrzeug aufbocken

Für viele Wartungs- und Reparaturarbeiten muß das Fahrzeug aufgebockt beziehungsweise hochgehoben werden. In der Werkstatt wird der Wagen in der Regel mit der Hebebühne angehoben, man kann ihn jedoch auch mit dem Fahrzeug- oder Werkstatt-Wagenheber anheben. Grundsätzlich darf das Fahrzeug nur an den abgebildeten Aufnahmepunkten angehoben werden, da sonst bleibende Verformungen nicht ausgeschlossen sind.

Bei Arbeiten unter dem Fahrzeug muß dieses, falls es nicht auf einer Hebebühne steht, auf vier stabilen Unterstellböcken stehen. **Auf keinen Fall dürfen Arbeiten unter dem Fahrzeug ausgeführt werden, wenn dieses nicht ausreichend gesichert ist.**

- Das Fahrzeug darf nur in unbeladenem Zustand angehoben werden.

Aufnahmepunkte für Hebebühne und Werkstattwagenheber

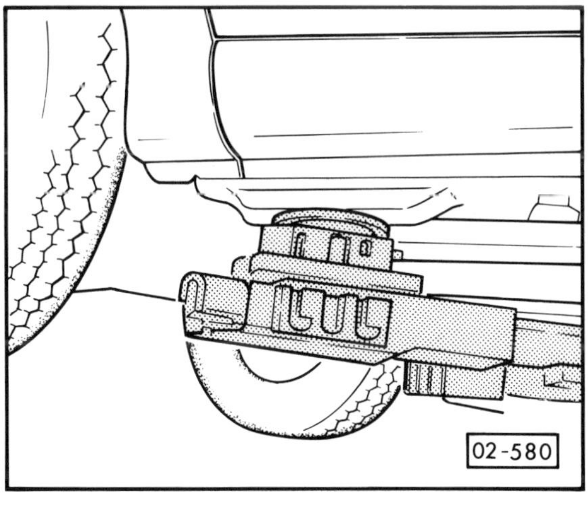

- **Vorn** an der Verstärkung am Bodenblech.

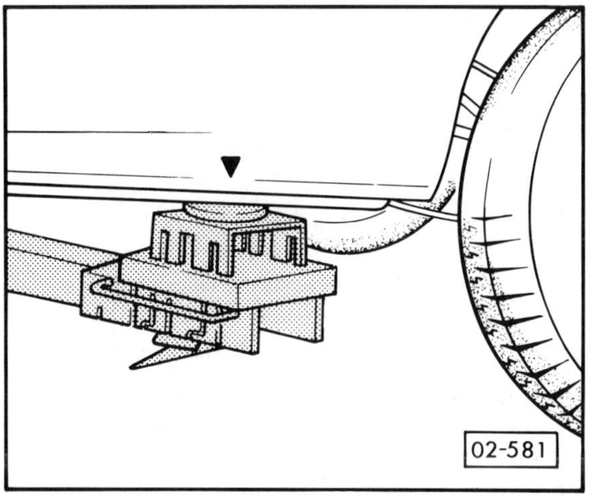

- **Hinten** an der senkrechten Versteifung des Unterholms im Bereich der Markierung für den Bordwagenheber.
- Durch eine geeignete Gummi- oder Holzzwischenlage werden beim Anheben Beschädigungen an der Karosserie vermieden.

Bordwagenheber

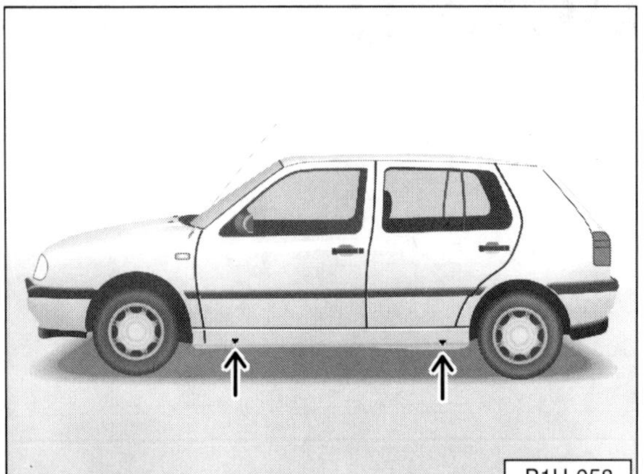

B1H-058

- Die Aufnahmepunkte für den Bordwagenheber sind am Unterholm durch Eindrückungen gekennzeichnet –Pfeile–. Wagenheber unterhalb dieser Eindrückungen ansetzen, dabei muß die Sicke am Schweller in die Rille des Wagenhebers eingreifen.
- Die Räder, die beim Anheben auf dem Boden stehen bleiben, mit Keilen gegen Vor- oder Zurückrollen sichern. Nicht auf die Feststellbremse verlassen, diese muß bei einigen Reparaturarbeiten gelöst werden.
- Fahrzeug nur auf ebener, fester Fläche aufbocken.

Achtung: Muß das Fahrzeug auf weichem Untergrund hochgebockt werden, müssen breite Bretter unter den Wagenheber und die Unterstellböcke gelegt werden, damit sich das Gewicht auf eine größere Fläche verteilt.

- Fahrzeug mit Unterstellböcken so abstützen, daß jeweils ein Bein seitlich nach außen zeigt.

Achtung: Keinesfalls darf der Wagen an Motor- oder Getriebeteilen sowie an Vorder- oder Hinterachse angehoben oder abgestützt werden. Niemals bei angehobenem Fahrzeug den Motor anlassen und einen Gang einlegen, solange auch nur ein Antriebsrad am Boden steht.

Das Werkzeug

Das Spezialwerkzeug

Der Aufwand an Werkzeug richtet sich ganz nach dem Umfang der Arbeiten, die am GOLF/VENTO ausgeführt werden sollen. Neben einer Grundausstattung ist in jedem Fall ein Drehmomentschlüssel empfehlenswert.

Gutes und stabiles Werkzeug wird von der Firma Hazet (42804 Remscheid, Postfach 100461) angeboten. In den Tabellen sind die Werkzeuge mit der Hazet-Bestellnummer aufgeführt. Vertrieben wird das Werkzeug über den Fachhandel.

Bauteil	Werkzeug	Hazet-Nr.
Klemmschellen für Kühlmittelschläuche	Schlauchklemmenzange	798-5
Zahnriemen	Zweilochmuttern-Dreher für Spannrolle	2587
Zentrierung für Zylinderkopfdichtung/Zylinderkopf	Führungsbolzen mit Ausdreher	2570/5
Ventilschaftabdichtungen	Aufdrücker	2577
Ventilfedern	Spanner	2577-2
Diesel: Überwurfmuttern für Einspritzleitungen	Offener Ringschlüssel	4560
Diesel (Wirbelkammermotor): Einspritzdüsen	Steckschlüssel	4555
Diesel: Glühkerzen ausbauen	Gelenkschlüssel	2530
Benziner: Lambdasonde ausbauen	Spezial-Steckschlüssel mit Schlitz für Anschlußkabel	4680-3
Getriebeöl-Einfüll- und Ablaßschraube	Stecknuß für 17 mm Innensechskantschrauben	985-17
Türscharnierschrauben	Torx-Winkelschraubendreher T 45	2115-T45
Vordere Federbeine	Steckschlüssel-Einsatz zum Lösen, Winkelschraubendreher zum Gegenhalten	2593-21 2593-1
Edelstahl-Haltebänder für Gelenkwellenmanschetten	Klemmzange mit Anschlußstück (3/8 – 1/4) für Drehmomentschlüssel	1847/2250-2
Sicherungsring Gelenkwelle	Sicherungsring-Zange	2525K

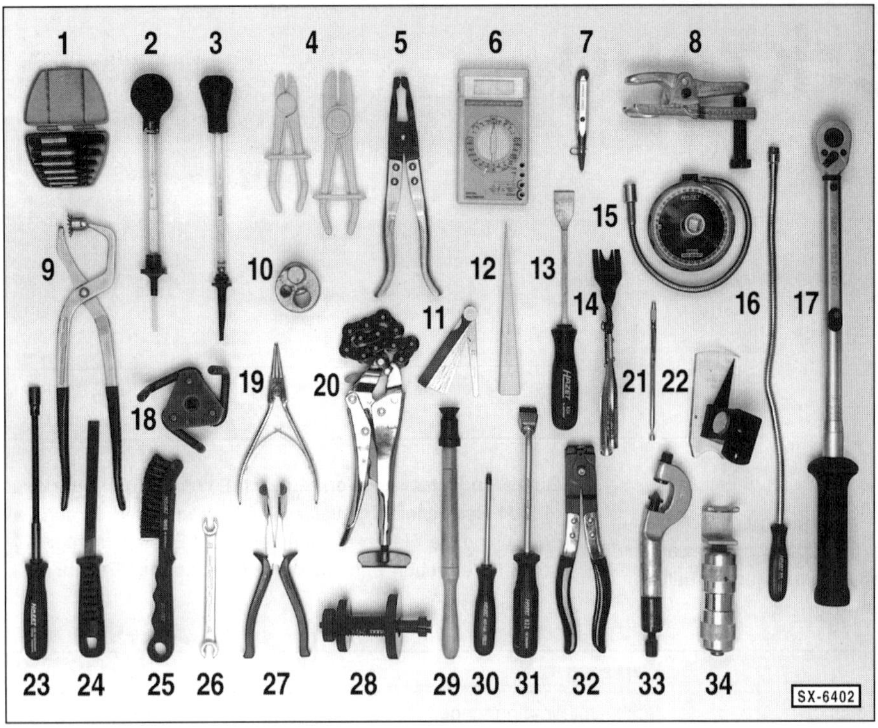

Abb.	Werkzeug	Hazet-Nr.
1	Schraubenausdreher für verschiedene Schrauben	840/5
2	Batteriesäureprüfer	4650-1
3	Kühlmittel-Frostschutzprüfer	–
4	Schlauchklemmen	4590/2
5	Ausziehzange für Ventilschaft-abdichtungen	791-5
6	Multimeter	–
7	Spannungsprüflampe mit Spitze	2153
8	Ausdrücker für Spurstangenköpfe	779/1
9	Bremsfedernzange	797
10	Stehbolzenausdreher	845
11	Fühlerblattlehre 0,05–1,0 mm	2147
12	Montagekeil	1965/20
13	Flachschaber zur Beseitigung von Dichtungsrückständen an Zylinderkopf sowie Motorblock	824
14	Abdrückzange für Verkleidungen	799/4
15	Winkelscheibe für drehwinkelgesteuerten Schraubenanzug	6690
16	Magnet-Sucher	1976
17	Drehmomentschlüssel 40 – 200 Nm	6122–1CT
18	Ölfilterschlüssel	2172
19	Spitzzange für Sicherungsringe	1846C/2

Abb.	Werkzeug	Hazet-Nr.
20	Ketten-Abgasrohrschneider	4682
21	Spritzdüseneinsteller für Scheibenwaschanlage	4850-1
22	Winkeleinsteller für Scheibenwischerarme	4851-1
23	Steckschlüssel flexibel, 8- und 10 mm	426-8, -10
24	Bremssattelfeile	1968-1
25	Stahldrahtbürste für Bremssattelreinigung	1968
26	Offene Doppelringschlüssel für Überwurfmuttern der Bremsleitungen	612-8x10, 612-10x11
27	Zündkerzensteckerzange	1849-1
28	Kupplungs-Zentrierwerkzeug	2174
29	Ventileinschleifer	795
30	Torxschraubendreher (verschiedene Größen)	837-T20, -T25, -T30, -T40, -T45
31	Ziehklinge zum Entfernen von Unterbodenschutz etc.	822
32	Klemmzange für Haltebänder der Gelenkwellenmanschetten	1847-1
33	Hydraulischer Muttersprenger	846-22
34	Schlag-Ausziehgerät für Bremsbeläge, Scheibenwischerarme etc.	1966

Wartungsplan GOLF/ VENTO

Die Wartungsintervalle beim GOLF/VENTO sind von der Zeitdauer und den gefahrenen Kilometern abhängig und werden dem Fahrer über eine Service-Intervallanzeige angezeigt. Die Service-Intervallanzeige erscheint nach Einschalten der Zündung (Motor nicht anschalten) für einige Sekunden anstelle der Kilometeranzeige im Tachometer. Ist kein Service erforderlich, wird »**IN 00**« angezeigt.

Wird der Service-Fälligkeitstermin erreicht, blinkt beim Einschalten der Zündung und auch nach dem Anlassen des Motors für etwa 3 Sekunden die Anzeige:

OEL oder **OEL** im Wechsel mit **INSP** (Motorölwechsel) oder

IN 01 oder **INSP-1** (Inspektion alle 12 Monate) oder

IN 02 oder **INSP-2** (Inspektion alle 30.000 km).

Die Anzeige **INSP** wird nur beim Motor 1Y ab 9/95 mit flexibler Service-Intervall-Anzeige verwendet.

Der Arbeitsumfang der angezeigten Inspektion ist unterschiedlich groß. Nachdem ein Service durchgeführt wurde, muß auch die davor liegende Serviceart einzeln aufgerufen und zurückgesetzt (auf Null gestellt) werden. Wurde zum Beispiel der Inspektions-Service **IN 02** durchgeführt, müssen **OEL**, **IN 01** und **IN 02** zurückgesetzt werden. Dies geschieht folgendermaßen:

Service-Intervallanzeige zurücksetzen

- Zündung einschalten, Motor nicht starten.

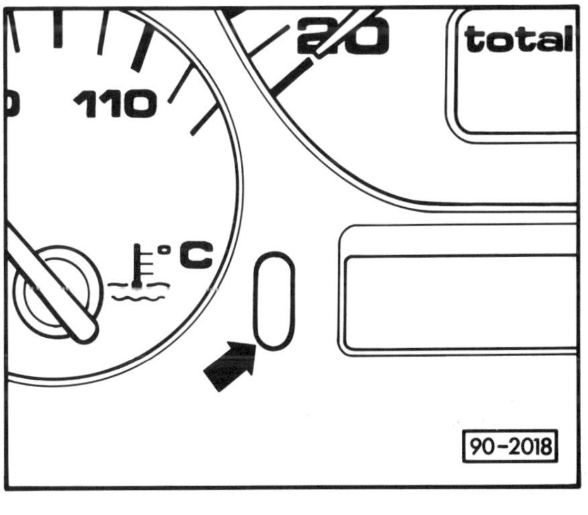

- Taste im Schalttafeleinsatz, unterhalb des Geschwindigkeitsmessers, drücken und festhalten.
- Zündung ausschalten und Taste loslassen. In der Anzeige ist der Schriftzug »OEL« zu sehen.

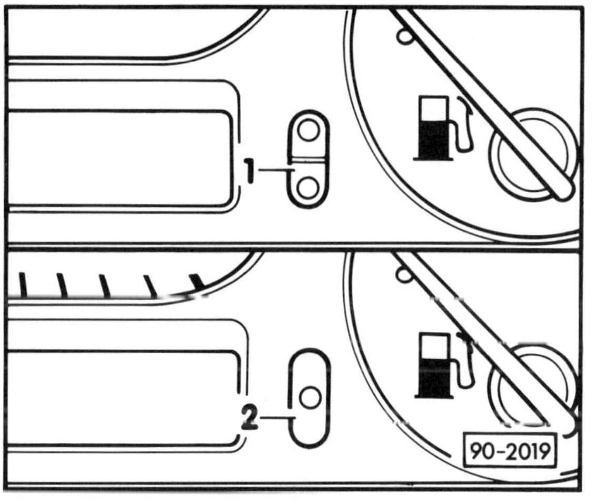

- Taste zum Einstellen der Analog-Zeituhr oder den Minutenknopf der Digital-Zeituhr (je nach Fahrzeugausstattung) solange drücken, bis 5 Striche ( ) in der Anzeige erscheinen. Erst dann ist der Service OEL zurückgesetzt.
- Durch erneutes Drücken der Taste unterhalb des Geschwindigkeitsmessers werden die anderen Inspektionen angezeigt und können einzeln zurückgesetzt werden.
- Zündung einschalten und nach Erscheinen von »IN 00« wieder ausschalten.

Ölwechsel-Service

Der Ölwechsel-Service ist **alle 15.000 km,** beziehungsweise **mindestens einmal jährlich** durchzuführen. Bei erschwerten Betriebsbedingungen, wie überwiegend Stadt- und Kurzstreckenverkehr, häufigen Gebirgsfahrten, Anhängerbetrieb und staubigen Straßenverhältnissen, Ölwechsel-Service entsprechend öfter durchführen.

64-PS-Motor (1Y): Der Ölwechsel-Service ist **alle 7500 km,** beziehungsweise **mindestens einmal jährlich** durchzuführen. Ab 9/95 kommt eine flexible Service-Intervall-Anzeige zum Einsatz. Je nach Einsatzbedingungen ergibt sich dadurch ein Ölwechsel-Service-Intervall von 7500 bis 15.000 km beziehungsweise 8 bis 12 Monaten.

- ■ Motor: Öl- und Filterwechsel.
- ■ Diesel-Kraftstoffilter: Entwässern.
- ■ Scheibenbremsbeläge: Dicke prüfen (je nach Fahrzeugausstattung wird die Verschleißgrenze der vorderen Beläge dem Fahrer mittels Kontrollampe automatisch angezeigt).
- ■ Service-Intervallanzeige zurücksetzen.

Wartung

Die Wartung ist in folgenden Abständen durchzuführen: Alle 12 Monate die mit ● gekennzeichneten Positionen und alle 30.000 km sämtliche aufgeführten Wartungspunkte (● und ■).

Achtung: Die VW-Werkstätten fragen zusätzlich bei jeder Inspektion mit Hilfe eines Spezialgerätes die Fehlerspeicher der Motor-, Getriebe- und Klimaelektronik ab. Es kann daher sinnvoll sein, in regelmäßigen Abständen eine Fachwerkstatt aufzusuchen, auch wenn die Wartung in Eigenregie durchgeführt wird.

Motor

- ● Motor: Öl wechseln, Ölfilter ersetzen.
- ● Kühl- und Heizsystem: Flüssigkeitsstand prüfen, Konzentration des Frostschutzmittels prüfen. Sichtprüfung auf Undichtigkeiten und äußere Verschmutzung des Kühlers.
- ● Abgasanlage: Auf Beschädigungen prüfen.
- ● Motor: Sichtprüfung auf Ölundichtigkeiten.
- ● Leerlaufdrehzahl prüfen, gegebenenfalls einstellen.
- ● Abgas auf Rußanteile prüfen (Werkstattarbeit).
- ● Diesel-Kraftstoffilter entwässern.
- ■ Keilriemen: Spannung und Zustand von allen Riemen prüfen, gegebenenfalls ersetzen.
- ■ Trockenluftfilter: Filtereinsatz erneuern, Luftfiltergehäuse reinigen (spätestens alle 2 Jahre, wenn in dieser Zeit noch keine 30.000 km zurückgelegt wurden).
- ■ Kraftstoffilter: Ersetzen.
- ■ Zahnriemen: Zustand prüfen. Bei Motor 1Y, AAZ zusätzlich Spannung prüfen ggf. einstellen.

Getriebe, Achsantrieb

- ● Gelenkschutzhüllen: Auf Undichtigkeiten und Beschädigungen prüfen.
- ● Getriebe und Achsantrieb: Sichtprüfung auf Undichtigkeiten.
- ■ Schaltgetriebe: Ölstand im Achsantrieb prüfen, ggf auffüllen.

Vorderachse und Lenkung

- ● Spurstangenköpfe: Spiel und Befestigung prüfen, Staubkappen prüfen.
- ● Achsgelenke: Spiel und Staubkappen prüfen.
- ● Lenkung: Spiel prüfen, Faltenbälge auf Undichtigkeiten und Beschädigungen prüfen.
- ● Airbag: Prallflächen der Airbag-Einheiten auf Fahrer- und Beifahrerseite auf Beschädigung sichtprüfen.

Aufbau

- ● Türfeststeller: Gleitschienen schmieren, Befestigungsbolzen mit VW-Spray G 00 400 01 einsprühen.
- ■ Unterbodenschutz und Hohlraumkonservierung: Prüfen.
- ■ Sicherheitsgurte: Auf Beschädigungen prüfen.
- ■ Lüftung/Heizung: Falls eingebaut, Staub- und Pollenfilter erneuern.

Bremsen, Reifen, Räder

- ● Bremsanlage: Leitungen, Schläuche, Bremszylinder und Anschlüsse auf Undichtigkeiten und Beschädigungen prüfen.
- ● Bremsflüssigkeitsstand: Prüfen, ggf. auffüllen.
- ● Bremsen: Belagstärke der vorderen und hinteren Bremsbeläge prüfen.
- ● Bereifung: Profiltiefe und Reifenfülldruck prüfen; Reifen auf Verschleiß und Beschädigungen (einschließlich Reserverad) prüfen.

Elektrische Anlage

- ● Alle Stromverbraucher: Funktion prüfen.
- ● Beleuchtungsanlage: Prüfen, gegebenenfalls Scheinwerfer einstellen.
- ● Signalhorn: Prüfen.
- ● Scheibenwischer: Wischergummis auf Verschleiß prüfen.
- ● Scheibenwaschanlage: Funktion prüfen, Düsenstellung kontrollieren, Flüssigkeit nachfüllen, Scheinwerfer-Waschanlage prüfen.
- ● Scheibenwischerblätter: Anstellwinkel prüfen, ggf. einstellen.
- ● Batterie: Festen Sitz und Säurestand prüfen.
- ● Service-Intervallanzeige: Zurücksetzen.

Alle 2 Jahre

- ■ Bremsflüssigkeit: Erneuern.

Alle 60.000 km

- ■ Keilrippenriemen: Zustand und Spannung prüfen, gegebenenfalls ersetzen.
- ■ Servolenkung: Flüssigkeitsstand prüfen, gegebenenfalls Hydrauliköl auffüllen.
- ■ Automatisches Getriebe: ATF-Öl wechseln. Ölstand prüfen. Ölstand im Achsantrieb prüfen.

Alle 90.000 km

- ■ Zahnriemen: Ersetzen, Zahnriemen-Spannrolle ersetzen (Direkteinspritzer).

Die Wartungsarbeiten

Hier werden, aufgeteilt nach den verschiedenen Baugruppen des Fahrzeugs, alle Wartungsarbeiten beschrieben, die gemäß dem Wartungsplan durchgeführt werden müssen. Auf die erforderlichen Verschleißteile sowie das möglicherweise notwendige Sonderwerkzeug wird jeweils hingewiesen.

Es empfiehlt sich, Reifendruck, Motorölstand und Flüssigkeitsstände für Kühlung, Wisch-/Wasch-Anlage etc. alle 4 bis 6 Wochen zu prüfen und ergänzen.

Achtung: Beim **Einkauf von Ersatzteilen** ist immer der **KFZ-Schein** mitzunehmen, da zur einwandfreien Fahrzeugidentifizierung oftmals die genaue Angabe der Fahrgestellnummer oder des Baujahres erforderlich ist. Es empfiehlt sich außerdem, nach Möglichkeit das ausgebaute Altteil zum Händler mitzunehmen, um es mit dem Neuteil zu vergleichen.

Motor und Abgasanlage

Folgende Wartungspunkte müssen nach dem Wartungsplan durchgeführt werden:

- Motor: Ölstand prüfen.
- Motor: Ölwechsel und Ölfilter ersetzen.
- Motor: Sichtprüfung auf Ölundichtigkeiten.
- Kühl- und Heizsystem: Flüssigkeitsstand prüfen. Konzentration des Frostschutzmittels prüfen. Sichtprüfung auf Undichtigkeiten und äußere Verschmutzung des Kühlers.
- Keil- und Keilrippenriemen: Spannung und Zustand prüfen.
- Luftfilter: Filtereinsatz erneuern.
- Kraftstoffilter entwässern beziehungsweise erneuern.
- Zahnriemenspannung und Zahnriemenzustand prüfen.
- Leerlaufdrehzahl kontrollieren, gegebenenfalls einstellen.
- Abgasanlage: Auf Beschädigungen prüfen.

Motorölwechsel

Zum Motorölwechsel ist folgendes Werkzeug erforderlich:

- Eine Grube oder ein hydraulischer Wagenheber mit Unterstellböcken.
- Ein Spezialwerkzeug zum Lösen des Ölfilters (Ölfilterzange, Spannbandschlüssel oder HAZET-Werkzeug 2172).
- Stecknuß-Satz zum Lösen der Ölablaßschraube sowie eine Ölauffangschale (wenn Öl nicht abgesaugt wird), die mindestens 6 Liter Öl faßt.

Folgende Verschleißteile werden benötigt:

- Nur wenn das Öl nicht abgesaugt wird: Aluminium- oder Kupfer-Dichtring für die Ölablaßschraube (wird manchmal mit dem Ölfilter mitgeliefert).
- Öl-Filterpatrone.
- 4,5 Liter Motoröl. Nur von VW freigegebenes Motoröl verwenden, siehe Seite 41.

Ölwechselmenge Dieselmotoren: 4,5 Liter (ohne Ölfilter: 4,0 l).

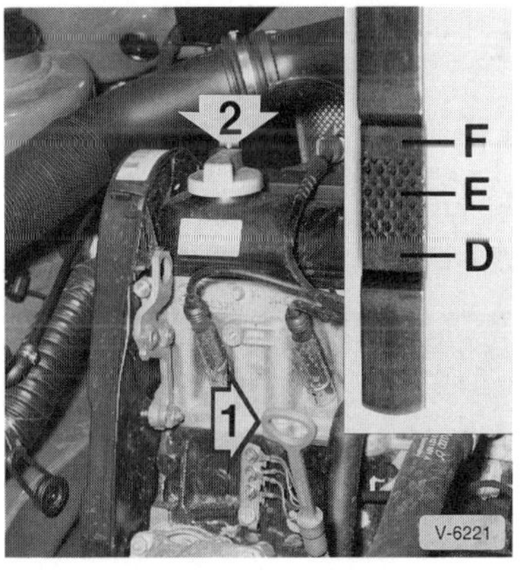

- Die Mengendifferenz zwischen oberem und unterem Falz (min.- und max.-Markierung) am Ölpeilstab beträgt: **1 Liter.** Der Ölstand sollte zwischen diesen Markierungen im angerauhten Bereich –E– liegen. Öl muß nachgefüllt werden, wenn sich der Ölspiegel im Bereich –D– befindet. Liegt der Ölstand im oberen Bereich –F–, sollte kein Öl nachgefüllt werden, da sonst die Gefahr der Überfüllung besteht. Zu viel eingefülltes Öl kann im Betrieb zu Katalysatorschäden (falls vorhanden) führen, beziehungsweise zu erhöhtem Ölverbrauch führen.

Achtung: Besitzt der Ölmeßstab keine Kröpfungen, bildet das obere und untere Ende des angerauhten Bereichs die max.- und min.-Markierung.

Der Ölwechsel ist je nach Motor alle 7.500 km, alle 15.000 km oder entsprechend der Service-Intervallanzeige durchzuführen. Falls sehr wenig gefahren wird, Ölwechsel einmal im Jahr vornehmen. Bei jedem Ölwechsel wird gleichzeitig der Ölfilter gewechselt.

Bei erschwerten Einsatzbedingungen wie Kurzstreckenverkehr, häufiger Kaltstart und sehr staubigen Straßenverhältnissen, sollten Motoröl und Ölfilter in kürzeren Abständen gewechselt werden.

Das Motoröl darf auch mittels einer Sonde (an der Tankstelle) über das Ölmeßrohr abgesaugt werden. Allerdings muß das neue Öl dann meistens bei der betreffenden Tankstelle gekauft werden.

Achtung: Altöl muß auf jeden Fall bei den Altöl-Sammelstellen abgegeben werden. Die Öl-Verkaufsstellen nehmen die entsprechende Menge Altöl kostenlos entgegen, daher beim Ölkauf Quittung und Ölkanister für spätere Altölrückgabe aufbewahren! Außerdem informieren Gemeinde- und Stadtverwaltungen darüber, wo sich die nächste Altöl-Sammelstelle befindet. **Keinesfalls darf Altöl einfach weggeschüttet oder dem Hausmüll mitgegeben werden.** Größere Umweltschäden wie beispielsweise Grundwasserverseuchung sind sonst unvermeidbar.

Motoröl ablassen

- Motor auf Betriebstemperatur bringen (entspricht etwa +60° C Öltemperatur).
- Fahrzeug waagerecht aufbocken.

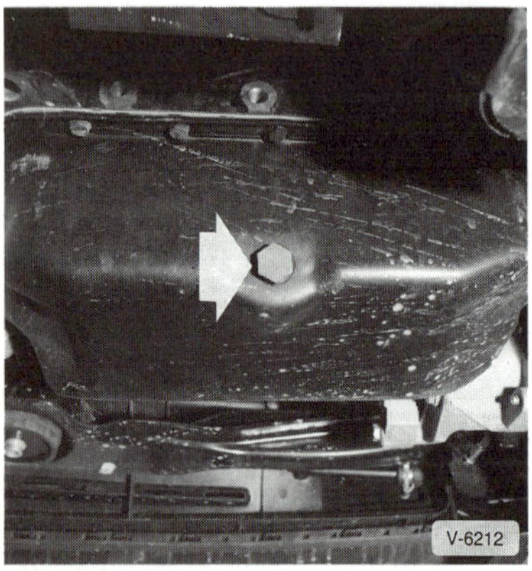
V-6212

- Gefäß zum Auffangen des Altöls unter die Ölwannenschraube stellen.

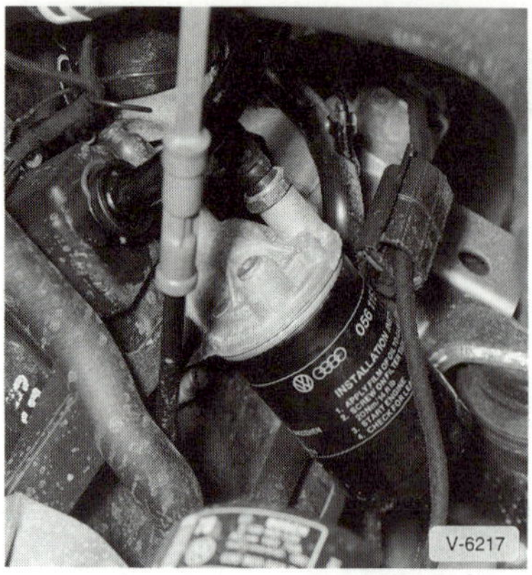
V-6217

- Ölfilter abschrauben. Der Ölfilter sitzt seitlich am Motorblock. Zum Abschrauben des Ölfilters gibt es spezielle Werkzeuge, zum Beispiel HAZET 2171-1. Man kann auch einen spitzen Schraubendreher seitlich in den Ölfilter eintreiben. Es läuft dann allerdings Öl aus – Gefäß unterstellen.

Achtung: Das Motoröl darf auch mittels einer Sonde abgesaugt werden.

- Ölablaßschraube unten an der Ölwanne herausdrehen und Altöl ganz ablassen.

Achtung: Werden im Motoröl Metallspäne und Abrieb in größeren Mengen festgestellt, deutet dies auf Freßschäden hin, zum Beispiel Kurbelwellen- oder Pleuellagerschäden. Um Folgeschäden zu vermeiden, müssen nach der Motorreparatur die Ölkanäle sorgfältig gereinigt werden. Außerdem muß der Ölkühler erneuert werden.

Auffüllen

- Ölablaßschraube mit neuem Dichtring einschrauben und fest, aber nicht mit zu großer Gewalt anziehen. Anzugsdrehmoment: **30 Nm**.
- Ölfilterflansch am Motorblock mit Kraftstoff reinigen. Eventuell dort verbliebene Filterdichtung abnehmen.
- Gummidichtring am Ölfilter dünn mit Motoröl bestreichen.
- Neuen Ölfilter nur mit der Hand festschrauben. Wenn die Filterdichtung am Motorblock anliegt, Filter noch um ½ Umdrehung weiterdrehen. Hinweise auf dem Ölfilter beachten.

Achtung: Beim **Turbodieselmotor** muß beim **1. Motorstart** nach dem Ölwechsel darauf geachtet werden, daß der Motor zunächst nur bei **Leerlaufdrehzahl** läuft, bis die Öldruckkontrolleuchte erlöscht. Erst dann ist der volle Öldruck erreicht und es darf Gas gegeben werden. Durch Gasstöße bei leuchtender Ölkontrolle kann aufgrund mangelnder Schmierung der Turbolader beschädigt werden.

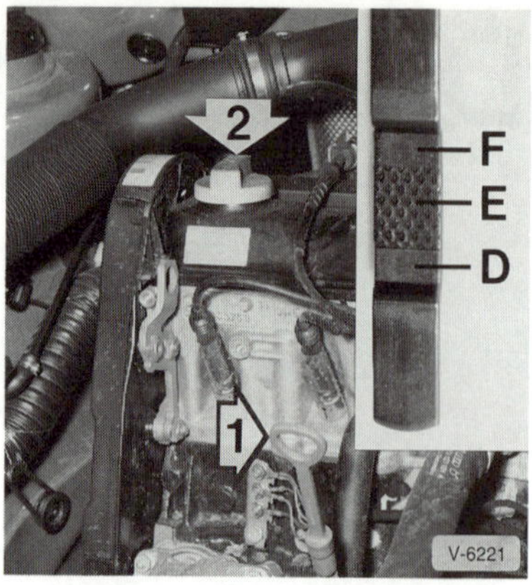

V-6221

- Neues Öl am Einfüllstutzen –2– des Zylinderkopfdeckels einfüllen. Anschließend Ölstand mit Meßstab –1– kontrollieren. **Hinweis:** Grundsätzlich empfiehlt es sich, zunächst einen ½ Liter Motoröl weniger einzufüllen, den Motor warmlaufen zu lassen und nach einigen Minuten den Ölstand mit dem Meßstab zu kontrollieren und gegebenenfalls zu ergänzen. Zuviel eingefülltes Motoröl muß wieder abgesaugt werden, da sonst erhöhter Ölverbrauch auftreten kann, oder (falls vorhanden) Schäden am Katalysator auftreten können.
- Nach Probefahrt Dichtigkeit der Ablaßschraube und des Ölfilters überprüfen, gegebenenfalls vorsichtig nachziehen.
- Betriebswarmen Motor abstellen und Ölstand nach ca. 2 Minuten nochmals prüfen, gegebenenfalls korrigieren.

Achtung: Um die Betriebsverhältnisse des Motors besser überwachen zu können, soll beim Ölwechsel immer ein Öl gleichen Typs und möglichst auch gleicher Marke verwendet werden. Daher ist es zweckmäßig, bei jedem Ölwechsel ein Hinweisschild am Motor zu befestigen, auf dem Marke und Viskosität des Öles vermerkt sind.

Sichtprüfung auf Ölverlust

Bei ölverschmiertem Motor und hohem Ölverbrauch überprüfen, wo das Öl austritt. Dazu folgende Stellen überprüfen:

- Öleinfülldeckel öffnen und Dichtung auf Porosität oder Beschädigung prüfen.
- Belüftungsschläuche vom Motorblock zum Zylinderkopfdeckel und zur Ansauglufthutze auf festen Sitz prüfen.
- Zylinderkopfdeckel-Dichtung.
- Zylinderkopf-Dichtung.
- Trennstelle Vakuumpumpe.

- Ölfilterdichtung: Ölfilter am Ölfilterflansch.
- Ölablaßschraube (Dichtring).
- Ölwannendichtung.
- Trennstelle zwischen Motor und Getriebe (Dichtung an Schwungrad oder Getriebewelle).

Da sich bei Undichtigkeiten das Öl meistens über eine größere Motorfläche verteilt, ist der Austritt des Öls nicht auf den ersten Blick zu erkennen. Bei der Suche geht man zweckmäßigerweise wie folgt vor:

- Motorwäsche durchführen. Motor mit handelsüblichem Kaltreiniger einsprühen und nach einer kurzen Einwirkungszeit mit Wasser abspritzen. Vorher Generator mit Plastiktüte abdecken.
- Trennstellen und Dichtungen am Motor von außen mit Kalk oder Talkumpuder bestäuben. **Hinweis:** Die Fachwerkstatt verwendet ein spezielles Lecköl-Suchspray.
- Ölstand kontrollieren, ggf. auffüllen.
- Probefahrt durchführen. Da das Öl bei heißem Motor dünnflüssig wird und dadurch schneller an den Leckstellen austreten kann, sollte die Probefahrt über eine Strecke von ca. 30 km auf einer Schnellstraße durchgeführt werden.
- Anschließend Motor mit Lampe absuchen, undichte Stelle lokalisieren und Fehler beheben.

Motorölstand prüfen

Etwa alle 1000 km oder vor längeren Fahrten sollte der Ölstand des Motors überprüft und gegebenenfalls ergänzt werden. Auf 1000 Kilometer soll der Motor nicht mehr als 1,0 Liter Öl verbrauchen. Mehrverbrauch ist ein Anzeichen für verschlissene Ventilschaftabdichtungen und/

oder Kolbenringe beziehungsweise Öldichtungen.

- Das Fahrzeug muß beim Messen auf einer waagerechten Fläche stehen.
- Der Motor muß betriebswarm sein.
- Nach Abstellen des Motors mindestens 3 Minuten lang warten, damit sich das Öl in der Ölwanne sammelt.
- Ölpeilstab am Motor herausziehen und mit sauberem Lappen abwischen.

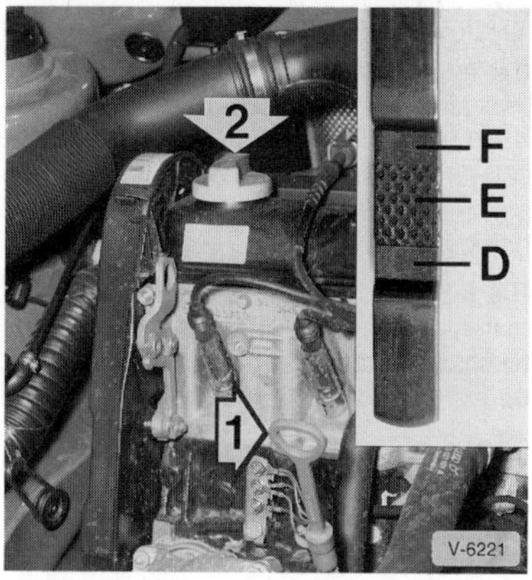

- Anschließend Meßstab bis zum Anschlag einführen und wieder herausziehen. Der Ölstand sollte zwischen oberem und unterem Falz im angerauhten Bereich –E– liegen. Öl muß nachgefüllt werden, wenn sich der Ölspiegel im Bereich –D– befindet. Liegt der Ölstand im oberen Bereich –F–, sollte kein Öl nachgefüllt werden, da sonst die Gefahr der Überfüllung besteht. Zu viel eingefülltes Öl kann im Betrieb zu Katalysatorschäden (falls vorhanden), oder zu vorübergehend erhöhtem Ölverbrauch führen.

Achtung: Besitzt der Ölmeßstab keine Kröpfungen, bildet das obere und untere Ende des angerauhten Bereichs die MAX. und MIN. Markierung.

- Neues Öl erst nachfüllen, wenn sich der Ölstand der unteren Marke nähert. Die Ölmenge von der min.- bis zur max.-Markierung beträgt 1 Liter.
- Nachgefüllt wird am Verschluß des Zylinderkopfdeckels. Beim Nachfüllen richtige Ölsorte verwenden, keine Ölzusätze verwenden.

Wahllos abwechselnder Gebrauch verschiedener Öltypen ist ungünstig. Motorenöle gleichen Typs, aber verschiedener Marken sollen möglichst nicht gemischt werden. Motorenöle gleichen Typs und gleicher Marke, aber verschiedener Viskosität können im Bedarfsfall während jahreszeitlicher Überschneidung ohne weiteres nachgefüllt werden.

Kühlmittelstand prüfen

Der Kühlmittelstand sollte in regelmäßigen Abständen – etwa alle vier Wochen – geprüft werden, zumindest aber vor jeder größeren Fahrt. Ein zu niedriger Kühlmittelstand wird außerdem bei den GOLF/VENTO-Modellen je nach Ausstattung durch Dauerblinken der Kontrolleuchte am Armaturenbrett angezeigt.

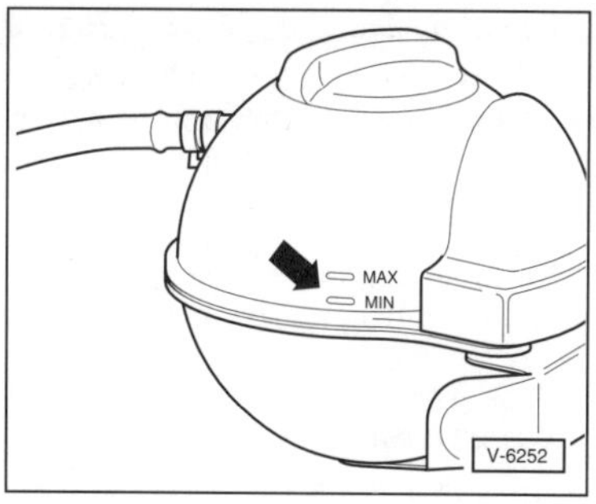

- Der Kühlmittelstand soll bei kaltem Motor (Kühlmitteltemperatur ca. +20° C) zwischen der max. und der min.-Markierung am Ausgleichbehälter liegen. Bei warmem Motor darf der Kühlmittelstand etwas über der max.-Markierung stehen.
- Größere Mengen **kaltes** Kühlmittel nur bei **kaltem Motor** nachfüllen, um Motorschäden zu vermeiden.

Achtung: Verschlußdeckel bei heißem Motor vorsichtig öffnen. Verbrühungsgefahr! Beim Öffnen Lappen über den Verschlußdeckel legen. Verschlußdeckel möglichst bei einer Kühlmittel-Temperatur unter +90° C öffnen.

- Verschlußdeckel beim Öffnen zuerst etwas aufdrehen und Überdruck entweichen lassen. Danach Deckel weiterdrehen und abnehmen.

Achtung: Um die Weiterfahrt zu ermöglichen, kann auch, insbesondere im Sommer, reines Wasser nachgefüllt werden. Der Kühlerfrostschutz muß dann jedoch baldmöglichst korrigiert werden.

- Sichtprüfung auf Dichtheit durchführen, wenn der Kühlmittelstand in kurzer Zeit absinkt.

Kühlsystem-Füllmenge Dieselmotoren: ca. 6,3 Liter.

Kühlsystem-Sichtprüfung auf Dichtheit

- Kühlmittelschläuche durch Zusammendrücken und Verbiegen auf poröse Stellen untersuchen, hartgewordene Schläuche ersetzen.
- Die Schläuche dürfen nicht zu kurz auf den Anschlußstutzen sitzen.
- Festen Sitz der Schlauchschellen kontrollieren. Gegebenenfalls neue Schraubschellen anstelle der bisherigen Klemmschellen einbauen.
- Dichtung des Verschlußdeckels für den Ausgleichbehälter auf Beschädigungen überprüfen.

Achtung: Ein zu niedriger Kühlmittelstand kann auch von einem nicht richtig aufgeschraubten Verschlußdeckel herrühren.

- Wenn der Kühlmittelstand häufig absinkt, ohne daß eine undichte Stelle lokalisiert werden kann, Kühlsystem bei warmem Motor prüfen. Dazu Motor warmfahren und im Leerlauf so lange drehen lassen, bis der Lüfter einschaltet. Darauf achten, ob Kühlflüssigkeit im Bereich der Kühlmittelpumpe austritt.
- Deutlicher Kühlmittelverlust und/oder Öl in der Kühlflüssigkeit sowie weiße Abgaswolken bei warmem Motor deuten auf eine defekte Zylinderkopfdichtung hin.

Achtung: Mitunter ist es schwierig, die Leckstelle ausfindig zu machen. Dann empfiehlt sich eine Druckprüfung durch die Werkstatt (Spezialgerät erforderlich). Hierbei kann ebenfalls das Überdruckventil des Verschlußdeckels geprüft werden. **Sollwert** für Öffnungsdruck des Überdruckventils: **1,2 bis 1,5 bar** (alle Motoren).

Frostschutz prüfen

Folgendes Prüfwerkzeug wird benötigt:

- Eine Prüfspindel, die es preiswert im Zubehörhandel gibt und auch oft an Tankstellen zur Benutzung vorliegt.

Regelmäßig vor Winterbeginn sollte sicherheitshalber die Konzentration des Frostschutzmittels geprüft werden, insbesondere wenn zwischendurch reines Wasser nachgefüllt wurde.

- Motor warmfahren, bis der obere Kühlmittelschlauch zum Kühler ca. handwarm ist.
- Verschlußdeckel am Ausgleichbehälter vorsichtig öffnen. **Achtung:** Nicht bei heißem Motor öffnen, siehe unter »Kühlmittelstand prüfen«.

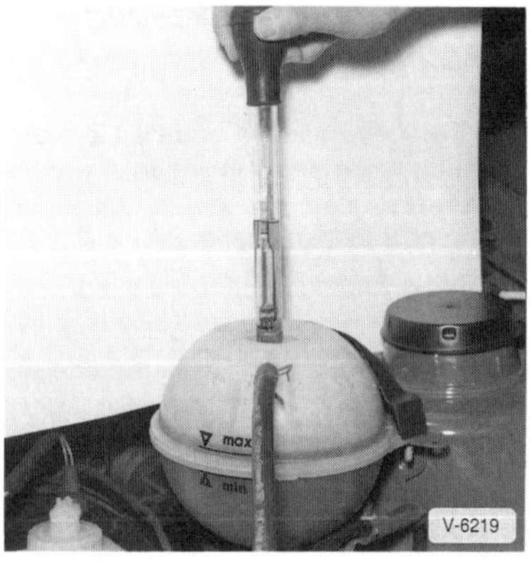

V-6219

- Mit Meßspindel Kühlflüssigkeit ansaugen und am Schwimmer Kühlmitteldichte ablesen.

VW-Kühlkonzentrat ergänzen

Bei einem Frostschutz bis –25° C müssen sich 40 % Frostschutzmittel in der Kühlflüssigkeit befinden. Soll der Frostschutz bis –35° C reichen, müssen Wasser und Kühlkonzentrat im Verhältnis 1:1 gemischt werden.

Bis 6/96 wird serienmäßig der VW-Kühlmittelzusatz **G11-A8C** verwendet. Zum Nachfüllen kann **G11-A8C** oder ein anderes Kühlkonzentrat mit dem Vermerk »gemäß TL-VW 774 **C**« verwendet werden. **Hinweis:** Das Kühlkonzentrat **G11** ist an der **grünen Farbe** erkennbar.

Seit 7/96 wird serienmäßig der VW-Kühlmittelzusatz **G12** verwendet. Zum Nachfüllen kann **G12** oder ein anderes Kühlkonzentrat mit dem Vermerk »gemäß TL-VW 774 **D**« verwendet werden. **Hinweis:** Das Kühlkonzentrat **G12** ist an der **roten Farbe** erkennbar.

Achtung: Die Kühlmittelzusätze **G11** und **G12** dürfen **nicht vermischt** werden, sonst kommt es zu **schwerwiegenden Motorschäden.** Braunes Kühlmittel (G11 und G12 vermischt) sofort wechseln.

Hinweis: Fahrzeuge **bis 6/96** können auf das neue (bessere) G12 umgestellt werden, siehe Seite 48.

Die Tabelle zeigt, wieviel Frostschutzmittel zugegeben werden muß, damit der gewünschte Frostschutz erreicht wird.

Beispiel: Die Frostschutz-Messung mit der Spindel ergibt einen Frostschutz bis –10° C. In diesem Fall aus dem Kühlsystem 2,0 l Kühlflüssigkeit ablassen und dafür 2,0 l reines Frostschutzkonzentrat auffüllen. Dadurch wird ein Frostschutz von –25° C erreicht.

Gemessener Wert in °C	0	–5	–10	–15
Motor	Differenzmenge in l			
Dieselmotor	3,5	3,0	2,0	1,5

Der Frostschutz soll in unseren Breiten bis –25° C reichen, bei extrem kaltem Klima bis –35° C.

- Verschlußdeckel am Kühler verschließen und nach Probefahrt Frostschutz erneut überprüfen.

Luftfiltereinsatz wechseln

Es wird kein Sonderwerkzeug benötigt.

Folgendes Verschleißteil muß gekauft werden:

- Luftfiltereinsatz. Beim Ersatzteilkauf beachten, daß je nach eingebautem Motor ein unterschiedlicher Luftfiltereinsatz benötigt wird.

Ausbau

V-6218

- 2 Klammern lösen, Deckel anheben und aus den hinteren Halterungen herausnehmen.

V-6222

- Luftfiltereinsatz herausnehmen.
- Filtergehäuse mit einem Lappen auswischen.

Einbau

- Neuen Filtereinsatz in das Luftfiltergehäuse einlegen.
- Deckel von oben in die hinteren Halterungen einsetzen und Schnellverschlüsse zuschnappen lassen.

Kraftstoffilter entwässern / ersetzen

Es wird kein Sonderwerkzeug benötigt.

Folgendes Verschleißteil muß gekauft werden:

- Kraftstoffilter für den Dieselmotor.

Zum Auffangen des Wassersatzes ist ein geeignetes Auffanggefäß erforderlich. **Achtung:** Auslaufender Dieselkraftstoff muß besonders von Gummiteilen (Kühlmittelschläuche) sofort abgewischt werden, sonst werden die Gummiteile im Lauf der Zeit zerstört.

Entwässern

- Der Kraftstoffilter befindet sich im Motorraum an der Spritzwand. Die folgende Abbildung zeigt den Kraftstoffilter, von oben gesehen.

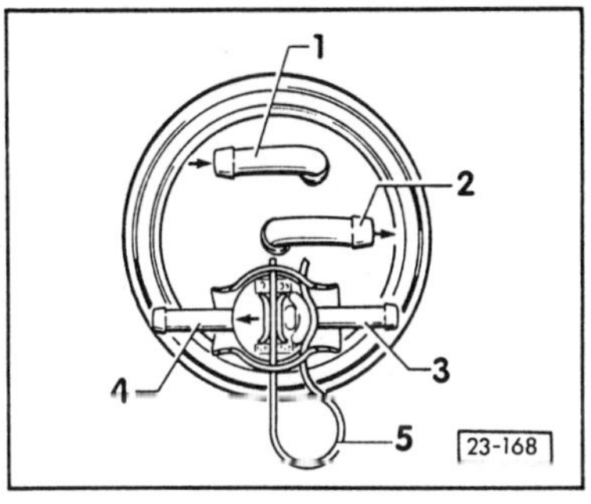

1 – Vorlauf vom Kraftstoffbehälter

2 – Vorlauf zur Einspritzpumpe

3 – Rücklauf von der Einspritzpumpe

4 – Rücklauf zum Kraftstoffbehälter (mit Pfeil gekennzeichnet)

5 – Halteklammer für Regelventil

- Halteklammer –5– entfernen und Regelventil mit angeschlossenen Kraftstoffleitungen etwas nach oben herausziehen.

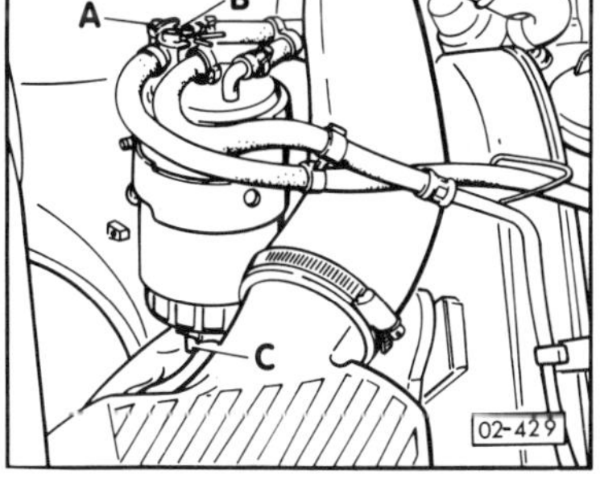

- An der Filterunterseite das Entwässerungsventil –C– aufschrauben und ca. 100 cm³ (ca. 1 Tasse voll) Flüssigkeit aus dem Filter in ein Auffanggefäß ablaufen lassen. **Achtung:** Kraftstoff bei der Sondermülldeponie abgeben, keinesfalls in die Kanalisation schütten.
- Entwässerungsventil von Hand wieder festziehen.
- Regelventil oben wieder einsetzen und mit der Halteklammer sichern.
- Die Kraftstoffanlage entlüftet sich selbsttätig nach dem Starten des Motors. Nach mehrmaligem Gasgeben muß der Kraftstoff blasenfrei durch die durchsichtige Leitung zur Einspritzpumpe fließen.
- Kraftstoffanlage auf Dichtheit sichtprüfen insbesondere an den Anschlüssen des Kraftstoffilters.

Filterwechsel

- Gesamte Flüssigkeit wie beim »Entwässern« aus dem Kraftstoffilter ablaufen lassen.
- Kraftstoffleitungen –1– und –2– äußerlich reinigen und vom Filter abziehen, vorher Klemmschellen durchkneifen. Die Angaben beziehen sich auf die Abbildungen unter »Entwässern«.
- Halteklammer –5– entfernen und Regelventil mit angeschlossenen Kraftstoffleitungen abnehmen.
- Kraftstoffilter herausnehmen.
- Neuen Filter einsetzen.
- Kraftstoffleitungen aufschieben und mit Schraubschellen sichern.
  Dabei Auslaß und Einlaß nicht verwechseln. Die Pfeile auf dem Kraftstoffilter gelten für die Kraftstoff-Durchflußrichtung.
- Regelventil mit neuer O-Ring-Dichtung einsetzen, Halteklammer –5– seitlich einschieben.
- Kraftstoffanlage auf Dichtheit prüfen. Dazu Motor starten und im Leerlauf drehen lassen. Nach mehrmaligem Gasgeben muß der Kraftstoff blasenfrei durch die durchsichtige Leitung zur Einspritzpumpe fließen.

Keilriemen prüfen / Zahnriemen spannen / ersetzen

Keilriemen prüfen

Es wird kein Sonderwerkzeug benötigt.

Benötigte Verschleißteile:

- Keilriemen entsprechender Größen. Der GOLF / VENTO besitzt einen breiten Keilrippenriemen, der den Generator und je nach Modell auch verschiedene Zusatzaggregate antreibt. Dieselmotoren mit Servolenkung haben einen schmalen, zusätzlichen Keilriemen zum Antrieb der Servopumpe. Es empfiehlt sich, immer alle vorhandenen Keilriemen zu erneuern, auch wenn nur einer verschlissen ist. Die richtigen Keilriemengrößen stehen in der Betriebsanleitung.

Zu niedrige Keilriemenspannung führt zum erhöhten Verschleiß oder Ausfall des Keilriemens. Bei zu hoher Spannung können Lagerschäden an den betreffenden Aggregaten auftreten.

- ■ Ein Keil- beziehungsweise Keilrippenriemen muß ersetzt werden bei: Übermäßiger Abnutzung, ausgefransten Flanken, Ölspuren, Porosität, Oberflächenrissen.

Schmaler Keilriemen beim Dieselmotor mit Servolenkung

- Spannung des Keilriemens prüfen, und zwar durch kräftigen Daumendruck in der Mitte zwischen den beiden Riemenscheiben, die den größten Abstand voneinander haben. Der Keilriemen für die Pumpe der **Servolenkung** darf sich um **ca. 5 mm** durchdrücken lassen.
- Keilriemen ersetzen beziehungsweise spannen, siehe Seite 35.

Achtung: Bei einem neuen Keilriemen Spannung erst nach ca. 10 Minuten Laufzeit prüfen.

Keilrippenriemen prüfen/spannen

- Der breite Keilrippenriemen ist bei allen Motoren eingebaut. Je nach Modell sind 2 unterschiedliche Spannvorrichtungen eingebaut:
  - ◆ Alle Dieselmotoren besitzen zumindest eine halbautomatische Spannvorrichtung, die Spannung muß **alle 60.000 km**, bei Fahrzeugen mit **Klimaanlage alle 30.000 km** überprüft werden.
  - ◆ Es gibt auch Motoren mit vollautomatischer Spannvorrichtung (erkennbar an der Spannrolle), hier muß die Spannung nicht mehr eingestellt werden, nur Zustand prüfen.

- Werden bei der Sichtprüfung Mängel festgestellt, Keilrippenriemen ersetzen, siehe Seite 35.

Zahnriemenspannung prüfen

Da die Arbeit, falsch ausgeführt, zu erheblichen Motorschäden führen kann, ist auf eine exakte Arbeitsweise zu achten. Nur wenn sich der Zahnriemen in einem schlechtem Zustand befindet, muß er gewechselt werden. Die Prüfung der Spannung und der Zahnriemenwechsel wird im Kapitel »Motor« beschrieben.

Zahnriemenzustand prüfen

Der Zustand des Zahnriemens ist bei allen Dieselmotoren alle 30.000 km zu prüfen.

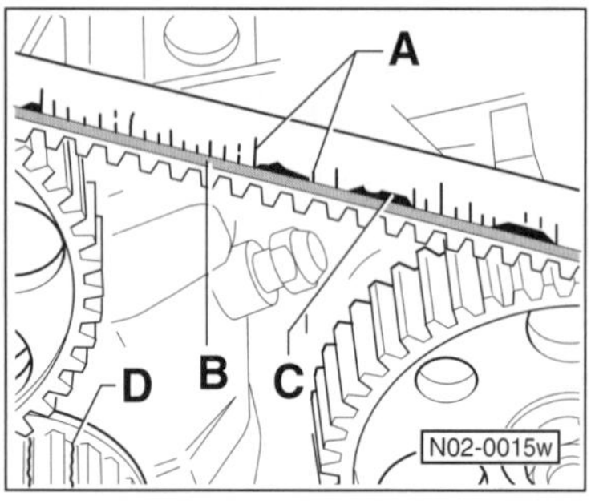

- Zahnriemenabdeckung ausbauen und Motor langsam von Hand durchdrehen, siehe Seite 19.
- Zahnriemen sichtprüfen. Dabei besonders auf folgende Schäden achten:
  A – Risse in der Abdeckung
  B – Seitliches Anlaufen
  C – Ausfransungen
  D – Risse im Zahngrund
- Gegebenenfalls Zahnriemen ersetzen. Außerdem Ursache für den Schaden ermitteln und beseitigen.

Sichtprüfung der Abgasanlage

- Fahrzeug aufbocken.
- Befestigungsschellen auf festen Sitz prüfen.
- Abgasanlage mit Lampe auf Löcher, durchgerostete Teile sowie Scheuerstellen absuchen.
- Stark gequetschte Abgasrohre ersetzen.
- Gummihalterungen durch Drehen und Dehnen auf Porosität überprüfen und gegebenenfalls austauschen.
- Fahrzeug ablassen.

Getriebe/Achsantrieb

- Schaltgetriebe: Sichtprüfung auf Dichtheit.
- Schaltgetriebe: Ölstand prüfen.
- Achswellen (Gelenkwellen): Gelenkschutzhüllen auf Undichtigkeiten und Beschädigungen prüfen.

Achtung: Altöl muß auf jeden Fall bei den Altöl-Sammelstellen abgegeben werden. Die Verkaufsstellen für neues Getriebeöl müssen das Altöl kostenlos entgegen nehmen. Außerdem informieren Gemeinde- und Stadtverwaltungen darüber, wo sich die nächste Altöl-Sammelstelle befindet. **Keinesfalls darf Altöl einfach weggeschüttet oder dem Hausmüll mitgegeben werden.** Größere Umweltschäden wie beispielsweise Grundwasserverseuchung wären sonst unvermeidbar.

Sichtprüfung auf Dichtheit

Folgende Leckstellen sind möglich:

- Trennstelle zwischen Motorblock und Getriebe (Schwungraddichtung/Wellendichtung-Getriebe).
- Öleinfüllschraube/Ölablaßschraube.
- Gelenkwelle an Getriebe.

Bei der Suche nach der Leckstelle folgendermaßen vorgehen:

- Getriebegehäuse mit Kaltreiniger reinigen.
- Ölstand kontrollieren, ggf. auffüllen.
- Mögliche Leckstellen mit Kalk oder Talkumpuder bestäuben.
- Probefahrt durchführen. Damit das Öl besonders dünnflüssig wird, sollte die Probefahrt auf einer Schnellstraße über eine Entfernung von ca. 30 km durchgeführt werden.
- Anschließend Fahrzeug aufbocken und Getriebe mit einer Lampe nach der Leckstelle absuchen.
- Leckstellen umgehend beseitigen.

Achtung: Bei trockenem Getriebe ist eine Ölstandskontrolle nicht erforderlich. Falls jedoch Öl ausgetreten ist, muß der Ölstand überprüft werden.

Ölstand im Schaltgetriebe/ Achsantrieb prüfen

- Fahrzeug waagerecht aufbocken.

- Einfüllschraube –1– am Getriebe mit einem Innensechskantschlüssel SW 17 herausdrehen.
- Wenn beim Herausdrehen der Einfüllschraube etwas Öl ausläuft, ist der Ölstand in Ordnung. Andernfalls mit Finger prüfen, ob der Ölstand bis zum unteren Rand der Einfüllbohrung reicht. Wenn nicht, Getriebeöl nachfüllen.
  Hierfür wird eine Ölspritzkanne benötigt. Beim Nachfüllen Gefäß unterstellen und überschüssiges Öl ablaufen lassen. Nicht zuviel Öl auf einmal einfüllen.

Getriebeölspezifikation: Synthetiköl G 50 SAE 75 W-90.

Motor	Füllmenge
47/55 kW (64/75 PS)	1,9 l
66/81 kW (90/110 PS)	2,0 l
Allradantrieb »syncro«	2,4 l

Achtung: Grundsätzlich darauf achten, daß nicht mehr Öl eingefüllt wird als bis zur Unterkante der Öleinfüllbohrung.

- Einfüllschraube festziehen, Fahrzeug ablassen.

Automatik-Getriebe: Öl wechseln/Ölstand prüfen

Die ATF-Füllung wird alle 60.000 km gewechselt. Anschließend wird der Ölstand geprüft. Eine separate Ölstandprüfung ist nicht vorgesehen.

Achtung: Da zur genauen Messung der Getriebeöltemperatur sowie zum Auslesen des Fehlerspeichers ein Diagnosegerät von VW benötigt wird, ist es empfehlenswert, diese Arbeit bei der VW-Werkstatt durchführen zu lassen.

Allgemeine Hinweise:

- Ohne ATF-Füllung darf der Motor nicht laufengelassen werden. Auch darf das Fahrzeug ohne ATF-Füllung nicht abgeschleppt werden.
- Bei allen Arbeiten auf peinliche Sauberkeit achten, da geringste Verunreinigungen zu Getriebestörungen führen.

Automatikgetriebe »096« bis 12/94

Beim Ölwechsel wird auch das Ölsieb in der Ölwanne ersetzt.

- Getriebe-Ölwanne und ATF-Sieb oberhalb der Ölwanne ausbauen. **Achtung:** Altöl bei der Sondermüllstelle abgeben.
- Ölwanne mit sauberem Lappen reinigen.

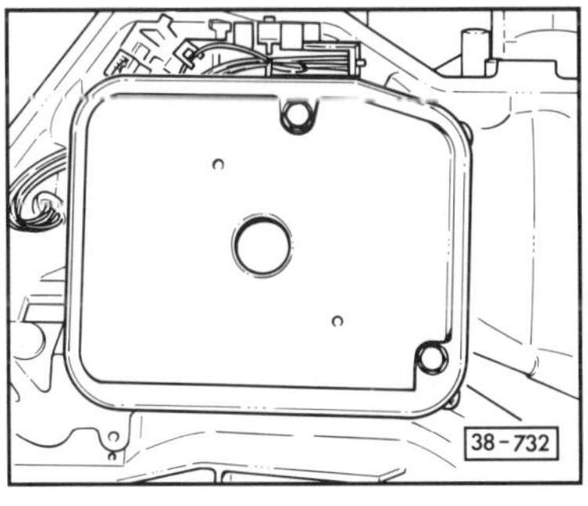

- Neue Dichtung in das neue ATF-Sieb einknöpfen.
- Abstandsbuchsen in die neue Ölwannendichtung einknöpfen.
- ATF-Sieb einbauen, Befestigungsschraube mit **8 Nm** anziehen.
- Ölwanne anschrauben, Befestigungsschrauben gleichmäßig mit **10 Nm** festziehen.
- Zunächst **3,0 Liter** ATF über Trichter und Verlängerungsschlauch an der Peilstaböffnung einfüllen. **Achtung:** Es dürfen nur ATF-Öle mit der Bezeichnung »Dexron II« oder VW-ATF G052162-A1 bzw. G052162-A2 verwendet werden.

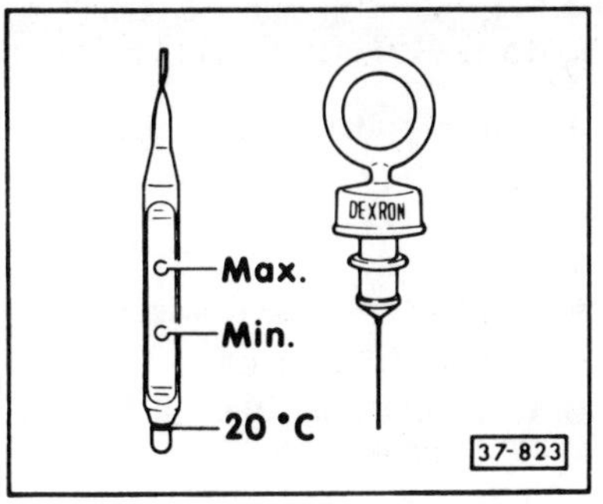

- Motor starten und bei Leerlaufdrehzahl des Motors, Wählhebelstellung »P« und angezogener Handbremse ATF-Stand mit dem Meßstab prüfen. Bei kaltem Motor muß gegebenenfalls ATF bis zur +20° C-Markierung aufgefüllt werden.
- Getriebe warmfahren und Ölstand kontrollieren, siehe unter »Ölstand prüfen«.

Ölstand prüfen

Der vorgeschriebene Ölstand ist für die einwandfreie Funktion des automatischen Getriebes äußerst wichtig. Darum ist die Prüfung mit großer Sorgfalt durchzuführen.

- Getriebe auf Betriebstemperatur bringen, Getriebeöltemperatur soll etwa +60° C betragen. Diese wird nach einer ca. 10 km langen Fahrt erreicht.
- Fahrzeug unbeladen auf ebene Fläche fahren.
- Wählhebel in Stellung »P« legen, Feststellbremse anziehen.
- Motor während der Prüfung im Leerlauf laufen lassen.
- Der Peilstab für die Prüfung befindet sich im Motorraum. Hier wird auch das ATF (Automatic Transmission Fluid) eingefüllt. Ölmeßstab herausziehen und mit einem sauberen, nicht fasernden Lappen, am besten mit Leder abwischen. Anschließend Meßstab voll eintauchen, wieder herausziehen und Ölstand ablesen.

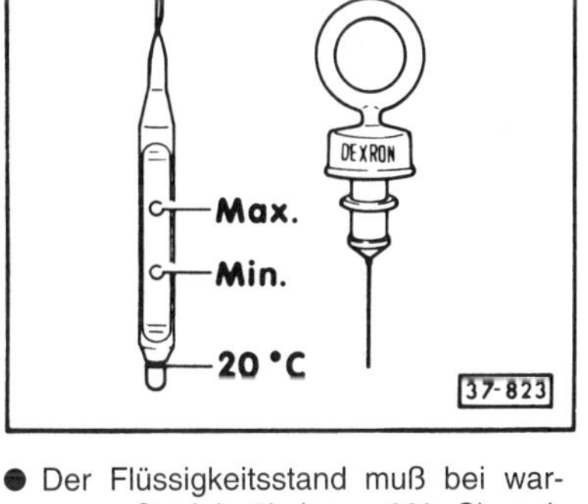

- Der Flüssigkeitsstand muß bei warmem Getriebeöl (ca. +60° C) zwischen der Min.- und Max.-Markierung des Peilstabes liegen.
- Altes Öl am Peilstab auf Aussehen und Geruch prüfen. Verbrannte Reibbeläge verursachen Brandgeruch. Durch verschmutztes Öl können Störungen in der Getriebesteuerung auftreten.
- Gegebenenfalls ATF-Öl nachfüllen. Es dürfen nur die vom Werk freigegebenen ATF-Öle verwendet werden. Im allgemeinen sind Automatic-Transmission-Öle mit der Bezeichnung »Dexron« zugelassen. Alle zugelassenen ATF-Öle lassen sich miteinander mischen. Keine Zusatzschmiermittel verwenden.

Achtung: Nicht zuviel Öl einfüllen. Zuviel Öl kann Störungen in der Automatik hervorrufen. In jedem Fall muß zuviel eingefülltes Öl wieder abgelassen oder mit einer Spritze abgesaugt werden.

- Nach erfolgter Prüfung oder Korrektur des Ölstandes Meßstab wieder ganz einführen.
- Fußbremse betätigen und sämtliche Wählhebelstellungen langsam durchschalten. Anschließend Ölstand nochmals kontrollieren.

Automatikgetriebe »01M« ab 1/95

- Auffanggefäß für ATF-Flüssigkeit unterstellen.
- Verschlußschraube –Pfeil– zur ATF-Kontrolle in der Ölwanne herausschrauben.
- Dichtring an der Verschlußschraube mit Seitenschneider durchkneifen und entfernen.
- Überlaufrohr durch die Kontrollbohrung ausbauen und ATF vollständig ablaufen lassen.
- Überlaufrohr einbauen und Verschlußschraube mit neuem Dichtring einschrauben

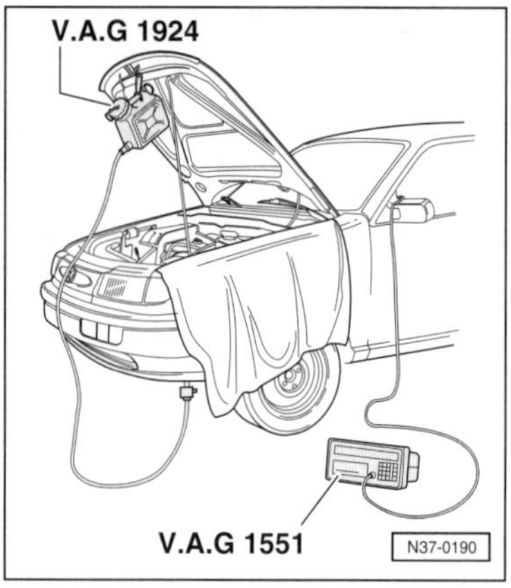

- Vorratsbehälter mit ATF an der Motorhaube aufhängen. **Achtung:** Es darf nur VW-ATF G052162-A1 bzw. -A2 verwendet werden.

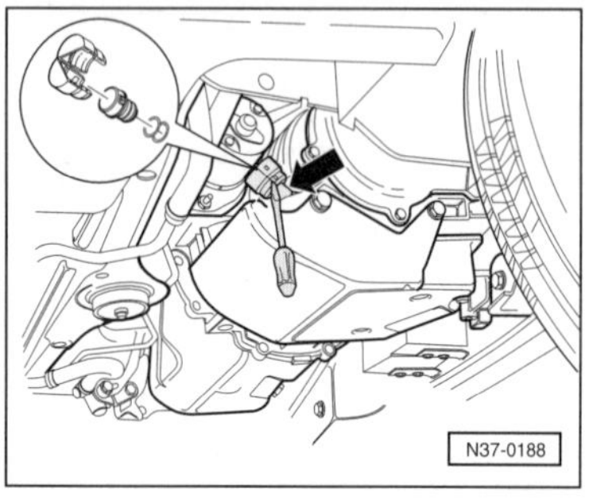

- Sicherungskappe für Verschlußstopfen –Pfeil– mit Schraubendreher abhebeln. Die Kappe wird dabei zerstört und muß ersetzt werden. Sie sichert den Sitz des Verschlußstopfens.

Achtung: Es kann auch eine Sicherungskappe mit Spangenverschluß eingebaut sein. Diese Kappe kann wiederverwendet werden.

- Verschlußstopfen vom Einfüllrohr ziehen.

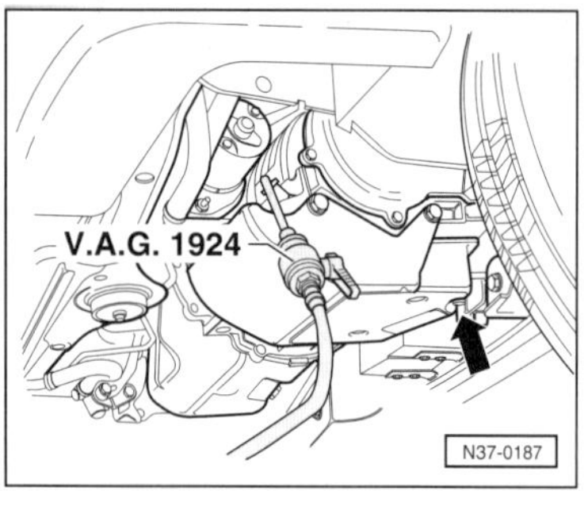

- Adapter V.A.G-1924 einsetzen und 3 Liter ATF einfüllen.
- Verschlußstopfen einsetzen.
- Motor starten und im Stand einmal alle Wählhebelstellungen durchschalten.
- Motor abstellen und ATF-Stand prüfen.

ATF-Stand prüfen

Achtung: Die ATF-Temperatur darf bei der Prüfung nicht mehr als +30° C betragen.

- Verschlußschraube herausdrehen.
- Auffanggefäß unterstellen.
- ATF auf Prüftemperatur von 35° C bis 45° C bringen.

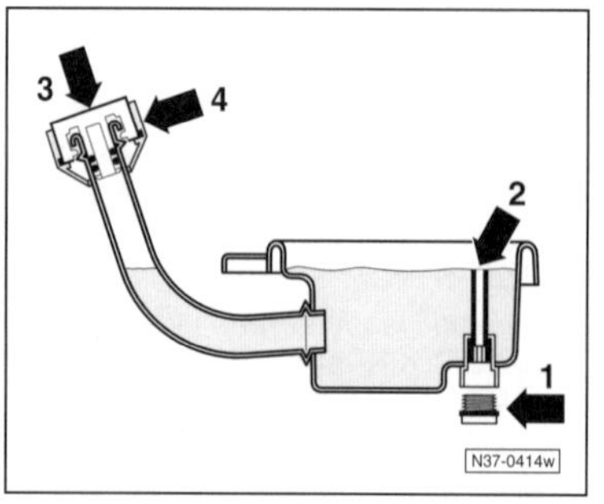

- Das im Überlaufrohr –2– vorhandene ATF läuft ab.
  1 – Verschlußschraube;
  3 – Verschlußstopfen;
  4 – Sicherungskappe.
- Wenn anschließend ATF aus der Bohrung tropft, ist der Ölstand in Ordnung.
- Falls nur das Öl aus dem Überlaufrohr herausläuft, ATF über die Einfüllbohrung nachfüllen, bis es an der Kontrollbohrung austritt.

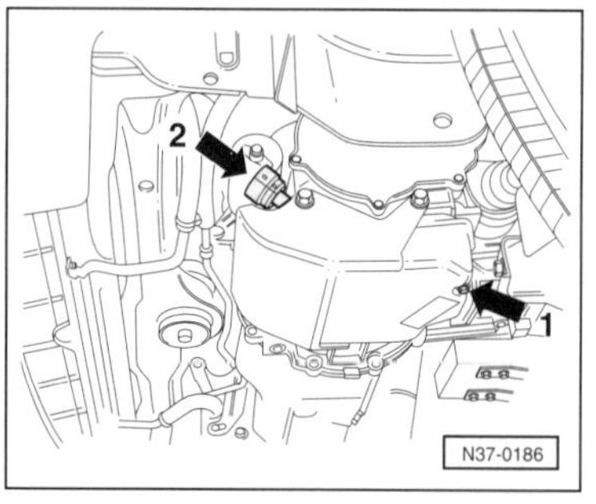

- Verschlußschraube –1– mit **neuem** Dichtring und **15 Nm** festziehen.
- Verschlußstopfen –2– auf das Einfüllrohr stecken und aufdrücken, bis der Sicherungsbügel einrastet. Ist kein Bügel vorhanden, neue Sicherungskappe aufstecken und einrasten.

Automatik-Getriebe: Ölstand im Achsantrieb prüfen

Es wird kein Sonderwerkzeug benötigt. Da die Arbeit jedoch einige Erfahrung voraussetzt, empfehlen wir, diese Arbeit von einer VW-Werkstatt durchführen zu lassen.

Verschleißteile:

- Falls nachgefüllt werden muß: Getriebeöl SAE 75 W 90 (Synthetiköl).

Prüfen

Der vorgeschriebene Ölstand ist für die einwandfreie Funktion des Achsantriebs beim automatischen Getriebe äußerst wichtig. Ein Ölwechsel ist nicht nötig.

- Fahrzeug auf eine waagerechte Fläche fahren.

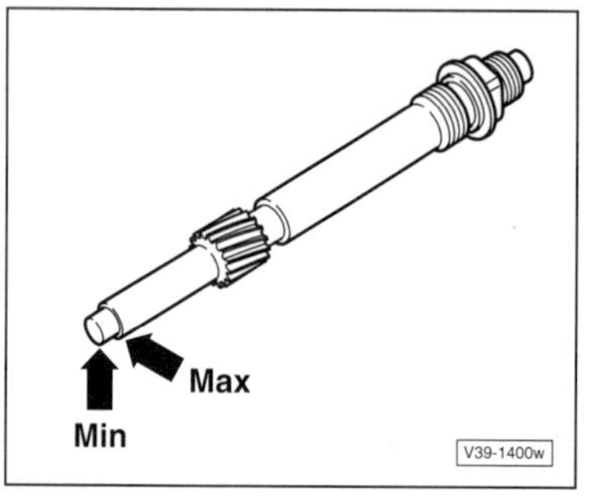

- Antrieb für Geschwindigkeitsmesser am Getriebe herausschrauben und mit einem Lappen abwischen.
- Antrieb ein- und wieder herausschrauben und Ölstand am Antrieb ablesen. Der Ölstand muß zwischen der Min.- und Max.-Markierung liegen, siehe Abbildung.
- Gegebenenfalls Getriebeöl nach angegebener Spezifikation auffüllen. Die Ölmenge zwischen der Min.- und Max.-Markierung beträgt nur 0,1 Liter, also nicht zuviel Öl auf einmal einfüllen. Zuviel eingefülltes Öl muß abgesaugt werden, zum Beispiel mit einer Spritze, an die ein Plastikschlauch angeschlossen ist.
- Antrieb für Geschwindigkeitsmesser am Getriebe einschrauben.

Achtung: Wird bei der Ölstandkontrolle im Achsantrieb des Automatik-Getriebes festgestellt, daß zuviel oder zuwenig Öl im Achsantrieb ist, liegt Ölaustausch mit dem Planetengetriebe vor. Ursache von einer VW-Werkstatt ermitteln und reparieren lassen.

Gummimanschetten der Gelenkwellen prüfen

- Fahrzeug aufbocken.

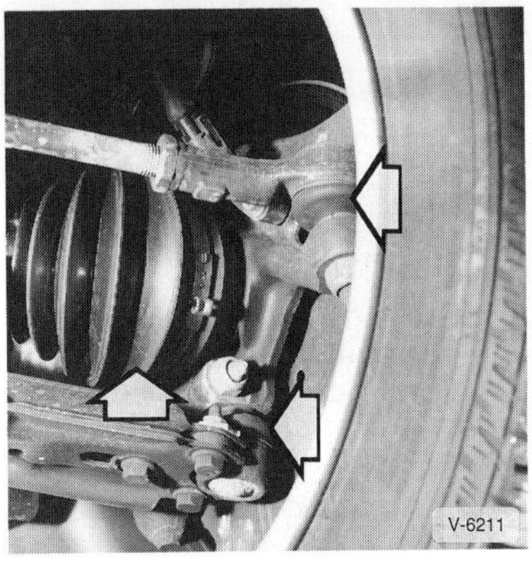

- Auf sichtbare Fettspuren an den Manschetten und in deren Umgebung achten.
- Festen Sitz der Klemmschellen prüfen.
- Gummi der Manschetten mit Lampe auf Porosität und Risse untersuchen. Eingerissene Gelenkschutzhüllen umgehend erneuern.
- Sollte eine Manschette durch Unterdruck im Gelenk nach innen gezogen oder defekt sein, so ist sie umgehend auszutauschen.

- Bremsanlage: Leitungen, Schläuche, Bremszylinder und Anschlüsse auf Undichtigkeiten und Beschädigungen prüfen.
- Bremsanlage: Bremsflüssigkeitsstand und Dicke der Bremsbeläge prüfen.
- Alle 2 Jahre Bremsflüssigkeit wechseln.
- Bereifung: Profiltiefe und Reifenfülldruck prüfen; Reifen auf Verschleiß und Beschädigungen (einschließlich Reserverad) prüfen.

Bremsflüssigkeitsstand prüfen

Der Vorratsbehälter für die Bremsflüssigkeit befindet sich im Motorraum. Er hat zwei Kammern, je eine für jeden Bremskreis. Der Schraubverschluß hat eine Belüftungsbohrung, die nicht verstopft sein darf.

Der Vorratsbehälter ist durchscheinend, so daß der Bremsflüssigkeitsstand jederzeit von außen überwacht werden kann. Außerdem wird beim GOLF/VENTO ein zu niedriger Bremsflüssigkeitsstand durch eine Warnleuchte an der Schalttafel signalisiert. Dennoch ist es ratsam, regelmäßig einen Blick auf den Vorratsbehälter zu werfen.

- Der Flüssigkeitsstand soll zwischen der max. und der min.-Marke liegen.
- Nur **neue** Bremsflüssigkeit der Spezifikation **FMVSS 116 DOT 4** einfüllen.
- Durch Abnutzung der Scheibenbremsen entsteht ein geringfügiges Absinken der Bremsflüssigkeit. Das ist normal.
- Sinkt die Bremsflüssigkeit jedoch innerhalb kurzer Zeit stark ab, ist das ein Zeichen für Bremsflüssigkeitsverlust.

Die Leckstelle muß dann sofort ausfindig gemacht werden. In der Regel liegt es an verschlissenen Manschetten in den Radbremszylindern. Sicherheitshalber sollte die Überprüfung der Anlage von einer Fachwerkstatt durchgeführt werden.

Bremsbelagdicke prüfen

Bei Fahrzeugen mit Bremsbelag-Verschleißfühlern (Sonderausstattung) wird eine zu geringe Bremsbelagdicke der **Vorderrad-**Scheibenbremse dem Fahrer durch eine Warnleuchte am Armaturenbrett signalisiert. Es ist dennoch ratsam, bei der regelmäßigen Kontrolle die Bremsbeläge aller 4 Räder zu kontrollieren.

Vorderrad- sowie Hinterrad-Scheibenbremse:

- Vorderrad zur Radnabe mit Farbe kennzeichnen, damit das ausgewuchtete Rad wieder an gleicher Stelle montiert werden kann. Radschrauben lösen.
- Fahrzeug aufbocken, Vorderräder abnehmen.

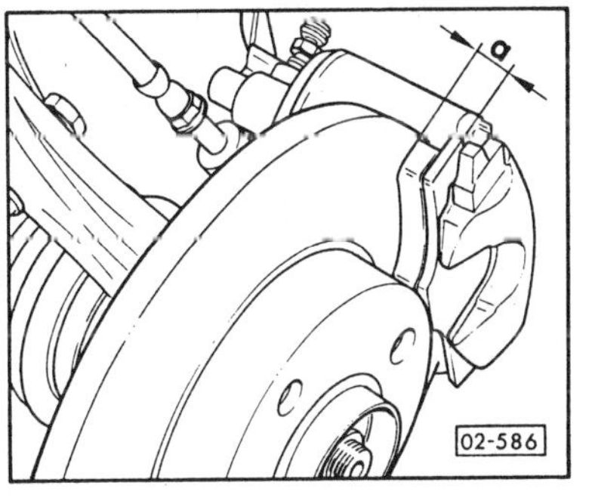

- Belagdicke – mit metallner Rückenplatte – des inneren und äußeren Belages mit einer Schieblehre messen.

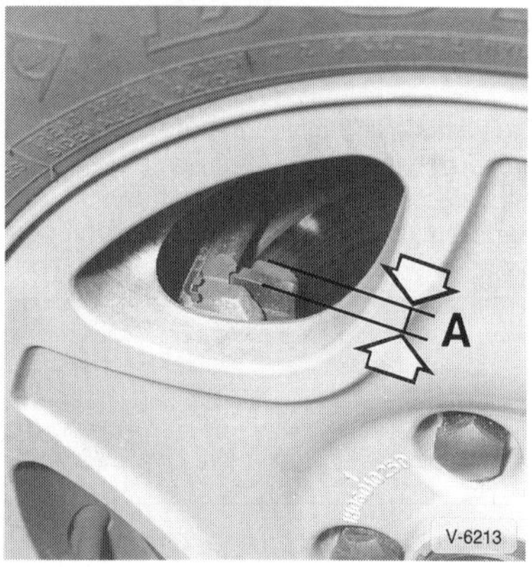

- Hinterrad-Scheibenbremse: Die Hinterräder brauchen nicht ausgebaut werden. Mit einer Taschenlampe durch die Radfelge strahlen und Dicke der äußeren Bremsbeläge sichtprüfen. Die inneren Bremsbeläge von der Radinnenseite her mit Hilfe einer Taschenlampe und eines Spiegels überprüfen.
- Die Verschleißgrenze der vorderen wie auch der hinteren Scheibenbremsbeläge ist erreicht, wenn der Belag nur noch eine Dicke von **7 mm** (mit Trägerplatte) aufweist.

Hinterrad-Trommelbremse

- Fahrzeug aufbocken.

- An den hinteren Bremsträgern Verschlußstopfen abnehmen und mit Taschenlampe durch die Öffnung leuchten. Die Verschleißgrenze ist erreicht, wenn der Belag eine Stärke von **2,5 mm** (ohne Metallträgerbacke) hat. Im Zweifelsfall Bremstrommel ausbauen und Belagstärke messen. Bei der Belagkontrolle gleichzeitig auf durch Bremsflüssigkeit oder Öl verschmierte Beläge achten. In diesem Fall Bremsbeläge umgehend erneuern.

- Ist die Verschleißgrenze erreicht, Bremsbeläge auswechseln. Grundsätzlich alle Beläge einer Achse erneuern.

Hinweis: Nach einer Faustregel entspricht 1 mm Bremsbelag einer Fahrleistung von mindestens 1000 km. Diese Faustregel gilt unter ungünstigen Bedingungen. Im Normalfall halten die Beläge viel länger. Bei einer Belagdicke der Scheibenbremsbeläge von 10,0 mm (mit Rückenplatte) beträgt die Restnutzbarkeit der Bremsbeläge also noch mindestens 3000 km.

Sichtprüfung der Bremsleitungen

- Fahrzeug aufbocken.
- Bremsleitungen mit Kaltreiniger reinigen.

Achtung: Die Bremsleitungen sind zum Schutz gegen Korrosion mit einer Kunststoffschicht überzogen. Wird diese Schutzschicht beschädigt, kann es zur Korrosion der Leitungen kommen. Aus diesem Grund dürfen Bremsleitungen nicht mit Drahtbürste, Schmirgelleinen oder Schraubendreher gereinigt werden.

- Bremsleitungen vom Hauptbremszylinder zu den einzelnen Radbremszylindern mit Lampe anstrahlen und überprüfen. Der Hauptbremszylinder sitzt im Motorraum unter dem Vorratsbehälter für Bremsflüssigkeit.
- Beim Antiblockiersystem ABS führen die Bremsleitungen vom Hauptbremszylinder zur Hydraulikeinheit und von dort zu dem Radbremsen. An der Hydraulikeinheit darf keine Bremsflüssigkeit austreten.
- Bremsleitungen dürfen weder geknickt noch gequetscht sein. Auch dürfen sie keine Rostnarben oder Scheuerstellen aufweisen. Andernfalls Leitung bis zur nächsten Trennstelle ersetzen.
- Bremsschläuche verbinden die Bremsleitungen mit den Radbremszylindern an den beweglichen Teilen des Fahrzeugs. Sie bestehen aus hochdruckfestem Material, können aber mit der Zeit porös werden, aufquellen oder durch scharfe Gegenstände angeschnitten werden. In einem solchen Fall sind sie sofort zu ersetzen.

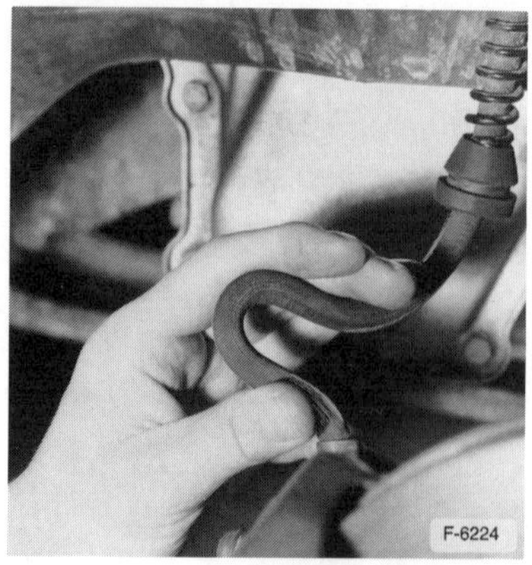

- Bremsschläuche mit der Hand hin- und herbiegen, um Beschädigungen festzustellen. Schläuche dürfen nicht verdreht sein, farbige Kennlinie beachten, falls vorhanden!
- Lenkrad nach links und rechts bis zum Anschlag drehen. Die Bremsschläuche dürfen dabei in keiner Stellung Fahrzeugteile berühren.
- Anschlußstellen von Bremsleitungen und -schläuchen dürfen nicht durch ausgetretene Flüssigkeit feucht sein.

Achtung: Wenn der Vorratsbehälter und die Dichtungen durch ausgetretene Bremsflüssigkeit feucht sind, so ist das nicht unbedingt ein Hinweis auf einen defekten Hauptbremszylinder. Vielmehr dürfte die Bremsflüssigkeit durch die Belüftungsbohrung im Deckel oder durch die Deckeldichtung ausgetreten sein.

- Fahrzeug ablassen.

Bremsflüssigkeit wechseln

Benötigtes Sonderwerkzeug:

- Ringschlüssel für Entlüfterschrauben.

Benötigte Verschleißteile:

- Bremsflüssigkeit der Spezifikation **FMVSS 116 DOT 4**.

Die Bremsflüssigkeit nimmt durch die Poren der Bremsschläuche sowie durch die Entlüftungsöffnung des Vorratsbehälters Luftfeuchtigkeit auf. Dadurch sinkt im Laufe der Betriebszeit der Siedepunkt der Bremsflüssigkeit. Bei starker Beanspruchung der Bremse kann es deshalb zu Dampfblasenbildung in den Bremsleitungen kommen, wodurch die Funktion der Bremsanlage stark beeinträchtigt wird.

Die Bremsflüssigkeit soll alle 2 Jahre, möglichst im Frühjahr, erneuert werden. Bei vielen Gebirgsfahrten, Bremsflüssigkeit in kürzeren Abständen wechseln.

Die Bremsanlage wird durch Pumpen mit dem Bremspedal entlüftet, dazu ist eine zweite Person notwendig. Der Arbeitsablauf bei allen GOLF/VENTO-Fahrzeugen gleich, unabhängig davon, ob ABS (Antiblockiersystem) eingebaut ist oder nicht.

- Vorsichtsmaßregeln beim Umgang mit Bremsflüssigkeit beachten, siehe Seite 154.
- Mit einer Absaugflasche aus dem Bremsflüssigkeitsbehälter Bremsflüssigkeit bis zu einem Stand von ca. 10 mm absaugen.

Achtung: Vorratsbehälter nicht ganz entleeren, damit keine Luft in das Bremssystem gelangt.

- Vorratsbehälter bis zur Max.-Marke mit **neuer** Bremsflüssigkeit füllen.

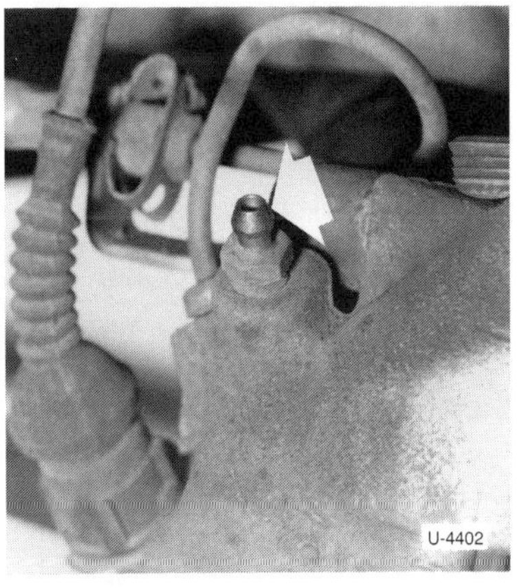
U-4402

Achtung: Entlüftungsventile vorsichtig öffnen, damit sie nicht abgedreht werden. Es empfiehlt sich, die Ventile ca. 2 Stunden vor dem Entlüften mit Rostlöser einzusprühen. Bei festsitzenden Ventilen das Entlüften von einer Werkstatt vornehmen lassen.

- Am rechten hinteren Bremssattel saubern, durchsichtigen Schlauch auf Entlüfterventil aufschieben, geeignetes Gefäß unterstellen.
- Von Helfer das Bremspedal mehrmals durchtreten lassen, bis sich ein Gegendruck aufgebaut hat. Bremspedal getreten lassen, Entlüfterventil öffnen. Entlüfterschraube schließen, wenn das Pedal am Bodenblech anstößt. Fuß vom Bremspedal nehmen. Diesen Vorgang so lange wiederholen, bis ca. 400 cm^3 Bremsflüssigkeit herausgepumpt ist.
- Entlüfterventil schließen, Vorratsbehälter mit **neuer** Bremsflüssigkeit auffüllen.
- Auf die gleiche Weise alte Bremsflüssigkeit aus den anderen Bremssätteln beziehungsweise Radbremszylindern in der Reihenfolge – hinten rechts, hinten links, vorne rechts, vorne links – herauspumpen.

Achtung: Die abfließende Bremsflüssigkeit muß in jedem Fall klar und blasenfrei sein. An jedem Bremssattel sollen ca. 400 cm^3 bis 500 cm^3 Bremsflüssigkeit herausgepumpt werden.

- Pedaldruck und Leerweg am Bremspedal prüfen. Der Leerweg darf maximal ⅓ des Pedalwegs betragen.
- Alte Bremsflüssigkeit bei der örtlichen Deponie für Sondermüll abgeben.

Reifenfülldruck prüfen

- Reifenfülldruck nur am kalten Reifen prüfen.
- Reifenfülldruck einmal im Monat sowie im Rahmen der Wartung prüfen. Fülldrucktabelle, siehe Aufkleber am Fahrzeug beziehungsweise Betriebsanleitung.
- Zusätzlich sollte der Fülldruck vor längeren Autobahnfahrten kontrolliert werden, da hierbei die Temperaturbelastung für den Reifen am größten ist.

Reifenprofil prüfen

Die Reifen ausgewuchteter Räder nutzen sich bei gewissenhaftem Einhalten des vorgeschriebenen Fülldrucks und bei fehlerfreier Radeinstellung und Stoßdämpferfunktion auf der gesamten Lauffläche annähernd gleichmäßig ab. Bei ungleichmäßiger Abnutzung, siehe Störungsdiagnose im Kapitel »Reifen«. Im übrigen läßt sich keine generelle Aussage über die Lebensdauer bestimmter Reifenfabrikate machen, denn die Lebensdauer hängt von unterschiedlichen Faktoren ab:

- Fahrbahnoberfläche
- Reifenfülldruck
- Fahrweise
- Witterung

Vor allem sportliche Fahrweise, scharfes Anfahren und starkes Bremsen fördern den schnellen Reifenverschleiß.

Achtung: Die Rechtsprechung verlangt, daß Reifen lediglich bis zu einer Profiltiefe von 1,6 mm abgefahren werden dürfen, und zwar müssen die Profilrillen auf der gesamten Lauffläche noch mindestens 1,6 mm Tiefe aufweisen. Es empfiehlt sich jedoch, sicherheitshalber die Reifen bereits bei einer Mindestprofiltiefe von 2 mm auszutauschen.

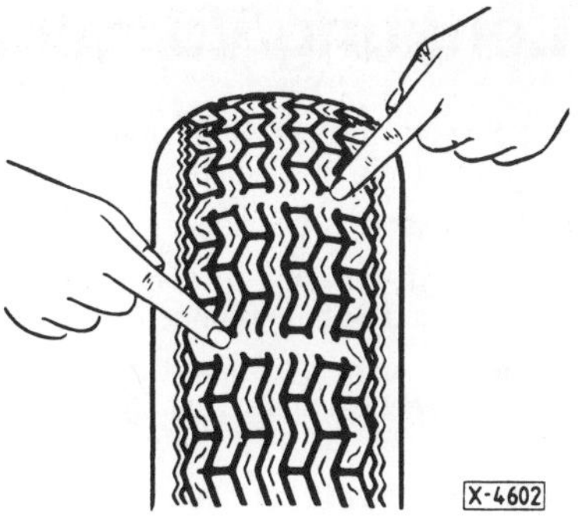
X-4602

Nähert sich die Profiltiefe der gesetzlich zulässigen Mindestprofiltiefe, das heißt, weist der mehrmals am Reifenumfang angeordnete 1,6 mm hohe Verschleißanzeiger an diesen Stellen kein Profil mehr auf, müssen die Reifen gewechselt werden.

Achtung: M + S-Reifen haben auf Matsch und Schnee nur ausreichende Wirkung, wenn ihr Profil noch mindestens 4 mm tief ist.

Achtung: Reifen auf Schnittstellen untersuchen und mit kleinem Schraubendreher Tiefe der Schnitte feststellen. Wenn die Schnitte bis zur Karkasse reichen, korrodiert durch eindringendes Wasser der Stahlgürtel. Dadurch löst sich unter Umständen die Lauffläche von der Karkasse, der Reifen platzt. Deshalb: Bei tiefen Einschnitten im Profil aus Sicherheitsgründen Reifen austauschen.

Reifenventil prüfen

- Staubschutzkappe vom Ventil abschrauben.
- Etwas Seifenwasser oder Speichel auf das Ventil geben. Wenn sich eine Blase bildet, Ventil mit umgedrehter Schutzkappe festdrehen.

Achtung: Zum Anziehen des Ventils kann nur eine Metallschutzkappe verwendet werden. Metallschutzkappen sind an der Tankstelle erhältlich.

- Ventil erneut prüfen. Falls sich wieder Blasen bilden oder sich das Ventil nicht weiter anziehen läßt, Ventil erneuern.
- Grundsätzlich Schutzkappe wieder befestigen.

Lenkung/Vorderachse

- Spurstangenköpfe: Spiel und Befestigung prüfen, Staubkappen prüfen.
- Achsgelenke: Staubkappen prüfen.
- Lenkung: Faltenbälge auf Undichtigkeiten und Beschädigungen prüfen.
- Servolenkung: Flüssigkeitsstand prüfen, gegebenenfalls Hydrauliköl auffüllen.
- Airbag: Prallflächen der Airbag-Einheiten auf Fahrer- und Beifahrerseite auf Beschädigung sichtprüfen.

Staubkappen für Spurstangen-/ Achsgelenke prüfen

- Fahrzeug vorn aufbocken.

Spurstangenkopf

Achsgelenk

- Staubkappen links und rechts mit Lampe anstrahlen und auf Beschädigungen überprüfen, dabei auf Fettspuren an den Manschetten und in deren Umgebung achten.
- Bei beschädigter Staubkappe, sicherheitshalber entsprechendes Gelenk mit Schutzkappe auswechseln. Eingedrungener Schmutz zerstört mit Sicherheit das Gelenk.
- Befestigungsmuttern der Gelenke auf festen Sitz prüfen, dabei Mutter jedoch nicht verdrehen.

Lenkmanschetten prüfen

- Fahrzeug vorn aufbocken.

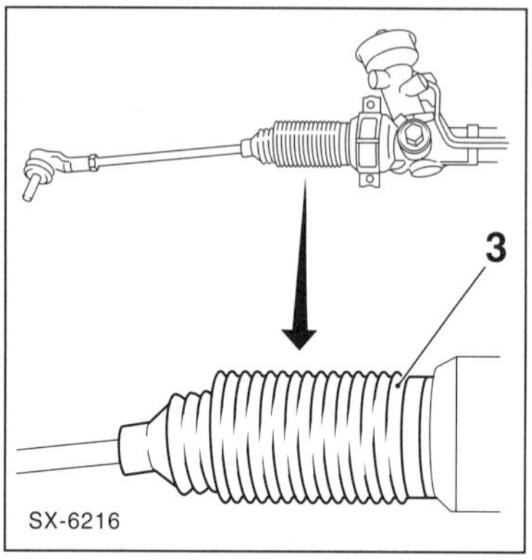

- Gummimanschetten links und rechts mit Lampe anstrahlen und auf Beschädigungen überprüfen, dabei auf Fettspuren an den Manschetten und in deren Umgebung achten.
- Manschetten auf Risse, Einschnitte oder Marderbisse prüfen.
- Festen Sitz der Manschettenbänder prüfen.
- Fahrzeug ablassen.

Ölstand für Servolenkung prüfen

Benötigtes Sonderwerkzeug: Keines.

Benötigte Verschleißteile:

- ATF-Öl nach angegebener VW-Spezifikation.

Prüfen

- Motor starten und im Leerlauf laufen lassen.
- Vorderräder geradeaus stellen.

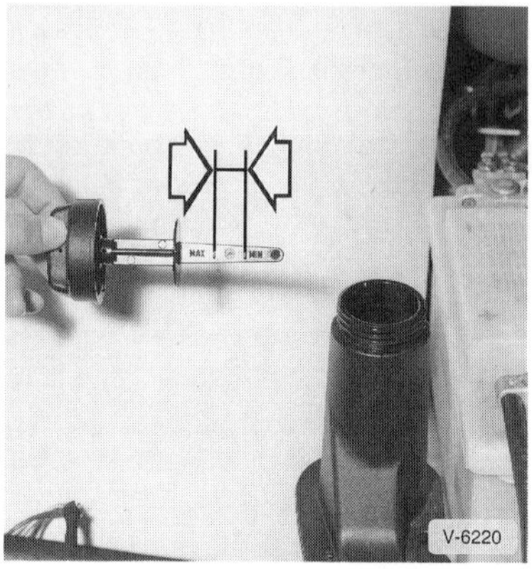

- Ölstand **bei laufendem Motor** und Geradeausstellung der Vorderräder prüfen. Verschlußkappe abschrauben. Meßstab am Deckel mit sauberem, fusselfreiem Lappen abwischen.
- Deckel wieder aufsetzen und abnehmen (nicht einschrauben). Der Ölstand soll bei aufgelegtem Deckel zwischen den Markierungen am Meßstab liegen. Normalerweise darf der Ölstand nicht absinken. Wenn der Ölstand bis zur Min.-Markierung gesunken ist, Undichtigkeit von einer VW-Werkstatt beseitigen lassen.
- Nachgefüllt werden darf nur »**Hydrauliköl G 002 000**«, erhältlich in der VW-Werkstatt. Grundsätzlich nur **neues Öl** nachfüllen, da bereits kleinste Verunreinigungen zu Störungen an der hydraulischen Anlage führen können.

Elektrische Anlage

- Beleuchtungsanlage: Sämtliche Scheinwerfer, Schlußleuchten und Blinklampen prüfen, gegebenenfalls Scheinwerfer einstellen.
- Signalhorn: Prüfen.
- Scheibenwischer: Wischergummis auf Verschleiß prüfen.
- Scheiben- und Scheinwerferwaschanlage: Funktion prüfen, Düsenstellung kontrollieren, Flüssigkeit nachfüllen, Scheinwerfer-Waschanlage prüfen.
- Batterie: Prüfen.
- Scheibenwischerblätter: Anstellwinkel prüfen, ggf. einstellen.

Batterie prüfen

Benötigtes Sonderwerkzeug:

- Säureschutzfett, zum Beispiel BOSCH-Polfett.
- Stahldrahtbürste (Pol- und Klemmenreinigungsbürste).
- Geeignetes Spannungs-Meßgerät.
- Destilliertes Wasser.

Batterie auf festen Sitz prüfen

Eine lockere Batterie hat eine verkürzte Lebensdauer durch Rüttelschäden. Außerdem kann im Fahrbetrieb Batteriesäure austreten und die umliegenden Bauteile beschädigen.

- Batterie kräftig hin- und herbewegen.
- Gegebenenfalls Halter lösen, Batterie fest an die Führungen andrücken und Halter festziehen.

Batterie-Pole reinigen/Klemmen auf festen Sitz prüfen

- Anschlußklemmen reinigen und mit Säureschutzfett einreiben.
- Festen Sitz der Batterie-Plusklemme prüfen, dazu Plusleitung hin- und herbewegen. Ggf. Plusklemme mit **5 Nm** festziehen. **Achtung:** Aus Sicherheitsgründen vorher Batterie-Masseband abklemmen, siehe Seite 220.

Ruhespannung messen

- Batterie abklemmen. Dabei erlischt unter anderem der Radio-Code. Deshalb vor dem Abklemmen Hinweise beachten, siehe Seite 220.
- Nach ca. 2 Stunden Spannung zwischen den Batteriepolen messen. Zeigt das Meßgerät 12,5 Volt oder darüber an, so ist die Batterie in Ordnung. Liegt sie darunter, ist die Ursache zu ermitteln, gegebenenfalls Batterie ersetzen.

Säurestand prüfen/ergänzen

Bei der serienmäßig eingebauten Batterie reicht die einmal eingefüllte Säuremenge normalerweise für die gesamte Lebensdauer der Batterie.

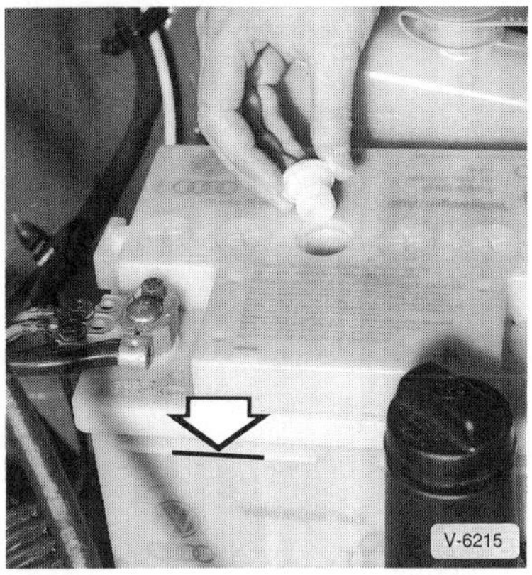

- Nur wenn der Säurestand in einer Zelle unter die Min.-Markierung abgesunken ist, Batteriestopfen ausschrauben und destilliertes Wasser bis zur Max.-Marke einfüllen.

Achtung: Nicht mit offener Flamme in die Batterie leuchten. Explosionsgefahr!

Batterie-Zellen nicht überfüllen, sonst kann, insbesondere bei großer Hitze, die Batterie überkochen. Zu viel eingefüllte Flüssigkeit mit Säureheber absaugen.

- Stopfen einschrauben und festziehen. Vorher O-Dichtring am Stopfen kontrollieren, bei Beschädigung erneuern.

Anstellwinkel der Scheibenwischerblätter prüfen

Benötigtes Sonderwerkzeug:

Die Werkstatt verwendet das Spezialwerkzeug Hazet-4851-1 oder VW-3358.

Prüfen

- Wischerarme in Ruhestellung bringen. Dazu Windschutzscheibe mit Wasser benetzen, Scheibenwischer kurze Zeit laufen lassen und anschließend mit Wischerschalter abschalten.
- Wischerblatt ausbauen, siehe Seite 257.

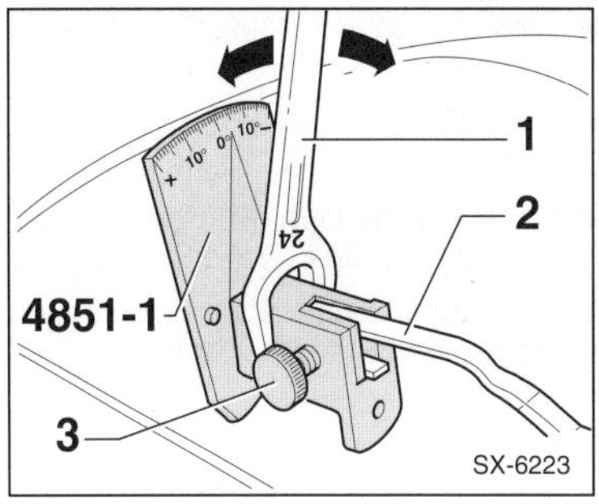

- Falls das Spezialwerkzeug vorhanden ist, Wischerarm –2– in Werkzeug einlegen und mit Schraube –3– arretieren.

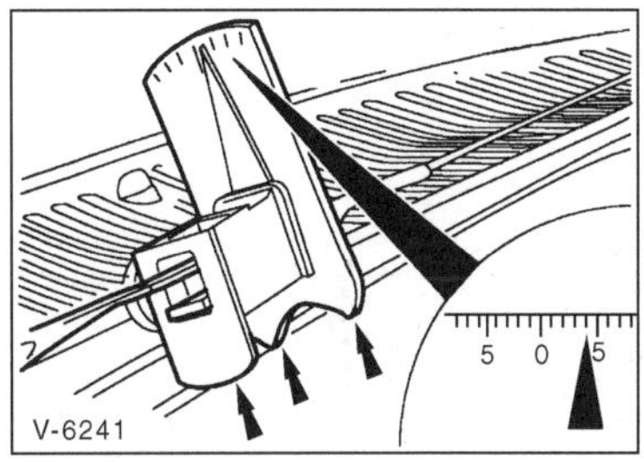

- Wischerarm mit Spezialwerkzeug zurückklappen. Darauf achten, daß die 3 Auflagepunkte –Pfeile– auf der Scheibe aufliegen.
- Einstellwinkel des Wischerarms auf der Skala ablesen.

Sollwerte:

Fahrerseite bis 10/94:	0° ± 2°
Fahrerseite ab 11/94: (mit Kunststoffspoiler)	–3° ± 2°
Beifahrerseite:	0° ± 2°
Heckklappe:	+3° ± 2°

- Falls erforderlich, Werkzeug mit Maulschlüssel –1– vorsichtig drehen bis an der Skala der Sollwert angezeigt wird. **Achtung:** Dazu Wischerarm von der Scheibe abheben, da diese sonst beschädigt werden kann.
- Anschließend Werkzeug abbauen und nochmals neu aufsetzen und arretieren. Einstellwert prüfen, gegebenenfalls korrigieren. Diesen Vorgang so oft durchführen bis der Sollwert erreicht ist.
- Einstellwerkzeug abnehmen und Scheibenwischerblatt einbauen.
- Windschutzscheibe mit Wasser benetzen und Scheibenwischer laufen lassen. Wischerblätter auf rubbelfreies Wischen prüfen.

Karosserie/Innenausstattung

- Sicherheitsgurte: Auf Beschädigungen prüfen.
- Türfeststeller und Türbefestigungsbolzen: Schmieren.
- Unterbodenschutz und Hohlraumkonservierung prüfen, siehe Seite 265.
- Lüftung/Heizung: Falls vorhanden, Pollen- und Staubfilter erneuern.

Sichtprüfung aller Sicherheitsgurte

Achtung: Geräusche, die beim Aufrollen des Gurtbandes entstehen, sind funktionsbedingt. Bei störenden Geräuschen kann nur der Sicherheitsgurt ausgetauscht werden. Auf keinen Fall darf zur Behebung von Geräuschen Öl oder Fett verwendet werden. Der Aufrollautomat darf nicht zerlegt werden, da hierbei die vorgespannte Feder herausspringen kann. Unfallgefahr!

- Sicherheitsgurt ganz herausziehen und Gurtband auf durchtrennte Fasern prüfen. Beschädigungen können zum Beispiel durch Einklemmen des Gurtes oder durch brennende Zigaretten entstehen. In diesem Fall Gurt austauschen.
- Sind Scheuerstellen vorhanden, ohne daß Fasern durchtrennt sind, braucht der Gurt nicht ausgewechselt zu werden.
- Schwergängigen Gurt auf Verdrehungen prüfen, gegebenenfalls Verkleidung an der Mittelsäule ausbauen und Gurt richtig verlegen.
- Wenn die Aufrollautomatik nicht mehr funktioniert, Gurt auswechseln.
- Gurtbänder nur mit Seife und Wasser reinigen, keinesfalls Lösungsmittel oder chemische Reinigungsmittel verwenden.

Pollen- und Staubfilter erneuern

Der Pollen- und Staubfilter befindet sich am Ansaugstutzen für die Innenraumbelüftung rechts im Wasserkasten. **Hinweis:** Der Filter kann auch in frühere Modelle nachträglich eingebaut werden.

Achtung: Ab Fahrgestellnummer »1H-R-000 001« wird ein geänderter Pollenfilter eingebaut. Bei bisherigen Fahrzeugen empfiehlt es sich anläßlich des Filterwechsels, das Filtergehäuse komplett mit dem Einsatz auszubauen und durch den neuen Filter zu ersetzen.

Ausbau

- Rechte Wasserkastenabdeckung ausbauen, siehe Seite 206.

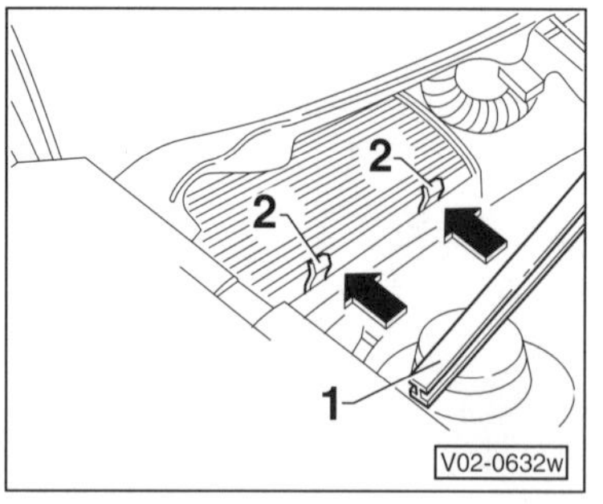

- Gummidichtung –1– von der Spritzwand bis etwa zur Fahrzeugmitte hin abziehen.
- Laschen des Filtergehäuses in Pfeilrichtung drücken und Abdeckung vorn nach oben drücken.

Bisheriger Filter

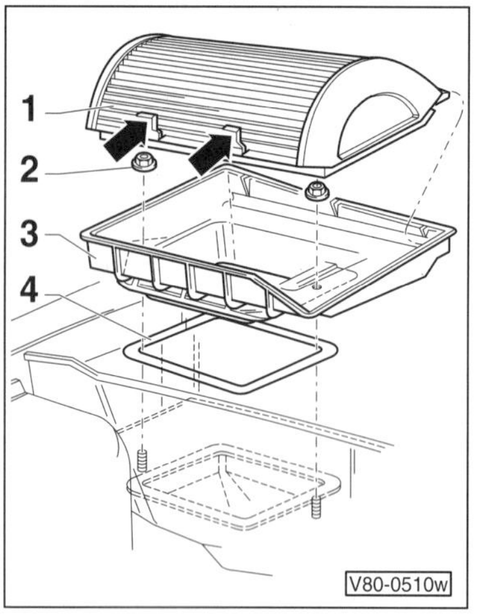

Pollen- und Staubfilter bis Fahrgestellnummer »1H-P-990 000«:

1 – Filtereinsatz, 2 – Kunststoffmutter, 3 – Filtergehäuse, 4 – Dichtung.

- Federlaschen –Pfeile– des Filtereinsatzes in Pfeilrichtung drücken und Filtereinsatz nach oben herausnehmen.
- Gehäuse –3– abschrauben und mit Dichtung –4– herausnehmen.

Neuer Filter

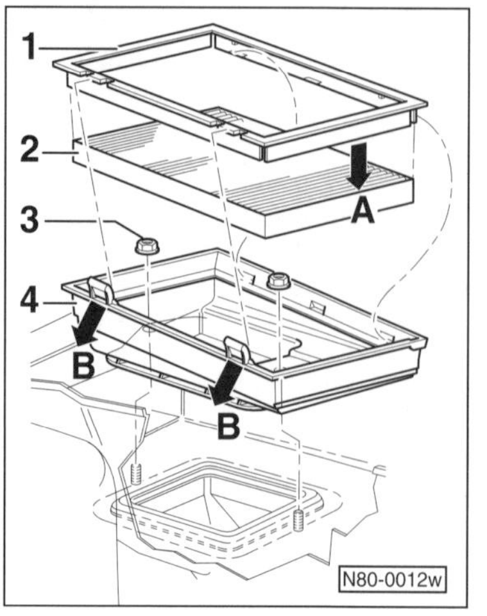

Pollen- und Staubfilter ab Fahrgestellnummer »1H-R-000 001«:

1 – Rahmen, 2 – Filtereinsatz, 3 – Kunststoffmutter, 4 – Filtergehäuse.

- Laschen des Filtergehäuses in Pfeilrichtung –B– drücken und Filtereinsatz mit Rahmen herausnehmen.

Einbau

- Falls erforderlich, Gehäuse –4– mit Dichtung einsetzen und anschrauben.
- Neuen Filtereinsatz einsetzen.
- Rahmen –1– so aufsetzen, daß er in die erste Lamelle des Filtereinsatzes eingreift –Pfeil A–. Rahmen in das Gehäuse einrasten.
- Wasserkastenabdeckung einsetzen und anschrauben.
- Gummiabdichtung aufdrücken.

Türfeststeller schmieren

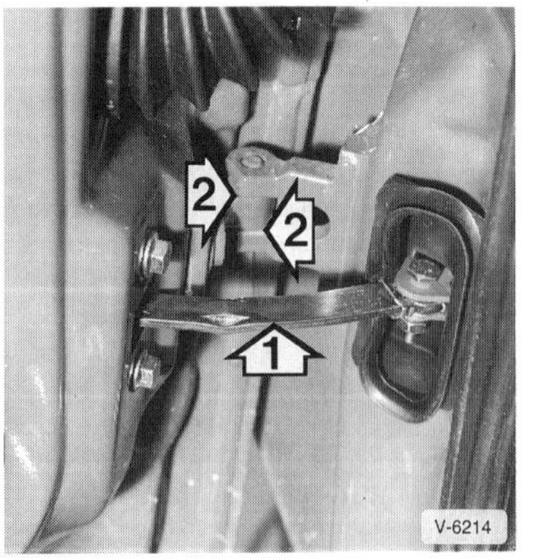

- Die Türfeststeller –1– mit VW-Schmierfett G 000 400 schmieren.
- Türscharniere –2– mit Schließzylinder-Fettspray G00040001 schmieren.

Stromlaufpläne

Der Umgang mit dem Stromlaufplan

In einem Personenwagen werden je nach Ausstattung bis über 1000 Meter Leitungen verlegt, um alle elektrischen Verbraucher (Scheinwerfer, Radio usw.) mit Strom zu versorgen.

Will man einen Fehler in der elektrischen Anlage aufspüren oder nachträglich ein elektrisches Zubehör montieren, kommt man nicht ohne Stromlaufplan aus; anhand dessen der Stromverlauf und damit die Kabelverbindungen aufgezeigt werden. Grundsätzlich muß der betreffende Stromkreis geschlossen sein, sonst kann der elektrische Strom nicht fließen. Es reicht beispielsweise nicht aus, wenn an der Plusklemme eines Scheinwerfers Spannung anliegt, wenn nicht gleichzeitig über den Masseanschluß der Stromkreis geschlossen ist.

Deshalb ist auch das Massekabel (–) der Batterie mit der Karosserie verbunden. Mitunter reicht diese Masseverbindung jedoch nicht aus, und der betreffende Verbraucher bekommt eine direkte Masseleitung, deren Isolierung in der Regel braun eingefärbt ist. In den einzelnen Stromkreisen können Schalter, Relais, Sicherungen, Meßgeräte, elektrische Motoren oder andere elektrische Bauteile integriert sein. Damit diese Bauteile richtig angeschlossen werden können, haben die einzelnen Kontakte entsprechende Klemmenbezeichnungen.

Um das Kabelgewirr zumindest auf dem Stromlaufplan übersichtlich zu ordnen, sind die einzelnen Strompfade senkrecht nebeneinander angeordnet und durchnumeriert.

Die senkrechten Linien münden oben in einem meist grau unterlegtem Feld. Dieses Feld symbolisiert die Relaisplatte mit Sicherungshalter und damit die plusseitigen Anschlüsse des Stromkreises. Allerdings befindet sich in der Relaisplatte auch eine interne Masseleitung (Klemme 31). Die feinen Striche in dem Feld machen deutlich, wie und welche Stromkreise intern in der Relaisplatte miteinander verschaltet sind. Unten mündet der Stromkreis auf einer waagerechten Linie, die den Masseanschluß symbolisiert. Die Masseverbindung wird normalerweise direkt über die Karosserie hergestellt oder aber über eine Leitung von einem an der Karosserie angebrachten Massepunkt.

Wenn der Stromkreis durch ein Quadrat unterbrochen wird, in dem eine Zahl steht, weist die Ziffer auf den Strompfad hin, in dem der Stromkreis weitergeführt wird.

Am sinnvollsten geht man bei der Benutzung des Stromlaufplanes folgendermaßen vor:

Zuerst sucht man in der Legende das betreffende Bauteil, zum Beispiel den Schalter für das Heizgebläse. In der rechten Spalte neben der Bauteil-Benennung wird dann der entsprechende Strompfad mit einer Nummer angezeigt, die im Stromlaufplan unten auf der waagerechten Linie wieder auftritt.

Um den Stromlaufplan lesen zu können, ist die Kenntnis einiger Bauteil-Bezeichnungen erforderlich, außerdem sollte man die wichtigsten Schaltzeichen kennen.

Die Kennbuchstaben der wichtigsten Bauteile sind:

Kennbuchstabe	Bauteil
A	Batterie
B	Anlasser
C	Drehstromgenerator
D	Zündanlaßschalter
E	Schalter für Handbedienung,
F	Mechanische Schalter
G	Geber, Kontrollgeräte
H	Horn, Doppeltonhorn, Fanfare
J	Relais, Steuergerät
K, L, M, W, X	Kontrollampen, Lampen, Leuchten
N	Elektroventile, Widerstände, Schaltgeräte
O	Zündverteiler
P, Q	Zündkerzenstecker, Zündkerzen
R	Radio
S	Sicherungen
T	Steckverbindungen
V	Elektromotoren

Zur genaueren Unterscheidung werden zu den Kennbuchstaben noch Zahlen angefügt.

Relais und elektronische Steuergeräte sind in der Regel grau unterlegt. Die darin eingezeichneten Linien sind interne Verdrahtungen. Sie zeigen, wie Relais und andere elektrische/elektronische Bauteile sowohl zueinander als auch auf der Relaisplatte verschaltet sind.

Eine Ziffer im schwarzen Quadrat kennzeichnet den Relaisplatz auf der Relaisplatte mit Sicherungshalter. Direkt am eingezeichneten Relais befindet sich die Kontaktbezeichnung. Beispiel: Lautet die Kontaktbezeichnung im Stromlaufplan 17/87, dann ist 17 die Bezeichnung der Klemme auf der Relaisplatte, 87 ist die Bezeichnung der Klemme am Relais/Steuergerät.

Die Bezeichnung der Klemmen ist nach DIN genormt. **Die wichtigsten Klemmenbezeichnungen sind:**

Klemme 30. An dieser Klemme liegt immer die Batteriespannung an. Die Kabel sind meist rot oder rot mit farbigem Streifen.

Klemme 31 führt zur Masse. Die Masse-Leitungen sind in der Regel braun.

Klemme 15 wird über das Zündschloß gespeist. Die Leitungen führen nur bei eingeschalteter Zündung Strom. Die Kabel sind meist grün oder grün mit farbigem Streifen.

Klemme X führt ebenfalls nur bei eingeschalteter Zündung Strom, dieser wird jedoch unterbrochen, wenn der Anlasser betätigt wird. Dadurch ist sichergestellt, daß während des Startvorganges der Zündanlage die volle Batterieleistung zur Verfügung steht. Alle größeren Stromaufnehmer liegen in diesem Stromkreis. Das Fernlicht wird ebenfalls über diese Klemme mit Strom versorgt. So wird bei eingeschaltetem Fernlicht und ausgeschalteter Zündung automatisch auf Standlicht umgeschaltet.

Im Stromlaufplan sind in den einzelnen Leitungen Ziffern und darunter Buchstabenkombinationen eingefügt.

Beispiel: **1,5**
ws/ge

Die Ziffern geben an, welchen Leitungsquerschnitt die Leitung hat. Die Buchstaben weisen auf die Leitungsfarben hin. Besteht die Kennzeichnung aus zwei Buchstabengruppen, die durch einen Schrägstrich getrennt sind, wie im Beispiel, dann nennt die erste Buchstabenfolge die Leitungsgrundfarbe: ws = weiß und die zweite: ge = gelb – die Zusatzfarbe. Da es vorkommt, daß gleichfarbige Leitungen für verschiedene Stromkreise verwendet werden, empfiehlt es sich, die Farbkombination an den betreffenden Anschlußklemmen zu kontrollieren. Weiße Leitungen sind zur Unterscheidung zusätzlich mit einer Kennummer versehen, die im Stromlaufplan unter der Farbkennzeichnung steht.

Schlüssel für Leitungsfarben
bl = blau
br = braun
ge = gelb
gn = grün
gr = grau
rt = rot
sw = schwarz
li = lila
ws = weiß

Leitungen, die mittels Einzel- oder Mehrfachsteckverbindungen miteinander verbunden sind, haben zum Buchstaben »T« für die Steckverbindung eine zusätzliche Ziffern-Kombination. Beispiel: T2p = Zweifachstecker, T32/27 = 32fach Steckverbindung mit Kontaktpunkt 27.

Im Stromlaufplan sind alle Verbraucher und Schalter in Ruhestellung gezeichnet. Der geänderte Stromverlauf nach Betätigung eines Schalters wird hier am Beispiel eines Zweistufen-Schalters erläutert:

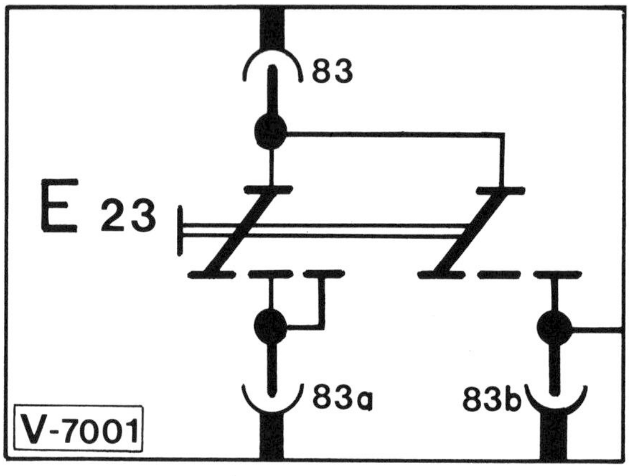

Wird am Schalter E23 die erste Stufe gedrückt, fließt der Strom von der Klemme 83 kommend über die Klemme 83a. Die zweite Brücke rückt eine Stufe weiter, jedoch ohne eine Verbindung herzustellen. Erst beim Drücken der zweiten Schalterstufe rückt die zweite Brücke von der internen Leitung 83 auf 83b und gibt den Strom über 83b weiter. Dabei bleibt über eine interne Verbindung im Schalter der Stromfluß der ersten Schalterstufe über 83a bestehen.

Gebrauchsanleitung für Stromlaufpläne

Hinweis:
Alle Schalter und Kontakte sind in mechanischer Ruhestellung gezeichnet

Klemmenbezeichnung
15 – bei eingeschalteter Zündung liegt Batteriespannung an.

Interne Verbindungen
(dünne Striche). Diese Verbindungen sind nicht als Leitungen vorhanden. Sie sind jedoch elektrisch leitende Verbindungen. Sie ermöglichen die Verfolgung des Stromverlaufes innerhalb von Bauteilen.

Dieses Feld
kennzeichnet die Relaisplatte mit Sicherungshalter.

Kontaktbezeichnung
am Relais/Steuergerät und auf der Relaisplatte/Zusatzrelaisträger – z. B.: 17/87 = auf der Relaisplatte

Die Buchstaben-Zahlenkombination an den Anschlüssen gibt die Belegung der Leitungen in den Mehrfach- bzw. Einzelsteckverbindungen an.
Z. B.: B 15 a – Mehrfachsteckverbindung B, Kontakt 15 a.

Zahlen in Quadraten
kennzeichnen eine Unterbrechung der Leitung und geben an, in welchem Strompfad diese weitergeführt wird.

Relaisplatz-Nummer
kennzeichnet den Relaisplatz auf der Relaisplatte bzw. auf dem Zusatzrelaisträger

Schaltzeichen
hier Schalter für Rückfahrleuchte

Buchstaben/Zahlenkombination
kennzeichnen Steckverbindungen, hier T 4 – Steckverbindung 4-fach. Lautet die Bezeichnung der Steckverbindung: T 14/12, bedeute T 14: 14-fach-Steckverbindung, 12 = Kontakt 12

Leitungsquerschnitt
in mm²

Leitungsfarbe
entspricht der Leitungsfarbe im Auto, hier: grün/weiß.

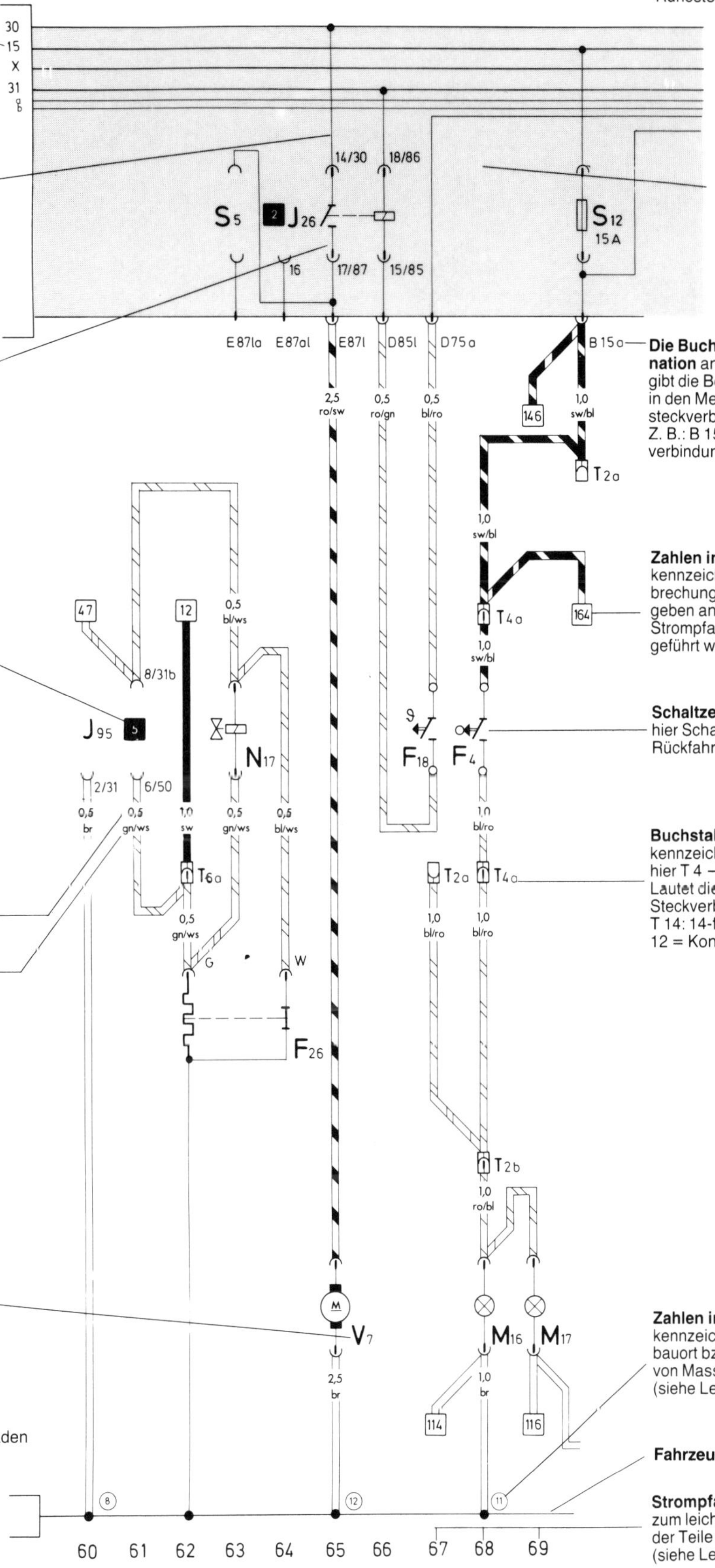

Teile-Bezeichnung
Damit findet man in der Legende, wie das als Schaltzeichen dargestellte Bauteil heißt, hier – Lüfter für Kühlmittel.

Zahlen in den Kreisen
kennzeichnen den Einbauort bzw. die Lage von Masseanschlüssen (siehe Legende).

Fahrzeugmasse

Bezeichnung der Teile, deren Schaltzeichen sich in den Strompfaden darüber finden.

Strompfadnummern
zum leichteren Auffinden der Teile im Stromlaufplan (siehe Legende).

Lüfter für Kühlmittel

Schaltzeichen für Stromlaufpläne

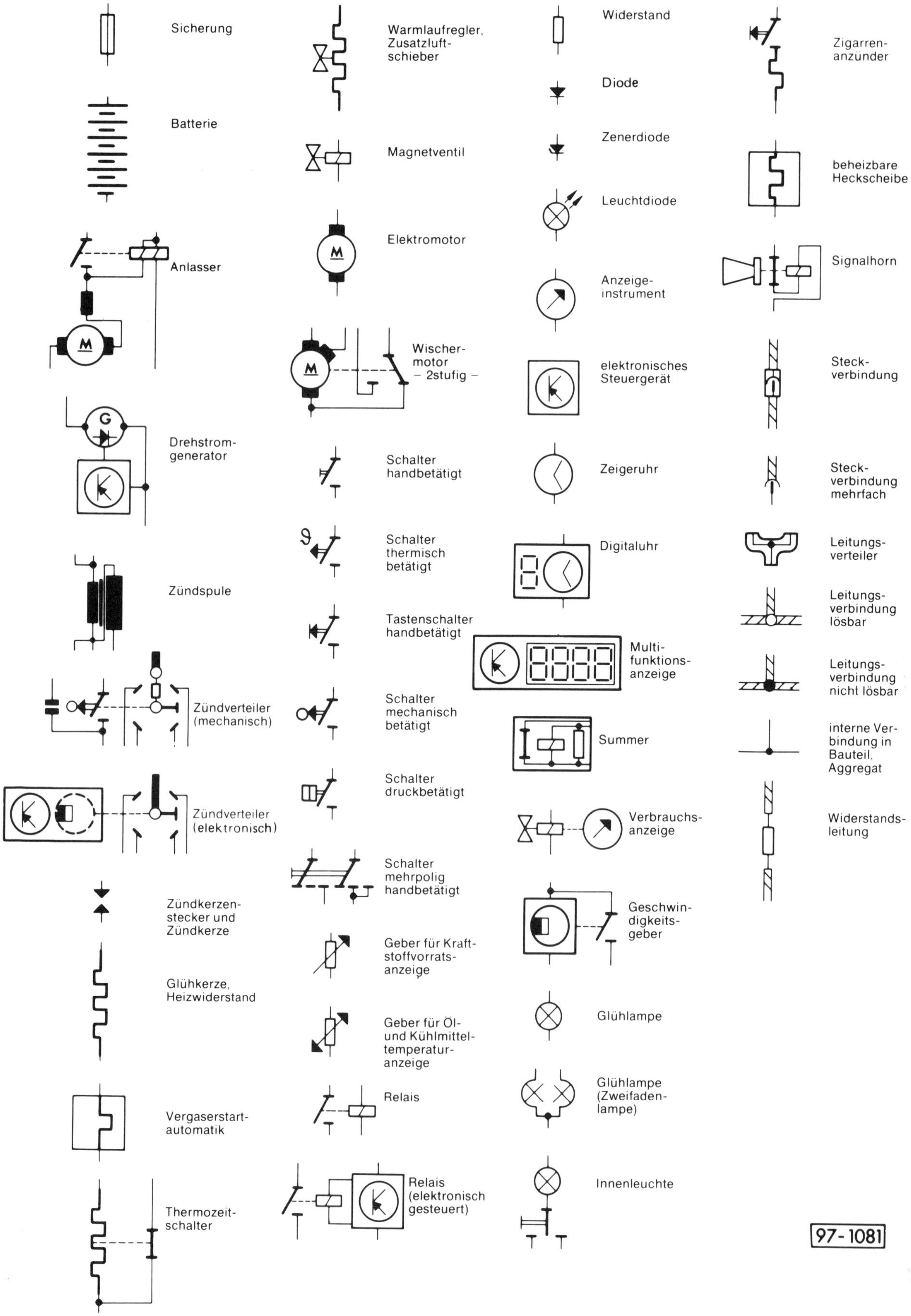

97-1081

Sicherungs- und Relaisbelegung

Die Sicherungs- und Relaisbelegung kann je nach Fahrzeugausstattung und vom Baujahr des Fahrzeuges abweichen. Die aktuelle Belegung der Sicherungen befindet sich in der Betriebsanleitung sowie an der Rückseite des Sicherungsdeckels. Gezählt werden die Sicherungen von links nach rechts.

Relaisbelegung

Hinweis: Die Klammer hinter der Bauteilebezeichnung verweist auf die Zahl, die auf das jeweilige Relais aufgedruckt ist (sogenannte Produktionssteuerungsnummer).

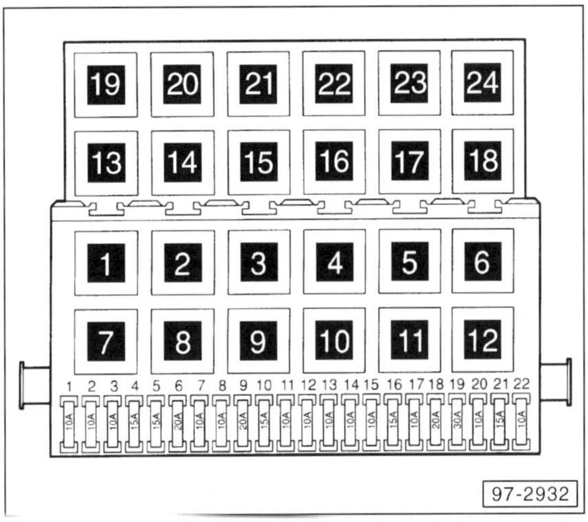

1 – **Relais für Klimaanlage (13)**
2 – **Relais für Heckscheibenwischer mit Intervallautomatik (72)**
3 – **Relais für Motor-Steuergerät (30, 109, 288)**
4 – **Entlastungsrelais für X-Kontakt (18)**
5 – **Nicht belegt**
6 – **Warnblinkrelais (21) oder Warnblinkrelais für Anhängerbetrieb (22)**
7 – **Relais für Scheinwerfer-Reinigungsanlage (33)**
8 – **Relais für Wisch-Wasch-Intervallautomatik (19, 99)**
9 – **Steuergerät für Sicherheitsgurt-Warnsystem (4, 29)**
10 – **Steckbrücke für Nebelscheinwerfer**
11 – **Relais für Doppeltonhorn (53) oder Steckbrücke für Signalhorn**
12 – **Kraftstoffpumpenrelais (67, 80, 167)**
13 – **Relais für Ansaugrohrvorwärmung (92) oder Relais für Anlaßsperre (53)**
14 – **Relais für ABS (79)**
15 – **Relais für Hydraulikpumpe ABS (179)**
16 – **Relais für ABS (79)**
17 – **Sicherung für Ventile ABS, Hydraulikpumpe ABS**
18 – **Sicherung für elektrische Sitzverstellung, Klimaanlage**
19 – **Nicht belegt**
20 – **Relais für Anlaßsperre und Rückfahrlicht (150)**
21 – **Relais für Lambdasondenheizung**
22 – **Nicht belegt**
23 – **Nicht belegt**
24 – **Sicherung für Fensterheber**

Zuordnung der Stromlaufpläne

VW GOLF/VENTO Diesel

Modelljahr 1997

Motor/ Zubehör	Kennbuchstaben	Stromlaufplan
1,9 l/66 kW (90 PS)	1Z/AHU	1 – 22
1,9 l/81 kW (110 PS)	AFN	9 – 22
1,9 l/47 kW (64 PS)	AEY	10 – 22
1,9 l/47/55 kW (64/75 PS)	1Y/AAZ	23 – 26
Anhängerbetrieb GOLF ab 5/95		27 – 29
Elektrischer Außenspiegel ab 10/91		30
Elektrisches Schiebedach ab 8/94		31
Radio Beta ab 10/91		32
Zentralverriegelung 4türig ab 10/91		33 – 34

Wegen des großen Umfangs können nicht alle Stromlaufpläne aus jedem Modelljahr berücksichtigt werden. Jedoch kann man sich auch an den vorliegenden Stromlaufplänen orientieren, wenn das eigene Fahrzeug einem anderen Modelljahr angehört, da die Änderungen in der Regel nur Teilbereiche betreffen.